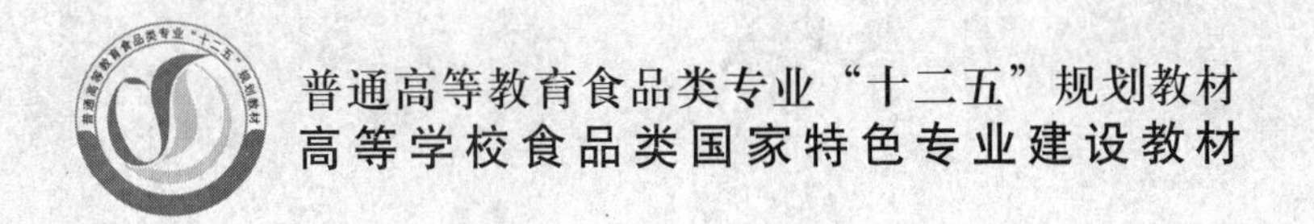

普通高等教育食品类专业“十二五”规划教材

高等学校食品类国家特色专业建设教材

食品工艺学概论

SHIPIN GONGYIXUE GAILUN

朱 珠 李梦琴◎主编

郑州大学出版社

郑 州

图书在版编目(CIP)数据

食品工艺学概论/朱珠，李梦琴主编. —郑州:郑州大学出版社,2014.3

(普通高等教育食品类专业“十二五”规划教材)

ISBN 978-7-5645-1633-8

Ⅰ.①食… Ⅱ.①朱… ②李… Ⅲ.①食品工艺学-高等学校-教材 Ⅳ.①TS201.1

中国版本图书馆 CIP 数据核字(2013)第 282079 号

郑州大学出版社出版发行
郑州市大学路 40 号　　　　邮政编码:450052
出版人:王　锋　　　　发行部电话:0371-66966070
全国新华书店经销
郑州文华印务有限公司印制
开本:787 mm×1 092 mm　1/16
印张:20.75
字数:508 千字
版次:2014 年 3 月第 1 版　　　　印次:2014 年 3 月第 1 次印刷

书号:ISBN 978-7-5645-1633-8　　　　定价:38.00 元

编写指导委员会

本书作者

主　　编　朱　珠　李梦琴

副 主 编　康怀彬　冷进松

编写人员　(按姓氏笔画排序)

朱　珠　孙永杰　李梦琴

冷进松　侯温甫　康怀彬

序

近年来，我国高等教育事业快速发展，取得了举世瞩目的成就，为我国经济社会的快速、健康和可持续发展以及高等教育自身的改革发展作出了巨大贡献，但是，还不能完全适应经济社会发展的需要，迫切需要进一步深化高等学校教育教学改革，提高人才培养的能力和水平，更好地满足经济社会发展对高素质创新性人才的需要。为此，国家实施了高等学校本科教学质量与教学改革工程，进一步确立了人才培养是高等学校的根本任务，质量是高等学校的生命线，教学工作是高等学校各项工作的中心的指导思想，把深化教育教学改革、全面提高高等教育教学质量放在了更加突出的位置。

专业建设、课程建设和教材建设是高等教育“质量工程”的重要组成部分，是提高教学质量的关键。“质量工程”实施以来，在专业建设、课程建设方面取得了明显的成果，而教材是这些成果的直接体现，同时也是深化教学内容和教学方法改革的重要载体。为此，教育部要求加强立体化教材建设，提倡和鼓励学术水平高、教学经验丰富的教师，根据教学需要编写适应不同层次、不同类型院校，具有不同风格和特点的高质量教材。郑州大学出版社按照这样的要求和精神，在教育部食品科学与工程专业教学指导委员会的指导下，在全国范围内，对食品类专业的培养目标、规格标准、培养模式、课程体系、教学内容等，进行了广泛而深入的调研，在此基础上，组织全国二十余所学校召开了食品类专业教育教学研讨会、教材编写论证会，组织学术水平高、教学经验丰富的一线教师，编写了本套系列教材。

教育教学改革是一个不断深化的过程，教材建设是一个不断推陈出新、反复锤炼的过程，希望这套教材的出版对食品类专业教育教学改革和提高教育教学质量起到积极的推动作用，也希望使用教材的师生多提意见和建议，以便及时修订、不断完善。

编写指导委员会

2010年11月

前言

近年来,我国食品工业得到了迅猛发展。食品加工领域的研究深度和广度也日益增加。很多农业院校、综合大学都设立了食品相关专业。因此食品专业需要一部实用性强、应用面广的教材。《食品工艺学概论》是根据食品专业人才培养目标的要求,精简、重组并整合教学内容,加入典型生产加工技术实例,以"掌握基础理论知识、强化实践性训练、突出实效"为原则,旨在提高学生在实际工作岗位的适应性。

本教材的特点:

1. 食品工艺学概论是一门综合性课程,主要介绍了食品加工的基本原理和基本工艺,并介绍了食品工艺学所研究的领域,国际、国内食品工业发展趋势。

2. 在了解食品加工中所用原料来源的基础上,研究各类原料中所含的主要成分,保证作为食品原料有效利用的可行性。主要内容包括:食品加工原辅料、食品加工原理、食品加工工艺、副产物综合利用。

3. 从食品专业知识、技能和现场实际操作入手,采用必要的生产加工实例并进行教学,对常出现的质量问题进行分析、控制。

本书由朱珠主编,整理并统稿。参加本教材编写的人员及分工:第1章由朱珠编写;第3章、第5章的5.1由李梦琴编写;第4章的4.3、第5章的5.2由康怀彬编写;第4章的4.1、4.4由冷进松编写,第2章、第4章的4.5由侯温甫编写;第4章的4.2由孙永杰编写。

由于编写水平所限,书中不妥之处在所难免,敬请广大读者批评指正。

编　者

2013年5月

目录

本章概述了食品工艺学的研究内容和主要任务，食品加工的概念、目的及加工要求。通过对我国食品工业的现状、人们的消费需求增长以及食品安全等现实问题的分析，阐述了我国食品工业发展趋势。通过学习，使学生了解食品工艺学研究的内容和任务，掌握食品加工目的和要求。

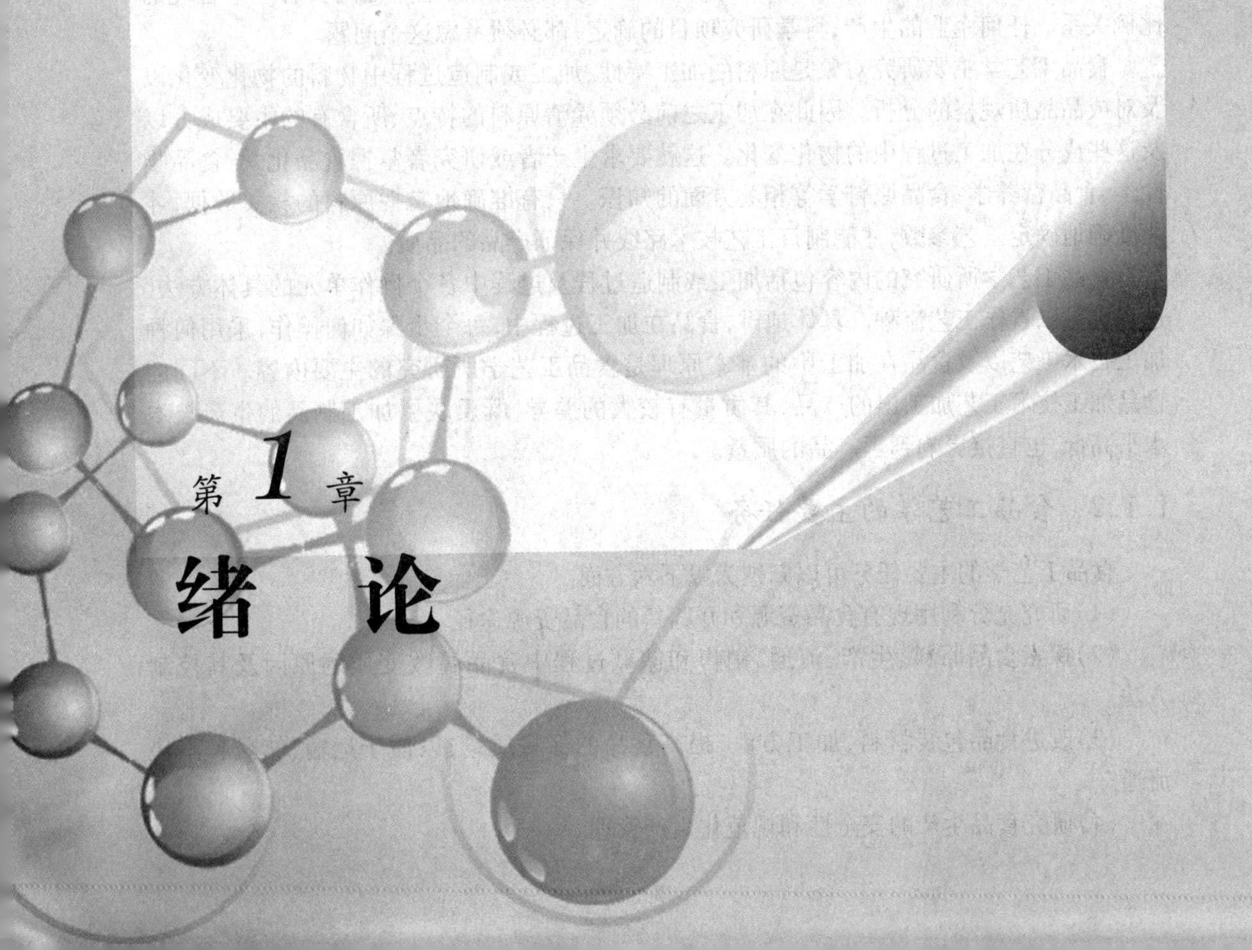

第 1 章 绪 论

1.1 食品工艺学的研究内容和主要任务

1.1.1 食品工艺学的研究内容

食品工艺学是根据应用化学、物理学、生物学、微生物学、食品工程原理和营养学等学科的基础知识,研究食品的加工保藏;研究加工、包装、运输等因素对食品质量、营养价值、货架寿命、安全性等方面的影响;开发新型食品;探讨食品资源利用;实现食品工业生产合理化、科学化和现代化的一门应用科学。从这一理念出发,提出食品工艺学所要遵循的原则为技术上先进、经济上合理。因此,食品工艺学的研究既包括技术观点,又包括经济观点。技术先进包括工艺先进和设备先进两部分。要达到工艺上先进,必须了解和掌握工艺技术参数对加工制品品质的影响,实质上就是要掌握外界条件和食品生产中的物理学、化学、生物学之间的相互关系,掌握不同加工产品的制造原理,将生产过程中食品的理化变化和工艺技术参数紧密地联系到一起,达到工艺控制上的高水准。设备先进包括设备本身的先进性和对工艺水平适应的程度,一般来讲,先进的加工设备在很大程度上决定产品的品质,它与先进生产工艺相辅相成,在研究工艺技术的同时,首先必须要考虑设备对工艺水平适应的可能性。这就需要了解和掌握有关单元操作过程的原理、食品机械设备、机电一体化等相关知识,以对设备的水平进行判断。经济上合理是生产者和研究人员必须要考虑的问题,经济上的合理就是要求投入和生产之间要有一个合理的比例关系。任何企业的生产,科学研究项目的确定,都必须考虑这个问题。

食品工艺学主要研究对象是原料的加工特性、加工或制造过程中物料的物化变化以及对成品品质规格的分析。因此在加工之前必须弄清原料的特点、所含有的主要成分以及这些成分在加工过程中的物化变化。这就要求生产者或研究者掌握食品化学、食品物性学、食品营养学、食品原料学等相关方面的知识。只有准确地掌握原料的相关数据,才能准确地确定工艺参数,才能制订工艺技术路线并保证产品的品质。

食品工艺学所研究的内容包括加工或制造过程及过程中各个操作单元的具体方法,过程也可以看作工艺流程。具体地讲,食品在加工过程中,每个步骤如何操作,采用何种加工技术工艺以及食品在加工中的基本原理是食品工艺学所研究的主要内容。不同的食品加工技术工艺加工出的产品,其质量有较大的差异,既反映了加工制品的生产技术水平高低,也直接影响到了产品的质量。

1.1.2 食品工艺学的主要任务

食品工艺学的主要任务可以归纳为以下六方面。

(1)研究充分利用现有食品资源和开辟新的食品资源途径。

(2)探索食品原料、生产、流通、销售和储藏过程中食品腐败变质的原因及其控制方法。

(3)改进食品包装材料、加工方法,提高食品的保藏质量,以便于运输、储藏和销售流通。

(4)研究食品生产的安全性和规范化生产管理。

(5)研究提高食品质量和生产效益,研究合理的生产组织、先进的生产方法及科学的生产工艺。

(6)研究并提出食品加工工厂的综合利用和废弃物处理方案。

食品工艺学涉及的内容广泛而复杂,诸如食品化学、食品原料学、食品微生物学、食品工程原理、食品物性学、食品法规和条例、食品质量与安全、食品加工废弃物的处理等,食品科学与工程专业的学生在学习本课程之前已经学习了其中的部分课程,在这之后还会陆续学习其他相关的课程。

1.2 食品的加工目的和要求

食品加工就是将食物或其他原料经过劳动力、机器、能量及科学知识,把它们转变成半产品或可食用的产品的过程。人类所食用的食品几乎全部来源于动植物体的加工制品(除盐等)。动植物体由于自身结构组成的成分复杂,既是人体营养需求的成分,又是微生物生长活动的良好基质。

1.2.1 食品的加工目的

(1)提高农副产品附加值　食品工业和农业有着密切的联系,由于我国农产品加工程度较低,食品工业产值与农业产值的比值在(0.3~0.4):1,其中西部省区仅为0.18:1,远低于发达国家的(2~3):1。因此,农业是食品工业发展的基础,食品加工是农产品的精深加工,可以大大提高农副产品的价值。

(2)提高食品的保藏性　食品作为一类特殊的商品也需要进入商品流通领域,这就要求食品必须有一定的储藏期,食品加工可以赋予食品这一特性。食品在加工过程中通过不同的方法来杀灭、破坏和抑制可能导致食品腐败变质的微生物、酶和化学因素等,从而使食品具有一定的储藏期。

(3)提高食品的卫生和安全性　食品的卫生和安全性与消费者的健康密切相关,甚至关系到人类、民族的生存和兴衰。现代食品加工特别注重食品的卫生和安全性,任何加工食品在质量标准中都有卫生标准控制食品的卫生和安全性。食品加工中通过一定的处理过程和卫生要求可以减少由原辅料、环境等带来的安全危害,控制加工过程可能造成的安全危害,并为产品的安全提供保障。

(4)为人类提供营养丰富、品种多样的食品　食品是人类赖以生存和发展的物质基础,人必须从食品中获得身体所需的营养成分和能量物质。食品加工可以最大限度地保留食品原辅料中含有的各种营养物质,并通过减少有害物质和无功能成分的含量相对提高食品中营养成分的含量,还可以根据特殊人群的需要,在食品中增补和强化某些营养成分。食品加工还大大减少了食品原辅料具有的地区性和季节性差异,食品加工可以根据消费者年龄、食用目的、环境和习惯等的不同,开发生产出品种丰富的食品,满足不同的消费者需求。

(5)提高食品的食用方便性　为了满足现代社会人们快节奏地工作和生活要求,加工食品大多具有食用、携带、储藏方便等特点,各类方便食品就是最典型的代表,这些大多是采用现代食品加工技术,通过改变食品原辅料的性能、状态和包装等实现的。

1.2.2 食品的加工要求

食品的种类虽然很多,但作为商品的食品必须符合下述六项要求。

(1)卫生和安全性 卫生和安全性是食品最重要的属性,是当今世界食品生产与消费中最受关注的问题。近年来,随着大众媒体对国外疯牛病和二噁英等食品安全问题事件的宣传报道以及国内大量食品安全事故的曝光,我国广大消费者的食品安全意识显著提高。即使在当今科学技术高度发达,被认为是世界上食品供给最安全的国家——美国,也不断地面对食品安全的挑战,并将其列为美国21世纪食品领域十大研究方向之首。在我国,由于饮食卫生和安全问题造成的食物中毒事故时有发生,给人民生命财产与健康带来了很大危害。因此,加强食品生产、加工和流通环节的安全防护与监督控制,保证向消费者提供安全、卫生的食品是所有食品生产者首先必须牢记的原则。

任何食品如果受到致病菌、食物中毒菌、有害金属和天然或真菌毒素等的污染,或含有残留农药及禁用的添加剂,或含有用量超标的添加剂时,就会给消费者的健康带来严重的危害甚至危及消费者的生命安全。正因为此,所有食品生产部门必须严格遵守政府和卫生部门的有关规定。采取积极措施,严格控制和消除各种污染源,保证生产卫生安全的食品,以保障消费者的健康。

(2)营养和易消化性 营养和易消化性是人们对食品的最基本要求。自然状态下的食物原料有时会含有某些有害或有毒的成分。这时应该对这些成分进行鉴定并研究其性质和作用方式,以便采取适当的加工处理方法将它们去除或消除其危害性,保证食品的营养功能。另外,现在的消费者在选购食品时越来越注重食品的营养性能,根据其各项营养指标是否符合自身的需要决定购买与否。许多国家尤其是美国已明确要求将食品的各种营养成分标注在包装纸上,以供消费者选择。改变食品中营养素的含量,尤其是降低食品的热量或提高维生素和矿物质的含量是消费者对食品的营养功能提出的新的要求。例如,用阿斯巴甜或糖精取代蔗糖可在保证甜度的前提下降低软饮料的热值;利用与脂肪具有类似性质但代谢方式不同的物质来替代食品中的脂肪,也可以达到降低食品热值的目的。在食品中添加人体所必需的维生素和矿物质现在也已成为一种比较普遍的做法。但是应该注意,这些添加的成分必须均匀地分散于产品中,而且性能稳定,同时不得影响食品的风味和外观。

易消化性是指食品被人体消化吸收的程度。食品只有被消化吸收以后,才有可能成为人体的营养素。食品加工过程中的去粗存精不仅是为提高食品的营养价值,也是提高食品易消化性的重要措施。但加工必须适度,不然,反而会造成营养素的流失,甚至可能引起疾病。例如,全面粉中维生素的含量高于精面粉,如长期偏食精面粉有可能出现B族维生素缺乏病。又如,若人体摄入的不消化膳食纤维过少就容易引起便秘等。

(3)外观 外观即食品的色泽和形态。食品不仅应当保持应有的色泽和形态,还必须具有整齐美观的特点。食品的外观会在很大程度上影响消费者的选购。因此,在食品生产过程中必须力求保持或改善食品原有的色泽,并赋予其完整的形态。对有包装的产品来说,应力求做到包装完整、外形美观、标注清楚。尤其是食品的保质期必须标注在包装的明显位置,易于识别。除了赋予产品良好的色泽,在食品加工中常常会添加某些食用色素或助发色物质,这些成分的添加能够在一定程度上改善产品的色泽。但是绝不允许采用有害于人体健康的非食用添加剂或超过国家标准规定的添加量。

(4)风味　风味即食品的香气、滋味和口感。食品中的香气成分主要是一系列的挥发性化合物,这些物质在食品的热加工过程中极易挥发而使食品失去香气,或者生成另外一些不被人们接受的不良气味成分。因此,最大限度地保持食品的香气、防止异味的产生就成为食品生产者和研究人员面临的重要课题。我们往往通过改进生产技术来尽可能地保持食品的原有香气,同时回收或加入香料也成为改善食品香气的一种重要手段。食品科学家还在致力用特殊的酶系作用于一些基本的原料来产生风味物质。肉被烹饪后产生的风味主要来自脂肪,而水果的风味则主要来自糖类。

调味是食品生产者改善食品风味的常用方法。食品的鲜味主要来自各种氨基酸。食品生产者往往通过添加谷氨酸钠、琥珀酸和肌苷酸等来增强食品的鲜味。

口感也是影响食品风味特性的重要因素,主要评价食品的组织状态,包括硬度、弹性、咀嚼性等。牛肉的嫩度是衡量牛肉品质的重要指标。食品科技工作者已开发出了多种嫩化牛肉的方法,如在牛肉的表面涂上一层酶-盐混合物,或在动物被宰杀之前将蛋白酶制剂注入其体内,或在动物被宰杀之后,用高压电流对胴体进行电击等。

(5)方便性　随着人类生活方式的演变和生活节奏的加快,人们对食品的方便和快捷性的追求也越来越高。20 世纪 80 年代,国内食品工业在发展启封简易和使用方便的食品方面已经取得了显著进展,得到了消费者的肯定。今天的方便食品更是品种繁多,从大众化的方便面、方便米饭到各种速冻主食和副食,直至各种调理菜肴和多种嗜好食品,已经形成了一个庞大的方便食品产业。这些方便食品一方面为人们的各种经济和社会活动提供了便利,另一方面也可以使集体餐饮单位(工厂、学校、医院、餐馆、航运、军队等)和许许多多家庭准备膳食的时间大为缩短,为家务劳动社会化创造了条件。所以说,食品的方便性是不容忽视的一项重要指标。今后,方便食品仍然具有巨大的市场开发潜力和广阔的发展空间。

(6)储运耐藏性　对于规模化的食品生产活动,这是必须要解决的问题。因为一般来说食品容易腐败变质,食品生产者应对它的储运耐藏性有所保证,否则,就难以维持城市食品常年供应和地区间的交流。出口产品如果不耐储运,发生变质事故,更有损于外贸信誉,影响国际贸易。

因此,许多食物必须经过适当的加工处理制成食品,一方面保证其卫生和安全性,另一方面必须最大限度地保持其营养价值和感官品质,同时还要重视其食用方便性和耐储运能力等,也正因如此,才有了食品工艺学这门学科。

1.3　食品工业现状与发展趋势

1.3.1　中国食品工业现状

(1)工业规模快速增长,经济效益大幅提高　食品工业规模快速增长,效益大幅提高,支柱产业地位进一步巩固。2010 年,全国食品工业规模以上企业达到 41 867 家,比 2005 年增加 17 828 家,增长 74.2%,年均增长 11.7%;规模以上企业实现工业总产值 6.31万亿元,比 2005 年增长 208.1%,年均增长 25.2%,年均增幅比“十五”时期提高 5.8

个百分点；上缴税金5 315.75亿元，比2005年增长145.9%，年均增长19.7%；实现利润3 885.09亿元，比2005年增长215.1%，年均增长25.8%；从业人员654万人，比2005年增加190万人，增长40.9%，年均增长7.1%。食品工业总产值占工业总产值比重由2005年的8.1%提高到2010年的9.2%，与农业总产值之比由2005年的0.52∶1提高到2010年的1.05∶1。

（2）主要产品产量稳步增长，结构不断优化　大米、小麦粉、食用植物油、成品糖、肉类、果汁等主要产品产量稳定增长，有效保障了市场供应。食品工业产品结构不断优化，精深加工产品比例上升，品种档次更加丰富，较好地适应了现代生活对食品营养、健康、方便的要求。米线（米粉）、方便米饭、休闲食品等米制品发展迅速，蒸煮、焙烤、速冻等面制食品和方便面产量大幅度增加，玉米早餐食品、休闲食品和葡萄糖、氨基酸等深加工产品大量开发。乳制品产品结构调整步伐加快，益生菌发酵乳等新型液体乳产量快速增长。软饮料及酿酒行业产品更加多元化，茶饮料、果蔬汁饮料、功能性饮料等新产品不断涌现。

（3）企业组织结构不断优化，产业集中度提高　食品工业规模化、集约化深入推进，龙头企业发展壮大，生产集中度快速提升。

食品加工企业继续向主要原料产区、重点销区和重要交通物流节点集中。

油脂加工业进一步向油料产区和沿海港口转移，形成了东北、长江中下游、东部沿海3个食用植物油加工产业带；肉类加工业以畜牧养殖区为核心，形成了华北、西南、东南猪肉加工产业带，中原、东北牛肉加工产业带，东北、华北羊肉加工产业带，以及以山东、广东、江苏、辽宁、吉林、河南为中心的中东部禽肉加工产业带。

果蔬加工业形成了环渤海、西北黄土高原两大浓缩苹果汁加工基地，华北桃浆加工基地，以新疆为中心的西北番茄酱加工基地，以及华南、西南菠萝、杧果浓缩汁加工基地。糖料加工主要集中在广东、广西、云南、海南等甘蔗产区和新疆、黑龙江等甜菜产区，这6省糖产量占全国的95%以上。

（4）自主创新能力增强，整体科技水平继续提高　通过自主创新和集成创新，我国成功研发了食品冷杀菌、高效节能干燥、连续真空冷冻干燥、大型船用急冷设备等15种食品加工重大关键技术和装备，已成为世界上除美国、德国之外少数几个可以制造食品冷加工、高效节能太阳能干燥、大型连续成套高技术设备的国家之一。在国际上突破了玉米化工醇氢解关键技术，首次实现了世界上第一条玉米化工醇工业化生产线。

完成了一批有影响的标志性科研成果，攻克物性修饰、非热加工、高效分离、风味控制、大罐群无菌储藏、可降解食品包装材料、食品快速检测与质量安全控制等领域关键技术难题，开发了新型营养重组方便米饭系列产品、花生活性肽、玉米多元醇等极具科技含量和市场潜力的产品，研制了大功率高压脉冲电场设备、高压二氧化碳杀菌设备、200 t/d油菜籽冷榨机、600头/h大型复式隧道脱毛生猪屠宰线等，一批具有自主知识产权的食品高新加工装备，并建成了一批生产实验基地和中式生产线，缩短了我国在食品精深加工技术和装备领域与国际先进水平的差距。

（5）大力推进清洁生产，节能减排成效明显　食品工业大力推进清洁生产，认真落实节能减排目标责任制要求，节能减排取得明显成效，部分行业节能减排效果突出。味精行业吨产品水耗平均每年下降6.3%，能耗平均每年下降1.9%；柠檬酸行业吨产品水耗平均每年降低27.7%，能耗平均每年下降8.5%；葡萄糖行业吨产品水耗平均每年降低15.3%，能耗平均每年下降10.5%；酶制剂行业吨产品水耗平均每年降低9.5%，能耗平均每年下降2.5%。制糖工业化学需氧量(COD)排放总量减少20%以上。

(6)食品安全备受重视，监督管理明显加强　问题奶粉等重大食品安全事件时有发生，使食品安全问题受到广泛关注。为加强食品安全管理，国务院于2009年6月1日颁布实施《中华人民共和国食品安全法》；相关部门组织实施了食品安全专项整顿，加强了粮油、肉制品、水产品、乳制品等主要行业的食品安全监测能力建设。同时，对1 800余项国家标准、2 500余项行业标准、7 000余项地方标准及各种企业标准进行了清理完善。经过努力，我国食品安全水平得到了有效提高。目前，我国蔬菜农药、畜产品"瘦肉精"残留以及水产品氯霉素污染的监测合格率达94%以上，米、面、油、酱油、醋等基本食品的国家监督抽查合格率超过90%，多年来出口食品合格率一直在99%以上。

(7)对外贸易增长较快，进出口结构有所改善　进出口结构有所改善，蔬菜、水海产品及其加工产品等比较具有优势的劳动密集型产品出口增加，大豆、食用植物油等土地密集型产品进口明显增加，其中大豆进口由2005年的2 659万t增加到2010年的5 480万t，翻了一番多。

1.3.2　食品工业发展趋势

随着"十二五"发展的不断深入，中国食品工业也将随之获得相应的发展机遇。

(1)消费刚性需求增长，发展空间广阔无垠　"十二五"期间，随着我国人民生活水平的日益提高，以及政府拉动内需政策的实施，我国居民对食品消费的需求将继续保持快速增长趋势。有专家预计，2015年中国食品工业及餐饮业年度总产值将达18万亿~20万亿，保守估计，未来20年仍将保持15%以上的年均增速。由此看来，我国食品工业在"十二五"期间将继续保持快速发展，将获得更为广阔的市场空间。

(2)产品结构日趋丰富，绿色健康食品成为趋势　随着"十二五"时期我国进入中等收入阶段，城乡居民对食品的消费将从生存型消费加速向健康型、享受型消费转变，从"吃饱、吃好"向"吃得安全，吃得健康"转变，此时健康、营养的绿色食品、有机食品等就成为人们青睐的对象。并且，消费者除了要吃得健康，在食品种类多样化方面也有了更多要求。这一市场需求结合我国农业生产稳步发展，原料供给能力逐年增强的优势，使得在"十二五"期间以及以后的发展中，我国食品工业的产品结构将更为丰富多样，并且更为健康、营养。

(3)高新技术应用加速新兴行业孕育成长　"十二五"食品科学将得到进一步的发展，它的进步将直接或间接地带动食品工业的技术创新。进入21世纪以来，信息技术、生物技术、纳米技术、新材料等高新技术发展迅速，与食品科技交叉融合，不断转化为食品生产新技术，如物联网、生物催化、生物转化等技术已开始应用于从食品原料生产、加工到消费的各个环节中。高新技术在食品工业中的应用，不仅可以有效提高食品质量安全水平，降低生产成本，促进节能降耗，也将助推功能食品、方便食品等新兴行业的孕育发展。

(4)我国食品国际贸易潜力巨大　随着"十二五"我国食品工业的进一步发展，我国食品工业在国际市场舞台上将表现得更为突出，我国食品工业国际贸易将有巨大的潜力。

(5)标准化是参与竞争的“利器”　随着市场开放度的提高,贸易规模的不断扩大,竞争日趋激烈,贸易摩擦也日益增多。我国加入世贸组织以来,已有24家以上国家和地区对我国出口产品发起116起以上反倾销与保障措施调查。一些贸易伙伴通过技术法规、标准、检验检疫措施、合格评定程序等限制我国出口产品的案件亦呈上升态势。随着我国食品生产技术的进一步发展,以及标准化意识的提高,我国食品界将会对标准化提起足够重视,采取积极措施将我国食品标准与国际接轨,将原本不利于我们的标准壁垒,变为我们参与国际市场竞争的“利器”。

(6)食品安全局面将得到改善　“十一五”期间,如“三聚氰胺奶粉”等食品安全事件接二连三地发生,严重打击了我国消费者的信心,使得我国食品安全环境“布满阴霾”。不过,食品安全问题已经引起了政府、企业以及消费者的高度重视。国家有关部门也正将监管模式由“危机应对”转向更具前瞻性的“风险预防”,更多的风险交流和检测技术将在“十二五”期间发展成熟。因此,我们有理由相信在“十二五”期间我国阴霾的食品安全天空将重见彩虹。

在过去的5年里,我国食品工业“逆势而上”,用惊艳的数据证明了我国食品工业的勃勃生机。其间的成功经验值得延续和发展。随着我国食品工业市场的不断发展扩大,企业技术、产品创新的进一步发展,我国食品工业将在“十二五”时期发展得更为繁荣昌盛。

思考题

1. 食品工艺学的主要任务是什么?
2. 简述食品加工的目的和要求。
3. 论述我国食品工业现状以及今后的发展趋势。

本章介绍了食品加工中所用原料来源，食品辅料中的调味品和香辛料的种类，生产用水的水源及常见的水处理方法，食品添加剂的种类及其在食品加工中的作用及使用原则。重点阐述各类原料中所含的主要成分，保证作为食品原料有效利用的可行性。通过学习，使学生了解食品加工主要原料、辅料和常见的食品添加剂的性能、安全性及其使用方法，掌握常用的原辅料的组成成分、加工特性以及食品加工用水的要求。

第2章 食品加工原辅料

2.1 食品原料

2.1.1 食品原料的分类

根据分类方式的不同,食品原料可进行不同的分类。食品原料按来源可将其分为:动物性食品原料、植物性食品原料以及其他食品原料等三大类。食品原料按营养特性可将其分为:能量原料、蛋白质原料、矿物质维生素原料、特种原料和食品添加剂五大类。

2.1.1.1 按来源分类

(1)动物性食品原料 一般来讲,畜禽肉类、水产类称为动物性食品原料。动物性食品一般蛋白质含量高,氨基酸组成比较理想,营养浓度大,价格比较贵。

1)畜禽肉类 畜禽肉类包括畜肉(如猪、牛、羊肉)和禽肉(如鸡、鸭、鹅肉)等。

2)水产类 水产类指在江、河、湖、海中捕捞的产品和人工水中养殖得到的产品,包括:鱼、虾、蟹、贝、藻类等。水产类食品原料种类多、范围广。我国现有的鱼类达3 000多种(海洋鱼类有1 700多种),其中经济鱼类300余种,此外还有藻类2 000多种、甲壳类1 000多种、头足类约90种,是世界上鱼类品种最多的国家之一。在中国沿岸和近海海域中,产量较高的鱼种有带鱼、马面鲀、大黄鱼、小黄鱼、日本鲭、银鲳等。另外,中国是内陆水域面积最大的国家之一,蕴藏着丰富的淡水渔业资源。粗略统计,鱼类有770余种,其中不入海的纯淡水鱼类709种,主要经济鱼类140余种。在淡水渔业中,占比重较大的鱼类有鲢鱼、鳙鱼、青鱼、草鱼、鲤鱼、鲫鱼、鳊鱼等。此外,在部分地区占比重较大的有江西的铜鱼、珠江的鲮鱼、黄河的花斑裸鲤、黑龙江的大麻哈鱼、乌苏里江的白鲑等。

(2)植物性食品原料 通常来讲,农产品、林产品和园艺产品都属于植物性食品原料,包括果蔬类、谷物类、豆类及薯类等。

1)果蔬类 我国水果和蔬菜的种类十分繁多,资源极为丰富。目前,我国栽培的果树有50多科、300多种,品种万余个;我国普遍栽培的蔬菜有160多种,果蔬资源分布全国各地。此外,野生植物资源也很丰富,如刺梨、沙棘、黑加仑、猕猴桃、山枣、山葡萄、绞股蓝、金刚藤等,其中不少品种经改良已大面积种植。另外,国外新果蔬品种引种成功也为食品加工增加了不少品种。

2)谷物类 谷物类一般属禾本科植物,常见的有稻谷、小麦、大麦(包括裸大麦)、黑麦、燕麦(包括裸燕麦)、粟谷、玉米、高粱等,通常也将荞麦列入谷物类。根据加工特点不同,谷物类原料又可分为制米类和制粉类。其中稻谷、粟谷、玉米等属制米类,小麦、大麦、黑麦、燕麦等属制粉类。有些谷物类粮食既可用来制米,又可用来制粉,如高粱、荞麦等。

3)豆类 豆类作物属豆科植物,主要是植物的种子,如大豆、蚕豆、豌豆、绿豆、小豆、豇豆等。大豆即黄豆,既属于豆类,也是主要的油料作物之一。

4)薯类 薯类通常是植物的块根或块茎,如甘薯、木薯、马铃薯、山药、山芋、魔芋、菊芋等。

(3)其他食品原料 其他食品原料包括乳类、蛋及蛋制品类和油脂类。

1)乳类 乳类包括牛乳、羊乳、马乳等。乳是一种营养比较全面的食物。不同来源的乳原料其成分含量虽有所差异,但均含有类似的营养成分。作为食品加工的原料,主要是用牛乳,部分地区用羊乳或马乳。

2)蛋及蛋制品类　蛋类主要有鸡蛋、鸭蛋、鹅蛋、鹌鹑蛋等禽蛋,是世界各地区普遍食用的食物之一。蛋液经过均质处理和巴氏杀菌后,或进行包装制成新鲜蛋液和冷冻蛋制品,或经过脱水干燥成为干燥蛋制品。

3)油脂类　油脂来自于油料植物的种子,主要有花生、芝麻、菜籽、大豆、玉米、棕榈、椰子和油橄榄等。

2.1.1.2　按营养特性分类

按照食品原料的营养特性,即依据各食品原料干物质的主要营养素,将食品原料分为能量原料、蛋白质原料、矿物质维生素原料、特种原料和食品添加剂五大类。

(1)能量原料　能量原料是指热能较高的谷物类、淀粉质根茎类、油脂类及糖类等。

1)谷物类　谷物类包括稻米(粉)、小麦粉、大麦、玉米面、小米等。

2)淀粉质根茎类　淀粉质根茎类包括甘薯、马铃薯、木薯及莲藕等。

3)油脂类　油脂类包括动物脂肪(如猪油、牛油)、乳脂和植物油(如菜籽油、豆油)等。

4)糖类　糖类包括以谷类、淀粉质根茎类、甘蔗、甜菜等为原料加工而成的淀粉、糊精、蔗糖、葡萄糖、饴糖等。

(2)蛋白质原料　蛋白质原料是指干物质中蛋白质含量不小于20%的豆类、花生瓜子类、畜禽肉类、乳类、蛋类、鱼类、虾蟹类、软体动物类、菌藻类及其他类等。

1)豆类　豆类包括大豆、芸豆、红豆、绿豆、豌豆等。

2)花生瓜子类　花生瓜子类包括花生、西瓜子、南瓜子、葵花子等。

3)畜禽肉类　畜禽肉类包括畜肉(如猪、牛、羊肉)和禽肉(如鸡、鸭、鹅肉)等。

4)乳类　乳类包括牛乳、羊乳、马乳等。

5)蛋类　蛋类包括鸡蛋、鸭蛋、鹅蛋等。

6)鱼类　鱼类包括带鱼、鲫鱼、黄鳝、鲤鱼、鲢鱼等。

7)虾蟹类　虾蟹类包括对虾、龙虾、河蟹、海蟹等。

8)软体动物类　软体动物类包括海蜇、墨鱼、鱿鱼、海参、蛤蜊、螺、牡蛎、扇贝等。

9)菌藻类　菌藻类包括平菇、香菇、金针菇、冬菇、发菜、海带、紫菜、螺旋藻等。

10)其他类　其他类包括甲鱼、蛇、芝麻、蝎子等。

(3)矿物质维生素原料　矿物质维生素原料是指热能和蛋白质含量均较低,矿物质和维生素含量相对较高的瓜果类、蔬菜类、茶类和木耳海带类等。

1)瓜果类　瓜果类包括苹果、柑橘、梨、桃、西瓜、甜瓜、哈密瓜等。

2)蔬菜类　蔬菜类包括萝卜、白菜、菠菜、茄子、黄瓜、辣椒、番茄等。

3)茶类　茶类包括红茶、青茶、黑茶、绿茶、花茶等。

4)木耳海带类　木耳海带类包括黑木耳、银耳、海带、地衣、石花菜等。

(4)特种原料　特种原料是指营养素含量全面、合理或具有多种医疗保健功能的原料,包括全营养原料类和药食两用原料类。

1)全营养原料类　全营养原料类包括牛乳、羊乳、马乳等。

2)药食两用原料类　药食两用原料类包括薄荷、陈皮、枸杞子、丁香、红花等。

（5）食品添加剂　食品添加剂是指食品加工或食用过程中，向食品中加入起特殊作用的少量物质，包括：维生素、矿物质、合成氨基酸、调味剂、防腐剂、发色剂、抗氧化剂、增稠剂、乳化剂、疏松剂、凝固剂、品质改良剂、着色剂、漂白剂、消泡剂、抗结块剂、香精香料单体及其他等。

2.1.2　食品原料的成分

2.1.2.1　畜禽肉类原料的成分

畜禽肉的化学成分包括蛋白质、脂肪、水分、糖类、浸出物及少量的矿物质和维生素等，其含量依动物的种类、性别、年龄、营养与健康状态不同而不同。畜禽肉的化学组成随动物的脂肪和瘦肉的相对含量而改变，脂肪含量高，则蛋白质和水分的含量就比较低。其化学组成也因其部位的不同而不同，如猪腿肉中蛋白质和水分的含量分别为20.52%和74.02%，猪肩肉中蛋白质和水分的含量分别为17.06%和65.02%。

（1）蛋白质　哺乳动物的肌肉占动物体的40%左右，肌肉中的蛋白质含量约为20%。肌肉中的蛋白质因其生物化学性质或在肌肉组织中存在部位的不同，可以分为肌浆蛋白、肌原纤维蛋白和基质蛋白。

1）肌浆蛋白　肌浆蛋白约占肌肉的6%，是指肌细胞中环绕并渗透肌原纤维的液体和悬浮于其中的各种有机物、无机物以及亚细胞的细胞器，如肌核、肌粒体、微粒体等。肌浆蛋白易溶于水或低离子强度的中性盐溶液中，是肌肉中最易提取的蛋白质，又因其提取液黏度很低，故常称之为肌肉的可溶性蛋白质。肌浆中含有的肌红蛋白是肌肉呈现红色的主要原因，同时是肉腌制时发色的物质基础。

2）肌原纤维蛋白　肌原纤维是骨骼肌的收缩单位，由细丝状的蛋白质凝胶组成，具有使化学能转变为机械能的功能。肌原纤维蛋白占肌肉蛋白质的40%～60%，它主要包括肌球蛋白（myosin）、肌动蛋白（actin）、原肌球蛋白（tropomyosin）、肌原蛋白（troponin）、α-肌动蛋白素（α-actinin）和M-蛋白（M-protein）等。通常利用离子强度0.5以上的高浓度盐溶液抽出，但被抽出后，即可溶于低离子强度的盐溶液中。肌原纤维蛋白是肌肉组织的结构蛋白质，参与宰后尸僵的形成，同时与肉制品的黏着性、保水性等加工性质有直接的关系。

3）基质蛋白　基质蛋白是结缔组织蛋白质，属于硬蛋白类。它是构成肌内膜、肌束膜、肌外膜和腱的主要成分，包括胶原蛋白、弹性蛋白、网状蛋白及黏蛋白等，存在于结缔组织的纤维及基质中。基质蛋白的含量以及交联程度与肌肉的嫩度有直接关系。

（2）脂肪　动物的脂肪可分为蓄积脂肪和组织脂肪两大类。蓄积脂肪包括皮下脂肪、肾周围脂肪、大网膜脂肪及肌肉间脂肪等；组织脂肪为肌肉及脏器内的脂肪。家畜的脂肪组织90%为三酰甘油，此外，还有少量的磷脂和固醇脂。

三酰甘油，又称甘油三酯、中性脂肪，是由甘油的三个羟基与三个脂肪酸分子酯化生成。肉类脂肪有20多种脂肪酸，其中饱和脂肪酸以硬脂酸和软脂酸居多，不饱和脂肪酸以油酸居多，其次是亚油酸。不同动物脂肪的脂肪酸组成不一致，相对来说，鸡脂肪和猪脂肪含不饱和脂肪酸较多，而牛脂肪和羊脂肪则含饱和脂肪酸较多。

（3）水分　水是肉中含量最多的组成成分。畜禽肉越肥，水分含量越少；老年动物含水量比幼年动物少，如小牛肉含水量为72%，成年牛肉则为45%。肉中的水分存在形式大致分为结合水、不易流动水和自由水三种，大部分以不易流动水形式存在，其存在于纤丝、肌原纤维及膜之间。

肉的保水性是指当肌肉受外力作用时，如加压、切碎、加热、冷冻、解冻、腌制等加工或储藏条件下保持其原有水分与添加水分的能力。它对肉的品质有很大的影响，是肉质评定时的重要指标之一。保水性的高低可直接影响到肉的风味、颜色、质地、嫩度、凝结性等。通常，在加工中所失掉的水分和被保持的水分主要是指不易流动水。

(4)糖类　糖类在动物组织中含量很少，它以游离或结合的形式广泛存在于动物组织或组织液中。其中，葡萄糖是提供肌肉收缩能量的来源，核糖是细胞核酸的组成成分，葡萄糖的聚合体——糖原是动物体内糖的主要储存形式。

糖原也称动物淀粉，肌肉和肝脏是糖原的主要储存部位。糖原在肌肉中含量为0.3%～0.8%，在肝脏中的含量为2%～8%。在动物体内不断地进行着糖原的合成和分解代谢，肌肉中糖原含量的多少对肉的pH值、保水性、颜色等均有影响，并且影响肉和肉制品的储藏性。

(5)浸出物　浸出物是指除蛋白质、盐类、维生素外能溶于水的浸出性物质，包括含氮浸出物和无氮浸出物。

1)含氮浸出物　含氮浸出物为非蛋白质的含氮物质，如游离氨基酸、磷酸肌酸、核苷酸类(ATP，ADP，AMP，IMP)及肌苷、尿素等。这些物质影响肉的风味，是香气的主要来源。如ATP除供给肌肉收缩的能量外，逐级降解为肌苷酸，是肉香的主要成分；磷酸肌酸分解成肌酸，肌酸在酸性条件下加热则为肌酐，可增强熟肉的风味。

2)无氮浸出物　无氮浸出物是指不含氮的可浸出的有机化合物，主要有糖原、葡萄糖、麦芽糖、核糖、糊精、有机酸等。有机酸主要是乳酸及少量的甲酸、乙酸、丁酸、延胡索酸等。

(6)矿物质　矿物质是指一些无机盐类和元素，含量占0.8%～1.2%。这些无机物在肉中有的以单独游离状态存在，如镁、钙离子；有的以螯合状态存在；有的与糖蛋白和酯结合存在，如硫、磷有机结合物。矿物质在体内发挥着重要的功能，如钙、镁离子参与肌肉收缩；钾、钠离子与细胞膜通透性有关，可提高肉的保水性；钙、锌离子又可降低肉的保水性；铁离子为肌红蛋白、血红蛋白的结合成分，参与氧化还原，影响肉色的变化。

(7)维生素　肉中维生素主要有维生素A、维生素B_1、维生素B_2、烟酸、叶酸、维生素C、维生素D等，其中脂溶性维生素较少，而水溶性较多，如猪肉中B族维生素含量特别丰富，而维生素A和维生素C很少。

2.1.2.2　水产类原料的成分

水产原料种类繁多，作为食品中动物性蛋白质的来源，意义十分重大。水产品渔获物的不稳定性和多样性、水产品成分组成的某种特异性、水产品中各种生理活性的存在和暗色肉这一独特组织的存在，以及水产品易于腐败变质等，这些是水产品加工利用必须考虑的特性。

从营养价值方面来讲，鱼肉所含的蛋白质是营养价值很高的完全蛋白质。一般来讲，鱼体可食部分的蛋白质含量为15%～20%，鱼肉蛋白质的氨基酸组成类似肉类，生物价值较高，消化率达97%～99%，与蛋、奶相似，高于畜产肉类。虾蟹类不仅风味独特而且营养价值高，其富含蛋白质，脂肪含量低，矿物质和维生素含量较高。如虾肉中含蛋白质20.6%,脂肪0.7%,并含有多种维生素和人体必需的微量元素,是高级滋补品。以下主要以鱼类为例,介绍水产原料的化学组成。

鱼体的可食部分主要是鱼肉,一般占体重的50%~70%,如带鱼72%、马鲛鱼70%、黄鲷50%、鳙46%。鱼肉中组成成分的含量范围为水分70%~85%、粗蛋白质10%~20%、糖类1%以下、无机盐1%~2%。与畜产肉类相比,鱼肉的水分含量多,脂肪含量少,蛋白质含量则相对多于畜产肉类。

(1)蛋白质　蛋白质是组成鱼类肌肉的主要成分。按其在肌肉组织中的分布大致分为3类:构成肌原纤维的蛋白质称为肌原纤维蛋白;存在于肌浆中的各种分子量较小的蛋白质,称为肌浆蛋白;构成结缔组织的蛋白质,称为肉基质蛋白。这三种蛋白质与畜产肉类中的种类组成基本相同,但在数量组成上存在差别。鱼类肌肉的结缔组织较少,因此肉基质蛋白的含量也少,占肌肉蛋白质总量的2%~5%(鲨、鳐等软骨鱼类稍多);鱼肉中肌原纤维蛋白的含量较高,达60%~75%;肌浆蛋白含量大多在20%~35%。

(2)脂质　鱼类脂质的种类和含量因鱼种而异。鱼体组织脂质的种类主要有三酰甘油、磷脂、蜡以及不皂化物中的固醇(甾醇)、烃类、甘油醚等。脂质在鱼体组织中的种类、数量、分布,还与脂质在体内的生理功能有关。存在于细胞组织中具有特殊生理功能的磷脂和固醇等称为组织脂质,在鱼肉中的含量基本是一定的,占0.5%~1%。多脂鱼肉中大量脂质主要为三酰甘油,是作为能源的储藏物质而存在,一般称为储藏脂质。在饵料多的季节含量增加;在饵料少或产卵洄游季节,即被消耗而减少。此外,一些少脂鱼类的肌肉中储藏脂质不多,一般储存在肝脏或腹腔中,如鲨鱼、鳕鱼、马面鲀等肝脏中有大量的鱼肝油;鲢鱼、鲤鱼、草鱼等多数鲤科鱼类的腹腔中的脂肪块都是储藏脂质,数量多,并随季节而增减变化。

鱼类脂质的脂肪酸组成和畜产肉类脂质不同,二十碳以上的脂肪酸较多,其不饱和程度也较高。海水鱼脂质中的C_{18}、C_{20}和C_{22}的不饱和脂肪酸较多;而淡水鱼脂质所含C_{20}和C_{22}不饱和脂肪酸较少,但含有较多的C_{16}饱和脂肪酸和C_{18}不饱和脂肪酸。由于二十碳五烯酸(EPA)和二十二碳六烯酸(DHA)等ω_3系列多烯酸具有防治心脑血管疾病和促进幼小动物生长发育等功效,具有重要开发利用价值。

(3)糖类　鱼类中糖类的含量很少,一般都在1%以下。鱼类肌肉中,糖类是以糖原的形式存在,红色肌肉比白色肌肉含量略高。

(4)矿物质　鱼体中的矿物质是以化合物和盐溶液的形式存在的。其种类很多,主要有钾、钠、钙、磷、铁、锌、铜、硒、碘、氟等人体需要的大量元素和微量元素,含量一般较畜肉高。钙、铁是婴幼儿、少年及妇女营养上容易缺乏的物质,钙的日需量为700~1 200 mg,鱼肉中钙的含量为60~1 500 mg/kg,较畜肉高;铁的日需量为10~18 mg,鱼肉中铁含量为5~30 mg/kg。其中含肌红蛋白多的红色肉鱼类,如金枪鱼、鲣鱼、鲐鱼、沙丁鱼等含铁量较高;锌的日需量为10~15 mg,鱼类的平均含量为11 mg/kg;硒是人体必需的微量元素,日需量为0.05~0.2 mg,鱼肉中的含量达1~2 mg/kg(干物),较畜肉含量高1倍以上,较植物性食品含量更高,是人类重要的硒给源。

(5)维生素　鱼类的可食部分含有多种人体营养所需要的维生素,包括脂溶性维生素A、维生素D、维生素E和水溶性B族维生素、维生素C。含量的多少依种类和部位而异。维生素一般在肝脏中含量多,可供作为鱼肝油制剂。在海鳗、河鳗、油鲨、银鳕等肌肉中含量也较高,可达10 000～100 000 IU/kg。维生素D同样存在于鱼肝油中。长鳍金枪鱼维生素D的含量高达250 000 IU/kg。肌肉中含脂量多的中上层鱼类高于含脂量少的底层鱼类。鱼类维生素C含量很少,但鱼卵和脑中含量较多。

(6)其他　鱼类中还含有构成鱼类色彩缤纷外观的色素类物质,如血红素、虾青素、类胡萝卜素等;构成鱼类特有风味和气味的呈味物质和气味物质;另外,某些鱼类和贝类含有生物毒素物质,如河鲀毒素、雪卡毒素、腹泻性贝毒、麻痹性贝毒等。

2.1.2.3　果蔬类原料的成分

水果和蔬菜的化学成分十分复杂,通常可按在水中的溶解性质将其分为水溶性成分和非水溶性成分两大类。水溶性成分:单糖、果胶、有机酸、单宁物质、水溶性维生素、水溶性色素、酶、部分含氮物质和部分矿物质。非水溶性成分:纤维素、半纤维素、木质素、原果胶、淀粉、脂肪、脂溶性维生素、脂溶性色素、部分含氮物质、部分矿物质和部分有机酸盐等。

(1)水分　水分是水果和蔬菜的主要成分,对果蔬的质地、口感、保鲜和加工工艺有着十分重要的影响。果蔬中的水分含量平均为80%～90%,黄瓜、西瓜等的含量高达96%。水分在果蔬中以游离水、结合水和化合水3种状态存在。

果蔬由于含有丰富的水分而显得新鲜、脆嫩,同时因水分中溶有一部分干物质而有特殊的营养和风味,但水分极易蒸发和损失,同时又是微生物滋生的良好条件,因而水分是果蔬鲜度降低、腐烂、变质、不易保藏的重要原因。

(2)糖类　糖类是果蔬干物质中的主要成分,新鲜原料中的含量仅次于水分,主要包括单糖、淀粉、纤维素、半纤维素、果胶物质等。

糖是果蔬体内储存的主要营养物质,是影响制品风味和品质的重要原因,也是微生物可以利用的主要营养物质。果蔬中的糖类以蔗糖、葡萄糖、果糖最多。不同种类和品种的果蔬含有不同的糖类。糖的各种特性均与加工有关,如甜度、溶解度、晶析、潮解、蔗糖的转化、沸点的上升。糖本身在高温下易发生焦糖化作用,另外还原糖则易与氨基酸和蛋白质发生美拉德反应。

果蔬所含的多糖主要为淀粉、纤维素、半纤维素、果胶等物质。它们与果蔬原料的品质、果蔬的耐储性及加工制作的工艺特性有着密切的关系。

(3)有机酸　果蔬依种类、品种、成熟度、部位的不同而含有不同的有机酸。它们与糖一起决定着果蔬及其制品的风味,对加工处理也有一定的影响。

果蔬含有的主要有机酸为柠檬酸、苹果酸、酒石酸,统称为果酸;此外还含有少量的草酸、苯甲酸和水杨酸等。

(4)维生素　果蔬含有多种维生素,是人体维生素物质的主要来源之一,尤其是维生素C含量极其丰富,对预防和治疗人体的维生素C缺乏病具有积极的作用。

(5)含氮物质　果蔬中的含氮物质主要是蛋白质和氨基酸,也含有少量的酰胺、铵盐及亚硝酸盐等。果蔬中除了坚果外含氮物质的含量普遍较低,从营养的角度出发,这些氨基酸并不是人类蛋白质和氨基酸的主要来源,但其成分和含量对果蔬制品的风味和色泽会产生一定的影响。

(6)矿物质　水果和蔬菜中含有多种矿物质,如钙、磷、铁、硫、镁、钾、碘、铜、锌等,它们以硫酸盐、磷酸盐、碳酸盐或者与有机物结合的盐类存在,含量占干质量的1%～15%,

所以果蔬是人体矿物质的主要来源。

(7)色素物质　果蔬中的色素能够赋予制品良好的色泽，是制品质量的标志之一。其分为脂溶性色素和水溶性色素两大类。脂溶性色素为叶绿素和类胡萝卜素，水溶性色素为一大类广义的类黄酮色素。天然的植物色素有叶绿素、花青苷素、类胡萝卜素和黄酮素，这些色素一般对光、热、酸、碱等条件敏感，容易造成加工和储藏过程中的褪色和变色，影响加工制品的品质。

(8)芳香物质　果蔬的香味是由其所含的多种芳香成分所决定的，其含量随果蔬成熟度的增大而提高。芳香性成分均为低沸点、易挥发的物质，所以芳香物质又称挥发性油，也称精油。主要有醇、酯、醛、酮、烃以及萜类和烯烃等，也有少量的物质是以糖苷或氨基酸的形式存在，在酶的作用下发生分解而产生香气。

芳香物质与加工的关系十分密切：一方面可以提供果蔬及制品特殊的香味，另一方面又具有抑菌作用。

(9)风味物质　风味是果蔬及其制品质量的重要因素，果蔬具有甜、酸、鲜、苦、涩、辣六种基本风味。引起甜味的主要物质是糖，而酸味的主要成分是有机酸类，甜味和酸味的组合是构成果蔬制品风味的重要因素；鲜味是由蛋白质分解产物氨基酸所带来的；苦味是最容易感知的呈味物质，果蔬中主要的苦味物质有维生素 B_{17}、黑芥子苷、橙皮苷、柚皮苷、茄碱苷(龙葵素)、类柠碱等；涩味是由于舌黏膜蛋白质凝固，引起收敛作用而产生的一种味感，它的主要成分是单宁，在果酒的加工中单宁可以赋予饱满的酒质；辣味是一种综合性的刺激快感，常见的刺鼻辣味主要是含硫化合物造成的。

2.1.2.4　谷物类原料的成分

谷物是人们赖以生存的最基本的食物，人体所需热量的80%、所需蛋白质的70%～80%是由谷物类食物提供的。在食品加工过程中，针对谷物的营养特性和加工特性，丰富和改善其营养价值和产品质量十分重要。

(1)蛋白质　谷物中的蛋白质按溶解性质可分为4类：清蛋白、球蛋白、醇溶谷蛋白、谷蛋白。清蛋白是水溶性蛋白质，其溶解度基本不受盐浓度的影响，受热凝结；球蛋白不溶于水而溶于低浓度盐溶液，但不溶于高浓度盐溶液，这类蛋白质具有典型的盐溶和盐析特性；醇溶谷蛋白是溶于70%乙醇溶液的蛋白质；谷蛋白是能溶于稀酸或稀碱的蛋白质。

谷物中的清蛋白和球蛋白主要存在于糊粉细胞、糠层和胚芽中，胚乳中含量很少。这两种蛋白质的氨基酸平衡性好，赖氨酸、色氨酸和蛋氨酸在其中的含量较高。醇溶谷蛋白和谷蛋白是谷物的储藏蛋白质，这两类蛋白质主要集中在胚乳中，而胚芽和谷皮中则没有。这两种蛋白质中的赖氨酸、色氨酸和蛋氨酸的含量都很低。

各种谷物中都含有特有的蛋白质，种类繁多，常混杂在一起不易分离。小麦中含有面筋蛋白质，它使小麦粉可夹持气体，能形成强韧性黏合面团，是小麦粉具有独特性质的根源。其他谷物蛋白质则没有任何程度的面团成型特性。

面筋蛋白质由两种主要的蛋白质组成：麦胶蛋白(醇溶谷蛋白)和麦谷蛋白(谷蛋白)，它们在面筋中的含量分别是43.02%和39.10%。除此之外，面筋中还含有4.41%的其他蛋白质。调制面团时，水分子与蛋白质的亲水基团相互作用，使之迅速吸收水分，同时，水分子还以扩散的方式进入蛋白质的分子中，使蛋白质产生胀润作用，此时，蛋白质胶粒像一个渗透袋,因胶粒内部可溶性成分的溶解,渗透压增大,从而加大了蛋白质的吸水程度。通常情况下,面筋的吸水量为干蛋白的180% ~200%。胀润作用的结果是使面团形成了坚实的面筋网,网络中包含了胀润性稍差的淀粉粒及其他非溶解性成分,这种网络就是所谓的湿面筋。面筋中的干物质除了以上所说的蛋白质外,还有2.8%的脂肪、2.13%的糖和6.45%的淀粉。

(2)淀粉　禾谷类粮食籽粒中的淀粉主要集中在胚乳的淀粉粒内,在糊粉层的细胞尖端也含有少量的、粒度很细的淀粉,薯类淀粉则集中在块根和块茎里。淀粉约占糖类的90%,另外10%的糖类是果胶、纤维素、低聚糖等。

淀粉的吸湿性很强,不溶于冷水,但在热水中能吸水膨胀糊化。不同来源淀粉的糊化温度不同。糊化之后的淀粉在低温静置条件下,其无序的淀粉分子又会自动排列成序,并由氢键结合成束状结构,使淀粉的溶解度降低,这就是淀粉的回生或老化。回生后的淀粉和生淀粉一样不易被淀粉酶作用,不容易消化,口感粗糙。因此,在米面制备中防止淀粉的回生是很重要的。添加适当的稳定剂和乳化剂对于防止淀粉的回生有一定的作用,如蒸馏单甘酯、卵磷脂等。但糊化之后的淀粉若进行迅速干燥,急剧降低其所含水分,则原先糊化的淀粉分子来不及重排,而以原来散乱的状态与邻近的分子联结固定下来。这种制品在加水复原后也与刚刚糊化好的淀粉一样容易消化,方便面和方便米饭的生产即基于这一原理。

在调制面团时,淀粉在面团的形成过程中能起到调节面筋胀润度的作用。在饼干生产中,对面筋弹性过大或面筋含量过高的面粉,适当添加5% ~10%的淀粉,对酥性面团面筋含量的降低或韧性面团弹性的降低都能产生良好的效果。

(3)脂肪　谷物中的脂肪大多存在于胚和种皮中,胚乳中的含量较少,一般不超过1%,所以谷物中的脂肪大多在其副产品中提出,如米糠油和玉米油。因为大多数粮食籽粒中的胚占整个谷粒的比重较小,因此,谷粒中的脂肪含量总体上讲是比较低的。粮谷类脂肪中的大部分脂肪酸为不饱和的油酸和亚油酸,这类必需脂肪酸的存在对谷物的营养价值具有重要意义。

在面制品中,不饱和脂肪酸的存在对产品的保存期有较大的影响,如无油饼干,虽然其脂肪含量很低,但由于不饱和脂肪酸的存在经常会引起酸败。

对于小麦面粉来说,其所含的微量脂肪对改变面粉的筋力有一定的影响。在面粉的储藏过程中,脂肪受脂肪酶的作用所产生的不饱和脂肪酸可使面筋弹性增大,延伸性及流变性变小,结果会使低筋粉变成中筋粉,中筋粉变成高筋粉。当然,除了不饱和脂肪酸产生的作用外,还与蛋白分解酶的活化剂——巯基化合物被氧化有关。陈粉的筋力比新粉的筋力好,就是这个道理。

(4)灰分　谷物中矿物质的总量用灰分来表示。实验证明,谷物中含有30种以上的化学元素,其中含量较高的有Ca,Mg,K,Na,Fe,P,S,Si,Cl等。在谷物加工中,常用灰分作为评价面粉等级的指标,成品的精度越高,灰分的含量越少,但从营养角度分析,矿物质含量越少则其补充矿物质的能力越差。

(5)维生素　谷物中不含维生素D,也不含维生素A,仅含有少量的类胡萝卜素。维生素E、维生素B_1、维生素B_2及维生素B_5的含量较高,一般缺乏维生素C。大部分维生素都分布在胚和糊粉层中,胚乳中含量很少。加工后大部分维生素转入副产品中,所以加工精度越高,保留下来的维生素就越少。如果不兼食其他含有维生素的食品,长期食用单一的面食制品,对人体的健康是不利的。尤其是某些焙烤食品,在经过高温处理后,维生素的含量更低。因此,维生素的强化对于焙烤食品来说是需要注意的一个问题。

2.1.2.5 乳类原料的成分

乳是哺乳动物乳腺的分泌物,是营养丰富、易于消化吸收的完全食物。乳制品加工主要用牛乳,其次是山羊乳。乳的成分十分复杂,含有上百种化学成分,主要包括水分、脂肪、蛋白质、乳糖、盐类以及维生素、酶类、气体等。以下以牛乳为例进行介绍。

(1)蛋白质 蛋白质是乳中的主要含氮物质,含量为3.0% ~3.5%,包括酪蛋白及乳清蛋白两大类,此外还有少量脂肪球膜蛋白。

(2)脂肪 乳中的脂肪以脂肪球的状态存在于乳浊液中。普通牛乳脂肪球直径范围为0.1 ~10.0 μm,通过均质处理,使脂肪球的平均直径接近1 nm时,脂肪球基本不上浮。

脂肪球为圆球形或椭圆球形,球面有一层5 ~10 nm厚的脂肪球膜。脂肪球膜具有保持乳浊液稳定的作用,它使脂肪球稳定地分散于乳中,即使在上浮分层后,仍然能保持着脂肪球的分散状态。在机械搅拌或化学物质作用下,脂肪球膜遭到破坏后,乳脂肪才能互相聚结,奶油生产及脂肪率测定就分别利用了这种作用。

牛乳中除含有脂肪之外,还含有很少量的磷脂(0.2% ~1.0%)及微量的固醇(0.25% ~0.40%)和游离脂肪酸。

(3)乳糖 牛乳中的糖类主要是乳糖,占牛乳的4.6% ~4.7%,在乳中以溶解状态存在。乳糖是乳中特有的糖类,甜味比蔗糖弱,为蔗糖的1/6 ~1/5。除乳糖外,在乳中也有极少量的葡萄糖、半乳糖等存在。

对初生婴儿来说,乳糖是很适宜的糖类。一般动物在出生后消化道内分解乳糖的酶最多,其后趋于减少。有一部分人随着年龄的增长,消化道内呈现缺乏乳糖酶的现象,饮用牛乳时发生腹泻等症状,被称为乳糖不耐受症。乳糖不耐受症在有色人种中比例较高。

(4)维生素 牛乳中几乎含有所有已知的维生素,特别是维生素B_2的含量很丰富,但维生素D的含量不高,若作为婴儿食品时应进行强化。

乳中维生素的含量受泌乳期和饲料的影响。但不同维生素所受影响不同,如B族维生素可由瘤胃中的微生物合成,其所受影响就较小或不受影响。

(5)无机物 牛乳中无机物含量为0.35% ~1.21%,平均为0.7%左右。主要包括磷、钙、镁、氯、钠、硫、钾等。乳中的钾、钠大部分以氯化物、磷酸盐及柠檬酸盐形式呈可溶性状态存在;而钙、镁则与酪蛋白、磷酸及柠檬酸结合,一部分呈胶体状态,另一部分呈溶解状态存在。

牛乳中无机盐的含量虽然是微量的,但对牛乳加工(特别是对其热稳定性)起重要作用。牛乳中的盐类平衡(特别是钙、镁和磷酸、柠檬酸之间的平衡),对于牛乳的稳定性具有非常重要的意义。很多情况下,牛乳发生不正常凝固是钙、镁过剩所导致的,这可以通过向牛乳中添加磷酸钠盐或柠檬酸钠盐以维持盐类的平衡。生产淡炼乳时常利用这种特性,向牛乳中添加这些稳定剂。

2.1.2.6 蛋的化学成分

禽蛋的化学成分主要是水分、蛋白质和脂肪,其次还有矿物质、维生素和糖类。禽蛋各种化学成分的含量受家禽种类、品种、饲料、产蛋期、环境等因素的影响,变化较大。

(1)蛋壳的成分　蛋壳主要由无机物构成,无机物含量占蛋壳的94% ~97%,有机物占3% ~6%。无机物中主要是碳酸钙(约占93%),其次有少量的碳酸镁(约占1.0%),以及磷酸钙和磷酸镁等。有机物中主要为蛋白质,属于胶原蛋白,其中约含16%的氮、3.5%的硫。禽蛋的种类不同,蛋壳的化学组成也有差异。

(2)蛋白的成分　蛋白的主要成分是水分,含量为85% ~89%,其次是蛋白质,含量为11% ~13%。蛋白质有40多种,含量较多的有12种,其中卵白蛋白、卵伴蛋白(卵铁传递蛋白)、卵黏蛋白、卵类黏蛋白、溶菌酶和卵球蛋白等是主要的蛋白质。糖类在蛋白中含量较少,为1% ~3%,主要是葡萄糖,乳糖极少。蛋白中维生素含量较蛋黄低,主要是维生素 B_2。蛋白中含微量的脂肪,约为0.02%。蛋白中矿物质含量不足1%,主要有钾、钠、钙、镁、磷等。

(3)蛋黄的成分　蛋黄占整个蛋重的1/3左右。蛋黄中干物质含量约50%,是蛋白中干物质的4倍,主要成分是蛋白质和脂肪。蛋白质含量为15%左右,主要有低密度脂蛋白、高密度脂蛋白、卵黄高磷蛋白、卵黄球蛋白等。蛋黄中含有30% ~33%的脂肪,其中三酰甘油占20%,其余是以磷脂为主体的复合脂肪以及类固醇等。蛋黄中含有各种色素,因此使蛋黄呈现黄色至橙黄色。蛋黄中含有丰富的维生素,包括维生素A、维生素 B_1、维生素 B_2、维生素 B_6、维生素D、维生素E、维生素K等。蛋黄中的无机成分以磷最为丰富,占灰分总量的60%,其次为钙。蛋黄中所含糖类与蛋白中类似。

2.2　食品辅料

2.2.1　调味品

调味品是指增加、改变、调节食品滋味的一类物质,其在饮食、烹饪及食品生产中能够调整或调和食物口味,被广泛应用。调味品的添加可以改善食品的感官性质,使食品更加美味,并有促进消化液的分泌和增进食欲的作用。某些调味品还具有一定的营养价值。

2.2.1.1　调味品的种类

食品加工中使用的调味品种类较多:按来源分为动物性、植物性、矿物性和化学合成类,有天然的,也有人工制造的;按状态分为液态、油态、粉状、粒状、糊状、膏状,有鲜品,也有干品;按加工过程分为酿造类、腌制类、鲜菜类、干品类、水产类及其他类;按其组成又可分为单味调味品和复合调味品两类。

(1)单味调味品　单味调味品是基础调味品,主要有:咸味,如精盐、粗盐、酱油等;甜味,如各种糖类、蜂蜜以及各种果酱等;酸味,如醋、酸梅酱、山楂酱等;辣味,如辣椒粉、胡椒粉、姜、芥末等;苦味,如杏仁、柚皮、陈皮等;鲜味,如味精、虾子、蟹子等。

(2)复合调味品　复合调味品是指将两种或两种以上的单味调味品按一定比例混合后,得到的具有数种风味效果的混合调味品。复合调味品是一类针对性很强的专用型调味品,广泛用于中、西餐烹饪中。从调制菜方面看,其比单味调味品在味型、颜色、香味上更具优势。

复合调味品按用途不同可分为佐餐型、烹饪型及强化风味型；按所用原料不同可分为肉类、禽蛋类、水产类、果蔬类等；按口味分为麻辣型、鲜味型和杂合型等。在中华人民共和国国标 GB/T 20903—2007《调味品分类》中基本以形态将其分为三大类：固态、半固态和液态。

1）固态复合调味品　固态复合调味品以两种或两种以上的调味品为主要原料，添加或不添加辅料，加工而成的呈固态的复合调味品。根据加工产品的形态又分为粉状、颗粒状和块状。粉状的有咖喱粉、五香粉、十三香、烧烤料、美味椒盐、胡辣汤调料等；颗粒状的有鸡精等；块状的有牛肉汤块、鸡肉汤块、官庄香辣块等。

2）半固态复合调味品　半固态复合调味品以两种或两种以上的调味品为主要原料，添加或不添加辅料，加工而成的呈半固态的复合调味品。根据所加增稠剂量不同，黏稠度不同，又可分为酱状和膏状。

酱状调味品包括各种复合调味酱，如风味酱、蛋黄酱、沙拉酱、芥末酱、虾酱；膏状复合调味品，如各种肉香调味膏、麻辣香膏等。半固态调味品还包括火锅调料（底料和蘸料）。

3）液态复合调味品　液态复合调味品以两种或两种以上的调味品为主要原料，添加或不添加辅料，加工而成的呈液态的复合调味品。如鸡汁、糟卤、烧烤汁等。

2.2.1.2　调味品的主要作用

我国传统有“五味调和百味鲜”的说法，由此可见调味品的重要性。调味品在食品加工中的基本作用包括如下几方面。

（1）赋予产品滋味　许多食品原料本身无味或无诱人的风味，添加调味品后即可赋予食品各种味感。

（2）除异矫味　某些食品原料带有腥、膻、臭、臊等不良异味，使用调味品可起到去除或掩盖这些不良异味的效果。

（3）确定食品的味型　某些食品加入调味品后，可赋予食品特定的味型，如甜香味型、麻辣味型、鱼香味型等。

（4）增加香气　恰当地使用调味品可突出食品的香气成分。

（5）着色　食品中若添加有颜色的调味品，则会赋予食品特定的色泽，从而产生诱人而美观的感官效果。

（6）增加食品的营养成分　某些调味品中含有一定的营养成分，如含有某些食品中较少或易缺乏的营养物质，加入食品中后，起到营养强化的作用。

（7）食疗养生　许多调味品含有保健药用成分，尤其是香辛调料，可起到一定的食疗、养生的作用。

（8）杀菌、抑菌及防腐　许多调味品中含有杀菌、抑菌、防腐的化学物质，加入食品中后，可延长此类食品的保质期。

（9）改善口感　某些调味品可影响食品的黏稠度和脆嫩度等物理性质，从而影响食品的口感。

2.2.1.3　常用单味调味品的种类

（1）食盐　食盐有“百味之王”之称，是最为重要的调味品之一。优质食盐色泽洁白、呈透明或半透明状,晶粒整齐,晶粒间缝隙小,表面光滑坚硬,具有正常的咸味,无异味。生产上,有时还使用一些调味盐,如辣味盐、五香盐、胡椒盐等。

食盐是人体正常生理机能不可缺少的物质之一,除了具有调味作用外,对人体具有保持正常渗透压和体内酸碱平衡的作用。食品加工过程中,食盐还具有抑菌、防腐、保鲜的作用。

(2)糖　糖是使用较多的一种调味品,生产中经常使用的糖包括:白砂糖、红糖、冰糖、饴糖、蜂蜜、葡萄糖、山梨糖醇、甜叶菊、蛋白糖等。

糖在食品加工中主要起到赋予产品甜味,增加产品色泽的作用。此外,糖还是为人体提供能量的主要物质之一,高浓度的糖还有一定的抑菌作用。

(3)酒　调味用的酒主要是黄酒(如绍兴酒),有时也用葡萄酒、白兰地等,由于酒中含有醇、醛、酯等呈味物质,高温时可释放出一定的香气。此外,酒还具有去膻除腥及一定的杀菌作用。调味酒不可滥用,否则易产生不良气味。

(4)酱油　酱油是家庭烹调中使用最多的一种调味品。其成分主要包括:无机盐、色素、多种氨基酸、有机酸、维生素、醇类、酯类等。酱油中的盐分具有调味和抑菌作用;所含的各种氨基酸可增加食品的鲜味;所含的醇类、酯类可增加食品的香气;所具有的颜色对食品也有一定的着色作用。

优质酱油应具有正常的色泽、气味和滋味,无苦、涩、酸、霉等异味,不混浊,无沉淀,无霉变,食盐含量为16% ~18%,且卫生指标符合《食品卫生法》的要求。

(5)食醋　食醋是以粮食为原料,经发酵酿制而成的一种常用的调味品。它不仅可增加食品的味道,软化植物纤维,且能溶解动物性食品中的骨质,促进人体对钙、磷等元素的吸收。

食醋中含有多种氨基酸,在食品中加入食醋,醋中的醋酸能与食品中的脂肪发生酯化作用,产生芬芳的香气,既有增鲜、解腻、去腥、调香的作用,同时还可在加工食品过程中减少维生素的损失。食醋对葡萄球菌、嗜盐菌、大肠杆菌等具有抑制和杀灭作用。此外,食醋还具有一定的保健功能。优质食醋应为粮食酿造,具有正常的色泽、气味和滋味,无混浊、霉斑、浮膜及沉淀。

(6)大蒜　大蒜是百合科葱属植物大蒜的鳞茎,分为紫皮蒜和白皮蒜两种。大蒜具有治疗高血压、杀菌、控制内分泌的功能,且可调节人体对脂肪、糖类的消化、吸收,对保护神经系统和冠状动脉等器官也具有积极的作用。大蒜中含有一种特殊的含硫氨基酸——蒜氨酸,在蒜氨酶的作用下,可分解出一种具有强烈杀菌作用的挥发性成分——蒜素。蒜素的杀菌作用极强,是一种很好的天然植物抗生素。

大蒜作为一种调味品,具有较强的去腥、解腻功能。大蒜如与姜、葱、酒、醋、酱油、食盐、味精、糖等各种调料调配,可形成多种复合风味。

(7)葱　葱又称为大葱、葱白,是百合科葱属植物葱的鳞茎及叶。葱中含有葱蒜辣素,有健胃、缓泻、营养、抑菌、驱虫等功能。在食品加工中,葱有增香、去腥的作用。

(8)辣椒　辣椒又称为番椒、大椒、辣子。辣椒的营养价值很高,维生素C的含量非常丰富,居各类蔬菜之首。此外,还含有丰富的钙、磷、铁等矿物质。辣椒中含有大量的辣椒碱,辣椒碱中的辣椒素是辣椒辣味的主要来源。辣椒调味时,有使风味倍增的作用。

(9)生姜　生姜是姜科姜属植物姜的根状茎,可鲜食,也可干制用于调味。生姜中含有0.25%～3%的挥发油，其中含有姜醇、龙脑、芳樟醇、水芹烯、桉油精等成分，因此具有特殊的芳香；此外，生姜中还含有姜辣素、姜酮等风味物质，生姜具有较强的抗氧化能力和调味、去腥作用，是一种常用的调味物质。

2.2.1.4 常见复合调味品的种类

（1）常见固态复合调味品

1）咖喱粉　印度的传统调味品，以姜黄、白胡椒、小茴香、八角、花椒、芫荽子、桂皮、姜片、辣根、芹菜籽等20多种香辛料混合研磨而成粉状、各种风味统一、味香辣、色鲜黄的西式混合香料。主要用此调味品制备咖喱牛肉、咖喱肉片、咖喱鸡等肉制品。

2）五香粉　五香粉由多种香辛料配制而成，常用于中国菜肴的烹制，在世界上广为流传。常用茴香、花椒、肉桂、丁香、陈皮5种原料配制而成，香味突出、丰满、和谐。

3）鸡精调味品　以味精、食用盐、鸡肉或鸡骨的粉末或其浓缩抽提物、呈味核苷酸二钠及其他辅料为原料，添加或不添加香辛料和（或）食用香料等增香剂，经混合、干燥加工而成，具有鸡的鲜味和香味的复合调味品（其标准参见SB/T 10371—2003）。鸡精产品更注重鲜味，所以味精含量较高。

4）牛肉粉调味品　以牛肉的粉末或其浓缩抽提物、味精、食用盐及其他辅料为原料，添加或不添加香辛料和（或）食用香料等增香剂，经加工而成的具有牛肉鲜味和香味的复合调味品。

5）排骨粉调味品　以猪排骨或猪肉的浓缩抽提物、味精、食用盐和面粉为主要原料，添加香辛料、呈味核苷酸二钠等其他辅料，经混合干燥加工而成的具有排骨鲜味和香味的复合调味品。

6）海鲜粉调味品　以海产鱼、虾、贝类的粉末或其浓缩抽提物、味精、食用盐及其他辅料为原料，添加或不添加香辛料和（或）食用香料的增香剂，经加工而成的具有海鲜香味和鲜美滋味的复合调味品。

7）其他固态复合调味品。

（2）常见半固态复合调味品

1）风味酱　风味酱以肉类、鱼类、贝类、果蔬、植物油、香辛调味品、食品添加剂和其他辅料配合制成的具有某种风味的调味酱。

2）沙拉酱　沙拉酱为西式调味品，以植物油、酸性配料（食醋、酸味剂）等为主料，辅以变性淀粉、甜味剂、食盐、香料、乳化剂、增稠剂等配料，经混合搅拌、乳化均质制成的酸味半固态乳化调味酱。

3）蛋黄酱　蛋黄酱为西式调味品，以植物油、酸性物为配料（食醋、酸味剂）、蛋黄为主料，辅以变性淀粉、甜味剂、食盐、香料、乳化剂、增稠剂等配料，经混合搅拌、乳化均质制成的酸味半固态乳化调味酱。

4）火锅底料　火锅底料以动植物油脂、辣椒、蔗糖、食盐、味精、香辛料、豆瓣酱等为主要原料，按一定配方和工艺加工制成的，用于调制火锅汤的调味品。

5）火锅蘸料　火锅蘸料以芝麻酱、腐乳、韭菜花、辣椒、食盐、味精和其他调味品混合配制加工制成的，用于食用火锅时蘸食的调味品。

（3）常见液态复合调味品

1）鸡汁　以磨碎的鸡肉、鸡骨或其浓缩抽提物以及其他辅料等为原料，添加或不添加香辛料和(或)食用香料等增香剂加工而成的,具有鸡的浓郁鲜味和香味的汁状复合调味品。

2)糟卤　以稻米为原料制成黄酒糟,添加适量香料进行陈酿,制成香糟,然后萃取糟汁,添加黄酒、食盐等,经配制后过滤而成的汁液。

3)其他液态复合调味品　除鸡汁调味品、糟卤等以外的其他液态复合调味品。如烧烤汁,以食盐、糖、味精、焦糖和其他调味品为主要原料,辅以各种配料和食品添加剂制成的用于烧烤肉类、鱼类时腌制和烧烤后涂抹、蘸食所用的复合调味品。

2.2.2　香辛料

香辛料是指各种具有特殊香气、香味和滋味的植物全草、叶、根、茎、树皮、果实或种子,如茴香、陈皮、胡椒、八角等,用以提高食品风味。

2.2.2.1　香辛料的主要作用

(1)赋香作用　人类最初发现的香辛料的功用是其赋香作用,各种香辛料都具有其独特的香气精油成分,主要是赋予食品令人愉快的香味。具有这种芳香的香辛料主要有:甘椒、八角茴香、月桂叶、老鼠瓜、小豆蔻、芹菜籽、肉桂、丁香、芫荽、小茴香、大蒜、姜、豆蔻皮、薄荷、肉豆蔻、洋葱、洋芫荽、迷迭香、鼠尾草、茵陈蒿、百里香、姜黄、香草等。

(2)矫味作用　将香辛料添加于食品中,可抑制鱼的腥味或掩饰食品令人讨厌的气味。具有这种矫味作用的香辛料主要有:甘椒、月桂叶、丁香、芫荽子、小茴香、大蒜、姜、豆蔻皮、肉豆蔻、洋葱、胡椒、迷迭香、鼠尾草、八角茴香、百里香等。

(3)辛辣作用　某些香辛料具有辣味,有增进食欲的作用。这种具有辣味作用的香辛料主要有:辣椒末、红椒、姜、豆蔻皮、芥菜籽、肉豆蔻、洋葱、姜黄、花椒、山葵等。

(4)着色作用　某些香辛料用在食品上,其天然色素可作为地方性菜肴的特定着色物质或提供食品美观的色泽。具有着色作用的香辛料主要有:胭脂木、红椒、姜、芥末、罂粟子(油)、番红花、姜黄等。

2.2.2.2　常用香辛料的种类

(1)八角茴香　八角茴香又称为八角、大料,是木兰科八角属植物八角的果实。它具有特殊的香味,是一种辛辣味的调味品,食用后有刺激消化、兴奋精神的作用。果实中含5%左右的挥发油,挥发油含茴香醚80%~90%,其主要成分包括蒎烯、水芹烯、黄樟醚、甲基胡椒酚等。

八角茴香一般秋季采收,优质成品色泽棕红,鲜艳有光泽,颗粒肥大,不脱粒,不破碎,干燥。食品加工中,一般用作酱卤肉制品的香料,腌制酱菜、加工五香食品的调料等。

(2)小茴香　小茴香又称为茴香、香丝菜、谷茴香,它是伞形科小茴香属多年生草本植物小茴香的成熟果实,具有强烈的香辣气味。果实中含挥发油3%~8%,主要成分为茴香醚(50%~60%)、右旋小茴香酮(18%~20%),并含有柠檬烯、蒎烯、二戊烯、茴香醛等成分。

小茴香一般秋季采收,优质成品色泽黄绿,颗粒饱满,气味香辣,无杂质。它是蔬菜、肉制品加工中常用的香料。

(3)花椒　花椒又称为山椒、香椒、大花椒,是芸香科花椒属植物花椒的果皮。它具有较强的麻辣、涩味及强烈的芳香气味，有刺激食欲及防腐、杀菌的效果。花椒挥发油中主要含有异茴香醚等成分。

花椒一般秋季采收，优质成品壳色红艳，壳内不含籽粒，香气浓郁，麻辣味足。多用于酱卤制品及菜肴的调味。

(4)肉桂　肉桂又称为安桂、薄桂、官桂、桂心、菌桂、牡桂、玉桂、树桂，它是樟科樟属肉桂的树皮。肉桂皮具有特殊的芳香气，味辛烈，微带收敛性。含有1%～2%的桂皮油，油中的主要成分为桂皮醛、丁香酚和水芹烯等。

肉桂以秋季7～8月份剥下的树皮质量较好。优质肉桂是用30～40年老树的树皮加工而成，其外皮细，肉厚，断面紫红色，油性大，香气浓郁，味甜辣，是肉制品加工中使用较多的一种调味香料。

(5)甘草　甘草又称为粉草、灵草、密草、甜草根、红苷草，它是豆科甘草属植物甘草的根状茎或根。味甘而香，含有6%～14%的甘草酸及部分甘草苷。

甘草一般秋季采摘，优质甘草外皮紫褐，结构紧密细致，质地坚实饱满。常作为甜味剂或作为调味香料使用。

(6)橘皮(陈皮)　陈皮又称为青皮和甜皮，是芸香科柑橘的干果皮。有芳香且味稍苦，可消痰、化食、增进食欲，并有兴奋心脏、血管，降低胆固醇的作用。橘皮中含挥发油1.5%～2%，主要成分为柠檬烯和柠檬醛等。

一般在10～11月份果实成熟时采收，剥下果皮晒干即可。常用于酱卤制品的加工，可增加产品的复合香味。

(7)山柰　山柰又称为山辣、三柰、砂姜、三籁，是姜科山柰属植物山柰的地下茎。味辛辣性温和，有似樟脑香气，可去湿和胃，行气止痛。山柰中含挥发油3%～4%，主要成分为对甲氧基桂皮酸、桂皮酸、龙脑和桉油精等。山柰一般于11月份挖出，经洗净、切片、晒干即成。常用于肉制品、酱卤制品的香辛料。

(8)胡椒　胡椒分为黑胡椒、白胡椒，是胡椒科胡椒属植物胡椒的果实。胡椒是一种高档的调味品原料，具有强烈的芳香和辛辣味，有去腥解膻，开胃增食的作用。胡椒含有1%～2%的挥发油，主要成分包括水芹烯和丁香烯。胡椒中还含有约6%的胡椒碱、辣树脂和胡椒脂碱等成分。

胡椒按其加工方法的不同，得到黑胡椒和白胡椒两种产品。黑胡椒通常以未成熟或自行落下的果实，经开水浸泡数分钟或堆积发酵后，再于日光下曝晒数天，使表皮皱缩变黑，干透后揉出胡椒粒，即为黑胡椒。若将果实采下后装入袋中，在流水中浸泡7～10 d，使果皮腐烂，揉去果皮，将籽粒用水冲净后，晒干即得白胡椒。

胡椒的品质要求：颗粒均匀硬实，干燥，不空心，不霉蛀，香辣味强烈，白胡椒应表面薄而白净，黑胡椒要求表皮光滑，不易脱落。胡椒在食品加工中通常加工成粉末，作为调味配料使用。

(9)丁香　丁香又称为丁子香、公丁香、鸡舌香、母丁香，是桃金娘科丁香属植物丁香的花和果实。丁香花蕾干燥后具有特异的芳香气味，性辛温、无毒，有健胃、暖胃和消毒的作用。丁香花蕾中含挥发油14%～20%，主要成分为丁香酚、乙酰丁香酚和丁香烯等。

丁香花蕾先呈白色，随后变为绿色，最后呈鲜红色。当花蕾呈鲜红色时即可采摘，采后的花蕾去除花梗后晒干即可。优质成品朵大，含油量多，香气浓郁。由于丁香的香气较为浓郁,可作为其他异味的掩盖剂使用,且丁香在调味时的用量较少。

(10)砂仁　砂仁又称为缩砂密、阳春砂仁、白砂仁、春砂仁,是姜科豆蔻属植物阳春砂的果实,主产于我国广东省阳春市。砂仁味辛有香气,且气味芳香浓烈。砂仁中含挥发油1.7%～3%,主要成分为右旋樟脑、乙酸龙脑酯和芳樟醇等。

砂仁6～9月结果,优质砂仁个大、坚实,气味浓郁。砂仁常作为调味品或香料的配料,含有砂仁的制品清凉可口,风味独特,并具有清凉感。

(11)肉豆蔻　肉豆蔻又称为肉果、肉蔻、玉果,是豆蔻科肉豆蔻属植物肉豆蔻的种仁。肉豆蔻中含有8%～15%的挥发油,其主要成分有肉豆蔻醚、异丁香酚、右旋蒎烯、左旋龙脑、右旋芳樟醇等。此外,肉豆蔻中还含有25%～40%的脂肪、23%～32%的淀粉及少量的蛋白质。肉豆蔻味辛,极芳香,是酱卤制品常用的香料,具有很强的调味作用。

(12)豆蔻　豆蔻又称为漏蔻、草果、圆豆蔻、紫蔻,是姜科豆蔻属植物白豆蔻的种子,豆蔻具有暖胃消食、行气止呕的功效。豆蔻挥发油中主要含有豆蔻素、右旋龙脑、右旋樟脑等成分,豆蔻具有良好的调味作用,在肉类食品加工中广泛应用。

(13)草豆蔻　草豆蔻又称为草蔻、草蔻仁,是姜科山姜属植物草蔻的种子。草豆蔻味辛性温,有芳香气,有祛湿祛寒、和胃止吐的作用。草豆蔻含有大约1%的挥发油,主要成分为山姜素,是较为常用的一种调味物质。

(14)月桂叶　月桂叶又称为天竺桂,月桂叶有理气止痛、温中散寒的作用。月桂叶中含有大约1%的挥发油,主要成分为丁香酚、黄樟醚、甲基丁香醚、桉油精等。月桂叶具有良好的调味作用,在肉类食品加工中广泛应用。

(15)辣根　辣根是蓼科蓼属植物辣蓼的根。辣根有降血压作用,并对痢疾杆菌、伤寒杆菌、绿脓杆菌、变形杆菌以及大肠杆菌等均有抑制作用。辣根挥发油中的主要成分为单宁和黄酮类物质。辣根常作为辛辣味香料和配制咖喱粉的原料使用。

(16)孜然　孜然又称安息茴香、藏茴香。黄绿色或暗褐色,形如小茴香,稍大一些。色泽新鲜、果实饱满者为佳。一般待其果实干燥后加工成粉备用。西北地区少数民族常用来加工肉食,有去除肉类的腥膻味和增香的作用,也可用于糕点、泡菜和洋酒的加工、增香。

(17)芥子　芥子又称芥菜籽、青菜籽、白芥子、黄芥子,白芥子是十字花科白芥属植物白芥的种子。白芥子主要成分为白芥子苷、芥子酶等;黄芥子主要成分为芥子碱、芥子酶、芥子酸等。食用时取其种子制成芥末或提取芥末精油以调和滋味。芥末具有尖刺的热感、辛辣味及冲鼻和催泪的作用。

(18)姜黄　姜黄又称沉郁、黄姜、毛姜黄等,是姜科姜黄属植物,取其地下根茎作为调味品。姜黄是近似甜橙与姜、良姜的混合香气,回味微辣、苦。主要呈味物质为姜黄酮、芳香黄酮、姜烯、姜黄素等。中医入药,味辛、苦,性温,有行气破瘀、通经止痛的作用。

2.2.3　水

水是食品生产中的主要或辅助原料之一,水质的好坏直接影响所加工食品的质量。了解水的各种性质和用水的处理,确保水质符合要求是进行食品生产的首要前提。

2.2.3.1　食品加工对水的要求

(1)食品加工对水质的要求　水对食品加工是极其重要的原料和辅助剂。特别是酿酒、软饮料、罐头等加工行业对水的需要量很大。在食品生产中无论是生产用水还是生活用水,都要求清洁卫生,不受污染。一般食品加工如粮油、肉禽、水产、乳制品、酿造调味品的加工等用水应符合《生活饮用水卫生标准》(GB 5749—2006)。但不同的食品加工工艺对水质的要求也不尽相同,其取决于加工制品的质量、性质和等级的不同要求。如啤酒生产用水包括多种,以糖化用水最重要,直接影响啤酒质量。我国青岛啤酒之所以质量好与崂山泉水是分不开的。

(2)食品加工环境对水质的要求　食品加工作业的各种环境的条件是不一致的,对水质的要求也有所不同。

1)洗涤用水　原料的洗涤用水关系到原料能否合格,因而洗涤水应达到生活饮用水的要求。经过洗涤可除去附着在原料上的尘土、泥沙、残留药剂及微生物。有的原料由于残留有药物还可以将氧化剂,如高锰酸钾、漂白粉等加入水中,增强洗涤作用。在水的硬度上,除果蔬腌渍制品可用硬水外,其余均用软水。在洗涤方法上用流动水清洗,洗瓶用水:洗瓶用水在洗瓶的各个环节要求不一,特别是重复使用瓶,为了达到瓶的卫生质量标准,在浸瓶时常用质量分数为2.0%~3.5%的 NaOH 溶液,55 ℃浸泡 10~20 min,然后再刷瓶、冲瓶、杀菌。冲洗水应使容器达到质量要求,如每 100 个合格瓶中,要有 80 个以上瓶内活细菌达如下标准:汽水瓶<10 个/瓶、啤酒瓶<20 个/瓶。食品机械的清洗用水:应与洗瓶用水的水质一致。

2)地面的清洗用水　除了为除去油污及其他污染物应在水中加入一定浓度的 NaOH 溶液外,清洗用水应达到生活饮用水标准。

3)冷却水　罐头食品的冷却水,由于罐内的真空度较高,会产生倒吸现象,使极微量水渗入罐内,如果水质卫生指标差,则有可能引起食品被微生物污染。所以在罐头食品的冷却中,一般要求水中的氯含量达 2~3 mg/L,细菌总数<50 个/mL。还有一些设备在生产的过程中需要冷却水的冲淋,如蒸馏,应尽量减少水质中对设备的腐蚀的成分。

4)锅炉用水　由于加热水垢的形成,造成传热减慢,且增加耗煤量,造成极大浪费,所以加工厂的锅炉用水必须软化。在水垢厚度达 0.05 mm 时,多使用燃料 2%,厚度达 4 mm时,多使用燃料达 10%,更为严重时甚至引起爆炸事故。因而水质软化至关重要,应用 4 度以下的软水。

2.2.3.2　生产用水的水源

生产用水的水源主要有地表水、地下水、自来水等。

(1)地表水　地表水指江水、河水、湖水及水库中的水。地表水在地面流过,溶解的矿物质较少,但水流中夹杂了较多的悬浮颗粒,包括黏土、砂;此外,地表水与植物及腐烂物质接触,有机杂质、细菌也夹杂其中。总之,地表水所含杂质的种类和数量,由于所处的自然条件不同及受外界因素的影响不同而有很大的差异,特别是我国幅员辽阔,河流纵横,因此,引入和净化地表水的投资较大,一般较少使用地表水。

(2)地下水　地下水指井水和泉水等。它是由地表水通过土壤、岩缝等渗入地下而形成的。在经过地层的过程中,溶入了各种可溶性矿物质,水的硬度一般较高。由于水透过地质层时,形成了一个自然的过滤过程,因此地表水中的泥沙、悬浮物及部分细菌可被滤除,水质比较澄清。

(3)自来水　自来水是取自于地表水或地下水,并经自来水厂采用澄清、过滤、消毒等工序处理过的水,一般符合饮用水的卫生标准。但近年来,由于城市工业废水及生活污水大量超标准排入江河湖泊,使自来水水源的水质不断下降,给自来水厂的水处理增加了很多困难,自来水的水质也难以保证。因此,使用前有必要根据具体情况对水源中的残留氯、金属离子、硬度、微生物等指标进行检测,并做出相应的处理。

2.2.3.3　天然水中可能存在的杂质

天然水中杂质大致可分为三大类:悬浮物质、胶体物质和溶解物质。

(1)悬浮物质　天然水中凡是粒度大于0.2 μm的杂质统称为悬浮物质。这类杂质主要包括泥沙、动植物残屑、浮游生物(如蓝藻类、绿藻类、硅藻类)及微生物。

(2)胶体物质　胶体物质的大小大致为0.001 ~0.20 μm。具有光被散射而呈混浊的丁达尔现象,颗粒之间产生电性斥力,始终稳定在微粒状态而不能自行下沉,形成胶体稳定性。

(3)溶解物质　这类杂质的微粒在0.001 μm以下,以分子或离子状态存在于水中,溶解物主要是溶解气体、溶解盐类和其他有机物。溶解气体主要有 O_2 和 CO_2,此外有 H_2S 和 Cl_2 等。溶解盐类是指天然水中含溶解盐的种类和数量,因地区不同差别很大,这些无机盐构成了水的硬度和碱度。

1)硬度　硬度是指水中离子沉淀肥皂的能力。水的硬度取决于水中钙、镁盐类的总含量,即水的硬度大小通常是指水中的钙离子和镁离子盐类的含量。

硬度分为总硬度、碳酸盐硬度和非碳酸盐硬度。碳酸盐硬度(暂时硬度),主要化学成分是钙、镁的重碳酸盐,其次是钙、镁的碳酸盐。经加热煮沸,硬度大部分可除去,故又称暂时硬度。非碳酸盐硬度(永久硬度),表示水中钙、镁的氯化物、硫酸盐、硝酸盐等盐类的含量。这些盐类经加热煮沸,硬度不变,故又称永久硬度。总硬度是暂时硬度和永久硬度之和。

硬度通用单位为mmol/L,也可用德国度表示,即1 L水含有10 mg CaO为硬度1度。水的总硬度把水分为以下几种:0 ~4度为最软水、4 ~8度为软水、8 ~16度为中等硬水、16 ~20度为硬水、30度以上为极硬水。

2)碱度　水中碱度取决于天然水中能与 H^+ 结合的 OH^-,CO_3^{2-} 和 HCO_3^- 的含量,以mmol/L表示。天然水中通常不含 OH^-,CO_3^{2-} 含量也很少,大多以 HCO_3^- 形式存在。一般饮用水pH值为6.5 ~8.5,少数地区可达9。

2.2.3.4　水质处理的常用方法

水源为天然水时,再根据加工需要对水进行针对性的处理,常规的水处理方法如下。

(1)水的澄清　采用江河水作为水源在水的澄清中采用以下方法。

1)自然澄清法　将含有泥沙的浑水,放置于储水池中,静置适当时间,待其澄清后除去沉淀物,便可得到清水。自然澄清法很简单,但花费时间较长,一般可除去60% ~70%的悬浮物及泥沙。

2)加入混凝剂澄清　在水中加入混凝剂,吸附水中的悬浮物及胶体,产生下沉。不仅可将水澄清,并可降低水的暂时硬度。常用的混凝剂有铝盐(如硫酸铝、明矾)、铁盐(如硫酸亚铁、硫酸铁及氯化铁等)。水流速度与投入的混凝剂量呈正比例,按水的混浊度经混凝实验后确定用量。硫酸铁一般用量约为5 ~10 mg/L水、硫酸亚铁约为5 ~

20 mg/L水、硫酸铝约为25～100 mg/L 水。铝盐要求原水的pH 值为6.5～7.5，铁盐要求pH 值为6.1～6.4，这样效果最好。

（2）水的软化　常用的水的软化方法包括加热软化法、石灰苏打法、离子交换法、电渗析法、快速胶凝法、反渗透法和超滤法等。

1）加热软化法　随着温度、压力升高，钙、镁的碳酸氢盐因发生化学变化，以 $CaCO_3$，$MgCO_3$和 $Mg(OH)_2$的形式沉淀出来，因此水中大部分 Ca^{2+}，Mg^{2+}被除去。

2）石灰苏打法　石灰苏打法是一种传统式的有效的水处理方法，水处理中常采用该法。因为大量处理水，不可能用加热法来除去暂时硬度，加石灰可除去暂时硬度、加碳酸钠可除去永久硬度，适宜于碳酸盐硬度高、非碳酸盐硬度较低、不要求高度软化的水。

石灰可先配成饱和溶液，再与碳酸钠一同加入水中搅拌，待盐类沉淀后，再过滤除去沉淀物。实践证明，在总硬度为9.31 度的水中（其中不含非碳酸盐），按每立方米水加入161 g 石灰，总硬度可以降至1.13～2.24 度；如果在总硬度为10.8 度的水中（其中含非碳酸盐0.475 mmol/L），按每立方米水加入141 g 石灰和125 g 碳酸钠也可以使其总硬度降至上述程度。方便、经济、效果好。

3）离子交换法　硬水通过离子交换剂层软化，即得到软水，硬度可降低至0.005 mmol/L以下。离子交换能力失效后，经过再生可恢复其软化能力。用来软化硬水的离子交换剂有钠离子交换剂、氢离子交换剂两种。

离子交换剂软化水的原理：水中的 Ca^{2+}，Mg^{2+}被交换剂的 Na^+，H^+置换，而成软水。当钠离子交换剂中的 Na^+全部被 Ca^{2+}，Mg^{2+}置换后，交换就失效，这时就可用5%～8%食盐溶液进行再生（还原），即用 Na^+把交换剂中的 Ca^{2+}，Mg^{2+}置换出来。经再生以后，离子交换剂又恢复了置换 Ca^{2+}，Mg^{2+}的能力。经钠离子交换软化的水，不能除碱，碱度没有变化。同理，硬水经氢离子交换剂 R-H 处理后，硬水中的 Ca^{2+}，Mg^{2+}被 H^+置换，使水软化。氢离子交换剂失效后，用质量分数为1.0%～1.5%硫酸溶液再生。软化的水生成相应的酸，酸度不变。为了得到呈中性的软水，改变水的酸碱度，可用 H-Na 离子交换剂装置进行酸碱中和，而得到呈中性、酸碱适宜的软水。

4）电渗析法　电渗析法是比较先进、实用的方法。电渗析是在外加直流电场的作用下，使水中的离子做定向迁移，有选择地通过带有不同电荷的离子交换膜，从而达到溶质和溶剂分离的一种物理化学过程。但水中的不带电杂质不能除去。电渗析法处理水成本较高，1 t 水经处理后只能得到0.5～0.6 t 软水。

5）快速胶凝法　据英国有关资料介绍，用此种方法处理水比一般的胶结法快1 倍，即处理水时间可由4 h 缩短为2 h。在水的澄清处理中加入的混凝剂多为铁盐或铝盐，可使水中的碳酸盐和硫酸盐生成氢氧化铁或氢氧化铝等，它们均为多种结构的绒状胶体。为了促进絮团的形成和加速老化，应添加聚合物电解质，如无毒的丙烯酰胺或淀粉。在水处理时，生水进入处理池即与形成絮团的高浓度浆液和新添入的化学剂接触，可立即在絮团粒子表面形成胶结，混合物经2 次连续反应循环，再以相对的速度将澄清处理过的水分离，即可达到生产用标准水质。

6）反渗透法　反渗透法可以有效地清除溶解于水中的无机物、有机物、细菌及其他颗粒等，是透析用水处理中最重要的一个环节。

所谓渗透，是指以半透膜隔开两种不同浓度的溶液，其中溶质不能透过半透膜，则浓度较低的一方水分子会通过半透膜到达浓度较高的另一方，直到两侧的浓度相等为止。在还没达到平衡之前，可以在浓度较高的一方逐渐施加压力，则水分子移动状态会暂时停止，此时所需的压力称作“渗透压”，如果施加的力量大于渗透压时，则水分子的移动会反方向进行，也就是从高浓度的一方流向低浓度的一方，这种现象就称作“反渗透”。反渗透的纯化效果可以达到离子的层面，对于单价离子的排除率可达90%～98%，而双价离子的排除率可达95%～99%，并可以防止分子量大于200的物质通过。

反渗透水处理常用的半透膜材质有纤维质膜、芳香族聚胺类等，结构形状有螺旋形、空心纤维形及管状形等。

7）超滤法　超滤法与反渗透法类似，也是使用半透膜，但它无法控制离子的清除，因为膜的孔径较大（1～20 nm），只能排除细菌、病毒及颗粒状物等，对水溶性离子则无法滤过。超滤法主要的作用是充当反渗透法的前置处理，以防止反渗透膜被细菌污染。它也可用在水处理的最后步骤，以防止上游的水在管路中被细菌污染。

（3）水的消毒　常见的水的消毒方法主要有氯消毒、臭氧消毒、紫外线消毒等。

1）氯消毒　氯在水中反应可生成次氯酸（HClO）和次氯酸根（ClO^-），次氯酸是一种中性分子，可扩散到带负电荷的细菌表面并进入内部，由于氯原子的氧化作用，破坏了某些酶系统，导致病菌死亡。使用的消毒剂为氯胺、漂白粉、次氯酸等，其中以次氯酸效果最好。按水质标准规定，在管网末端自由性余氯保持在0.05～0.30 mg/L，一般总投入氯量为0.5～2.0 mg/L。

2）臭氧消毒　臭氧（O_3）是强氧化剂，杀菌作用比氯高15～30倍，水中的有机物、无机物及微生物均易被O_3氧化。O_3在常温下为略带蓝色的气体，成本较高。

3）紫外线消毒　紫外线消毒是目前常使用的方法之一。微生物受紫外线照射后，微生物的蛋白质和核酸吸收紫外光谱能量，导致蛋白质变性，引起微生物死亡。紫外线消毒的时间短，杀菌力强，设备简单，操作管理方便，便于自动控制。一般使用253.7 nm波长的紫外线低压水银放电灯，装置分为照射型、浸泡型和流水型3种。

2.3　食品添加剂的性能及使用

2.3.1　食品添加剂在食品加工中的地位

2.3.1.1　食品添加剂的定义和分类

（1）食品添加剂的定义　世界各国对食品添加剂的定义不尽相同。日本《食品卫生法》规定：食品添加剂是指在食品制造过程，即食品加工中为了保存的目的加入食品中使之混合、浸润及其他目的所使用的物质。美国食品与药物管理局（FDA）对食品添加剂定义：有明确的或合理的预定目标，无论直接使用或间接使用，能成为食品成分之一或影响食品特征的物质，统称为食品添加剂。联合国粮食及农业组织（FAO）和世界卫生组织（WHO）联合食品法规委员会对食品添加剂定义：食品添加剂是有意识地一般以少量添加于食品，以改善食品的外观、风味和组织结构或储存性质的非营养物质。按照这一定义，以增强食品营养成分为目的的食品强化剂不应该包括在食品添加剂范围内。

按照《食品安全国家标准/食品添加剂使用标准》（GB 2760—2011）食品添加剂的定

义:为改善食品品质和色、香、味,以及为防腐、保鲜和加工工艺的需要而加入食品中的人工合成或者天然物质。营养强化剂、食品用香料、胶基糖果中基础剂物质、食品工业用加工助剂也包括在内。《食品卫生法》明确规定:食品营养强化剂是指"为增强营养成分而加入食品中的天然的或者人工合成的属于天然营养素范围的食品添加剂。"此外,为了使食品加工和原料处理能够顺利进行,还有可能应用某些辅助物质。这些物质本身与食品无关,如助滤、澄清、脱色、脱皮、提取溶剂和发酵用营养物等,它们一般应在食品成品中除去而不应成为最终食品的成分,或仅有残留。对于这类物质统称为食品加工助剂,也属于食品添加剂的范畴。

需要说明的是,在我国,有些添加到食品中的物料不叫作食品添加剂,如淀粉、蔗糖等,称之为配料。但一方面在我国的食品标签法中,食品添加剂又列入标签配料项内,这与国际接轨是必要的,所以配料与食品添加剂在概念上似乎很难有严格的划分。为了便于学习和理解,根据国内目前的习惯,笔者对配料的定义:食品中的配料是指生产和使用不列入食品添加剂管理,其相对用量较大,一般常用百分数表示的构成食品的添加物。但不管是配料还是食品添加剂都要服从食品卫生管理法及其他相关法规的管理。

食品添加剂具有以下特征:一是为加入食品中的物质,因此,它一般不单独作为食品来食用;二是既包括人工合成的物质,也包括天然物质;三是加入食品中的目的是改善食品品质和色、香、味以及为防腐、保鲜和加工工艺的需要。

食品添加剂可以是一种物质或多种物质的混合物,它们中大多数并不是基本食品原料本身所固有的物质,而是在生产、储存、包装、使用等过程中在食品中为达到某一目的有意添加的物质。食品添加剂一般都不能单独作为食品来食用,它的添加量有严格的控制,而且为取得所需效果的添加量也很少,一般只占食品成分的0.01%~0.10%。

(2)食品添加剂的分类　食品添加剂有多种分类方法,如可按其来源、功能、安全性评价的不同等来分类。按其来源不同可分为天然和化学合成两大类。天然的食品添加剂是指以动植物或微生物的代谢产物为原料加工提纯而获得的天然物质;化学合成的食品添加剂是采用化学手段,通过化学反应如氧化、还原、缩合、聚合、成盐等得到的物质。其中又可分为一般化学合成品与人工合成天然等同物,如我国使用的β-胡萝卜素、叶绿素铜钠就是通过化学方法得到的天然等同色素。

我国在《食品安全国家标准/食品添加剂使用标准》(GB 2760—2011)按食品添加剂的常用功能作用进行了分类,其分类和代码:酸度调节剂(E.1)、抗结剂(E.2)、消泡剂(E.3)、抗氧化剂(E.4)、漂白剂(E.5)、膨松剂(E.6)、胶基糖果中基础剂物质(E.7)、着色剂(E.8)、护色剂(E.9)、乳化剂(E.10)、酶制剂(E.11)、增味剂(E.12)、面粉处理剂(E.13)、被膜剂(E.14)、水分保持剂(E.15)、营养强化剂(E.16)、防腐剂(E.17)、稳定和凝固剂(E.18)、甜味剂(E.19)、增稠剂(E.20)、食品用香料(E.21)、食品工业用加工助剂(E.22)、其他(E.23)共23类。在国内外使用的各类食品添加剂的通用名称上,也有一些提法不在上述的分类名称里,如保鲜剂、抗褐变剂等。

实际上,可以将食品添加剂按照其使用目的和作用效果分为以下几大类。

1)为了延长食品储藏期或改善储藏效果,如防腐剂、抗氧化剂、酸度调节剂、酶制剂等。

2)为了增强、保持或改变食品色泽,如着色剂、护色剂、抗褐变剂、漂白剂等。

3）为了增强或改变食品风味，如增味剂、食用香料、酸度调节剂等。

4）为了改善食品质构和状态，如乳化剂、增稠剂、水分保持剂。

5）为了改善食品加工性质和过程，如酸度调节剂、消泡剂、抗结剂、酶制剂、加工助剂等。

6）为了加强或增补食品营养成分，如营养强化剂。

目前，全球开发的食品添加剂种类已达 14 000 多种，其中可直接使用的约有 4 000 种，常用的品种近 700 种。中国食品添加剂总产值占国际贸易额的 15% 左右，许多品种在国际市场上占有重要地位和影响，具有广阔的发展前景，2010 年总产值达到 25 000 亿元，年均增长率约为 8%，国内食品添加剂总需求量达到 480 万 t。随着食品工业的快速发展和化学合成技术的进步，食品添加剂的品种在不断增加，产量也持续上升。

2.3.1.2　食品添加剂在食品加工中的意义与作用

食品添加剂是加工食品的重要组成部分，它的使用使食品工业蓬勃发展，这主要是由于它可给食品工业带来许多好处。食品添加剂在食品加工中的功能作用可归纳成以下六个方面。

（1）有利于提高食品的质量　随着人们生活水平的提高，人们对食品的品质要求也越来越高，不但要求食品新鲜可口，具有良好的色、香、味、形，而且要求食品具有较高的、合理的营养结构。这就要求在食品中添加合适的食品添加剂。食品添加剂对食品质量的影响主要体现在三个方面。

1）提高食品的储藏性，防止食品腐败变质　目前，绝大多数食品都来自动物、植物。各种生鲜食品，在植物采收或动物屠宰后，若不能及时加工或加工不当，往往会发生腐败变质，如蔬菜容易霉烂，含油脂高的食品易发生油脂的氧化变质等。而一旦食品腐败变质，就失去了其应有的食用价值，有的甚至还会变得有毒，这样就会给农业和食品工业带来很大损失。而适当使用食品添加剂可防止食品的败坏，延长其保质期。如防腐剂可以防止由微生物引起的食品腐败变质，同时还可以防止由微生物污染引起的食物中毒现象；抗氧化剂可阻止或延缓食品的氧化变质，抑制油脂的自动氧化反应，抑制水果、蔬菜的酶促褐变与非酶褐变等。

2）改善食品的感官性状　食品的色、香、味、形态和质地等是衡量食品质量的重要指标。食品加工后，往往会发生变色、褪色等现象，质地和风味也可能会有所改变。如果在食品加工过程中，适当使用着色剂、护色剂、漂白剂、食用香料以及乳化剂、增稠剂等添加剂，可显著提高食品的感官性状。如增稠剂可赋予饮料所要求的稠度，乳化剂可防止面包硬化，着色剂可赋予食品诱人的色泽等。

3）保持或提高食品的营养价值　食品质量的高低与其营养价值密切相关。防腐剂和抗氧化剂在防止食品腐败变质的同时，对保持食品的营养价值也有一定的作用。食品加工往往还可能造成一定的营养损失，如在粮食的精制过程中，会造成维生素的大量损失。因此，在加工食品中适当地添加某些属于天然营养素范围的食品营养强化剂，可以大大提高食品的营养价值。

（2）有利于增加食品的品种和方便性　当今社会，人口众多，生活节奏加快，生活水平不断提高，这就大大促进了食品品种的开发和方便食品的发展。现在，有些超市已拥有20 000种以上的加工食品供消费者选择。这些众多的食品，尤其是方便食品的供应，给人们的生活和工作带来了极大的方便,而这些食品往往含有多种食品添加剂,如防腐剂、抗氧化剂、增稠剂、乳化剂、食用香料、着色剂等。

(3)有利于食品加工　在食品的加工中使用食品添加剂,往往有利于食品的加工。如在面包的加工中膨松剂是必不可少的基料。在制糖工业中添加乳化剂,可缩短糖膏煮炼时间,消除泡沫,提高过饱和溶液的稳定性,使晶粒分散、均匀,降低糖膏黏度,提高热交换系数,稳定糖膏,进而提高糖果的产量与质量。若采用葡萄糖酸-δ-内酯作为豆腐的凝固剂,则有利于豆腐生产的机械化和自动化。

(4)有利于满足不同人群的特殊营养需要　社会上存在着不同的人群,除按年龄分为婴儿、儿童、青年、老年等外,尚有不同职业岗位、不同类常见病多发病人等,因此,研究开发食品必须要考虑如何满足不同人群的需要,这就要借助于各种食品添加剂。例如,糖尿病患者不能吃蔗糖,可用甜味剂如三氯蔗糖、天门冬酰苯丙氨酸甲酯、甜叶菊糖等来代替蔗糖用于加工食品。对于缺碘人群供给碘强化食盐,可防止因缺碘而引起的甲状腺肿大。二十二碳六烯酸是组成脑细胞的重要营养物质,对儿童智力发育有重要作用,可在儿童食品如奶粉中添加,以促进儿童健康成长。

近年来,功能性食品添加剂的开发和研究受到世界各国的日益重视。国内外研究表明,大豆异黄酮、人参素、缀合的脂肪酸(CLA)、肉豆蔻醚、槲皮苷、番茄红素等具有明显的防癌作用;核酸可防止皮肤出现皱纹和粗糙等衰老现象;光合菌营养丰富,维生素、微量元素、氨基酸种类齐全,故可调节人体分泌功能,提高免疫力。这些功能性食品添加剂可添加到食品中,加工成保健食品,以满足不同人群的需要。

(5)有利于开发新的食品资源　目前,许多天然植物都已被重新评价,丰富的野生植物资源亟待开发利用。据统计,自然界中的可食性植物有 80 000 多种,仅我国的蔬菜品种就有 17 000 种,还有大量的动物、矿物和海产品,可食用的昆虫就有 500 多种。要对这些资源进行开发研究,就需要添加各种食品添加剂,以制成营养丰富、品种齐全的新型食品,满足人类发展的需要。

(6)有利于原料的综合利用　各类食品添加剂可使原来被认为只能丢弃的东西重新得到利用并开发出物美价廉的新型食品。例如,在生产豆腐的副产品豆渣中,加入适当的添加剂和其他助剂,就可加工生产出膨化食品。

食品添加剂在食品工业中的重要地位,体现在四个方面:

1)以色、香、味、形适应消费者的需要,从而体现加工食品的消费价值。

2)随着消费者对营养、保健要求的不断提高,人们愿意以高价购买特殊营养、保健和强化食品。

3)有些保鲜方法(包括抗氧化、防止微生物生长)的研究进展,取得了比罐头、速冻食品更有效、更经济的加工手段。

4)方便、快餐等食品高速增长,其色、香、味、形和质量等均与食品添加剂有关。

2.3.1.3　食品添加剂的安全和控制问题

(1)食品添加剂的安全性　随着我国综合国力的迅速提高和科学技术的不断进步,我国的食品工业快速发展,加工食品的比重成倍增加,食品的种类日益繁多,我们生活中接触到的食品添加剂也随之变得越来越多,人们对食品添加剂给食品安全带来的问题也越来越关注。有观点将食品添加剂的“滥用”和化学农药、重金属、微生物、多氯联苯等常规污染物一起列为食品污染源。食品行业从业人员只有正确掌握食品添加剂的有关知识,科学、准确、合理地使用食品添加剂,才能充分发挥食品添加剂在食品生产中的作用,保证食品安全。

我们要认识到食品添加剂除具有有益作用外,也可能有一定的危害性,特别是有些品种尚有一定的毒性。所谓毒性是指某种物质对机体造成损害的能力。毒性除与物质本身的化学结构与理化性质有关外,还与其有效浓度或剂量、作用时间及次数、接触途径与部位、物质的相互作用与机体的机能状态等条件有关。一般来说,毒性较高的物质,用较小剂量即可造成毒害;毒性较低的物质,必须较大剂量才能表现作用。因此不论其毒性强弱或剂量大小,对机体都有一个剂量,即只有达到一定浓度和剂量水平,才能显示其毒害作用。所以,所谓毒性是相对而言的,只要在一定的条件下使用时不呈现毒性,即可相对地认为对机体是无害的。

随着科学技术的发展,人们对食品添加剂的深入认识,一方面已将那些对人体有害,对动物致癌、致畸,并有可能危害人体健康的食品添加剂品种禁止使用;另一方面对那些有怀疑的品种则继续进行更严格的毒理学检验以确定其是否可用、许可使用时的使用范围、最大使用量与残留量,以及其质量规格、分析检验方法等。我国目前使用的食品添加剂都有充分的毒理学评价,并且符合食用级质量标准,因此只要其使用范围、使用方法与使用量符合《食品添加剂使用卫生标准》,一般来说其使用的安全性是有保证的。

此外,目前国际上认为因食品危害人体健康最大的问题:一是由微生物污染引起的食物中毒;二是食物营养问题如营养缺乏、营养过剩所带来的问题;三是环境污染;四是食品中天然毒物的误食;五是食品添加剂。由此可见,因食品添加剂产生的问题相对较少。

在实际操作上,对某些效果显著而又具有一定毒性的物质,是否批准应用于食品中,则要权衡其利弊。以亚硝酸盐为例,亚硝酸盐长期以来一直用作肉类制品的护色剂和发色剂,但随着科学技术的发展,人们不但认识到它本身的毒性较大,而且还发现它可以与仲胺类物质作用生成对动物具有强烈致癌作用的亚硝胺。但尽管这样,亚硝酸盐在大多数国家仍批准使用,因为它除了可使肉制品呈现美好、鲜艳的亮红色外,还具有防腐作用,可抑制多种厌氧性梭状芽孢杆菌,尤其是肉毒梭状芽孢杆菌,防止肉类中毒。这一功能在目前使用的添加剂中还找不到理想的替代品。而且,只要严格控制其使用量,其安全性是可以得到保证的。

(2)食品添加剂的安全性控制　为了安全使用食品添加剂,须对其进行毒理学评价。通过毒理学评价确定食品添加剂在食品中无害的最大限量,并对有害的物质提出禁用或放弃的理由,它是制定食品添加剂使用标准的重要依据。除了使用动植物可食部分提取的天然香料,现在批准使用的食品添加剂一般都经过毒理学评价试验。毒理学评价试验的程序包括4个阶段:①急性毒性试验(经口急性毒性LD50,联合急性毒性);②遗传毒性试验,传统致畸试验,短期喂养试验;③亚慢性毒性(90 d喂养、繁殖、代谢)试验;④慢性毒性(包括致癌)试验。按照上述评价试验程序所得的结果,取一定的安全系数(通常为100~200倍)推论到人,得到人的每日容许摄入量(ADI)值,指导食品添加剂的使用量,再根据人对不同食品的摄入量,确定食品中的最大使用量。食品添加剂的适用范围需要根据食品添加剂和食品的性质和需要而定。

需要指出的是，上述毒理学评价试验程序中的后续试验是在前面试验结果的基础上进行的，只有前面试验的结果符合安全性要求时，才进一步进行后续试验。具体程序和要求可参见我国卫生部颁布的国家标准《食品安全性毒理学评价程序》（GB 15193.1—2003）。

目前，我国关于食品添加剂的生产、经营和使用已建立了一系列的法规：《食品添加剂使用卫生标准》（GB 2760—2007）、《中华人民共和国食品安全法》（2009）及《食品安全国家标准/食品添加剂使用标准》（GB 2760—2011）的出台及后续的各种增补公告对食品添加剂提出了更新、更高、更加科学合理和严格的要求。这些法规为食品添加剂的生产、经营和使用提供了明确的指引，按照这些法规进行食品添加剂的生产、经营和使用可以最大限度地保障食品的安全。

2.3.2 食品添加剂的使用

2.3.2.1 食品添加剂的使用原则

严格按照《食品安全国家标准/食品添加剂使用标准》（GB 2760—2011）内容的要求，在规定的使用范围、使用量下使用批准的食品添加剂。

（1）食品添加剂使用时应符合以下基本要求

1）不应对人体产生任何健康危害。

2）不应掩盖食品腐败变质。

3）不应掩盖食品本身或加工过程中的质量缺陷或以掺杂、掺假、伪造为目的而使用食品添加剂。

4）不应降低食品本身的营养价值。

5）在达到预期目的前提下尽可能降低在食品中的使用量。

（2）在下列情况下可使用食品添加剂

1）保持或提高食品本身的营养价值。

2）作为某些特殊膳食用食品的必要配料或成分。

3）提高食品的质量和稳定性，改进其感官特性。

4）便于食品的生产、加工、包装、运输或者储藏。

2.3.2.2 食品添加剂功能类别

每个添加剂在食品中可具有一种或多种功能。根据《食品安全国家标准/食品添加剂使用标准》（GB 2760—2011）附录 E 规定，常见的食品添加剂的功能类别如下。

（1）酸度调节剂　用以维持或改变食品酸碱度的物质。如柠檬酸、磷酸、乳酸、富马酸、苹果酸等。

（2）抗结剂　用于防止颗粒或粉状食品聚集结块，保持其松散或自由流动的物质。如硬脂酸钙、硬脂酸镁、二氧化硅、亚铁氰化钾等。

（3）消泡剂　在食品加工过程中降低表面张力，消除泡沫的物质。如三聚甘油单硬脂酸酯、丙二醇、聚二甲基硅氧烷及其乳液等。

（4）抗氧化剂　能防止或延缓油脂或食品成分氧化分解、变质，提高食品稳定性的物质。如丁基羟基茴香醚、二丁基羟基甲苯、没食子酸丙酯、L-抗坏血酸及其钠盐、维生素E、茶多酚等。

(5)漂白剂 能够破坏、抑制食品的发色因素,使其褪色或使食品免于褐变的物质。如二氧化硫、焦亚硫酸钾、焦亚硫酸钠、亚硫酸钠、亚硫酸氢钠、低亚硫酸钠等。

(6)膨松剂 在食品加工过程中加入的,能使产品发起形成致密多孔组织,从而使制品膨松、柔软或酥脆的物质。如碳酸氢钠、碳酸氢铵、钾明矾、铵明矾等。

(7)胶基糖果中基础剂物质 赋予胶基糖果起泡、增塑、耐咀嚼等作用的物质。如天然橡胶、合成橡胶、树脂、蜡等。

(8)着色剂 使食品赋予色泽和改善食品色泽的物质。如苋菜红、胭脂红、亮蓝、日落黄、柠檬黄等。

(9)护色剂 能与肉及肉制品中呈色物质作用,使之在食品加工、保藏等过程中不致分解、破坏,呈现良好色泽的物质。如D-异抗坏血酸及其钠盐、葡萄糖酸亚铁、硝酸钠、硝酸钾、亚硝酸钠、亚硝酸钾。

(10)乳化剂 能改善乳化体中各种构成相之间的表面张力,形成均匀分散体或乳化体的物质。如蔗糖脂肪酸酯、甘油单硬脂酸酯、司盘类乳化剂、吐温类乳化剂等。

(11)酶制剂 由动物或植物的可食或非可食部分直接提取,或由传统或通过基因修饰的微生物(包括但不限于细菌、放线菌、真菌菌种)发酵、提取制得,用于食品加工,具有特殊催化功能的生物制品。

(12)增味剂 补充或增强食品原有风味的物质。如氨基乙酸(甘氨酸)、丙氨酸、琥珀酸二钠、5′-肌苷酸二钠、5′-鸟苷酸二钠等。

(13)面粉处理剂 促进面粉的熟化和提高制品质量的物质。碳酸镁、偶氮甲酰胺等。

(14)被膜剂 涂抹于食品外表,起保质、保鲜、上光、防止水分蒸发等作用的物质。如普鲁兰多糖、聚乙烯醇、吗啉脂肪酸盐(果蜡)等。

(15)水分保持剂 有助于保持食品中水分而加入的物质。如磷酸盐、正磷酸盐、偏磷酸盐、聚磷酸盐等。

(16)营养强化剂 为增强营养成分而加入食品中的天然的或者人工合成的属于天然营养素范围的物质。如维生素类营养强化剂、氨基酸及含氮化合物类营养强化剂等。

(17)防腐剂 防止食品腐败变质、延长食品储存期的物质。苯甲酸及其钠盐、山梨酸及其钾盐、丙酸盐等。

(18)稳定剂和凝固剂 使食品结构稳定或使食品组织结构不变,增强黏性固形物的物质。如氯化钙、硫酸钙、葡萄糖酸-δ-内酯等。

(19)甜味剂 赋予食品以甜味的物质。如甜蜜素、安赛蜜、三氯蔗糖、乳糖醇、麦芽糖醇等。

(20)增稠剂 可以提高食品的黏稠度或形成凝胶,从而改变食品的物理性状、赋予食品黏润、适宜的口感,并兼有乳化、稳定或使呈悬浮状态作用的物质。如明胶、酪蛋白酸钠、琼脂、海藻酸钠、卡拉胶、果胶、羧甲基纤维素钠、阿拉伯胶、瓜尔胶等。

(21)食品用香料 能够用于调配食品香精,并使食品增香的物质。

(22)食品工业用加工助剂 有助于食品加工能顺利进行的各种物质,与食品本身无关。如助滤、澄清、吸附、脱模、脱色、脱皮、提取溶剂等。具体物质如氨水、甘油、丙酮、双甘油脂肪酸酯、氮气、二氧化硅等。

(23)其他 上述功能类别中不能涵盖的其他功能。

思考题

1. 就蛋白质的需求来讲,你认为畜产肉类和水产鱼肉类哪种营养价值更高,为什么?

2. 果蔬类原料的主要化学成分包括哪些?为什么果蔬类原料容易腐烂、变质、不易保藏?

3. 五香粉属于哪种调味品,它在食品加工中的作用有哪些?

4. 如果某食品厂以地下水作为加工用水,其可能用到哪些水处理的方法?

5. 为什么有人说没有食品添加剂就没有现在的食品工业?

本章系统介绍了食品脱水加工原理，冷却与冻结、食品解冻等食品低温加工原理，食品热加工原理，食品腌制及熏制原理，冷杀菌技术、微胶囊技术、超临界萃取技术、超微粉碎技术、膜分离技术、超高压加工技术、挤压技术及纳米技术等加工技术。通过学习，使学生了解食品的各类处理方法与特点，掌握其加工原理与技术。

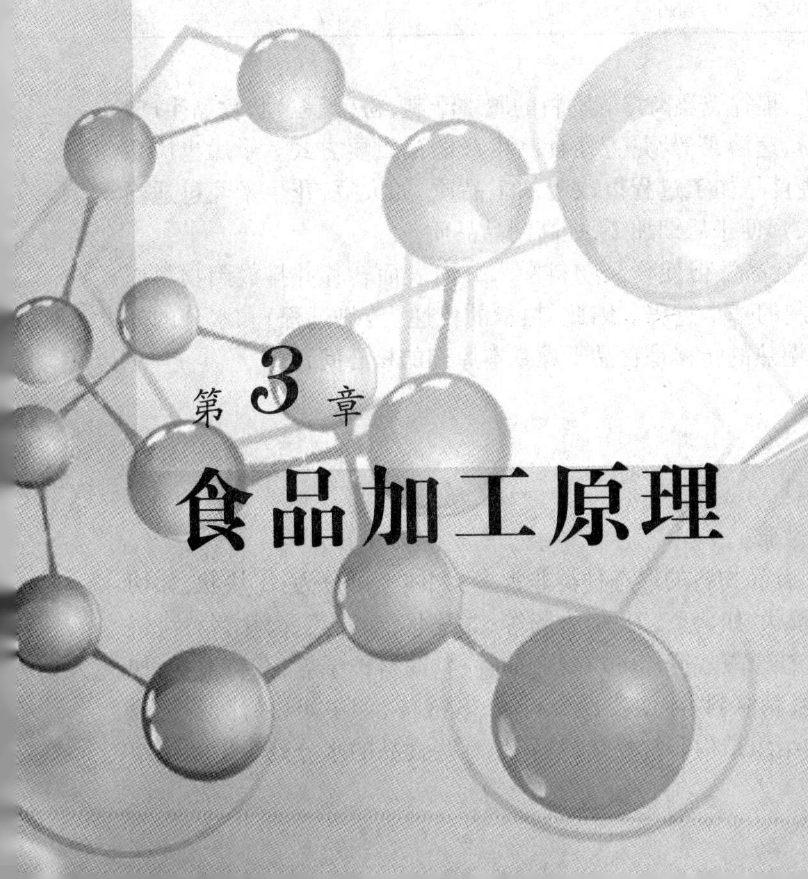

第 3 章 食品加工原理

3.1 食品脱水加工原理

干燥是指在自然条件或人工控制条件下使食品中水分蒸发的过程。干燥包括自然干燥,如晒干、风干等;人工干燥,如热空气干燥、真空干燥、冷冻干燥等。

食品干燥是一个复杂的物理化学变化过程。干燥的目的不仅要将食品中的水分降低到一定水平,达到干燥的水分要求,还要求食品品质变化最小,有时还要改善食品质量。食品干燥过程涉及热和物质的传递,须控制最佳条件以获得最低能耗与最佳质量;干燥过程常是多相反应,综合化学、物理化学、生物化学、流变学过程的结果。因此研究干燥物料的特性,科学地选择干燥方法和设备,控制最适干燥条件,是食品干燥面临的主要问题。

经干燥的食品,其水分活性较低,有利于在室温条件下长期保藏,以延长食品的市场供给,平衡产销高峰;干制食品质量减轻、容积缩小。各种脱水干制品的容积均低于罐藏或冷藏食品的容积,见表3.1。容积缩小和质量减轻可以显著地节省包装、储藏和运输费用,并且便于携带,有利于商品流通。干制食品是救急、救灾和战备常用的重要物资。

表3.1 各种新鲜食品和脱水干制食品的容积 m^3/t

食品种类	新鲜食品	脱水干制食品	食品种类	新鲜食品	脱水干制食品
水果	1.42~1.56	0.085~0.200	蛋类	2.41~2.55	0.283~0.425
蔬菜	1.42~2.41	0.142~0.708	鱼类	1.42~2.12	0.566~1.133
肉类	1.42~2.41	0.425~0.566			

食品干燥主要应用于果蔬、粮谷类及肉禽等物料的脱水干制,粉(颗粒)状食品生产,如糖、咖啡、奶粉、淀粉、调味粉、速溶茶等,是方便食品生产的最重要方式。干燥也应用于谷类及其制品加工以及某些食品加工过程以改善加工品质,如大豆、花生米经过适当干燥脱水,有利于脱壳(去外衣),便于后期加工,提高制品品质。

干燥过程是将能量传递给食品并促使食品物料中水分向表面转移并排放到物料周围的外部环境中,完成脱水干制的基本过程。因此,热量的传递(传热过程)和水分的外逸(传质过程),也就是常说的湿热的转移是食品干燥基本原理的核心问题。

3.1.1 脱水与干制

3.1.1.1 湿物料与湿空气

(1)湿物料的状态与物理性质

1)食品物料的形态种类 食品物料的形态种类非常多,大体上可分为:①块状,如切块胡萝卜、马铃薯、面包等;②条状,如薯条、刀豆、香肠等;③片状,如叶菜、肉片、蒜片、饼干等;④晶体,如砂糖、葡萄糖、柠檬酸盐等;⑤散粒状,如谷物、油料种子等;⑥粉末状,如淀粉等;⑦膏糊状,如果浆、麦乳精浆料、冰激凌混合料等;⑧液体,如牛奶、果汁、各种浸出溶液等。由于各种湿物料的组织结构非常复杂,特别是有些食品的水分处于生物组织体状态(肉类、蔬果类等),其组织结构是各相异性的固态多相系统,内部水分存在的状态十分复杂。

2)食品物料中水分存在的形态　食品物料中水分存在的形态大体上有三种。

①游离水(非结合水)　包括覆盖在食品外表面的润湿水分和食品内部毛细管和孔隙中的水分,有时是以溶液状态存在,其蒸汽压为定值,与水的蒸汽压相差无几,这种水分在干燥过程中首先被汽化除去。但在一定条件下复水,常常较易恢复到原有的形态。

②物理化学结合水　包括细胞结构结合水、吸附结合水以及渗透结合水等常处于胶体状态。这部分水分所受到的结构与溶质的束缚力越强,其蒸汽压就越低,水分由物料内部向外部扩散就越困难。当要用干燥的方法除去这部分水分时,需要提供的热量除水分汽化潜热以外,还需要有相当大的脱吸所需要的吸附热。在一般条件下脱去这种水分,常常会改变物料的物理性质。

③化学结合水　包括晶体中的结晶水和糖类中的结合水。晶体中的结晶水,如含水葡萄糖中的结晶水,通常在加热到一定温度时就汽化逸出,而物质的化学性质不改变,在一定条件下可以恢复原来的结合水状态。糖类中的化学结合水,则不能用干燥的方法除去,一旦在高温下脱水,化学性质和物理性质就会完全改变,并且不能恢复原状,这部分化学结合水的解离不能视为干燥过程。

按物料的物理化学性质则可分为两大类:液态食品物料和湿固态食品物料。

a.液态食品物料　包括溶液(如葡萄糖液、咖啡浸出液等)、胶体溶液(如蛋白质溶液、果胶溶液等水溶胶)、非均相悬浮液(如牛奶、蛋液、带果肉果汁等)。液态物料都具有流动性和不同的黏稠度,在干燥过程其流动性和可塑性将会随浓度和温度变化而变化。

b.湿固态食品物料　包括晶体、胶体、生物组织等。由于晶体的形成与结构特征,其干燥过程常仅去除晶体表面或颗粒内附着的游离水分,而与晶体结合较牢的结晶水,在常规干燥下是难以去除的;胶体的成分对胶体干燥特性影响较大。明胶、洋菜胶属弹性胶体,去除水分后收缩,但其弹性仍保留较好;麦乳精料液含有大量的糖与蛋白质等成分,属脆性胶体(玻璃胶体),除去水分后易变脆,可转化为粉末;面包是含有胶质毛细孔结构的胶体,毛细管壁干燥后收缩也易变脆;由动植物原料切割而成的生物组织,结构特别复杂,是各向异性的固态多相系统,具有不同结构特征的细胞组织与其他活性物质,脱水干燥过程变化较为复杂,综合了上述各种干燥特征。

食品湿物料无论是液态还是固态的,无论其中水分以何种形式存在,均是固相与水的混合体系。在干燥工艺计算上,湿物料中的水分含量有两种表示方法:一种是湿基湿含量 w,另一种是干基湿含量 w'。

湿基湿含量是以湿物料为基准,指湿物料中水分占总质量的百分比。即

$$w=\frac{m}{m_0}\times 100\% \tag{3.1}$$

式中　w——湿基湿含量;

m——水的质量,kg;

m_0——湿物料的总质量(水和干物质质量之和),kg。

干燥过程中,湿物料的总质量因失去水分而逐渐减小,用湿基湿含量进行计算时很不方便,因此采用干基湿含量的表示方法。

干基湿含量是以不变的干物质为基准，指湿物料中水分与干物质质量的百分比。即

$$w'=\frac{m}{m_c}\times 100\% \tag{3.2}$$

式中　w'——干基湿含量；

m_c——湿物料中干物质的质量，kg；

上述两种湿含量的换算为：

$$w'=\frac{w}{1-w} \tag{3.3}$$

$$w=\frac{w'}{1+w'} \tag{3.4}$$

(2)湿物料的水分活性与吸附等温线

1)水分活性与渗透压　研究食品稳定性与水的关系曾使用过的几个物理量：水分含量(湿含量)、溶液浓度、渗透压、平衡相对湿度(ERH)和水分活性(a_w)。水分活性最能反映出食品中水的作用，如对微生物、酶的活动及其他物理化学变化都与水分活性密切相关。

水分活性(a_w)定义为溶液的蒸汽分压 p 与同温度下溶剂(常以纯水)的饱和蒸汽分压(p_0)的比：

$$a_w=\frac{p}{p_0} \tag{3.5}$$

1 mol/L 的理想溶液其 a_w 值为 0.982 3。与此溶液相平衡时气体相对湿度为 98.23%，因此，在平衡条件下，平衡相对湿度(ERH)= $a_w\times 100\%$，这说明蒸汽分压并不因为有不溶性物质存在而改变。纯水的水分活性为 1.00，即其 ERH 为 100%。

食品中的溶液并非理想溶液，会引起蒸汽压下降。对于非电解质溶液，当其浓度较低(< 1 mol/L)时，蒸汽压相差较小。但对电解质溶液，影响较大。不同电解质在1 mol/L时的 a_w 值分别是甘油 0.981 6、蔗糖 0.980 6、氯化钠 0.967、氯化钙 0.945。对于非理想溶液，a_w 值可按式(3.6)计算：

$$\lg a_w=\frac{-vm\varphi}{55.51} \tag{3.6}$$

式中　v——每分子溶液产生的离子数(对非电解质 v= 1)；

m——溶液物质的量浓度，mol/L；

φ——物质的量渗透系数；

55.51——1 kg 水的物质的量。

实际上食品中的溶液要比此复杂得多，不是所有的水都作为溶剂，一些将与不溶性成分结合，某些溶液也会与不溶性成分结合。因此，食品中的水分含量，溶质的量和性质尚不能用于准确计算食品的 a_w。食品的水分活性值是由各种实验方法测量的。这些方法有图解内插法(graphic interpolation)、双热平衡法(bithermal equilibration)、测压法(manometry)、头发测湿法(hair hygrometry)、等压平衡法(isoplestic equilibration)、电测湿法(electric hygrometry)、化学方法、冻结点下降法(freezing point depression)、露点方法(dew point methods)。

2)吸附等温线　在一定温度下，反映食品物料中水分活性与水分含量关系的平衡曲

线称为吸附等温线(一般呈S形,非线性)。典型食品物料吸附等温线见图3.1。等温线上的区域A,B,C代表食品物料中不同结合状态水分。

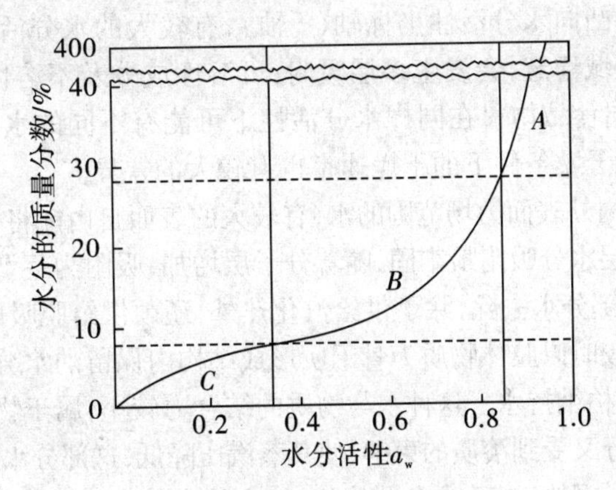

图3.1　典型食品物料吸附等温线

区域C段的曲线凸向水分含量坐标轴(y轴),其水分为受到束缚的水分,通过固体分子(常为极性分子)相互作用形成BET(Brunauer-Emmet-Teller)单分子层或多分子层水分,水分含量的变化较显著影响到水分活性的变化。这部分水较紧密结合在食品特定部位,与物料的化学结构有密切关系,这些部位包括多聚糖的羧基、蛋白质的羰基和氨基,而另一些水分可由氢键、偶极离子键或进行其他反应而结合在一起,故也被称为结合水。这部分水不能作为溶剂,且难以冻结,可作为固体的一部分(如结晶水),其与物质的结合能最大、最稳定,只有在化学作用或在特别强的热处理下(煅烧)才能脱去。通常在脱水干燥过程中不易将其除去。几种食品的BET单分子层水分及其最大的结合能见表3.2。

表3.2　几种食品的BET单分子值和最大结合能

物质	每克固体中近似BET单分子水分质量/g	最大结合能ΔH	
		kJ/mol	kcal/mol
淀粉	0.11	58.52	-14
多聚半乳糖酸	0.04	83.6	-20
明胶	0.11	50.16	-12
乳糖(无定形)	0.06	48.49	-11.6
葡聚糖	0.09	50.16	-12
马铃薯片	0.05	—	—
喷雾干燥全脂奶粉	0.03	—	—
冷冻干燥牛肉	0.04	50.16	-12

有一些水分与食品物料的结合力没有那么紧密,但它们却不能作为各种可溶性食品

成分的溶剂。由于测定方法的不同,对食品材料的结合水分类也有不同,因此各种食品的结合水量会有不同的数据,目前对食品中的结合水分还难以划出严格界限。

区域 B 段的曲线凸向水分活性坐标轴(x 轴),有较大的水分活性范围;水分与食品成分的结合不如 C 区域稳定,会发生多层吸附;可溶性成分及不溶性固形物对其水分活性影响较大,因此不同食品物料在同样水分活性下可能有不同的水分含量(即吸附等温线变化大),在同样的干燥条件下的干燥速率也有较大的差异。

吸附在胶体微粒内外表面力场范围的水,有较大的表面自由能将水吸附结合。其中与胶粒表面结合的第一层水分吸附最牢固,随着分子层增加,吸附力逐渐减弱,这部分水是介于 C,B 区域。要将这部分水去除,除了供给汽化热外,还须供给脱吸所需的吸附热。另一些胶体溶液凝结成凝胶时以胶体物质为骨干所形成结构内保留的水分,或封闭在细胞内的水,常称为渗透压或结构维持水。这种水与物质的结合力较小,属于物体内的游离水分,可作为溶剂。但这种水分又受到溶质的束缚,使其蒸汽压降低,这部分水远多于前者。

区域 A 段曲线凸向刚好与区域 C 曲线相反,在较小的水分活性范围内有极显著的水分含量,曲线所包含的水分为游离态水,主要由充满在食品内毛细管中和附着在食品外表面上的水构成。

毛细管大小,对水的吸附作用影响较大。大毛细管(平均半径大于 10 μm)水在大毛细管弯月面上方的蒸汽压与自由表面上饱和蒸汽压几乎相同,因此只有直接同水接触,水才能充满穿透大毛细管;充满在平均半径小于 10 μm 的狭小孔隙中的水称为微毛细管水。液体充满任何毛细管,不仅发生在直接接触情况下,而且可以通过吸附湿空气来实现。毛细管水在物料中既可以液体形式移动,又可以蒸汽形式移动,毛细管水的脱去将产生物体的收缩和毛细管的变形。

3)湿物料的热物理性质　在食品干燥生产中,从湿物料中除去水分通常采用热空气为干燥介质,研究干燥过程有必要首先了解湿空气(空气和蒸汽的混合物)的各种物理性质以及它们之间的相互关系。

干燥过程中热空气既是载热体,又是载湿体。湿空气中的蒸汽量不断发生变化,而绝干空气的质量恒定。为计算方便,湿空气的各项参数均以单位质量的绝干空气为基准。

①湿度(湿含量)　空气中的水分含量用湿度来表示,有两种表示方法,即绝对湿度和相对湿度。

a.绝对湿度　绝对湿度指单位质量绝干空气中所含的蒸汽的质量,表示为:

$$H=\frac{\text{湿空气中蒸汽的质量}}{\text{湿空气中绝干空气的质量}}=\frac{M_v n_v}{M_g n_g}=\frac{18n_v}{29n_g} \tag{3.7}$$

式中 H——空气的绝对湿度,kg(蒸汽)/kg(绝干空气);

M_g——绝干空气的摩尔质量,kg/kmol;

M_v——蒸汽的摩尔质量,kg/kmol;

n_g——绝干空气的物质的量,kmol;

n_v——蒸汽的物质的量,kmol。

常压下湿空气可视为理想气体混合物,由分压定律可知,理想气体混合物中各组成的摩尔比等于分压比,则式(3.8)可表示为

$$H=\frac{18p_w}{29(p-p_w)}=0.62\frac{p_w}{(p-p_w)} \tag{3.8}$$

式中 p_w——湿空气中蒸汽分压,Pa;

p——湿空气的总压,Pa。

由式(3.8)可知,湿空气的湿度与总压及其中的蒸汽分压有关。当总压一定时,则湿度仅由蒸汽分压所决定。

b. 相对湿度 在一定的总压下,湿空气中蒸汽分压与同温度下纯水的饱和蒸汽压之比,称为相对湿度,表示为:

$$\varphi=\frac{p_w}{p_s} \tag{3.9}$$

式中 φ——空气相对湿度;

p_s——同温度下纯水的饱和蒸汽压,Pa。

相对湿度可以用来衡量湿空气的不饱和程度。$\varphi=1$,表示空气已达饱和状态,不能再接纳任何水分;φ 值越小,表示该空气偏离饱和程度越远,可接纳的水分越多,干燥能力也越大。可见空气的绝对湿度 H 仅表示其中蒸汽的含量,而相对湿度 φ 才能反映出空气吸收水分的能力。水的饱和蒸汽分压 p_s,可根据空气的温度在饱和蒸汽表中查到,蒸汽分压可根据湿度计或露点仪测得的露点温度查得。

将式(3.9)代入式(3.8),得

$$H=0.62\frac{\varphi p_s}{p-\varphi p_s} \tag{3.10}$$

空气达饱和状态时湿度为 H_s

$$H=H_s=0.62\frac{p_s}{p-p_s} \tag{3.11}$$

由式(3.10)可知,在一定的总压下,知道湿空气的温度和湿度就可以求出相对湿度。

②温度 湿空气的温度可用干球温度和湿球温度表示。用普通温度计测得的湿空气实际温度即为干球温度 θ。

在普通温度计的感温部分包以湿纱布,湿纱布的一部分浸入水中,使它经常保持湿润状态就构成了湿球温度计,见图3.2。将湿球温度计置于一定温度和湿度的湿空气流中,达到平衡或稳定时的温度称为该空气的湿球温度 θ_w。湿球温度计测量的机制见图3.3。

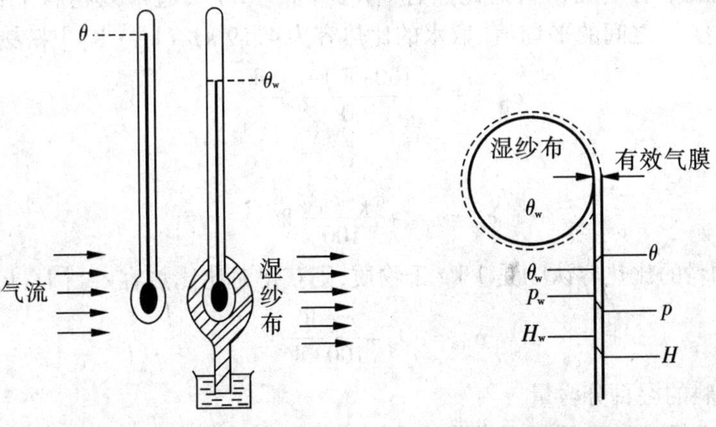

图3.2 干、湿球温度计

图3.3 湿球温度计测量机制

湿球温度计所指示的平衡温度 θ_w，实质是湿纱布中水分的温度，该温度由湿空气干球温度 θ 及湿度 H 所决定。$\theta_w=f(H,\theta)$，当湿空气的干球温度 θ 一定时，若其湿度 H 越高，则湿球温度 θ_w 也越高；当湿空气达饱和时，则湿球温度和干球温度相等。不饱和空气的湿球温度低于干球温度，测得空气的干、湿球温度后，就可以用式(3.12)推导出空气的湿含量。

单位时间内，空气传给湿纱布的热量为

$$\varphi=hA(\theta-\theta_w) \tag{3.12}$$

式中 φ——单位时间内空气传给湿纱布的热量，即传热速率，kW；

h——空气与湿纱布之间的对流传热系数，$kW/(m^2\cdot K)$；

A——湿纱布与空气的接触面积，m^2；

θ——空气的干球温度，℃；

θ_w——空气的湿球温度，℃。

单位时间内，湿纱布表面水分汽化量为

$$N=k_HA(H_w-H) \tag{3.13}$$

式中 N——单位时间内，汽化水分的量，kg/s；

k_H——以湿度差为动力的传质系数，$kg/(m^2\cdot s)$；

H——空气的湿度，kg(水)/kg(绝干空气)；

H_w——θ_w时空气的饱和湿度，kg(水)/kg(绝干空气)。

当达到热平衡时，空气传给湿纱布的热量等于水分汽化所需的热量，即

$$\varphi=r_wN \tag{3.14}$$

式中 r_w——水在湿球温度 θ_w 时的汽化潜热，kJ/kg。

将式(3.12)、式(3.13)代入式(3.14)得

$$h(\theta-\theta_w)=r_wk_H(H_w-H)$$

整理得

$$\frac{H_w-H}{(\theta-\theta_w)}=\frac{h}{r_wk_H} \tag{3.15}$$

$$H=H_w-\frac{h}{r_wk_H}(\theta-\theta_w) \tag{3.16}$$

③湿物料的比热容　湿物料的比热容 $c_{物}$[J/(kg·K)]，通常以物料干物质比热容 $c_{干物}$ 与水的比热容 $c_{水}$ 之间的平均值[取水的比热容为 4.19 kJ/(kg·K)]来表示：

$$c_{物}=\frac{c_{干物}(100-W)+c_{水}W}{100} \tag{3.17}$$

或

$$c_{物}=c_{干物}+\frac{c_{水}-c_{干物}}{100}W \tag{3.18}$$

如果把湿物料的比热容认为是 1 kg 干物质，则获得对比比热容 $c'_{物}$[J/(kg·K)]：

$$c'_{物}=c_{干物}+\frac{c_{水}W}{100-W} \tag{3.19}$$

式中 W——物料的湿百分含量。

式(3.17)、式(3.18)常用于干燥器的计算。一般食品干物质比热容范围为 1 255 ~

1 676 J/(kg·K)。如大麦芽 1 210 J/(kg·K)，马铃薯 1 420 J/(kg·K)，胡萝卜 1 300 J/(kg·K)，面包 1 550 ~ 1 670 J/(kg·K)，砂糖 1 040 ~ 1 170 J/(kg·K)。物料比热容与其湿含量(W)之间通常具有线性关系，如 20 ℃，天然淀粉的比热容：

$$c_{淀} = 1\ 215 + 27.9W$$

而糊化淀粉：

$$c_{糊淀} = 1\ 230 + 29.5W \tag{3.20}$$

随着温度的提高，湿物料的比热容一般也提高。如糖和马铃薯干物质比热容与温度的关系式为：

$$c_{干糖} = 1\ 160 + 3.56t$$

$$c_{干马} = 1\ 101 + 3.14t \tag{3.21}$$

④湿物料的导热系数　湿物料的传热与干物料的传热本质区别在于：

a. 由于在固体间架的孔隙中存在水，而对固体间架的热导率有影响；

b. 热的传递与物料内部水的直接迁移密切相连。

热量可以通过内含气体和液体的孔隙以对流方式传递，也能靠孔隙壁与壁间的辐射作用传递，故有真正导热系数和当量导热系数之分。

真正导热系数 λ[W/(m·K)]是傅里叶方程中的比例系数：

$$q = -\lambda\ \nabla^{Q} \tag{3.22}$$

式中　q——各向同性固体中的热流密度，W/m^2；

∇^{Q}——温度梯度，K/m。

当量导热系数，也称有效导热系数 $\lambda_{当}$，表示湿物料以上述各种方式传递热量的能力：

$$\lambda_{当} = \lambda_{固} + \lambda_{传} + \lambda_{对} + \lambda_{迁} + \lambda_{辐} \tag{3.23}$$

式中　$\lambda_{固}$——物料固体间架的导热系数，W/(m·K)；

$\lambda_{传}$——物料孔隙中稳定状态存在的液体和蒸汽混合物的热传导系数，W/(m·K)；

$\lambda_{对}$——靠物料内部空气对流的传热系数，$W/(m^2 \cdot K)$；

$\lambda_{迁}$——靠物料内部水分质量迁移产生的传热系数，$W/(m^2 \cdot K)$；

$\lambda_{辐}$——辐射导热系数，W/(m·K)。

当量导热系数 $\lambda_{当}$ 直接受物料湿度，不同物料的结合方式，物料孔隙直径 d 和孔隙率(或物料密度 ρ)等因素影响。当物料湿度 W 很小时，体系主要由空气孔和固体间架组成，随 W 的增加，$\lambda_{当}$ 直线增加。且颗粒越大，它的增长速度越大；当物料湿度 W 很大时，水充满所有粒中间孔隙，并使其饱和，$\lambda_{当}$ 的增加逐渐停止(对大颗粒)；或者仍在直线增长(中等分散物料)；或者其速度明显增加(小颗粒物料)。物料的密度越大，$\lambda_{当}$ 越大；孔隙越大，$\lambda_{当}$ 越大；组成粒状物料间架的颗粒越大，$\lambda_{当}$ 越大。

一般认为，当孔的直径<5 mm 和温度梯度相当于 10 ℃时，对流热交换忽略不计(即 $\lambda_{对} \approx 0$)；当孔隙的直径<0.5 mm，辐射热交换与热传导相比也可忽略不计(即 $\lambda_{辐} \approx 0$)。实际上，影响物料 $\lambda_{当}$ 的主要因素是物料固体间架的导热系数 $\lambda_{固}$ 和水分的导热系数 $\lambda_{水}$ 以及物料的孔隙率，可以用式(3.24)计算物料当量导热系数 $\lambda_{当}$：

$$\lambda_{当} = (1 - r)\lambda_{固} + r\lambda_{水} \tag{3.24}$$

式中 r——物料的孔隙率,%,$r=V_{孔}/(V_{孔}+V_{固})\times100\%$;

$\lambda_{水}$——水分的导热系数[0.58 W/(m·K)],当孔隙中充满的是空气,则用 $\lambda_{空}$ = 0.023 2 W/(m·K)代替 $\lambda_{水}$;

$\lambda_{固}$——物料固体间架的导热系数,食品的 $\lambda_{固}$ 比无机材料少得多,例如面包固体间架的 $\lambda_{固}$ 为0.116 W/(m·K);

$V_{孔}$,$V_{固}$——孔隙和固体间架的体积,m^3。

面包瓤(W=45%)的 λ 为0.248 W/(m·K),面包皮(W=0)的 λ 为0.056 W/(m·K);小麦(W=17%)的 λ 为0.116 W/(m·K),即食品的导热系数 λ 都小于水的导热系数。因此,在干燥过程中,随着食品的湿度降低,空气代替水进入物料的孔隙中,空气的热导率比液体的热导率小得多,故物料的热导率将不断下降。

湿物料的导热系数 λ 与温度的关系也和干物料一样:随着温度的提高,λ 值增加。气体的导热系数也会随压力增加而增加,故压力也会影响到物料的导热系数。

⑤湿物料的温度传导系数 温度传导系数 α 是决定物料热惯性的重要特性参数;α 越大,物料加热或冷却进行得越快。

$$\alpha=\frac{\lambda}{c\rho} \tag{3.25}$$

式中 λ——物料的导热系数,W/(m·K);

c——比热容,J/(kg·K);

ρ——密度,t/m^3。

$c\rho$ 的乘积是单位体积物料的热容量,它表示蓄热能力的特性。$c\rho$ 越大,在同样 λ 值下系数 α 越小,即蓄热能力大的物料加热慢,冷却也慢。影响导热系数 λ 和比热容 c 的因素都会改变温度传导系数。

(3)湿气体 热干燥过程是物料中的水分变成蒸汽状态后再排到外部周围介质中,通常这种介质(工作体)是气体与湿空气或空气与燃料燃烧产物的混合物。空气经预热或与烟道气混合,使其具有很高的温度,因此,它能向物体提供蒸发水分所必需的能量。可见,空气既是热载体,又是吸湿剂,或称为干燥剂。

实际上,供给干燥的热空气都是干空气(即绝干空气)同蒸汽的混合物,常称为湿空气(湿气体)。湿空气对蒸汽的吸收能力(吸湿能力)是由湿空气的状态特性决定的,属于这些特性参数的有湿空气的压力、绝对湿度、相对湿度、湿含量、密度、比热容、温度和热焓等。从热力学观点看,干燥是一个自然的不可逆过程。水分由湿物料转移到干燥剂(湿空气)中,因为物料表面上的蒸汽压高于周围介质的蒸汽分压,随着时间的延续,湿物料同周围介质的相互作用达到动力学平衡状态。最后,物料上的蒸汽分压等于周围介质的蒸汽分压,物料与气体间的湿交换进行得越缓慢,湿物料-气体体系越接近平衡状态。干物料在储藏过程,则可以出现相反的过程,从周围介质中吸附蒸汽使物料吸湿。

湿空气的状态特性在干燥过程不断变化,根据这种变化的特点实现不同过程的结果。因此,研究湿气体参数及探讨其在干燥过程的状态变化,掌握物料湿热平衡状态参数,按水分与物料结合形式来选择干燥条件和干物质储藏条件极为重要。湿空气的状态参数可以从湿空气的焓-湿图等查得。

3.1.1.2　物料与空气间的湿热平衡

(1)物料的水分活度与空气相对湿度之间的关系　根据水分活度的定义可知,测定水分活度可利用空气与物料的充分接触,达到空气中蒸汽分压和物料表面的蒸汽分压的平衡,此时的蒸汽分压与纯水的饱和蒸汽压之比即为水分活度。

将完全干燥的食品置于各种不同相对湿度的试验环境中,经过一定时间,食品会吸收空间的蒸汽,逐渐达到平衡。这时食品内所含的水分对应的相对湿度称为平衡相对湿度。根据水分活度的定义和相对湿度的概念可知,这时的相对湿度即为水分活度。

必须指出,物料的水分活度与空气的平衡相对湿度是不同的两个概念,分别表明物料与空气在达到平衡后双方各自的状态。由于蒸汽压差的作用,则物料将从空气中吸收水分,直至达到平衡,这种现象称为吸湿现象。如果物料与相对湿度值比它的水分活度值小的空气相接触,则物料将向空气中逸出水分,直至达到平衡,这种现象称为去湿现象。上述过程中物料与空气中的水分始终处于一个动态的相互平衡的过程。

(2)平衡水分　由于物料表面的蒸汽分压与介质的蒸汽分压的压差作用,使两相之间的水分不断地进行传递,经过一段时间后,物料表面的蒸汽分压与空气中的蒸汽分压将会相等,物料与空气之间的水分达到动态平衡,此时物料中所含的水分为该介质条件下物料的平衡水分。平衡水分因物料种类的不同而有很大的差别,同一种物料的平衡水分也因介质条件的不同而变化。

当空气的相对湿度为零时,任何物料的平衡水分均为零,即只有使物料不断地与相对湿度为零的空气相接触才有可能获得绝干的物料。若物料与一定湿度的空气接触,物料中总有一部分水分不能被除去,这部分水分就是平衡水分,它表示在该空气状态下物料能被干燥的限度。一种食品物料在温度 50 ℃时的平衡水分等温线见图 3.4。

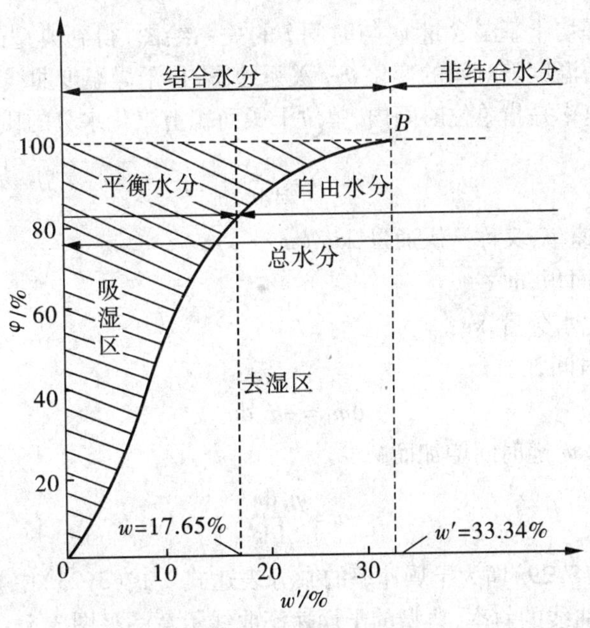

图 3.4　平衡水分等温线

被除去的水分包括两部分：一部分是结合水，另一部分是非结合水。所有能被介质空气带走的水分称为自由水分。

结合水与非结合水，平衡水分与自由水分是两个不同范畴的概念。水结合与否是食品物料自身的性质，与空气状态无关；而平衡水分与自由水分除受物料的性质限制外，还与空气的状态有着极其密切的关系。

(3)干燥特性曲线　食品物料干燥特性与干燥环境条件有着密切的关系。干燥环境条件可分为恒定干燥和变动干燥。所谓恒定干燥是指物料干燥时过程参数保持稳定，如热风干燥时空气的温度、相对湿度及流速保持不变，物料表面各处的空气状况基本相同；真空干燥时真空度不波动及保持导热或辐射传热的条件恒定(包括热源温度、传热面与物料接触、辐射源的距离等)。在工业生产上，干燥条件多属于变动干燥条件，但当干燥情况变化不大时，仍可按恒定干燥情况处理。一般间歇操作较连续操作易保持干燥条件恒定。

食品物料干燥过程的特性可以由干燥曲线、干燥温度曲线及干燥速率曲线来表达，而这些曲线的绘制是在恒定的干燥条件下进行的。

1)干燥曲线、干燥温度曲线、干燥速率曲线　在干燥过程中，随着干燥时间的延续，水分被不断汽化，湿物料的质量不断减少。在不同的时刻 t 记录物料的质量，直至物料质量不再变化为止(即达到平衡含水量)。由物料的瞬时质量计算出物料的瞬时湿含量为：

$$w'=\frac{m_s-m_c}{m_c} \tag{3.26}$$

式中　m_s——物料瞬时质量，kg；

m_c——物料的绝干质量，kg；

w'——物料的干基湿含量。

根据物料的平均干基湿含量 w' 与时间 t 的关系绘图，得到典型的干燥曲线；根据干燥过程中物料表面温度随时间的变化 $\theta-t$ 关系绘图，得干燥温度曲线。

物料的干燥速率是指单位时间内、单位干燥面积上汽化水分的质量。

$$u=\frac{m_q}{A\mathrm{d}t} \tag{3.27}$$

式中　u——干燥速率，又称干燥通量，kg/(m^2·s)；

A——干燥面积，m^2；

m_q——汽化水分量，kg；

t——干燥时间，s。

$$\mathrm{d}m_q=-m_c\mathrm{d}w' \tag{3.28}$$

式中负号表示 w' 随时间增加而减少。

$$u=\frac{m_c\mathrm{d}w'}{A\mathrm{d}t} \tag{3.29}$$

式(3.28)、式(3.29)即为干燥速率的微分表达式。式(3.23)中 m_c 和 A 可由实验测得，$\mathrm{d}w'/\mathrm{d}t$ 为干燥曲线的斜率，典型的干燥速率曲线示意图见图 3.5。

2)食品物料干燥过程分析　食品物料干燥过程的特性曲线，因物料种类的不同而有差异。一般将干燥过程明显地分为两个阶段。如图 3.5 中 ABC 段表示干燥的第一阶段，

其中 BC 段内干燥速率保持恒定，即基本上不随物料湿含量而变化，故称为恒速干燥阶段。而 AB 段为物料的预热阶段，它与物料的大小、厚薄及初始温度有关，此阶段所需的时间极短，一般并入 BC 段内考虑。干燥的第二阶段如 CDE 段所示，在此阶段内干燥速率随物料湿含量的减小而降低，故称为降速干燥阶段。两个干燥阶段之间的交点 C 称为临界点，与该点对应的物料湿含量称为临界湿含量，以 w_c 表示。与点 E 对应的物料湿含量为操作条件下的平衡水分，此点的干燥速率为零。

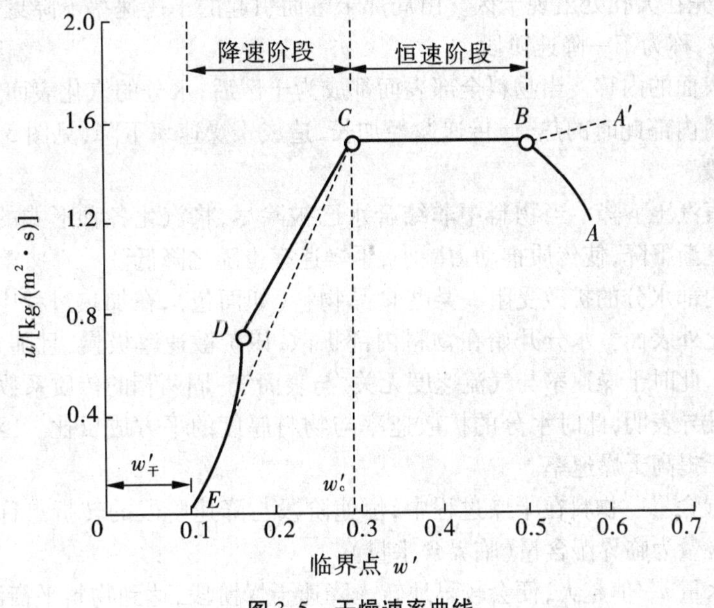

图3.5　干燥速率曲线

恒速阶段与降速阶段的干燥机制及影响因素各不相同，下面分别予以讨论。

①恒速阶段　在恒定干燥阶段，食品物料的表面非常湿润，即表面有充足的非结合水分，物料表面的状况与湿球温度计中湿纱布表面的状况相似，如此时的干燥条件恒定（空气温度、湿度、速度及气固的接触方式一定），物料表面的温度等于该空气的湿球温度 θ_w（假设湿物料受辐射传热的影响可忽略不计），而当 θ_w 为定值时，物料上方空气的湿含量 H_w 也为定值。

应予以指出，在整个恒速干燥阶段，水分从湿物料内部向其表面传递的速率与水分自物料表面汽化的速率平衡，物料表面始终处在湿润状态。一般来说，此阶段的汽化水分为非结合水分，与自由水分的汽化情况无异。显然，恒速干燥阶段的干燥速率大小取决于物料表面水分的汽化速率，亦即取决于物料外部的干燥条件，所以恒速干燥阶段又称为表面汽化控制阶段。

②降速阶段　干燥操作中，当物料的湿含量降至临界湿含量 w'_c 以后，便转入降速干燥阶段。在此干燥阶段，水分自物料内部向表面汽化的速率低于物料表面水分的汽化速率，湿物料表面逐渐变干，汽化表面向物料内部移动，温度也不断上升。随着物料内部湿含量的减少，水分由物料内部向表面传递的速率慢慢下降，干燥速率也就越来越低。

降速干燥阶段干燥速率的大小主要取决于物料本身的结构、形状和尺寸，而与外部的干燥条件关系不大，所以降速干燥阶段又称为物料内部迁移控制阶段。产生降速的原因大致有以下四个方面：

a. 实际汽化表面减小　随着干燥的进行，水分趋于不均匀分布，局部表面的非结合水分已先除去而成为“干区”。尽管此时物料表面的平衡蒸汽压未变，(H_w-H)未变，k_H也未变，但实际汽化面积减小，以物料全部外表面计算的干燥速率下降。对于多孔性物料表面，孔径大小不等，在干燥过程中水分会发生迁移，小孔则借毛细管力自大孔中“吸取”水分，因而首先在大孔处出现干区。由局部干区而引起的干燥速率下降见图3.5干燥速率曲线CD段，称为第一降速阶段。

b. 汽化表面的内移　当物料全部表面都成为干区后，水分的汽化表面逐渐向物料内部移动。物料内部此时的热、质传递途径加长，造成干燥速率下降，见图3.5DE段，称为第二降速阶段。

c. 平衡蒸汽压下降　当物料中非结合水已被除尽，将汽化各种形式的结合水时，平衡蒸汽压将逐渐下降，使传质推动力减小，干燥速率也随之降低。

d. 物料内部水分的扩散受阻　某些食品物料（如面包），在加热过程中，很快表面硬化失去了汽化外表面。水分开始在物料内部扩散，该扩散速率极慢，且随含水量的减少而不断下降。此时干燥速率与气流速度无关，与表面气-固两相的传质系数k_H无关。

有理论推导表明，此时水分的扩散速率与物料厚度的平方成反比。因此，降低物料厚度将有助于提高干燥速率。

3）临界湿含量　物料在干燥过程中，恒速阶段与降速阶段的转折点称为临界点，此时物料的湿含量为临界湿含量（临界含水量）。

临界含水量w_c'值越大，便会较早地转入降速干燥阶段，达到物料平衡湿含量所需的干燥时间也就越长。确定物料的w_c'值不仅对干燥速率和干燥时间的计算十分必要，而且由于影响两个干燥阶段的干燥速率的因素不同，确定w_c'值对于强化具体的干燥过程也有重要的意义。

临界湿含量随物料的性质、厚度及干燥条件的不同而不同。例如非多孔性物料的w_c'值比多孔性物料的大。在一定的干燥条件下，物料层越厚，w_c'值也越高，在物料的平均湿含量较高的情况下就开始进入降速干燥阶段。了解影响w_c'值的因素，便于控制干燥过程，例如减小物料厚度、料层厚度，对物料增强搅动，则既可增大干燥面积，又可减小w_c'值，所以流化干燥设备（如气流和沸腾干燥）中物料的w_c'值一般较低。

物料的临界湿含量通常由实验来确定，若无实测数据时，也可参考有关手册。

（4）干燥过程中的传热与传质　食品物料的干燥过程是热量传递和质量传递同时存在的过程，伴随着传热（物料对热量的吸收）、传质（水分在物料中的迁移），物料达到干燥的目的。热量和质量是通过物料内部和外部传递来实现的。

1）物料外部的传热与传质　无论何种干燥方式，干燥介质均围绕在物料周围，在靠近物料的表面形成所谓的界面层。这是因为在介质气流中心，气流速度是均匀的，速度梯度等于零；而在物料的表面，由于气体与物料表面的摩擦造成了在离表面某一相当小的距离上流速降低，产生速度梯度，即与表面距离越小，气流速度越低。气流速度梯度的方向由物料表面指向介质气流。

从出现速度梯度的那一点到表面这段距离，就是界面层的厚度。界面层厚度主要取决于被环绕表面的状态,其与气体黏度成正比,与气体流速成反比。

界面层中,由于存在速度梯度,所以在距表面不同的距离处造成不同的温度层,即出现温度梯度,温度梯度与速度梯度的方向一致。温度梯度还受介质导热性的影响。

在界面层中还同时存在气体湿含量梯度(或称空气蒸汽分压梯度),该湿含量梯度的方向与速度梯度和温度梯度方向相反,这就是说,越接近物料表面,形成界面层的气体湿含量(或气体中的蒸汽分压)越大。

干燥过程中,界面层的存在造成了热量传递和质量传递的附加阻力,只有减少界面层厚度才能提高干燥速率。而降低界面层的厚度,必须综合考虑界面层温度梯度、速度梯度及蒸汽分压梯度的影响因素,在干燥的不同阶段,根据物料的性质和加工要求,适当提高物料温度和介质流速,强化蒸汽压差,这是降低界面层厚度、实现物料外部传热与传质的有效途径。

2)物料内部的传热与传质　物料干燥过程中,加热介质将热量传给物料表面,使其温度升高,表面的水分吸收热量后动能增加,最后蒸发而脱离物料表面。

在表面受热的同时,物料本身又将热量自表面以传导的形式向温度较低的物料中心传递,并随这种传递的进行,能量逐渐减弱,即温度逐渐降低,这样在物料内部也存在一个由中心指向表面的温度梯度,处在不同温度梯度下的水分具有不同的迁移势。干燥初期水分均匀分布于物料中,随着干燥的进行,表面水分逐渐减少,从而形成了自物料内部到表面的湿度梯度,促使水分在物料内部移动,湿度梯度越大,水分移动就越快。

采取任何干燥方式,这两种梯度场均存在于物料内部,故水分传递应是两种推动力共同作用的结果。另外,物料本身的导湿性也是影响水分内部扩散的一个重要因素。

干燥过程中,由于物料的温度梯度与湿度梯度方向相反,容易造成干燥不彻底和物料发生不理想的变化,常采用升温、降温、再升温、再降温的工艺措施来调节物料内部的温度梯度与湿度梯度的关系,强化水分的内部扩散。

3)干燥过程的控制　合理地处理好物料内外部的传热与传质的关系即能有效地控制干燥过程的进行。

干燥的目的在于除去物料中的水分,而物料中的水分首先需要通过物料内部扩散移至物料表面,然后再由物料表面汽化脱除,所以表面汽化与内部扩散的速率共同决定了干燥的速率。

当表面汽化速率小于内部扩散速率时,因物料表面有足够的水分,物料表面的温度就可近似认为是干燥介质的湿球温度,水分的汽化也可认为是近于纯水表面的汽化,这时提高介质温度,降低介质湿度,改善介质与物料之间的流动和接触状况都有利于提高干燥速率。这种情况常出现在干燥初期。

当表面汽化速率大于内部扩散速率时,物料的干燥受内部扩散速率的限制,水分无法及时到达表面,造成汽化界面逐渐向内部移动,产生干燥层,使干燥进行较表面汽化控制更为困难。要强化干燥速率就必须改善内部扩散因素。下述措施有利于提高干燥速率:减小料层厚度,缩短水分在内部的扩散距离;使物料堆积疏松,采用空气穿流料层的接触方式以扩大干燥表面积;采用接触加热和微波加热的方法,使深层料温高于表面料温,温度与湿度梯度同向加快内部水分的扩散。

表面汽化速率与内部扩散速率近于相等的情况在干燥中极其少见,此状态是恒速干燥力求的目标。

3.1.1.3 食品在干制过程中的主要变化

(1)物理变化　食品在干制过程中因受加热和脱水双重作用,将发生显著的物理变化,主要有质量减少、干缩、表面硬化及质地改变等。

1)干缩　食品在干燥时,因水分被除去而导致体积缩小,组织细胞的弹性部分或全部丧失的现象称作干缩。干缩的程度与食品的种类、干燥方法及条件等因素有关。一般情况下,含水量多、组织脆嫩者干缩程度大,而含水量少、纤维质食品的干缩程度较轻。与常规干燥制品相比,冷冻干燥制品几乎不发生干缩。在热风干燥时,高温干燥比低温干燥所引起的干缩更严重,缓慢干燥比快速干燥引起的干缩更严重。

干缩有两种情形,即均匀干缩和非均匀干缩。有充分弹性的细胞组织在均匀而缓慢地失水时,就产生了均匀干缩,否则就会发生非均匀干缩。干缩之后细胞组织的弹性都会或多或少地丧失掉,非均匀干缩还容易使干制品变得奇形怪状,影响其外观。

干缩之后有可能产生所谓的多孔性结构。当快速干燥时,由于食品表面的干燥速度比内部水分迁移速度快得多,因而迅速干燥硬化。在内部继续干燥收缩时,内部应力将使组织与表层脱开,干制品中就会出现大量的裂缝和孔隙,形成所谓的多孔性结构。

多孔性结构的形成有利于干制品的复水和减小干制品的松密度。但是,多孔性结构的形成使氧化速度加快,不利于干制品的储藏。

2)表面硬化　表面硬化是指干制品外表干燥而内部仍然软湿的现象。有两种原因会造成表面硬化。其一是食品干燥时,其内部的溶质随水分不断向表面迁移和积累而在表面形成结晶所造成的;其二是食品表面干燥过于强烈,内部水分向表面迁移的速度滞后于表面水分汽化速度,从而使表层形成一层干硬膜所造成的。前者常见于含糖或含盐多的食品的干燥,比如水果的干燥和盐干品中。后者与干燥条件有关,是可以调控的,比如可以通过降低干燥温度和提高相对湿度或减小风速来控制。表面硬化不仅延长了干燥过程,还会影响食品的外观质量。

3)溶质迁移现象　食品在干燥过程中,其内部除了水分会向表层迁移外,溶解在水中的溶质也会迁移。溶质的迁移有两种趋势:一种是由于食品干燥时表层收缩使内层受到压缩,导致组织中的溶液穿过孔穴、裂缝和毛细管向外流动。迁移到表层的溶液蒸发后,浓度将逐渐增大。另一种是在表层与内层溶液浓度差的作用下出现的溶质由表层向内层迁移。上述两种方向相反的溶质迁移的结果是不同的,前者使食品内部的溶质分布不均匀;后者则使溶质分布均匀化。干制品内部溶质的分布是否均匀,最终取决于干燥速度,即取决于干燥的工艺条件。

4)挥发性物质的损失　从食品中逸出的蒸汽中总是夹带着微量的各种挥发性物质,使食品特有的风味受到不可恢复的损失。虽然我们能够从蒸汽中回收部分风味物质,但是目前几乎没有减少挥发性物质损失的方法。

5)水分分布不均匀现象　食品干燥过程是食品表面水分不断汽化、内部水分不断向表面迁移的过程。推动水分迁移的主要动力是物料内外的水分梯度。从物料中心到物料表面,水分含量逐步降低,这个状态到干燥结束始终存在。因此,在干制品中水分的分布是不均匀的。

6)热塑性的出现　不少食品具有热塑性,即温度升高时会软化甚至有流动性,而冷却时变硬,具有玻璃体的性质。糖分及果肉成分高的果蔬汁就属于这类食品。例如橙汁或糖浆在平锅或输送带上干燥时,水分虽已全部蒸发掉,残留固体物质却仍像保持水分那样呈热塑性黏质状态,黏结在带上难以取下,而冷却时它会硬化成结晶体或无定形玻璃状而脆化,此时就便于取下。为此,大多数输送带式干燥设备内常设有冷却区。

(2)化学变化

1)营养成分的损害　糖类含量较多的食品在加热时糖分极易分解和焦化,特别是葡萄糖和果糖,经高温长时间干燥易发生大量损耗。糖类因加热而引起的分解焦化是果蔬食品干燥时变质的主要原因之一。

脂肪氧化与干燥时的温度和氧气量有关。通常情况下,高温常压干燥引起的氧化现象比低温真空干燥引起的氧化现象严重得多。为了抑制干制时的脂肪氧化,常常在干燥前添加抗氧化剂。食品干制时蛋白质会发生变性、分解出硫化物以及发生羰氨反应。各种维生素的损失是值得重视的问题。水溶性维生素如抗坏血酸极易在高温下氧化,硫胺素对热也很敏感,核黄素还对光敏感,胡萝卜素也会因氧化而遭受损失。如果干制前酶未被钝化,维生素的损失非常高。

2)褐变　褐变是食品干制时不可恢复的变化,被认为是产品品质的一种严重缺陷。严重的褐变不但影响干制品的色泽,而且对风味、复水能力和抗坏血酸含量都可能产生不利影响。褐变速度受温度、时间、水分含量的影响,温度升高,褐变明显变快,当温度超过临界值,就会产生非常快速的焦化。时间也是一个重要因素,热敏食品在90 ℃时数秒内无明显变化,但在16 ℃时8~10 h却会产生明显的褐变。水分含量在15%~20%时的褐变速度常常达到最大,应尽快通过该区间。

3)干燥时食品风味的变化　食品失去挥发性风味成分是脱水干燥时常见的一种现象。如果牛乳失去极微量的低级脂肪酸,特别是硫化甲基,虽然它的含量仅亿分之一,但其制品却已失去鲜乳风味。即使低温干燥也会导致化学变化,而出现食品变味的问题。例如奶油内的脂肪有δ-内酯形成时就会产生太妃糖那样的风味,而这种产物在乳粉中也经常见到。一般处理牛乳时所用的温度即使不高,蛋白质仍然会分解并有硫挥发放出。

要完全防止干燥过程风味物质损失是比较难的。解决的有效办法是从干燥设备中回收或冷凝外逸的蒸汽,再加回到干制食品中,以便尽可能保存它的原有风味。此外,也可从其他来源取得香精或风味制剂再补充到干制品中,或干燥前在某些液态食品中添加树胶和其他包埋物质将风味物微胶囊化以防止或减少风味损失。

总之,食品脱水干燥设备的设计应当根据前述各种情况加以慎重考虑,尽一切努力在干制速率最高,食品品质损耗最小而干制成本最低的情况下,找出最合理的脱水干燥工艺条件。

3.1.2　食品浓缩

浓缩是从溶液中除去部分溶剂的单元操作,是溶质和溶剂部分分离的过程。浓缩方法从原理上可分为平衡浓缩和非平衡浓缩两种物理方法。平衡浓缩是利用两相在分配上的某种差异而获得溶质和溶剂分离的方法,蒸发、结晶和冷冻浓缩即属此法。

食品浓缩的目的:除去食品中的大量水分,减少包装、储藏和运输费用;提高制品浓度,增加制品的保藏性;作为干燥或更完全脱水的预处理过程;作为结晶操作的预处理过程。

3.1.2.1 蒸发

蒸发是食品工业中应用最为广泛的浓缩方法之一。蒸发是利用溶质和溶剂挥发度的差异,通过加入热能的方法使溶剂汽化,而溶质不挥发,从而达到分离的目的。

使含有不挥发溶质的溶液沸腾汽化并排除蒸汽,从而使溶液中溶质浓度提高的单元操作称为蒸发,所采用的设备称为蒸发器。蒸发的必要条件为热能的不断供给和生成蒸汽的不断排除。由于供热一般采用蒸汽加热方式,故蒸发生成的蒸汽常称为二次蒸汽,排除二次蒸汽的最常用的方法是将其冷凝。将二次蒸汽直接冷凝,而不利用其冷凝热的操作称为单效蒸发。将二次蒸汽引用到下一蒸发器作为加热蒸汽,以利用其冷凝热的串联蒸发操作称为多效蒸发。

工业上的蒸发操作经常在减压下进行,这种操作称为真空蒸发。真空蒸发有以下几个特点:

减压下溶液的沸点下降,有利于处理热敏性物料,且可利用低压强的蒸汽或废蒸汽作为热源。

溶液的沸点随所处的压强减少而降低,故对相同压强的加热蒸汽而言,当溶液处于减压时可以提高总传热温差,但与此同时,溶液的黏度加大,所以总传热系数下降。

真空蒸发系统要求有造成减压的装置,使系统的投资费用和操作费用提高。

3.1.2.2 结晶

结晶是从液相或气相生成形状一定、分子(或原子、离子)有规则排列的晶体的现象。与其他分离的单元操作相比,结晶过程具有如下特点:能从杂质含量相当多的溶液或多组分的熔融混合物中产生纯净的晶体;能耗少,操作温度低,对设备材质要求不高,一般也很少有"三废"排放,有利于环境保护;结晶产品包装、运输、储存或使用都很方便。

(1)基本概念

1)晶体的性状　晶体是内部结构中质点(原子、离子、分子)做三维有序规则排列的固态物质。如果晶体成长环境良好,则可形成有规则的多面体外形,称为结晶多面体,该多面体的表面称为晶面。

2)晶体的几何结构　构成晶体的微观质点(分子、原子或离子)在晶体所占有的空间中按三维空间点阵规律排列,各质点间有力的作用,使质点得以维持在固定的平衡位置,彼此之间保持一定距离,晶体的这种空间结构称为晶格。晶体按其晶格结构可分为7种晶系。对于一种晶体物质,可以属于某一种晶系;也可能是两种晶系的过渡体。

3)晶体的粒度分布　粒度分布是晶体的一个重要质量指标,它是指不同粒度的晶体质量(或粒子数目)与粒度的分布关系。通常通过筛分法(或粒度仪)加以测定。

4)相平衡与溶解度　向恒温溶剂(如水)中加入溶解性固体溶质,当固体溶质溶解与析出的量相等时,既无溶解也无析出,此时固体与其溶液达到相平衡。这时溶液中的溶质浓度称为该溶质的溶解度或饱和浓度,该溶液称为该溶质的饱和溶液。溶解度(饱和浓度)在结晶操作中常用单位质量(或体积)溶剂中溶质的质量表示(如g/100 g)。

5)过饱和溶液与介稳态　溶液含有超过饱和量的溶质,则称为过饱和溶液。同一温度下,过饱和溶液与饱和溶液的浓度差称为过饱和度。过饱和溶液在热力学上是不稳定的。但是如果不去扰动它，任其保持平静状态，则它可在一个相当长的时间内保持过饱和状态而不变，这种状态称为介稳状态。

(2)结晶过程

1)晶核的形成　晶核是过饱和溶液中新生成的微小晶体粒子，是晶体成长过程必不可少的核心。晶核的大小粗估为数十纳米至几微米。在没有晶体存在的条件下自发产生晶核的过程称为初级成核，在已有晶体存在的条件下产生晶核的过程称为二次成核，目前人们普遍认为二次成核的机制主要是流体剪应力成核及接触成核。相对二次成核，初级成核速率大得多，而且对过饱和变化非常敏感，很难将它控制在一定的水平。因此，除了超细粒子制造外，一般结晶过程都要尽量避免发生初级成核，应以二次成核作为晶核的来源。

2)晶体的成长　在过饱和溶液中已有晶体形成或加入晶体后，以过饱和度为推动力，溶质质点会继续一层层地在晶体表面有序排列，晶体将长大，这个过程称为晶体成长。按照扩散学说，晶体成长过程由下列三个步骤组成：待结晶溶质借扩散作用穿过靠近晶体表面的静止液层，从溶液中转移至晶体表面；到达晶体表面的溶质嵌入晶面，使晶体长大，同时放出结晶热；放出来的结晶热传导至溶液中。

3.1.2.3　冷冻浓缩

冷冻浓缩是利用冰与水溶液之间的固液相平衡原理的一种浓缩方法。冷冻浓缩适用于热敏性食品的浓缩，可防止食品中的芳香物质的挥发损失。

(1)冷冻浓缩操作原理

1)冷冻浓缩操作中的相平衡　冷冻浓缩操作涉及液-固系统的相平衡，液-固系统相平衡图见图3.6，其纵坐标为物系的温度，横坐标为溶质的浓度(质量分数，%)，图上任一点都表示物系的某一状态。

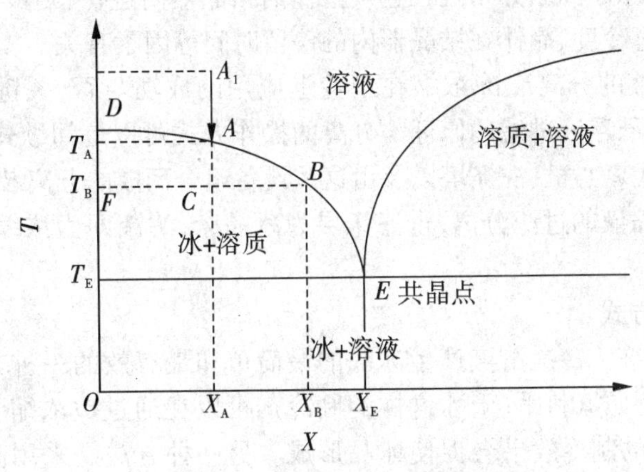

图3.6　液-固系统相平衡图

图中 DE 线称冰点曲线或冻结曲线，E 点称低共熔点或低共晶点。DE 线上方区域为溶液区域，即液相区；DE 线以下为冰与溶液两相共存区。现讨论浓度为 c_A、温度为 T 的溶液。当其温度下降时，例如达到 T_A 温度，A 点状态由(c_A，T_A)表达，这时即有冰晶出现，T_A 为其冰点。温度再继续下降至 T_B 时，温差(T_A-T_B)称为溶液的过冷度，过冷溶液分成两部分,一部分是冰晶 $F(0,T_B)$,另一部分是溶液 $B(c_B,T_B)$,此时 $c_B>c_A$ 并且冰晶 F 与溶液 B 达到相平衡状态,此两平衡相量之比,即冰晶量与浓缩液量之比符合杠杆定理,从而可计算冷冻浓缩操作中冰晶量与浓缩液量。当温度降至 T_g 时,与冰晶成平衡的溶液为正点表示的溶液,称低共熔溶液或低共晶溶液,其相应浓度称为低共熔浓度或低共晶浓度。从这个过程可见,当溶液浓度低于低共熔浓度时,冷却的结果是溶液中的水分以冰晶形式析出,而随着水以冰晶形式的析出,余下溶液的浓度提高了,即溶液得到了浓缩,此即为冷冻浓缩的原理。

理论上,冷冻浓缩过程可进行至低共熔点,浓缩液最高浓度可达低共熔浓度。但实际上,多数液体食品没有明显的低共熔点,而且在远未到达此点之前,浓缩液的黏度已经很高,此时晶核形成、晶体成长及冰晶浓缩液的分离已很困难,甚至已不可能,所以在实践上冷冻浓缩的浓缩程度是有很大限度的。

2)冷冻浓缩中的结晶过程　冷冻浓缩的结晶指的是溶剂结晶,晶体和结晶热必须除去,才能使冷冻浓缩过程继续进行,故可利用一些管式、板式、搅拌夹套式的热交换器和真空结晶器、内冷转鼓式结晶器、带式冷却结晶器等各种设备。

冷冻浓缩时,冰晶要有适当的粒度,因为冰晶粒度与结晶成本有关,也与分离有关。结晶成本随晶体粒度的增大而增加。随晶体粒度越大越易分离,而粒度小时,溶质损失增加,故分离费用和溶质损失随晶体粒度的减小而增加。因此,在生产时,应该确定一个最佳晶体粒度,使结晶和分离成本降低,且使溶质损失减少。粒度尺寸取决于结晶的形式和条件、分离器型式及浓缩液价值等因素。

一般冷冻过程的结晶有两种形式:一种是层状冻结,另一种是悬浮冻结。层状冻结也称规则冻结,是一种单向冻结,在管式、板式以及转鼓式、带式设备中进行,晶层依次沉积在先前由同一溶液形成的晶层之上,一般为针状或棒状。悬浮冻结是在受搅拌的冰晶悬浮液中进行的。悬浮冻结如果是在连续操作的结晶器内进行,则产生的晶体粒度与溶液浓度、溶液主体过冷度、晶体在结晶器内的停留时间等因素有关。

3)冰晶-浓缩液的分离　冻浓缩在工业上应用的成功与否,关键在于分离的效果。分离的原理主要是悬浮液过滤的原理。分离的操作方式可以是间歇式或连续式,分离设备有压滤机、过滤式离心机、洗涤塔以及由这些设备组合而成的分离装置。

对于冰晶-浓缩液的过滤分离,过滤床层为冰晶床,滤液即为浓缩液,浓缩液透过冰床的流动为层流。

(2)冷冻浓缩方式

1)直接接触冷冻　冷冻溶液产生冰晶的最简单和最有效的一种方法是让制冷剂在食品内直接汽化,例如氟利昂、干冰这样的制冷剂可以在通过被浓缩食品时汽化。制冷剂直接接触所引起的制冷效果会促使冰晶形成。另一种方法是采用高真空使食品中的部分水分汽化,从而产生进一步的冷冻作用,并使冰结晶加快。

直接接触冷冻技术已用于从盐水中生产纯水,在这个例子中,产品是含盐量很低的冰晶。然而在食品的冷冻浓缩中,制冷剂直接扩散到食品中,会导致食品风味的损失,类似蒸发浓缩。因此,从冷冻浓缩中获得的产品内在质量不好。

2)间接接触冷冻　为了保持食品原有的风味和香味,热量必须通过外部制冷剂除去。通常制冷剂在金属壁的一侧汽化或流动,使另一侧或热交换表面的食品冷冻。必须小心控制冷凝，以使冰晶的形成和生长达到最佳。

3.1.3　食品干燥方法与设备

食品干燥有不同的方法，有晒干与风干等自然干燥方法，但更多采用的是人工干燥，如箱式干燥、窑房式干燥、隧道式干燥、输送式干燥、输送带式干燥、滚筒干燥、流化床干燥、喷雾干燥、冷冻干燥等，以上干燥方法主要是按干燥设备的特征来分类的。若按干燥的连续性则可分为间歇（批次）干燥与连续干燥。此外也有常压干燥、真空干燥等，是以干燥时空气的压力来分类的。也有对流干燥、传导干燥、能量场作用下的干燥及综合干燥法，是以干燥过程向物料供能（热）的方法来分类的。

干燥方法的合理选择，应根据被干燥食品物料的种类、干燥制品的品质要求及干燥成本，综合考虑物料的状态以及它的分散性、黏附性能、湿态与干态的热敏性（软化点、熔点、分解温度、升华温度、着火点等）、黏性、表面张力、含湿量、物料与水分的结合状态等以及其在干燥过程的主要变化。干制品的质量要求常常是选择干燥方法的首要依据。最佳的干燥工艺条件是指在耗热、耗能量最少情况下获得最好的产品质量，即达到经济性与优良食品品质。干燥经济性与设备选择、干燥方法及干燥过程的能耗、物耗与劳力消耗等有关，也与产品品质要求有关。

大多数食品材料，其性质是胶体，具有毛细管多孔性的结构，其中水分与固体间架结合比较牢固，这类常以固态形式存在的含水量较高的食品，则直接进入脱水干燥过程，或经预处理（热烫等）以降低水分与物料的结合力，再进入脱水干燥过程，其大部分水分应该在脱水干燥中去除。如脱水蔬菜要求水分从90%降至12%～6%（靠热烫可脱去小部分水）；干燥酵母从75%水分降至7%；干燥面包要从49%降至10%；干燥谷物要从20%～25%降至13%～14%。

3.1.3.1　晒干及风干

晒干是指利用太阳光的辐射能进行干燥的过程。风干是指利用湿物料的平衡蒸汽压与空气中的蒸汽压差进行脱水干燥的过程。晒干过程常包含风干的作用。

晒干过程物料的温度比较低（低于或等于空气温度）。炎热、干燥和通风良好的气候环境条件最适宜于晒干，我国北方和西北地区的气候常具备这种特点。晒干、风干方法可用于固态食品物料（如果、蔬、鱼、肉等）的干燥，尤其适于以湿润水分为主的物料（如粮谷类等）干燥，新疆地区许多葡萄干也常用风干方法生产。

晒干须使用较多场地。为减少原料损耗、降低成本，晒干应尽可能靠近或在产地进行。为保证卫生、提高干燥速率和场地的利用率，晒干场地宜选在向阳、光照时间长、通风位置，并远离家畜厩棚、垃圾堆和养蜂场，场地便于排水，防止灰尘及其他废物的污染。

食品晒干采用悬挂架式，或用竹、木片制成的晒盘、晒席盛装干燥。物料不宜直接铺在场地上晒干，以保证食品卫生质量。

为了加速并保证食品均匀干燥，晒干时注意控制物料层厚度。不宜过厚，并注意定期翻动物料。晒干时间随食品物料种类和气候条件而异，一般2～3 d，长则10 d以上，甚至更长时间。

3.1.3.2　空气对流干燥

空气对流干燥是最常见的食品干燥方法。这类干燥在常压下进行，有间歇式（分批）

和连续式;空气既是热源,也是湿气的载体,且空气有自然或强制对流循环,在不同条件下环绕湿物料。湿物料可以是固体、膏状物料及液体。

热空气的流动靠风扇、鼓风机和折流板加以控制。空气的量和流速会影响干燥速率。由于干燥的产品会变得很轻,可被空气带走,因此空气的静压力控制也很重要。空气的加热可以用直接或间接加热法:直接加热靠空气直接与火焰或燃烧气体接触;间接加热靠空气与热表面接触,如将空气吹过蒸汽、火焰或电加热的管(或区间)或鱼翅管。间接加热的优点是防止空气加热过程受污染,而直接加热易受燃料不完全燃烧带来的各种气体和微量煤烟的影响。空气直接加热过程,水分是燃烧的产物之一,故会使空气湿度增加,但直接加热空气比间接加热空气成本低。

(1)箱式干燥　箱式干燥是一种比较简单的间歇式干燥方法,箱式干燥设备单机生产能力不大,工艺条件易控制。按气体流动方式有平行流式、穿流式及真空式。

1)平行流箱式干燥　平行流箱式干燥设备的结构简图见图3.7(a)。设备整体为一箱形结构,外壳包以绝缘层以防止热损失,物料盘放在小车上,小车可以方便地推进推出,箱内安装有风扇、空气加热器、热风整流板、空气过滤器、进出风口等。经加热排管和滤筛清除灰尘后的热风流经载有食品的料盘,直接和食品接触,并由排气口排出箱外。根据干燥物料的性质,风速选择的范围为0.5~3 m/s,物料在料盘的堆积厚度不宜过大,一般在几厘米厚,可适于各种状态物料的干燥。

2)穿流箱式干燥　为了加速热空气与物料的接触,提高干燥速率,可在料盘上穿孔或将盘底用金属网、多孔板制成,则称为穿流箱式干燥设备,见图3.7(b)。由于物料容器底部具有多孔性,故常用于颗粒状、块片状物料。热风可均匀地穿流物料层,保证热空气和物料充分接触。通过料层的风速一般为0.6~1.2 m/s,床层压力降取决于物料的形状、堆积厚度和穿流风速,一般为196~490 Pa。穿流箱式干燥的料层厚度常高于平行流箱式干燥,且前者的干燥速率为后者的3~10倍,但前者的动力消耗比后者大,要使气流均匀穿过物料层,设备结构要相对复杂。

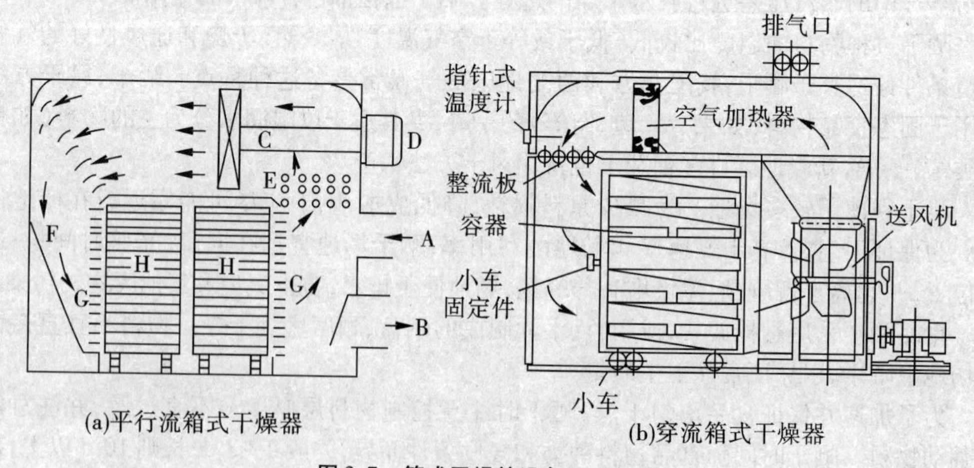

(a)平行流箱式干燥器　(b)穿流箱式干燥器

图3.7　箱式干燥箱设备原理简图

A.空气进口;B.废气出口及调节阀;C.风扇;D.风扇马达;E.空气加热器;F.通风扇;G.可调控喷嘴;H.料盘及小车

（2）隧道式干燥　隧道式干燥使用的设备实际上是箱式干燥设备的扩大加长，其长度可达10～15 m，可容纳5～15辆装满料盘的小车，可连续或半连续操作。小车载着盛于浅盘或悬挂起来的物料通过隧道，与热空气流接触。小车可以连续不断地进出隧道，但多数操作方式是间断地往一端推进一辆小车，而从另一端顶替出一辆，车辆的进出用绞车拉动或用导轨。隧道干燥设备容积较大，小车在内部可停留较长时间，适于处理量大，干燥时间长的物料干燥。干燥介质多采用热空气，隧道内也可以进行中间加热或废气循环，气流速率一般为2～3 m/s。

根据物料与气流接触的形式常有逆流式、顺流式和混流式隧道干燥，其结构简图见图3.8。

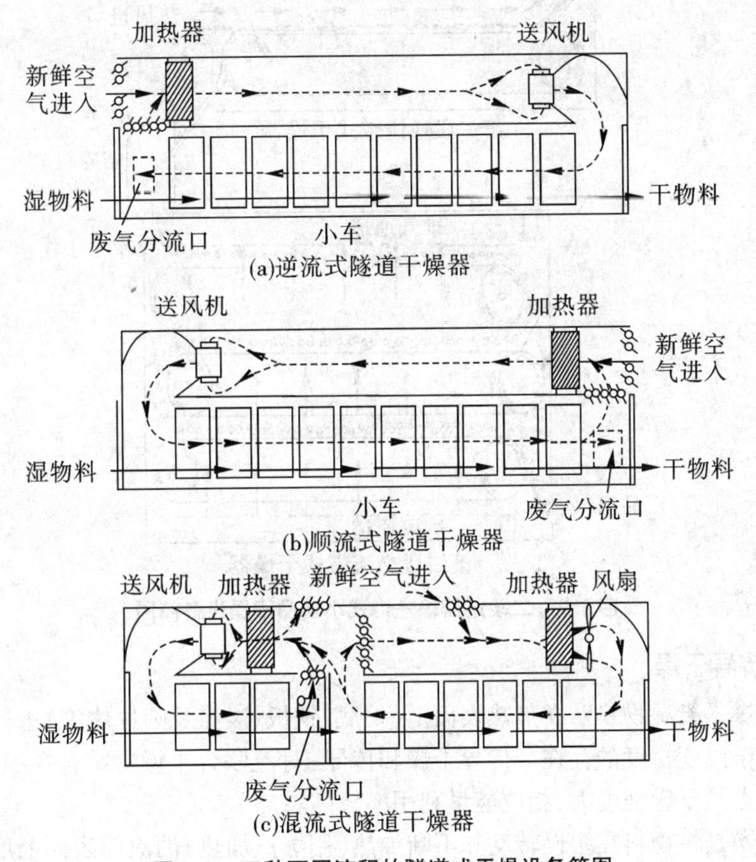

图3.8　三种不同流程的隧道式干燥设备简图

（3）输送带式干燥　输送带式干燥装置中除载料系统由输送带取代装有料盘的小车外，其余部分基本上和隧道式干燥设备相同。湿物料堆积在钢丝网或多孔板制成的水平循环输送带上进行的移动通风干燥（故也称穿流带式干燥），物料不受振动或冲击，破碎少，对于膏状物料可在加料部位进行适当成型（如制成粒状或棒状），有利于增加空气与物料的接触面，加速干燥速率；在干燥过程，采用复合式或多层带式可使物料松动或翻转，改善物料通气性能，便于干燥；使用带式干燥可减轻装卸物料的劳动强度和费用；操作便于连续化、自动化，适于生产量大的单一产品干燥，如苹果、胡萝卜、洋葱、马铃薯和甘薯等，以取代原来采用的隧道式干燥。

按输送带的层数多少可分为单层带型、复合型、多层带型；按空气通过输送带的方向可分为向下通风型、向上通风型和复合通风型输送带干燥设备。二段连续输送带式小食品干燥设备简图见图3.9。第一段为逆流带式干燥，第二段为多层交流带式干燥。干燥设备内各区段的空气温度、相对湿度和流速可各自分别控制，有利于制成品质优良的制品并获得最高产量。如用双阶段连续输送带式干燥设备干燥蔬菜，第一干燥阶段第一区段的空气温度可用93～127 ℃，第二区段则采用71～104 ℃；第二干燥阶段则采用54～82 ℃。每种原料的适宜干制工艺条件应事先经试验确定。

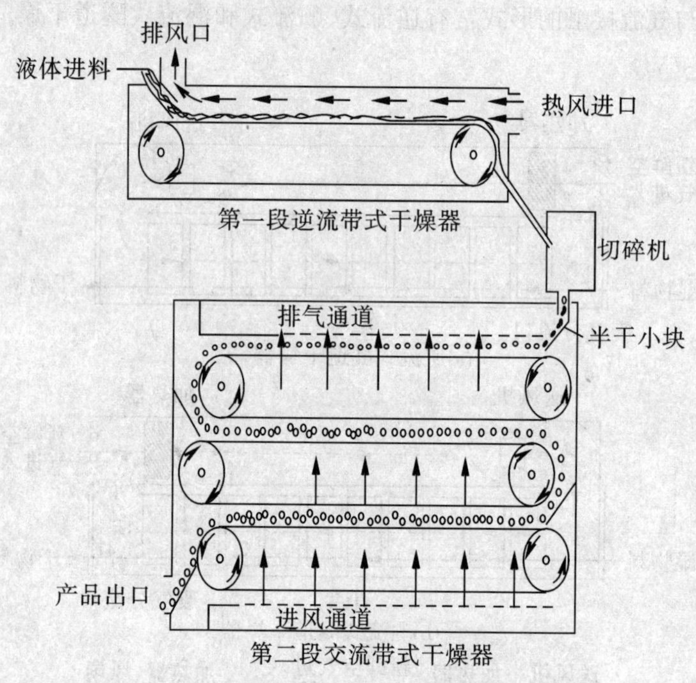

图3.9　二段连续输送带式小食品干燥设备简图

3.1.3.3　传导干燥

传导干燥是指湿物料贴在加热表面上（炉底、铁板、滚筒及圆柱体等）进行的干燥，热的传递取决于温度梯度的存在。传导干燥和传导-对流联合干燥常结合在一起使用。这种干燥的特点是干燥强度大，相应能量利用率较高。

滚筒干燥是将物料在缓慢转动和不断加热（用蒸汽加热）的滚筒表面上形成薄膜，滚筒转动（1周）过程便完成干燥过程，用刮刀把产品刮下，露出的滚筒表面再次与湿物料接触并形成薄膜进行干燥。滚筒干燥可用于液态、浆状或泥浆状食品物料（如脱脂乳、乳清、番茄汁、肉浆、马铃薯泥、婴儿食品、酵母等）的干燥。经过滚筒转动1周的干燥物料，其干物质可从3%～30%（质量分数）增加到90%～98%，干燥时间仅需2 s到几分钟。

根据进料的方式，滚筒干燥设备有浸泡进料、滚筒进料和顶部进料；根据干燥压力有真空及常压滚筒干燥；也有单滚筒、双滚筒式或对装滚筒等干燥设备。3种不同进料方式的滚筒干燥原理简图见图3.10。单滚筒干燥设备是由独自运转的单滚筒构成。双滚筒干燥设备由对向运转和相互连接的双滚筒构成，其表面上物料层厚度可由双滚筒间距离加以控制。对装滚筒干燥设备是由相距较远，转向相反，各自运转的双滚筒构成，见

图3.10(b)。

不管是何种型式的滚筒干燥设备，物料在滚筒上形成的薄膜厚度要均匀，膜厚为0.3～5 mm。对于泥状物料，用小滚子把它贴附在滚筒上[见图3.10 (b)]；对于液态物料，最简单的方法是把滚筒的一部分表面浸到料液中[见图3.10(a)]，让料液黏在滚筒表面上；也可采用溅泼或喷雾的供料方式，并用刮刀保证物料层的均匀性。滚筒直径为500～2 000 mm，长为500～5 200 mm，干燥面积为0.75～32.7 m^2时，功率为7.5～80 kW。对于稀薄液态物料，转速为10～20 r/min；一般料液为5 r/min；黏性较大的料液则采用1～3 r/min。当滚筒内蒸汽压为0.1～0.2 MPa时，表面蒸发阶段的干燥速率为15～35 kg/(h·m^2)；若增加蒸汽压到0.3～0.4 MPa，干燥强度可达30～75 kg/(h·m^2)。对于一般的物料，每平方米物料接触面上的平均干燥速率为10～20 kg/h。从滚筒内面到物料表面的总传热系数为116.3～232.6 W/(m^2·K)。有效接触面积占滚筒表面积的2/3～3/4，热效率为70%～80%，蒸发1 kg水分蒸汽耗为1.2～1.5 kg。

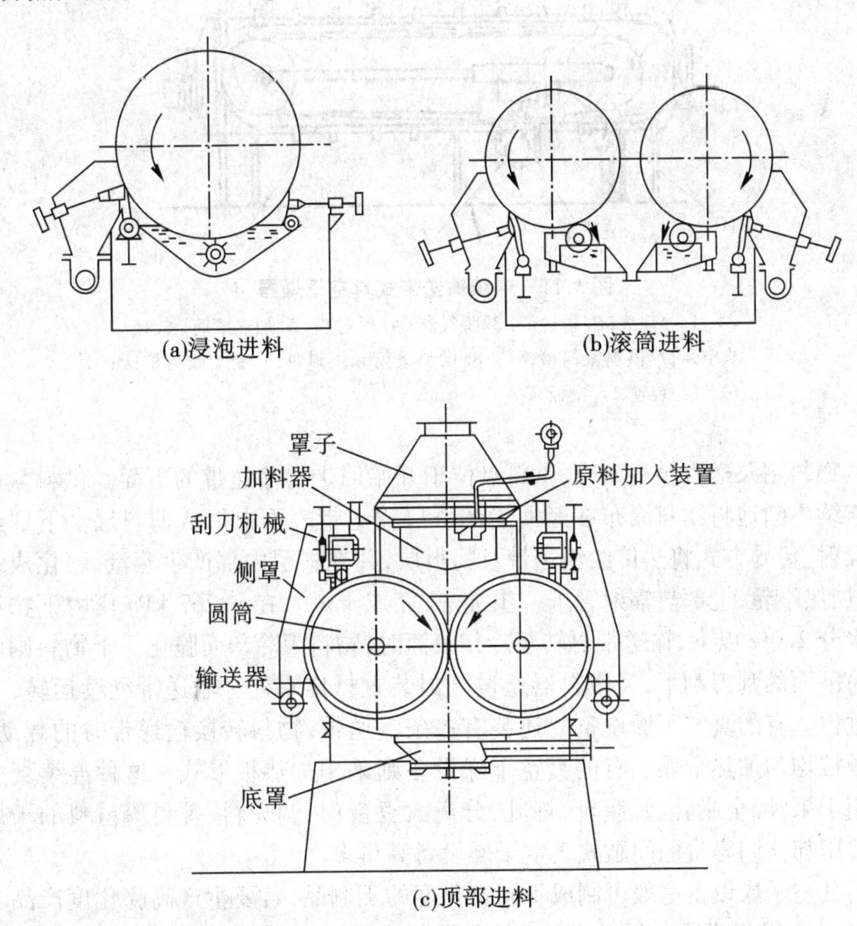

图3.10　滚筒干燥中不同的进料方式

3.1.3.4　真空干燥

真空干燥是指在低气压条件下进行的干燥。真空干燥常在较低温度下进行，因此有利于减少热对热敏性成分的破坏和热物理化学反应的发生，制品有优良品质，但真空干燥成本常较高。

真空干燥过程食品物料的温度和干燥速率取决于真空度、物料状态及受热程度。根据真空干燥的连续性有间歇式真空干燥和连续式真空干燥。

连续式真空干燥是真空条件下的带式干燥。连续真空干燥设备原理图见图3.11。为了保证干燥室内的真空度，专门设计有密封性连续进出料装置。在容器内不锈钢输送带由两只空心滚筒支撑着并按逆时针方向转动，位于右边的滚筒为加热滚筒，以蒸汽为热源，并以传导方式将接触滚轮的输送带加热；位于左边的滚筒为冷却滚筒，以水为冷却介质，将输送带及物料冷却。向前移动的上层输送带（外表面）和经回走的下层输送带（内表面）的上部均装有红外线热源，设备是直径为3.7 m、长为17 m的卧式圆筒体。

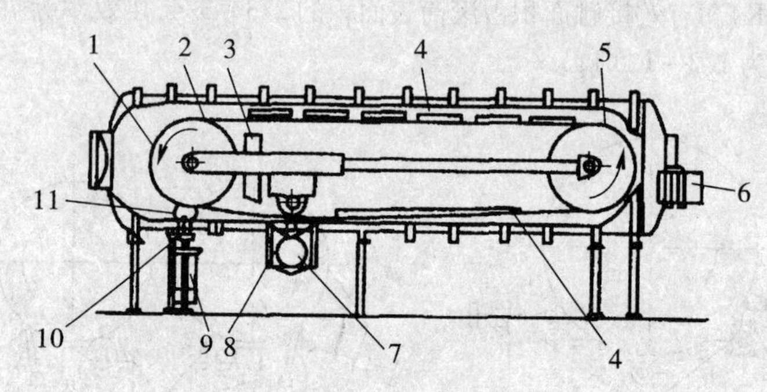

图3.11 连续输送带式真空干燥器

1.冷却滚；2.输送带；3.脱气器；4.辐射热；5.加热滚筒；6.接真空泵；7.供料滚筒检修门；8.供料滚筒和供料盘；9.制品收集槽；10.气封装置；11.刮板

浓液物料用泵送入供料盘内，供料盘位于开始回走的输送带的下面。供料盘内的供料滚筒连续不断地将物料涂布在经回走的下层输送带表面上形成薄料层。下部红外线热源以辐射、传导方式将热传给输送带及物料层，并在料层内部产生蒸汽，膨化成多孔状态，再经加热滚轮，上部热辐射管进一步加热，完成干燥。在0.267 kPa压力下物料快速干燥到水分2.0%以下，输送带再转至冷却滚筒时，物料因冷却而脆化。干物料则由装在冷却滚筒下面的刮刀刮下，经集料器通过气封装置排出室外。输送带继续运转，重复上述干燥过程。有的真空干燥设备内还装有多条输送带，物料转换输送带时的翻动，有助于带上颗粒均匀加热干燥。有的真空干燥设备则采用加热板形式。这种连续真空干燥设备可用于果汁、全脂乳、脱脂乳、炼乳、分离大豆蛋白、调味料、香料等材料的干燥。不过设备费用却比同容量的间歇式真空干燥设备高得多。

采用真空干燥设备一般可制成不同膨化度的干制品，若要生产高膨化度产品。可采用充气（N_2）干燥方式或控制料液组成及干燥条件（类似麦乳精干燥方法）来获得。

3.1.3.5 冷冻干燥

冷冻干燥设备有间歇式冷冻与连续式冷冻两种。目前食品工业采用的冷冻干燥设备多为箱式或圆筒型。根据食品种类可采用冻结与干燥分开或联合在一设备中完成的方式。

连续式冷冻干燥常见的有以下几种型式：旋转平板式干燥器［见图3.12(a)］；振

(摆)动式干燥器[见图3.12(b)];带式干燥器[见图3.12(c)],其结构原理类似连续真空干燥器。旋转式平板冷冻干燥器的加热板绕轴旋动,转轴上有刮板将物料从板的一边刮到下一板的另一边,逐板下降,完成干燥。振动式冷冻干燥器内物料的运动是靠板的来回振动(水平面上稍倾斜)。此外还有沸腾床干燥器和喷雾冻结干燥器,干燥过程物料颗粒被空气、氮气等气体悬浮,且须在真空条件下干燥,其工业应用设备成本仍比较高。

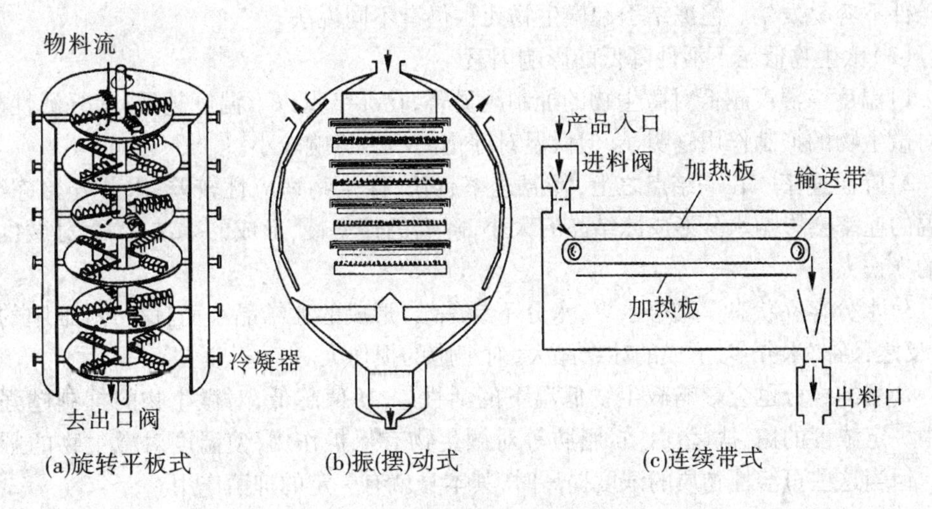

图3.12　几种连续式冷冻干燥示意图

3.2　食品低温加工原理

食品的低温处理是指食品被冷却或被冻结,通过降低温度改变食品的特性,从而达到加工或储藏目的的过程。

低温应用于食品加工主要包括:利用低温达到某种加工效果,如冷冻浓缩、冷却干燥和冻结干燥等是为了达到食品脱水的目的;而果蔬的冷冻去皮,碳酸饮料在低温下的碳酸化等则是利用低温所导致的食品或物料物理化学特性的变化而优化加工工艺或条件;利用低温还能改善食品的品质,如乳酪的成熟、牛肉的嫩化和肉类的腌制等操作在低温下进行,则是利用低温对微生物的抑制和低温下进行物理化学反应改善食品的品质;低温下加工是防止微生物繁殖、污染,确保食品(尤其是水产品)安全卫生的重要手段。此外,冻结过程本身就可以产生一些特殊质感的食品,如冰激凌、冻豆腐等。

食品低温保藏就是利用低温技术将食品温度降低并维持食品在低温(冷却或冻结)状态以阻止食品腐败变质,延长食品保存期。低温保藏不仅可以用于新鲜食品物料的储藏,也可用于食品加工品、半成品的储藏。

3.2.1　低温的影响

3.2.1.1　低温对微生物的影响

从微生物生长的角度看,不同的微生物有一定的温度习性。通常所说的低温处理是指温度低于室温的降温过程。一般而言,温度降低时,微生物的生长速率降低,当温度降到-10 ℃时,大多数微生物会停止繁殖,部分出现死亡,只有少数微生物可缓慢生长。

(1)低温抑制微生物生长繁殖的原因　低温导致微生物体内代谢酶的活力下降,各种生化反应速率下降;低温还导致微生物细胞内的原生质体浓度增加,黏度增加,影响新陈代谢;低温导致微生物细胞内外的水分冻结形成冰结晶,冰结晶会对微生物细胞产生机械刺伤,而且由于部分水分的结晶也会导致生物细胞内的原生质体浓度增加,使其中的部分蛋白质变性,而引起细胞丧失活性,这种现象对于含水量大的营养细胞在缓慢冻结条件下容易发生。但冻结引起微生物死亡仍有不同说法。

(2)微生物低温下活性降低的影响因素

1)温度　温度越低对微生物的抑制越显著,在冻结点以下温度越低,水分活性越低,其对微生物的抑制作用越明显,但低温对芽孢的活力影响较小。

2)降温速率　在冻结点之上,降温速率越快,微生物适应性较差;水分开始冻结后,降温的速率会影响水分形成冰结晶的大小,降温的速率慢,形成的冰结晶大,对微生物细胞的损伤大。

3)水分存在状态　结合水多,水分不易冻结,形成的冰结晶小而且少,对细胞的损伤小,反之,游离水分多,形成的冰结晶大,对细胞的损伤大。

食品的成分也会影响微生物低温下的活性。pH 值越低,对微生物的抑制越强。食品中一定浓度的糖、盐、蛋白质、脂肪等对微生物有保护作用,使温度对微生物的影响减弱。但当这些可溶性物质的浓度提高时,其本身就有一定的抑菌作用。

此外冻藏过程的温度变化也会影响微生物在低温下的活性,温度变化频率大,微生物受破坏速度快。

3.2.1.2　低温对酶的影响

温度对酶的活性影响很大,高温可导致酶的活性丧失,低温处理虽然会使酶的活性下降,但不会完全丧失。一般来说,温度降低到-18 ℃才能比较有效地抑制酶的活性,但温度回升后酶的活性会重新恢复,甚至较降温处理前的活性还高,从而加速果蔬的变质,故对于低温处理的果蔬往往需要在低温处理前进行灭酶处理,以防止果蔬质量降低。

食品中酶的活性的温度系数 Q_{10} 为 2 ~ 3,也就是说温度每降低 10 ℃,酶的活性会降低至原来的 1/3 ~ 1/2。不同来源的酶的温度特性有一定的差异,来自动物(尤其是温血动物)性食品中的酶,酶活性的最适温度较高,温度降低对酶的活性影响较大,而来自植物(特别是在低温环境下生长的植物)性食品的酶,酶活性的最适温度较低,低温对酶的影响较小。

3.2.1.3　低温对食品物料的影响

低温对食品物料的影响因食品物料种类不同而不尽相同。根据低温下不同食品物料的特性,我们可以将食品物料分为 3 类:一是植物性食品物料,主要是指新鲜水果蔬菜等;二是动物性食品物料,主要是指新鲜捕获的水产品,屠宰后的家禽和牲畜以及新鲜乳、蛋等;三是其他类食品物料,包括一些原材料、半加工品和加工品、粮油制品等。

对于采收后仍保持个体完整的新鲜水果、蔬菜等植物性食品物料而言,采收后的果蔬仍具有和生长时期相似的生命状态,仍维持一定的新陈代谢,只是不能再得到正常的养分供给。只要果蔬的个体保持完整且未受损伤,该个体可以利用体内储存的养分维持正常的新陈代谢。就整体而言,此时的代谢活动主要向分解的方向进行,植物个体仍具有一定的天然的"免疫功能",对外界微生物的侵害有抗御能力,因而具有一定的耐储存性。对于这些植物性食品原料,我们形象地称之为"活态"食品。

植物个体采收后到过熟期的时间长短与其呼吸作用和乙烯催熟作用有关。植物个体的呼吸强度不仅与种类、品种、成熟度、部位以及伤害程度有关,还与温度、空气中氧气和二氧化碳含量有关,一般情况下,温度降低会使植物个体的呼吸强度降低,新陈代谢的速度放慢,植物个体内储存物质的消耗速度也减慢,植物个体的储存期限也会延长。因此低温具有保存植物性食品原料新鲜状态的作用。但也应注意,对于植物性食品原料的冷藏,温度降低的程度应在不破坏植物个体正常的呼吸代谢作用的范围之内,温度如果降低到植物个体难以承受的程度,植物个体便会由于生理失调而产生低温冷害,也称"机能障碍",它使植物个体正常的生命活动难以维持,"活态"植物性食品原料的"免疫功能"会受到破坏或削弱,食品原料也就难以继续储存下去。

因此,在低温下储存植物性食品原料的基本原则应是,既降低植物个体的呼吸作用等生命代谢活动,又维持其基本的生命活动,使植物性食品原料处在一种低水平的生命代谢活动状态。

对于动物性食品物料,屠宰后进行低温处理的动物个体其呼吸作用已经停止,不再具有正常的生命活动。动物死亡后体内的生化反应主要是一系列的降解反应,肌体出现死后僵直、软化成熟、自溶和酸败等现象,其中的蛋白质等发生一定程度的降解。达到"成熟"的肉继续放置则会进入自溶阶段,此时肌体内的蛋白质等发生进一步的分解,侵入的腐败微生物也大量繁殖。因此,降低温度可以减弱生物体内酶的活性,延缓自身的生化降解反应过程,并减少微生物的繁殖。

3.2.2 食品的冷却

3.2.2.1 食品冷却的目的

食品的冷却是将食品的温度降低到指定的温度,但不低于其冻结点,其基本目的是延长食品储藏期限。

食品冷却主要针对植物性食品。冷却可以抑制果蔬的呼吸作用,使食品的新鲜度得到很好的保持。对于动物性食品,冷却可以抑制微生物的活动,使其储藏期限延长,对于肉类等一些食品,冷却过程还可以促使肉的成熟,使其柔软、芳香、易消化。但动物性食品由于储藏温度高,微生物易生长繁殖,一般只能短期储藏。

3.2.2.2 食品冷却过程中的热交换

食品冷却过程也就是食品与周围介质进行热交换的过程,即食品将本身的热量传给周围的冷却介质,从而使食品的温度降低。这个热交换过程较复杂,通过传导、辐射及对流来实现。热交换的速度与食品的热导率、形状、散热面积、食品和介质之间的温度差以及介质的性质、流动速度等因素有关。

食品冷却过程的热交换速度与食品本身的热导率成正比。食品的热导率越大,在单位时间内由温度较高的食品中心向温度较低的表面传导的热量也就越多,因而食品冷却或冻结得就越快。各种食品的化学组成不同,其导热性也不相同。水比脂肪的热导率大些,因此,含水多、含脂肪少的食品传热速度就快;反之,就慢。

当食品与周围介质进行热交换时,食品的散热表面积的大小与热交换的速度有直接关系。散热表面积越大,单位时间内食品与周围介质之间交换的热量也就越多,因而食品冷却或冻结就越快。这种关系从式(3.30)热交换的基本公式中得到证明:

食品热交换的基本公式:

$$Q=\frac{F}{m}\tau\alpha(t-t_{介}) \tag{3.30}$$

或

$$\frac{Q}{\tau}=\frac{F}{m}\alpha(t-t_{介}) \tag{3.31}$$

式中 Q——1 kg 食品在冷却时所放出的热量,kJ;

F——食品的散热表面积,m^2;

m——食品的质量,kg;

α——食品与周围介质的表面传热系数,W/(m^2·℃);

τ——热交换过程的时间,h;

t——食品某一时刻的温度,是定性温度,℃;

$t_{介}$——冷却介质的温度,℃;

Q/τ——食品与周围介质的热交换速度,kJ/(kg·h)。

注意:上述公式不能作为计算使用,只能定性说明食品热交换进行的程度。

由式(3.30)可看出,食品与周围介质的热交换速度和食品的散热表面积的大小成正比,而且还和食品的散热表面积与食品质量的比值 F/m 有关。F/m 的数值越大,Q/τ 的数值也越大,说明食品的冷却时间越短。

$$\frac{F}{m}=\frac{F}{\rho V} \tag{3.32}$$

式中 V——食品的体积,m^3;

ρ——食品的密度,kg/m^3。

对一种物质来说,密度是一个常数。所以,可将 F/m 用 F/V 代替。则式(3.31)可改为

$$\frac{Q}{\tau}\propto\frac{F}{V}\alpha(t-t_{介}) \tag{3.33}$$

从式(3.33)可以看出,食品与周围介质的热交换速度和食品的形状相关。因为表面有不同几何形状的物体,其 F/V 的值是不同的。据计算

对于直径等于 D 的球体,$\frac{F}{V}=\frac{6}{D}$;

对于边长等于 D 的立方体,$\frac{F}{V}=\frac{6}{D}$;

对于直径等于 D 的无限长的圆柱体,$\frac{F}{V}=\frac{4}{D}$;

对于厚度等于 D 的无限长、宽的薄片状体,$\frac{F}{V}=\frac{2}{D}$。

所以,球形、立方体形和圆柱体形食品要比厚度相等的板状食品与周围介质的热交换速度快,即冷却的时间短些。

食品的实际形状可视为与上述的任一种标准几何形状相似。如某些截面接近于圆形的鱼类,可视为圆柱形;白条肉和扁形的鱼类可视为平板状;苹果可视为球形等。

食品与周围冷却介质之间的温度差,对热交换的速度有决定性影响且成正比,温度差越大,热交换就进行得越强烈。

冷却介质的表面传热系数对热交换速度有重要意义。不同的冷却介质其表面传热系数也不相同。以空气和盐水两种介质相比,空气的表面传热系数较盐水为小,因而,空气作为冷却介质时,热交换的速度较以盐水为介质时慢些。

当冷却介质呈静止状态时,热交换只能以传导和辐射形式进行。当介质流动时,除了热传导和辐射外,还要以对流形式传递热量,因而就加速了热交换过程。介质的流动速度越大,热交换的速度也就越快。

例如,当食品主要以空气作为冷却介质冷却时,空气在冷间内循环,室内温度保持在食品冻结温度以上 1~2 ℃。当空气温度为 0 ℃,空气循环不强时,冷却猪肉需 36 h;如温度降至-2 ℃,加强了空气循环,冷却时间可以缩短至 16 h。

3.2.2.3 食品的冷却时间

食品的冷却时间与其冷却速度有着密切的关系。当食品的温度随着时间的延长而逐渐降低时,它与冷却介质之间的温差也逐渐减小,食品的冷却速度也就减慢。所以食品的冷却速度是随着时间而变化的。

食品从初温降低到要求的温度所需要的时间与食品的初温、冷却介质的温度、食品的几何形状以及表面传热系数等有关。其计算公式如下:

(1)平板状食品的冷却时间计算公式:

$$\tau=\frac{c\rho}{4.65\lambda}\delta\left(\delta+\frac{5.3\lambda}{\alpha}\right)\lg\frac{t_1-t_3}{t_2-t_3} \tag{3.34}$$

(2)圆柱形食品的冷却时间计算公式:

$$\tau=\frac{c\rho}{2.73\lambda}\delta\left(\delta+\frac{3.0\lambda}{\alpha}\right)\lg\frac{t_1-t_3}{t_2-t_3} \tag{3.35}$$

(3)球形食品的冷却时间计算公式:

$$\tau=\frac{c\rho}{4.90\lambda}\delta\left(\delta+\frac{3.7\lambda}{\alpha}\right)\lg\frac{t_1-t_3}{t_2-t_3} \tag{3.36}$$

式中 τ——食品的冷却时间,h;
c——食品的比热容,J/(kg·℃);
ρ——食品的密度,kg/m^3;
λ——食品的热导率,W/(m·℃);
δ——食品的厚度,m;
α——食品的表面传热系数,W/(m^2·℃);
t_1——食品开始冷却时的温度,℃;
t_2——食品结束冷却时的温度,℃;
t_3——食品冷却时的介质温度,℃。

利用上述公式进行计算时,应带入正、负号运算。

3.2.2.4 食品冷却时的变化

食品在冷却储藏时会发生一些变化。这些变化除肉类在冷却过程中的成熟作用外，其他均会使食品的品质下降。

（1）水分蒸发　食品冷却时，由于食品表面水分蒸发，出现干燥现象，植物性食品会失去新鲜饱满的外观，动物性食品（肉类）会因水分蒸发而发生干耗，同时肉的表面收缩、硬化，形成干燥皮膜，肉色也有变化。鸡蛋内的水分蒸发主要表现为鸡蛋气室增大而造成质量下降。

蔬菜类食品冷却时的水分蒸发量要根据各种蔬菜的水分蒸发特性控制其适宜的湿度、温度及风速；肉类食品除了温度、湿度和风速外，还与肉的种类、单位质量表面积的大小、表面形状、脂肪含量等有关。

（2）生理作用　水果、蔬菜在收获后仍是有生命的活体。为了运输和储存上的便利，果蔬一般在收获时尚未完全成熟，因此收获后还有个后熟过程。在冷却储藏过程中，水果、蔬菜的呼吸作用、后熟作用仍在继续进行，体内各种成分也不断发生变化，例如淀粉和糖的比例、糖酸比、维生素 C 的含量等，同时还可以看到颜色、硬度等的变化。

（3）成熟作用　畜肉宰后的死后变化中有自行分解的作用。在冷却储藏时，这种分解作用缓慢地进行，分解的结果是使肉质软化，风味鲜美，这种受人们欢迎的变化称肉的成熟作用。一般在 0 ~ 1 ℃的条件下进行。但必须注意的是，这种成熟作用如进行得过度，也会使肉类的品质下降。

（4）脂质变化　食品在冷却储藏中，食品中所含的油脂仍会发生水解、脂肪酸氧化、聚合等复杂的变化，使食品的风味变差，出现变色、脂肪酸败、黏度增加现象，严重时就称为油烧，使食品质量下降。

（5）淀粉老化　食品中的淀粉是以 α 淀粉的形式存在，但是在接近 0 ℃的低温范围中，淀粉 β 化迅速出现，这就是淀粉的老化。代表性的食品是面包，在冷却冷藏时迅速老化，变得不好吃了。又如土豆在冷冻陈列柜中存放时，也会有淀粉老化的现象发生。

（6）低温病害　在冷却储藏时，有些水果蔬菜的温度虽然在冰点以上，但当储藏温度低于某一温度界限时，果蔬的正常生理机能受到障碍，失去平衡，称为低温病害。低温病害有各种现象，最明显的症状是表皮出现软化斑点和内心部变色。像鸭梨的黑心病、马铃薯的发甜现象都是低温病害。有些果蔬在外观上看不出症状，但冷藏后再放至常温中，就丧失了正常的促进成熟作用的能力，这也是低温病害的一种。

一般来说，产地在热带、亚热带的水果蔬菜容易发生低温病害。但是，有时为了吃冷的果蔬，短时间放入冷藏库中，即使是在界限温度以下，也不会出现低温病害。因为果蔬低温病害的出现需要一定的时间，症状出现最早的是香蕉，黄瓜和茄子则需要 10 ~ 14 d 才出现症状。

（7）移臭（串味）　有强烈香味或臭味的食品与其他食品放在一起冷却储藏时，香味或臭味就会串到其他食品上去。例如蒜与苹果、梨放在一起，蒜的臭味就会移到苹果和梨上面去；洋葱和鸡蛋放在一起，鸡蛋就会有洋葱的臭味。这样食品固有的风味就会发生变化，风味变差。另外，冷藏库还具有一些特有的臭味，俗称冷藏臭，也会移给冷却食品。

（8）微生物增殖　在冷却储藏中，当水果、蔬菜渐渐衰老或者有伤口时，就会在此有霉菌繁殖。肉类在冷却储藏中也有霉菌和细菌的增殖。细菌增殖时,肉类的表面会出现黏湿现象。鱼在冷却储藏时也有细菌增殖,因为鱼体附着的水中细菌,如极毛杆菌、无芽孢杆菌、弧菌等都是低温细菌。在冷却储藏的温度下,微生物特别是低温细菌的繁殖和分解作用并没有被充分抑制,只是速度变得缓慢些。长时间后,由于低温细菌的增殖,会使食品发生腐败。

低温细菌的繁殖在0 ℃以下变得缓慢,但要停止繁殖,温度要到-10 ℃以下。个别的细菌要到-40 ℃以下才停止繁殖。

(9)寒冷收缩　宰后的牛肉在短时间内快速冷却,肌肉会发生显著收缩,以后即使经过成熟过程,肉质也不会十分软化,这种现象叫作寒冷收缩。一般来说,宰后10 h内,肉温降低到8 ℃以下,容易发生寒冷收缩,但这温度与时间也未必是一定的。成牛与小牛或者同一头牛的不同部位都有差异。例如成牛是温度低于8 ℃,而小牛是温度低于4 ℃。按照过去的概念,肉类宰后要迅速冷却,但近年来由于冷却肉的销售量不断扩大,为了避免寒冷收缩的发生,人们正在研究不引起寒冷收缩的冷却方法。

3.2.2.5　冷藏食品的回热

冷藏食品在冷藏结束后,一般应回到正常温度进行加工或食用。温度回升的过程称为冷藏食品的回热。回热过程可以被看成是冷却过程的逆过程。此时应注意:

(1)防止回热时食品物料表面出现冷凝水(冒汗现象)　回热时食品物料表面出现冷凝水是由于回热的热空气的露点温度高于食品物料的温度,当热空气遇到冷的食品物料时,空气中的水分在低于露点温度之下会在食品物料表面冷凝析出。食品物料表面的冷凝水易造成微生物污染与繁殖。热空气的露点与空气的相对湿度有关,回热时应注意控制使空气的露点低于食品物料的温度。

(2)防止回热时食品物料出现干缩　干缩是由于热空气的相对湿度太低,使食品物料在回热时表面水分蒸发、收缩,形成干化层。食品物料的干缩不仅影响食品物料的外观,而且会加剧氧化作用。

3.2.3　食品的冻结

将食品中所含的水分大部分转变成冰的过程,称为食品的冻结。食品冻结的原理就是将食品的温度降低到其冻结点以下,使微生物无法进行生命活动、生物化学反应速度减慢,达到食品能在低温下长期储藏的目的。

食品冻结首先应尽一切可能保持其营养价值和美味,也就是使在冻结过程中所发生的各种变化达到最大的可逆性。这样,就必须研究有关食品冻结的一些问题。

3.2.3.1　食品冻结过程的基本规律

(1)冻结点和低共熔点　冻结点(freezing point)是指一定压力下液态物质由液态转向固态的温度点。水的相图见图3.13,图中*AO*线为液-汽线,*BO*线为固-汽线,*CO*线为固-液线,*O*点为三相点。从图中可以看出,压力对水的冻结点有影响,真空(610 Pa)下水的冻结点为0.009 9 ℃。常压(1.01×10^5 Pa)下水中溶解有一定量的空气,这些空气使水的冻结点下降,冻结点变为0.002 4 ℃。但在一般情况下,水只有被冷却到低于冻结点的某一温度时才开始冻结,这种现象被称为过冷(sub cooling,super cooling)。低于冻结点的这一温度被称为过冷点,冻结点和过冷点之间的温度差为过冷度。冻结点和过冷点之间的水处于亚稳态(过冷态),极易形成冰结晶。冰结晶的形成包括冰晶的成核和冰晶的成长过程。

对于水溶液而言,溶液中溶质和水(溶剂)的相互作用使得溶液的饱和蒸汽压较纯水的低,也使溶液的冻结点低于纯水的冻结点,此即溶液的冻结点下降现象。溶液的冻结点下降值与溶液中溶质的种类和数量(即溶液的浓度)有关。食品物料中的水是溶有一定溶质的溶液,只是其溶质的种类较为复杂,下面以一简单的二元溶液系统说明溶液的冻结点下降情况。

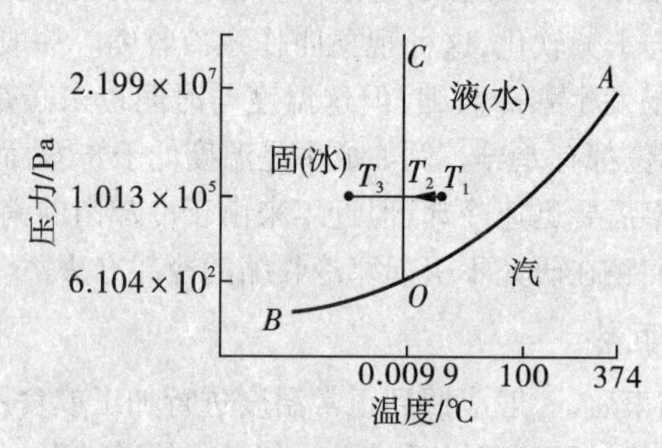

图 3.13 水的相图

蔗糖水溶液的液-固相图见图 3.14,图中 *AB* 线为溶液的冰点曲线,也即冻结点曲线,*BC* 线为液晶线,也是蔗糖的溶解度曲线。可以看出从 *A* 到 *B*,随着蔗糖溶液浓度的增加,溶液的冻结点下降。一定浓度的蔗糖溶液经过过冷态开始冻结后,部分水分首先形成冰结晶,使剩余溶液的浓度增加,剩余溶液浓度的增加又导致这些溶液的冻结点进一步下降,故而溶液的冻结并非在同一温度完成。我们一般所指的溶液或食品物料的冻结点是它(们)的初始冻结温度,溶液或食品物料冻结时在初始冻结点开始冻结,随着冻结过程的进行,水分不断地转化为冰结晶,冻结点也随之降低,这样直至所有的水分都冻结,此时溶液中的溶质、水(溶剂)达到共同固化,这一状态点(*B*)被称为低共熔点(eutectic point)或冰盐冻结点(cryohydric freezing point)。

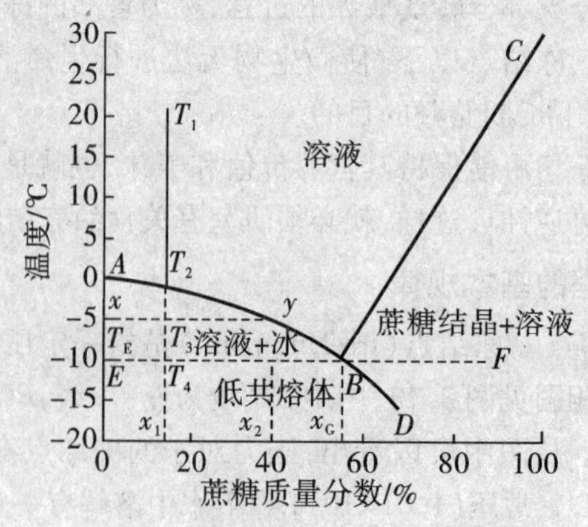

图 3.14 蔗糖水溶液的液-固相图

食品物料由于溶质种类和浓度上的差异，其初始冻结点会不同。即使是同一类食品物料，由于品种、种植、饲养和加工条件等的差异，也使其初始冻结点不尽相同。实际上一些食品物料的初始冻结点多表现为一个温度范围。

（2）冻结过程和冻结曲线　冻结过程是指食品物料降温到完全冻结的整个过程。冻结曲线（freezing curve）就是描述冻结过程中食品物料的温度随时间变化的曲线。以纯水为例，见图3.15，水从初温 T_1 开始降温，达到水的过冷点 S，由于冰结晶开始形成，释放的相变潜热使水的温度迅速回升到冻结点 T_2，然后水在这种不断除去相变潜热的平衡的条件下，继续形成冰结晶，温度保持在平衡冻结温度，形成一结晶平衡带，平衡带的长度（时间）表示全部水转化成冰所需的时间。当全部的水被冻结后，冰以较快的速率降温，达到最终温度 T_3。

蔗糖溶液的冻结曲线见图3.16，质量分数为15%的蔗糖溶液从初温 T_1 开始下降，经过过冷点 S 后，达到初始冻结点 T_2，T_4 为低共熔点温度（T_F）。从 T_2 到 T_4 阶段的前期温度下降较慢，这是由于有大量的水形成冰结晶，因此这一阶段被称为最大冰结晶生成带（zone of maximum crystallisation）。对于 T_2 到 T_4 的任一给定温度点 T_3，可以根据图3.14确定液体的浓度和冰结晶/液体的比率。如图中画线 xy，则溶液平衡浓度 $y=40\%$，冰结晶/液体 $=T_3y/T_3x\approx5/3$，即62.5%的冰结晶，37.5%的液体。经过过饱和状态点 SS 达到理论低共熔点温度 T_4（相对应低共熔浓度为56.2%）。随着进一步的冻结达到低共熔点。在 T_4 后出现一小平衡带。小平衡带的长度表示去除冰和糖的水合物结晶形成所放出热量需要的时间。

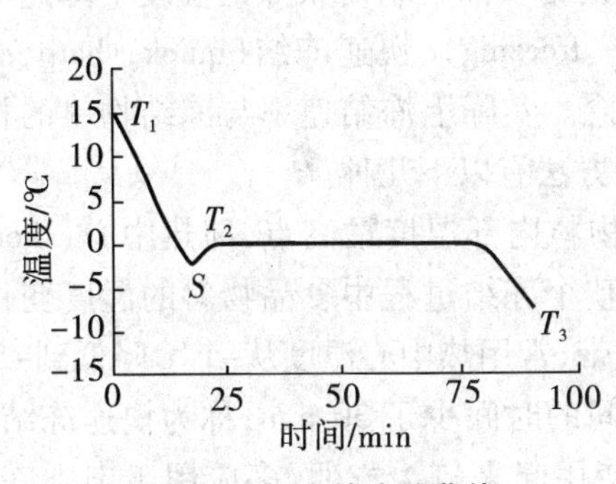

图3.15　纯水的冻结曲线

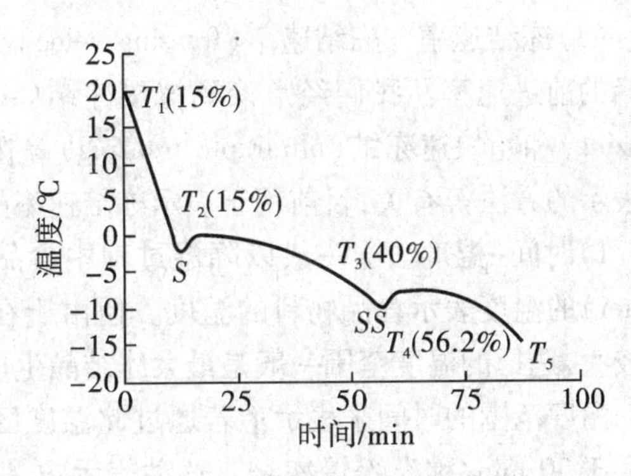

图3.16　蔗糖溶液的冻结曲线

食品物料在不同冻结速率下的冻结曲线见图3.17。图中，$A\rightarrow S$：冷却过程，只除去显热，S 为过冷点，多数样品都有过冷现象出现，但不一定很明显。过冷点的测定取决于测温仪的敏感度、对时间反应的迅速程度以及测温仪在样品中的位置。样品组织表面的过冷程度较大，一般缓冻及测温仪深插难测出过冷点，若过冷温度很小或过冷时间很短，测定时需要用灵敏度很高的测温仪才能测得。$S\rightarrow B$：结晶放热、温度回升到初始冻结点 B。$B\rightarrow C$：大部分水（约3/4）在此阶段冻结，需要除去大量的潜热，BC 段为有一定斜率的平衡带。在此段的初始阶段水分近乎以纯水的方式形成冰结晶，后阶段则有复杂的共晶物形成。$C\rightarrow D$：由于大部分水分已冻结，此时去除一定量的热能将使样品的温度下降较多，样品中仍有一些可冻结的水分。只有当温度已达到低共熔温度，所有自由水才全部冻结。

从图 3.17 可看到,冻结速率加大使冻结曲线各阶段变得不易区分,速率很大时,曲线几乎为一直线,显示不出稳定的平衡状态。有些样品的冻结曲线显得很不规则,曲线中出现了"第二冻结点"现象,见图 3.18。图中箭头所指的即为"第二冻结点",此现象在不少活态植物组织冻结时出现,而动物性食品物料则无此现象。关于此现象还无准确的解释,但多数理论认为这是组织中各处的水分性质不同所造成,如胞内水和胞外水、不同种类细胞中的水或胶体网内外的水等。图 3.18 中还有另一现象,样品重新冻结时的冻结温度一般高于第一次冻结,图中虚线为重新冻结的情况。重新冻结中不再出现"第二冻结点"现象。

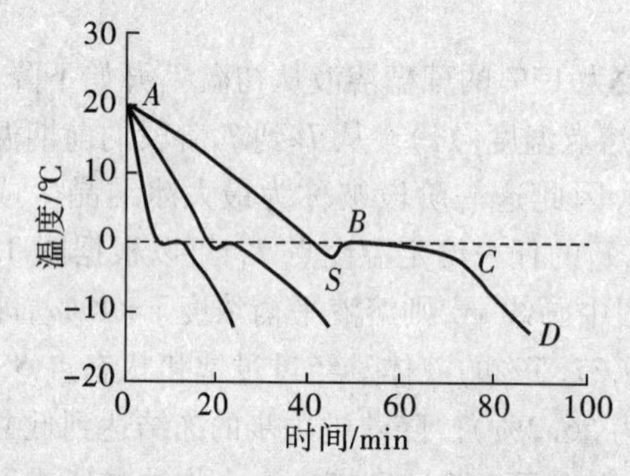

图 3.17 不同冻结速率的食品物料冻结曲线

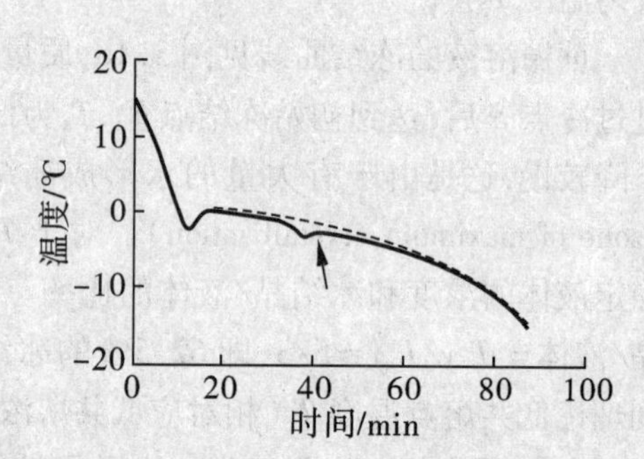

图 3.18 具有"第二冻结点"的冻结曲线

(3)冻结速率 冻结速率(freezing velocity)是指食品物料内某点的温度下降速率或冰峰的前进速率。我们经常谈到缓慢冻结(slow freezing)、快速冻结(quick, sharp, rapid freezing)和超快速冻结(ultrarapid freezing)等概念。实际上冻结速率与冻结物料的特性和表示的方法等有关,目前用于表示冻结速率的方法有以下几种。

1)时间-温度法 一般以降温过程中食品物料内部温度最高点,即热中心(thermal center)的温度表示食品物料的温度。但由于在整个冻结过程中食品物料的温度变化相差较大,选择的温度范围一般是最大冰结晶生成带,常用热中心温度从-1 ℃降低到-5 ℃这一温度范围的时间来表示。若通过此温度区间的时间少于 30 min,称为快速冻结;时间大于 30 min,称为缓慢冻结。这种表示方法使用起来较为方便,多应用于肉类冻结。但这种方法也有不足,一是对于某些食品物料而言,其最大冰结晶生成带的温度区间较宽(甚至可以延伸至-10 ~ -15 ℃);二是此法不能反映食品物料的形态、几何尺寸和包装情况等,在用此方法时一般还应标注样品的大小等。

有人用样品在冻结过程的后期,即在冻结曲线中的冻结平衡带后近乎直线部分(见图 3.17 中的 *CD*)的斜率来表示。这种方法用于食品物料也有其特点,因为对食品物料而言,冻结损害大多发生在冻结过程的后期。

2)冰峰前进速率 冰峰前进速率是指单位时间内-5 ℃的冻结层从食品表面伸向内部的距离,单位为 cm/h。常称线性平均冻结速率,名义冻结速率。这种方法最早由德国学者普朗克提出,他以-5 ℃作为冻结层的冰峰面,将冻结速率分为三级:快速冻结 5 ~ 20 cm/h;中速冻结 1 ~ 5 cm/h;慢速冻结 0.1 ~ 1 cm/h。该方法的不足是实际应用中较难测量,而且不能应用于冻结速率很慢以至产生连续冻结界面的情况。

3)国际冷冻协会(IIR)定义 根据国际冷冻协会的定义:食品表面与中心温度点间的最短距离(δ_0)与食品表面达到0 ℃后食品中心温度降至比食品冰点(开始冻结温度)低10 ℃所需时间(τ_0)之比,该比值就是冻结速率(v)。如食品中心与表面的最短距离(δ_0)为5 cm,食品冰点-5 ℃,中心降至比冰点低10 ℃,即-15 ℃,所需时间(τ_0)为10 h,其冻结速率为:

$$v=\delta_0/\tau_0=5/10=0.5\ \text{cm/h} \tag{3.37}$$

3.2.3.2 冻结食品物料的前处理

由于冻藏食品物料中的水分冻结产生冰结晶,冰的体积较水大,而且冰结晶较为锋利,对食品物料(尤其是细胞组织比较脆弱的果蔬)的组织结构产生损伤,使解冻时食品物料产生汁液流失;冻藏过程中的水分冻结和水分损失使食品物料中的溶液增浓,各种反应加剧。因此食品物料在冻藏前,除了采用类似食品冷藏的一般预处理,如挑选、清洗、分割、包装等外,冻藏食品物料往往须采取一些特殊的前处理形式,以减少冻结、冻藏和解冻过程中对食品物料质量的影响。

(1)热烫(blanching)处理 主要是针对蔬菜,又称为杀青、预煮。通过热处理使蔬菜等食品物料内的酶失活变性。常用热水或蒸汽对蔬菜进行热烫,热烫后应注意沥净蔬菜上附着的水分,使蔬菜以较为干爽状态进入冻结。

(2)加糖(syruping)处理 主要是针对水果。将水果进行必要的切分后渗糖,糖分使水果中游离水分的含量降低,减少冻结时冰结晶的形成;糖液还可减少食品物料和氧的接触,降低氧化作用。渗糖后可以沥干糖液,也可以和糖液一起进行冻结,糖液中加入一定的抗氧化剂可以增加抗氧化的作用效果。加糖处理也可用于一些蛋品,如蛋黄粉、蛋清粉和全蛋粉等,加糖有利于对蛋白质的保护。

(3)加盐(salting)处理 主要针对水产品和肉类,类似于盐腌。加入盐分也可减少食品物料和氧的接触,降低氧化作用。这种处理多用于海产品,如海产鱼卵、海藻和植物等均可经过食盐腌制后进行冻结,食盐对这类食品物料的风味影响较小。

(4)浓缩处理 主要用于液态食品,如乳、果汁等。液态食品不经浓缩而进行冻结时,会产生大量的冰结晶,使液体的浓度增加,导致蛋白质等物质的变性、失稳等不良结果。浓缩后液态食品的冻结点大为降低,冻结时结晶的水分量减少,对胶体物质的影响小,解冻后易复原。

(5)加抗氧化剂处理 主要针对虾、蟹等水产品。此类产品在冻结时容易氧化而变色,变味,可以加入水溶性或脂溶性的抗氧化剂,以减少水溶性物质(如酪氨酸)或脂质的氧化。

(6)冰衣处理 可以在冻结、冻藏食品表面形成一层冰膜,可起到包装的作用,这种处理形式被称为包(镀)冰衣(ice-glazing)。净水做的冰衣质脆、易脱落,常用一些增稠物质(如海藻酸钠、CMC等)作为糊料,提高冰衣在食品物料表面的附着性和完整性,还可以在冰衣液中加入抗氧化剂或防腐剂,以提高储藏的效果。

(7)包装处理 主要是为了减少食品物料的氧化、水分蒸发和微生物污染等,通常采用不透气的包装材料。

3.2.3.3 食品冻结时的变化

食品在冻结过程中将发生各种各样的变化,主要有物理变化、组织变化和化学变化。

(1)物理变化

1)体积膨胀和产生内压　食品内水分冻结成冰,其体积约膨胀8.7%,当然冰的温度每降低1 ℃,其体积收缩0.016 5%,两者相比较,膨胀要比收缩大得多,所以含水分多的食品冻结时体积膨胀。当冻结时,水分从表面向内部冻结。在内部水分冻结而膨胀时,会受外部冻结层的阻碍,于是产生内压。从理论上讲这个数值可达到8.7 MPa,所以有时外层受不了内压而破裂,逐渐使内压消失。如冻结速度很快的液氮冻结时就产生龟裂,还有在内压作用下使内脏的酶类挤出,红细胞崩坏,脂肪向表层移动等,由于血细胞膜的破坏,血红蛋白流出,加速了变色。

2)比热容、热导率等热力学特性有所改变　比热容是单位质量的物体温度升高或降低1 K(或1 ℃)所吸收或放出的热量。冰的比热容是水的1/2。食品的比热容随含水量不同而异,含水量多的食品比热容大,含脂量多的食品比热容小。对一定含水量的食品,冻结点以上的比热容要比冻结点以下的大。比热容大的食品在冷却和冻结时需要的冷量多,解冻时需要的热量亦多。

3)干耗　目前大部分食品是以高速冷风冻结,因此在冻结过程中不可避免会有一些水分从食品表面蒸发出来,从而引起干耗。设计不好的装置干耗可达5% ~7%,设计优良的装置干耗降至0.5% ~1%。由于冻结费用通常只有食品价值的1% ~2%,因此比较不同冻结方法时,干耗是一个非常重要的问题。产生干耗的原因:空气在一定温度下只能吸收定量的蒸汽,达到最大值时,则称为含饱和蒸汽的空气,这种蒸汽有一个与空气饱和程度相应的蒸汽压力,它在恒定的绝对湿度下随温度升高将会变小。空气中蒸汽的含量甚小时,蒸汽压力亦甚小,而鱼、肉和果蔬等由于含有水分其表面蒸汽压力大,这样从肉内部移到其表面并蒸发,直到空气不能吸收蒸汽,即达到饱和为止,也就是不再存在蒸汽压差。温度低的空气中蒸汽压会增大,故温度低时干耗小。

除蒸汽压差外,干耗还与食品表面积、冻结时间有关,其计算如下:

$$q_m = \beta A(p_f - p_a) \tag{3.38}$$

式中 q_m——单位时间内的干耗量,kg/h;

β——蒸发系数,kg/(h · m^2 · Pa);

A——食品的表面积,m^2;

p_f——食品表面的蒸汽压,Pa;

p_a——空气的蒸汽压,Pa。

上述关系式表明,蒸汽压差大,表面积大,则冻结食品的干耗亦大。如果用不透气的包装材料将食品包装后冻结,由于食品表面的空气层处于饱和状态,蒸汽压差减小,就可减少冻结食品的干耗。

(2)组织变化　植物细胞由原生质形成,表面有原生质膜,外侧有以纤维素为主要成分的细胞壁。原生质膜能透水而不透溶质,极软富有弹性,能吸水而膨胀;细胞壁则不同,水和溶质均可透过,又较厚缺乏弹性。所以,植物细胞冻结时,原生质膜胀起,细胞壁会胀破,不能保持原来形状,细胞死亡时原生质膜随之破坏,溶液可以任意出入,解冻时有体液流出。

动物细胞膜软,有弹性,仅有一层原生质膜而没有细胞壁。冻结水分膨胀,细胞仅出现伸展,原生质膜不容易受到破坏。

植物性食品受到机械损伤,氧化酶活动增强而出现褐变,故植物性食品如蔬菜冻结前应经烫漂、杀酶,冻结中才不会褐变。动物性食品受机械损伤后,解冻时体液流失,并因胶质损伤而引起蛋白质变性。

(3)化学变化

1)蛋白质冻结变性　冻结后的蛋白质变化是造成质量、风味下降的原因,这是肌动球蛋白凝固变性所致。造成蛋白质变性的原因有以下几点。

①冰结晶生成时无机盐浓缩,盐析作用或盐类直接作用使蛋白质变性。

②冰结晶生成时蛋白质分子失去结合水,蛋白质分子受压集中,互相凝集。

③脂质分解氧化产生的脂质过氧化物是不稳定的,使蛋白质变性。

④由于生成冰晶,使细胞微细结构紊乱,引起肌原纤维变性。

这些原因是互相伴随发生的,因动物性食品种类、生理条件、冻结条件不同而由某一原因起主导作用,其中脂类的分解氧化在冻结时不明显,在冻藏时较突出。

2)变色　冷冻鱼的变色从外观上看有褐变、黑变、褪色等。鱼类变色的原因包括自然色泽的分解和新的变色物质产生两方面。自然色泽的破坏如红色鱼皮的褪色、冷冻金枪鱼的变色;产生新的变色物质如白色鱼肉的褐变、虾类的黑变等。变色使外观不好看,而且会产生臭味,变色反应的机制是复杂的。

(4)生物和微生物的变化　生物是指小生物,如寄生虫和昆虫,经冻结都会死亡。猪囊虫在-18 ℃就死去,大麻哈鱼中的裂头绦虫的幼虫在-15 ℃下5 d死去,因此冻结对肉类所带有的寄生虫有杀灭作用。

微生物包括细菌、霉菌、酵母三种。其中细菌对人体的危害最大,细菌冻结可将其杀灭。如在有些国家常成为食物中毒原因的一种弧状菌,经过低温储藏,其数量能减少到原来的1/5~1/10。所以要求在冻结前尽可能杀灭细菌,而后进行冻结。

3.2.3.4　食品常用的冻结方法

用低温快速冻结法是近年来食品冷冻技术发展的一个总的趋势,它具有高质量的优越性,如结晶小、质地好、解冻后可逆性大,不会导致细胞受损伤。用于食品冻结的装置和方法有多种,按使用的冷冻介质及与食品接触的状况,其形式可分为以下两类。

间接冻结:静止空气冻结、送风冻结、强风冻结、接触冻结。直接冻结:冰盐混合物冻结、液氮及液态二氧化碳冻结。

(1)间接冻结装置

1)低温静止空气冻结装置　用空气作为冻结介质其热导性能差,而且空气与其接触物体之间的传热系数也最小,但它对食品无害、成本低,机械化较容易,因此是最早使用的一种冻结方式。

静止空气冻结装置一般把蒸发器做成搁架,其上放托盘,盘上放置冷冻原料,靠空气自然对流进行热交换。

静止空气的热导率低,因此原料的冻结时间长,一般效果差、效率低、劳动强度大。目前只在小库上应用,低温冰箱也属此类,在工艺上已落后。

2)送风冻结装置　增大风速能使原料的表面传热系数提高,从而提高冻结速度。风速达1.5 m/s时,可提高冻结速度1倍;风速3 m/s,可提高3倍;风速5 m/s,可提高4倍。虽然送风会加速产品的干耗,但若加快冻结,产品表面形成冰层,可以使水分蒸发减慢,减少干耗,所以送风对速冻有利。但要注意使冻结装置内各点上的原料表面的风速一致。送风冻结装置见图3.19。

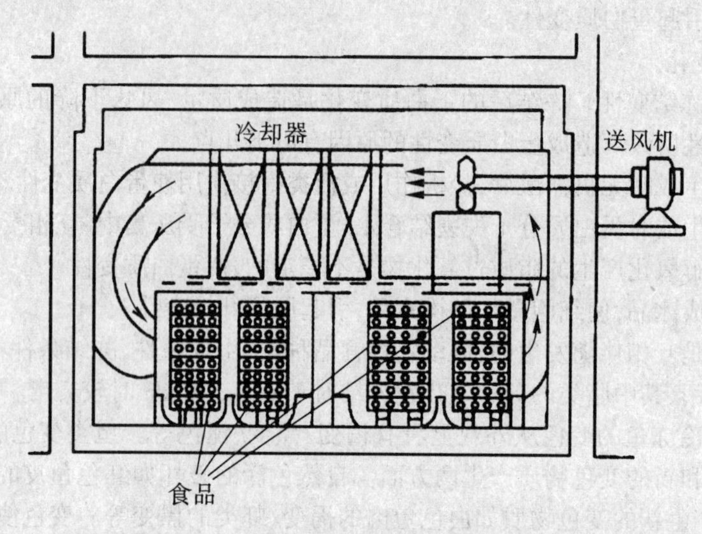

图3.19 送风冻结装置

3)强风冻结装置 以强大风速使冷风以3~5 m/s的速度在装置内循环,有几种形式。

①隧道式 可以用轨道小推车或吊挂笼传送,一般以逆向送入冷风,或用各种形式的导向板造成不同风向。生产效率及效果还可以,连续化生产程度不高。

②传送带式 传送带有各种形式。目前多用不锈钢网状输送带,原料在传送带上冻结,冷风的流向可与原料平行、垂直、顺向、逆向、侧向。传送带速度可根据冻结时间进行调节。

也有用链带形成传送装置,上挂托盘可以脱卸。头一段,托盘在最下层进入,逐层循链带呈S形旋转上升,至最上层时进入下一段,再逐级旋转下降,直至下一段的最下一层送出托盘,将之脱卸下来即完成整个冻结过程。装置内以多台风机侧向送入冷风。这类形式的冻结装置,一般用于冻结厚度为2.5~4.0 cm的产品,在40 min左右能冻至-18 ℃,薄一些的还会更快。可以连续进行生产,效率颇高,通风性强,适用于果蔬加工。

③悬浮式(也称流化床) 一般采用不锈钢网状传送带,分成预冻及急冻两段,以多台强大风机自下面向上吹出高速冷风,垂直向上的风速达到6~8 m/s,把原料吹起,使其在网状传送带上形成悬浮状态不断跳动,原料被急速冷风所包围,进行强烈的热交换,被急速冻结。一般5~15 min就能将食品冻结至-18 ℃。生产效率高、效果好、自动化程度高。由于要把冻品造成悬浮状态需要很大的气流速度,故被冻结的原料大小受到一定限制。一般颗粒状、小片状、短段状的原料较为适用。

④螺旋带式 螺旋带式装置中间是一个大转筒,传送带围绕着筒形呈多层螺旋状,逐级将原料(装在托盘上)向上传送,见图3.20。冷风由上部吹下,下部排出并循环,冷风

与冻品呈逆向对流换热。原料由下部送入,上部传出,即完成冻结。

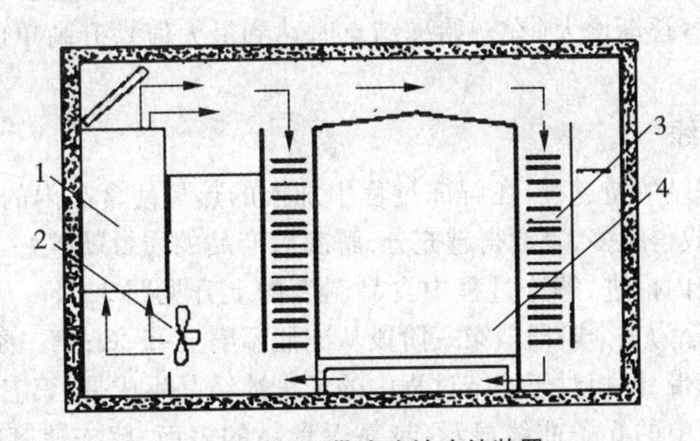

图 3.20 螺旋带式连续冻结装置

1. 蒸发器;2. 风机;3. 传送带;4. 转筒

4)接触冻结装置　平板冻结机即属此类。一般由铝合金或钢制成空心平板(或板内配蒸发管),制冷剂以空心板为通路,从其中蒸发通过,使板面及其周围成为温度很低的冷却面。原料放置在板面上(即与冷却面接触)。一般用多块平板组装而成,可以用油压装置来调节板与板之间的距离,使空隙尽量减少,这样使原料夹在两板之间,以提高其热交换效率,由于原料被上下两个冷却面所吸热,故冻结速度颇快。厚6～8 cm 的食品,2～4 h 即可冻好。原料形状应扁平,厚度有限制,多应用于水产品,如鱼、虾等,因此多应用于渔船上。这种装置果蔬加工也可考虑采用,属间歇生产类型,生产效率不算高,可用多个冻结器配合,因此劳动强度较大。

(2)直接冻结装置　目前多应用浸渍冻结装置,是用高浓度低温盐水浸渍原料,原料与冷媒接触,传热系数高,热交换强烈,故速冻快,但盐水很咸,只适应于水产品,不能用于果蔬制品。液氮(-196 ℃)和液态二氧化碳(-78.9 ℃)也用来作为制冷介质,可以直接浸渍产品,但这样浪费介质。一般多采用喷淋冻结装置,这种装置构造简单,可以用于不锈钢网状传送带,上装喷雾器、搅拌风机,即能超快速进行单体冻结。但介质不能回收,而且介质贵,它的运输及储藏要应用特殊容器,成本高。对大而厚的产品还会因超快速冻结而造成龟裂。这种方法生产效率高,产品品质优良,主要是成本偏高。

3.2.4　食品的解冻

3.2.4.1　解冻过程的热力学特点

解冻过程是冻藏食品物料回温、冰结晶融化的过程。从温度、时间的角度看,解冻过程似乎可以简单地被看作冻结过程的逆过程。但由于食品物料在冻结过程的状态和解冻过程的状态的不同,解冻过程并不是冻结过程的简单逆过程。从时间上看,即使冻结和解冻以同样的温度差作为传热推动力,解冻过程要比冻结过程慢。一般的传导型传热过程是由外向内、由表及里的,冻结时食品物料的表面首先冻结,形成固化层;解冻时则是食品物料表面首先融化。解冻食品的热量由两部分组成:即冰点上的相变潜热和冰点下的显热。由于冰的导热率和热扩散率较水的大,因此冻结时的传热较解冻时的快。低温时(-20 ℃)食品物料中的水主要以冰结晶的形式存在,其比热容接近冰的比热容,解冻时食品中的水分含量增加，比热容相应增大，最后接近水的比热容。解冻时随着温度升高，食品的比热容逐渐增大（在初始冻结点时达到最大值），升高单位温度所需要的热量也逐渐增加。

3.2.4.2 解冻曲线

食品解冻是冻结的逆过程，在解冻过程中加入的热量使食品内的冰重新融化成水，并被组织吸收，吸收得越多，复原得越充分，解冻后产品的质量就越好。解冻时冻品的融化层由表层逐渐向内推进，解冻过程中食品温度的上升见图3.21。从解冻曲线可以看出，解冻过程可以分为三个阶段。第一阶段从冻藏温度至-5 ℃；第二阶段为-5～-1 ℃，称为有效温度解冻带，即相对于冻结过程中的最大冰结晶生成带；第三阶段从-1 ℃至所需的解冻终温。图中的6条曲线显示，越靠近食品的表面，解冻速度越快，解冻时间越短；因水的导热系数小于冰的导热系数，因此解冻速度随解冻的进行而降低，越靠近食品深层，所需的解冻时间越长。因此，当食品深层温度达到食品冰点时，表面可能已长时间受解冻介质的作用，产品质量自然下降。

食品因冻结而使细胞结构受到损害，解冻时温度上升，细胞内压增加，汁液流失加剧，微生物和酶的活力上升，氧化速率加快，水分蒸发加剧，使食品质量减轻；冻结使蛋白质和淀粉失去持水能力，解冻后一部分水分不能被细胞回吸，造成食品的汁液流失，流失液中溶解有蛋白质、盐类、维生素等，使食品的风味和营养价值降低，质量也减轻。汁液流失对食品的质量影响最大，因此流失液的产生率是评定冷冻食品质量的指标之一。

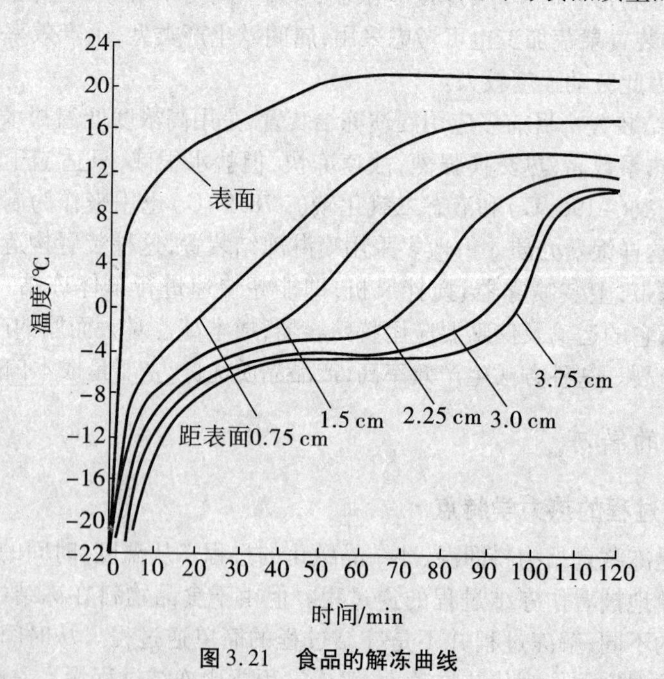

图3.21 食品的解冻曲线

3.2.4.3 解冻方法

不同的食品要考虑适用本身特点的解冻方法。目前的解冻方法：解冻介质温度高于冻品的外部加热法、冻品内部加热的电解冻法、两者都采用的组合解冻法。以下简单介绍几种解冻方法。

(1)空气解冻　空气解冻又称自然解冻,利用解冻介质温度高于冻品的温度,冻品吸收热量而被解冻,多用于畜胴体的解冻。该法适用于任何大小和形状的食品,不消耗能源,最为经济。但由于空气导热系数低,解冻缓慢;受空气中灰尘、蚊蝇、微生物污染的机会多。一般空气温度为14~15 ℃,相对湿度为95%~98%,风速在2 m/s以下。风向可以是水平、垂直或可变向送风。

(2)水解冻　将冷冻品浸在水中解冻,解冻时间可缩短为空气解冻的1/5~1/4,而且避免了质量损失。但存在的问题有食品中的可溶性物质流失;食品吸水后膨胀;被解冻水中的微生物污染等。因此,适用于带皮或包装的冷冻水产品以及破损小的果蔬类的解冻。可采用静水浸渍、低温流动水或喷淋的方法使冻品解冻,水温一般不超过20 ℃。

(3)真空蒸汽凝结解冻　这是英国Torry研究所发明的一种解冻方法。利用真空状态下,水在低温时沸腾,沸腾形成的蒸汽遇到更低温的冻品,在其表面凝结。此时放出的凝结热被冻品吸收,使冻品温度升高而解冻。该法适用于各种肉、果蔬、蛋、浓缩状食品。其优点:不产生过热;解冻时间短;能防止氧化;防止干耗;体液流失少。缺点:解冻食品外观不佳;成本高。

(4)电解冻　电解冻包括高压静电解冻和不同频率电解冻。不同频率的电解冻包括低频(50~60 Hz)解冻、高频(1~50 MHz)解冻和微波(915 MHz或2 450 MHz)解冻。低频解冻就是将冻结食品视为电阻,利用电流通过电阻时产生的焦耳热,使冰融化达到解冻的目的。由于冻结食品是电路中的一部分,因此,要求食品表面平整,内部成分均匀,否则会出现局部过热现象。一般情况下,首先利用空气解冻或水解冻,使冻结食品表面温度升高到-10 ℃左右,然后再利用低频解冻。这种组合解冻工艺不但可以改善电极板与食品的接触状态,同时还可以减少随后解冻中的微生物繁殖。高频和微波解冻是在交变电场作用下,利用冻结食品中的极性基团,尤其是极性水分子随交变电场变化而旋转的性质,相互碰撞,产生摩擦热使食品解冻。利用这种方法解冻,食品表面与电极并不接触,而且解冻更快,一般只需真空解冻时间的20%。缺点是成本较高,因食品成分不均匀,含水量不一致,解冻不易控制。

(5)高压解冻　对食品的加压—升温—减压解冻操作可以避开最大冰晶生成带,同时由于熔点低、温差大、热阻小,因此传热速度快,而且解冻速度均匀。

3.2.4.4　食品在解冻过程中的质量变化

(1)汁液流失　冻结食品解冻时,内部冰结晶融化成水,如果不能回到原细胞中去,这些水分就变成液滴流出来。液滴产生的原因主要是食品组织在冻结过程中产生冰结晶及冻藏过程中冰结晶成长所受到的机械损伤。当损伤比较严重时,食品组织的缝隙大,内部冰晶融化的水就能通过这些缝隙自然地向外流出,这称为汁液流失。

由于液滴中含有蛋白质、盐类、维生素类等水溶性成分,就使食品的风味、营养价值变差,并造成质量损失。因此,冻结食品解冻过程中流出液滴量的多少,也是鉴定冻结食品质量的一个重要指标。

(2)解冻时汁液流失的影响因素

1)冻结的速度　缓慢冻结的食品,由于冻结时造成细胞严重脱水,经长期冻藏后细胞间隙存在的大型冰晶对组织细胞造成严重的机械损伤,蛋白质变性严重,以致解冻时细胞对水分重新吸收的能力差，汁液流失较为严重。

2）冻藏的温度　在冻结温度和解冻温度相同的条件下，如果冻藏温度不同，也会导致解冻时汁液流失不一样。这是因为若在较高的温度下冻藏，细胞间隙中冰晶体生长的速度较大，形成的大型冰晶对细胞的破坏作用较为严重，解冻时汁液流失较多；若在较低温度下冻藏，冰晶体生长的速度较慢，解冻时汁液流失就较少。例如，在-20 ℃下冻结的肉块分别在-1～-1.5 ℃、-3～-9 ℃和-19 ℃的不同温度下冻藏3 d，然后在空气中缓慢解冻，肉汁的损耗量分别为原质量的12%～17%、8%和3%。

3）生鲜食品的pH值　蛋白质对水的亲和力与pH值有密切的关系。在等电点时，蛋白胶体的稳定性最差，对水的亲和力最弱，如果解冻时生鲜食品的pH值正处于蛋白质等电点附近，则汁液的流失就较大。因此，畜、禽、鱼、贝类等生鲜食品解冻时的汁液流失与它们的成熟度（pH值随着成熟度不同而变化）有直接的关系。

4）解冻的速度　解冻速度有缓慢解冻和快速解冻之分，前者解冻时品温上升缓慢，后者品温上升迅速。以何种速度解冻可减少汁液的流失，保持食品的质量则要视食品的种类、用途而定。

（3）解冻过程的工艺控制　解冻过程对冻藏食品物料的品质影响颇大。解冻食品物料出现品质下降现象主要是汁液流失。汁液流失是指冻藏食品物料解冻后，从食品物料中流出的汁液。由于流出的汁液中具有一定的营养成分和呈味成分，汁液流失会降低食品物料的营养、质地和口感等，而且汁液流失使食品物料的质量相对减少，也给物料的清洁处理带来不便。因此，汁液流失的多少成为衡量冻藏食品质量的重要指标。

对于冻藏食品物料来说，汁液流失的产生是较为常见的现象，它是食品物料在冻结冻藏过程中受到的各种冻害的体现，汁液流失的多少不仅与解冻的控制有一定关系，而且与冻结和冻藏过程有关，此外食品物料的种类、冻结前食品物料的状态等也对汁液流失有很大的影响。减少汁液流失的方法应从上述各方面采取措施，如采用速冻、减小冻藏过程的温度波动，对于肉类原料，控制其成熟情况，使其pH值偏离肉蛋白质的等电点，以及采取适当的包装等都是一些有效的措施。

从解冻控制来看，缓慢的解冻速度一般有利于减少汁液流失，这是由于食品物料在冻结、冻藏过程中发生水分重新分布，缓慢解冻使发生转移的水分有较长的时间恢复原来的分布状态。但缓慢解冻往往意味着解冻的食品物料在解冻过程中长时间地处在较高的温度环境中，给微生物的繁殖、酶反应和非酶反应创造了较好的条件，对食品物料的品质也有一定的影响，因此当食品物料在冻结和冻藏过程中没有发生很大的水分转移时，快速解冻可能对保证食品物料的质量更为有利。

3.3　食品热加工原理

3.3.1　食品加工与保藏中的热处理

3.3.1.1　食品热处理的作用

热处理（thermal processing）是食品加工与保藏中用于改善食品品质、延长食品储藏期的最重要的处理方法之一。食品工业中采用的热处理有不同的方式和工艺，不同种类的热处理所达到的主要目的和作用也有不同,但热处理过程对微生物、酶和食品成分的作用以及传热的原理和规律却有相同或相近之处,热处理的作用效果见表3.3。

表3.3 热处理的作用效果

作用	效果
正面作用	杀死微生物,主要是致病菌和其他有害的微生物; 钝化酶,主要是过氧化物酶、抗坏血酸酶等; 破坏食品中不需要或有害的成分或因子,如大豆中的胰蛋白酶抑制因子; 改善食品的品质与特性,如产生特别的色泽、风味和组织状态等; 提高食品中营养成分的可利用率、可消化性等
负面作用	食品中的营养成分,特别是热敏性成分有一定损失; 食品的品质和特性产生不良的变化,如色泽、口感等; 消耗的能量较大

3.3.1.2 食品热处理的类型和特点

食品工业中热处理的类型主要有:工业烹饪、热烫、热挤压和热杀菌等。

(1)工业烹饪 工业烹饪一般作为食品加工的一种前处理过程,通常是为了提高食品的感官质量而采取的一种处理手段。烹饪通常有煮、焖(炖)、烘(焙)、炸(煎)、烤等几种形式。这几种形式所采用的加热方式及处理温度和时间略有不同。一般煮、炖多在沸水中进行;焙、烤则以干热的形式加热,温度较高;而煎、炸也在较高温度的油介质中进行。

烹饪处理能杀灭部分微生物,破坏酶,改善食品的色、香、味和质感、提高食品的可消化性,并破坏食品中的不良成分(包括一些毒素等),提高食品的安全性。烹饪处理也可使食品的耐储性提高。但也发现不适当的烧烤处理会给食品带来营养安全方面的问题,如烧烤中的高温使油脂分解可产生致癌物质。

(2)热烫 热烫,又称烫漂、杀青、预煮。热烫的作用主要是破坏或钝化食品中导致食品质量变化的酶类,以保持食品原有的品质,防止或减少食品在加工和保藏中由酶引起的食品色、香、味的劣化和营养成分的损失。热烫处理主要应用于蔬菜和某些水果,通常是蔬菜和水果冷冻、干燥或罐藏前的一种前处理工序。

导致蔬菜和水果在加工和保藏过程中质量降低的酶类主要是氧化酶类和水解酶类,热处理是破坏或钝化酶活性的最主要和最有效方法之一。除此之外,热烫还有一定的杀菌和洗涤作用,可以减少食品表面的微生物数量;可以排除食品组织中的气体,使食品装罐后形成良好的真空度及减少氧化作用;热烫还能软化食品组织,方便食品往容器中装填;热烫也起到一定的预热作用,有利于装罐后缩短杀菌升温的时间。

对于蔬果的干藏和冷冻保藏,热烫的主要目的是破坏或钝化酶的活性。对于罐藏加工中的热烫,由于罐藏加工的后杀菌通常能起到灭酶的作用,故热烫更主要是为了达到上述目的,但对于豆类的罐藏以及食品后杀菌采用(超)高温短时方法时,由于此杀菌方法对酶的破坏程度有限,热烫等前处理的灭酶作用应特别强调。

(3)热挤压　挤压是将食品物料放入挤压机中,物料在螺杆的挤压下被压缩并形成熔融状态,然后在卸料端通过模具出口被挤出的过程。热挤压是指食品物料在挤压的过程中被加热,热挤压也称为挤压蒸煮(extrusion cooking)。挤压是结合了混合、蒸煮、揉搓、剪切、成型等几种单元操作的过程。

挤压是一种新的加工技术,挤压可以产生不同形状、质地、色泽和风味的食品。热挤压是一种高温短时的热处理过程,它能够减少食品中的微生物数量和钝化酶,但无论是热挤压或是冷挤压,其产品的保藏主要是靠其较低的水分活性和其他条件。

挤压处理具有下列特点:挤压食品多样化,可以通过调整配料和挤压机的操作条件直接生产出满足消费者要求的各种挤压食品;挤压处理的操作成本较低;在短时间内完成多种单元操作,生产效率较高;便于生产过程的自动控制和连续生产。

(4)热杀菌　热杀菌是以杀灭微生物为主要目的的处理形式,根据要杀灭微生物的种类的不同可分为巴氏杀菌和商业杀菌。相对于商业杀菌而言,巴氏杀菌是一种较温和的热杀菌,巴氏杀菌的处理温度通常在 100 ℃以下,典型的巴氏杀菌的条件是62.8 ℃,30 min,达到同样的巴氏杀菌效果可以有不同的温度、时间组合。巴氏杀菌可使食品中的酶失活,并破坏食品中热敏性的微生物和致病菌。巴氏杀菌的目的及其产品的储藏期主要取决于杀菌条件、食品成分和包装情况。对低酸性食品(pH 值>4.6),其主要目的是杀灭致病菌,而对于酸性食品,还包括杀灭腐败菌和钝化酶。

商业杀菌一般又简称为杀菌,是一种较强烈的热处理形式,通常是将食品加热到较高的温度并维持一定的时间以杀死所有致病菌、腐败菌和绝大部分微生物,使杀菌后的食品符合货架期的要求。当然这种热处理形式一般也能钝化酶,但它同样对食品的营养成分破坏较大。杀菌后食品通常也并非达到完全无菌,只是杀菌后食品中不含致病菌,残存的处于休眠状态的非致病菌在正常的食品储藏条件下不能生长繁殖,这种无菌程度被称为“商业无菌”,也就是说它是部分无菌。

商业杀菌是以杀死食品中的致病菌和腐败变质的微生物为准,使杀菌后的食品符合安全卫生要求、具有一定的储藏期。很明显,这种效果只有密封在容器内的食品才能获得(防止杀菌后的食品再受污染)。将食品先密封于容器内再进行杀菌处理是通常罐头的加工形式,而将经超高温瞬时(UHT)杀菌后的食品在无菌的条件下进行包装,则是无菌包装。

从杀菌时微生物被杀死的难易程度看,一方面,细菌的芽孢具有更高的耐热性,它通常较营养细胞更难被杀死。另一方面,专性好氧菌的芽孢较兼性和专性厌氧菌的芽孢容易被杀死。杀菌后食品所处的密封容器中氧的含量通常较低,这在一定程度上也能阻止微生物繁殖,防止食品腐败。在考虑确定具体的杀菌条件时,通常以某种具有代表性的微生物作为杀菌的对象,通过这种对象菌的死亡情况反映杀菌的程度。

3.3.1.3　食品热处理使用的能源和加热方式

食品热处理可使用几种不同的能源作为加热源,主要能源种类有电、气(天然气或液化气)、液体燃料(燃油等)、固体燃料(如煤、木、焦炭等)。

加热的方式有直接方式和间接方式。直接方式指加热介质(如燃料燃烧的热气等)与食品直接接触的加热过程,显然这种加热方式容易污染食品(如由于燃料燃烧不完全而影响食品的风味),因此一般只有气体燃料可作为直接加热源,液体燃料则很少。

从食品安全考虑,食品热处理中应用更多的是间接加热方式,它是将燃料燃烧所产生的热能通过换热器或其他中间介质(如空气)加热,从而将食品与燃料分开。间接方式最简单的形式是由燃料燃烧直接加热金属板,金属板以热辐射加热食品。而间接加热最常见的类型是利用热能转换器(如锅炉)将燃烧的热能转变为蒸汽作为加热介质,再以换热器将蒸汽的热能传给食品或将蒸汽直接喷入待加热的食品。在干燥或干式加热时则利用换热器将蒸汽的热能传给空气。

非直接的电加热一般采用电阻式加热器或红外线加热器,电阻式加热器包含于固态夹层间的镍、铜丝,夹层与器壁相连,在软式夹层中则包围容器,或埋没于食品中的浸入式加热器中。

食品热处理的能耗已成为选择热处理方式的主要考虑因素之一,而且可能最终影响食品的成本和操作的可行性。选择热处理形式时通常要考虑到成本、安全、对食品的污染、使用的广泛性以及传热设备的投资和操作费用。不同食品热处理形式的耗能相差很大,在一般食品热处理中,粮食中磨粉的单位产品能耗最低(586 MJ/t),而可可粉和巧克力粉加工耗能最高(8 335 MJ/t)。

3.3.1.4 食品热处理反应的基本规律

(1)食品热处理的反应动力学　要控制食品热处理的程度,人们必须了解热处理时食品中各成分(微生物、酶、营养成分和质量因素等)的变化规律,主要包括:在某一热处理条件下食品成分的热处理破坏速率;温度对这些反应的影响。

(2)热破坏反应的反应速率　食品中各成分的热破坏反应一般遵循一级反应动力学,也就是说各成分的热破坏反应速率与反应物的浓度呈正比例关系。这一关系通常被称为“热灭活或热破坏的对数规律(logarithmic order of inactivation or destruction)”。这一关系意味着,在某一热处理温度(足以达到热灭活或热破坏的温度)下,单位时间内,食品成分被灭活或被破坏的比例是恒定的。下面以微生物的热致死来说明热破坏反应的动力学。

微生物热致死反应的一级反应动力学方程为:

$$-\frac{\mathrm{d}c}{\mathrm{d}t}=kc \tag{3.39}$$

式中　$-\mathrm{d}c/\mathrm{d}t$——微生物浓度(数量)减少的速率;

c——活态微生物的浓度;

k——一级反应的速率常数。

对式(3.39)进行积分,设在反应时间 $t_1=0$ 时的微生物浓度为 c_1,则反应至 t 时的结果为:

$$-\int_{c_1}^{c}\frac{\mathrm{d}c}{c}=k\int_{t_1}^{t}\mathrm{d}t$$

即

$$-\ln c+\ln c_1=k(t-t_1)$$

也可以写成:

$$\lg c=\lg c_1-\frac{kt}{2.303} \tag{3.40}$$

式(3.40)的方程式的意义可用热力致死速率曲线(death rate curve)表示,见图3.22。假设初始的微生物浓度为$c_1=10^5$,则在热反应开始后任一时间的微生物数量c可以直接从曲线中得到。在半对数坐标中微生物的热力致死速率曲线为一直线,该直线的斜率为$-k/2.303$。从图3.22中还可以看出,热处理过程中微生物的数量每减少同样比例所需要的时间是相同的。如微生物的活菌数每减少90%,也就是在对数坐标中c的数值每跨过一个对数循环所对应的时间是相同的,这一时间被定义为D值,称为指数递减时间(decimal reduction time)。因此直线的斜率又可表示为:

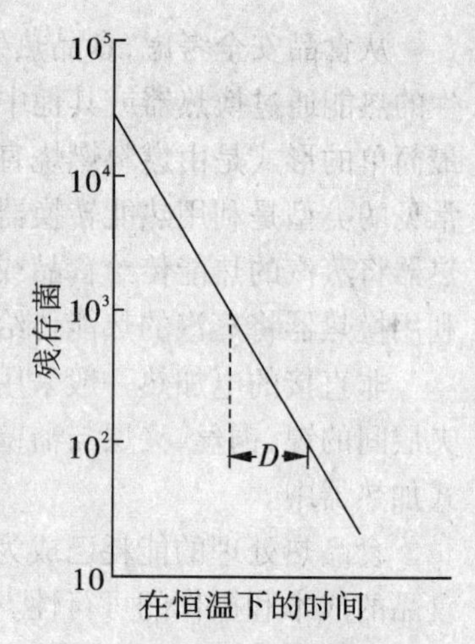

图3.22 热力致死速率曲线

$$-\frac{k}{2.303}=-\frac{1}{D}$$

则:

$$D=\frac{2.303}{k} \tag{3.41}$$

由于上述致死速率曲线是在一定的热处理(致死)温度下得出的,为了区分不同温度下微生物的D值,一般热处理的温度T作为下标,标注在D值上,即为D_T。很显然,D值的大小可以反映微生物的耐热性。在同一温度下比较不同微生物的D值时,D值越大,表示在该温度下杀死90%微生物所需的时间越长,即该微生物越耐热。

从热力致死速率曲线中也可看出,在恒定的温度下经一定时间的热处理后食品中残存微生物的活菌数与食品中初始的微生物活菌数有关。为此人们提出热力致死时间(thermal death time,TDT)值的概念。热力致死时间(TDT)值是指在某一恒定温度条件下,将食品中的某种微生物活菌(细菌和芽孢)全部杀死所需要的时间(min)。试验以热处理后接种培养,无微生物生长作为全部活菌已被杀死的标准。

要使不同批次的食品经热处理后残存活菌数达到某一固定水平,食品热处理前的初始活菌数必须相同。很显然,实际情况中,不同批次的食品原料初始活菌数可能不同,要达到同样的热处理效果,不同批次的食品热处理的时间应不同。这在实际生产中是很难做到的。因此,食品的实际生产中前处理的工序很重要,它可以将热处理前食品中的初始活菌数尽可能控制在一定的范围内。另一方面也可看出,对于遵循一级反应的热破坏曲线,从理论上讲,恒定温度下热处理一定(足够)的时间即可达到完全的破坏效果。因此,在热处理过程中可以通过良好的控制来达到要求的热处理效果。

(3)热破坏反应和温度的关系　上述的热力致死曲线是在某一特定的热处理温度下取得的,食品在实际热处理过程中温度往往是变化的。因此,要了解在一变化温度的热处理过程中食品成分的破坏情况,必须了解不同(致死)温度下食品的热破坏规律。同时掌握这一规律,也便于人们比较不同温度下的热处理效果。反映热破坏反应速率常数和温度关系的方法主要有三种:热力致死时间曲线、阿伦尼乌斯(Arrhenius)方程和温度系数。

1)热力致死时间曲线　热力致死时间曲线(thermal death time curve)是采用类似热

力致死速率曲线的方法得到的,它将 TDT 值与对应的温度 T 在半对数坐标中作图,则可以得到类似于热力致死速率曲线的热力致死时间曲线,见图 3.23。

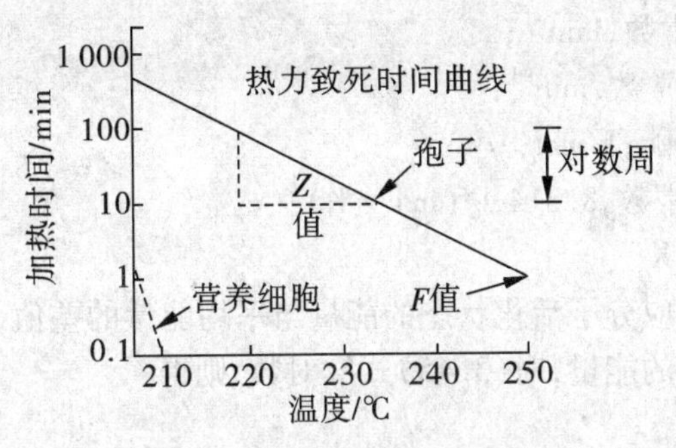

图 3.23 热力致死时间曲线

采用类似于前面对热力致死速率曲线的处理方法,可以得到下述方程式:

$$\lg(\mathrm{TDT}_1/\mathrm{TDT}) = -\frac{T_1-T}{Z} = \frac{T-T_1}{Z} \tag{3.42}$$

式中 T_1、T——两个不同的杀菌温度,℃;

TDT_1、TDT——对应于 T_1、T 的 TDT 值,min;

Z——TDT 值变化 90%(一个对数循环)所对应的温度变化值,℃。

由于 TDT 值中包含着 D 值,而 TDT 值与初始活菌数有关,应用起来不方便,人们采用 D 值代替 TDT 值绘制热力致死时间曲线,结果可以得到与以 TDT 值绘制的热力致死时间曲线很相似的曲线。人们将其称为拟热力致死时间曲线(phantom thermal death time curve)。

从式(3.42)可以得到相应的 D 值和 Z 值关系的方程式:

$$\lg(D_1/D) = \frac{T-T_1}{Z} \tag{3.43}$$

式中 D_1、D——对应于温度 T_1 和 T 的 D 值,min;

Z——D 值变化 90%(一个对数循环)所对应的温度变化值,℃。

由于 D 和 k 互为倒数关系,则有:

$$\lg(k/k_1) = \frac{T-T_1}{Z} \tag{3.44}$$

式(3.44)说明,反应速率常数的对数与温度成正比,较高温度的热处理所取得的杀菌效果要高于低温度热处理的杀菌效果。不同微生物对温度的敏感程度可以从 Z 值反映,Z 值小的对温度的敏感程度高。要取得同样的热处理效果,在较高温度下所需的时间比在较低温度下的短。这也是高温短时(HTST)或超高温瞬时杀菌(UHT)的理论依据。不同的微生物对温度的敏感程度不同,提高温度所增加的破坏效果不一样。

上述的 D 值、Z 值不仅能表示微生物的热力致死情况,也可用于反映食品中的酶、营养成分和食品感官指标的热破坏情况。

2)阿伦尼乌斯方程 反映热破坏反应和温度关系的另一方法是阿伦尼乌斯法,即反应动力学理论。

阿伦尼乌斯方程为：

$$k=k_0\cdot e^{-\frac{E_a}{RT}} \tag{3.45}$$

式中 k——反应速率常数，min^{-1}；

k_0——频率因子常数，min^{-1}；

E_a——反应活化能，J/mol；

R——摩尔气体常数，8.314 J/(mol·K)；

T——绝对温度，K。

反应活化能是指反应分子活化状态的能量与平均能量的差值，即使反应分子由一般分子变成活化分子所需的能量，对(3.45)式取对数，则得：

$$\ln k=\ln k_0-\frac{E_a}{RT} \tag{3.46}$$

设温度 T_1 时反应速率常数为 k_1，则可通过式(3.47)求得频率因子常数：

$$\ln k_0=\ln k_1+\frac{E_a}{RT_1} \tag{3.47}$$

则有：

$$\ln\frac{k}{k_1}=\frac{E_a}{2.303R}\left(\frac{1}{T_1}-\frac{1}{T}\right)=\frac{E_a}{2.303R}\left(\frac{T-T_1}{TT_1}\right) \tag{3.48}$$

式(3.48)表明，对于某一活化能一定的反应，随着反应温度 T(K)的升高，反应速率常数 k 增大。

E_a和 Z 的关系可根据式(3.44)和式(3.48)给出，将式(3.44)中的温度单位由“℃”转换成“K”：

$$\frac{E_a}{2.303R}\left(\frac{T-T_1}{TT_1}\right)=\frac{T-T_1}{Z} \tag{3.49}$$

重排可得：

$$E_a=\frac{2.303R(T-T_1)}{Z} \tag{3.50}$$

式中 T_1——参比温度，K；

T——杀菌温度，K。

值得注意的是，尽管 Z 和 E_a与 T_1无关，但式(3.50)取决于参比温度 T_1。这是由于绝对温度的倒数(K^{-1})和温度(℃)的关系是定义在一个小的参比温度范围内：参比温度在98.9～121.1 ℃时 E_a和 Z 的关系见图3.24，其中的温度 T 选择为较 T_1小 Z ℃的温度。

3)温度系数　描述温度对反应体系影响系数即 Q 值，Q 值表示反应在温度 T_2下进行的速率比在较低温度 T_1下快多少，若 Q 值表示温度增加10 ℃时反应速率的增加情况，则一般称之为 Q_{10}。Z 值和 Q_{10}之间的关系为：

$$Z=\frac{10}{\lg Q_{10}} \tag{3.51}$$

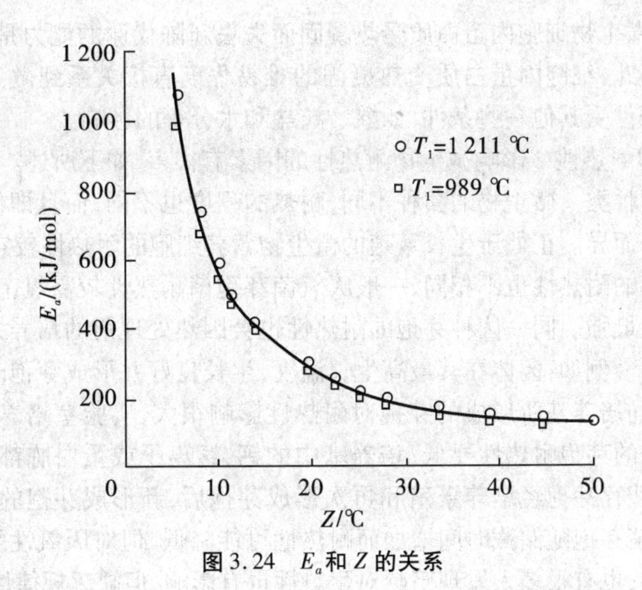

图3.24 E_a和Z的关系

3.3.1.5 加热对微生物的影响

(1)微生物和食品的腐败变质 食品中的微生物是导致食品不耐储藏的主要原因。一般来说,食品原料都带有微生物。在食品的采收、运输、加工和保藏过程中,食品也有可能污染微生物。在一定的条件下,这些微生物会在食品中生长、繁殖,使食品失去原有的或应有的营养价值和感官品质,甚至产生有害和有毒的物质。

细菌、霉菌和酵母都可能引起食品的变质,其中细菌是引起食品腐败变质的主要微生物。细菌中非芽孢细菌在自然界存在的种类最多,污染食品的可能性也最大,但这些菌的耐热性并不强,巴氏杀菌即可将其杀死。细菌中耐热性强的是芽孢菌。芽孢菌中还分需氧性、厌氧性和兼性厌氧的。需氧和兼性厌氧的芽孢菌是导致罐头食品发生平盖酸败的原因菌,厌氧芽孢菌中的肉毒梭状芽孢杆菌常作为罐头杀菌的对象菌。酵母菌和霉菌引起的变质多发生在酸性较高的食品中,一些酵母菌和霉菌对渗透压的耐性也较高。

(2)微生物的生长温度和微生物的耐热性

1)微生物的生长温度 不同微生物的最适生长温度不同,见表3.4,大多数微生物以常温或稍高于常温为最适生长温度,当温度高于微生物的最适生长温度时,微生物的生长就会受到抑制,而当温度高到足以使微生物体内的蛋白质发生变性时,微生物即会出现死亡现象。

表3.4 微生物的最适生长温度与热致死温度 ℃

微生物	最低生长温度	最适生长温度	最高生长温度	微生物	最低生长温度	最适生长温度	最高生长温度
嗜热菌	30~45	50~70	70~90	低温菌	-5~5	25~30	30~55
嗜温菌	5~15	30~45	45~55	嗜冷菌	-10~-5	12~15	15~25

一般认为,微生物细胞内蛋白质受热凝固而失去新陈代谢的能力是加热导致微生物死亡的原因。因此,细胞内蛋白质受热凝固的难易程度直接关系到微生物的耐热性,蛋白质的热凝固条件受其他一些条件,如酸、碱、盐和水分等的影响。

2)微生物的耐热性　影响微生物耐热性的因素有很多,如下所述。

①微生物的种类　微生物的菌种不同,耐热的程度也不同,而且即使是同一菌种,其耐热性也因菌株而异。正处于生长繁殖的微生物营养细胞的耐热性较它的芽孢弱。

各种芽孢菌的耐热性也不相同,一般厌氧菌芽孢菌耐热性较需氧菌芽孢菌强。嗜热菌的芽孢耐热性最强。同一菌种芽孢的耐热性也会因热处理前的培养条件、储存环境和菌龄的不同而异。例如:菌体在其最高生长温度,生长良好并形成芽孢时,其芽孢的耐热性通常较高;不同培养基所形成的芽孢对耐热性影响很大,实验室培养的芽孢都比在大自然条件下形成的芽孢耐热性要低;培养基中的钙、锰离子或蛋白胨都会使芽孢耐热性增高;热处理后残存芽孢经培养繁殖和再次形成芽孢后,新形成芽孢的耐热性就较原来的芽孢强;嗜热菌芽孢随储藏时间增加而耐热性可能降低,但对厌氧性细菌影响较少,减弱的速度慢得多;也有很多人发现菌龄对耐热性也有影响,但缺乏规律性。

芽孢之所以具有很高的耐热性与其结构有关。芽孢的外皮很厚,约占芽孢直径的1/10,由网状构造的肽聚糖组成,其外皮膜一般为3层,依细菌种类不同而外观有差异。它保护细胞不受伤,而对酶的抵抗力强,透过性不好并具阳离子吸附能。其原生质含有较高的钙和吡啶二羧酸(DPA),镁/钙质量比越低则耐热性越强。其含水量低也使其具有较高的耐热性。紧缩的原生质及特殊的外皮构造阻止芽膜吸收水分,并防止脆弱的蛋白质和DNA分子外露以免因此而发生变化。

芽孢萌发时,其外皮由于溶酶的作用而分解,原生质阳离子消失,吸水膨胀。较低的热处理可促使芽孢萌发,使渗透性增加而降低对药物的抵抗力,易于染色,甚至改变其外观。当芽孢受致死的高温热处理时,其内容物消失而产生凹下去的现象,钙及DPA很快就消失。

②水分活度　一般情况下,水分活度越低,微生物细胞的耐热性越强。因此,在相同温度下湿热杀菌的效果要好于干热杀菌。

③脂肪　脂肪的存在可以增强细菌的耐热性,比如在油、石蜡及甘油等介质中存在的细菌及芽孢,须在140~200 ℃温度下进行5~45 min的加热方可杀灭。

④盐类　盐类对细菌的耐热性的影响是可变的,主要取决于盐的种类、浓度等因素。当食盐浓度低于3%时,能增强细菌的耐热性。食盐浓度超过4%时,随浓度的增加,细菌的耐热性明显下降。

⑤糖类　糖的存在对微生物的耐热性有一定的影响,这种影响与糖的种类及浓度有关。以蔗糖为例,当其浓度较低时,对微生物的耐热性的影响很小。但浓度较高时,则会增强微生物的耐热性,其原因主要是高浓度的糖类能降低食品的水分活度。

⑥pH值　微生物的耐热性在中性或接近中性的环境中最强,而偏酸性或偏碱性的条件都会降低微生物的耐热性,其中尤以酸性条件的影响更为强烈。比如大多数芽孢杆菌在pH值中性范围内有很强的耐热性。但在pH值<5时,细菌芽孢的耐热性就很弱了。因此,在加工蔬菜及汤类食品时,常添加柠檬酸、乙酸及乳酸等酸类,提高食品的酸度,以降低杀菌温度和缩短杀菌时间。

⑦蛋白质　加热时蛋白质(包括明胶、血清等在内)存在,将对微生物起保护作用。因此,要达到同样的杀菌效果,含蛋白质多的食品要比含蛋白质少的食品进行更大程度的加热处理才行。

⑧初始活菌数　初始活菌数越多,则微生物的耐热性越强。初始活菌数多能增强细菌的耐热性,原因可能是细菌的细胞分泌出较多类似蛋白质的保护物质。

⑨热处理温度和时间　热处理温度越高,则杀菌效果越好。但是加热时间的延长,有时并不能使杀菌效果提高。因此,杀菌时保证足够高的温度比延长杀菌时间更为重要。

(3)高温对酶活性的钝化作用及酶的热变性　酶活性和酶失活速度与温度之间的关系均可用温度系数 Q_{10} 来表示。前者的 Q_{10} 一般为2~3,而后者的 Q_{10} 在临界温度范围内可达100。因此,随着温度的提高,酶催化反应速度和失活速度同时增大,但是由于它们在临界温度范围内的 Q_{10} 不同,后者较大,因此,在某个关键性的温度下,失活的速度将超过催化的速度。此时的温度即酶活性的最适温度,也就是酶活性的转折点。不过要指出的是,任何酶的最适温度都不是固定的,随反应时间的长短、杂质因素而异。过此点后,温度上升,酶催化反应速度急剧降低。一般来说,温度提高到80 ℃后,热处理时间只要几秒钟,几乎所有的酶都会遭到不可逆性破坏,所以在传统的热处理杀菌中,不仅腐败菌被杀死,而且其中的酶也遭到破坏,只有干藏和冷藏的食品才会出现酶导致的变质问题,必须在预处理时进行酶的钝化处理。

酶的耐热性因种类不同而有较大差异。比如,牛肝的过氧化氢酶在35 ℃时即不稳定,而核糖核酸酶在100 ℃下其活力仍可保持几分钟。虽然大多数与食品加工有关的酶在45 ℃以上即失活,但乳碱性磷酸酶和植物过氧化物酶在酸碱度为中性条件下相当耐热。在加热处理时,其他的酶和微生物大都在这两种酶失活前就已被破坏。因此,在乳品工业和果蔬加工时常根据这两种酶是否失活来判断巴氏杀菌和热烫是否充分。

经验表明,酶也会导致热杀菌的酸性或高酸性食品变质,甚至某些酶经热力杀菌后还能再度复活。某些酶类如过氧化物酶、催化酶、碱性磷酸酶和脂酶等,在热钝化后的一段时间内,其活性可部分地再生。这种酶活性的再生是由于酶的活性部分从变性蛋白质中分离出来。为了防止活性的再生,可以采用更高的加热温度或延长热处理时间。

(4)热加工对食品质量的影响

1)食品加热的有益作用　食品经过加热处理,可杀灭其中绝大部分微生物,并可破坏食品中的酶类,还可使食品特性发生改善,如褐变、组织变化等。如果是真空、结合紧密、迅速冷却等处理,可明显地控制食品腐败变质,延长保存时间。食品加热的效果,不仅取决于温度的高低,而且也和加热方式、时间,微生物的种类和污染程度以及食品的组成有密切联系。

食品加热所产生的影响也包括糖类、脂类、蛋白质、维生素和矿物质的变化。蛋白质受热而发生变性,会提高蛋白酶对其消化率。如生鸡蛋、胶原蛋白以及豆类、油料种子中的植物蛋白,不先经过加热使其发生变性,就很难消化。再如大豆中胰蛋白酶的抑制剂因能与未消化的大豆蛋白结合成为胰蛋白酶而从粪中排出,影响蛋白质的消化吸收,如果把大豆加热蒸煮后,通过热力作用,使胰蛋白酶抑制剂灭活,就能使蛋白质消化率增加,蛋白质的功效比值明显上升。

食品中的糖类一般不考虑其最佳保存率的问题。在有水存在下，加热可促进食品中淀粉的糊化，通过糊化作用，可使人体消化道中的淀粉酶更好地发挥其作用，从而提高了消化率。

食品加热可以延长和增加对食品的利用，但加热过的食品还可引起营养素的损失。损失往往随着热加工程度的增大而增加。因此在食品加工中应严格控制适宜的热加工条件，最大限度地减少食品中营养素的损失。

2)食品加热对营养素的影响　食品加热对营养素的影响是多方面的，如加热的温度、时间、方式等不同，可使食品成分发生各种不同的变化。

①对糖类的影响　食品热加工对糖类的营养价值影响很大，如用冷水或温水洗涤则对糖类影响较小。当热到足以使其组织发生改变时，存在于食物中的可溶性单糖（葡萄糖、果糖等）容易溶解而流失。加热破坏淀粉结晶部位的氢键时，水分进行淀粉结晶部位，而发生糊化，使淀粉发生结构变化。

食品热加工糖类的变化还有食品褐变。食品的褐变分为非酶反应和酶反应两种。非酶反应是在还原糖类和氨基酸类、肽类及蛋白质类的游离氨基之间发生的褐变，又称美拉德反应。其他羰基（醛类和酮类）以同样的方式进行反应。酶反应的褐变，是在多酚氧化酶作用下使食品中酚类物质氧化变成红棕色的现象。水果和蔬菜的细胞完整性被破坏而酶和底物不再分开时就发生酶反应褐变。蘑菇、梨、桃、葡萄、香蕉、甜瓜、苹果和茄子等许多食品，当其组织被切开、去皮、擦伤时就会发生这种褐变。褐变可增强食品的香气，又可使食品颜色恶化，对此反应是防止还是利用，各依所加工的食品及其目的而不同。

焦糖化是糖类加热时所发生的一系列连续的复杂反应，是淀粉类食品焙烤化学中研究的重点。食品中的糖类加热到熔点温度以上时，即可发生复杂的焦糖化作用，生成焦糖等褐色物质而失去营养价值。因此焦糖化作用和美拉德反应对有些食品良好色泽和风味的形成有一定的积极作用，但从营养的角度来看其影响是利少弊多。

②对脂类的影响　脂类是一类不均一的有机化合物，在人类饮食中占有很大的比例。脂类广泛分布在动植物组织中，对人类食品的质量有很大的影响。

食品中的脂类物质会因加工方法而发生很大的变化，给产品带来有利或有害的影响。食品中的脂类在水中加热，其水解产物有甘油、脂肪酸等。水解作用对食品中的脂肪的营养价值没有明显的影响，而且会促进脂肪的消化和吸收。但水解产物中的某些脂肪酸也可产生不良气味，影响食品的感官质量。

食品的热加工可促使脂肪的氧化反应，形成许多过氧化物、低分子物质和聚合物。这些氧化产物使脂肪类食品产生异味而影响可口性，不仅恶化食品质量，而且带有一定毒性。还有在脂肪氧化时，其氧化产物可通过氢键与食品中的蛋白质结合，使食品颜色加深，并影响食品的消化性。同时，食品中的脂溶性维生素也与脂肪一起被氧化而破坏。脂类在高温条件下氧化，容易发生聚合作用。聚合物中的脂肪酸是通过碳键连接起来的。脂肪的这种热聚合作用随着温度加热时间的延长，聚合物含量不断增加，引起脂肪黏度的增大，脂肪的营养价值也随之下降。

③对蛋白质的影响　蛋白质在营养上起着提供必需氨基酸的重要作用，在食品加工中必须注意蛋白质的变性。影响蛋白质质量和在制造食品时可以控制的关键变化因素

是温度、水分含量、pH值和食品成分等。食品的热加工对蛋白质营养功能的不良影响，主要是蛋白质受热后，发生变性凝固，空间结构破坏，蛋白质分子之间肽链松散，这种变性是不可逆的。这种状态的蛋白质最容易被消化酶水解而被人体消化和吸收，一般认为，加热后蛋白质天然结构的破坏使酶更加容易引起分解作用，因而提高蛋白质的营养价值，实际上，蛋白质消化的第一步是蛋白质分解酶使蛋白质变性。在正常情况下，蛋白质是在胃中由胃蛋白酶和盐酸起消化作用的。食品蛋白质的加热变性有利于第一步消化过程，所以是对营养有利的一个因素。如果在沸水中煮或在油中炸的时间过长，变形的蛋白质易形成坚硬的质地，很难被消化。

在蛋白质的各种氨基酸中，多数较耐热。当温度高于100 ℃时就开始被分解破坏，在水中变热的蛋白质变性凝固，逐步水解生成多种水溶性氨基酸。如果温度继续升高，部分蛋白质会最终分解为硫化氢、甲硫酸、二甲基硫化物等低分子物质，失去营养作用，甚至产生毒性。

食品加热的强度在很大程度上取决于食品的物理状态。半固体的食品在进行加热时，以容器壁传到食品中心的热量要比加入液体作为传热介质的食品少得多。例如，牛乳采用常规的巴氏消毒法消毒，会使其生物学价值降低6%，赖氨酸含量降低10%，胱氨酸损失13%左右。生物学价值的降低可能是胱氨酸含量降低所致。再如鱼和肉，如进行强烈的加热时，除了引起胱氨酸、赖氨酸的破坏损失外，在加工时氨基酸的实际破坏是微不足道的。

食品的热加工对蛋白质的影响是在较高温度下发生的。一般食品的热加工对蛋白质营养价值破坏不大。但在对食品热加工时会影响到其他营养素，如维生素。因此在保证食品加工质量的前提下，应尽量缩短加热时间，这样才能减少蛋白质和其他营养素的损失。

④对维生素的影响　食品加工会造成维生素含量的损失，损失的多少取决于各种维生素对所受作用的易感性。食品原料所含的维生素在加热的过程中，最容易受到破坏和损失，特别是水溶性维生素受损失最严重。

脂溶性维生素A对空气、氧化剂和紫外线都很敏感，高温能加速其分解。维生素D在中性及碱性溶液中能耐高温和氧化；在130 ℃下加热90 min，其生理活性仍然保存。因此烹调加工不会引起维生素D的损失。维生素E对热稳定，即使加热到200 ℃也不被破坏，但可缓慢地被氧化破坏。水溶性维生素C在热加工中损失最多，损失主要是通过氧化降解途径进行的。由于铜盐有促进抗坏血酸氧化的作用，所以烹调蔬菜时，应避免使用铜锅。如青菜切碎后，所含维生素C通过切口与空气接触，时间一长就会被氧化分解。B族维生素比较耐热。如维生素B_1在pH值为3时，即使高压蒸煮至140 ℃，经1 h也很少被破坏，随着pH值上升而逐渐变得不稳定；随着温度的升高和时间的延长，维生素B_1损失加大。但在碱性介质中对热不稳定。故在煮粥、煮豆、蒸馒头时，若加碱就很容易造成维生素B_1的损失。维生素B_2对热稳定，在中性和酸性溶液中，即使短期高压加热，也不致被破坏；在120 ℃下加热6 h仅有少量破坏，但在碱性溶液中容易发生热分解。烟酸对热性质稳定，在高压下120 ℃加热20 min，也不致被破坏。维生素B_6对热也很稳定，在强酸、强碱中，对高压下加热较稳定。维生素B_{12}在中性溶液中对热稳定，但在酸或碱溶液中可受热破坏。

维生素在热加工时,受影响的因素往往是共同存在的,这就使维生素更容易被分解破坏。

⑤对矿物质的影响　测定食品中矿物质的含量以及评价食品加工对矿物质元素的影响,已越来越受到人们的重视。

与维生素不同,矿物质不会因酸碱处理、接触空气和光线而造成损失。但在食品加工时,矿物质的损失主要是在罐藏、烫漂、蒸煮后沥滤的过程中流失引起的。这种损失的程度与矿物质的溶解度有很大关系。如生的大豆制成罐头后锌的损失达16%,番茄制成罐头后锌损失为83.8%,胡萝卜制成罐头后原料中所含的钴损失70%。罐藏的菠菜损失新鲜蔬菜中的锌达40%、锰达81.7%。有人用气蒸和水煮的方法比较热加工对蔬菜中矿物质含量的影响,证明气蒸的蔬菜比水煮的铁含量高。蔬菜煮后铁损失为48%。小麦和大米由于精碾而损失的矿物质也是很明显的。

食品原料所含的矿物质在热加工中一般化学变化不多。主要的变化是容易溶解于水中而造成损失,溶解量与原料的切割大小、水中浸泡或加热时间长短等有关。

3.3.2　食品热处理条件的选择与确定

3.3.2.1　食品热处理方法的选择

食品热处理的作用效果不仅与热处理的种类有关,而且与热处理的方法有关。也就是说,满足同一热处理目的的不同热处理方法所产生的处理效果可能会有差异,以液态食品杀菌为例,低温长时杀菌和高温短时杀菌均可达到同样的杀菌效果(巴氏杀菌),但两种杀菌方法对食品中的酶和食品成分的破坏效果可能不同。杀菌温度的提高虽然会加快微生物、酶和食品成分的破坏速率,但三者的破坏速率增加并不一样,其中微生物的破坏速率在高温下较大。因此采用高温短时的杀菌方法对食品成分的保存较为有利,尤其在超高温瞬时灭菌条件下更显著,但此时酶的破坏程度也会减小。此外,热处理过程还须考虑热的传递速率及其效果。

选择热杀菌方法和条件时应遵循下列基本原则。首先,热处理应达到相应的热处理目的。以加工为主的,热处理后食品应满足热加工的要求,以保藏为主的,热处理后的食品应达到相应的杀菌、钝化酶等目的。其次,应尽量减少热处理造成的食品营养成分的破坏和损失。热处理过程不应产生有害物质,要满足食品卫生的要求。热处理过程要重视热能在食品中的传递特征与实际效果。

3.3.2.2　典型的热处理方法和条件

食品热处理的作用因热处理种类的不同而异。而对于某种热处理,为达到同样的热处理目的,也可以根据热处理的对象、加热介质和加热设备等而采取不同的热处理方法。

(1)工业烹饪

1)焙烤　焙(baking)和烤(roasting)基本上是相同的单元操作,它们都是以高温热来改变食品的食用特性。两者的区别在于烘焙主要用于面制品和水果,而烧烤主要针对肉类、坚果和蔬菜。焙烤也可达到一定的杀菌和降低食品表面水分活性的作用,使制品有一定的保藏性。但焙烤食品的储藏期一般较短,结合冷藏和包装可适当地延长储藏期。

①焙烤过程的传热形式　焙烤过程中的传热存在着传导、对流和热辐射等多种形

式。烤炉的炉壁通过热辐射向食品提供反射热能,远红外线辐射则通过食品对远红外线吸收以及远红外线与食品的相互作用产生热能。传导通常是通过载装食品的模盘传给食品,模盘一般与烤炉的炉底或传送带接触,增加模盘与食品间的温度差可加快焙烤的速率。烤炉内自然或强制循环的热空气、蒸汽或其他气体则起到对流传热的作用。食品在烤炉中焙烤时,水分从食品表面蒸发逸出并被空气带走,食品表面与食品内部的湿度梯度导致食品内部的水分向食品表面转移,当食品表面的水分蒸发速率大于食品内部的水分向食品表面转移速率时,蒸发的区域会移向食品内部,食品表面会干化,食品表面的温度会迅速升高到热空气的温度(110 ~ 240 ℃),形成硬壳(crust)。由于烘焙通常在常压下进行,水分自由地从食品内部逸出,食品内部温度一般不超过 100 ℃,这一过程与干燥相似。但当食品水分较低,焙烤温度较高时,食品的温度急升接近干球温度。食品表面的高温会导致食品成分发生复杂的变化,这一变化往往可以提高食品的食用特性。

②焙烤时的加热方式　食品焙烤时的加热方式有直接加热法和间接加热法。

a. 直接加热法　通过直接燃烧燃料来加热食品,可通过控制燃烧的速率和热空气的流速来调节温度。此方法加热时间短,热效率高,容易控制,而且设备的启动时间短。但产品可能会受到不良燃烧产物的污染,燃烧室也须定期地维护以保持其高效运作。

b. 间接加热法　通过燃烧燃料加热空气或产生蒸汽(蒸汽也可由锅炉提供),空气或蒸汽通过加热管(走管内)加热焙烤室内的空气和食品。燃烧气体可以通过位于烘炉内的辐射散热器散热,也可在烘炉壁的夹层中通过来加热炉内的空气和食品。通过电加热管(板)加热也属于间接加热法。此法卫生条件好,安全性高。

③焙烤设备　焙烤设备有间歇式、半连续式和连续式的。

a. 间歇式　在间歇设备中,炉壁的四周和底部通常被加热,而连续设备的加热管(板)一般位于传送带的上方和两边。间歇炉一般为多层结构,操作时以炉铲装卸食品物料。该设备适应范围广,可用于包括肉类和面食等多种食品。蒸汽加热的间歇炉可用于肉类食品的焙烤,在此基础上加上熏烟装置使其可用于烟熏肉类、乳酪和鱼类等。间歇设备的不足使操作的劳动力费用高,物料焙烤的时间由于物料进出时滞后时间不同以及物料在炉内的位置不同而有所不同,需要一定的经验。

b. 半连续式　半连续式的烤炉主要是各种盘式的烤炉,其物料的装卸一般仍是间歇进行,但炉内盛放食品物料的盘子在焙烤的过程中处于连续运动中,炉内可以设置风扇以加强热风循环。盛放食品物料的盘子在炉内的运动可以是平面式的旋转,也可以是立体式的运动。在这种设备中,不同盘中食品物料所受到的加热程度较为均一,容易操作控制。

c. 连续式　连续式的设备一般采用隧道式结构,食品物料被置于连续运动的输送带(板)之上,输送带(板)以电机通过链条带动。烤炉的热量一般由电加热管提供(也可由煤气燃烧器提供),电加热管内装有一条螺旋形的电阻丝,电加热管的金属外壳是一根无缝钢管,在电阻丝与无缝钢管之间的空隙中密实地填满了结晶态的氧化镁粉末,其具有良好的导热性和绝缘性。金属管的外表面还可涂覆一层能加强辐射远红外线的涂料,用以改变辐射面的辐射主波段和辐射强度,使电加热管的外表面辐射出具有一定波长的远红外线。电加热管分组交叉分布于炉带的上、下方的适当位置,管与管之间的水平距离也有一定的要求。由于整个烤炉一般按温度分成几个区,各区的电加热管的分布有一定的差异。炉温的调节一般采用开关和电压控制，烤炉设计有通风装置，以便合理地排除蒸发的蒸汽和烟气。

烤炉的宽度可达 1.5 m，长度由几十米到上百米不等，炉架一般采用钢结构，炉墙用定形砖或金属板加保温材料组成，钢带有张紧和调偏机构。连续式设备的生产规模大、生产效率高、控制精确，但设备的占地面极大、投入高。

④影响焙烤制品质量的工艺因素　焙烤温度和时间是影响焙烤制品质量的主要工艺因素，它一般随食品的品种和形状、大小而变化，温度高、时间长，食品表面的脱水快，容易烧焦；温度低、时间短，食品不易烤熟或上色不够，食品块形小，水分蒸发快，容易烤熟；而块形大时，食品内部水分不易蒸发，烘烤温度应略高、时间略长。对于同品种同块形的食品，如果焙烤的温度较高，则时间可以适当缩短；而温度偏低则时间可适当延长。

2）油炸　油炸是为了提高食品的食用品质而采用的一种热处理手段。通过油炸可以产生油炸食品特有的色、香、味和质感。油炸处理也有一定的杀菌、灭酶和降低食品水分活性的作用。油炸食品的储藏性主要由油炸后食品的水分活性所决定。

当食品被放入热油中，食品表面层的温度会很快升高，水分也会迅速蒸发。其传热传质的情况与焙烤时的情况相似，传热的速率取决于油和食品之间的温度差，热穿透的速率则由食品的导热特性决定。油炸后食品表面形成的硬壳呈多孔结构，里面具有大小不同的毛细管，油炸时水和蒸汽从较大的毛细管逸出，其位置被油取代。紧贴食品表面的边界层的厚度决定了传热传质的快慢，边界层的厚度又与油的黏度和速率有关。

食品获得完全油炸的时间取决于食品的种类、油的温度、油炸的方法、食品的厚度（大小）和所要达到的食用品质。对于一些有可能污染致病菌的食品（如肉类），如果要通过油炸取得杀菌的作用，油炸时必须使食品内部受到足够的热处理程度。油炸温度的选择主要由油炸工艺的经济性和希望达到的油炸效果所决定。温度高，时间一般较短，设备的生产能力也相对较高。但温度高会加速油脂降解成游离脂肪酸，这会改变油的黏度、风味和色泽，这样会增加换油的次数，加大油的消耗。另一经济方面的损失是食品在高温时产生的一些不良变化，食品中的含油量也会提高，丙烯醛是高温时产生的降解物，它在油的上方产生蓝色的烟雾，造成空气污染。

油炸温度的选择还取决于油炸后食品希望达到的油炸效果。一些食品（如炸面圈、炸鱼和家禽等）油炸时油的温度较高，油炸的时间较短，油炸后食品表面形成硬壳，但食品内部水分含量仍较高，食品在储藏过程中由于水分和油脂的扩散，食品表面很快会变软，因此不耐储藏。这类食品主要在餐饮系统常见，结合适当的冷藏可提高其储藏期。另一些食品（如马铃薯脆片、油炸小食品和挤压半成品）油炸时的温度并不太高，但炸的时间较长，食品表面不会很快形成硬壳，食品脱水较剧烈，这类食品的储藏期相对较长。

油炸方法按照油和食品接触的情况可分为浅层油炸和油浴油炸两种。

浅层油炸（shallow frying）是一种接触式油炸，它通过浅盘加热面上的薄油层及食品，其传热主要为传导传热。适合于单位体积表面积较大且表面较为规则的食品。油炸时油层的厚度视食品表面的规则程度而定。由于油层和蒸汽气泡将食品托起于加热面，使油炸食品表面各处温度可能不同，食品表面褐变呈不规则状，此法的表面传热系数较高［$200 \sim 400\ W/(m^2 \cdot K)$］。

深层油炸，或称油浴油炸（deep-fat frying），食品浸没于热油中进行油炸，其传热既有传导,也有对流。适合于各种形状的食品,但不规则状食品耗油较多。其传热系数在水分从食品表面蒸发出来之前为250~300 W/(m^2·K),蒸汽从食品中逸出时的搅拌作用使传热系数可达到800~1 000 W/(m^2·K),但蒸发速率过大会在食品表面形成蒸汽膜而使传热系数降低。

按照油炸时的压力情况可将油炸方法分为常压油炸和真空油炸。通常的油炸是在常压下进行的,油炸时的油温一般在160 ℃以上,这时食品物料中的部分营养成分在高温下受到破坏,而且高温下反复使用炸油,油中成分发生聚合反应,导致炸油劣变,产生一些对人体有害甚至致癌的物质,此外常压油炸食品含油量相对较高,油炸食品加工范围受到很大的限制,油炸火候也不易控制。

真空油炸技术是在最近30年发展起来的一种新型油炸技术。真空油炸是在真空条件中进行油炸,这种在相对缺氧的状况下进行食品加工,可以减轻甚至避免氧化作用所带来的危害,例如脂肪酸败、色素褐变或其他氧化变质等。在真空度为0.093 MPa的真空系统中(即绝对压力为0.008 MPa),纯水的沸点大约为40 ℃,在负压状态中,以油作为传热媒介,食品内部的水分(自由水和部分结合水)会急剧蒸发而喷出,使组织形成疏松多孔的结构。在含水食品的汽化分离操作中,真空是与低温密切相连的,从而可有效地避免食品高温处理所带来的一系列问题。

目前的真空油炸设备已具有较高效率的抽真空性能,能在短时间内处理大量二次蒸汽,并能较快建立起真空度不低于0.092 MPa的真空条件;设备可采用蒸汽加热或电加热,油炸过程中物料可实现自动搅拌;设备具有脱油装置,能在真空条件下进行脱油,可避免在真空恢复到常压过程中,油质被压入食品的多孔组织中,以确保产品含油量低于25%;油炸设备的温度、时间等参数可实现自动控制。

(2)热烫　热烫具有杀菌、排除食品物料中的气体、软化食品物料以便于装罐等作用。蔬菜和水果的热烫还可结合去皮、清洗和增硬等处理形式同时进行。

根据其加热介质的种类和加热方式,目前使用的热烫方法:热水热烫(hot-water blanching)、蒸汽热烫(steam blanching)、热空气热烫(hot-air blanching)和微波热烫(microwave blanching)等。其中又以热水热烫和蒸汽热烫较为常用。

热水热烫采用热水作为加热和传热的介质,热烫时食品物料浸没于热水中或将热水喷淋到食品物料上面。这种方法传热均匀,热利用率较高,投资小,操作易控制,对物料有一定的清洗作用。食品中的水溶性成分(包括维生素、矿物质和糖类等)易大量损失,耗水量大,产生大量废水。常见的热水热烫设备示意见图3.25。

蒸汽热烫是用蒸汽直接喷向食品物料,这种方法克服了热水热烫的一些不足。食品物料中的水溶性成分损失少,产生的废水少或基本上无废水。设备投资较热水法大,大量处理原料时可能会传热不均,热效率较热水法低,热烫后食品质量上有损失。

热空气热烫通常采用空气和蒸汽混合(沸腾床式)加热。热处理时间短,食品的质量较好,无废水,有一定的物料混合作用。缺点是设备较复杂,操作要求高,多处于研究阶段。

微波热烫则是采用微波直接作用于食品物料并产生热能,其热效率高,时间短,对食品中的营养成分破坏小,无废水,和蒸汽结合使用可降低成本,缩短热烫时间。设备投资较大,成本高。

影响食品热烫的因素包括:蔬菜和水果的种类、食品物料的大小和热烫的方法。

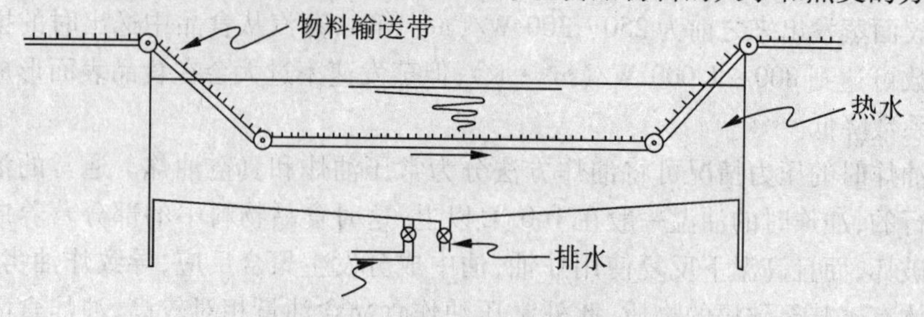

图3.25　连续式热水热烫设备示意

(3)热挤压　挤压是为了使食品物料产生特殊组织结构和形态的一种处理形式。热挤压是指物料在挤压过程中还受到热的作用。挤压过程中的热可以由挤压机和物料自身的摩擦和剪切作用产生,也可由外热导入。热能使物料的温度上升,产生“蒸煮”作用。具有生产工艺简单、热效率高、可连续化生产、应用的物料范围广、产品形式多、投资少、生产费用低以及无副产物产生等特点。

普通单螺杆挤压机的基本结构以及物料在单螺杆挤压机内的运动过程示意见图3.26。根据挤压过程各阶段的作用和挤压食品的变化,挤压过程一般可分为:输送混合、压缩剪切、热熔均压和成型膨化等阶段,但每一段之间的变化有时很难分清楚。物料质构上的变化主要发生在压缩剪切、热熔均压和成型膨化等阶段。挤压过程中当食品物料进入压缩剪切段后,挤压机的螺杆直径逐渐变大、螺距逐渐变小,加之挤压机出料端模头的阻碍作用,物料在向前运动的过程中,受到的挤压压力越来越大,物料被压实,物料颗粒间的间隙减小到零,形成固体塞运动;同时物料受摩擦产生的热量或挤压机筒体加热的作用而急剧升温,部分物料由开始的固态粉粒状变成流体状,并与其他固态物料混合揉捏成面团状,热的“蒸煮”作用使物料成为可塑性的面团,并逐渐向熔融的状态过渡,故也有人将这一段称为过渡段。物料送入熔融段后,压力和温度急剧上升,挤压机的作用使物料各处均压、均温,熔融的物料呈均匀的流体向前运动,然后定量地从挤压机的模头挤出。物料从模头挤出时,由原来的高温高压状态一下子变成常压,物料内部的水分会发生闪蒸,由于水分的迅速蒸发可使熔融态的物料在蒸汽压力的拖带下膨胀,冷却并凝固。模头上模孔的间隙根据挤压机的大小而定,模孔的形状和大小决定了挤出物料的形状,挤出的物料经切刀切割成适当的长短。

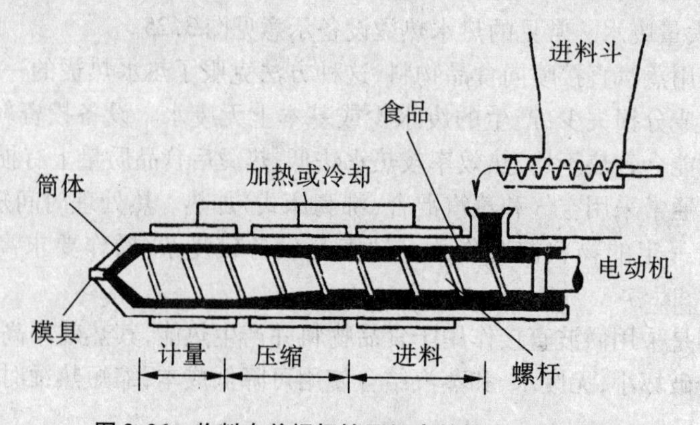

图3.26　物料在单螺杆挤压机内的挤出过程示意

热挤压中的蒸煮作用是一种典型的热处理，它使食品物料中的淀粉质组分发生水合、糊化和凝胶化，使蛋白质组分发生水合和变性，氨基酸和还原糖发生美拉德反应等作用，此外它还具有一般热处理的杀菌、灭酶以及对物料中的抗营养因子的破坏作用等。

根据挤压过程中剪切力的大小可将挤压机分为高剪切力和低剪切力两种，挤压机也可根据加热的方式分为自热式和加热式，根据螺杆的数量分为单螺杆式和双螺杆式。不同的挤压机的性能有所不同。

影响挤压食品质量的两个主要因素是挤压的工艺操作条件和食品物料的流变学特性。最主要的工艺操作条件包括温度、压力、挤压设备筒体的尺寸和剪切速率。剪切速率受筒体的设计、螺杆的转速和螺杆的几何形状等的影响。物料的特性是影响挤出物质构和色泽的主要因素，物料的主要特性包括物料的水分、物理状态和化学组成，特别是物料中淀粉、蛋白质、脂肪和糖类的种类和比例。

(4)杀菌　巴氏杀菌的食品物料一般储藏期较短，通常只有几小时到几天，结合其他的储藏条件可以提高其储藏期。

杀菌的方法通常以压力、温度、时间、加热介质和设备以及杀菌和装罐密封的关系等来划分，以压力划分可分为常压杀菌和加压杀菌；杀菌的加热介质可以是热水、蒸汽、蒸汽和空气的混合物以及火焰等。

常压杀菌主要以水(也有用蒸汽)为加热介质，杀菌温度不超过 100 ℃，用于酸性食品或杀菌程度要求不高的低酸性食品的杀菌。杀菌时罐头处于常压下，适合于金属罐、玻璃瓶和软性包装材料为容器的罐头。杀菌设备有间歇式和连续式的。

加压杀菌通常用蒸汽，也可以用加压水作为杀菌介质。高压蒸汽杀菌是利用饱和蒸汽作为加热介质，杀菌时罐头处于饱和蒸汽中，杀菌温度高于 100 ℃，用于低酸性食品的杀菌。由于杀菌时杀菌设备中的空气被排尽，有利于温度保持一致。在较高杀菌温度(罐直径 102 mm 以上，或罐直径 102 mm 以下温度高于 121.1 ℃)时，冷却一般采用空气反压冷却。杀菌设备有间歇式和连续式的，罐头在杀菌设备中有静止的也有回转的。回转式杀菌设备可以缩短杀菌时间。

高压水煮杀菌则是利用空气加压下的水作为加热介质，杀菌温度高于 100 ℃，主要用于玻璃瓶和软性材料为容器的低酸性罐头的杀菌。杀菌(包括冷却)时罐头浸没于水中以使传热均匀，并防止由于罐内外压差太大或温度变化过剧而造成的容器破损。杀菌时须保持空气和水的良好循环以使温度均匀。杀菌设备主要是间歇式的，但罐头在杀菌时可保持回转。软罐头杀菌时则需要特殊的托盘(架)放置软罐头以利于加热介质的循环。

空气加压蒸汽杀菌是利用蒸汽为加热介质，同时在杀菌设备内加入压缩空气以增加罐外压力，减小罐内外压差。主要用于玻璃瓶和软罐头的高温杀菌。杀菌温度在 100 ℃以上，杀菌设备为间歇式。其控制要求严格，否则易造成杀菌时杀菌设备内温度分配不均。

火焰杀菌是利用火焰直接加热罐头，是一种常压下的高温短时杀菌。杀菌时罐头经预热后在高温火焰(温度达 1 300 ℃)上滚过，短时间内达到高温，维持一段较短时间后，经水喷淋冷却。罐内食品可不需要汤汁作为对流传热的介质，内容物中固形物含量高。但由于灭菌时罐内压较高，一般只用于小型金属罐。此法的杀菌温度较难控制(一般以加入后测定罐头辐射出的热量确定)。

热杀菌技术的研究动向集中在热杀菌条件的最优化、新型热杀菌方法和设备开发方面。热杀菌条件的最优化就是协调热杀菌的温度、时间条件,使热杀菌达到期望的目标,而尽量减少不需要的作用。常用的技术主要为两种:分析或模型系统,测量设备和控制系统。

完成分析或模型系统的方法:营养成分保留的最优化(C 值),数学模型和数学处理,一般最优化技术,开发半经验公式,过程的模拟,经验系统开发等。完成测量设备和控制系统的方法:与致死率相关的在线调节,通过数据询问系统进行在线测量 F_0值,半自动杀菌设备的半自动控制。

热杀菌的方法和工艺与杀菌的设备密切相关,良好的杀菌设备是保证杀菌操作完善的必要条件。目前使用的杀菌设备种类较多,不同的杀菌设备所使用的加热介质,加热方式,可达到的工艺条件以及自动化的程度不尽相同。杀菌设备除了具有加热装置、冷却装置外,一般还具有边出料(罐)传动装置、安全装置和自动控制装置等。间歇式的标准卧式杀菌锅结构示意见图 3.27。

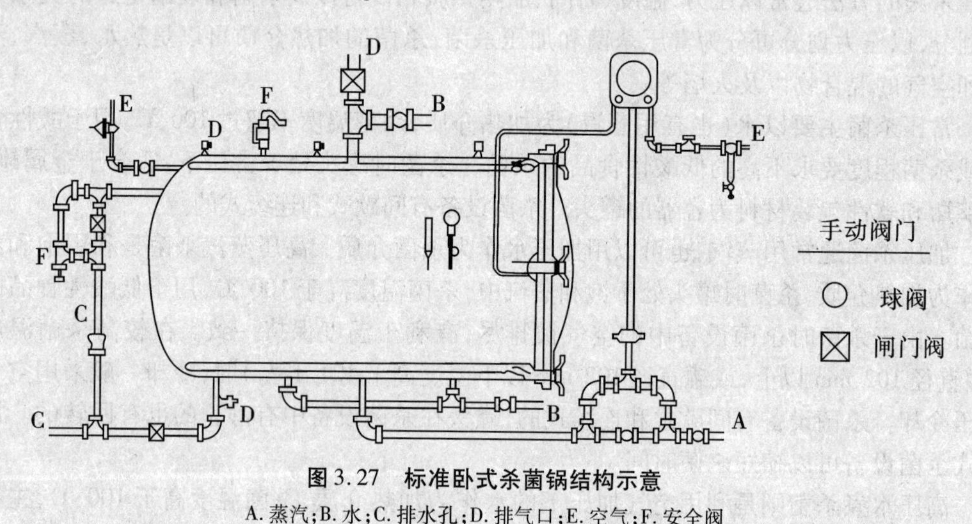

图 3.27　标准卧式杀菌锅结构示意

A. 蒸汽;B. 水;C. 排水孔;D. 排气口;E. 空气;F. 安全阀

3.4　食品腌制及熏制原理

腌制和烟熏在我国历史悠久、方式多样,不但赋予产品独特风味,还可延长保藏时间。肉类的腌制主要是用食盐、硝酸盐或亚硝酸盐及糖类等腌制材料来处理。经过腌制加工出的产品称为腌腊制品,如腊肉、发酵火腿等。

果蔬类制品的腌制又称为腌渍。根据腌制材料的不同,又分为盐渍、糖渍、醋渍等。

蔬菜腌渍品根据其在腌制过程中是否存在微生物的发酵作用,分为两大类,即非发酵型腌渍品和发酵型腌渍品。非发酵型腌渍品是指在腌渍过程中完全抑制微生物的乳酸发酵,其特点是食盐用量很高,这类腌渍品主要有腌菜、酱菜、糟渍品及糖渍品等。发酵型腌渍品的主要特点是在腌制过程中食盐用量较少,同时添加有酸性调味液(如食醋或糖醋香料等),在腌渍过程中伴随有显著的乳酸发酵,从而使腌制品的酸度提高,泡菜、酸黄瓜属此类产品。

水果类腌制品一般采用糖渍,即用较高浓度的糖溶液浸泡,使糖渗入到食品组织内,以达到腌渍的目的。糖具有一定的防腐能力,并且能改善制品的风味。常见的糖渍水果有果脯、蜜饯、果冻、果酱等。

烟熏是加工鱼、肉类制品的重要手段之一,主要是用燃烧产生的熏烟来处理食品,使有机成分附着在食品表面,抑制微生物的生长,达到延长食品保质期的目的。随着冷藏技术的不断发展,烟熏的防腐作用已显得不是很重要,烟熏技术转而成为加工具有特殊烟熏风味制品的一种方法。

3.4.1　腌制原理及方法

有害微生物在食品上大量生长繁殖,是造成食品腐败变质的主要原因。腌渍品之所以能抑制有害微生物的活动,延长食品的保质期,是因为食品在腌渍过程中,无论是采用食盐还是糖进行腌渍,食盐或糖都会使食品组织内部的水渗出,而自身扩散到食品组织内,从而降低了食品组织内的水分活性,提高了结合水含量和渗透压。正是在高渗透压的影响下,加上辅料中酸及其他组分的杀(抑)菌作用,微生物的正常生理活动受到抑制。由此可见,盐和糖在食品中的扩散和食品组织内水分的渗透作用是腌渍过程的重要因素。

3.4.1.1　溶液浓度与微生物的关系

(1)溶液的浓度　溶液的浓度是单位体积的溶液中溶解的物质(溶质)质量,可以用容积浓度、质量浓度或物质的量浓度来表示。在一般工业生产中常使用容积浓度或质量浓度。容积浓度就是每升溶液中溶有的物质质量(g)。配制用于腌制食品的溶液时,糖或盐及水的用量通常都是按照容积浓度来进行计算的。为了便于生产实践中更容易掌握,人们也常用100 g水中应加溶质质量(g)来表示,它和质量分数的换算关系如下:

$$w=\frac{m}{100+m}\times 100\%,\ m=\frac{w}{100-w}\times 100\% \tag{3.52}$$

式中　w——每100 g溶液中含有溶质的质量(g),即质量分数,%;

m——每100 g水中应加的溶质质量,g。

(2)溶液浓度与微生物的关系　微生物细胞实际上是有细胞壁保护及原生质膜包围的胶体状原生浆质体。细胞壁是全透性的,原生质膜则为半透性的,它们的渗透性随微生物的种类、菌龄、细胞内组成成分、温度、pH值、表面张力的性质和大小等因素变化而变化。根据微生物细胞所处的溶液浓度的不同,可把环境溶液分成三种类型,即等渗溶液(isotonic)、低渗溶液(hypotonic)和高渗溶液(hypertonic)。

等渗溶液就是微生物细胞所处溶液的渗透压与微生物细胞液的渗透压相等。例如,质量分数为0.9%的食盐溶液就是等渗溶液(习惯上称为生理盐水)。在等渗溶液中,微生物细胞保持原形,如果其他条件适宜,微生物就能迅速生长繁殖。低渗溶液指的是微生物所处溶液的渗透压低于微生物细胞的渗透压。在低渗溶液中,外界溶液的水分会穿过微生物的细胞壁并通过细胞膜向细胞内渗透,渗透的结果是微生物的细胞呈膨胀状态,如果内压过大,就会导致原生质胀裂,微生物无法生长繁殖。高渗溶液是外界溶液的渗透压大于微生物细胞的渗透压。处于高渗溶液的微生物,细胞内的水分会透过原生质膜向外界溶液渗透,其结果是细胞的原生质脱水而与细胞壁分离,这种现象称为质壁分离。质壁分离的结果是细胞变形,微生物的生长活动受到抑制,脱水严重时还会造成微生物死亡。腌渍就是利用这种原理来达到保藏食品的目的。在用糖、盐和香料等腌渍时,当它们的浓度达到足够高时,就可抑制微生物的正常生理活动,并且可赋予制品特殊风味及口感。

在高渗透压下,微生物的稳定性取决于它们的种类,其质壁分离的程度取决于原生质的渗透性。如果溶质极易通过原生质膜,即原生质的通透性较高,细胞内外的渗透压就会迅速达到平衡,不再存在质壁分离的现象。因此微生物的种类不同时,由于其原生质膜也不同,对溶液浓度反应也就不同。

(3)盐在腌渍中的作用

1)食盐的防腐机制　无论是蔬菜还是肉、禽、鱼在腌制时,食盐是腌制剂中最重要的一种成分,它不仅起着调味的作用,还发挥着重要的防腐功能。

①食盐溶液对微生物细胞的脱水作用　食盐的主要成分是氯化钠,在溶液中完全解离为钠离子和氯离子,其质点数比同浓度的非电解质溶液要高得多,以致食盐溶液具有很高的渗透压。例如质量分数为1%食盐溶液就可以产生61.7 kPa的渗透压,而通常大多数微生物细胞的渗透压只有30.7~61.5 kPa,因此食盐溶液会对微生物细胞产生强烈的脱水作用。所以食盐具有很强的防腐能力,不过食盐的防腐作用不仅是脱水作用的结果。

②食盐溶液对微生物的生理毒害作用　食盐溶液中的一些离子,如钠离子、镁离子、钾离子和氯离子等,在高浓度时能对微生物发生毒害作用。钠离子能和细胞原生质的阴离子结合产生毒害作用,而且这种作用随着溶液pH值的下降而加强。例如酵母在中性食盐溶液中,盐液的质量分数要达到20%时才会受到抑制,但在酸性溶液中时,质量分数为14%就能抑制酵母的活动。另外还有人认为食盐对微生物的毒害作用可能来自氯离子,因为食盐溶液中的氯离子会和细胞原生质结合,从而促使细胞死亡。

③食盐对酶活力的影响　食品中溶于水的大分子营养物质,微生物难以直接吸收,必须先在微生物分泌的酶作用下,降解成小分子物质之后才能利用。有些不溶于水的物质,更需要先经微生物酶的作用,转变为可溶性的小分子物质。不过微生物分泌出来的酶的活性常在低浓度的盐溶液中就遭到破坏,有人认为这是由于Na^+和Cl^-可分别与酶蛋白的肽键和—NH_3^+相结合,从而使酶失去了催化活力。例如变形菌(proteus)处在质量分数为3%的盐溶液时就会失去分解血清的能力。

④食盐溶液降低微生物环境的水分活性　食盐溶于水后,离解出来的Na^+和Cl^-与极性的水分子通过静电引力的作用,在每个Na^+和Cl^-周围都聚集了一群水分子,形成水化离子$[Na(H_2O)_n]^+$和$[Cl(H_2O)_m]^-$,食盐浓度越高,Na^+和Cl^-的数目就越多,所吸收的水分子就越多,这些水分子由自由状态转变为结合状态,导致了水分活性的降低。例如欲使溶液的水分活性降低到0.850,若溶质为非理想的非电解质,其质量摩尔浓度须达到9.80 mol/kg,而溶质为食盐时,其质量摩尔浓度仅需为4.63 mol/kg。

⑤食盐溶液中氧气浓度的下降　氧气在水中具有一定的溶解度,食品腌制使用的盐水或由食盐渗入食品组织中形成的盐液浓度较高,氧气难以溶解在其中,形成了缺氧的

环境,在这样的环境中,需氧菌就难以生长。

2)不同微生物对食盐溶液的耐受力　微生物不同,其细胞液的渗透压也不一样,因此它们所要求的最适渗透压,即等渗溶液也不同,而且不同微生物对外界高渗透压溶液的适应能力也不一样。微生物等渗溶液的渗透压越高,它所能忍耐的盐液质量分数就越大,反之就越小。

一般来说,盐液质量分数在1%以下时,微生物的生理活动不会受到任何影响。当质量分数为1% ~3%时,大多数微生物就会受到暂时性抑制。当质量分数达到6% ~8%时,大肠杆菌、沙门氏菌和肉毒杆菌停止生长。当质量分数超过10%后,大多数杆菌便不再生长。球菌在盐液质量分数达到15%时被抑制,其中葡萄球菌则要在质量分数达到20%时,才能被杀死。酵母在质量分数为10%的盐液中仍能生长,霉菌必须在盐液质量分数达到20% ~25%时才能被抑制。所以腌制食品易受到酵母和霉菌的污染而变质。

蔬菜腌制过程中,几种微生物所能忍受的最高的食盐溶液的质量分数如下。

Bact. brassicae fermentati （乳酸菌） 12%

Bact. cueumeris fermentati （乳酸菌） 13%

Bact. aderholdi fermentati （乳酸菌） 8%

Bact. coli （大肠杆菌） 6%

Bact. amylobacter fermentati （丁酸菌） 8%

Bact. proteus vulgare （变形杆菌） 10%

Bact. botulinus （肉毒杆菌） 6%

上述前两种乳酸菌是蔬菜腌制中引起乳酸发酵的主要乳酸菌,对食盐的忍耐力较强,而一些有害的细菌对食盐的忍耐力较差,所以掌握适当的食盐溶液就可以抑制这些有害细菌的活动,达到防腐的效果,同时并不影响正常的乳酸发酵。

3)腌制食品和食盐质量之间的关系　食盐的主要成分为NaCl,还含有其他一些组分,如$CaCl_2$、$MgCl_2$、$FeCl_3$、$CaSO_4$、$MgSO_4$、$CaCO_3$以及沙土和一些有机物等。其中一些组分的溶解度见表3.5。

表3.5　几种盐类在不同温度下的溶解度

温度/℃	溶解度/(g/100 g)			
	NaCl	$CaCl_2$	$MgCl_2$	$MgSO_4$
0	35.5	49.6	52.8	26.9
5	35.6	54.0	—	29.3
10	35.7	60.0	53.5	31.5
20	35.9	74.0	54.5	36.2

由表3.5可以看出,$CaCl_2$和$MgCl_2$的溶解度远远超过NaCl的溶解度,而且随着温度的升高,这种差异越来越大,因此当食盐中含有这两种成分时,会降低NaCl的溶解度。

另外$CaCl_2$和$MgCl_2$还具有苦味,水溶液中Ca^{2+}和Mg^{2+}质量分数达到0.15% ~0.18%,在食盐中达到0.6%时,就可察觉出有苦味。

食盐中杂质除了$CaCl_2$、$MgCl_2$之外还可能会有钾盐。钾盐则会产生刺激咽喉的味道,量多时还会引起恶心、头痛等现象。钾盐一般在岩盐中含量稍高,海盐中较少。可见食盐中所含的一些杂质会引起腌制食品的味感变化,因此腌制食品时要考虑到食盐中杂质的含量及种类。

我国食用盐国家标准(GB 5461—2000)将食盐分类为:精制盐、粉碎洗净盐、日晒盐。根据其等级分为优级、一级和二级。此外,食用盐标准中增加了碘酸钾添加量(20 ~ 50 mg/kg)。我国目前的食用盐主要指标见表3.6。

表3.6 食用盐主要指标

种类	湿基/%					白度/度	粒度	
	等级	NaCl≥	水分<	不溶物≤	水溶性杂质≤		大小/mm	占比例≥
精制盐	优级	99.10	0.30	0.05	—	80	—	85
	一级	98.50	0.50	0.10	—	75	0.15 ~ 0.85	80
	二级	97.00	0.80	0.20	2.00	67	—	75
粉碎洗净盐	一级	97.00	2.10	0.10	0.80	55	0.5 ~ 2.5	80
	二级	95.00	3.20	0.20	1.10	—	—	—
日晒盐	一级	93.20	5.10	0.10	1.60	55	0.5 ~ 2.5	85
	二级	91.00	6.40	0.20	2.40	45	1.5 ~ 3.5	70

(4)糖在腌渍中的作用

1)糖溶液的防腐机制　蔗糖是糖渍食品的主要辅料,也是蔬菜和肉类腌制时经常使用的一种调味品,其防腐作用表现在以下几个方面。

①产生高渗透压　蔗糖在水中的溶解度很大。25 ℃时饱和溶液的质量分数可达67.5%,该溶液的渗透压很高,见表3.7,足以使微生物脱水,严重地抑制微生物的生长繁殖,这是蔗糖溶液能够防腐的主要原理。

表3.7 20 ℃蔗糖溶液的渗透压

蔗糖溶液的浓度		渗透压/MPa		蔗糖溶液的浓度		渗透压/MPa	
质量摩尔浓度/(mol/L)	质量浓度/(g/L)	按Π=CRT计算值①	实验测定值	质量摩尔浓度/(mol/L)	质量浓度/(g/L)	按Π=CRT计算值①	实验测定值
0.1	34.2	0.245	0.249	1.0	342.0	2.483	2.496
0.5	171.0	1.235	1.235	2.2	752.4	5.029	13.64
0.8	273.6	1.969	1.982	2.5	855.0	6.129	—

注:①范特·荷夫公式仅适用于稀溶液,故高浓度时与实验值有较大的偏差

②降低水分活性　蔗糖作为砂糖中主要成分(含量在99%以上),是一种亲水性化合

物。蔗糖分子中含有许多羟基和氧桥，它们都可以和水分子形成氢键，从而降低了溶液中自由水的量，水分活性也因此而降低。例如质量分数为67.5%的饱和蔗糖溶液，水分活性可降到0.85以下，这样在糖渍食品时，可使入侵的微生物得不到足够的自由水分，其正常生理活动受到抑制。

③使溶液中氧气浓度降低　与盐溶液类似，氧气同样难溶于糖溶液中，故高质量分数的糖溶液有利于防止氧的作用。这不仅可防止维生素C的氧化，还可抑制有害的好气性微生物的活动，对腌渍品的防腐有一定的辅助作用。

2)不同微生物对糖溶液的耐受力　糖的种类和质量分数决定其加速或抑制微生物生长的作用。质量分数为1%～10%的蔗糖溶液会促进某些微生物的生长，质量分数达到50%时则阻止大多数细菌的生长，而要抑制酵母和霉菌的生长，则其质量分数应达到65%～85%，质量分数升高，抑制作用加强。一般为了达到保藏食品的目的，糖液的质量分数至少要达到65%～75%，以72%～75%为最适宜。对糖的种类来说，在同样质量分数下葡萄糖、果糖溶液的抑菌效果要比乳糖、蔗糖好，这是因为葡萄糖和果糖是单糖，分子量为180；蔗糖和乳糖是双糖，分子量为342，所以在同样的质量分数时，葡萄糖和果糖溶液的质量摩尔浓度要比蔗糖和乳糖的高，故其渗透压也高，对细菌的抑制作用也相应加强。例如抑制食品中葡萄球菌需要的葡萄糖为40%～50%，而蔗糖质量分数则为60%～70%。

3)砂糖质量与腌渍食品的关系　我国砂糖主要是甘蔗糖和甜菜糖，即使是精制的白砂糖中也会存在少量的灰分和还原糖。砂糖中常常混有微生物，这些微生物的存在会引起某些食品的腐败变质，尤其是在低浓度糖溶液中最易发生。腌渍时多使用砂糖。

3.4.1.2　溶液的扩散和渗透

腌制时首先是腌制剂（主要是盐和糖）溶于水（食品组织内的水或外加的水）形成腌制液，腌制液主要是由盐和糖作为溶质，水作为溶剂形成的单一的或混合溶液。腌制液的浓度常用密度计测定，盐水的浓度常用波美（baume 或°Bé）密度计测定，糖水的浓度可用糖度计（saccharometer）、波林（balling）糖度计或白利（brix）糖度计测定。

(1)扩散　食品的腌制过程实际上是腌制液向食品组织内扩散的过程。扩散是指分子在不规则热力运动下固体、液体、气体浓度均匀化的过程。扩散的渗透力是渗透压，而且总是从高浓度处向低浓度处转移，并持续到各处浓度平衡时才停止。

在扩散过程中，通过单位面积（A）的物质扩散量（$\mathrm{d}Q$）与浓度梯度（即单位距离浓度的变化比 $\mathrm{d}c/\mathrm{d}x$）成正比：

$$\mathrm{d}Q=-DA\frac{\mathrm{d}c}{\mathrm{d}x}\mathrm{d}t \tag{3.53}$$

式中　Q——物质扩散量，mol；

$\mathrm{d}c/\mathrm{d}x$——浓度梯度（c 为质量摩尔浓度，mol/L；x 为间距，m）；

A——扩散面积，m^2；

t——扩散时间，s；

D——扩散系数，m^2/s（随溶质及溶剂的种类而异）。

如果将式（3.53）用 $\mathrm{d}t$ 除，则可得扩散速度的公式：

$$\frac{dQ}{dt}=-DA\frac{dc}{dx} \tag{3.54}$$

在计算扩散速度时，首先确定扩散系数(D)，在缺少实验数据的情况下，扩散系数可用式(3.55)推算：

$$D=\frac{RT}{N\pi 6\gamma\eta} \tag{3.55}$$

式中 D——扩散系数，单位浓度梯度下单位时间内通过单位面积的溶质量，m^2/s；

R——气体常数，8.314 J/(K·mol)；

N——阿伏伽德罗常数，6.02×10^{23}；

T——绝对温度，K；

η——介质黏度，Pa·s；

γ——溶质微粒(球形)直径，m。

在食品腌制过程中，腌制剂的扩散速度与扩散系数成正比，扩散系数本身还与腌制剂的种类和腌制液的温度有关。一般来说，溶质分子越大，扩散系数越小。由此可见，不同种类的腌制剂，在腌制过程中的扩散速度是各不相同的，如不同糖类在糖液中的扩散速度由大到小的顺序：葡萄糖>蔗糖>饴糖中的糊精。

腌制剂的扩散速度与温度及浓度差有关。扩散系数随温度的升高而增加，温度每增加1 ℃，各种物质在水溶液中的扩散系数平均增加2.6%(2%～3.5%)。物质的扩散总是从高浓度向低浓度扩散，浓度差越大，扩散速度亦随之增加，但溶液浓度增加时，其黏度亦会增加，扩散系数随黏度的增加会降低。因此浓度对扩散速度的影响还与溶液的黏度有关。

(2)渗透　渗透是指溶剂从低浓度经过半透膜向高浓度溶液扩散的过程。半透膜是只允许溶剂通过而不允许溶质通过的膜。细胞膜是半渗透膜。

溶剂的渗透作用是在渗透压的作用下进行的。溶液的渗透压，可由式(3.56)计算：

$$p_0=\frac{\rho_1 RTc}{100M_2} \tag{3.56}$$

式中 p_0——渗透压，Pa；

ρ_1——溶剂的密度，kg/m^3；

R——气体常数，8.29 N·m/(mol·℃)；

T——热力学温度，K；

c——溶液浓度，mol/L；

M_2——溶质的质量，g或kg。

上面的计算公式对于理解食品腌制过程中的扩散过程极其重要，进行食品腌制时腌制的速度取决于渗透压，与温度及浓度成正比。为了提高腌制速度应尽可能提高腌制温度和腌制剂的浓度。但在实际生产中，很多食品原料如在高温下腌制，会在腌制完成之前出现腐败变质。因此应根据食品种类的不同，采用不同的温度，很多果蔬类产品可在室温下进行腌制，而鱼、肉类食品则需要在10 ℃以下(大多数情况下要求2～4 ℃)进行腌制。

食品腌制过程中，溶媒的密度和溶质分子量对腌制速度的影响相对较小，因为在实际生产中,能够选用的腌制剂和溶媒都有限,但是从公式中可看出,渗透压与腌制剂的分子及浓度有一定的关系,而且与其在溶液中的存在状况(是否呈离子状态)有关。如用食盐和糖腌制食品时,为了达到同样的渗透压,食盐的浓度比糖的浓度要小得多。另外,不同的糖类,其渗透压也不同。

在食品的腌制过程中,食品组织外的腌制液和组织内的溶液浓度会借溶剂渗透和溶质的扩散而达到平衡。所以说腌制过程其实是扩散与渗透相结合的过程。

3.4.1.3　食品腌制剂

(1)咸味料　咸味料主要是食盐。食盐在食品腌制中具有重要的调味和防腐作用,是食品腌制加工的主要辅料之一。应选择色泽洁白、氯化钠含量高、水分及杂质含量少、卫生状况符合国家食盐卫生标准(GB 2721—1996)的粉状精制食盐为食品腌制的咸味剂。

食盐具有维持人体正常生理功能、调节血液渗透压的作用。但过量摄入食盐会导致心血管病、高血压及其他疾病,原因是一旦人体摄入的钠、钾、钙、镁等处于极不平衡状态时,身体中的电解质将失去平衡,导致人体发生病变,其中最易引起的就是高血压。

(2)甜味料　腌制食品所使用的甜味料主要是食糖。食糖的种类很多,有白糖、冰糖、红糖、饴糖和蜂糖等。

1)白糖　以蔗糖为主要成分,色泽白亮,含蔗糖99%以上,甜度较大,味道纯正。

2)红糖　以色浅黄红而鲜明、味甜浓厚者为佳。红糖含蔗糖约84%,含游离果糖、葡萄糖较多,水分2%~7%,由于未脱色精制,杂质较多,容易结块、吸潮,多用在红烧、酱、卤等肉制品和酱腌菜的加工中。

3)饴糖　又称糖稀、糖肴或水饴,是将米或淀粉质原料蒸熟后,用麦芽糖化、过滤、浓缩而成,含大量的麦芽糖和糊精,以颜色鲜明、汁稠味浓、洁净不酸者为上品。能增加酱腌菜的甜味及黏稠性,用于糖醋大蒜、甜酸荞头等,具有增色、护色的作用。

在肉制品腌制中,还原糖(葡萄糖、果糖、麦芽糖等)能吸收氧而防止肉品脱色。在快速腌制时最好选用葡萄糖,长时间腌制时用蔗糖。

肉制品在腌制过程中,在糖和亚硝酸盐共存的条件下,当pH值为5.4~7.2时,盐水可在微生物的作用下形成氢氧化铵。它可能钝化微生物体内的过氧化氢酶,抑制对腌制有害的微生物如clostridium(梭菌属)的发育。

除食糖外,在果蔬糖渍时,还经常使用甘草、甜菊糖苷、甜蜜素、蛋白糖等甜味料。

(3)酸味料　腌渍食品所使用的酸味料主要是食醋。食醋分为酿造醋和人工合成醋两种。

1)酿造醋　酿造醋又分为米醋、熏醋和糖醋三种。

①米醋　又名麸醋,是以大米、小麦、高粱等含淀粉的粮食为主料,以麸皮、谷糠、盐等为辅料,用醋曲发酵,使淀粉水解为糖,糖发酵成酒,酒氧化为醋酸的制品。

②熏醋　又名黑醋,原料与米醋基本相同,发酵后略加花椒、桂皮等熏制而成,颜色较深。

③糖醋　用饴糖、醋曲、水等为原料搅拌均匀,封缸发酵而成。色较浅,故又叫白醋。糖醋最易长白膜,由于醋味单调,缺乏香气,不如米醋、熏醋味美。

2)人工合成醋　人工合成醋是用醋酸与水按一定比例合成的,称为醋酸醋或白醋,品质不如酿造醋,多用于西菜。

食醋的主要成分是乙酸,是一种有机酸,具有良好的抑菌作用。当乙酸质量分数达0.2%时,便能发挥抑菌的效果;当保藏液中乙酸的质量分数达0.4%时,就对各种霉菌以及酵母菌发挥优良的抑菌防腐作用。

食醋除含乙酸外还含有多种氨基酸、醇类及芳香物质,这些物质对微生物也有一定的抑制作用。

(4)肉类发色剂　在肉类腌制品中最常使用的发色剂是硝酸盐及亚硝酸盐。

(5)肉类发色助剂　在肉品加工中作为发色助剂使用的主要是L-抗坏血酸及其钠盐、异抗坏血酸及其钠盐以及烟酰胺等。

抗坏血酸和异抗坏血酸通常用来加速产生并稳定腌肉的颜色。用量一般为原料肉的0.02%～0.05%。抗坏血酸有3个主要作用:一是参与将氧化型的褐色高铁肌红蛋白还原为红色还原型肌红蛋白,加快腌制速度,以助发色;二是抗坏血酸盐与亚硝酸盐共同使用,可增加肉制品的弹性并防止亚硝胺的生成;三是抗坏血酸盐具有抗氧化作用,有助于稳定肉制品的颜色和风味。

烟酰胺在加工肉品时作为发色助剂使用,添加量为0.01%～0.02%,其作用机制为与肌红蛋白结合生成很稳定的烟酰胺肌红蛋白,使之不被氧化成高铁肌红蛋白。葡萄糖因具有较强的还原性,可有效防止因肉类发色产物一氧化氮肌红蛋白的氧化而使产品过早褪色。作为肉制品的发色助剂,其用量通常为0.3%～0.4%。

(6)品质改良剂　品质改良剂通常是指能改善或稳定制品的物理性质或组织状态,如增加产品的弹性、柔软性、黏着性、保水性和保油性等的一类食品添加剂。

磷酸盐是一类具有多种功能的物质,在食品加工中广泛用于各种肉禽、蛋、水产品、乳制品、谷物制品、饮料、果蔬、油脂以及变性淀粉等,具有明显的改善品质的作用。食品加工中使用的磷酸盐主要有正磷酸盐、焦磷酸盐、聚磷酸盐和偏磷酸盐等,通常几种磷酸盐复合使用,其保水效果优于单一成分。对于磷酸盐的作用机制目前尚无一致说法,一般有如下解释。

1)提高pH值　当肉的pH值在5.5左右时,已接近于蛋白质的等电点,此时肉的持水性最差。磷酸盐呈碱性反应,加入磷酸盐可使肉的pH值高于蛋白质的等电点,从而能增加肉的持水性。

2)增加离子强度　多聚磷酸盐是多价阴离子化合物,即使在较低的浓度下也具有较高的离子强度,使处于凝胶状态的球状蛋白的溶解度显著增加而成为溶胶状态,从而提高了肉的持水性。

3)螯合金属离子　多聚磷酸盐对多种金属离子有较强的螯合作用,对pH值也有一定的缓冲能力,能结合肌肉结构蛋白质中Ca^{2+}、Mg^{2+},使蛋白质的羧基(—COOH)解离出来。由于羧基之间同性电荷的相斥作用,使蛋白质结构松弛,以提高肉的保水性。

4)解离肌动球蛋白　焦磷酸盐和三聚磷酸盐有解离肌肉蛋白质中肌动球蛋白的功能,可将肌动球蛋白解离成肌球蛋白和肌动(肌凝)蛋白。肌球蛋白的增加也可使肉的持水性提高。

5)抑制肌球蛋白的热变性　肌球蛋白是决定肉的持水性的重要成分,但肌球蛋白对热不稳定,其凝固温度为42～51 ℃,在盐溶液中30 ℃就开始变性。肌球蛋白过早变性会使其持水性降低。焦磷酸盐对肌球蛋白变性有一定的抑制作用，可以使肌肉蛋白质的持水性提高。

研究结果表明，在几种磷酸盐中，以三聚磷酸盐和焦磷酸盐效果最好，而只有当三聚磷酸盐水解形成焦磷酸盐时，才起到有益作用。焦磷酸钠可因酶的作用分解失去其效用。因此，焦磷酸盐最好在腌制以后斩拌时加入。加入磷酸盐后，由于 pH 值升高，对发色有一定影响，过量使用有损风味，使呈色效果不佳。故磷酸盐用量要慎重，宜控制范围为 0.1% ~0.4%。除磷酸盐外，为改善或稳定腌制品的物理性质或组织状态，使制品黏滑适口，通常还添加果胶、阿拉伯胶、黄原胶、海藻胶、明胶、羧甲基纤维素钠等增稠剂以及脂肪酸单甘油酯、蔗糖酯、山梨醇酐脂肪酸酯、丙二醇脂肪酸酯和大豆磷脂等乳化剂。

(7)防腐剂　防腐剂是指防止食品腐败变质、延长食品保存期限、抑制食品中微生物繁殖的一类食品添加剂。食盐、糖、醋、香辛料等虽然也具有防腐保藏作用，但通常为调味品而不作为防腐剂。食品腌制中使用的防腐剂主要有以下几种。

1)苯甲酸及苯甲酸钠　苯甲酸又名安息香酸，为白色鳞片或针状结晶，无臭或略带杏仁味，在 100 ℃时开始升华，在酸性条件下容易随蒸汽挥发，易溶于酒精，难溶于水。所以多用其钠盐——苯甲酸钠。苯甲酸钠为白色颗粒或结晶性粉末，溶于水，在空气中稳定，但遇热易分解。

苯甲酸及其钠盐的防腐效果相同，在酸性条件下防腐作用强，具有广谱性的抑菌作用，尤其是对霉菌和酵母菌作用较强，但对产酸菌作用较弱，当 pH 值在 5.5 以上时，对许多霉菌和酵母菌的作用也较弱。其抑菌作用的最适 pH 值为 4.5 ~5.0。此时它对一般微生物完全抑制的最低浓度为 0.05% ~0.1%。我国《食品添加剂使用标准》(GB 2760—1996)规定：苯甲酸及其钠盐在低盐酱菜中的最大使用量为 0.5 g/kg，在果酱类的最大使用量为 1.0 g/kg，苯甲酸与苯甲酸钠同时使用时，以苯甲酸计，不得超过最大使用量。

2)山梨酸及山梨酸钾　山梨酸又名花楸酸，为无色针状结晶状粉末，无臭或稍带刺激臭，耐光、耐热。但在空气中长期放置时易被氧化着色，从而降低防腐效果。易溶于乙醇等有机溶剂，微溶于水，所以多使用其钾盐——山梨酸钾。山梨酸钾为白色鳞片状结晶或结晶性粉末，无臭或微臭，易溶于水，也溶于高浓度蔗糖和食盐溶液。

山梨酸及其钾盐具有相同的防腐效果，可以延长肉制品、禽蛋制品的储存期。在腌熏肉制品中加入山梨酸盐，可减少亚硝酸钠的用量，降低形成致癌物亚硝胺的潜在危险，它们能够抑制包括肉毒杆菌在内的各类病原体滋生。对霉菌、酵母菌和好气性腐败菌的抑菌效果好，但对厌气性细菌和乳酸菌几乎无作用。它只适用于具有良好的卫生条件和微生物数量较少的食品的腐败。但在微生物数量过高的情况下，山梨酸会被微生物作为营养物摄取，不仅没有抑菌作用，相反会促进食品的腐败和变质。

山梨酸及其钾盐也属于酸型防腐剂，其防腐效果随 pH 值上升而下降，但适宜的 pH 值范围比苯甲酸及其钠盐广，以在 pH 值为 5 以下的范围内使用为宜。

山梨酸是一种不饱和脂肪酸，在体内参与正常的代谢活动，最后被氧化成二氧化碳和水。国际上公认它为无害的食品防腐剂，所以目前在国内外广泛使用。我国《食品添加剂使用标准》(GB 2760—1996)规定：山梨酸及其钾盐在果酱类最大使用量为 1.0 g/kg，在低盐酱菜、蜜饯类的最大使用量为 0.5 g/kg，在肉、鱼、蛋、禽类制品的最大使用量为0.075 g/kg。山梨酸与山梨酸钾同时使用时，以山梨酸计，不得超过最大使用量。

3)亚硫酸及亚硫酸盐　果蔬糖渍中常采用硫处理。亚硫酸是强还原剂,能消耗组织中的氧,抑制好气性微生物的活动,并能抑制某些微生物活动所必需的酶的活性,对于防止果蔬中维生素C的氧化破坏很有效。亚硫酸还能与许多有色化合物(特别是花色苷类)结合变为无色衍生物,而具有漂白作用。亚硫酸的防腐作用与一般防腐剂类似,与pH值、温度、浓度及微生物的种类有关。

亚硫酸属于酸型防腐剂,也是靠其未解离的分子发挥防腐作用。在pH值为3.5以下,亚硫酸保持分子状态而不形成离子,在pH值为3.5时二氧化硫含量为0.03%~0.08%,即能抑制微生物的增殖。pH值为7.0时,二氧化硫含量虽能达0.5%,也不能抑制微生物增殖。所以亚硫酸盐必须在酸性条件下应用。

亚硫酸的防腐作用随浓度的提高而增强。提高温度也可使亚硝酸的防腐作用增强,用亚硫酸保藏苹果酱,当温度降为75 ℃时,二氧化硫的含量只需0.05%就能保存,而不败坏;但当温度降为30~40 ℃时,二氧化硫含量就要增加到0.1%~0.15%;而将温度降低到22 ℃时,其防腐作用就显著减弱。不过,在实际应用时,不可通过提高温度来增强防腐作用。因为在没有严密密闭的情况下,亚硫酸因提高温度而分解,同时果蔬长期处于高温条件下,也是不适宜的。所以用亚硫酸处理的果蔬原料,往往需要在较低的温度下储藏,以防有效二氧化硫的浓度降低。

(8)抗氧化剂　抗氧化剂是指能防止或延缓食品的氧化变质,提高食品稳定性和延长食品储存期的食品添加剂。在腌渍食品中使用的主要有丁基羟基茴香醚(BHA)、二丁基羟基甲苯(BHT)、没食子酸丙酯(PG)等油溶性抗氧化剂和L-抗坏血酸及其钠盐、异抗坏血酸及其钠盐、茶多酚等水溶性抗氧化剂。抗氧化剂的使用量一般较少,在腌渍食品中的使用量一般为0.05~0.2 g/kg。

抗氧化剂的作用机制比较复杂,存在着多种可能性,归纳起来大致有以下两类:一是通过抗氧化剂的还原反应,降低食品内部及其周围的氧含量,有些抗氧化剂如抗坏血酸与异抗坏血酸本身极易被氧化,能使食品中的氧首先与其反应,从而避免了油脂等易氧化成分的氧化;二是抗氧化剂能释放出氢原子与油脂自动氧化反应产生的过氧化物结合,终止链式反应的传递。

有一些物质本身虽没有抗氧化作用,但与酚型抗氧化剂如BHA、BHT、PG等并用时,却能增强抗氧化剂的效果,这些物质统称为抗氧化增效剂。常用的增效剂有柠檬酸、磷酸、酒石酸、植酸、乙二胺四乙酸二钠等。一般认为这些物质能与促进油脂自动氧化反应的微量金属离子起钝化作用。

3.4.1.4　食品的常用腌制方法

(1)食品盐腌方法　食品盐腌方法按照用盐方式不同,可分为干腌法、湿腌法、注射法和混合腌制法四种。

1)干腌法　干腌法是将食盐直接撒布于食品原料表面,利用食盐产生的高渗透压使原料脱水,同时食盐溶化为盐水并渗入食品组织内部。

干腌法的优点是所用的设备简单,操作方便,用盐量较少,腌制品含水量低而利于储存,同时蛋白质和浸出物等食品营养成分流失较少;缺点是食盐撒布不均匀而影响食品内部盐分的均匀分布,且产品脱水量大,减重多,特别是肉尸脂肪含量少的部位,含水量大,重量损失也大,在一定程度上降低了产品的滋味和营养价值。当盐卤不能完全浸没

原料时,易引起蔬菜长膜、生花和发霉等劣变。

干腌法的用盐量:干腌法的用盐量因食品原料和季节而异。腌肉的食盐用量一般为6%~8%;冬季用盐量可适当减少。生产西式火腿、香肠及午餐肉时,多采用混合盐,混合盐一般由98%食盐、0.5%亚硝酸盐及1.5%食糖组成。干腌蔬菜时,用盐量一般为7%~10%,夏季为14%~15%;腌制酸菜时,由于乳酸发酵产生乳酸,其用盐量控制在4%~6%。为了利于乳酸菌繁殖,须将蔬菜原料以干盐揉搓,然后装坛、捣实和封坛,防止好气性微生物的繁殖所造成的产品劣变。

2)湿腌法　湿腌法是将食品原料浸没在盛有一定浓度食盐溶液的容器中,利用溶液的扩散和渗透作用使盐溶液均匀地渗入原料组织内部。当原料组织内外溶液浓度达到动态平衡时,即完成湿腌的过程。

湿腌法的优点是食品原料完全浸没在浓度一致的盐溶液中,既能保证原料组织中的盐分均匀分布,又能避免原料接触空气出现氧化变质现象;缺点是用盐量多,易造成原料营养成分较多流失,并因制品含水量高,不利于储存,此外,湿腌法需用容器设备多,工厂占地面积大。

湿腌法采用的盐水浓度在不同的食品原料中是不一样的。腌制肉类时,甜味者食盐用量为12.9%~15.6%,咸味者为17.2%~19.6%,肌肉注射盐水的质量分数为18.6%,鱼类常用饱和食盐溶液腌制,蔬菜腌制时的盐水质量分数一般为5%~15%,以10%~15%为适宜。

3)注射法　为加速食盐渗入肉内部深层,在用盐水腌制时先用盐水注射,然后再放入盐水中腌制。注射盐水有两种方法:一种是用带有很多小孔的特制金属空心针注射肌肉组织;另一种是用没有小孔的空心针经过血管系统注射,盐水通过橡皮管在200~700 kPa的压力下注入。前者有破坏肌肉组织的完整性、盐水不能完全渗入肌肉组织而经注射针孔流出的缺陷。后者经过血管系统注射时,可迫使血液从血管中排出,并使盐水通过血管渗入肌肉组织中。这种方法的优点在于盐水能迅速渗入肉的深处,不破坏组织的完整性。但必须是血管系统没有损伤,而且在屠宰时放血良好。

4)混合腌制法　混合腌制是采用干腌法和湿腌法相结合的一种腌制方法。腌肉时常采用这种方法,即在注射盐水以后,用干的硝盐混合物擦抹在肉制品上,放在容器内腌制;或先擦抹上干的硝盐混合物腌制(排血)后,再放在容器中用盐水湿腌。采用干腌法和湿腌法混合加工可增加储藏时的稳定性,防止产品过度脱水,避免营养物质的过度损失。

(2)食品糖渍方法　食品的糖渍主要用于某些果品和蔬菜。即用较高浓度的糖溶液浸泡食品,使糖渗入食品组织内,以达到腌渍的目的。常见的糖渍水果有蜜饯、果冻、果酱等。糖渍前应对原料进行必要的预处理。按是否保持原料的形态,果蔬糖渍主要有以下两种基本方法。

1)保持原料形态的糖渍法　此类制品经过腌渍、煮制等糖制工艺,成品仍能保持原来的形态,果脯、蜜饯和凉果类产品的加工属于这类糖渍法。

2)破碎原料组织形态的糖渍法　此类制品是对食品原料机械破碎,加糖煮制而成的糖制品。这类制品主要包括果酱类制品。果酱是用果肉加糖煮制而成的黏稠状制品;果泥是用打碎的果肉,经筛滤取其果浆,再加糖煮制而成的半固态制品;果冻是用果汁加糖浓缩而成的凝胶状制品。

（3）食品发酵腌制法　利用乳酸发酵所产生的乳酸进行腌制。如酸白菜、泡菜、酸奶及酸豆乳等。乳酸菌为兼性嫌气微生物，在酸渍过程中使蔬菜浸没在菜卤中完全与空气隔绝，并做好用具和容器的卫生消毒，是保证酸渍食品质量的技术关键。

3.4.1.5　腌制过程中有关因素的控制

扩散渗透速度和发酵是腌制过程的关键，若对影响这两者的因素控制不当就难以获得优质腌制食品。这些因素主要有食盐的纯度、食盐的浓度、原料的性质、温度和空气等。

（1）食盐的纯度　研究表明，用不同纯度的食盐腌制鲵鱼时腌制所需的时间是不同的，用纯食盐腌制时从开始到渗透平衡需 5.5 d，若含质量分数为 1% 的 $CaCl_2$溶液就需 7 d，含质量分数为 4.7% 的 $MgCl_2$溶液，就需 23 d。因此，为了保证食盐迅速渗入食品内，应尽可能选用纯度较高的食盐，以防止食品的腐败变质。食盐中硫酸镁和硫酸钠过多还会使腌制品具有苦味。

食盐中不应有微量的铜、铁、铬存在，它们对腌肉制品中脂肪氧化酸败会产生严重的影响。若食盐中含有铁，腌制蔬菜时，它会和香料中的单宁和醋作用，使腌制品发黑。

（2）食盐的浓度　扩散渗透理论表明，扩散渗透速度随盐分浓度而异。干腌时用盐量越多或湿腌时盐水浓度越大，则渗透速度越快，食品中食盐的内渗透量越大。

（3）原料的性质　原料中的水分含量与腌制品品质有密切关系，尤其是腌咸菜类要适当减少原料中的水分。生产实践证明，含水量范围为 70% ~74%，榨菜的鲜、香均能较好地表现出来，由于含水量的多少与氨基酸的转化密切相关，如果榨菜含水量为 80% 以上，相对来说可溶性氮少，氨基酸呈亲水性，向羰基方向转化，则香气较差。反之，含水量为 75% 以下，保留的可溶性含氮物相对增加，氨基酸呈疏水性，在水解中生成甲基、乙基及苯环等香物质较多，香味较浓。

（4）温度　由扩散渗透理论可知，温度越高，扩散渗透速度越迅速。虽然温度越高，腌制时间越短，但选用适宜的腌制温度必须谨慎小心，因为温度越高，越易引起腐败菌大量生长繁殖而败坏制品品质。

对蔬菜腌制而言，温度对蛋白质的分解有较大的影响，温度相对增高，可以加速生化过程。温度在 30 ~ 50 ℃时，促进了蛋白酶活性，因而大多数咸菜如榨菜、冬菜、芽菜等要经过夏季高温，才能显示出蛋白酶的活性，使其蛋白质分解。尤其是冬菜要经过夏季曝晒，使其蛋白质充分转化，才能形成优良的品质。

对泡酸菜来说，由于需要乳酸发酵，适宜于乳酸菌活动的温度为 26 ~ 30 ℃。因此，腌制温度应根据实际情况和需要进行控制。

（5）空气　厌氧是腌制蔬菜中必须重视的问题。乳酸菌是厌氧菌，只有缺氧时才能进行乳酸发酵，同时还能减少因氧化而造成的维生素 C 的损失。为此，蔬菜腌制时必须装满容器并压紧。湿腌时尚需装满盐水，将蔬菜浸没，不让其露出液面，而且装满后必须将容器密封，这样不但减少了容器内的空气量，而且避免和空气接触。

然而，在腌制黄瓜时大量的 CO_2会引起大型黄瓜膨胀，高温腌制时尤其突出。为此，黄瓜腌制时要控制 CO_2的产生。

肉类腌制时，保持缺氧环境将有利于稳定色泽。当肉类无还原物质存在时，曝露于空气中的肉表面的色素就会氧化,并出现褪色现象。

3.4.1.6 腌制品的品质控制

与腌制品的食用品质有关的主要是色泽和风味。

(1)腌制品色泽的形成　颜色是食品重要的品质之一。在食品的腌制加工过程中,色泽的变化和形成主要通过褐变、吸附以及添加的发色剂的作用而产生。

1)褐变形成的色泽　蔬菜和水果中含有多酚类物质、氧化酶类、羰基化合物和氨基化合物,这些物质在腌制过程中会发生酶促褐变和非酶促褐变,使腌制品呈现出浅黄色、金黄色,甚至出现褐色、棕红色等。褐变引起的颜色变化对制品的影响依产品种类的不同而有所不同。

对于颜色较深的制品,如酱菜、干腌菜和醋渍品来说,常常需要褐变所产生的颜色。如果在腌制过程中褐变受到抑制,则会使产品颜色变浅。

对于有些产品,如腌白菜、鲜绿及鲜红的腌菜和很多的糖渍品来说,褐变会降低产品的色泽品质。所以在这类产品腌制时,应采取措施来抑制褐变的发生,保证产品的质量。

在实际生产中,通过抑制酚酶和隔氧等措施可以抑制酶促褐变;降低反应物的浓度和介质的pH值、避光及降低温度,则可抑制非酶促褐变的进行。

2)吸附形成的色泽　在食品腌制时使用的腌制剂如糖液、酱油、食醋等中,有些含有色素。食品原料经腌制后,这些腌制剂中的色素向组织细胞内扩散,结果使产品具有类似所用的腌制剂的颜色。通过吸附形成的颜色与腌制剂有密切关系,通过提高扩散速度和加大腌制剂的浓度可以提高食品原料对色素的吸附量。

3)发色剂形成的色泽　肉类制品在腌制过程中形成的腌肉颜色主要是加入的发色剂与肉中的色素物质作用的结果。肉的颜色是由肌红蛋白和血红蛋白产生的。肌红蛋白为肉自身的色素蛋白,肉色的深浅与其含量多少有关。血红蛋白存在于血液中,对肉颜色的影响要视放血的好坏而定。放血良好的肌肉中肌红蛋白色素占80%~90%,比血红蛋白丰富得多。

肉经腌制后,由于肌肉中色素蛋白和亚硝酸盐发生化学反应,会形成鲜艳的亮红色,在以后的热加工中又会形成稳定的粉红色。

①硝酸盐或亚硝酸盐对肉色的作用　肉制品中使用的硝酸盐和亚硝酸盐发色剂不仅能防止腌肉色素的裂解,而且在腌制过程中分解为NO,并与肉中的色素发生反应,形成具有腌肉特色的稳定性色素。

NO-肌红蛋白(亚硝基肌红蛋白)是构成腌肉颜色的主要成分,它是由NO和色素物质肌红蛋白发生反应的结果。NO是由硝酸盐或亚硝酸盐在腌制过程中经过复杂的变化而形成的。

硝酸盐本身并没有防腐发色作用,但它在酸性环境中在还原性细菌的作用下,会生成亚硝酸盐。

$$NaNO_3 + H_2O \xrightarrow[+2H]{\text{细菌还原作用}} NaNO_2 + 2H_2O$$

亚硝酸盐在微酸性条件下形成亚硝酸。

$$NaNO_2 \xrightarrow{H^+} HNO_2$$

肉中的酸性环境主要是乳酸造成的。由于血液循环停止,供氧不足,肌肉中的糖原通过酵解作用分解产生乳酸，随着乳酸的积累，肌肉组织中的 pH 值逐渐降低到 5.5～6.5，这样的条件下有利于亚硝酸盐生成亚硝酸，亚硝酸是一种非常不稳定的化合物，腌制过程中在还原性物质作用下形成 NO。

$$3HNO_2 \xrightarrow{\text{还原物质}} HNO_3+2NO+H_2O$$

这是个歧化反应，亚硝酸既被氧化又被还原。NO 的生成速度与介质的酸度、温度以及还原性物质的存在有关。所以形成 NO-肌红蛋白需要有一定的时间。直接使用亚硝酸盐比使用硝酸盐的发色速度要快。

现在腌制剂中常加有抗坏血酸盐和异抗坏血酸盐，腌肉时能加快氧化型高铁肌红蛋白（Met-Mb）还原并能使亚硝酸生成 NO 的速度加快。

$$HNO_2 \longrightarrow NO+H_2O$$

这一反应在低温下进行得较缓慢，但在烘烤和熏制的时候会显著地加快。并且在抗坏血酸存在的情况下，可以阻止 NO-Mb 进一步被空气中的氧氧化，使其形成的色泽更加稳定。

生成 NO 后，NO 和肌红蛋白反应，取代与肌红蛋白分子中与铁相连的水分子，从而形成 NO-Mb，为鲜艳的亮红色，很不稳定。NO 并不能直接和肌红蛋白反应，许多迹象都表明最初和 NO 起反应的色素是 Met-Mb，大致经历以下三个阶段，才形成腌肉的色泽。

a. NO + Met-Mb ⟶ NO-Met-Mb

一氧化氮　高铁肌红蛋白　一氧化氮高铁肌红蛋白

b. NO-Met-Mb ⟶ NO-Mb

一氧化氮肌红蛋白

c. NO-Mb+热+烟熏⟶NO-血色原（Fe^{2+}）

一氧化氮亚铁血色原（稳定的粉红色）

这些反应虽然还未最后获得结论性的证实，但是可从生产肠制品的肉色变化加以证实。在加腌制剂前斩拌时，和氧充分接触的肉由肌红蛋白与氧结合成为氧合肌红蛋白，但是斩拌肉加腌制剂时会立刻呈现棕色，这显然是氧合肌红蛋白已被腌制剂氧化成高铁肌红蛋白的现象。肠制品加热和烟熏后迅速出现粉红的腌肉色泽，即高铁肌红蛋白经过消化和还原以及蛋白质变性转变成一氧化氮亚铁血色原。

②影响腌肉制品色泽的因素　腌肉制品的颜色受很多因素的影响，如腌制的方法、腌制剂的用量、原料肉的质量等。生产中为获得理想的色泽，应严格控制腌制的条件。

a. 亚硝酸盐的使用量　肉制品的色泽与亚硝酸盐的使用量有关，用量不足时，颜色淡而不均，在空气中氧的作用下会迅速变色。为了保证肉呈红色，亚硝酸钠的最低用量为 0.05 g/kg（最高不能超过国家标准规定的最高限量）。

b. 肉的 pH 值　亚硝酸钠只有在酸性介质中才能还原成 NO，故 pH 值接近 7.0 时肉色就淡，特别是为了提高肉制品的持水性，常加入碱性磷酸盐，加入后常造成 pH 值向中性偏移，往往使呈色效果不好，所以其用量必须注意。一般发色最适宜的 pH 值范围为5.6～6.0。

c. 温度　生肉呈色的过程比较缓慢，经过烘烤加热后，则反应速度加快，而如果配好料后不及时处理，生肉就会褪色，这就要求迅速操作，及时加热。

③腌肉色泽的保持　肉制品的色泽受各种因素的影响，在储藏过程中常常发生一些

变化。如脂肪含量高的制品往往会褪色发黄;被微生物污染的灌肠,肉馅松散褪色,外表灰黄色不鲜艳。就是正常腌制的肉,切开置于空气中后切面也会褪色发黄。这是因为一氧化氮肌红蛋白在微生物的作用下引起卟啉环的变化。一氧化氮肌红蛋白不仅能受微生物影响,对可见光线也不稳定,在光的作用下,NO-血色原失去 NO,再氧化成高铁血色原,高铁血色原在微生物等的作用下,使得血色素中的卟啉环发生变化,生成绿色、黄色、无色的衍生物。这种褪(变)色现象在脂肪酸败、有过氧化物存在时可加速发生。有时制品在避光的条件下储藏也会褪色,这是 NO-肌红蛋白单纯氧化造成。肉制品的褪色与温度也有关,在 2 ~8 ℃温度条件下褪色比在 15 ~20 ℃的温度条件下慢得多。

综上所述,为了使肉制品获得鲜艳的颜色,除了要有新鲜的原料外,必须根据腌制时间长短,选择合适的发色剂,掌握适当的用量,在适当的 pH 值条件下严格操作。为了保持肉制品的色泽,要注意低温、避光、低脂肪,并采用添加抗氧化剂,真空或充氮包装。

(2)腌制品风味的形成　腌制品的风味是多种风味成分综合作用的结果,这些风味物质有些是食品原料和腌制剂本身具有的,有些是在加工过程中经过物理、化学、生物化学变化以及微生物的发酵等作用形成的。

1)原料成分以及加工过程中形成的风味　腌制品产生的风味有些是直接来源于原料和腌制剂的风味物质,有些是由风味物质的前体在风味酶或热的作用下经水解或裂解而产生。如芦笋产生的风味物质二甲基硫和丙烯酸就是香味前体物质二甲基-β-硫代丙酸在风味酶的作用下产生的。

在食品腌制过程中,经常要添加一些调味料,这些调味料均含有独特的风味成分。

蔬菜中含有的辛辣成分,在没有分解为风味物质前,对产品的风味是不利的。但在腌制过程中随着蔬菜组织的大量脱水,这些产生辛辣味的物质也随之流出,从而降低了产品的辛辣味。

腌肉制品的特殊风味就是由蛋白质的水解产物组氨酸、谷氨酸、丙氨酸、丝氨酸、蛋氨酸等氨基酸及亚硝基肌红蛋白等形成的。脂肪在腌制过程中的变化对腌制品的风味也有很大的影响。脂肪在弱碱性的条件下会缓慢分解为甘油和脂肪酸。少量的甘油可使腌制品稍带甜味,并使产品润泽。因此适量的脂肪有利于增强腌肉制品的风味。

2)发酵作用产生的风味　蔬菜腌制时主要的发酵产物是乳酸、乙醇和乙酸等物质,这些发酵产物本身都会赋予制品一定的风味,如乳酸可以使产品具有爽口的酸味,乙酸具有刺激性的酸味,乙醇则带有酒的醇香。

腌制过程中的发酵是一个十分复杂的过程,参与发酵的菌种是多样的,发酵的产物也是多种多样的。在发酵产物之间,发酵产物与原料成分间还会发生各种各样的反应,生成一系列的风味物质。

由于腌制品的风味与微生物的发酵有密切关系,为了保证腌制品具有独特的风味,需要保证腌制的条件,使之有利于微生物的发酵。

3)吸附作用产生的风味　在腌制过程中,通过扩散和吸附作用,可使腌制品获得一定的风味物质。各种食品都具有不同的特点,添加的调味料也不一样,因此不同腌制品表现出的风味也大不一样。在常用的腌制辅料中,非发酵型的调味品风味比较单纯,而一些发酵型的调味品,其风味成分就十分复杂。如酱和酱油中的芳香成分就包括醇类、酸类、酚类、酯类及羰基化合物等多种风味物质。酱油中还含有与其风味密切相关的甲基硫的成分。

产品通过吸附作用产生的风味，与腌制剂本身的质量以及吸附的量有直接的关系。在实际生产中可通过采取一定的措施来保证产品的质量。如加大腌制食品的烟熏浓度，增加扩散面积，保证产品的腌制时间，控制腌制的温度等。

3.4.2 熏制原理及方法

烟熏主要用于鱼类、肉制品的加工中。肉的烟熏和腌制一样，有着悠久的历史。腌制和烟熏在生产中常常是相继进行的，即腌肉通常须烟熏，烟熏肉必须预先腌制。烟熏和加热一般都同时进行，也可分开进行。

烟熏像腌制一样也具有防止肉类腐败变质的作用。但是，由于冷藏技术的发展，烟熏防腐已经降为次要的位置。现在烟熏技术已成为生产具有独特风味制品的加工方法。消费者亦乐意接受烟熏味轻的肉制品。

3.4.2.1 烟熏的目的或作用

(1)呈味作用　在烟熏过程中，熏烟中的许多有机化合物附着在制品上，赋予制品特有的烟熏香味。其中的酚类化合物是使制品形成烟熏味的主要成分，特别是其中的愈创木酚和4-甲基愈创木酚是最重要的风味物质。烟熏制品的熏香味是多种化合物综合形成的，这些物质不仅自身显示出烟熏味，还能与肉的成分反应生成新的呈味物质，综合构成肉的烟熏风味。熏味首先表现在制品的表面，随后渗入制品的内部，从而改善产品的风味，使口感更佳。

(2)发色作用　熏烟成分中的羰基化合物，可以和肉蛋白质或其他含氮物中的游离氨基发生美拉德反应，使其外表形成独特的金黄色或棕色；熏制过程中的加热能促进硝酸盐还原菌增殖及蛋白质的热变性，游离出半胱氨酸，因而促进一氧化氮血色原形成稳定的颜色。

色泽常随燃料种类、熏烟浓度、树脂含量以及温度和表面水分而不同。如用山毛榉做燃料时肉呈金黄色，用赤杨、栎树时肉呈深黄或棕色；肉表面干燥时色深，潮湿时色淡；温度较低时肉呈淡褐色，温度较高则呈深褐色。

(3)杀菌作用　熏烟中的酚、醛、酸等类物质可杀菌、抑菌，在各种醛中，以甲醛的杀菌力最强，是熏烟杀菌的主要成分；烟熏时制品表面干燥，能延缓细菌生长，降低细菌数。烟熏却难以防止霉菌和物料内部腐败菌的生长，故烟熏制品仍存在发霉和变质的问题。

(4)抗氧化作用　实践证明，熏烟具有抗氧化能力。烟中抗氧化作用最强的是酚类及其衍生物，其中以邻苯二酚和邻苯三酚及其衍生物作用尤为显著。但烟熏后抗氧化成分都存在于制品表面层上，中心部分并无抗氧剂。

3.4.2.2 熏烟的主要成分及其作用

熏烟主要是不完全氧化产物，包括挥发性成分和微粒固体如炭粒等，以及蒸汽、CO_2等组成的混合物。在熏烟中对制品产生风味、发色作用及防腐效果的有关成分就是不完全氧化产物，人们从这种产物中已分出约200多种化合物，一般认为最重要的成分有酚、醇、酸、羧基化合物和烃类等。

(1)酚类　从木材熏烟中分离出来并经过鉴定的酚类达20种之多，都是酚的各种取代物，其中愈创木酚、4-甲基愈创木酚、酚、4-乙基愈创木酚、邻位甲酚、间位甲酚、对位甲酚、4-丙基愈创木酚、香兰素、2,6-双甲氧基-4-乙基酚以及2,6-双甲氧基-4丙基酚等对熏烟“熏香”的形成起重要作用。

酚在鱼肉类烟熏制品中有四种作用：形成特有的烟熏味（“熏香”味），抑菌防腐作用，有抗氧化作用，促进烟熏色泽的产生。

烟熏肉制品具有独特的风味和颜色。熏烟色是烟雾蒸气相中的羰基与肉的表面氨基反应的产物。酚对熏烟色的形成也有影响。前已述及，美拉德反应和类似的化学反应是形成熏烟色的原因。熏烟色的深浅与烟雾浓度、温度和制品表面的水分含量等有关，因此，在肉制品烟熏时，适当的干燥有利于形成良好的熏烟色。

烟熏制品的风味主要来自于烟雾蒸气相中的酚类化合物，愈创木酚、4-甲基愈创木酚和2,6-二甲氧基酚对滋味起主要作用，而气味则主要是来自于丁香酚。香草酸令人愉快的气味也与甜味有关。应该说，烟熏风味是各种物质的混合味，而非单一成分能够产生。

烟熏对细菌有抑制作用，这实际上是加热、干燥和烟雾中的化学物质共同作用的结果，当熏烟中的一些成分如乙酸、甲醛、杂酚油附着在肉的表面时，就能防止微生物生长。酚具有强的抑菌能力，因此，酚系数可作为表示各种杀菌剂相当于酚的有效性的标准参数。高沸点酚的抗菌能力更强。由于熏烟成分吸附在产品表面，因此，只有产品外表面有抑菌作用。酚向制品内扩散的深度和浓度有时被用来表示熏烟渗透的程度。此外由于各种酚对肉制品的颜色和风味所起的作用不一样，因此，总酚量不能完全代表各种酚所起作用的总和，这样，用测定烟熏肉制品的总酚量来评价熏肉制品风味的办法也就不能与感官评价结果相吻合。

（2）醇类　木材熏烟中醇的种类很多，有甲醇、乙醇及多碳醇。甲醇是最简单和最常见的。由于它是木材分解蒸馏中的主要产物之一，故又称为木醇。熏烟中还含有伯醇、仲醇和叔醇等。它们常被氧化成相应的酚类。

在烟熏过程中，醇的主要作用是作为挥发性物质的载体，对风味的形成并不起任何作用。醇的杀菌作用极弱。

（3）有机酸类　在整个熏烟组成中存在有含1～10个碳的简单有机酸，熏烟蒸气相内的有机酸含1～4个碳，5～10个碳的有机酸附着在熏烟内的固体载体微粒上。有机酸对制品的风味影响极为微弱。有机酸有微弱的防腐能力。它们的杀菌作用也只有当它们积聚在制品表面，以至酸度有所增长的情况下，才显示出来。在烟熏加工时，有机酸最重要的作用是促使肉制品表面蛋白质凝固，形成良好的外皮，促使肠衣好剥离。

（4）羰基化合物　熏烟中存在有大量的羰基化合物，同有机酸一样，它们分布在蒸气相内和熏烟内的固体颗粒上，这类化合物有20多种，现已确定的有：2-戊酮、戊醛、2-丁酮、丁醛、丙酮、丙醛、丁烯醛、乙醛、异戊醛、丙烯醛、异丁醛、丁二酮（双乙酰）、丁烯酮等。存在于蒸气相内的羰基化合物具有非常典型的烟熏风味，且多可以参与美拉德反应，与形成制品色泽有关，因此对烟熏制品色泽、风味的形成极为重要。羰基化合物与肉中的蛋白质、氨基酸发生美拉德反应，产生烟熏色泽。

（5）烃类　从烟熏食品中能分离出不少的多环烃，其中有苯并（a）蒽[benz(a)anthracene]，二苯并（a,h）蒽[dibenz(a,h)anthracene]，苯并（a）芘[benz(a)pyrene]，苯并

(g,h,i)苝[benz(g,h,i)perylene],芘(pyrene)以及4-甲基芘(4-methylpyrene)等。已证实苯并(a)芘和二苯并(a,h)蒽是致癌物质。

多环烃对烟熏制品并不起重要的防腐作用,也不会产生特有风味,研究表明它们多附着在熏烟的固相上,因此可以去除。现已研制出不含苯并(a)芘和二苯并(a,h)蒽的液体烟熏制剂,使用时就可以避免食品因烟熏而含有致癌物质。

(6)气体物质　熏烟中气体的作用还不十分清楚,大多数气体对烟熏无关紧要。CO_2和CO容易吸附在鲜肉表面,形成羧基肌红蛋白、一氧化碳肌红蛋白,呈现亮红色泽。但尚未发现烟熏肉时是否也能发生这些反应。氧能与肌红蛋白反应形成氧合肌红蛋白或高铁肌红蛋白,同样的,也还没有证据说明,这些反应在烟熏食品时是否会发生。

气相中最有意义的可能是一氧化二氮,它与烟熏食品中亚硝胺(一种致癌物)和亚硝酸盐的形成有关。一氧化二氮直接与食品中的二级胺反应可以生成亚硝胺,也可以通过先形成亚硝酸盐进而再与二级胺反应间接地生成亚硝胺。如果肉的pH值处于酸性范围,则有碍一氧化二氮与二级胺反应形成N-亚硝胺。

3.4.2.3　熏制方法

(1)按制品的加工过程分类

1)熟熏　熟制后的肉制品再经过烟熏处理。如酱卤制品,熏制前只经过原料的整理、腌制等过程。

2)生熏　肉制品在熟制前对其进行烟熏处理,产品如西式火腿、灌制品等。

(2)按熏烟接触的方式分类

1)直接烟熏法　在烟熏室内,用直火燃烧木材直接发烟熏制。缺点是熏烟的密度和温度有分布不均匀的状况。

2)间接烟熏法　不在烟熏室内发烟,利用单独的烟雾发生器发烟,将燃烧好的具有一定温度和湿度的熏烟送入烟熏室,对肉制品进行熏烤的烟熏方式,克服直接火烟熏法熏烟密度和温度不均匀的现象,而且燃烧的温度可控制在400 ℃以下,所产生的有害物质较少。故间接发烟烟熏法被广泛采用。

(3)按熏烟过程中加热温度情况分类

1)冷熏法　温度为15~30 ℃,时间4~7 d,肉的色泽不好,产品含水量低于40%,而盐分含量为8%~10%,因而产品的耐储藏性好。

2)温熏法　温度在30~50 ℃,时间5~6 h,主要目的是使产品带上香味。由于温度超过了脂肪熔点,肉中脂肪很容易流出来,肉质变得稍硬。此温度范围利于微生物生长,如果烟熏时间过长,易引起腐败。温熏法制品含水量为55%~60%,盐分含量2.5%~3.0%,保存性较差。为了提高保存性,可在低温下进一步熏干2~3 d。

3)热熏法　温度50~80 ℃,时间不超过5~6 h。在这个温度范围内,蛋白质几乎完全凝固,所以制品的形态与冷熏、温熏的制品差别很大。其表面硬度很高,而且内部的水分含量也较高,并富有弹性,一般烟味很难附着。这种方法很难产生烟熏香味。

4)焙熏法　温度为90~120 ℃,烟熏时间短,制品不必再进行加热即可直接食用。该法成品含水较多,储藏性差。

5)液熏法　在用木材制造木炭时,将其发生的熏烟进行浓缩,除去油分、焦油的水溶性物质称为熏液(木醋液)。液熏法是将原料放在用水或淡盐水稀释至三倍左右的熏液中浸10～20 h，干燥后制成成品的方法。特点：无须熏烟发生器而大大节省投资；液态熏烟制剂的成分较稳定，使制成品品质也较稳定；液态熏烟制剂是经过特殊净化的，已清除了熏烟中的固相残留物，故无致癌危险或大大降低了致癌的可能性。

6）电熏法　将制品以一定距离间隔排开，相互连上正负电极，然后一边送烟，一边施以15～30 kV的电压使制品作为电极进行放电。优点：烟粒子会急速吸附于制品表面，烟的吸附大大加快，烟熏时间大大缩短。由于熏烟带电渗入食物中，产品具有较好的储藏性。缺点：熏烟成分容易过分集中于食物的尖端，设备费用又较昂贵，这种方法几乎未被采用。

3.4.2.4　烟熏设备

按烟熏发烟方式，烟熏设备可分为直接发烟式、间接发烟式两种。

（1）直接发烟式　直接发烟式是在烟熏房内燃着烟熏材料使其产生烟雾，借助空气对流循环把烟分散到室内各处，因此，这种直接发烟式也称直火或自然空气循环式。这是最简单的烟熏方法。简单烟熏炉见图3.28。在烟熏房内还可加装加热装置，如电热套、电炉盘、远红外线电加热管以及蒸汽管、洒水器等，以便完成与烟熏相配套的干燥、加热、蒸熟、烤制等功能。

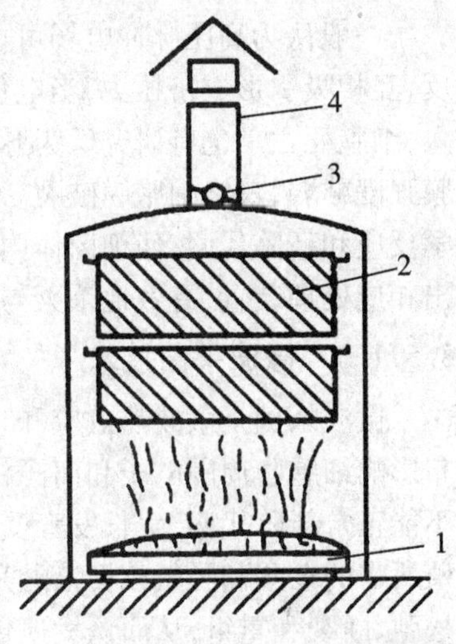

图3.28　简单烟熏炉

1. 烟熏发生器；2. 食品挂架；3. 调节阀门；4. 烟囱

直接发烟式设备由于依靠空气自然对流的方式使烟在烟熏室内流动和分散，因此存在如室内温度分布不均匀、烟雾的循环利用差、熏烟中的有害成分不能去除、制品的卫生条件不良等问题，操作方法复杂，因此，只在小规模生产时应用。

（2）间接发烟式　间接发烟式烟熏室（炉）是被广泛采用的烟熏设备。这种装置的烟雾发生器放在炉外，通过鼓风机强制将烟送入烟熏炉，对制品进行熏烟，因此也称为强制通风式烟熏炉。使用间接发烟式烟熏炉不仅能控制整个烟熏过程的工艺参数，而且能控制蒸煮和干燥程度。这种专用的烟熏房可以解决前述的直接发烟式烟熏设备存在的温度、烟雾分布不均匀和原材料利用率低及操作方法复杂的问题。此外，这种烟熏炉还能调节相对湿度。

3.5　其他加工技术原理

3.5.1　冷杀菌技术

传统食品加工中采用热杀菌，难免导致营养物质破坏、变色加剧、挥发性成分损失等弊端。因此，冷杀菌技术越来越受到人们的重视。冷杀菌的特点是在杀菌过程中食品温度并不明显升高，这样就有利于保持食品中功能成分的生理活性，也有利于保持食品的色、香、味及营养成分，特别是对热敏性功能成分的保存更为有利。

3.5.1.1 超高压杀菌技术

超高压杀菌技术是20世纪80年代末开发的杀菌技术，食品在100～1 000 MPa超高压力下，其中所含的微生物的细胞壁会被破坏，蛋白质凝固，酶的活性和DNA等遗传物质的复制受到抑制，因而微生物被杀灭。一般而言，压力越高杀菌效果越好。在相同压力下延长受压时间并不一定能提高灭菌效果。在400～600 MPa的压力下，可以杀灭细菌、酵母菌、霉菌，避免了一般高温杀菌带来的不良变化。超高压杀菌技术不但能高效杀菌，还完好地保留了食品饮料中的营养成分，产品口感佳，色泽天然，安全性高，保质期长。食品超高压处理技术已被应用于所有含液体成分的固态或液态食物，如水果、蔬菜、乳制品、鸡蛋、鱼、肉、禽、果汁、酱油、醋和酒类等。

3.5.1.2 高压脉冲电场杀菌技术

一般认为高压脉冲电场可使食品中微生物的细胞诱导产生横路膜电位，由于电荷相反，互相吸引形成挤压力，当电位达到极限值时，细胞膜破裂，膜内物质外流，膜外物质渗入，细胞死亡。也有研究认为脉冲产生的电场和磁场的交替作用，使细胞膜通透性增加，膜强度减弱，最终细胞膜破裂。此外，电磁场会产生电离作用，阻断细胞膜的正常生物化学反应和新陈代谢，使细菌体内物质发生变化。国内外对此技术已做了许多研究并设计出相应处理装置，有效地杀灭与食品腐败有关的几十种细菌，并用于一些酶的钝化处理。

3.5.1.3 微波杀菌技术

微波杀菌是微波热效应和生物效应共同作用的结果。微波对细菌膜断面的电位分布影响细胞膜周围电子和离子浓度，从而改变细胞膜的通透性能。细菌因此营养不良，不能正常新陈代谢，生长发育受阻碍而最终死亡。从生化角度来看，细菌正常生长和繁殖所需的核酸和脱氧核糖核酸是由若干氢键紧密连接而成的卷曲大分子，微波导致氢键松弛、断裂和重组，从而诱发遗传基因或染色体畸变甚至断裂。由于微波的特殊效应，采用微波装置在杀菌温度、杀菌时间、产品品质保持、产品保质期及节能方面都比传统热杀菌方法显示出明显优势。

3.5.1.4 辐射杀菌

目前认为辐射主要有三个用途：①作为化学烟熏消毒的代替方法来控制诸如香料、水果和蔬菜等食品中的昆虫；②用于抑制发芽和其他自发机制的变质过程；③破坏包括那些可能致病的微生物的营养细胞，提高食品的安全性和延长货架寿命。

最适合食品辐射处理的发射物应具有良好的穿透力，它们不仅使表面的微生物和酶失活，而且要深入到食品的内部。γ射线和β粒子是最常用的，经核准的核反应堆用过的废燃料元素是早期γ射线和β射线的常见来源。这些燃料元素被置于经适当屏蔽和密封的区域里，食品被送入其辐射通道。现在，可以用电子设备较为有效地产生β粒子，而^{60}Co主要被用作γ射线源。

常用的定量表示辐射强度和辐射剂量的辐射单位有伦琴（R）、拉德（rad）和戈瑞（Gy）。

采用辐射保藏时，选择剂量必须考虑到处理后食品的安全性和卫生性、食品感官质量损害的耐受力、微生物的耐受力、食品酶的耐受力和费用等因素。各种水果蔬菜一般可经受24 kGy的灭菌剂量。

很多研究机构、国际组织和政府机关对有关辐射食品的安全性和卫生性的复杂问题做了大量研究。除了微生物学方面的考虑,这些研究还涉及:①辐射处理对食品营养价值的影响;②辐射可能产生的毒性物质;③在辐射食品中可能产生的致癌物质;④在辐射食品中可能产生有害的放射性。这些研究已经得出一致的结论:辐射不会产生不安全的产品,特别是低剂量辐射已被考虑用来巴氏杀菌,控制虫类和抑制发芽。尽管如此,世界上仍有很多国家和地区仍未批准辐射在食品中的应用。

3.5.1.5 紫外线杀菌技术

日光杀灭细菌主要是靠紫外线的作用,其杀菌原理是微生物分子受激发后处于不稳定的状态,从而破坏分子间特有的化学结合导致细菌死亡。微生物对于不同波长的紫外线的敏感性不同,紫外线对不同微生物照射致死量也不同,一般革兰氏阴性无芽孢杆菌对紫外线最敏感,杀死革兰氏阳性球菌的紫外线照射量须增大5~10倍。由于紫外线穿透力较弱,紫外线杀菌技术一般适用于对空气、水、薄层流体制品及包装容器表面的杀菌。

3.5.1.6 臭氧杀菌技术

臭氧氧化力极强,能迅速分解有害物质,杀菌能力是氯的600~3 000倍,其分解后可迅速还原成氧气。目前,臭氧技术在欧美、日本等发达国家已得到广泛应用,是杀菌消毒、污水处理、水质净化、食品储存、医疗消毒等方面的首选技术。臭氧水是一种广谱杀菌剂,它能在短时间内有效地杀灭大肠杆菌、蜡状芽孢杆菌、痢疾杆菌、伤寒杆菌、流脑双球菌等一般病菌以及流感病菌、肝炎病毒等多种微生物。可杀死鱼、肉、瓜果蔬菜表面能产生变异的各种微生物。利用臭氧水洗涤蔬菜瓜果,可以有效清除其表面的残留农药、细菌、微生物及有机物。臭氧能彻底杀灭水中的细菌,净化饮水,除去水中及被清洗物的异味、臭味,分解重金属。

3.5.1.7 超声波杀菌技术

当频率超过9~20 kHz时,超声波对微生物有破坏作用,可以使微生物细胞内容物受到强烈的振荡而使细胞破坏。一般地,在水溶液内,超声波作用能产生过氧化氢,具有杀菌能力。也有人认为微生物细胞液受高频声波作用时,其中溶解的气体变为小气泡,小气泡的冲击可使细胞破裂。

3.5.1.8 强磁脉冲杀菌技术

强磁脉冲杀菌技术采用强脉冲磁场的生物效应进行杀菌,在输液管外面,套装有螺旋形线圈,磁脉冲发生器在线圈内产生2~10 T的磁场强度。当液体物料通过该段输液管时,其中的细菌即被杀死。磁场杀菌主要基于它的生物效应,主要有:①影响电子传递;②影响自由基活动;③影响蛋白质和酶的活性;④影响生物膜渗透;⑤影响生物半导体效应;⑥影响遗传基因的变化;⑦影响生物的代谢过程;⑧影响生物体内的磁水效应。强磁脉冲杀菌技术具有下列特点:杀菌时间短,温升小,效率高,环境和产品无污染,适用范围广。主要用于各种罐装前液态物料(如啤酒、黄酒、低度曲酒、各种果酒等)、液态食品(如牛奶、豆奶、果蔬菜汁饮料)以及各类饮用水等的消毒杀菌。

3.5.1.9 脉冲强光杀菌技术

脉冲强光杀菌技术采用强烈白光闪照的方法进行灭菌。它主要由一个动力单元和一个惰性气体灯单元组成。动力单元是一个能提供高电压高电流脉冲的部件,为惰性气体灯提供所需的能量,惰性气体灯能发出波长由紫外线区域至近红外线区域的光线,其光谱与到达地球的太阳光谱十分相似,波长在400~500 nm,但强度却比阳光强数千倍至数万倍。脉冲光中起杀菌作用的波段可能是紫外线,其他波段起协同作用。由于强光脉冲有一定的穿透性,当闪照时,强光脉冲作用于细菌、酵母菌等微生物的活性结构上,使蛋白质发生变性,从而使细胞失去生物活性,达到杀菌的目的。

3.5.2 微胶囊技术

微胶囊是指一种具有聚合物壁壳的微型容器或包装物。微胶囊技术是用可以形成胶囊壁或膜的物质对固体、液体或气体等核心物质进行包埋和固化的技术。

微胶囊技术的原理是根据物质的不同物理和化学性能,用一种性能较稳定的物质作为壁材,将性能不稳定的物质(芯材)在一定的条件下包埋起来,当壁材溶解、溶化或破裂时,芯材便从壁材中释放出来,被人体所充分利用。

被包埋的物质称为核心或芯材,胶囊化的材料称为壁材。微胶囊按直径的大小通常可分为超细胶囊(mm)、微胶囊(μm)、纳米胶囊(nm),它们的基本技术都与微胶囊技术有关。微胶囊的理想形状为球形,但受原有材料结构的影响,有时呈米粒状、块状、针状或折叠状等不规则形态。胶囊化后的微粒,由于内核外有保护层,可避免光、热、氧等外界环境的影响,最大限度地保持被包埋材料原有的色、香、味和生物活性,延长储存期并方便应用。

微胶囊技术出现于20世纪30年代,最初主要应用于医药工业,最先申请专利的是1936年美国大西洋海岸渔业公司提出的用液状石蜡制作鱼肝油微胶囊。食品工业的微胶囊技术应用主要是通过包埋一些风味物质、营养物质、色素、调味料及具生理活性的物质等,有效提高食品的质量,解决食品加工领域中某些难题,促进了食品工业的发展。微胶囊技术的优点在于以下几点。

(1)隔离活性成分,保护敏感物质,有效减少这类物质受外界环境因素(如光、氧气、水等)影响而失效的程度。

(2)减少芯材向环境的扩散或蒸发。

(3)控制芯材的释放。

(4)掩盖芯材的异味。

(5)改变芯材的物理性质(如颜色、形状、密度、分散性能)、化学性质等。

(6)对食品材料的质构有改善作用,可提高风味物质的利用率。

3.5.2.1 微胶囊的壁材与芯材

微胶囊技术实质上是一种包装技术,包装效果的好坏与壁材的选择紧密相关,应用于食品微胶囊的理想壁材应具有以下几个方面的性能:①即使在高浓度下也具有良好的流动性,保证在微胶囊化过程中有良好的可操作性;②能够乳化芯材并能稳定所产生的乳化体系;③在加工过程以及储藏过程中能够将芯材完整地包埋在其中;④易干燥、易脱落;⑤具有良好的溶解性;⑥安全性高、经济性好。

单独一种壁材很难同时具备以上的性能,因此在微胶囊技术中常常采用几种壁材复合使用。常用的壁材见表3.8,主要是一些天然高分子化合物、纤维素及其衍生物、合成

高分子化合物。壁材的选择要根据芯材的性质,基本原则:芯材是水溶性的,壁材就应是非水溶性的,反之亦然。

表3.8　微胶囊常用的壁材物质

糖类	胶体物质	蛋白质	纤维素
麦芽糊精	阿拉伯胶	酪蛋白	羧甲基纤维素
环状糊精	刺槐树胶	氨基酸	甲基纤维素
玉米淀粉糖浆	海藻胶	大豆蛋白	乙基纤维素
单糖、双糖、多糖	海藻酸钠	明胶	硝酸纤维素

(1)糖类　麦芽糊精、玉米淀粉糖浆虽然本身不具备乳化能力,成膜性较差,但它们具有在高浓度时黏度也较低的特点,因此常和其他具乳化能力的壁材相配合,提高体系的固形物浓度,有利于降低干燥能耗、减少生产成本。环状糊精也不具备乳化能力,但其分子中的疏水空腔能与具一定大小、一定形状的疏水性分子形成稳定的非共价复合物,从而起到稳定芯材、掩盖芯材异味的作用。蔗糖具有溶解速度快、热稳定性高、价格低、来源广等特点,在微胶囊技术的挤压法、共结晶法中常被用来作为壁材。

在作为壁材的糖类中唯一具有乳化性能的是辛酰基琥珀酸化淀粉,它的分子结构中同时包含了亲水基团,还具有高固形物浓度时黏度低的特点,且已被美国FDA正式批准在食品和药品中使用,是一种较理想的糖类壁材,但目前的来源基本上是依靠进口。

(2)胶体物质　许多胶体物质可作为高脂食品、香料、汤料等的包埋剂。阿拉伯胶由于含有约1%具乳化性的蛋白质,能乳化芯材,而且溶解性好,因此在微胶囊技术中的用途最广泛。黄原胶虽然没有乳化能力,但具有在溶液中黏度较大、有利于改善乳化液的流变性、增加乳化体系的稳定性等特点,在微胶囊技术中可作为增稠剂,提高固形物的黏度,有利于在喷雾干燥过程中形成较大的雾滴,便于降低生产成本,是一种较为实用的微胶囊壁材辅料。海藻胶、瓜儿豆胶、卡拉胶等不具有乳化能力,对芯材的包埋能力有限,而且效率不高,使用时需要与其他具乳化性能的壁材物质复配。

(3)蛋白质　蛋白质具有较好的乳化性,能够在两相界面形成有良好黏弹性的界面膜,从而能有效地促进微胶囊过程。

明胶具有乳化性、成膜性、易溶性等特点,符合作为胶囊壁材对蛋白质的要求,且来源广、价格低,因此是目前微胶囊技术中应用最为广泛的蛋白源,也是许多食品中的重要功能性成分。酪蛋白的乳化能力虽然较强,但溶解性不够好,不能单独作为壁材使用。大豆蛋白是一种分子量较大的球状蛋白,作为主要壁材使用时,产品的溶解性欠佳。采用酶法对大豆蛋白进行改性处理,可有效地提高大豆蛋白的溶解性。即通过酶水解,打断大豆蛋白质分子的主链,在减小分子的同时,肽键也发生断裂,体系内的亲水基团大大增加,从而使分子的亲水性增加,达到改善溶解性的目的。

(4)纤维素　纤维素及其衍生物主要作为水溶性食品添加剂(如甜味剂、酸味剂)以及酶或细胞的包埋剂。

3.5.2.2 微胶囊化技术

微胶囊化技术大致可分为化学法、物理法、机械法等三大类，具体方法有20多种。现简单介绍几种常用的方法。

(1)化学法

1)界面聚合法　界面聚合法又称为界面反应法，界面聚合发生在两种不同的聚合物溶液之间。即将两种活性单体如油溶性单体和水溶性单体分别溶解在不同的溶剂里，使其中一单体变成乳化液滴而分散，然后在乳化体系里(W/O型或O/W型)加入另一种单体，使之在表面重合并造膜，通过加热、减压、搅拌、溶剂萃取、冷冻、干燥等方法将壁材中的溶剂去除，形成囊壁，再与介质分离得到微胶囊产品。

常见的反应过程：在水不相溶有机体系中加入单体A，组成油相→将油相分散至水相中，使其呈微小油滴状→加入可溶于水的单体B→搅拌整个体系→水相与油相界面处发生聚合反应→在油滴表面形成聚合物薄膜→去除油相溶剂，使油相聚合物的芯材表面硬化成壁→油被包埋在薄膜中，得到含油的微胶囊。

反之，如果将含有单体B的水溶液分散到油相中，使其分散成非常小的水滴，再将单体A加入到油相中，则可得到含水的微胶囊。即利用界面聚合法可以使疏水材料的溶液或分散液微胶囊化，也可以使亲水材料的水溶液分散液微胶囊化。

界面聚合法在整个过程中，没有激烈的反应、急剧的pH值变化、干燥条件的急剧变化等，比较适合对环境变化、条件变化敏感的物质胶囊化，该法已成为一种较新型的微胶囊化技术。

2)分子包埋法　分子包埋法主要是利用具有特殊分子结构的β-环状糊精(β-CD)做壁材，包埋其他物质的一种分子水平的微胶囊技术。β-CD是由7个葡萄糖分子以α-1,4-糖苷键结合而成的具有环状结构的麦芽低聚糖，其独特的环状结构形成了中间部位疏水、外表亲水的特性，当被埋物质的分子尺寸和理化性质与空腔匹配时，在范德瓦耳斯力和氢键的作用下形成稳定的包含物。分子包埋法加工的微胶囊产品在干燥状态下稳定，温度达200 ℃也不会分解；在湿润状态下，芯材容易释放出来，适用于食品的加香，如包埋香精、香料等。

(2)物理法

1)相分离法(凝聚法)　其主要原理是将作为壁材的液相从连续相中分离，包裹于芯材表面，形成囊壁结构。根据芯材物质的水溶性，可分为水相分离法和非水相分离法。水相分离法的原理是两种带相反电荷的胶体彼此中和而引起相分离。由于微胶囊化是在水溶液中进行，故芯材必须是非水溶性的固体粉末或液体。明胶是水相分离法常用的壁材，当水溶液的pH值大于明胶的等电点时，明胶为聚阴离子；而当水溶液的pH值小于其等电点时，明胶则为聚阳离子。当溶液体系中存在其他电解质时，阿拉伯胶、海藻酸钠、琼脂、甲基纤维素等一般为聚阴离子。两种带相反电荷的胶体发生相互作用，在芯材表面形成凝聚相，从而实现微胶囊化。非水相分离法(有机溶液体系相分离法)主要是把壁膜物质的高分子溶解在较好的溶媒中，添加芯材物质使其充分分散，然后再添加高分子非溶媒化合物或者添加一种相当于非溶媒、能诱导相分离的液体高分子，如乙醇、液状石蜡、硅胶油、己二醇等，使体系产生相分离后胶囊化。也可以通过改变体系温度，调节高分子的溶解度，使其发生相分离。在非水相分离法中，壁膜高分子物质的形成大体要

经过:加入高分子非溶媒→加入与形成高分子壁膜不相溶的第2高分子→变化温度→蒸发溶媒等几个步骤。利用该法的关键是选择合适的溶媒,以取得较好的微胶囊化效果。

2)粉床法(粉体造膜法、熔融体-液体表面被覆法)　粉床法在食品加工中利用较多。

(3)机械法

1)喷雾干燥法　喷雾干燥法较早应用于微胶囊技术,目前使用比较普遍。其工艺方法是先将芯材物质分散在已经液化的壁材溶液中,使之充分混合,然后将混合液送入干燥室,经高压喷嘴被雾化,雾化液滴与热空气接触,使溶解芯材的溶剂被迅速蒸发,壁材凝固形成微胶囊。尽管喷雾干燥时的温度较高(180～400 ℃),但核心温度低于100 ℃,故在包埋风味剂时,仅是部分低沸点风味成分受若干损失,大部分风味成分可较好保留,因此比较适合于热敏物质的微胶囊化。

喷雾干燥法的工艺过程简单、成本较低、处理量大,比较适合于大规模工业化生产,缺点是因微胶囊产品的颗粒较小而导致溶解度下降,须喷入湿蒸汽进行二次附聚。

2)喷雾冷冻法　喷雾冷冻法又称为喷雾造粒法或喷雾凝固法,其原理与喷雾干燥法相似,即都是先将芯材物质分散在已经液化的壁材溶液中,使之充分混合,不同之处是溶剂的去除采用喷雾冷冻的方式。该法的工艺特点在于使用远低于壁材凝固点的低温空气,雾化液滴与低温空气接触后凝固,水分以升华的方式被除去。喷雾冷冻法既可用于水溶性芯材如酶、水溶性维生素、酸味剂等的微胶囊化,也可用于固体芯材,如硫酸亚铁、固体风味料等的微胶囊化,还可用于难溶于一般溶剂的生理活性物质的微胶囊化。

3)挤压法　将芯材物质分散于熔化的糖类物质中,再将其挤压成细丝状放入脱水溶液中,使糖类物质被凝固,芯材被包埋于其中,然后经破碎、分离、干燥即得成品。挤压法属低温微胶囊化技术,对风味物质的损害较小,特别适合于对热不稳定物质,如香精、香料、维生素C、色素等的包埋,但产品的得率低于喷雾法,只有70%。

选择具体的微胶囊化方法时,要特别注意以下几点。

①芯材的可润湿性和分散性。

②壁材的渗透性、弹性和可溶性。

③芯材的释放方式。

④安全与成本问题。

3.5.2.3　微胶囊技术在食品加工中的应用

微胶囊技术在食品加工中的应用有的已达到工业化水平,主要产品有以下几种。

(1)微胶囊化风味剂　薄荷油、柠檬油、橘子油、茴香油、花椒油等许多液体香精制成的微胶囊风味剂在食品加工中已有应用,保香率可提高50%～95%。

(2)微胶囊化酸味剂和甜味剂　采用微胶囊技术使酸味剂和甜味剂微胶囊化后,使它们与外界环境隔离,在提高稳定性的同时,还可控制释放速度。美国目前已将微胶囊化酸味剂应用于焙烤食品、肉制品、固体饮料等产品中,产品的质量有了明显的提高。

(3)微胶囊化营养强化剂　食品中的一些营养物质在加工和储藏过程中,易受加工条件和外界环境因素的影响而损失,如氨基酸、维生素、矿物质等。而微胶囊化不失为一种较好的强化办法,如经微胶囊化的碘制剂具有较高的稳定性,可用于碘盐、碘片和其他食品中,能有效防止因加热而挥发,且成本较低。

(4)微胶囊化防腐剂　防腐剂微胶囊化后就可减轻彼此的相互影响,并可通过控制防腐剂的释放速度，保持长效。此外，还可将一些具有杀菌作用的挥发性物质微胶囊化后置于包装食品内，在储藏过程中物质缓慢挥发产生的气体对包装内容物起到杀菌防腐的作用。

(5)微胶囊生理活性剂　许多具有生理活性的物质的性质很不稳定，容易受光、热、氧气、pH 值等因素的影响而失去生理活性作用，微胶囊技术的应用，使这类生理活性物质的稳定性明显改善，能更好地在食品加工和储藏过程中保持其生理活性，从而更有效地发挥其生理活性作用和使用价值。在这方面已成功的例子有双歧杆菌微胶囊、螺旋藻微胶囊等。

3.5.3　超临界流体萃取技术

超临界流体能溶解难挥发性物质的现象，最早是在超临界乙醇溶解碘实验中发现的(1879 年)，将这种现象应用于萃取和分离的研究始于 1955 年，后来称之为超临界流体萃取。超临界流体萃取由于具有有机溶剂萃取所不具备的各种特点，作为一种新的萃取技术，在食品、药品、香料等工业被迅速而广泛地应用于萃取与分离天然产物中的特定目标成分以及产品的精制，如咖啡豆的脱咖啡因、各种香料的提取、辣椒的处理、红花油的提取等。

3.5.3.1　超临界流体萃取的概念、原理及特点

(1)超临界流体萃取的概念　流体处于其临界温度(CO_2为 31 ℃)和临界压力(CO_2为 7.3 MPa)之上的状态，是一种非气非液状态，处于这种状态的流体，称为超临界流体(简称 SF)。超临界流体萃取(简称 SFE)就是利用流体在临界点附近所具有的特殊性质进行物质的分离提取的一项应用技术。

(2)超临界流体萃取的原理及特点

1)超临界流体的特殊物理性质　由于超临界流体的密度与通常液体溶剂的密度相近，因而超临界流体具有与液体相近的溶解能力。同时它又保持气体所具有的传递特性，即比液体溶剂渗透得更快，渗透得更深，能更快地达到平衡。

操作参数主要为压力和温度，而这两者比较容易控制。在临界点附近，压力和温度的微小变化将会引起流体密度的很大变化，并相应地表现为溶解度的变化。因此，可以利用压力、温度的变化来实现萃取和分离的过程。

2)超临界流体萃取的特点　一是可以在较低的温度下提取，适用于高温下变性、分解物质的提取；二是萃取流体不残留，安全性高；三是溶媒可循环利用，可省略脱溶工序，节省能源。

超临界 CO_2密度大，溶解能力强，传质速率高；其临界压力适中，温度接近室温，特别适用于热敏性、易氧化物质的分离提取；价廉易得，无毒，不易燃；极易从萃取产品中分离等。因此，在食品工业上，一般以 CO_2作为萃取溶剂。

3.5.3.2　影响超临界流体萃取的因素

(1)物料粉碎粒度　适度的粉碎粒度，可以增加固体与溶剂的接触面积和萃取通道，提高萃取率；但过细的粒度会增大原料的堆积密度，通透性变差，影响萃取效率，甚至可能造成萃取无法进行。

(2)萃取压力、温度　超临界流体的压力越高,流体密度越大,其溶解能力越强,但压力要受设备制造、安全性等因素限制。温度对溶解度的影响有正负两方面的效应。温度升高一方面可增加溶剂的挥发度和扩散系数,使其溶解度提高;另一方面,CO_2的密度随之下降,致使溶解能力降低。

(3)被萃取物本身的性质　CO_2作为超临界萃取溶剂对不同的溶质具有不同的溶解性,其溶解特性主要归纳为如下几点。

①对分子量大于500的物质具有一定的溶解度。

②对中、低分子量的卤化物、醛、酮、醇、酯、醚非常易溶。

③对低分子量、非极性的脂肪族烃(20碳以下)及小分子的芳烃化合物是可溶解的。

④对分子量很低的极性有机物(如羧酸)是可溶解的,酰胺、脲、氨基甲酸乙酯、偶氮染料的溶解性较差。

⑤极性基团(如羧酸、羟基、氨基)的增加通常会降低有机物的溶解性。

⑥脂肪酸及其三酰甘油具有较低的溶解性,单酯化作用可增加脂肪酸的溶解性。

⑦同系物中溶解度随分子量的增加而降低;生物碱、类胡萝卜素、氨基酸、水果酸和大多数无机盐是不溶的。

(4)CO_2的流量　CO_2流量增加时,提高传质效率。但流量过大时,CO_2耗量增加,提高生产成本。

(5)萃取时间　CO_2流量一定时,随萃取时间延长,萃取物的得率增加。但当萃取一定时间后,由于萃取对象中待分离成分含量减少而使萃取率逐渐下降,再延续时间,则总萃取量无明显变化。因此,在确定萃取时间时,应综合考虑设备能耗和萃取率的关系。

(6)夹带剂　夹带剂又称提携剂、共溶剂等。它的少量加入可以增大某些在超临界流体中溶解度很小的物质的溶解度,同时也可降低超临界流体的操作压力或减少超临界流体的用量。但夹带剂的使用会增加设备及能耗。故是否选用夹带剂及添加种类、数量等问题都应慎重决定。

(7)分离压力及分离温度　萃取过程之后,就必须使超临界流体的密度降低,以选择性地使萃取物在分离器中分离出来。一般有三种方法:恒压升温、恒温降压、降压升温。

当压力不变时,随温度的升高,CO_2携带物质的能力降低,很容易将萃取物质分离出来,但选择性差,且易造成挥发性强的物质随CO_2散失的可能性增大,亦对热敏性成分不利。

当分离压力降低时,SF-CO_2的密度降低,从而将已溶解在其中的萃取物在分离釜中分离出来,但随着工作压力的降低,分离率趋向平衡。分离压力不同,萃取物的化学组分也会有一定的差异。

3.5.3.3　超临界流体萃取系统

超临界流体萃取系统主要由4部分组成:溶剂压缩机(高压泵),萃取器,温度、压力控制系统,分离器或吸收器。

其他辅助设备包括:辅助泵、阀门、背压调节器、流量计、换热器等。三种不同分离方法的超临界萃取基本流程见图3.29。

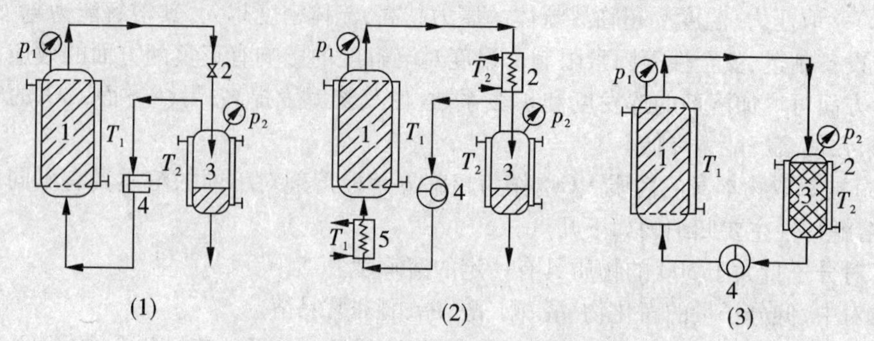

图 3.29　三种不同分离方法的超临界萃取装置基本流程

超临界 CO_2 流体萃取的三种基本流程：

(1)等温法 $T_1=T_2$　$P_1>P_2$　1. 萃取釜；2. 减压阀；3. 分离釜；4. 压缩机

(2)等压法 $T_1<T_2$　$P_1=P_2$　1. 萃取釜；2. 加热器；3. 分离釜；4. 高压泵；5. 冷却器

(3)吸附法 $T_1=T_2$　$P_1=P_2$　1. 萃取釜；2. 吸收剂(吸附剂)；3. 分离釜；4. 高压泵

(1)等温法或变压法　变温法或可用压法是温度不变，控制压力的一种系统，见图 3.29 (1)。超临界萃取是在产品溶质的溶解度最大时的压力下进行的，然后溶液通过减压阀降压，溶质在超临界流体中的溶解度降到最低，在分离器中分离出来，溶剂可经再压缩进入萃取器循环使用。

(2)等压法或变温法　等压法或变温法是压力不变，控制温度的一种系统，见图 3.29 (2)。富含溶质的超临界流体经热交换器加热后温度升高，溶质的溶解度降低，溶质亦可在分离器中分离收集。

(3)吸附法　它包括在定压绝热条件下，溶剂在萃取器中萃取溶质，然后，溶质借助合适的吸附材料如活性炭等加以吸收。见图 3.29 (3)。

实际上，除了上述三种方式之外，尚有同时控制温度和压力的方式。这三种方法的选用取决于所分离的物质及相平衡。实验研究时溶剂气体可以不回收，工业生产时溶剂气体需要循环利用。

3.5.3.4　超临界流体萃取技术在食品工业上的应用

(1)天然香料的萃取　实际上在天然香精方面的应用已成为 SFE-CO_2 法工业上应用最广泛的领域。据统计，目前天然香料 SFE-CO_2 萃取研究涉及 150 多个品种，已商业化生产的有 40 多个品种。

(2)从食品原料中脱除有害成分　从食品原料中脱除有害成分包括：从咖啡、茶叶中脱除咖啡因，从奶油、鸡蛋中去除胆固醇，从蛋白质中脱除脂肪，甜橙精油中不稳定成分萜烯的脱除，酿酒原料脱脂，烟草脱尼古丁，食品原料中农药残留的脱除等。

(3)生物活性成分的萃取　天然原料中的生物活性成分是医药及保健食品的理想原料，这些物质包括的种类较多，化学和物理性质、功效特点差异较大。

(4)萜类与挥发油的提取　虽然这类物质化学成分颇不一致，但因其沸点较低，分子量不大，极性小，在 SFE-CO_2 中有良好的溶解性能，大多数都可以用纯 CO_2 直接萃取，所需操作温度一般较低，避免了有效成分的破坏或分解。如人参皂苷、姜油、大蒜精油等的萃取。

(5)黄酮类化合物的提取　银杏黄酮、茶多酚等物质具有广泛的生物活性。银杏黄酮是含多个羰基的极性化合物,分子量大多在500以上,银杏内酯是脂溶性成分。单独使用SFE-CO_2很难达到满意的提取效果。以乙醇为夹带剂时,能较大幅度地增加银杏叶中有效成分的提取效率,且随着乙醇用量的增加,萃取效率提高越来越多。在对黄酮萃取的同时,还可以将有害成分银杏酚除去。

(6)功能性油脂类的提取　许多功能性油脂在SFE-CO_2中的溶解度较大,比较容易萃取获得,且在萃取过程中氧化损失少。如小麦胚芽油、沙棘油、亚麻子油、猕猴桃子油提取,鱼油多不饱和脂肪酸提取等。

(7)动植物油的萃取分离　在40~80 ℃,8~61 MPa条件下,用超临界CO_2萃取大豆油、玉米胚芽油和米糠油,与常规的溶剂萃取法相比,得到的大豆油产品油色清亮,铁、磷等杂质含量低,无须再精炼。

(8)大蒜油的SFE-CO_2研究　对SFE-CO_2萃取大蒜精油做了系统研究,得出的结果如下:大蒜SFE-CO_2萃取工艺条件为加料量400 g,添加2~3 g蒜皮,粉碎,萃取压力19 MPa,萃取温度35 ℃,静态浸提50 min,动态循环50 min,在分离温度为35 ℃,分离(Ⅰ)压力8 MPa、分离(Ⅱ)压力6 MPa下分离。

3.5.3.5　超临界流体萃取技术的发展方向

超临界流体萃取技术的今后发展方向主要有以下几个方面。

(1)进一步强化用于食品萃取处理的溶剂限定,包括辅助溶剂,使无溶剂残留的超临界CO_2萃取法的应用范围更加广泛。

(2)鉴于环境污染问题,应考虑将超临界流体技术应用于除萃取有用物质以外的被污染物质的去除。

(3)将超临界气体的应用扩大至超临界水的利用,超临界水可以将纤维等高分子物质分解为低分子物质,这对资源的高度利用具有很重要的意义。

3.5.4　超微粉碎技术

超微粉碎技术一般是指将物料粉碎至粒径在30 μm以下的一种粉碎技术,它是机械力学、电学、原子物理学、胶体化学、固体化学、化学反应动力学、表面界面化学等交叉融合的一门新兴学科。

3.5.4.1　超微粉碎技术分类

超微粉碎技术通常又可分为微米级粉碎(1~100 μm)、亚微米级粉碎(0.1~1.0 μm)、纳米级粉碎(0.001~0.100 μm,即1~100 nm),在天然动植物资源开发中应用的超细粉碎技术一般达到微米级粉碎即可使其组织细胞壁结构破坏,获得所需的物料特性。由于颗粒的微细化导致表面积和孔隙率的增加,使超细粉体具有独特的物理化学性能,如良好的分散性、吸附性、溶解性、化学活性、生物活性等,微细化的物粒具有很强的表面吸附力和亲和力,具有很好的固香性、分散性和溶解性,特别容易消化吸收。此外,超微粉碎可以使有些物料加工过程或工艺产生革命性的变化,如许多可食动植物都可用超细粉碎技术加工成超细粉,甚至动植物的不可食部分也可通过超细化而被人体吸收。因此超微粉碎技术的应用领域十分广泛。

固体物的粉碎过程就是用机械方法来增加表面积,即机械能转化为表面能的过程。这种转变是否完全,直接影响粉碎的效率。在单纯的机械粉碎中,部分机械能克服摩擦转化为大量热能,既消耗了能量又达不到所需的粒度,而超微粉碎技术却能在很短的时间内将固体物粉碎成粒径均匀的超微细粉。超微粉碎技术的特点有以下几点。

(1)速度快,时间短,可低温粉碎　超微粉碎技术是采用超声速气流粉碎、冷浆粉碎等方法,与以往的纯机械粉碎方法完全不同。在粉碎过程中不产生局部过热现象,甚至可在低温状态下进行粉碎,速度快,瞬间即可完成,因而最大限度地保留粉体的生物活性成分,以利于制成所需的高质量产品。

(2)粒径细且分布均匀　由于采用超声速气流粉碎,其在原料上的分布是很均匀的。分级系统的设置,既严格限制了大颗粒,又避免过碎,可得到粒径分布均匀的超细粉,同时很大程度上增加了微粉的比表面积,使吸附性、溶解性等亦相应增大,在制药工业中,超微细粉的新特征是使药物能较好地分散、溶解在胃液里,且与胃黏膜接触面积增大,更易被胃肠道吸收,大大提高了药物的生物利用度。

(3)节省原料,提高利用率　物料经超微粉碎后,近纳米细粒经的超细粉一般可直接用于制剂生产,而常规粉碎的产物仍需要一些中间环节,才能达到直接用于生产的要求,这样很可能会造成原料的浪费。因此,该技术尤其适合珍贵稀少原料的粉碎。

(4)减少污染　超微粉碎是在封闭系统下进行粉碎的,既避免了微粉污染周围环境,又可防止空气中的灰尘污染产品,故在食品及医疗保健品中运用该技术,可使微生物含量及灰尘得以控制。

3.5.4.2　超微粉碎设备及其原理

根据粉碎方法的不同,将超微粉碎分为干法超微粉碎和湿法超微粉碎,其中干法粉碎的设备有气流式、高频振动式、旋转球(棒)磨式,湿法超微粉碎专用的设备有搅拌磨、胶体磨和均质机。以干法超微粉碎为例介绍超微粉碎设备及其原理。

(1)气流式超微粉碎　气流式超微粉碎的基本原理是利用空气、蒸汽或其他气体通过一定压力的喷嘴喷射产生高度的湍流和能量转化流,物料颗粒在高能气流下悬浮输送,相互之间发生剧烈的冲击、碰撞和摩擦作用,加上高速喷射气流对颗粒的剪切冲击作用,使得物料颗粒之间得到充足的研磨而粉碎成超微粒子,同时进行均匀混合。由于预粉碎的食品物料大多熔点低或者不耐热,故通常使用空气。被压缩的空气在粉碎室中膨胀,产生的冷却效应与粉碎时产生的热效应相互抵消。

气流式超微粉碎的特点概括起来包括以下六方面。

①粉碎比大,粉碎颗粒成品的平均粒径在 5 μm 以下;

②粉碎设备结构紧凑、磨损小且维修容易,但动力消耗大;

③在粉碎过程中设置一定的分级作用,粗粒由于受到离心力作用不会混到细粒成品中,这保证出厂成品粒度的均匀一致;

④压缩空气(或过热蒸汽)膨胀时会吸收很多能量,产生制冷作用,造成较低的温度,所以对热敏性物料的超微粉碎有利;

⑤易实现多单元联合操作,例如可利用热压缩气体同时进行粉碎和干燥处理,在粉碎同时还能对两种配合比例相差很远的物料进行很好的混合,此外在粉碎的同时可喷入所需的包囊溶液对粉碎颗粒进行包囊处理;

⑥易实现无菌操作,卫生条件好。

气流式超微粉碎过程是在专门的气流式粉碎机上完成的。气流式粉碎机又称为流体能量磨(流能磨)或射流磨,有环形喷射式、圆盘式、对喷式和超声速式等类型。

(2)高频振动式超微粉碎　高频振动式超微粉碎的原理是利用球形或棒形研磨介质做高频振动时产生的冲击、摩擦和剪切等作用来实现对物料颗粒的超微粉碎,并同时起到混合分散作用。振动磨是进行高频振动式超微粉碎的专门设备,它在干法或湿法状态下均可工作。

振动磨中槽形或管形筒体支撑于弹簧上,筒体中部有主轴,轴的两端有偏心重锤,主轴的轴承装在筒体上通过绕性轴承与电机连接。主轴快速旋转时,偏心重锤的离心力使筒体产生一个近似于椭圆轨迹的快速振动。筒体内装有钢球或钢棒等磨介与待磨物料,筒体的振动使磨介与物料呈悬浮状态,利用磨介之间的抛射与研磨等作用而将物料粉碎。

在振动磨中,研磨介质的运动是实现超微粉碎的关键。除高频振动产生的作用力外,就磨介整体来说,还有一种与振动轨迹方向相反的转动(公转),转动的频率大致等于振动频率的1%。即筒体内磨介的整体运动方向与主轴的旋转方向正好相反,诸如主轴以顺时针运动时,磨介则以逆时针方向进行循环运动,由此产生了附加的冲击碰撞等作用力。而且,就单个磨介钢球来说,除了公转外还存在自转运动。因此,振动磨内研磨介质对物料产生的粉碎作用来自三个方面:高频振动、循环运动(公转)和自转运动。这些运动使得磨介之间及磨介与筒体之间产生剧烈的冲击、摩擦和剪切等作用,从而在短时间内将物料颗粒研磨成细小的超微粒子。

振动磨有间歇式和连续式之分,工业化应用的一般都是连续式。振动磨有上下安置的两个管形筒体,筒体之间由2~4个横构件连接,横构件由橡胶弹簧支承于机架上,在横构件中部装有主轴的轴承,主轴上固定有偏心重块,电动机通过万向联轴器驱动主轴。小型振动磨有两个偏心重块,大型的有4个偏心重块,每个偏心重块各由两件组成,可通过改变相互的角度来调节偏心的大小,偏心力使得管形筒体与横构件在橡胶弹簧上振动。通常进料部分和排料部分分别设于筒体两端,这与筒体的连接系统有关。如振动磨中筒体以串联方式相连接,则物料的路程最长,适合于坚硬的、进料粒度较大或成品粒度要求很细的场合。

3.5.5　膜分离技术

膜分离技术是用半透膜作为选择层,允许某些组分透过而截留混合物中的其他成分,从而达到分离的技术。是对液-液、气-气、液-固、气-固体系中不同组分进行分离、纯化与富集的多学科交叉的新兴边缘学科高效分离技术。

膜分离现象在200多年前就已经发现。20世纪上半叶出现了制造滤膜的企业,但膜分离技术的大发展和工业应用是在20世纪60年代以后,其发展历史大致为:20世纪30年代微孔过滤、40年代透析、50年代电渗析、60年代反渗透、70年代超滤、80年代气体分离、90年代渗透汽化或称渗透蒸发。目前,世界膜市场的75%分布在美国、欧洲和日本。20世纪80年代后膜分离技术的工业化应用迅速发展,新发展了膜蒸馏和渗透蒸馏等膜分离过程。

反渗透、超滤、微滤、电渗析为四大已开发应用的膜分离技术。其中反渗透、超滤、微滤相当于过滤技术，用以分离含溶解的溶质或悬浮微粒的液体。电渗析用的是荷电膜，在电场的推动下，用以从水溶液中脱除离子，主要用于苦咸水的脱盐。

3.5.5.1 三种膜分离过程的定义与分离原理

(1)微滤　利用筛分原理，分离、截留直径为0.02~10 μm大小的粒子的膜分离技术，即滤膜的孔径为0.02~10 μm。

(2)超滤　超滤的分离原理也可基本理解为筛分原理，但有些情况下受到粒子荷电性和荷电膜相互作用的影响，它可分离分子量300~1 000 000的可溶性大分子物质，对应孔径为1~20 nm(0.001~0.02 μm)。

(3)反渗透　在高于溶液渗透压的压力作用下，只有溶液中的水透过膜，而所有溶液中的大分子、小分子有机物及无机盐全被截留住。理想的反渗透被认为是无孔的，它分离的基本原理是溶解扩散(也有毛细管流学说)，膜孔径为0.1~1 nm。

3.5.5.2 膜分离的特点

设备简单，操作方便，无相变、无化学变化，节能高效，它是一个物理单元操作过程，特别适用于热敏性的食品体系及食品成分的分离、纯化、浓缩和富集。

其特点可归纳为以下几点。

①处理效率高，设备易于放大；

②可在室温或低温下操作，适宜于热敏感物质的分离浓缩；

③化学强度与机械损害最小，减少失活；

④无相转变，节省能源；

⑤有相当好的选择性，可在分离、浓缩的同时达到部分纯化的目的；

⑥选择合适的膜与操作参数，可得到较高回收率；

⑦系统可密闭循环，防止外来污染；

⑧不外加化学物，透过液(酸、碱或盐溶液)可循环使用，降低了成本，并减少对环境的污染。

3.5.5.3 膜的分类及膜分离技术在食品工业中的应用

(1)膜的分类

1)根据膜的来源　膜分为天然膜和合成膜。

2)根据材料　膜分为醋酸纤维膜、聚合膜、无机膜、共混膜和复合膜。

3)根据膜断面的物理形态　膜分为对称膜、不对称膜(指膜的断面不对称)、复合膜(通常是用两种不同的膜材料，分别制成表面性层和多孔支撑层)。

4)根据膜的形状　膜分为平板膜、卷式膜、管式膜和中空纤维膜。

(2)膜分离技术在食品工业中的应用　膜分离研究的任务在于寻找同时具有高渗透率和高选择性，并具有坚固性、温度稳定性、耐化学和细菌侵蚀、低成本的膜材料。目前醋酸纤维素膜和聚酰胺膜应用极为广泛。现代膜分离技术在食品工业中的应用不仅改革了传统加工工艺，简化了操作，降低了成本，而且提高了产品的质量，增加了产品的品种。

1)乳制品加工　各种加工前的浓缩、乳清分离等。

2)肉食加工废弃物的利用　从血清中回收血清蛋白、动物胶提取、废水中有用物质的回收。

3)酿造行业的应用　酱油的分离。

4)酿酒行业的应用　低度酒澄清处理、超滤作为啤酒的冷杀菌手段、回收酵母等。

5)在饮料工业中的应用　水质处理、果蔬饮料、天然物质的提取。据统计,膜分离技术在食品工业中的应用占各工业应用总数的68%。

膜技术在食品加工中应用得越来越多,已跨入了各生产领域与科技领域,取得了很好的经济效益和社会效益。

3.5.6　超高压加工技术

食品超高压技术是利用帕斯卡定律,即利用加在液体中的压力(100~1 000 MPa),通过介质,以压力作为能量因子,将放在专门密封超高压容器内的食品在常温或较低温度(低于100 ℃)下,以液压作为压力传递介质对其加压,压力达数百兆帕,从而达到杀菌、物料改性、产生新的组织结构、改变食品的品质和改变食品的某些物理化学反应速度的效果的一项新技术。

3.5.6.1　超高压保藏技术的基本原理

液体(水)在超高压作用下被压缩,而受压食品介质中的蛋白质、淀粉、酶等产生压力变性而被压缩,生物物质的高分子立体结构中非共价键结合部分(氢键、离子键和疏水键等相互作用),即物质结构发生变化,其结果是食品中的蛋白质呈凝固状变性、淀粉呈胶凝状糊化、酶失活、微生物死亡,或使之产生一些新物料改性和改变物料某些理化反应速度,故可长期保存而不变质。

根据Le Chatelier(勒·蔡特利尔)定律,外部高压会使受压系统的体积减小(即$\Delta V<0$,ΔV=产物的体积-反应物的体积),反之亦然。因此,食品的加压处理使发生的反应向最大压缩状态方向进行,反应速度常数K增加或减小取决于反应的"活性体积"(ΔV=反应复合体体积-反应物体积)是正还是负。

以水为例,当水溶液被压缩时,其压缩能量为:

$$E=\frac{2}{5}\times pCV_0 \tag{3.57}$$

式中　p——外部压力,Pa;

C——溶液的压缩常数;

V_0——体积的初始值,cm^3。

在压力为400 MPa下,水的压缩能量为19.2 kJ,这与1 L水从20 ℃升至25 ℃时所吸收的20.9 kJ的热量大致相当。

再根据帕斯卡定律,外加在液体上的压力可以在瞬时以同样的大小传递到系统的各个部分,故如果对液体在外部施以高压的话,将会改变液态物质的某些物理性质。以水为例,对其在外部施压,当压力达到200 MPa时,水的冰点将降至-20 ℃;把室温下的水加压至100 MPa,水会发生体积收缩,其体积减小19%;不同温度下水的压缩率变化略有不同。水的压缩还会导致其温度的变化,高压下水的温度会升高。不同温度的水升温的情况也有不同。水温越高,高压下的升温现象也越明显,如10~80 ℃的水在100 MPa处理时的升温达到 8 ~20 ℃。这意味着高压处理过程中,升压时会发生水的温度升高,而降压过程会发生水的温度降低,因此加压时食品中的水和作为传压介质的水(或含水介质)会发生相应变化,不含水的其他传压介质也会发生相似的变化。此外高压下水的传热特性和比热容等也会发生变化,这些变化都会影响到高压处理食品有关特性的变化。

3.5.6.2　超高压杀菌的原理

实验证明,高压可以引起微生物的致死作用。高压导致微生物的形态结构、生物化学反应、基因机制以及细胞壁膜的结构和功能发生多方面的变化,从而影响微生物原有的生理活动机能,甚至使原有功能破坏或发生不可逆变化。超高压杀菌是通过高压破坏其细胞膜,抑制酶的活性和 DNA 等遗传物质的复制来实现的。

(1)改变细胞形态　极高的流体静压会影响细胞的形态。如胞内的气体空泡在 0.6 MPa下会破裂等。上述现象在一定压力下是可逆的,但当压力超过某一点时,便不可逆地使细胞的形态发生变化。

(2)影响细胞生物化学反应　按照化学反应的基本原理,加压有利于促进反应向减小体积的方向进行,推迟了增大体积的化学反应,由于许多生物化学反应都会产生体积上的改变,所以加压将对生物化学过程产生影响。

(3)影响细胞内酶活力　高压还会引起主要酶系的失活,一般来讲压力超过300 MPa对蛋白质的变性将是不可逆的。酶的高压失活的根本机制:改变分子内部结构,活性部位上构象发生变化。

通过影响微生物体内的酶,进而会对微生物基因机制产生影响,主要表现在由酶参与的 DNA 复制和转录步骤会因压力过高而中断。

(4)高压对细胞膜的影响　在高压下,细胞膜磷脂分子的横切面减小,细胞膜双层结构的体积随之降低,细胞膜的通透性将被改变。

(5)高压对细胞壁的影响　细胞壁赋予微生物细胞以刚性和形状。20 ~40 MPa 的压力能使较大细胞的细胞壁因受应力机械断裂而松解。这也许对真菌类微生物来说是致死的主要因素。而真核微生物一般比原核微生物对压力较为敏感。

3.5.6.3　超高压对食品中酶的影响

酶的化学本质是蛋白质。酶的生物活性产生于活性中心,活性中心是由酶分子的三维结构产生的,即使是微小的变化也能导致酶活力的丧失,并改变酶的功能性质。蛋白质的二级和三级结构的改变与体积变化有关,超高压有利于体积减小的反应发生,而抑制体积增加,因此酶会受到高压的影响。

酶受到高压作用后,维持其空间结构的盐键、氢键、疏水键等遭到破坏,从而使肽键分子伸展成不规则的线形多肽,使其活性部位不复存在,导致了酶的失活。一般来讲,在 100 ~200 MPa 的压力下是可逆的,只有当处理压力达到 350 MPa 以上时,才会使酶产生永久性的不可逆失活,否则在压力消除之后酶的活力会再生。

超高压对酶的作用效果可分为两方面:一方面较低的压力能激活一些酶;另一方面非常高的压力可导致酶失活。关于压力失活,以活力的损失和恢复为根据将酶分为 4 类酶:完全不可逆失活,完全可逆失活,不完全可逆失活,不完全不可逆失活。

Fukuda 和 Kungi 报道:胰蛋白酶(trypsin)和羧基肽酶 Y(carboxypeptidase Y)的活性

在高压下受到抑制；而嗜热菌蛋白酶（thermolysin）和纤维素酶（cellulase）在高压下则被激活。利用高压处理可使果蔬中一些酶被激活或失活，对于食品的色泽、香味及品质都有很大的提高。

Indrawati 等人对枯草杆菌淀粉酶（BSA）、过氧化物酶（POD）、果胶甲基酯酶（PME）、多酚氧化酶（PPO）和脂肪氧化酶（LOX）经低温高压（-22～0 ℃，1～400 MPa）处理后酶的灭活情况进行了研究，与常压下的冻结过程相比较后发现：POD、PPO、BSA 无不可逆失活，PME 有轻微的可逆失活（80%～92%的活性保留）；LOX 在大范围内可逆失活（3%～55%的活性保留），而常温下典型的-18 ℃冻结只造成10%的 LOX 活性下降，处理后在冰浴储藏过程中，PME 和 LOX 只有很小的下降。

每种酶都存在最低失活压力，低于这个压力时酶就不会失活，当超过这个压力时（在特定时间内）酶的失活速度会加速，直到完全失活。这个压力失活范围受到酶的类型、pH值、介质成分、温度等因素影响。对于一些酶又存在一个最高压力，高于此压力并不会导致额外酶的失活。

已有研究表明，在相等的处理时间下，应用循环脉冲压力处理可以改善酶的失活，如胰蛋白酶、胃蛋白酶 A、枯草杆菌 α-淀粉酶等，即经过多次超高压处理比一次性相同长度时间的超高压处理酶所保持的活力要低，例如在0～270 MPa 条件下，100 s 内等级脉冲减少微生物数量接近4个对数级，而连续 100 s 加压只减少 2.5 个对数级。但循环脉冲压力对果胶甲基酯酶和胰蛋白酶无影响，只有压力高于最低失活压力才能实现一个更好的效果。由此可见，对于特定酶的最低压力和最高压力的研究是超高压失活酶的关键点的研究。

3.5.6.4　超高压技术处理食品的特点

超高压处理过程是一个纯物理过程，只有物理变化，没有化学变化，也不会产生副作用，与传统的食品加热处理工艺机制完全不同。高压会生成或破坏非共价键（氢键、离子键和疏水键），使生物高分子物质结构发生变化；相反，传统加热所引起的变性则是共价键的形成或破坏所致，从而导致了风味物质、维生素、色素等的改变（如变味）。因此，高压对形成蛋白质高分子物质以及维生素、色素和风味物质等低分子物质的共价键无任何影响，故此高压食品很好地保持了原有的营养价值、色泽和天然风味。

超高压食品加工技术与传统的加热处理食品技术比较，具有很多独特的优点。

（1）营养成分受影响小　超高压处理的范围只对生物高分子物质立体结构中非共价键结合产生影响，因此对食品中维生素等营养成分和风味物质没有任何影响，最大限度地保持了其原有的营养成分，并容易被人体消化吸收。传统的加热方式，均伴随有一个食品在较高温度下受热的过程，都会对食品中的营养成分有不同程度的破坏。

Muelenaere 和 Harper 曾经报道，在一般的加热处理或热力杀菌后，食品中维生素 C的保留率不到40%，即使挤压加工过程也只是有大约70%的维生素 C 被保留。而超高压食品加工是在常温或较低温度下进行的，它对维生素 C 的保留率可高达96%，超高压处理的草莓酱可保留95%的氨基酸，从而将营养成分的损失程度降到了最低。在口感和风味上明显超过加热处理的果酱。

（2）产生新的组织结构，不会产生异味　超高压处理可以在最大限度地保持其原有营养成分不变的同时改变食品物质性质，改善食品高分子物质的构象，获得新型物性的超高压食品，特别是蛋白质和淀粉的表面状态与热处理完全不同，这就可以用压力处理各种新的食品素材，如作用于肉类和水产品，提高了肉制品的嫩度和风味；作用于原料乳，有利于干酪的成熟和干酪的最终风味，还可使干酪的产量增加。通过对超高压处理的豆浆凝胶特性的研究发现，高压处理会使豆浆中蛋白质颗粒解聚变小，从而更利于人体的消化吸收。

超高压会消除传统的热加工引起共价键的形成或破坏所致的变色、发黄及加热过程出现的不愉快异味，如热臭等弊端。

(3)利用超高压处理技术，原料的利用率高　超高压处理过程是一个纯物理过程，瞬间压缩，作用均匀，操作安全、耗能低，有利于生态环境的保护和可持续发展战略的推进。该过程从原料到产品的生产周期短，生产工艺简洁，污染机会相对减少，无工业“三废”，产品的卫生水平高。

(4)超高压食品加工技术适用范围广，具有很好的开发推广前景　超高压技术不仅被应用于各种食品的杀菌，而且在植物蛋白的组织化、淀粉的糊化、肉类品质的改善、动物蛋白的变性处理、乳产品的加工处理以及发酵工业中酒类的催陈等领域均已有了成功而广泛的应用，并以其独特的领先优势在食品各领域中保持了良好的发展势头。

3.5.7 挤压技术

挤压技术是指物料经预处理(粉碎、调湿、混合等)后，经机械作用使其通过一个专门的模具孔，以形成一定形状和组织状态的产品。该技术的应用，彻底改变了传统的谷物食品加工方法，不仅简化了谷物食品的加工工艺、缩短了生产周期、降低了产品的生产成本和劳动强度，而且还丰富了谷物食品的花色品种、改善了产品的组织状态和口感，提高了产品的质量，近几年已获得了迅速发展。

3.5.7.1 挤压技术的发展

人类使用挤压技术已有很长的历史，最初使用的是纯木质柱塞式的原始结构，1879年英国 Gray 利用挤压原理制造出了世界上第 1 台螺旋挤压机，当时主要应用于橡胶产业。20 世纪 30 年代，第 1 台谷物加工单螺旋挤压机问世，开始用于生产膨化玉米。20 世纪 60 年代双螺旋挤压机用于食品加工领域，70 年代欧美市场方便食品有 35% 是挤压技术产品，80 年代此技术已在食品行业中占据重要地位，研制开发了不同结构与功能的设备，出现了丰富多彩的挤压膨化食品。我国从 20 世纪 80 年代末开始对该技术进行研究，较早的研究机构有北京市食品研究所和黑龙江商学院。虽然从 1980 年 3 月北京市食品研究所试制的自热式 PJ1 型谷物膨化机就开始大批量生产，但总体上研究水平与国外先进技术有较大差距。直到 20 世纪 90 年代后，随着国家经济形势的好转，大众消费饮食结构的变化刺激了食品工业的迅速发展，也迎来了挤压技术研究应用的机遇和挑战。

3.5.7.2 挤压技术的原理和特点

(1)原理　挤压技术是通过水分、热量、机械剪切、压力等综合作用，使物料在高温高压状态突然释放到常温常压状态，也是物料内部结构和性质发生变化的过程。当含有一定水分的物料在挤压机螺旋的推动力下被压缩，受到混合、搅拌、摩擦及高剪切力作用，使淀粉粒解体，同时温度和压力升高(温度达 200 ℃，压力达 3 ~ 8 MPa)，然后从一定形状的模孔瞬间挤出。由于高温高压突然降至常温常压,其中游离水分在此压下急骤汽化,水的体积可膨胀大约2 000倍,膨化瞬间,谷物结构发生了变化,生淀粉转化成熟淀粉,同时变成片层状疏松的海绵体,谷物体积膨大几倍到十几倍。

(2)特点

1)应用范围广　挤压技术既可用于加工各种膨化食品和强化食品,又可用于各种原料如豆类、谷类、薯类的加工,还可以用于加工蔬菜及某些动物蛋白。挤压技术除广泛应用于食品加工外,在饲料、酿造、医药、建筑等方面也广为应用。

2)生产效率高、成本低　挤压设备连续工作能力强、生产效率高,如国外大型双螺旋挤压机每小时生产能力达数十吨,且操作简便、生产成本低,与传统蒸煮法相比有着明显的优势。

3)有利于粗粮细作　许多粗粮中富含矿物质、维生素及人体必需的氨基酸等营养成分,符合人体营养需要。但是,粗粮往往因口感粗糙而受到人们的冷落。粗粮经挤压膨化处理后,能改变物料的组织结构、密度和复水性,使产品质地变软,改善了口感和风味,为粗粮的大范围市场化提供良好的契机。

4)可生产多类产品　由于挤压设备简单,所以只需改变原料和模具头,就可生产出品种多样、形状各异的产品。

5)物料浪费少,产品无废品　使用挤压设备生产产品时,除开机、停机时需少量原料做“引子”外,整个生产过程几乎无废弃物排出,不存在浪费原料和出废品现象。同时,也减少了由此引起的相关环境污染,改善了工作现场的操作环境。

6)营养损失少,易消化吸收　物料被挤压过程中由于受热时间短,营养成分破坏程度小,蒸煮挤压时,淀粉、蛋白质、脂肪等大分子物质的分子结构均不同程度发生降解,呈多孔疏松质结构,有利于人体消化和吸收。

7)有利于长期储藏　经蒸煮挤压后的食品不易“回生”,有利于长期储藏。

3.5.7.3　挤压设备的种类

挤压设备的种类很多,按其螺旋数量分类,可分为单螺旋挤压机和双螺旋挤压机;按挤压机功能和特点分类,可分为高剪切蒸煮挤压机、低剪切蒸煮挤压机、高压成型挤压机、通心粉挤压机和玉米膨化果挤压机等;按挤压机热力学特性分类,又可分为自热式挤压机、等温式挤压机和多变式挤压机。

3.5.7.4　挤压技术的应用

(1)在休闲食品中的应用　应用挤压技术主要可生产两大类休闲食品,一类是以玉米和大米等谷物类为主要原料,根据需要可加入适量的咖喱粉、小苏打、可可粉等,经挤压蒸煮后膨化,形成疏松多孔状产品,再经烘烤脱水或油炸,在表面喷涂一层调味料,制成如玉米果、膨化虾条、麦圈米乐等;另一类为膨化夹心小吃,通过挤压膨化制成空管状物,管中可充填馅料,即在膨化物被挤出的同时将馅料注入管状物中间,经此工艺加工的膨化夹心食品,口感酥脆,风味随夹心馅的改变而改变,可通过改变夹心料的配方,加工出各种营养强化食品和功能食品。

(2)在浸油中的应用　利用挤压技术对浸油原料进行膨化预处理,可收到良好的效果。当原料胚被强制输送到挤压腔后,通过压延、摩擦和挤压作用产生的高温高压效果,原料胚被剪切、泥炼、熔融，使原料胚组织发生了变化。当原料胚从高压状态被挤出到常压态时，内部超沸点水分瞬间蒸发并产生巨大膨胀力，原料胚也随之膨化成型，产生许多带细微孔的条状体(或称油路)。此时的原料胚非常有利于油料的浸出，与传统轧胚浸出法相比，具有生产能力强、浸油速度快、耗能低及产品质量优等特点。

(3)在酿造生产中的应用　谷物经膨化处理后，淀粉和蛋白质等大分子物质的分子结构均不同程度地发生降解，糊精、还原糖和氨基酸等小分子物质含量增加，脂肪含量大大降低，这样的变化对发酵有利。同时，可溶性的小分子物质在发酵初期可供给酵母足够的营养成分，加快发酵过程。由于物料挤压后呈片状或蜂窝状结构，体积膨胀，增大了与酶的接触面积，加快了酶与酵母的作用进程，减少了酶和酵母的用量，缩短了发酵周期，因此作为发酵工业的原料，挤压膨化后的谷物原料均优于蒸煮糊化原料。实验表明，利用挤压膨化原料生产食醋，原料出品率可提高 40% ~50%，而且酵母和曲的用量也要减少，发酵时间比传统工艺缩短 10 d 左右。将挤压膨化技术用于黄酒和啤酒生产上，可明显缩短发酵周期，减少酵母添加量，提高原料利用率，而且由于物料在挤压膨化中受到高温高压的作用，故原料中的氨基酸与还原糖发生美拉德反应所产生的物质，将给酒带来特有的香味，提高了酒的质量。

(4)在早餐谷物类食品中的应用　早餐谷物类食品中含有丰富的复合糖类、蛋白质、维生素、矿物质、膳食纤维等，产品的主要成分是谷物，是通过蒸煮、脱水加工而成的更易于食用和消化的一种形式。目前，挤压技术已成功地应用于片状谷物食品、膨化早餐谷物食品、焙烤膨化早餐谷物食品、喷射膨化早餐谷物食品及纤维状早餐谷物食品的生产中。

(5)在糖果加工中的应用　传统的糖果生产技术厂房占地面积大、生产周期长、劳动强度大，生产过程难以控制。采用蒸煮挤压技术后，可大大地提高生产效率(提高 10 倍左右)，降低了厂房的占地面积(为原来的 1/20)，减少了操作人员数量(为原来的 1/12)和能源的消耗。

另外，由于是密闭式生产，可有效地改善产品的卫生条件。由于可对糖果生产过程中糖的转化，美拉德反应、起泡、胶凝过程中蛋白质的分解、糖的结晶、脂类物质的同素异构现象、酶的反应以及淀粉的胶凝等进行控制，故能有效地控制糖果的营养物理特性成分等。将挤压技术应用于糖果生产中，对改进传统的糖果生产工艺起着积极的促进作用，并能不断地开发出新的糖果产品，以满足不断变化的消费市场的需要。

(6)在饲料生产中的应用　挤压技术可对大豆粉、鱼粉、羽毛粉等饲料蛋白资源，以及鸡粪、动物内脏废弃物和某些农副产品等饲料原料进行挤压加工。挤压过程中，一些天然的抗生长因子和有毒物质被破坏，导致饲料变劣的酶被钝化或失活，饲料的一些质量指标得以提高。毒性成分的减少也提高了蛋白酶的消化率，蛋白质利用率得以明显改善，饲料适口性将更好。

(7)在组织化植物蛋白生产上的应用　组织化植物蛋白的生产是利用含植物蛋白较高的原料(50%左右)，如大豆、棉籽等，通过挤压剪切作用后，蛋白质三级结构被破坏，形成相对呈线性的蛋白质分子链。物料在一定温度和水分情况下，由于受高剪切力和螺杆定向流动的作用，当被挤压经过模具出口时，蛋白质分子成为类似纤维状的结构，植物蛋白经组织化后，改善了口感和弹性，扩大了使用范围，提高了营养价值。其产品与动物蛋白相比,具有价格低、不含胆固醇、保质期长、易着色、易增香添味等特点,并且也可作为肉类填充料或者代替肉、鱼、禽类制成各种不同的肉类食品或仿肉类食品。

(8)在其他方面的应用　挤压技术除应用于食品加工、酿造、饲料等领域外,还在医药、建筑等行业有所应用。如用膨化粉末作为压片辅料,具有填充剂、黏合剂、崩解剂的性质;代替淀粉用于制药工业,可为沸腾法一次制粒提供良好的原料。利用挤压技术对淀粉进行深加工,可制备磷酸酯淀粉、羧甲基淀粉,作为建筑业墙体粉刷的黏合剂。

3.5.7.5　挤压技术存在的主要问题

我国对于挤压技术的研究与应用与国外相比处于相对落后状态,专门从事此项技术的人员少,理论研究滞后,产品开发跟不上,设备性能不完善,生产厂家技术参差不齐,这些问题都有待于迅速解决。从整个挤压技术看,新兴挤压食品的开发是当前研究的方向。虽然技术人员对挤压理论的研究已取得了相当大的成果,但因物料在挤出过程中的随机性和复杂性使它们的前提假设条件和边界条件既多又难以精确确定,简化条件后又存在较大误差,只能依靠实证试验不断地修正,使挤压工艺难以达到智能化。同时在物理模型建立和数学模型求证方面存在的困难,也是挤压技术面临的最大问题。这一问题的解决,将会大大提高挤压技术的研究水平。

在当今日益激烈的商业竞争中,研制开发机电一体化自动化的技术装置将是时代的选择。各种新型挤压膨化食品更有待于进一步的开发。随着人们对挤压理论和挤压过程的不断认识和深入研究,相信在不久的将来,挤压技术将给我们带来更多更好的产品,展现它独有的无穷魅力。

3.5.7.6　挤压技术的发展前景

挤压技术在很多领域取代了传统的加工方法,作为一种新型食品加工技术,已得到了迅速发展。近几年,发达国家已把蒸煮挤压食品单列为一大类食品,如美国、日本及西欧的一些国家到处可见挤压食品或挤压半成品。美国的 Wenger 公司、意大利的 pavan mapimpian 公司、瑞士的布勒公司等,都是世界上比较有名的挤压设备公司。我国山东省农科院农副产品加工研究所利用本院培育的优质高蛋白大豆(如鲁豆 10 号)、黑豆、谷子、高赖氨酸玉米等,在挤压食品开发研究中,做了许多探索性的工作。

3.5.8　纳米技术

纳米技术是指在纳米尺度(1～100 nm)上研究物质的特性和相互作用,以及利用这些重要特性的多交叉的科学和技术。这一技术使人类认识和改造物质世界的能力延伸到了原子和分子水平,成为当今最重要的新兴科学技术之一。随着纳米科技的科学价值逐渐被认识和纳米材料的制造技术不断完善,纳米技术作为一门高新技术在食品科学领域的研究将得到越来越多的关注,主要涉及食品加工、食品包装和食品检测等领域,并取得了一些研究成果。纳米食品有广义和狭义之分,从广义来说,在食品生产加工和包装中,利用了纳米技术的都可以称为纳米食品;从狭义来说,只有对食品成分本身利用纳米技术改造和加工的产品,才称得上纳米食品。目前,所谓的纳米食品都是广义上的纳米食品,集中在食品包装中利用纳米技术延长产品货架期。

纳米技术在医药上的许多应用正逐步地被应用于食品行业,不仅使食品生产的工艺得到了改进,效率得到了提高,还产生了许多新型的食品和具有更好功效和特殊功能的保健食品。

3.5.8.1 食品纳米技术

在食品领域中,以纳米食品加工技术、纳米配料和食品添加剂的结构控制、纳米复合包装材料、纳米检测技术等方面的研究最为活跃。已经成为食品纳米技术的研究热点。

(1)纳米材料固化酶 在食品工业中运用纳米材料固化酶用于食品加工和酿造业,由于纳米微粒小,表面积大,可以提高酶的利用率和生产效率。

(2)纳米膜技术 用纳米膜技术纳滤可以分离食品中多种营养和功能性成分。纳滤是介于超滤和反渗透之间的一种膜分离技术,它的截留分子量范围为200~1 000。孔径为几纳米,纳滤膜表面有一层均匀的超薄脱盐层,它比反渗透膜要疏松得多,且操作压比反渗透压低,纳滤目前用于浓缩乳清及牛奶调味液脱色,提取鸡蛋黄中的免疫球蛋白,回收大豆低聚糖,调节酿酒发酵液组分,浓缩果汁,分离氨基酸等方面。

(3)纳米包埋技术 纳米包埋技术可以用于果蔬汁和营养素的生产,采用天然脂质材料包裹成纳米微粒再制成食品,能改进口味和加快在体内的运输,并且具有缓释功能,进入人体后在体内滞留时间延长2~3倍,有利于人体的吸收,而且微粒不受肠道各种生物因子的破坏,生物利用率可提高1.8~2.2倍。

(4)纳米添加剂 纳米技术用于食品添加剂的生产,可以减少添加剂的用量,使其很好地分散在食品中,提高利用率,也可以利用超微粉体的缓释作用来保持较长的功效,还可以提高其稳定性和安全性。日本报道了纳米材料制备的安全高效色素,利用无机发光材料结合蛋白质或者其他高分子材料通过控制结构和尺寸,使发光材料在溶液中呈现不同色泽,该色素的光、热稳定性皆好于现有的人工色素和天然色素。基于天然高分子和安全无毒的无机材料的特点,这种新色素的安全性很高。

3.5.8.2 纳米食品包装保鲜抗菌材料

纳米材料由于具有特殊的力学、热学、光学、磁性、化学性质,决定其具有优异的表面效应、小尺寸效应和量子效应。用于食品包装的纳米复合高分子材料的微观结构不同于一般材料,其微观结构排列紧密有序,优越的性能体现在它的低透氧率、低透湿率、阻隔二氧化碳和具有抗菌表面等特性,是一种食品包装的新材料。将纳米技术应用在纳米复合阻透性包装材料中,可以实现食品的保质、保鲜、保味,并延长食品储藏时间。

纳米抗氧化剂、抗菌剂保鲜包装材料可提高新鲜果蔬等食品的保鲜效果和延长货架寿命,保留更多的营养成分。纳米系列银粉不仅具有优良的耐热、耐光性和化学稳定性,而且具有抗菌时间长、对细菌和霉菌等均有效的特点,添加到食品中可保持长期抗菌效果,且不会因挥发、溶出或光照引起颜色改变或食品污染;还可加速氧化果蔬释放出的乙烯,减少包装中乙烯含量,从而达到良好的保鲜效果。添加0.1%~0.5%的纳米TiO_2制成的包装材料可以防止紫外线引起的肉类食品的自动氧化变质,保护维生素和芳香化合物不受破坏。中科院化学所工程塑料国家重点实验室制备了PET纳米塑料,可以代替玻璃啤酒瓶,储藏啤酒四五个月保持口味新鲜。

纳米无机抗菌技术是结合了抗菌制备技术、金属离子抗菌技术和纳米级粉体抗菌制备技术制成的纳米界面涂料,其界面为超双亲性二元协同界面,既疏水又避油污,用于食品加工车间既保证了食品生产的卫生条件又易于清洁。

3.5.8.3 食品纳米检测技术

仿生材料是纳米技术的又一技术领域。生物系统能极其精确和高效地控制和组装复杂的生命体,生物工程和纳米技术相结合能使人们在纳米材料及器件的制造领域取得革命性的进展,它将生物纳米材料和仿生结构交叉起来,合成出多功能和高适应性的纳米材料。

纳米仿生技术在食品检测中有理解和识别病原体、检测食物腐败等潜在的应用。把纳米技术和生物学电子材料相结合,研制生物纳米传感器,通过生物蛋白与计算机硅晶片结合,检测食品中化学污染物并标记损失分子和病毒,具有高灵敏度和简单的生物计算机功能,能更好地控制、监测和分析生物结构的纳米环境;通过模仿植物病理学研制出"电子舌"和"电子鼻",利用化学敏感性的"电子舌"用于检测低含量的化学污染,识别食物和水中的杂质,服务于食物风味质量的控制,"电子鼻"是改变电学特性的应用,用于识别食物中病原体、判断食物是否腐败。

⇨ 思考题

1. 食品物料中水分存在的形态有哪几种?各有什么特点?
2. 食品在干制过程中发生哪些化学变化?
3. 食品热处理方法如何选择?并简要说明其特点。
4. 常用的空气对流干燥方法有哪几种?
5. 食品常用的冻结的装置和方法是什么?

本章详细阐述了米粉、面包、油炸食品及馒头等米面制品加工工艺，碳酸饮料、果蔬饮料、瓶装饮用水、茶饮料及蛋白饮料等软饮料加工工艺，乳制品、肉制品及蛋制品加工工艺，啤酒、葡萄酒、白酒、食用醋、酱油等酿造食品工艺，膨化食品、油脂及糖果、巧克力等加工工艺。通过学习，使学生了解米面制品、软饮料工艺、乳肉蛋制品、酿造食品等各类食品工艺流程，掌握其主要工艺参数及工艺要点。

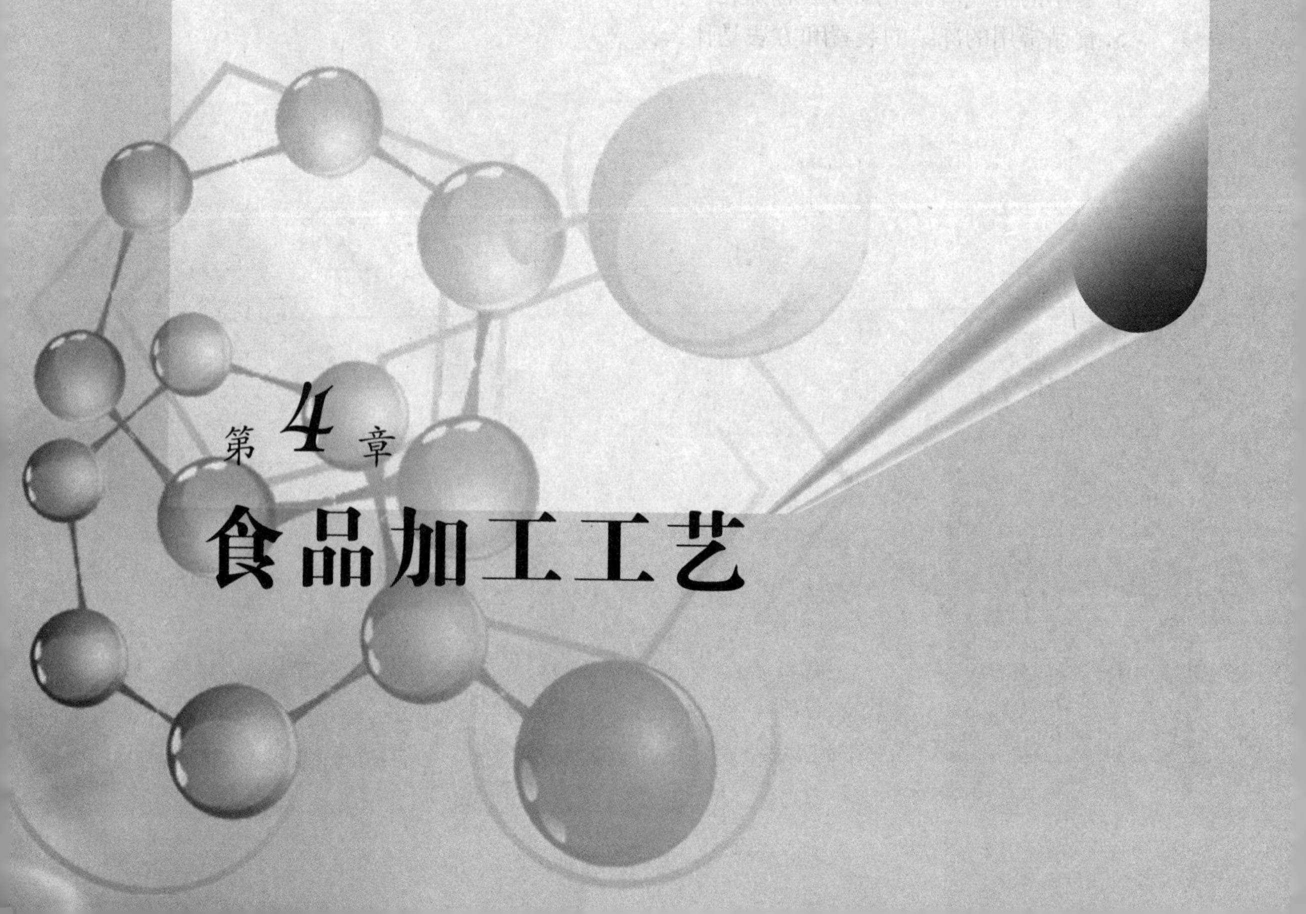

第4章 食品加工工艺

4.1 米面制品工艺

4.1.1 米制品工艺

4.1.1.1 米粉加工工艺

米粉,又称米粉条,是以大米为原料,经水洗、浸泡、磨浆(粉碎)、蒸煮成型、干燥及包装等工序而制成的条状或丝状米制品。花色品种繁多,一般分为榨粉和切粉两类,按含水量又可分为干米粉和湿米粉,即食米粉如同方便面,也配有各种调味汤料,只需开水浸泡便可食用。

(1)工艺流程

1)榨粉加工工艺流程

大米→洗米浸泡→磨浆→脱水→混合→蒸粉→挤条→复蒸→冷却→疏松成型粉→湿榨粉

冷却↓

干燥→冷却→干榨粉

2)切粉加工工艺流程

大米→洗米→浸泡→磨浆→脱水→蒸煮→冷却→切割→叠粉→折片切条→湿米切粉

折片切条↓

干燥→干米切粉

(2)操作要点

1)洗米浸泡　洗米浸泡是用高速水流反复冲洗大米,洗去灰尘和轻杂质,并使大米组织软化,浸泡时间以1~2 h为宜,大米水分含量为35%~40%。

2)磨浆　使用磨浆设备将大米磨成浆,加水量以25%~30%为宜,磨浆浓度为58%~62%。

3)脱水　将米浆含水量降低至35%~38%。

4)蒸粉　将脱水后的湿粉料用蒸粉机蒸料,使粉团部分糊化,时间为1.5 min,蒸汽压为2×10^5~2.5×10^5 Pa。

5)榨条或切条成型　将经过蒸煮的坯片利用榨条机或切条机进行成型。

6)复蒸　所谓复蒸就是将压榨挤出成型的粉丝进行复蒸,使粉丝糊化度提高到90%~95%。

7)冷却松条　将复蒸后的米粉丝经风冷降温,使其丝状组织结构固定,避免黏条。

8)干燥　对于干制品,须经热风干燥排除水分,固定组织和形状,便于保存。

即食米粉是通过干燥缓慢脱水来实现,干燥后成品水分为11%,因配有各种汤料,只需开水浸泡便可食用。

4.1.1.2 米制蛋糕加工工艺

(1)工艺流程

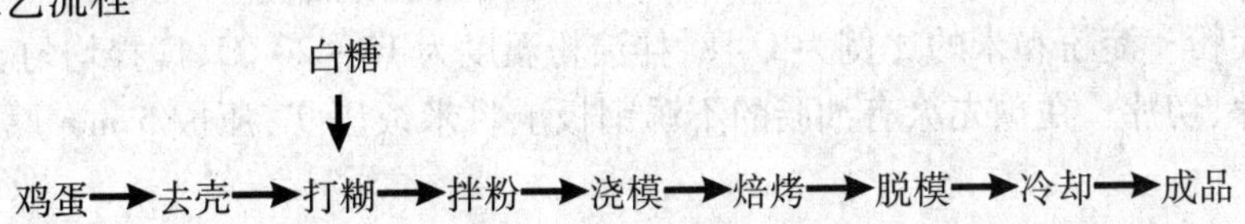

(2)操作要点

1)打糊　将鸡蛋洗净,去壳取蛋液,与白糖混合在一起,投入打蛋机内搅拌均匀,使鸡蛋胀发,形成大量气泡,同时使糖溶解。打好的鸡蛋糊成稳定的泡沫状,颜色为乳白色,体积约为原体积的3倍左右。蛋糊的好坏体现在蛋糊的起泡性与持泡力上,它们与打糊温度、水分含量及搅打时间有关。一般来说,打糊温度升高,则蛋糊的黏稠度下降,起泡性增加,但持泡力下降。通常在21 ℃时,蛋糊的起泡性和持泡力达到平衡。因此,在冬季打糊时,若车间内温度低,可用电炉对搅拌缸底进行适当的加热,以保证蛋糊质量。打糊在米制蛋糕工艺中非常重要。如果蛋糊搅打不充分,则焙烤后的蛋糕松软度差;如果蛋糊打得太剧烈,则会损伤蛋糊的"筋力",使其持泡力下降,引起蛋糊下塌,焙烤后的蛋糕虽能胀发,但因其持泡力下降而出现表面"凹陷"。

2)拌粉　拌粉就是将过筛的面粉、大米粉和其他辅料混合,加入打好的蛋糊中,然后再搅匀。加粉时要慢慢地加入面粉、大米粉等混合物,不能剧烈冲击和搅动,否则形成的泡沫会被破坏,影响焙烤时蛋糕的胀发。

3)浇模　蛋糊拌粉完毕后,即可上模。上模就是将拌好的蛋糊按量加入模具内,上模时间要求尽量短,拌粉完毕时与上模的时间间隔也要尽量短,否则蛋糊中会产生面粉下沉,从而影响成品的质量。

4)焙烤　上模完毕后即可送入烤箱中焙烤。米制蛋糕焙烤的炉温一般在180 ℃左右,一般为15 ~30 min。米制蛋糕烤熟程度可根据蛋糕表面颜色深浅或蛋糕中心的蛋糊是否黏手为标准,烤熟的蛋糕表面一般为均匀的金黄色。蛋糕中心的蛋糊黏手,说明未烤熟,不黏手,则焙烤即可停止。

5)脱模　刚出炉的蛋糕很柔软,须稍冷却再脱模,脱模后的蛋糕冷透后再进行包装。

4.1.1.3　锅巴加工工艺

(1)工艺流程

淘米→浸泡→蒸煮→冷却→拌油→拌淀粉→压片→切片→油炸→喷调料→包装

(2)操作要点

1)淘米　用清水将米淘洗干净,去掉杂质、砂石。

2)浸泡　浸米的目的是使米粒充分吸水,使大米在蒸煮时充分糊化、煮熟。浸米至米粒呈饱满状态,水分含量达30%为止,浸泡时间通常为30 ~45 min。

3)蒸煮　蒸煮是使大米中的淀粉糊化的过程。采用常压蒸煮或加压蒸煮均可。蒸煮到大米熟透、硬度适当、米粒不糊、水分含量达50% ~60%为止。若蒸煮时间不足,米粒不熟,没有黏结性,不易成型,容易散开,且做成的锅巴有生硬感,口感不佳;反之,米粒煮得太烂,容易黏成团,并且水分含量太高,油炸后的锅巴不够脆,影响成品质量。

4)冷却　将蒸煮后的米饭进行自然冷却,散发水汽,使米饭松散,不黏结成团,也不黏压片器具,既便于操作,产品质量也有所保证。

5)拌油　加入大米原料质量2% ~3%的氢化油或起酥油,搅拌均匀。

6)拌淀粉　淀粉和米的比例为1∶8,拌淀粉温度为15 ~20 ℃,搅拌均匀。

7)压片、切片　在预先涂有油脂的不锈钢板上将米饭压实,压成5 mm厚的薄片,然后切片。

8)油炸　油温控制在240 ℃左右,炸成浅黄色捞出,沥去多余的油。

9)喷调料　调料不同,可制成各种风味的锅巴。调料要干燥,粉碎粒度为250～180 μm(60～80目),喷撒要均匀。

4.1.2　面制品工艺

4.1.2.1　焙烤食品加工工艺

焙烤食品是以小麦粉为主要原料,采取焙烤加工手段对产品进行熟制的一类食品。

(1)焙烤食品的分类　目前,焙烤食品种类繁多,分类复杂。按其生产工艺特点可以分为六大类,即面包类、饼干类、蛋糕类、松饼类、气鼓类、小点心类等。

1)面包类　面包类品种较多,采用面粉、酵母、食盐、水等为主要原料,配以入粉、鸡蛋等辅料,经搅拌、成型、烘烤而成。分为硬式面包、软式面包、主食面包、果子面包、模具面包等。主要品种有方形、圆形、花样及梭形等。

2)饼干类　饼干类的主要产品是以面粉、糖、油、蛋等为主要原料,配以巧克力、果料等辅料,经搅拌、压片、成型、烘烤而成。分为韧性饼干、酥性饼干、苏打饼干、威化饼干等。主要品种有动物饼干、各式酥性饼干、夹心饼干等。

3)蛋糕类　蛋糕类品种较多,采用鸡蛋、砂糖、面粉等为主要原料,配以黄油、巧克力、果料等辅料,经搅拌、成型、烘烤而成。分为乳沫类蛋糕、面糊类蛋糕、戚风类蛋糕。主要品种有蛋糕卷、水果蛋糕、黄油花蛋糕等品种。

4)松饼类　西点中的主要产品,有奶油千层酥、奶油罗丝卷、派类、牛角可松、丹麦式松饼等。

5)气鼓类　又名哈斗。经烫面、成型、烘烤后形成中空类的产品以后,再灌入奶油等。

6)小点心类　主要用黄油、绵白糖、蛋品等配以果酱、巧克力粉等制成,产品造型小巧美观。主要品种有蛋挞、果塔类等。

(2)面包加工工艺　面包是以面粉、酵母、糖、盐和水为主料,添加适量辅料,经调粉、发酵、成型、醒发、烘焙制成的方便食品。

面包的种类很多。按质量和用途分为主食面包与点心面包;按柔软度分为硬式面包与软式面包;按成型方法分为普通面包与花色面包;按口味不同分为甜面包和咸面包;按用料不同分为鸡蛋面包、奶油面包、椰蓉面包、水果面包、夹馅面包、巧克力面包和全麦面包等。

1)一次发酵工艺

蛋液↓

配料→搅拌→发酵→切块→搓圆→整形→醒发→饰面→烘烤→冷却→包装→成品

2)二次发酵工艺

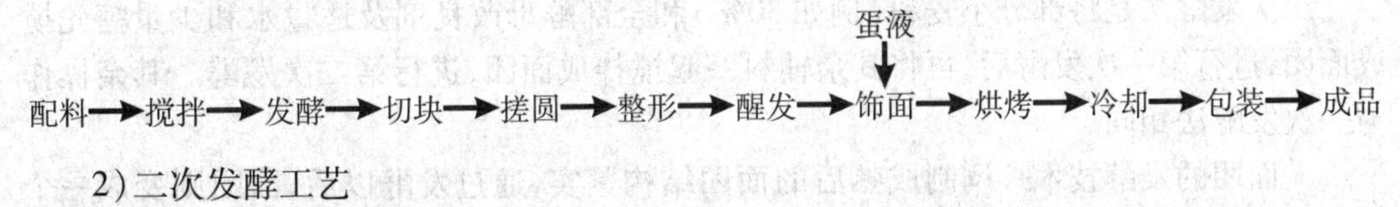

3)三次发酵工艺

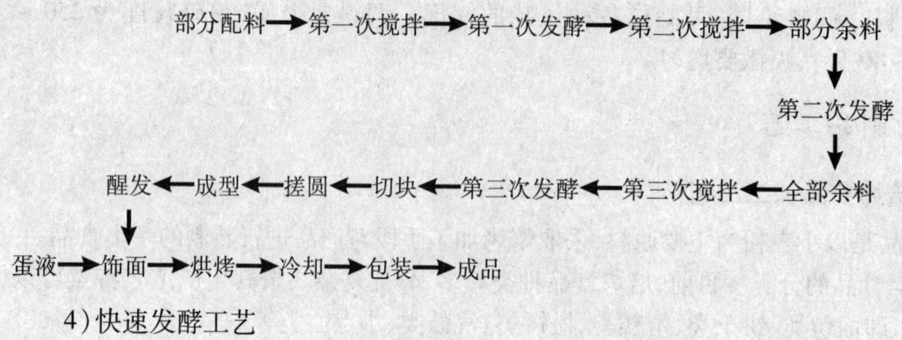

4)快速发酵工艺

蛋液、饰面 → 烘烤

全部配料→搅拌→压片→卷条→切块→醒发→烘烤→冷却→包装→成品

5)冷冻面团生产工艺

①工艺流程

调制面团→发酵→压片→整形→冻结→解冻→醒发→烘烤

②操作要点

a. 面团的调制　面团调制是将经过处理的原辅料按配方用量和工艺要求,通过和面机的机械作用调制成发酵面团的过程,是生产面包的关键工序之一。

面团调制的主要作用是将各种配料调和均匀,酵母均匀地分布在面团中,使面团形成良好的物理性质和组织结构,以利于发酵和焙烤。

根据面团调制的状况变化可分为 6 个阶段:原料混合阶段、面筋形成阶段、面筋扩展阶段、面筋成熟阶段(即面团完成调制的阶段)、搅拌过度阶段和面筋破坏阶段。

在面团完成调制的阶段后,如不适当地继续搅拌,使面团结构完全破坏,会对制品的质量产生不良影响。但面团调制若搅拌不足,则面筋不能充分扩展,不具有良好的弹性和延伸性,因此,不能保留发酵产生的 CO_2 气体,面筋软化,做出的面包体积小,外观也不整齐。

面团调制技术:一次发酵法和快速发酵法的搅拌投料顺序为,首先,将水、糖、蛋、添加剂置于搅拌机中充分搅拌,使面包添加剂均匀地分散在水中,糖全部溶化,以便能与面粉中的蛋白质和淀粉充分作用;然后,将即发酵母和奶粉混入面粉中放入搅拌机中搅拌成面团;当面团已经形成而面筋还未充分扩展时加入油脂,最后加盐。

二次发酵法是将部分小麦粉(例如 30%)和全部酵母改良剂及适量水和少量糖先搅成面团,进行第一次发酵后,再将其余辅料一起搅拌成面团,进行第二次发酵。其余操作与一次发酵法相同。

b. 面团的发酵技术　调制成熟后的面团结构紧实,通过发酵以后,面团则变成一个多孔性的海绵体,这一变化是靠酵母来完成的,即酵母利用面团中的营养物质,在氧气的参与下繁殖,产生大量的二氧化碳气体和酒精等物质,使面团变得膨松而富有弹性。

面团发酵正常,能赋予面包的好处主要有如下三点:其一,风味的形成,面团中有发酵产物的蓄积,赋予最终制品风味、芳香,特别是酒醇香味;其二,组织的变化,使面团变成柔软而易于伸展的状态,促使面团易于成型加工,充分起发膨松,形成蜂窝组织;其三,面筋的成熟，发酵中发生氧化作用，使面团保气力增强，促使面筋成熟。

发酵室的工艺参数为相对湿度70%～75%，温度28～30 ℃，发酵时间根据采用的发酵方法而定。面团发酵成熟是指面团发酵到最佳状态，发酵成熟度对面团的品质影响很大。

判断面团发酵是否成熟方法很多，一般可根据感官经验来判断。

Ⅰ.眼看　用肉眼观察面团的表面已出现略向下塌陷的现象，则表示面团已发酵成熟。

Ⅱ.手触　操作者检查面团时将手指轻轻插入面团表面顶部，待手指拔出后，看其面团的变化情况。

面团成熟：面团经手指接触后，不再向凹处塌陷、被压凹的面团也不立即恢复原状，仅在面团的凹处四周略微向下落，则表示面团发酵已经成熟，应立即进行下道工序操作。

成熟不足：用手指插入面团顶部，面团被触成凹穴，凹处很快恢复原状，则表示面团发酵不足，应延长发酵时间，促使面团成熟。

发酵过度：如果面团的凹处随手指离开而很快就向下陷落，即表示面团发酵过度，如果用这种面团制作面包，品质就会变劣。

Ⅲ.手拉鼻嗅　操作者取一小块面团，放置鼻下嗅闻辨别，并用手拉面团检查弹性，以便做出正确的判断。

成熟面团：拉开面团有适度的弹性和柔软的伸展性，薄膜包着无数的微小气泡，表面的干燥度适当。观看气泡大小、数量、膜的厚薄、纤维的粗细。用鼻嗅之有酒醇味和略有酸味，即为面团已成熟。

成熟不足：面团的伸展性不充分，膜厚，拉裂时可见气泡分布粗糙，而且纤维也粗糙，面团的表面湿润而有黏着性。用鼻嗅之，酒精味不足，只有酵母味而无微酸味。

发酵过度：面团的表面比已成熟的面团干燥，拉伸时易断裂，面团内部发脆，黏结性差。闻起来有强烈的酸臭味，便是发酵过度的面团。

c.面包的整形与醒发

Ⅰ.面包的整形　面包的整形是指把完成发酵的面团按不同品种所规定的要求进行分割、称量、搓圆、静置、成型和装盘（入模）等过程。分割与称量的要求：这是有密切联系的两个操作步骤，是将发酵成熟的面团按规格重量要求，分成重量相等的小块。分割与称量有手工操作和机械操作两种。将面团分割成小块时，面团发酵仍然在进行中，因此要求面团的分割时间越短越好，最理想状态是15～25 min完成，时间太长会导致发酵过度而影响面包成品的品质。

由于面包坯在烘烤后将有10%～12%的重量损耗，故在称量时要把这一重要损耗计算在内。称量是关系到面包成品大小是否一致的关键，超重则影响企业的利润，重量不足则使消费者受害，而且影响到企业的声誉，因此，在称重时要避免超重和不足。搓圆的要求：搓圆是将分割后的不规则小块面团搓成圆球状。经过搓圆之后，使面团内部组织结实、表面光滑，再经过15～20 min静置，面坯轻微发酵，使分块切割时损失的二氧化碳得到补充。搓圆分为手工操作与机械操作。搓圆后静置，俗称中间醒发，是做好面包很重要而又容易操作的一道工序，有人为了追求速度快，搓圆以后立即进行做型，这样虽然也能做出面包，但是面包成品往往会有瓤心粗糙，表面光洁度欠佳等弱点。因此，必须有个静置几分钟的工序。

Ⅱ.面包的醒发　醒发是指成型后的面包坯，经最后一次发酵而达到应有的体积和形状，称之为醒发。因经过做型操作的面包坯，中间的气体已被压挤排出，面团膨胀不大，如果把这样的面包坯送入烤炉内烘烤，虽也能使体积得到膨胀，但远远达不到要求，烤出的面包体积很小，内瓤粗糙，面包顶部和侧面会发生裂纹，因此对经过做型操作后的面坯，用稍高的温度和湿度，使酵母能产生最大的活力，从而使面包坯发酵膨胀到最适当的体积，并得到符合要求的面包形状，我们把这次发酵叫作醒发（最后发酵）。

醒发的技术要求：面包制作过程中的醒发如果稍有操作不当和疏忽，便会前功尽弃，掌握好醒发的关键是认真控制好对醒发影响最大的温度、湿度和时间等。温度高，醒发速度就快；反之，醒发速度就慢。理想的温度以 38 ℃为宜。一般应控制在 50 ~60 min 为宜。湿度也是面包坯醒发的重要条件，醒发室的湿度过低，面包坯容易结皮干裂；湿度过高，面包坯的表面容易凝结水滴，产生斑点。两者都会影响面包成品的质量。醒发适宜的相对湿度是 85% ~90% 。

醒发的方法：分为人工醒发和机械控制醒发两种方法。

所谓人工操作，即间歇式醒发，一般是在一间特备的醒发室进行，以蒸汽为热源，由锅炉供气，通过管道控制温度与湿度。有一定规模的面包厂用这种方法醒发的为多见。此外，还可利用电热产生热量，使水沸腾而得到需要的温度与湿度，这种醒发方法常在中小型面包厂使用。大型的面包厂使用机械化成套面包设备，用机械连续醒发的方法，可连续化生产，便于自动控制。

醒发成熟度判断：面团醒发是否成熟，关系到面包品质的优劣，要凭操作者的经验来进行判断。判断方法如下。

按面包体积大小来决定，一般以面包在搓圆时的体积和醒发成熟后的体积相比较，以增加体积 2 ~3 倍为宜，少数品种发酵程度需要达到 3 倍，但是不宜超过 3 倍，否则品质变劣。

按照面包坯的透明度、触感等办法来确定，一般用手轻轻接触，面团破裂塌陷，则表示面包坯已经醒发过度了；反之，用手轻轻接触面包坯，如果有硬的感觉，则为不成熟的面包坯。面包坯的另一特征是可按照形态和透明度来判断，面团未成熟时，不透明且有硬感；成熟的面包坯，则接近于半透明。

按面团体积大小来决定，一般以面团搓圆后到醒发成熟，按其烤成的面包大小的 80% 容积为宜，留有 20% 让其在炉内膨胀。

d. 面包的烘焙　醒发后的面包坯立即进入烤炉烘焙，使生面包坯成熟、定型、上色，并产生面包特有的膨松组织、金黄色表皮和可口香气。

面包烘焙过程大致可分为 3 个阶段。

Ⅰ. 初期阶段　面包坯入炉初期，焙烤应在温度较低和相对湿度较高（60% ~70%）的条件下进行。顶火小于 120 ℃，底火为 250 ~260 ℃，时间为 2 ~3 min.

Ⅱ. 中间阶段　需要提高温度使面包定型。底火、顶火可同时提高，约为 270 ℃，时间为 3 ~4 min。

Ⅲ. 最后阶段　主要作用是使面包表皮着色和增加香气，此阶段应顶火高于底火，顶火为 180 ~200 ℃，底火为 140 ~160 ℃。

e. 面包的冷却与包装　刚出炉的面包，它的外壳温度可高达 180 ℃，瓤心的温度却仅有 98 ℃左右，随着面包的冷却，面包内外的温差产生剧烈的变化，外壳接触到冷空气以后，很快就可以冷却下来，但是，内部的温度很难马上降下来，因为，面包瓤心的热量须逐渐透过面包层,传到外壳而慢慢地冷却下来,一般要使面包瓤心冷却到35 ℃而面包表层温度达到室温时为宜。夏季室温35~40 ℃需排风,春、秋、冬三季中室温较低,可自然冷却。

(3)饼干加工工艺 饼干是以小麦粉为主要原料,加入(或不加入)糖、油及其他辅料,经调粉、成型、烘烤制成的水分低于6.5%的松脆食品。饼干口感酥松,水分含量少,体积轻,块形完整,易于保藏,便于包装和携带,食用方便。

饼干品种花色繁多,目前,我国饼干行业执行的《中华人民共和国轻工行业标准——饼干通用技术条件》(QB1253—2005)中,对饼干分类进行了规范,标准中按加工工艺的不同把饼干分为酥性饼干、韧性饼干(可分为普通韧性饼干、冲泡韧性饼干、超薄韧性饼干、可可韧性饼干)、发酵饼干(可分为甜发酵饼干、咸发酵饼干、超薄发酵饼干)、压缩饼干、曲奇饼干、夹心饼干、威化饼干、蛋圆饼干、蛋卷及煎饼、装饰饼干(又分为涂饰饼干和粘花饼干)、水泡饼干及其他饼干等12类。

1)酥性饼干生产工艺流程 酥性饼干生产工艺流程见图4.1。

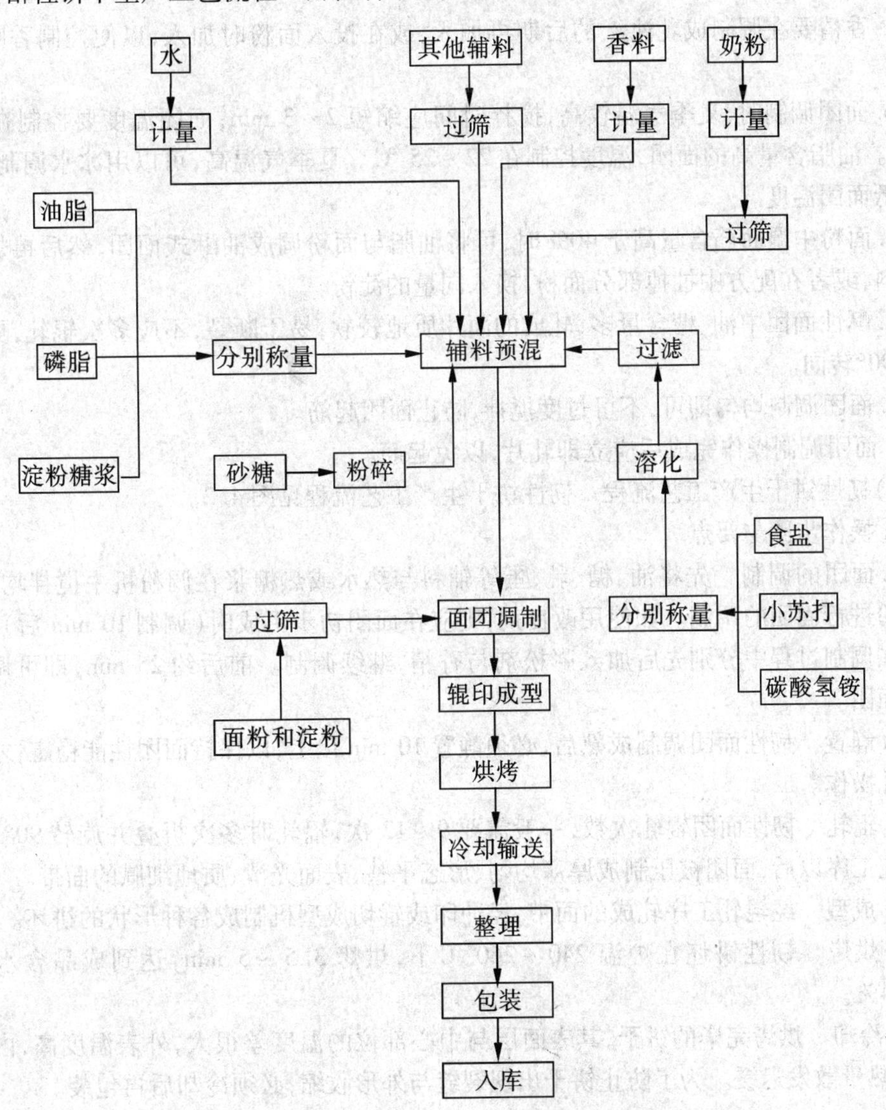

图4.1 酥性饼干生产工艺流程

①操作步骤与要点

a. 面团的调制　先将糖、油、乳品、蛋品、膨松剂等辅料与适量的水倒入调粉机内均匀搅拌形成乳浊液，然后将过筛后的面粉、淀粉倒入调粉机内，调制 6 ~ 12 min。最后加入香精香料。

b. 辊轧　面团调制后不需要静置即可轧片。一般以 3 ~ 7 次单向往复辊轧即可，也可采用单向一次辊轧，轧好的面片厚度为 2 ~ 4 mm，较韧性面团的面片厚。

c. 成型　可采用辊切成型方式进行。

d. 烘烤　酥性饼坯炉温控制在 240 ~ 260 ℃，烘烤 3.5 ~ 5 min，成品含水率为 2% ~ 4%。

e. 冷却　饼干出炉后应及时冷却，使温度降到 25 ~ 35 ℃，在春、秋、冬季中，可采用自然冷却法。如需加速冷却，可以使用吹风，但空气的流速不宜超过 2.5 m/s。

②注意问题

a. 香精要在调制成乳浊液的后期再加入，或在投入面粉时加入，以便控制香味过量挥发。

b. 面团调制时，夏季气温较高，搅拌时间应缩短 2 ~ 3 min；面团温度要控制在 22 ~ 28 ℃。油脂含量高的面团，温度控制在 22 ~ 25 ℃。夏季气温高，可以用冰水调制面团，以降低面团温度。

c. 面粉中湿面筋含量高于 40% 时，可将油脂与面粉调成油酥式面团，然后再加入其他辅料，或者在配方中抽掉部分面粉，换入同量的淀粉。

d. 酥性面团中油、糖含量多，轧成的面片质地较软，易于断裂，不应多次辊轧，更不要进行 90°转向。

e. 面团调制均匀即可，不可过度搅拌，防止面团起筋。

f. 面团调制操作完成后应立即轧片，以免起筋。

2）韧性饼干生产工艺流程　韧性饼干生产工艺流程见图 4.2。

①操作步骤与要点

a. 面团的调制　先将油、糖、乳、蛋等辅料与热水或热糖浆在调粉机中搅拌均匀，再加面粉进行面团的调制。如使用改良剂，则应在面团初步形成时（调制 10 min 后）加入。然后在调制过程中分别先后加入膨松剂与香精，继续调制。前后约 25 min，即可调制成韧性面团。

b. 静置　韧性面团调制成熟后，必须静置 10 min 以上，以保持面团性能稳定，才能进行辊轧操作。

c. 辊轧　韧性面团辊轧次数，一般需要 9 ~ 13 次，辊轧时多次折叠并旋转 90°角，通过辊轧工序以后，面团被压制成厚薄均匀、形态平整、表面光滑、质地细腻的面带。

d. 成型　经辊轧工序轧成的面带，经冲印或辊切成型机制成各种形状的饼坯。

e. 烘烤　韧性饼坯在炉温 240 ~ 260 ℃下，烘烤 3.5 ~ 5 min，达到成品含水率为 2% ~ 4%。

f. 冷却　烘烤完毕的饼干，其表面层与中心部位的温度差很大，外表温度高，内部温度低，热量散发迟缓。为了防止饼干出现裂缝与外形收缩，必须冷却后再包装。

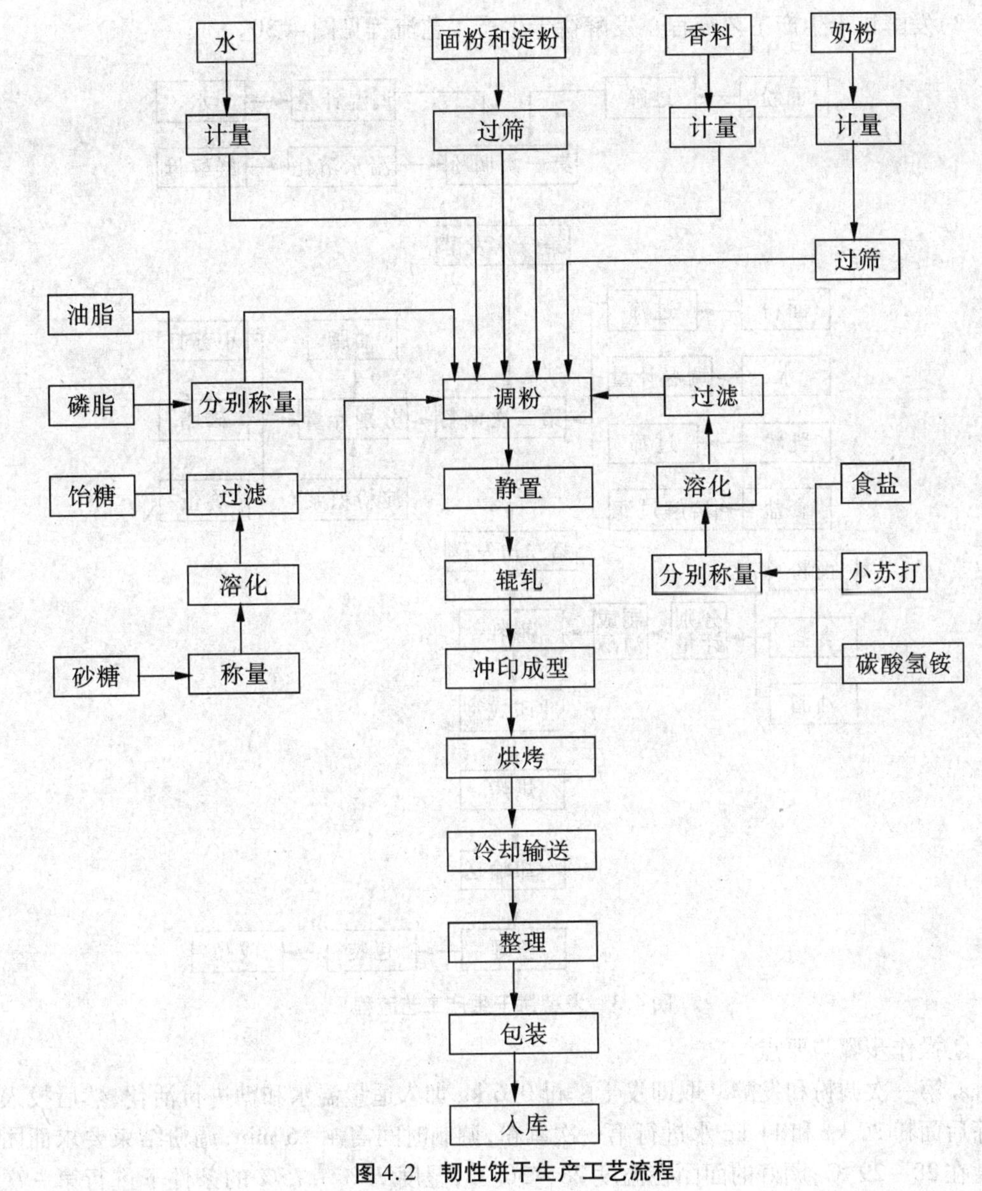

图4.2 韧性饼干生产工艺流程

②注意问题

a. 韧性面团的温度控制：冬季室温25 ℃左右，可控制在32~35 ℃；夏季室温30~35 ℃时，可控制在35~38 ℃。

b. 韧性面团在辊轧以前，面团需要静置一段时间，目的是消除面团在搅拌期间因拉伸所形成的内部张力，降低面团的黏度与弹性，提高制品质量与面片工艺性能，静置时间的长短，与面团温度有密切关系。面团温度高时，静置时间短；面团温度低时，静置时间长。一般要静置10~20 min。

c. 当面带经数次辊轧，可将面片转90°角，进行横向辊轧，使纵横两方向的张力尽可能地趋于一致，以便使成型后的饼坯能维持不收缩、不变形的状态。

d. 在烘烤时，如果烘烤炉的温度稍高，可以适当地缩短烘烤时间。炉温过低或过高都能影响成品质量，如温度过高容易烤焦，温度过低易使成品不熟、色泽发白等。

3)发酵饼干生产工艺流程　发酵饼干生产工艺流程见图4.30。

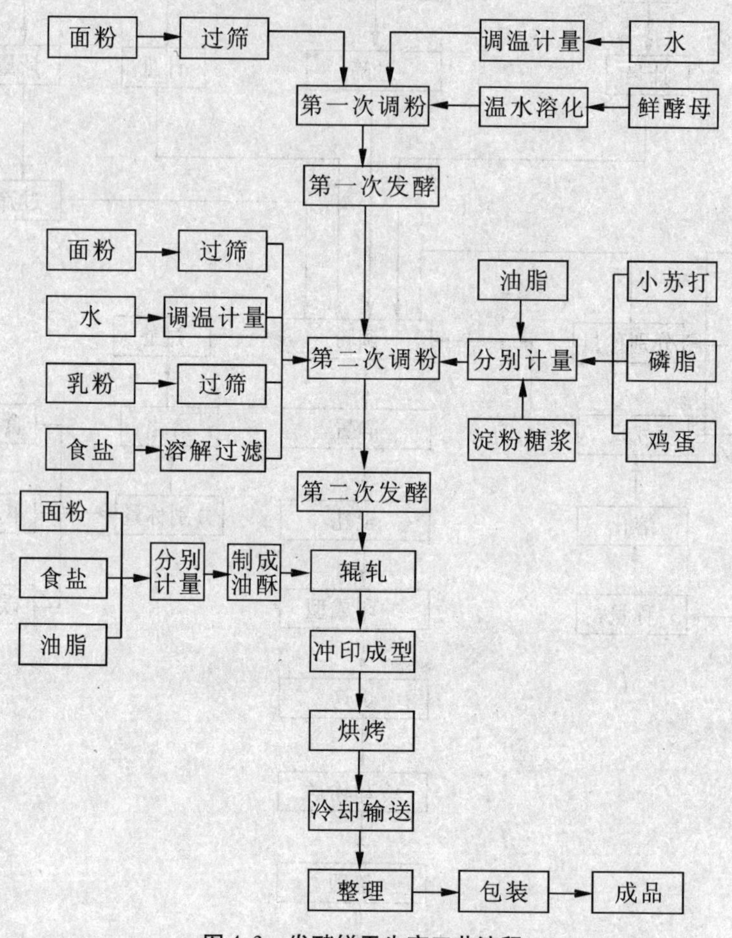

图4.3　发酵饼干生产工艺流程

①操作步骤与要点

a.第一次调粉和发酵　取即发干酵母0.6 kg加入适量温水和糖进行活化,然后投入过筛后面粉20 kg和11 kg水进行第一次调粉,调制时间需4~6 min,调粉结束要求面团温度在28~29 ℃;调好的面团在温度28~30 ℃,湿度70%~75%的条件下进行第一次发酵,时间在5~6 h。

b.第二次调粉和发酵　将其余的面粉,过筛放入已发酵好的面团里,再把部分起酥油、精盐(30%)、面团改良剂、味精、小苏打、香草粉、大约12 kg的水都同时放入和面机中,进行第二次调粉,调制时间需5~7 min,面团温度在28~33 ℃;然后进入第二次发酵,在温度27 ℃、相对湿度75%下发酵3~4 h。

c.辊轧、夹油酥　把剩余的精盐均匀拌和到油酥中。发酵成熟面团在辊轧机中辊轧多次,辊轧好后夹油酥,进行折叠并旋转90 ℃再辊轧,达到面团光滑细腻的目的。

d.成型　采用冲印成型,多针孔印模,面带厚度为1.5~2.0 mm,制成饼干坯。

e.烘烤　在烤炉温度260~280 ℃下,烘烤时间6~8 min即可,成品含水量2.5%~5.5%。

f.冷却　出炉冷却30 min,整理、包装成为成品。

②注意问题

a. 各种原辅料须经预处理后才可用于生产。面粉须过筛，以增加膨松性，去除杂质；糖须化成一定浓度的糖液；即发干酵母应加入适量温水和糖进行活化；油脂溶化成液态，各种添加剂须溶于水过滤后加入，并注意加料顺序。

b. 必须计算好总液体加入的量，一次性定量准确，杜绝中途加水，且各种辅料应加入糖浆中混合均匀方可投入面粉。

c. 严格控制调粉时间，防止过度起筋或筋力不足。

d. 面团调制后的温度：冬季应高一些，在28～33 ℃；夏季应低一些，在25～29 ℃。

e. 在面团辊轧过程中，需要控制压延比：未夹油酥前不宜超过3∶1；夹油酥后一般要求2∶1至2.5∶1。

f. 辊轧后与成型机前的面带要保持一定的下垂度，以消除面带压延后的内应力。

(4)蛋糕加工工艺　蛋糕是以蛋、糖、面粉或油脂等为主要原料，通过机械的搅拌作用或膨松剂的化学作用，而制得的松软可口的烘焙制品。蛋糕的种类很多，按其使用原料、搅拌方法及面糊性质和膨发途径，通常可分为油底蛋糕、乳沫类蛋糕、戚风类蛋糕等。

油底蛋糕(面糊类蛋糕)：主要原料依次为糖、油、面粉，其中油脂的用量较多，并依据其用量来决定是否需要加入或加入多少的化学膨松剂。其主要膨发途径是通过油脂在搅拌过程中结合拌入的空气，而使蛋糕在炉内膨胀。

乳沫类蛋糕：主要原料依次为蛋、糖、面粉，另有少量液体油，且当蛋用量较少时要增加化学膨松剂以帮助面糊起发。其膨发途径主要是靠蛋在拌打过程中与空气融合，进而在炉内产生蒸汽压力而使蛋糕体积起发膨胀。根据蛋的用量的不同，又可分为海绵类与蛋白类。使用全蛋的称为海绵蛋糕，例如瑞士蛋糕卷、西洋蛋糕杯等。若仅使用蛋白的称为天使蛋糕。

戚风类蛋糕：混合上述两类蛋糕的制作方法而成，即蛋白与糖及酸性材料按乳沫类打发，其余干性原料、流质原料与蛋黄则按面糊类方法搅拌，最后把二者混合起来即可。例如戚风蛋卷、草莓戚风蛋糕等。至于生日蛋糕底坯，则既可用海绵蛋糕类配方，也可用戚风蛋糕类配方，可根据各地方市场及消费者口味及特点选择适当的配方。

1)工艺流程

面糊调制→装盘(装模)→烘烤→冷却→成品

蛋糕有不同的面糊调制方法，应视其配方中成分以及内部组织的结构要求，来使用不同的搅拌方法。

2)操作要点

①搅拌方法

a. 糖油拌和法　使用糖油拌和法的意思是糖和油在搅拌过程中能充入大量空气，使烤出来的蛋糕体积较大，而组织松软。此类搅拌方法为目前多数面包师傅所沿用的。其搅拌程序如下。

使用桨状拌打器将配方中所有的糖、盐和油脂倒入搅拌缸内用中速搅拌8～10 min。直到所搅拌的糖和油膨松呈绒毛状。将机器停止转动，把缸底未搅拌均匀的油用刮刀拌匀，再予以搅拌。

蛋分次或多次慢慢加入第一步已拌发的糖油中，并把缸底未拌匀的原料拌匀，待最后一次加入时应拌至均匀细腻，不可再有颗粒存在。

奶粉溶于水，面粉与发粉拌合用筛子筛过，分作三次与奶水交替加入以上混合物内，每次加入时应呈线状慢慢地加入搅拌物中。用低速继续将加入的干性原料拌至均匀光滑，然后将搅拌机停止，将搅拌缸四周及底部未搅到的面糊用刮刀刮匀。继续再添加剩余的干性原料和奶水，直到全部原料加入并拌至光滑均匀即可。但避免搅拌太久。

b. 面粉油脂拌和法　目的和效果与糖油拌和法大致相同，但经本法拌和的面糊所做成的蛋糕较糖油拌和法所做的更为松软，组织更为细密，但是由糖油拌和法所做的蛋糕体积较大，所以我们如需要较大体积的蛋糕时，可采用糖油拌和法。如需要组织细密而松软的蛋糕应采用面粉油脂拌和法。不过使用本法时，油脂用量不能少于60%，否则得不到应有的效果。其拌和的程序如下。

将配方内发粉与面粉筛匀，与所有的油一起放入搅拌缸内，用桨状拌打器慢速拌打1 min，使面粉表面全部被油黏附后改用中速将面粉和油拌和均匀，在搅拌中途须将机器停止，把缸底未能拌到的原料用刮刀刮匀，然后拌至膨发松大，约需10 min。

将配方中糖和盐加入已打松的面粉和油内，继续用中速搅拌均匀，约3 min，无须搅拌过久。

改用慢速将配方内3/4的奶水慢慢加入使全部面糊拌和均匀后再改用中速将蛋分两次加入，每次加蛋时须将机器停止，刮缸底再把面糊拌匀。

剩余1/4的水最后加入搅拌缸中继续用中速搅拌，直到所有糖的颗粒全部溶解为止。

c. 两步拌和法　本法较以上两种方法略为简便。筋度太高的面粉或者粉心以外的面粉不适宜使用，因为面粉易于出筋，其搅拌方法如下。

将配方内所有干性原料包括面粉、糖、盐、发粉、奶粉、油等以及所有的水，一起加在搅拌缸内，先用桨状拌打器慢速搅拌使干性原料沾湿而不飞扬，再改用中速搅拌3 min，把机器停止，将缸原料刮匀。

全部蛋及香草、水一起混合，用慢速慢慢地加入第一步的原料中，待全部加完后机器停止将缸底刮匀，再改用中速继续搅拌4 min。

d. 糖蛋拌和法　本法主要用于乳沫类及威风类蛋糕中。其主要起发途径是靠蛋液的起泡。其搅拌步骤：先将全部的糖、蛋放于洁净的搅拌缸内，先以慢速打均匀，然后用高速将蛋液搅拌到呈乳黄色（必要时冬天可在缸下面盛放热水以加快蛋液起泡程度），即用手勾起蛋液时，蛋液尖峰向下弯，呈公鸡尾状时，转用中速搅拌1 ~ 2 min，加入过筛的面粉（或发粉），慢速拌匀。最后把液态油或溶化的奶油加入拌匀即可。

e. 使用蛋糕油的搅拌方法　使用蛋糕油时的搅拌方法，按时下国内各厂家对蛋糕油的使用不同，可分为一步拌和法、两步拌和法和分步拌和法。

Ⅰ. 一步拌和法　将配方内的所有原料（油除外）一步放入搅拌缸内，一次搅拌完毕。采用该法时必须是使用低筋面粉、细砂糖，且蛋糕油的用量必须大于4%。所得到的蛋糕成品内部组织细腻，表面平滑光泽，但体积稍微小一些。具体做法：把除油之外的所有原料一齐投入搅拌缸内，使用网状拌打器，先慢速打1 ~ 2 min，待面粉全部拌和均匀后再用高速搅拌5 min。然后慢速拌和1 ~ 2 min，同时慢慢加入油，拌匀即可，高成分海绵蛋糕常用此法。

当所使用的糖为粗砂糖，且想采用一步拌合法，则须先将糖、蛋、水三种原料放于缸内，以慢速拌至糖基本溶化，再加入除油之外的原料，按以上所述搅拌即可。

Ⅱ.分步拌和法　将原料分几次加入，实质与传统搅拌法差不多，只是加了蛋糕油，采用该法对原料要求不是很高，蛋糕油的用量也可以小于4%（根据蛋用量多少而定）。所得到的蛋糕成品内部组织比传统的要细腻，但比一步法的稍差些，然而体积则较大。一般方法：先把蛋、糖两种原料按传统方法搅拌，至蛋液起发到一半体积时，加入蛋糕油，并高速搅拌，同时慢慢地加入水，至打到呈公鸡尾状时，慢速拌匀即可。然后加入已过筛的面粉，用手（或搅拌机的慢挡）搅匀，最后加入液体油，拌匀即可。低成分的海绵蛋糕（即蛋用量较少的配方）很多是采用该法。

Ⅲ.两步拌和法　将原料（油除外）分两次加入进行两次搅拌。该法对原料的要求及成品品质均介于一步法与分步法。具体方法：先把蛋、糖、水、蛋糕油加入搅拌缸内，慢速搅拌1~2 min，高速搅拌5~6 min，慢速加入面粉，充分拌匀后，高速搅拌0.5~1 min，最后加入油，慢速拌匀即可。

②装盘　蛋糊搅拌好后，必须装于烤盘内；但是，每种烤盘都必须经过预处理才能装载面糊。

a.烤盘的种类及预处理　用于盛装面糊的烤盘（或烤膜）有多种，如高身平烤盘、吐司烤盘、空心烤盘、生日蛋糕圈、梅花盏、西洋蛋糕杯、布林盏等。

在使用前，它们均须经过如下预处理。

Ⅰ.扫油　烤盘内壁涂上一层薄薄的油层，但戚风蛋糕不能涂油。

Ⅱ.垫纸或撒粉　在涂过油的烤盘上垫上白纸，或撒上面粉（也可用生粉），以便于出炉后脱膜。

b.面糊的装载　蛋糕面糊装载量，应与蛋糕烤盘大小相一致。过多或过少都会影响蛋糕的品质，同样的面糊使用不同比例的烤盘所做出来的蛋糕体积，内部颗粒都不相同，而且增加蛋糕的烤焙损耗。

蛋糕面糊因种类不同，配方不同，搅拌的方法不同，所以面糊装盘的数量也不相同，最标准的装盘数量要经过多次的烘焙试验，使用同一个标准的面糊及数个同样大小的烤盘，各分装不同重量的面糊。以比较各盘所烤的蛋糕组织和内部颗粒，看哪一个重量所做的蛋糕品质最为优良，即以此面糊的重量作为该项蛋糕装盘的标准。

c.蛋糕烘烤　面糊混合好后应尽可能快地放到烤盘中，进炉烘烤。不立即烤的蛋糕面糊，在进入烤箱之前应连同烤盘一起冷藏，可降低面糊温度，从而减少膨发力引起的损失。

蛋糕烘烤是一项技术性较强的工作，是制作蛋糕的关键因素之一。

Ⅰ.烘烤前的准备　必须了解将要烘烤的蛋糕的属性和性质，以及它所需要的烘焙温度和时间。

熟悉烤箱性能，正确掌握烤箱的使用方法。

在混合配料前就需要把烤箱预热，这样在蛋糕放入烤箱时，已达到相应的烘烤温度。

保证好蛋糕的出炉、取出和存放的空间，以及相应的器具，保证后面的工作有条不紊地进行。

Ⅱ.蛋糕烤盘在烤箱中的排列　盛装蛋糕面糊的烤盘应尽可能地放在烤箱中心部位,烤盘各边不应与烤箱壁接触。若烤箱中同时放进两个或两个以上的烤盘,应摆放得使热气流能自由地沿每一烤盘循环流动,烤盘彼此既不能接触,也不能接触烤箱壁,更不能把一个烤盘直接放于另一烤盘之上。

Ⅲ.烘烤温度与时间控制　影响蛋糕烘烤温度与时间的因素很多,烘烤操作时应灵活掌握。譬如,蛋糕烘烤的温度与时间随面糊中配料的不同而有变化。在相同焙烤条件下,一般认为油蛋糕比清蛋糕的温度要低一些,时间要长一些,油蛋糕中的重油蛋糕、果料蛋糕比一般的轻奶油蛋糕温度要低。因为此种蛋糕需要比其他蛋糕的烘烤时间更长。而清蛋糕中,天使蛋糕比其他的海绵蛋糕烘烤温度要高一点,时间也较短。含糖量高的蛋糕,其烘烤温度要比用标准比例的蛋糕温度低,用糖蜜和蜂蜜等转化糖浆制作的蛋糕比用砂糖制作的温度要低。这类蛋糕在较低温度下就能烘烤上色。

相同配料的蛋糕,其大小或厚薄也可影响烘烤温度和时间。例如,长方形蛋糕所需要的温度低于纸杯蛋糕或小模具蛋糕。

此外,烤盘的材料、形状和尺寸均对蛋糕的烘烤产生影响。例如,耐热玻璃烤盘盛装的蛋糕需要的温度略低一些。因为玻璃易于传递辐射热,烤制的产品外皮很易上色。

在浅烤盘中烤制的蛋糕比同样体积、边缘较高的烤盘烤出的蛋糕更大而柔软,外皮颜色更美观。

d.蛋糕成熟检验　蛋糕在炉中烤至该品种所需基本时间后,应检验蛋糕是否已经成熟。测试蛋糕是否烘熟,可用手指在蛋糕中央顶部轻轻触试,如果感觉硬实、呈固体状,且用手指压下去的部分马上弹回,则表示蛋糕已经熟透。也可以用牙签或其他细棒在蛋糕中央插入,拔出时,若测试的牙签上不黏附湿黏的面糊,则表明已经烤熟,反之则未烤熟。烤熟后的蛋糕应立即从炉中取出,否则烤的时间过久蛋糕内部水分损耗太多,影响品质。

e.烘焙与蛋糕的质量　首先,烤炉温度对所烤的蛋糕品质影响很大。温度太低,烤出的蛋糕顶部会下陷,同时四周收缩并有残余面屑黏于烤盘周围。低温烤出的蛋糕,比正常温度烤出的蛋糕松散、内部粗糙。假如蛋糕烘焙温度太高,则蛋糕顶部隆起,并在中央部分裂开,四边向内收缩,但不会有面屑黏附烤盘边缘,用高温烤出的蛋糕质地较为坚硬。

烘烤时间对蛋糕品质影响也很大,假如蛋糕烘烤时间不够,则在蛋糕顶部及周围呈现深色条纹,内部组织发黏;烘烤时间过长,则组织干燥,蛋糕四周表层硬脆,如制作卷筒蛋糕时,则难以卷成圆筒形,并出现断裂现象。同时有些制品,烤炉顶火与底火温度高低的控制是否得当,对其制品的品质影响也较大。如薄片蛋糕应顶火大,底火小,海绵蛋糕顶火小,底火大。

总之,蛋糕烘烤的温度及时间影响蛋糕品质的好坏。

f.蛋糕出炉处理　蛋糕烤熟自烤炉中取出后,应根据蛋糕不同品质,做相应处理。

油蛋糕自烤炉中取出后,一般继续留置烤盘内约 10 min;待热度散发后,烤盘不感到炽热烫手时就可把蛋糕从烤盘内取出。多数重油蛋糕出炉后不做任何奶油装饰,保持其原来的本色出售。若需用奶油或巧克力等做装饰的蛋糕,蛋糕取出后继续冷却 1 ~ 2 h,至完全冷却后再做装饰。

天使蛋糕和海绵蛋糕所含蛋白数量很多,蛋糕在炉内受热膨胀率很高,但出炉后如温度剧变时会很快地收缩,所以,乳沫类蛋糕出炉后应立即翻转过来,放在蛋糕架上,使正面向下,这样可防止蛋糕过度收缩。

为了使蛋糕保持新鲜,经过装饰后的蛋糕必须保持在2~10 ℃的冰箱内冷藏。不做任何装饰处理的重油蛋糕,可放在室温的橱窗里。如一次所做的蛋糕数量较多,可将蛋糕妥善包装后放在0 ℃以下冰箱内冷藏,能存放较长时间而不变质。在出售时,应先把蛋糕从冰箱内取出,放在室温下让其解冻,再放进橱窗出售。

蛋糕容易发霉和酸败,尤其是高温季节,油脂蛋糕更易变质。蛋糕发霉变质的原因是环境污染。如使用不洁净的刀子切割蛋糕,蛋糕架上有油渍污垢等,这些都会使蛋糕受到霉菌感染。为了避免蛋糕发霉,切割用的刀子必须事先清洁消毒。最好是在切割蛋糕的工作台边,用深罐子盛水置火上煮沸,每次切割蛋糕后把刀子放入沸水中浸煮一下,这样可避免感染细菌,而延长保鲜期。存放蛋糕的板架,每次使用后,都应清洗消毒干净,不能忽视。

4.1.2.2 油炸食品加工工艺

油炸食品是利用油脂作为热交换介质,使被炸食品中的淀粉糊化、蛋白质变性以及水分变成蒸汽从而使食品变热或成为半调理食品,使成品水分降低,具有酥脆或外表酥脆的特殊口感,同时由于食品中的蛋白质、糖类、脂肪及一些微量成分在油炸过程中发生化学变化产生特殊风味。

(1)基本原理　油炸时热传递主要是以传导方式进行,其次是对流作用。热量首先由热源传递到油炸容器,油脂从容器表面吸收热量再传递到食品表面,其后一部分热量由食品表面的质点与内部质点进行传导而传递到内部;另一部分热量直接由油脂带入食品内部,使食品内部各种成分快速受热而成熟。

(2)油炸方法种类

1)按压力分为常压油炸、减压油炸(真空油炸)和高压油炸三大类。

2)按制品油炸程度分为浅层油炸和深层油炸。

3)按油炸介质分为纯油油炸和水油混合油炸。

4)按制品风味口感的差异分为清炸、干炸(生炸)、软炸、酥炸、松炸、脆炸、卷包炸、纸包炸、裹炸、香炸、托炸和吉力炸等。

(3)油炸对食品质量的影响

1)对食品感官品质的影响　油炸的主要目的是改善食品色泽和风味,在油炸过程中,食品发生美拉德反应和部分成分降解,同时,可吸附油中挥发性物质而使食品呈现金黄色或棕黄色,并产生明显的炸制芳香风味。

2)对食品营养价值的影响　成分变化最大的是水分,对蛋白质利用率的影响较小,脂溶性维生素会因氧化而损失。总体而言,油炸加工对食品营养成分的破坏很少,即油炸食品的营养价值没有显著的变化。

3)对食品安全性的影响　某些分解物或聚合物对人体是有害的,目前针对毒性和致癌性展开研究。

(4)油炸食品生产工艺

1)工艺流程

原辅料→蒸煮→辊压→冷却→切割→干燥→半成品→存放→油炸→调味→包装→成品

2)操作要点

①原辅料　用于油炸食品的原料主要是富含淀粉的谷物类和根茎类,一般须对原料进行粉碎,以利于物料的混合和熟化。

②混合熟化　将各种原辅料在混合机中加适量的水混合均匀,物料的熟化可在蒸煮挤压机中熟化,然后通过不同的模孔制成不同形状的坯料。另外,物料也可在蒸煮锅熟化,即将混合好的物料放入蒸煮锅中,在0.2~0.4 MPa的蒸汽压力下,搅拌蒸煮3~5 min,让压力中淀粉充分糊化。因为只有充分糊化的淀粉,分子间氢键才能断开,并充分吸水,为下一步老化时淀粉颗粒高度结晶化包住水分,形成一定的膨化度。

③切割成型　将熟化后的原料,按产品要求切割成不同形状料坯。料坯厚度控制在1~2 mm为宜,料坯过厚,产品油炸时间长,膨化度差、吸油率高;但料坯太薄,产品易碎、易焦化。

④老化　让料坯中糊化淀粉老化的目的在于将淀粉糊化时原料吸收的水分被包入淀粉的微晶结构中,有利于料坯在高温油炸时使淀粉微晶体中的水分急剧汽化喷出,使组织膨化,形成多孔、疏松的结构,达到膨化的目的。生产中淀粉的老化应在2~4 ℃下保持1.5~2 d,使已经糊化的淀粉变为老化淀粉,老化不完全,会导致产品膨化度下降。

⑤干燥　料坯干燥的目的在于延长料坯的保存时间、缩短料坯油炸时间、提高料坯的油炸膨化度。料坯的含水量直接影响产品膨化度的大小,料坯的水分含量过高,油炸膨化时,很难在短时间内将料坯中的水分汽化排除,产品膨化程度低,口感发硬;若料坯中水分含量太低,高温油炸时水分汽化形不成足够的喷射蒸汽使淀粉组织膨胀起来,也会降低产品的膨化度。料坯干燥一般分为两次进行,一次干燥后的半成品一般需要存放几天使水分渗透均匀,再在80 ℃下进行二次干燥至水分为7%~10%。

⑥油炸膨化　油炸温度和时间是影响产品质量的重要因素。在油炸过程中,油温过低,制品内水分汽化速度较慢,短时间内形成的喷射压较低,使产品膨化度下降,且油炸时间延长。油温过高,油炸时间可缩短,产品膨化度高,但油温过高,一方面产品易卷曲,发焦,影响感官效果;另一方面会加速油脂的氧化变质,使油的黏度升高,变黑。另外,油温过高,食品中的水分蒸发较快,导致油的飞溅。油炸方式可采用常压深层油炸,油炸温度一般控制在180 ℃左右;也可采用低温真空深层油炸,油炸温度控制在100 ℃左右,真空度为92.0~96.7 kPa。

⑦脱油　食品经油炸后,存在不同程度的含油率。油炸食品含少量的油脂可赋予食品良好的风味和口感,但产品含油率过高,会增加生产的油耗,同时还会影响产品的品质和风味,与当前追求的低脂食品的消费观念不符,且产品含油率高还直接影响产品的储藏特性。因此,对含油率高的油炸食品在油炸后要进行脱油处理。为降低油炸的黏度,脱油最好在热油状态下进行,脱油可采用常压离心脱油,也可在真空状态下甩油。

⑧调味和包装　经油炸后再进行调味盒包装即得成品,具体操作与挤压膨化相似。对于油炸食品,不宜采用透明的包装材料,以防止光对油脂的氧化促进作用,最好采用铝箔复合袋或含有紫外线吸收剂的塑料薄膜。如果为了防止内容物的氧化变质,也可把抗氧化剂加到包装材料中,可获得更佳的保护效果。

油炸对食品营养成分的影响和油炸食品的安全性是人们普遍关心的问题，油炸对食品质量和安全的影响主要在于：油脂的氧化、分解、聚合等不良反应，会产生对人体有害的物质；长时间高温油炸对食品的营养成分有较大的破坏作用；油炸食品中含油率较高，对人们的健康不利。而提高油炸食品质量与安全的关键就是控制油炸温度、时间和包装技术。

4.1.2.3 蒸制食品加工工艺

所谓蒸制食品是以面粉(一般指小麦面粉)为主要原料，经过和面、成型和汽蒸熟制而成的一类方便面制食品。蒸制面食包括发酵面食、面条和蒸饺等。

蒸制发酵面食是馒头加工厂、馒头作坊的主要产品。主要包括实心馒头、花卷、包子、蒸糕等。

(1)蒸制食品分类

1)实心馒头　实心馒头是狭义上的馒头，又称为“馍”“馍馍”“卷糕”“大馍”“蒸馍”“饽饽”“面头”“窝头”等。此类产品是以单一的面粉或数种面粉为主料，除发酵剂外一般少量或不添加其他辅料(添加辅助原料用以生产花色品种馒头)，经过和面、发酵和蒸制等工艺加工而来的食品。

①主食馒头　主食馒头以小麦面粉为主要原料，是我国最主要的日常主食之一。根据风味、口感不同可分为以下几种。

a.北方硬面馒头　面粉要求面筋含量较高(一般湿面筋含量>28%)，和面时加水较少，产品筋斗有咬劲，一般内部组织结构有一定的层次，无任何的添加风味，突出馒头的麦香和发酵香味。依形状不同又分为刀切方形馒头、机制圆馒头、手揉长形杠子馒头和挺立饱满的高桩馒头等。

b.软性北方馒头　原料面粉面筋含量适中，和面加水量较硬面馒头稍多，产品口感为软中带筋，不添加风味原料，具有麦香味和微甜的后味。其形状有手工制作的圆馒头、方馒头和机制圆馒头等。

c.南方软面馒头　小麦面粉一般面筋含量较低(一般湿面筋含量<28%)，和面时加水较多，面团柔软，产品比较虚绵。多数南方人以大米为日常主食，而以馒头和面条为辅助主食，南方软面馒头颜色较北方馒头白，而且大多带有添加的风味，如甜味、奶味、肉味等。有手揉圆馒头、刀切方馒头、体积非常小的麻将形状馒头等品种。

②杂粮馒头和营养强化馒头　随着生活水平的提高，人们开始重视主食的保健性能。目前营养强化和保健馒头多以天然原料添加为主。杂粮有一定的保健作用，比如高粱有促进肠胃蠕动防止便秘的作用，荞麦有降血压、降血脂作用，加上特别的风味口感，杂粮窝头很受消费者青睐。常见的有玉米面、高粱面、红薯面、小米面、荞麦面等为主要原料或在小麦粉中添加一定比例的此类杂粮生产的馒头产品，包括纯杂粮的薯面、高粱、玉米、小米窝头和含有杂粮的荞麦、小米、玉米、黑米等杂粮馒头。

营养强化主要有强化蛋白质、氨基酸、维生素、纤维素、矿物质等。由于主食安全性和成本方面的原因，大多强化添加料由天然农产品加工而来，包括植物蛋白产品、果蔬产品、肉类及其副产品和谷物加工的副产品等，比如加入大豆蛋白粉强化蛋白质和赖氨酸，加入骨粉强化钙、磷等矿物质，加入胡萝卜增加维生素A，加入处理后的麸皮增加膳食纤维等。

③点心馒头　以特制小麦面粉为主要原料，比如雪花粉、强筋粉、糕点粉等；适当添加辅料，生产出组织柔软、风味独特的馒头，比如奶油馒头、巧克力馒头、开花馒头、水果馒头等。该类馒头一般体积较小，其风味和口感可以与烘焙发酵面食相媲美，作为点心而消费较少，是很受儿童欢迎的品种类型，也是宴席面点品种。

2)花卷　花卷可称为层卷馒头，是面团经过揉轧成片后，不同面片相间层叠或在面片上涂抹一层辅料，然后卷起形成不同颜色层次或分离层次，也有卷起后再经过扭卷或折叠做成各种花色形状，然后醒发和蒸制成为美观又好吃的馒头品种，有许多种花色。花卷口味独特，比单纯的两种或多种物料简单混合更能体现辅料的风味，并形成明显的口感差异而呈现一种特殊感官享受。

①油卷类　油卷在一些地方被称为花卷、葱油卷等，是揉轧成的面片上加上一层含有油盐的辅料，再卷制成型，具有咸香的特点。油卷的辅料层上可添加葱花、姜末、花椒粉、胡椒粉、五香粉、茴香粉、芝麻粉、辣椒粉、辣椒油、孜然粉或味精等来增加风味，也有个别厂家为了使分层分明，在辅料中加入色素，一般为柠檬黄。有两边翘起的蝴蝶状和扭卷编花形状。

②杂粮花卷　杂粮花卷是揉轧后的小麦粉面片上叠加一层杂粮面片，再压合后，经过卷制刀切成型的产品。为了保证杂粮面团的胀发持气性，往往在杂粮面中加入一些小麦粉再调制成杂粮面团。白面和杂粮面的分层，使粗细口感分明，克服了纯粹杂粮的过度粗硬口感。常用于花卷的杂粮有玉米粉、高粱粉、小米粉、黑米粉和红薯面等。

③甜味花卷　巧克力花卷、糖卷、鸡蛋花卷、果酱卷、豆沙卷、莲蓉卷、枣卷等甜味花卷。外观造型精致，洁白而美观，口味细腻甜香，冷却后仍然柔软，一些可以当作日常主食，一些是老幼皆宜的点心食品，发展潜力很大。

④其他特色花卷　做工精细，风味口感非常特别的一些花卷，比如菜莽卷、抻丝卷、五彩卷等。这些花卷风味和口感非常特别，颜色和形状美观，一般为宴席配餐和酒店的面点品种，也是百姓消费的高档面食。

3)包子　包子是一类带馅馒头，是将发酵面团擀成面皮，包入馅料捏制成型的一类带馅蒸制面食。产品皮料暄软，突出馅料的风味，风味和口感非常独特，深受全国各地百姓的欢迎。包子的种类极多，一般分为大包(50~80 g 小麦粉做 1 个或 2 个)、小包(50 g 小麦粉做 3~5 个)两大类。大小包子除发酵程度不同外(大包子发酵足，小包子发酵得嫩)，小包子成型、馅心都比较精细，多以小笼蒸制，随包随蒸随售，在南方一些地方称这类发酵小包子为馒头。从形状看，还可以分为提褶、秋叶、钳花、佛手、道士帽等。从馅心口味上看，也有甜、咸之别。

①甜馅包子

a. 豆包　以豇豆、芸豆、绿豆、豌豆等为主料经蒸煮和破碎，除加入糖外，有的还加入红薯、大枣等制成豆馅或豆沙馅，包入面皮内，多成型为捏口朝下，表面光滑的圆形包子。口味甜中带有豆香。

b. 果馅包　包括果酱包、果脯包、果仁包、枣泥包、莲蓉包等。

c. 其他甜馅包子　有包入白糖或红糖的糖三角、糖腌猪油丁的水晶包、芝麻馅、油酥馅等品种包子。

②咸馅包子　咸馅包子习惯上捏成带有皱褶花纹的圆形，分为肉馅包子和素馅包子

两大类。

a. 肉馅包子　肉馅品种非常多，包括由猪肉、羊肉、牛肉、鸡肉、海鲜等鲜肉绞碎加入调味料和蔬菜制成的鲜肉馅，也有经过加工后的肉品制成的肉馅，如叉烧馅、酱肉馅、扣肉馅、火腿馅等。肉馅包子显现出蒸食的特有肉香，是我国百姓普遍欢迎的主食品种之一。

b. 素馅包子　素馅一般由蔬菜、粉条、鸡蛋、豆腐、野菜、干菜等处理后剁碎和调味制成。常用的蔬菜有韭菜、芹菜、萝卜、白菜、茴香、豆角、萝卜缨、茭白、莴笋等，干菜泡发后也是非常好的馅料。素馅清素爽口，热量低，有一定的保健作用，因此，素馅包子在我国发达城市很受人们的青睐。一些肉品和蔬菜经调配后，再进行发酵，生产出风味非常独特的产品。

4）蒸糕

①发酵蒸糕　发酵蒸糕又称为发糕，是一类非常虚软的馒头，其面团调制得相当软，甚至为糊状，经过发酵、成型、醒发、蒸制而来，产品大多为甜味。常见的发糕有杂粮发糕、大米发糕、奶油发糕等。杂粮或大米面生产发糕时往往添加一定量的小麦粉以增加面团的持气性。传统的发糕是将原料调制成糊状，经发酵后，倒入模盘中蒸制后切成方形、菱形或三角形等形状。现今许多馒头厂将原料调制成软面团，经发酵做型或不发酵直接做型，再充分醒发，蒸出的产品可保持做成的形状，并且经常在产品表面黏附一些果脯、芝麻、葡萄干等进行装饰，也可以在产品冷却后进行裱花装饰。

②蒸制蛋糕　以鸡蛋、面粉和白糖为主要原料，通过搅打鸡蛋起泡，拌入面粉持气的方法使产品松软。蒸制蛋糕内高效价蛋白质含量高，因为蒸制较烤制的温度低，蛋白质的有效性更好。带有鸡蛋的香味和非常柔软的组织形状，是很有发展潜力的食品品种。但其没有烤制的焦香风味和口感，需要适当调节风味，使其得到更多人的欢迎。

③特色蒸糕　以不同的面粉拌入一些具有特殊风味和色泽的配料，调制成面团或面糊，经过蒸制而成。其风味和外观特别，一般带有地方特色。

（2）馒头加工工艺　馒头的加工，从工艺上区分，主要在于面团的搅拌和发酵不同，而整形后的工序大同小异，因此，本部分着重介绍各种发酵方法特点和配方及操作要点。面团发酵方法有一次发酵法、二次发酵法、过夜老面面团发酵法、面糊发酵法和酒曲发酵法等。以下简要介绍各种发酵工艺。

1）一次发酵法

①一次发酵法的优点

a. 生产周期短　面团起发一般需要50～80 min，简化了面团发酵工艺，使自原料至成品的馒头生产时间大大缩短，由此提高了生产效率、劳动效率和设备利用率，比较有利于大规模工业化生产。

b. 设备和空间利用率高　面团发酵需要盛放容器和发酵室，再者，馒头面团发酵后为了减少面团黏性，一般采用二次和面技术，增加和面次数需要增加和面机。如果将面团放置于和面机内发酵，虽然减少倒面所用时间和劳动，但占用多台和面设备而使固定资产投入增加更多。因此，一次发酵法与二次发酵法相比较，设备与资金投入相对较少，设备和空间利用率较高。

c. 操作简单，劳动强度低　所有原辅料一次倒入和面机，减少了称量的次数和投料次数。另外，如果在发酵面斗车中发酵需要增加一次和面机的出面和进面，特别是发酵后再将面团进入和面机的操作比较困难。由于没有面团发酵，面团无明显产酸，新鲜面粉生产馒头时，不需要加碱，酸碱度容易控制。

d. 面团比较适合馒头机成型　面团经过一次和面后，处于比较紧张的僵硬状态，黏性小，弹性大，用馒头机成型时不易黏辊，馒头坯光滑挺立。

e. 减少了发酵损失　由于整个工艺过程的发酵时间非常短，减少了面团发酵时的物料损失。

②一次发酵法的缺点

a. 酵母用量大　酵母没有经过繁殖增殖，为了保证面坯的醒发在短时间内完成，需要增加酵母添加量。因此该方法的原料成本稍高。

b. 口感不如传统手工产品　面团没有经过发酵，面筋未得到充分扩展，延伸性比较差，生产出的馒头口感较硬。醒发时的短时发酵不能产生足够的风味物质，馒头口味平淡，缺少传统产品的香甜味。

c. 和面要求高　由于面团一次和成，添加原料的方法以及搅拌程度必须严格掌握。

③一次发酵法的生产技术

a. 基本配方　小麦粉 100 kg，水 36 ~ 42 kg，即发干酵母 300 ~ 400 g（鲜酵母 1 kg 左右），是否添加碱面视面粉情况决定。

b. 一次发酵法工艺流程

原辅料→和面→馒头机成型或轧面手工成型→醒发→汽蒸→冷却→包装

c. 操作要点

Ⅰ. 和面　将所有的原辅料经过适当处理，加入和面机搅拌成面团。搅拌时间一般为 12 ~ 15 min，面团应达到光滑细腻、延伸性出现为止。用水温调节面团温度，和好的面团温度一般应控制在 30 ~ 35 ℃。

Ⅱ. 成型　主食圆馒头成型由馒头成型机来完成，花色品种制作由手工完成，根据需要制成各种形状和大小的馒头坯。

Ⅲ. 醒发　在温度 38 ~ 40 ℃，湿度为 85% ~ 90% 的条件下让面团发酵 60 min 左右。没有恒温恒湿条件的，也可以采取其他相应的保温保湿措施。

Ⅳ. 蒸制　面团醒发完成以后，进入蒸柜蒸熟或沸水上笼蒸制。

2）二次发酵法　二次发酵法又称为快速面团发酵法，类似于面包生产上的一次发酵法，即采用两次搅拌、面团短时间发酵的方法。面团调制分两次进行，第一次搅拌的面团称为种子面团、中种面团。发酵后的面团称为酵面，实际上二次发酵法的短时间发酵后的面团是“嫩酵面”。第二次搅拌的面团称为主面团或酵母面团。第一次面团调制将全部面粉的 60% ~ 80% 及全部酵母搅拌成面团，发酵后加入剩余的原辅料进行第二次和面，成型和后续加工。该方法是针对工业化生产馒头的特点，在传统技术的基础上加以改进而来的。其兼容了传统工艺和现代工艺的优点，适合于工厂生产和作坊蒸制面食。

①二次发酵法的基本技术

a. 基本配方　一般北方馒头的基本配方：面粉 100 kg，水 36 ~ 42 kg，即发干酵母

0.16～0.2 kg（或鲜酵母500 g左右），碱50～100 g。面团调制分两次进行，第一次加入全部面粉的60%～80%、总水量的70%～90%及全部酵母；第二次加入剩余的原辅料和水。

b.二次发酵法工艺

Ⅰ.工艺流程

剩余原料和辅料

部分原辅料预处理→第一次和面→面团发酵→第二次和面→馒头机成型或轧面手工成型→醒发→汽蒸→冷却→包装

Ⅱ.操作要点

第一次和面：取70%左右的面粉加入所需的酵母，再加入80%左右的水（加水量以总水量计）。面团含水量较最终的主面团高，搅拌要轻，一般搅拌3～4 min，和成面团。和面过程注意适当反转，让所有干面粉吃水成团。调节加水温度，和好的面团温度控制在28～32 ℃为宜。

面团发酵：和好的面团放入面斗车内，推入发酵室，在温度30～33 ℃，湿度70%～80%的发酵室内或温暖的自然条件下发酵50～80 min，至面团充分膨胀，内部呈丝瓜瓤状。发酵时间也可以根据生产的实际情况，通过调整酵母的用量、两次和面时面粉的配比以及发酵温度和湿度来灵活调节。

第二次和面：将剩余面粉全部加到已经发酵好的面团中，再加剩余的水和溶解后的碱，和面8～12 min。和面过程面团由软变硬，再由硬变软。面团和好后，内部细腻乳白，无大孔洞，弹性适中，有一定的延伸性。通过调节加水的温度，最好使面团温度控制在33～35 ℃，以利于醒发。

成型面团和好后，馒头机成型或进行揉面机轧面和手工成型，制成馒头坯。

醒发成型后的面坯排放于蒸盘上，在38～40 ℃，湿度80%～90%的醒发室内醒发60 min左右，至馒头坯膨胀1倍左右。

汽蒸醒发好的馒头坯，进蒸柜蒸熟或沸水上笼蒸熟。

3）过夜老面面团发酵法　过夜老面面团发酵法也称老面发酵法、老面团发酵法、老酵法、老肥法等。它为传统的馒头生产技术，由于其具有设备简单、管理粗放、原料成本低和产品风味独特等优势仍被一些馒头生产者使用。该方法是以上次做馒头留下的发酵面团作为主要发酵菌种（酵头），少量补充酵母或酵子，加入面粉和成面团，放入大容器中，在自然条件下适当保温保湿过夜发酵，次日在面团中添加面粉和适量碱中和面团的酸性，和面后成型醒发和后续加工。第一次和出的面团称为种子面团、中种面团、酵种面团、小酵或酵子，长时间发酵后的面团称为酵面、老面、老酵面、发面、大酵或大酵面，加入新鲜面粉再搅拌的面团称为主面团或调配面团。其主要工艺流程如下所示。

①生产工艺流程

酵头+部分原辅料→种子面团调制→长时发酵→主面团调制→成型→醒发→汽蒸→成品

②生产操作要点

a. 种子面团的调制

Ⅰ. 酵头的准备　若使用酵母应先进行处理后再添加，而面肥则需要将其用水浸泡变软后，用手捏散(抓开)备用。

Ⅱ. 投料　先将面粉倒入和面机，然后加入酵头适当搅拌，再加水。

Ⅲ. 搅拌　和面以面团中各种物料混合均匀为宜，搅拌程度可通过观察，已经形成面团，而且没有干硬的面块存在即可。

Ⅳ. 面温的控制　面团温度对发酵的顺利进行至关重要。冬季面团发酵过程会降温，要增加面团温度，但为了保证面团的性质和酵母的活性，面团温度不能超过 42 ℃，加水温度不超过 50 ℃；夏季气温高，发酵过程面团升温，可以将面团温度尽量降低，可以用凉水和面来避免面团的过度发酵。

b. 面团发酵　一般生产企业是将和好的种子面团倒入大发酵池中，上盖棉布再盖上棉被保温保湿。冬季气温较低，可以用双层棉被保温，如果仍不能保证面团发起，则可以在棉被中间放一层电热毯加热升温，注意电热毯不能直接接触面团，以防接触面团处温度过高而烧死酵母。夏季气温较高时，可以在面团上盖上单布，湿度较高时也可以敞开发酵。发酵设施和用具必须保持干净卫生，每批生产结束，认真清理发酵池和用具。保温棉被经常晾晒和拆洗。夏季盖布应每日清洗，冬季应 3 日清洗一次。

c. 主面团调制　取出一定量的酵面放入和面机，加入新鲜面粉、水和溶解后的碱，以及其他辅助原料，搅拌 8 ~ 10 min，至面团均匀细密，延伸性良好为止。每批面团添加酵面的量要基本一致，以保证馒头的醒发速度相近，以利于后续的工艺控制。

d. 揉面与成型　和好的主面团，按照前面叙述的揉面和成型技术进行。

e. 醒发　由于面团经过了充分发酵，面团柔软而菌种活力较强，加上酸碱中和产生二氧化碳，老面团发酵法的醒发速度一般较快，一些手工制作的蒸制面食甚至省略了醒发工序直接汽蒸。因此，工厂生产馒头时要特别注意面坯醒发程度，避免因醒发过度产品软塌，组织粗糙。

f. 蒸制　蒸制技术与其他发酵方法基本相同，上笼或进柜蒸熟即可。

4) 面糊发酵法　面糊发酵法又称液体发酵法、醪汁发酵法及流体酵母培养法等。它是酵头和面粉加水调制成面糊，经过充分发酵，再加面粉调制成面团成型、醒发、蒸制来制作馒头。

①生产工艺过程

称量部分原辅料→混合成醪→流质酵母培养→醪液计量→和面→成型→醒发→汽蒸→成品

②生产技术要点

a. 基本配方　面粉 25 kg，其中 3 ~ 5 kg 用于搅拌面糊，20 kg 左右用于面团调制，其余用作扑粉。酵母 20 g 或面肥 0.5 ~ 1 kg，水 10 ~ 12 kg，碱 20 ~ 150 g。

b. 操作要点

Ⅰ. 拌糊　拌糊又称为混合成醪。在面盆中将面肥用水泡开并下手捏散，或将酵母用水溶化，移入发酵筒或发酵缸，加入 10 kg 左右温水，兑入 4 kg 左右面粉，搅拌成糊状。

Ⅱ. 面糊发酵　将面糊放入发酵室或四周加保温材料，盖严发酵。面糊表面出现大量泡沫,即说明面糊已经发起。控制温度在25~30 ℃,一般发酵3~4 h即可;若温度更高,则发酵时间可以缩短;温度低,发酵时间适当延长。高温发酵时间过长,面糊会出现明显的酸味,甚至出现令人难以接受的风味。发酵容器和用具需要保持清洁,随用随清理,每次结束彻底清洗。

Ⅲ.和面　将面粉倒入和面机,加入发酵后的面糊,稍加搅拌,再加入碱水。总搅拌时间11~13 min,保证物料均匀,面团细腻,延伸性良好。加碱量的控制如老面团发酵法所述。后续加工与老面团发酵法基本一样。

5)酒曲发酵法　酒曲发酵法又称为酒酿培养法、水酵法,是在沿用传统古法的基础上不断改进提高,采用了自制含酒精液体酵母的发酵方法。目前一些南方馒头生产者仍采用酒曲发酵法作为发酵剂。

①生产工艺流程

称量→和面加入酒曲和酵母→面团发酵→第二次和面→成型→醒发→汽蒸→成品

②基本原料配方　面粉25 kg,米酒8 kg,即发干酵母0~20 g,碱面50~100 g,水5 kg。

③操作要点

a.和面　将20 kg面粉和酵母加入和面机拌匀,倒入米酒和3 kg水,搅拌4~5 min成面团,物料混合均匀。

b.面团发酵　放置于发酵面斗中,在30~35 ℃,湿度70%~80%的发酵室内发酵2~4 h,至面团发起,内部呈丝瓜瓤状。

c.第二次和面　发酵后面团加入5 kg面粉和碱水,根据面团软硬调节加水量。搅拌7~10 min,至面团组织细密,延伸性良好。后续工艺与老面团发酵法相同。

(3)花卷类分类

1)十字卷

①原料配方　面粉25 kg,酵母80 g,植物油3 kg,碱、精盐、花椒面适量。

②制作方法

a.把面粉倒入和面机,与酵母混匀,加11 kg温水和成面团。入发酵室发酵50 min。

b.把发好的面团加入碱水,和成延伸性良好的筋力面团。揉轧10遍左右。放于案板上刷一层油,撒上花椒面、精盐少许,再撒些扑粉,从上下同时向中间对卷,呈双筒状。靠拢后,用刀切分开,切成质量约为25 g的一个个面剂,并用筷子在中间压成十字形,即成生坯。

c.将生坯装入托盘,入醒发室醒发40 min左右。入柜用0.03 MPa汽蒸12~15 min,待蒸熟取出即可。

③产品特点　暄软美观,麻香明显。

2)金银卷

①原料配方　面粉1 kg,鸡蛋2个,精盐、酵母各适量。

②制作方法

a.将面粉和酵母加水和匀揉透,放在一边备用。将鸡蛋加盐,加一点面粉调成糊状。

b.将酵面擀成4 mm厚的四方饼,把打好的鸡蛋糊抹在已擀好的饼上,卷起来,把两头捏紧,醒发一会。

c. 上笼用旺火蒸 22 ~ 25 min 即可,吃时切成长 4 cm 的段,一片压一片,盛入盘中。

③产品特点　形状美观,松软可口。

(4)蒸糕类分类

1)奶油发糕

①原料配方　高筋粉 100(质量份,下同),低熔点软质人造奶油 3,酵母 0.5,白砂糖 3 ~ 5,45 ~ 50 倍甜度甜蜜素 0.15,馒头改良剂 0.2 ~ 0.3,碱 0.1 ~ 0.3,单甘酯 0.1,水 55 ~ 65,奶油香精适量。

②制作方法

a. 原料处理　酵母、改良剂用温水化开,人造奶油与单甘酯制成凝胶,白砂糖、甜蜜素用热水溶解。

b. 和面与发酵　和面加料顺序:面粉→酵母水→单甘酯奶油凝胶→大量水→糖水→碱水→香精,边搅拌边加入。根据季节调节碱量,加完后搅拌 10 ~ 12 min。和好面后在 30 ~ 35 ℃下发酵 30 ~ 60 min,至面团完全发起。

c. 揉面、成型、醒发　取出约 4 kg 面团,在揉面机上揉 10 遍以上,至表面细腻光滑。注意揉面时撒干粉,防止黏辊。将揉好的面团切成每块 1 kg 面块,手揉并适当整形成长方形坯。托盘上刷油,将坯放于盘上。入醒发室 35 ~ 40 ℃醒发 40 ~ 60 min,至完全发起。

d. 汽蒸及分块包装　醒发好的坯入柜 0.03 MPa 蒸制 40 ~ 45 min 至熟透。稍冷后切成每块200 ~ 250 g,冷却包装。

③产品特点

a. 口感　冷热皆非常柔软,内部呈较均匀的孔洞结构,稍有筋力。

b. 风味　带有特殊的奶香味,口味甜而不腻。

c. 外观　表面光滑洁白,可用奶油裱花。

d. 形状　丰满圆润的长方形块或三角形。

2)大米发糕

①配方及原料要求　特二粉 70 ~ 80(质量份,下同),大米或大米粉 20 ~ 30,即发干酵母 0.2,白砂糖 5,45 ~ 50 倍甜度甜蜜素 0.1,泡打粉 0.2,碱面 0.05 ~ 0.20(根据季节定加入量),水 55 ~ 60。

②米料的制备

a. 粉碎法　大米可用粉碎机粉碎过孔径为 180 μm 以下(或 80 目以上)筛,粉碎法较为简便但口感不如磨浆法。

b. 磨浆法　大米磨浆是将米洗净浸泡 5 ~ 10 h,冬长夏短,至米无硬干心。泡好后滗干,准备好 2 倍于大米的清水,将米倒于砂轮磨浆机上,开机,边加水边磨,磨浆过程不可断水。磨后过孔径为 250 μm(或 60 目)筛网,滤出的颗粒应重磨。浆在较低温度下静置 5 ~ 12 h,倒去上层清液,沉淀米粉待用。

③制作方法

a. 和面与发酵　将面粉、酵母倒入和面机,加入米粉或沉淀好的米粉浆。白砂糖及甜蜜素一同溶解倒入。加水调至软硬适当的面团,搅拌均匀。在 30 ~ 35 ℃下发酵 30 ~

50 min,至面团完全发起。碱用少许水溶解,加入面团,泡打粉直接倒入,搅拌至碱均匀。

b. 成型　将面团多撒扑粉,揉面机揉5遍以上,至表面光滑。每千克1个剂擀成长方形放托盘上,盘适量涂油。坯表面可放数个葡萄干或青红丝。

c. 醒发汽蒸　醒发40～60 min,0.03 MPa汽蒸40 min左右至熟透。稍冷后切成200～250 g的块。

④产品特点

a. 口感柔软　内部呈均匀多孔状,孔较大而多,非常虚软,筋力小。

b. 风味甜香　有特殊的米香味,甜而不腻。

c. 外观美观　表面白而光滑,可用葡萄干或青丝少许点缀。

d. 形状丰满　圆润的长方形块或三角形。

(5)包子类分类

1)糖三角

①原料配方　特二粉27 kg,即发干酵母50 g,白糖或红糖4 kg,碱适量,水12 kg。

②制作方法

a. 和面　发酵面粉23 kg在和面机内与酵母拌匀,加水,搅拌3～5 min,进发酵室发酵50～70 min,至面团完全发起。

b. 调馅　取面粉2 kg加于糖中搅拌均匀,防止高温下糖熔化流出。

c. 成型　发好的面团加碱水和2 kg面粉,搅拌8～10 min,至面筋扩展。取2 kg左右的面团揉轧10遍左右,至面片光滑。面片在案板上卷成条,揪成70～80 g的面剂。将面剂按扁,擀成圆片,包入糖馅,用双手捏成三角形包子。

d. 醒发汽蒸　将糖包坯排放于托盘上,在醒发室醒发40～60 min。推入蒸柜0.03 MPa气压蒸制23～25 min,冷却包装。

③产品特点　呈三角形,经济实惠,暄软甜香。

2)豆包

①原料配方　特一粉25 kg,即发干酵母70 g,红芸豆或红豇豆10 kg,白砂糖8 kg,碱适量。

②制作方法

a. 制豆馅　将豆子洗净,放入夹层锅内,加水40 kg左右,加碱40 g左右,开大蒸汽烧开后,关小蒸汽保持微沸状态焖煮2～3 h,煮至豆烂汁少,煮豆过程不要搅拌。为了增加馅的黏性和风味,也可适当加一些大枣、红薯等一同焖煮。豆子煮透后加入适量砂糖搅拌,使豆粒破碎,有一定黏性即成豆馅。

b. 和面发酵　20 kg面粉和酵母放入和面机内搅拌均匀,加水10 kg,搅拌6～8 min,至面筋形成。入发酵室发酵60 min左右,使面团完全发起。

c. 成型　发好的面团加入5 kg面粉和碱水,搅拌均匀,取2 kg左右在揉面机上揉轧10遍左右,使面片光滑细腻。面片在案板上卷成条,取下50～80 g面剂,按(擀)成2～3 mm厚的圆形薄片。左手托起面片,将豆馅100 g左右放于面片中心,双手协作包成一头圆,一头尖,中间有一排花褶的包子,形似麦穗。

d. 醒发汽蒸　将包子坯排放于托盘上,在醒发室内醒发50～70 min。推进蒸柜0.03 MPa气压蒸制20～23 min,冷却包装。

③产品特点　表面洁白,形状美观,皮料暄软,馅料软沙,香甜可口,豆香浓厚。

3)素菜包

①原料配方　面粉500 g,面肥100 g,小苏打适量,豆芽500 g,油菜200 g,水发粉条100 g,水发香菇50 g,水发木耳50 g,芝麻油75 g,精盐10 g,味精7.5 g,胡椒粉5 g。

②制作方法

a. 将豆芽、油菜择洗干净,用开水烫一下,过凉后用刀切细,用布挤干水分放入盆内。水发粉条切成小段,水发香菇、木耳切成小碎粒,放入豆芽、油菜内,加入精盐、味精、胡椒粉,淋上芝麻油拌匀待用。

b. 将面粉放在案板上,开成窝形,加入面肥、小苏打、250 g温水和成面团,揉匀揉透,稍饧。

c. 将饧好的面团搓成长条,揪成约35 g的剂子,擀成圆形皮子,左手拿皮,右手用馅尺抹约30 g馅心略收拢,用右手拇指和食指提褶收口,捏成圆形包子。

d. 将包子坯在醒发室内醒发后,用旺火沸水蒸15 min左右。

③产品特点　色泽洁白,外形褶匀美观,馅心青素适口,口味咸鲜。

4.2 软饮料工艺

4.2.1 碳酸饮料工艺

碳酸饮料(carbonated beverage)是指在一定条件下充入二氧化碳气体的饮料,通常由水、甜味剂、酸味剂、香精香料、色素、二氧化碳气体及其他原辅料组成,俗称汽水。用发酵法生产而含有自身产生的二氧化碳气体的饮料和二氧化碳气体的含量(重量)在万分之五以下,酒精含量(容量)0.5%以上的硬饮料则不属于碳酸饮料。碳酸饮料因含有二氧化碳气体,不仅能使饮料风味突出,口感强烈,还能使人产生清凉舒爽的感觉。

4.2.1.1 碳酸饮料的分类及产品技术要求

(1)碳酸饮料的分类　按照中华人民共和国国家标准《饮料通则》(GB 10789—2007),碳酸饮料主要分为如下种类。

1)果汁型碳酸饮料　原果汁含量不低于2.5%的碳酸饮料,如橘汁汽水、橙汁汽水、菠萝汁汽水或混合果汁汽水等。

2)果味型碳酸饮料　以果香型食用香精为主要赋香剂,含有少量果汁或不含果汁的碳酸饮料,如橘子汽水、柠檬汽水等。

3)可乐型碳酸饮料　含有焦糖色素、可乐香精或类似可乐果和水果香型的辛香、果香混合香型的碳酸饮料。无色可乐不含焦糖色素。国内可乐的特征添加剂为中草药,有一定的保健作用。

4)其他型碳酸饮料　上述3类以外的碳酸饮料,如苏打水、盐汽水、姜汁汽水、沙士汽水等。

(2)产品技术要求　根据《饮料通则》(GB 10789—2007)的规定,碳酸饮料的基本技术要求见表4.1和4.2。

表4.1 碳酸饮料的感官指标

项目		果汁型	果味型	可乐型	其他型
色泽		应接近与品名相符的鲜果或果汁的色泽	应接近与品名相符的鲜果或果汁的色泽	深棕色或无色	应具有与品名相符的色泽
香气		应具有与品名相符的鲜果的香气,且香气协调柔和	具有近似该品种鲜果之香气,香气较协调柔和	具有可乐果及水果应有的香气,且香气协调柔和	具有该品种应有的香气,香气较协调柔和
滋味		应具有与品名相符的鲜果汁的滋味,味感纯正、爽口,酸甜适口,有清凉感	应具有与品名近似相符的鲜果汁的滋味,味感较纯正、爽口,酸甜适口,有清凉感	口味正常、味感纯正、爽口,酸甜适口,有清凉感和爽口感	具有该品种应有的滋味,味感纯正、爽口,有清凉感
外观	澄清汁	透明,无沉淀	透明,无沉淀	透明,无沉淀	透明,无沉淀
	混浊汁	混浊均匀,浊度适宜,允许有少量果肉沉淀	混浊均匀,浊度适宜	—	混浊均匀,浊度适宜,允许有少量沉淀
杂质		无肉眼可见的外来杂质	无肉眼可见的外来杂质	无肉眼可见的外来杂质	无肉眼可见的外来杂质

表4.2 碳酸饮料的理化及微生物指标

项目	果汁型	果味型	可乐型	其他型
二氧化碳气体容量(20 ℃时容积倍数)	≥1.5倍	≥1.5倍	≥1.5倍	≥1.5倍
果汁质量分数	≥2.5%	—	—	—
咖啡因/(mg/L)	—	—	≤150.00	—
食品营养强化剂	—	—	按《食品营养强化剂使用标准》(GB 14880—2012)规定	—
甜味剂、色素、防腐剂等食品添加剂	—	—	按《食品添加剂使用标准》(GB 2760—2011)规定	—
细菌总数	—	—	<100个/mL	—
大肠杆菌总数	—	—	<6个/100 mL	—
致病菌	—	—	不得检出	—

4.2.1.2 碳酸饮料的生产工艺流程

碳酸饮料生产目前大多采用两种方法,即一次灌装法和二次灌装法。

(1)一次灌装法(预调式) 将调味糖浆与水预先按照一定比例泵入气水混合机内,进行定量混合后再冷却,然后将该混合物碳酸化后再装入容器,这种将饮料预先调配并碳酸化后进行灌装的方式称为一次灌装法,又称为预调式灌装法、成品灌装法或前混合法（premix）。

其工艺流程如下：

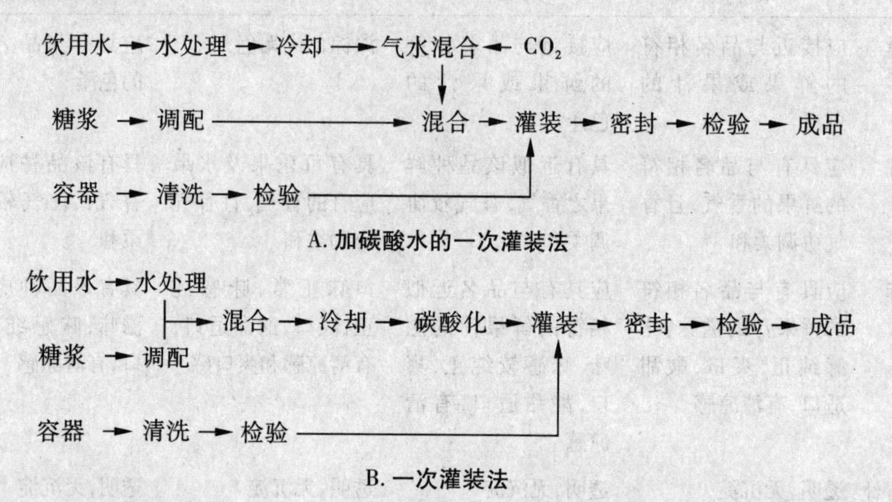

A. 加碳酸水的一次灌装法

B. 一次灌装法

（2）二次灌装法（现调式）　二次灌装法是先将调味糖浆定量注入容器中，然后加入碳酸水至规定量，密封后再混合均匀。这种糖浆和水先后各自灌装的方法又称为现调式灌装法、预加糖浆法或后混合法（postmix）。

其工艺流程如下：

饮用水 → 水处理 → 冷却 → 气水混合 ← CO_2

糖浆 → 调配 → 冷却 → 灌浆 → 灌水 → 密封 → 混匀 → 检验 → 成品

容器 → 清洗 → 检验

4.2.1.3　糖浆的制备和调配

糖浆的制备是碳酸饮料生产中的重要环节，糖浆质量的好坏直接影响碳酸饮料的产品质量。糖浆在碳酸饮料中的作用：提供稠度和有助于传递香味，提供能量和营养价值。

其工艺流程如下：

砂糖 → 称量 → 溶解 → 过滤 → 杀菌 → 冷却 → 脱气 → 浓度调整

糖浆 ← 缓冲罐储存 ← 冷却 ← 杀菌 ← 均质 ← 精滤 ← 配料

（1）原糖浆的溶解方法　砂糖的溶解方式分间歇式和连续式两大类，按照溶解时是否加热又分为冷溶法和热溶法。

1）冷溶法　冷溶法即将糖和水正确配比，然后在室温下搅拌溶解。一般用于配制短期内饮用的饮料的糖浆。此法设备简单，可以节省燃料，而且口感好。但溶糖时间较长且生产中要求有严格的卫生控制措施。

2）热溶法　热溶法适用于零散饮料、纯度要求高或要求延长储藏期的饮料糖浆的配制。热溶能杀灭糖内细菌；分离出凝固糖中的杂质；溶解迅速，短期内可生产大量糖液。

（2）原糖浆浓度的测定　糖浆浓度测定常用比重计测定法和白利度测定法等方法。

1）比重计测定法　把波美比重计浸入所测溶液中，得到的度数叫波美度。当测得波美度后,从相应化学手册的对照表中可查出溶液的质量百分比浓度。

2)白利度测定法　使用手持糖度计测定,实际上检测的是物质的折光性,是我国及英国等国家通用检测食糖量的标度,指含糖的质量百分率。如白利度50°Bx即100 g糖液中含糖50 g。

(3)糖浆的调配　糖浆的调配是指根据不同碳酸饮料的要求,在一定浓度的糖液中,加入甜味剂、酸味剂、香精香料、色素、防腐剂等,充分混匀后所得的浓稠状糖浆。糖浆的调配要求在配料室进行。由于配料室是碳酸饮料生产中最重要的生产场所,所以其卫生条件一定要严格要求。

(4)糖浆的配制方法

1)调和糖浆　一般应遵循的原则:调配量大的先调入,如糖液、水;配料间容易发生化学反应的间开调入,如酸和防腐剂;黏度大、易起泡的原料较迟调入,如乳化剂、稳定剂;挥发性的原料最后调入,如香精、香料。要在不断搅拌的情况下投入各种原料。

根据上述原则其加入顺序:原糖浆→防腐剂→甜味剂→酸味剂→果汁→乳化剂→香精→色素→加水定容。此外,各种原料应先配成溶液,过滤后,在搅拌下缓缓加入,避免局部浓度过高,造成投料不均匀,同时搅拌不能太剧烈,以免造成空气大量混入,影响碳酸化。

2)糖浆定量　糖浆定量是控制成本和产量的主要操作,糖浆在定量上稍有差错,就会使饮料的味道起很大的变化。定量过多,饮料会太甜、太香,还会导致成本增大;定量过少,饮料就会淡而无味。要保证成本的一致性,配料的计量必须准确,用量过多或过少都不合适。

(5)配方设计

各种碳酸饮料的配方中,糖、酸及香精含量,见表4.3。

表4.3　各种碳酸饮料的配方中糖、酸及香精含量

饮料名称	含糖量/%	柠檬酸量/(g/L)	国内香精参考用量/(g/L)
鲜橙	11~14	1.25~1.75	0.75~1.5
香蕉	11~12	0.15~0.25	0.75~1.5
草莓	10~14	1.50~2.25	0.75~1.5
菠萝	10~14	1.25~1.55	0.75~1.5
橘子	10~14	1.25~2.50	0.75~1.5
樱桃	10~12	0.65~1.85	0.75~1.5
杏	11~12	0.5~1.0	0.75~1.5
苹果	9~12	1	0.75~1.5
葡萄	11~14	1	0.75~1.5
梨	10~13	0.65~1.55	0.75~1.5
可乐	11~12	磷酸,0.9~1.0	0.75~1.5
石榴	10~14	1.25~3.10	0.75~1.5
杧果	11~14	0.5~1.5	0.75~1.5
柠檬	9~12	1.25~3.10	0.75~1.5
白柠檬	9~12	1.25~3.10	0.75~1.5

4.2.1.4 碳酸化

(1)碳酸化原理　碳酸化是在一定的压力和温度下,二氧化碳在水中溶解的过程。碳酸化的程度会直接影响碳酸饮料的质量和口味,是碳酸饮料生产的重要工艺之一。

(2)影响碳酸化作用的因素　影响二氧化碳溶解度的因素主要有以下几个方面:

1)二氧化碳的分压　当温度不变时,混合气体中二氧化碳的分压增高,二氧化碳在水中的溶解度就会增大。在0.5 MPa以下的压力时,二氧化碳的分压与其在水中的溶解度呈线性正比关系。在0.1 MPa不同温度下,二氧化碳的溶解度见表4.4。

表4.4　0.1 MPa不同温度下二氧化碳的溶解度

温度/℃	体积/L	质量/g	温度/℃	体积/L	质量/g
0	1.714	3.347	11	1.154	2.240
1	1.646	3.214	12	1.117	2.166
2	1.584	3.091	13	1.083	2.099
3	1.527	2.979	14	1.050	2.033
4	1.473	2.872	15	1.019	1.971
5	1.424	2.774	16	0.985	1.904
6	1.377	2.681	17	0.956	1.845
7	1.331	2.590	18	0.928	1.789
8	1.282	2.494	19	0.902	1.736
9	1.237	2.404	20	0.878	1.689
10	1.194	2.319	21	0.854	1.641

2)水的温度　压力较低时,在压力不变的情况下,水温降低,二氧化碳在水中的溶解度会增大,反之,温度升高,溶解度减小。温度影响的常数称为亨利常数,以H表示。从表4.5中可以看出:亨利常数随温度变化而变化。这仅指的是压力较低时,压力较高时会有偏离,因为亨利常数还是压力的函数。

表4.5　二氧化碳的亨利常数

温度/℃	H	温度/℃	H	温度/℃	H
0	1.713	25	0.759	60	0.359
5	1.424	30	0.665	80	0.234
10	1.194	35	0.592	100	0.145
15	1.019	40	0.530		
20	0.878	50	0.436		

3)气液两相的接触面积与时间　接触面积越大,溶解度越好。一般采用增大接触面积的方法:如将溶液喷雾成液滴状或薄膜状。同时接触时间越长,溶解度也越好,但是接

触时间过长会对设备造成损坏。

4)水中的空气含量　空气在水中稍有溶解,在单位体积的水中溶解的空气与压力、温度有关。在0.1 MPa、20 ℃时,1体积空气溶解于水中可以排走50倍体积的二氧化碳。

(3)二氧化碳的需求量

1)二氧化碳理论需求量的计算　根据气体常数1 mol气体在0.1 MPa、0 ℃时为22.41 L,因此1 mol二氧化碳在T ℃时的体积为:

$$V=\frac{273+T}{273}\times 22.41$$

则

$$G_{理}=\frac{V_{汽}\times N}{V}\times 44.01$$

式中　$G_{理}$——二氧化碳理论需求量;

$V_{汽}$——汽水容量,L(忽略了汽水中其他成分对二氧化碳溶解度的影响以及瓶颈空隙部分的影响);

N——气体吸收率(即汽水含二氧化碳的体积倍数);

44.01——二氧化碳的摩尔质量,g;

V——T ℃下1 mol二氧化碳的容积(0.1 MPa,15.56 ℃时为23.69 L),L。

2)二氧化碳的利用率　生产过程中二氧化碳的损耗很大,因而二氧化碳的实际消耗量在碳酸饮料生产中比理论需求量要大得多,一般来说,装瓶过程二氧化碳的损耗约为40%~60%。采用一次灌装时二氧化碳的实际用量为瓶内含气量的2.2~2.5倍;采用二次灌装时为2.5~3.0倍。常见提高二氧化碳的利用率方法包括:选用性能优良的灌装设备;在不影响操作和检修的前提下,尽量缩短灌装与封口之间的距离;经常对设备进行检修,提高设备完好率,减少灌装封口时的破损率(包括成品的);尽可能提高单位时间内的灌装、封口速度,减少灌装后在空气中的暴露时间,减少二氧化碳的逸散;使用密封性能良好的瓶盖,减少漏气现象等。

(4)碳酸化的方式　碳酸化是在一定的气体压力和液体温度下,在一定的时间内进行的。一般要求尽量扩大气液两相的接触面积,降低液体的温度和提高二氧化碳的压力。因为单靠提高二氧化碳的压力受到设备承压能力的限制,单靠降低水温碳酸化的效率低且能耗大,所以大多采用冷却降温和加压相结合的方法。首先对水或混合液进行冷却,冷却可采用直接冷却和间接冷却等不同方式,冷却到达终点后进行碳酸化。

1)低温冷却吸收式　在二次灌装工艺中低温冷却吸收式是把进入气水混合机的水先预冷至4~8 ℃,在0.45 MPa下进行碳酸化;在一次灌装中是把已经脱气的糖浆和水的混合液冷却至15~18 ℃,在0.75 MPa下进行碳酸化。低温冷却吸收式的缺点是制冷量消耗大,冷却时间长,生产成本高,还容易由于水冷却的程度不够而造成含气量不足;其优点是设备造价低,冷却后液体的温度低,可抑制微生物生长繁殖。

2)压力混合式　压力混合式采用较高的操作压力来进行碳酸化,其优点是碳酸化效果好,节省能源,降低了成本,提高了产量;缺点是设备造价高。

4.2.1.5　灌装

灌装是碳酸饮料生产的关键工序,常见的灌装方法有典型的二次灌装法和一次灌装法,有时也使用组合灌装法。

灌装是碳酸饮料生产的关键工序,在实际生产中要保证碳酸饮料产品质量的稳定和均一性,需要注意如下质量要求。

(1)达到预期的碳酸化水平　碳酸饮料的碳酸化的程度应保持一个合理的水平,二氧化碳含量必须符合规定要求。成品含气量的多少不仅与混合机有关,而且灌装系统也是主要的影响因素。

(2)保证糖浆和水的准确比例　二次灌装法要保证灌糖浆量的准确和灌装高度的适宜。现代化的一次灌装法要保证配比器的正常运行。

(3)保证合理和一致的灌装高度　合理和一致的灌装高度可以保证内容物符合规定标准、保证产品的商品价值,还可以适应饮料与容器的膨胀比例。灌装高度除在二次灌装法中会影响糖浆和水的比例以外,还要考虑其他因素,如太满,在温度升高时会由于饮料膨胀导致压力增加,容易漏气和破裂。

(4)容器顶隙应保持最低的空气量　容器顶隙部分的空气如果含量多,会使饮料中的香气或其他成分发生氧化作用,导致产品变质变味。

(5)密封严密有效　密封是保持饮料质量的关键因素,瓶装饮料无论是皇冠盖还是螺旋盖都应密封严密,压盖时不应使容器有任何损坏,金属罐卷边质量应符合规定的要求。

(6)保持产品的稳定性　造成碳酸饮料产品质量不稳定的因素主要有过度碳酸化、存在杂质、存在空气、灌装温度过高或温差较大等。不稳定的产品,开盖后会发生喷涌,泡沫溢出。

4.2.1.6　压盖、验质、贴标与装箱

聚酯瓶采用螺旋防盗盖封盖机或旋盖机封盖;易拉罐采用二重卷边式封罐机封罐;玻璃瓶用皇冠盖封口机封口。压盖要紧密、不漏气,又不能太紧而损坏瓶口,压盖前需要对瓶盖进行消毒。

成品检验多用肉眼,加灯光背幕。有的工厂用放大镜置于成品前,一般放大倍数为3~4倍。在高速生产线上,许多抽样检验的项目已经不能满足要求,发现不合格的情况再进行调整已经来不及。所以许多检查项目必须在生产线上实行,以便随时更正误差。目前先进的生产线已经设有线上检测仪及控制机构。

贴标方法是采用专用瓶、专用盖或贴标纸来实现。专用瓶是指瓶上有凸字或印字,表现品名、商标、制造厂或仅表现一两个标名,而将其余的标名放在盖上表现,专用瓶仅适于大量生产的品种;专用盖是指在皇冠盖上印刷了品名、商标、制造厂等标名,更换品种时只需要换盖即可;贴标纸的方法由于在冷藏过程中会导致水湿,或标纸脱落,而失去标名的作用,许多厂家不愿采用。

碳酸饮料的大包装可以用木箱、塑料箱和纸板箱。塑料箱当中有隔挡,四壁有半高和全高两种。装纸箱机也有多种,现多用装入瓶子后再成箱型的设备。装纸箱的产品有时还可以进行联包,以方便超市销售,联包后再将几个联包产品装入大箱。

4.2.1.7　碳酸饮料常见的质量问题及处理方法

碳酸饮料中出现质量问题的现象很多,主要表现为杂质、气不足、混浊、沉淀、变味、变色、生成黏性物质、风味异常变化、过分起泡或不断冒泡等。现将其产生原因及处理方

法分述如下。

(1)杂质　杂质是产品中肉眼可见、有一定形状的非化学物质,对制品的质量影响很大。

1)杂质分类　杂质可分为:不明显杂质、明显杂质和使人厌恶的杂质。不明显杂质包括数量极少、体积极小的灰尘、小白点、小黑点等。明显杂质包括数量较多的小体积杂质。使人厌恶的杂质是指刷毛、大片商标纸、蚊虫、苍蝇及其他昆虫等。

2)造成杂质的原因　造成杂质的原因主要有瓶子或瓶盖未洗干净;原料如水、糖及其他辅料含有杂质;机件碎屑或管道沉淀物;操作人员责任感不强等。

瓶子不洁是最常出现的杂质问题,必须加强洗瓶工序的管理,保证洗瓶时间、温度和洗瓶效果。原料中的杂质主要是过滤问题,也有储罐或灌装机等不洁或管道沉淀物造成的。为了避免机件碎屑混入,应严格控制混合机、灌装机易损件的磨损,同时所有水管、料管及气管都应定期进行清洗,排出沉淀物,保持管道体系的清洁状态。

(2)气不足或爆瓶

1)气不足　气不足实际就是二氧化碳含量太少或根本没气。导致碳酸饮料二氧化碳含量不足的原因主要有二氧化碳气体不纯,碳酸化时液体温度过高,混合机压力不够,生产过程中有空气混入或脱气不彻底,灌装时排气不完全,混合机碳酸水的阀门或管道漏气、灌水机胶嘴漏气,簧筒弹簧太软、瓶托位置太低、自动机灌装位置偏低、封盖不及时或不严密,瓶与盖不配套等。可根据具体情况查明原因,找出合理的解决办法。

2)爆瓶　爆瓶是由于二氧化碳含量太高,压力太大,当储藏温度高时,气体体积膨胀超过瓶子的耐压程度,或者瓶子质量太差耐压程度不足等都会造成爆瓶。因此控制成品中合适的二氧化碳含量和保证瓶子质量符合要求都是必不可少的。

(3)混浊与沉淀　混浊是指产品呈乳白色,看起来不透明。同时在瓶底生成白色或其他沉淀物。产生混浊与沉淀的原因很多,但一般都是物理变化、化学反应、微生物污染等原因所引起的。

1)物理性变化引起的混浊沉淀　主要包括如下几种情况:①由于瓶子刷洗不彻底,瓶颈泡沫形成的油圈,而造成沉淀;②瓶底的残留汽水干固膜会在装饮料一段时间后沉于底部形成膜片状沉淀;③管道内壁凹凸不平以及死角处的杂质容易残留而形成沉淀;④水中的钙、镁离子在管道内形成碳酸盐,一旦与饮料接触,一部分会与酸性物质如柠檬酸等作用生成柠檬酸盐等,逐渐凝聚并悬浮在饮料中,出现混浊或不透明。

2)化学性变化引起的混浊沉淀　一般是由于饮料在生产过程中原辅材料之间相互作用或与空气或和水源中的氧气或其他物质发生反应的结果。如白砂糖中存在胶体物质,在一定时间内会凝聚而形成沉淀;水质硬度过高,水中钙、镁离子与柠檬酸反应,会生成不溶性沉淀;配料工序处理不当,如在含单宁的饮料中使用焦糖,使用的苯甲酸钠和香精量过大、乳化香精过期、色素用量过大,使用劣质添加剂等都会使产品混浊。

3)微生物引起的混浊沉淀　微生物导致的混浊沉淀等变质现象多是由酵母引起的。酵母可在碳酸饮料中形成乳白色膜、胶黏物质,在饮料表面形成浅白色环状物、絮状物,与糖作用使饮料变质混浊,与柠檬酸作用形成丝状或白色云状沉淀。产生这一情况的原因通常是由于封盖不严,使二氧化碳逸出,进入的空气中带有细菌,从而使得产品发生酸败;或者是由于设备未清洗干净或者生产中没有及时将糖浆冷却装瓶,感染杂菌而发生酸败。

综上所述,造成碳酸饮料混浊沉淀的原因很复杂,必须区别对待。对于理化原因引起的沉淀采取的控制措施有选用的生产用水硬度必须合适;选择优质砂糖、香精和食用色素,并严格控制用量;严格执行配料操作程序;严格洗瓶、验瓶及水处理操作。对于微生物原因引起的沉淀采取的控制措施有保证足够的含气量;严格卫生管理,减少各个环节的污染;加强原辅材料的管理;对所有容器、设备、管道、阀门定期进行消毒;加强过滤介质的消毒灭菌工作;防止空气混入等。

(4)变色与变味　碳酸饮料在储存过程中会出现变色、褪色等现象,其原因是碳酸饮料中的色素不稳定,当饮料受到日光照射时,其中的色素在水、二氧化碳、少量空气和日光中的紫外线的复杂作用下发生氧化作用。另外,色素在受热或在氧化酶作用下亦可发生分解而褪色,饮料储存时间越长褪色越明显。因此碳酸饮料应尽量避光保存,避免过度曝光;储存时间不能过长;储存温度不能过高;每批存放的数量不能过多。

碳酸饮料的组成成分非常适合微生物繁殖,在生产过程中稍有不慎,受到微生物污染就会引起碳酸饮料的变味。如污染醋酸菌,有醋酸味;污染产酸酵母,有乙醛味和酸味;果汁类充气饮料污染了肠膜明串珠菌,产生不良气味。另外生产过程中操作不当也会导致饮料产生异味。如配料时容器设备没有洗净会产生酸败味或双乙酸味;柠檬酸使用量过多会造成涩味;糖精钠用量过多会造成苦味;香精质量差、使用量不当也会造成异味;回收瓶洗涤不净也会带入各种杂味等。要解决这些问题,必须严格要求水处理、配料、洗瓶、灌装、压盖等各个工序,严格按照规程操作,并全面搞好卫生管理。

(5)产生胶体变质　碳酸饮料生产出来后,放置一段时间后,有的会变成乳白色胶体,严重的甚至类似糨糊状,这种现象称之为产生胶体变质。

1)碳酸饮料产生胶体而变质的原因　砂糖质量差,含有胶体物质或蛋白质;二氧化碳含量不足或混入空气太多,微生物大量繁殖;瓶子没有彻底消毒,瓶内残留的细菌利用饮料中的营养物质生成胶体物质。

2)防止此类变质现象发生的措施　加强设备、原料、操作等环节的卫生管理;二氧化碳含量充足,降低成品的 pH 值;选用优质的原辅材料进行生产等。

4.2.2　果蔬饮料工艺

果蔬汁(fruit and vegetable juice)是以新鲜或冷藏果蔬(也有一些采用干果)为原料,经过清洗、挑选后,采用物理的方法如压榨、浸提、离心等方法得到的果蔬汁液。

4.2.2.1　果蔬汁饮料的概念与分类

用水果和(或)蔬菜(包括可食的根、茎、叶、花、果实)等为原料,经加工或发酵制成的饮料称为果蔬汁饮料。按照中华人民共和国国家标准《饮料通则》(GB 10789—2007),对果蔬汁及其饮料产品进行了如下规定。

(1)果汁(浆)和蔬菜汁(浆)　采用物理方法将水果或蔬菜加工制成可发酵但未发酵的汁(浆)液;或在浓缩果汁(浆)或浓缩蔬菜汁(浆)中加入果汁(浆)或蔬菜汁(浆)浓缩时失去的等量的水,复原而成的制品,具有原水果果汁(浆)和蔬菜汁(浆)的色泽、风味和可溶性固形物含量。可以使用食糖、酸味剂或食盐,调整果汁、蔬菜汁的风味,但不得同时使用食糖和酸味剂调整果汁的风味。

(2)浓缩果汁(浆)和浓缩蔬菜汁(浆)　采用物理方法从果汁(浆)或蔬菜汁(浆)中除去一定比例的水分,加水复原后具有果汁(浆)或蔬菜汁(浆)应有的特征的制品。要求可溶性固形物含量和原汁(浆)的可溶性固形物含量之比不低于2。

(3)果汁饮料和蔬菜汁饮料

1)果汁饮料(fruit juice beverage)　在果汁(浆)或浓缩果汁(浆)中加入水、食糖和(或)甜味剂、酸味剂等,调制而成的饮料,可加入柑橘类的囊胞(或其他水果切细的果肉)等果粒。要求果汁(浆)含量不低于10%。

2)蔬菜汁饮料(vegetable juice beverage)　在蔬菜汁(浆)或浓缩蔬菜汁(浆)中加入水、食糖和(或)甜味剂、酸味剂等,调制而成的饮料。要求蔬菜汁(浆)含量不低于5%。

(4)果汁饮料浓浆和蔬菜汁饮料浓浆　在果汁(浆)和蔬菜汁(浆)或浓缩果汁(浆)和浓缩蔬菜汁(浆)中加入水、食糖和(或)甜味剂、酸味剂等调制而成,稀释后方可饮用的饮料。要求按标签标示的稀释倍数稀释后,其果汁(浆)和蔬菜汁(浆)的含量不低于相应的果汁饮料和蔬菜汁饮料的规定。

(5)复合果蔬汁(浆)及饮料

1)复合果蔬汁(浆)　含有两种或两种以上的果汁(浆)或蔬菜汁(浆),或果汁(浆)和蔬菜汁(浆)的制品为复合果蔬汁(浆)。

2)复合果蔬汁(浆)饮料　含有两种或两种以上果汁(浆)、蔬菜汁(浆)或其混合物并加入水、食糖和(或)甜味剂、酸味剂等调制而成的饮料为复合果蔬汁饮料。要求果汁(浆)含量不低于10%,蔬菜汁(浆)含量不低于5%,果汁(浆)和蔬菜汁(浆)总含量不低于10%。

(6)果肉饮料　在果浆或浓缩果浆中加入水、食糖和(或)甜味剂、酸味剂等调制而成的饮料。含有两种或两种以上果浆的果肉饮料称为复合果肉饮料。要求果浆含量不低于20%。

(7)发酵型果蔬汁饮料　水果、蔬菜或果汁(浆)、蔬菜汁(浆)经发酵后制成的汁液中加入水、食糖和(或)甜味剂、食盐等调制而成的饮料。

(8)水果饮料　在果汁(浆)或浓缩果汁(浆)中加入水、食糖和(或)甜味剂、酸味剂等调制而成,但果汁含量较低的饮料。要求果汁含量在5%~10%。

(9)其他果蔬汁饮料　上述8类以外的果汁和蔬菜汁类饮料。

4.2.2.2　果蔬汁饮料的生产工艺

目前世界上生产的果蔬汁饮料根据工艺大致分五大类,即澄清汁(clear juice)、混浊汁(cloudy juice)、浓缩汁(concentrated juice)、果肉饮料(nectar)和果汁粉(juice powder)。果肉饮料的生产需要进行预煮和打浆,其他工序与混浊汁一样;果汁粉属固体饮料范畴,在此不做介绍。其他三类果蔬汁饮料的生产工艺流程见图4.4。

(1)挑选与清洗　原料必须进行挑选,剔除霉变果、腐烂果、未成熟和受伤变质的果蔬。对于农药残留较多的果蔬,洗涤时可加用稀盐酸或脂肪酸系洗涤剂进行处理。

(2)破碎　破碎的主要目的是破坏果蔬的组织,使细胞壁发生破裂,以利于细胞中的汁液流出,获得理想的出汁率。

(3)取汁前的处理　为了提高果蔬的出汁率,必须抑制果胶酶活性和降低物料的黏度,主要采用以下两种方法。

1)加热处理　红色葡萄、红色西洋樱桃、李子、山楂等水果,在破碎之后,须进行加热处理。加热有利于色素和风味物质的渗出,并能抑制酶的活性;同时由于加热使细胞原生质中的蛋白质凝固,改变了细胞的通透性,同时使得果肉软化、果胶质溶出,降低了汁液的黏度,因而也提高了出汁率。

2)果胶酶制剂处理　果胶酶可以有效地分解果肉组织中的果胶物质,使果汁黏度降低而容易榨汁过滤,提高出汁率。

(4)打浆、压榨、浸提　果蔬原料采用何种方式进行取汁或打浆取决于其自身的质地、组织结构和生产的果汁类型,常见的果蔬取汁方式有打浆、压榨和浸提三种方式。打浆主要用于番茄、桃、杏、杧果、香蕉、木瓜等组织柔软、胶体物质含量高的果蔬原料,主要用于生产带肉果蔬汁或混浊果蔬汁。压榨可用于柑橘、梨、苹果、葡萄等大多数汁液含量高、压榨易出汁的果蔬原料,压榨取汁的效果取决于果蔬的质地、品种和成熟度等。浸提法适用于通过榨汁法难以取汁的果蔬干果或果胶含量较高的原料,如酸枣、乌梅、红枣、山楂等,有时苹果、梨等为了提高出汁率,也采用浸提工艺提取。

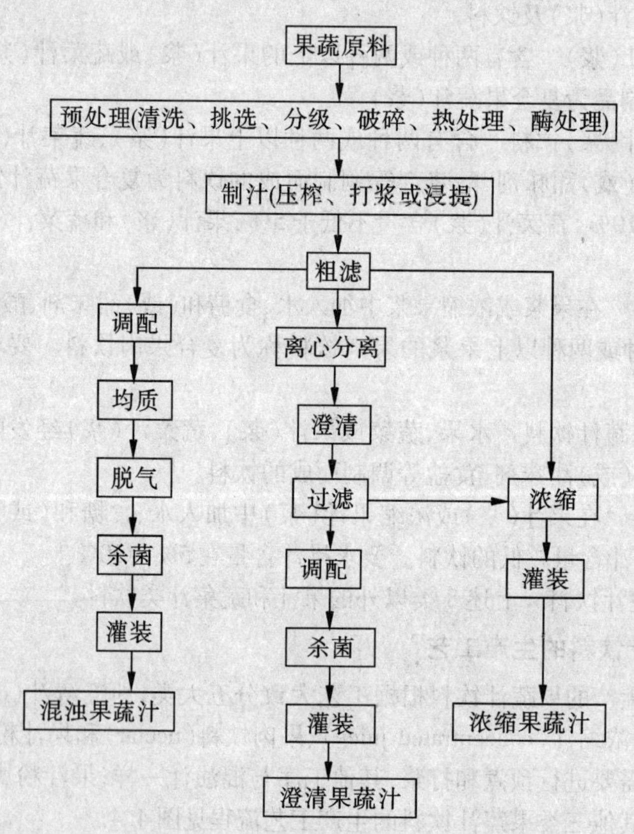

图 4.4　果蔬汁饮料的生产工艺流程

(5)果蔬汁的澄清与过滤

1)澄清　制取澄清果蔬汁时,需要进行澄清和过滤以去除鲜榨汁中的全部悬浮物及易致沉淀的胶粒。悬浮物包括发育不完全的种子、果心、果皮和维管束等颗粒以及色粒,这些物质除色粒外,主要成分是纤维素、半纤维素、多糖、苦味物质和酶,这些都将影响果汁的品质和稳定性。常用的澄清剂有明胶、单宁和皂土等。常用的澄清方法有自然澄清法、明胶-单宁法和酶法等。

2)过滤　澄清处理后必须经过过滤,将混浊或沉淀物除去得到澄清透明且稳定的果蔬汁。常用的过滤介质有石棉、硅藻土、纤维等,过滤介质的选择随过滤方法和设备而异。常用的过滤方法有压滤、离心分离、真空过滤和超滤。

3)果蔬汁的均质与脱气

①均质　生产带肉果蔬汁或者混浊果蔬汁时,由于果汁中含有大量果肉微粒,为了防止果肉微粒与汁液分离影响产品外观,提高果肉微粒的均匀性、细度和口感,需要进行均质处理。常用的均质设备是高压均质机。物料在高压均质机的均质阀中发生细化和均匀混合过程,可以使物料微粒细化到0.1~0.2 μm。胶体磨也是具有均质细化作用的果蔬汁加工机械。胶体磨可使颗粒细化度达到2~10 μm。一般在加工过程,可先将果蔬粗滤液和果蔬浆经过胶体磨处理后,再由高压均质机进行进一步的微细化。

超声波均质机是近年发展的一种新型均质设备,其作用原理是利用强大的空穴作用力,产生絮流、摩擦、冲击等而使粒子破碎。

②脱气　脱气或称脱氧,即在果蔬汁加工时除去果蔬汁中的氧,尤其是混浊果蔬汁,可以减少或避免果蔬汁成分的氧化,减少果蔬汁色泽和风味的变化,防止马口铁罐的腐蚀,避免悬浮粒吸附气体而漂浮于液面,以及防止装罐和杀菌时产生泡沫等。然而,脱氧也会导致果蔬汁中挥发性芳香物质的损失,必要时可回收后重新加回果蔬汁中,以保持原有风味。常用的方法有真空脱气法、抗氧化法和酶法脱气法等。

(6)果蔬汁浓缩　果蔬汁浓缩是在澄清汁或混浊汁的基础上脱除大量水分,使果蔬汁体积缩小、固形物浓度提高到65%~75%。由于浓缩后的果蔬汁,提高了糖度和酸度,所以在不加任何防腐剂情况下也能长期保藏,便于储运,因此发展较快。常用的浓缩技术有真空浓缩、冷冻浓缩和反渗透浓缩等。

(7)果蔬汁的调配与混合　果蔬汁调配的目的是实现产品的标准化,使不同批次产品保持一致性;提高果汁产品的风味、色泽、口感、营养和稳定性等。一般来说,100%的果蔬汁一般不用添加其他物质,但有些由于太酸或风味太强或色泽太淡等需复合或调配。非100%的果蔬汁饮料,由于加工过程中添加了大量的水分,果蔬汁原有的香气变淡、色泽变浅、糖和酸都降低,须添加香精、糖、酸,甚至弥补色素,使产品的色、香、味达到理想的效果。

(8)果蔬汁的杀菌灌装

1)杀菌　果汁的变质一般是由微生物的代谢活动所引起的,因此杀菌是果汁饮料生产中的关键技术之一。果蔬汁及饮料的杀菌工艺是否正确,不仅影响产品的保藏性,而且影响产品的质量。果蔬中存在着各种微生物,它们会使产品腐败变质;同时还存在着各种酶,会使制品的色泽、风味和形态发生变化,杀菌过程既要杀灭微生物又要钝化酶。食品工业中采用的杀菌方法主要有热杀菌和冷杀菌两大类。目前常用的是热杀菌法。

2)热灌装　果蔬汁经高温短时或超高温瞬时杀菌,趁热灌入已预先消毒的洁净瓶或罐内,趁热密封,倒瓶处理,冷却。此法较常用于高酸性果汁及果汁饮料,亦适合于茶饮料。橙汁、苹果汁以及浓缩果汁等可以在88~93 ℃下杀菌40 s,再降温至85 ℃罐装;亦可在107~116 ℃内杀菌2~3 s后罐装。目前较通用的果汁灌装条件为135 ℃、3~5 s

杀菌,85 ℃以上热灌装,倒瓶 10 ~ 20 s,冷却到 38 ℃。

3)无菌灌装　食品无菌包装是指将经过灭菌的食品(如饮料、奶制品等),在无菌环境中,灌装入经过杀菌的容器中。无菌灌装产品可以在不加防腐剂、非冷藏条件下达到较长的保质期。

无菌灌装是热灌装的发展,或者是热灌装的无菌条件系统化、连续化。无菌条件包括果汁无菌、容器无菌、罐装设备无菌和罐装环境的无菌。

(9)果蔬汁生产中常见的质量问题及解决方法

1)变色　果蔬汁出现的变色主要是酶促褐变和非酶褐变引起的,还有就是在存放过程中果蔬汁本身所含色素的改变引起变色。

①果蔬汁的酶促褐变　在果蔬组织内含有多种酚类物质和多酚氧化酶(polyphenol oxidase, PPO),在加工过程中,由于组织破坏与空气接触,使酚类物质被多酚氧化酶氧化,生成褐色的醌类物质,如苹果汁、梨汁和芦笋汁等,色泽会由浅变深,甚至为黑褐色。

防止酶促褐变的方法:

a. 加热处理尽快钝化酶的活性。采用 70 ~ 80 ℃、3 ~ 5 min 或 95 ~ 98 ℃、30 ~ 60 s 加热钝化多酚氧化酶活性。

b. 添加有机酸抑制酶活性。各类有机酸均能有效抑制多酚氧化酶的活性,因其酶活性最适宜 pH 值为 6 ~ 7,而加入有机酸后,可降低其介质 pH 值,使酶在较低 pH 值的环境中受到抑制。如苹果酸调至 pH 值为 2.5 ~ 2.7 时,即可全部失活;其后即使再升高 pH 值到 3.1 ~ 3.3,酶活性也不能恢复,不会再产生酶促褐变。对于蔬菜类的原料,采用质量分数为 0.05% ~ 0.1% 的柠檬酸处理,可延缓酶的褐变作用。

c. 破碎时添加抗氧化剂如维生素 C 和异维生素 C,用量 0.03% ~ 0.04%。

d. 包装前充分脱气,包装隔绝氧气,生产过程减少与空气的接触。

② 果蔬汁的非酶褐变　果蔬汁的非酶褐变是指果汁中的还原糖和氨基酸之间发生美拉德反应,在浓缩汁中这种褐变尤其突出。

常用的控制方法:a. 有效控制 pH 值小于 3.3;b. 防止过度的热力杀菌;c. 制品储藏在较低温度下,10 ℃或更低温度。

有些含有花青苷的果蔬汁由于色素花青苷不稳定,在储藏过程也会变色。

2)变味　果蔬汁的变味主要是微生物生长繁殖引起的,个别类型的果汁还可能与加工工艺有关,如柑橘汁的变味。细菌中的枯草杆菌繁殖引起的馊味;乳酸菌和醋酸菌发酵引起的各种酸味;丁酸菌发酵引起的臭味;酵母或霉菌引起的各种霉变。微生物引起的变味,主要应着重注意各个工艺环节的清洁卫生和杀菌的彻底性。

3)沉淀和混浊　澄清果蔬汁要求产品澄清透明,出现后混浊主要是澄清处理不当和微生物因素造成。澄清处理不当所引起的混浊与沉淀如果胶、淀粉、明胶、酚类物质、蛋白质、助滤剂、微生物等在过滤和澄清工艺中未能去除达标,会引起混浊和沉淀;如果杀菌不彻底,微生物在后续存放的过程中大量繁殖也会导致混浊与沉淀。在生产中应针对这些因素进行一系列检验,如后混浊检验、果胶检验、淀粉检验、硅藻土检验等,然后对症采取相应的措施。

混浊果蔬汁和带肉饮料要求产品均匀混浊,不应该分层、澄清、沉淀。在生产过程中主要通过均质处理细化果蔬汁中悬浮粒子,或添加一些增稠剂提高产品的黏度等措施,以保证产品的稳定性。必须注意的是柑橘类混浊果汁在取汁后要及时加热钝化果胶酯酶,否则造成混浊果汁的澄清和浓缩过程中的胶凝化。

4)果蔬汁掺假　果蔬汁掺假是指生产企业为了降低生产成本,果蔬汁或果蔬汁饮料产品中的果蔬汁含量没有达到规定的标准,为了弥补其中各种成分不足而添加一些相应的化学成分使其达到规定含量。国外已经对果蔬汁的掺假问题进行了多年研究,并制订了一些果蔬汁的标准成分和特征性指标的含量,通过分析果蔬汁及饮料样品的相关指标的含量,并与标准参考值进行比较,来判断果蔬汁及饮料产品是否掺假。如利用脯氨酸和其他一些特征氨基酸的含量与比例作为柑橘汁掺假的检测指标。果蔬汁的掺假在我国还没有得到应有的重视,很多企业的产品中果蔬汁含量没有达到100%也称为果蔬汁,甚至把果蔬带肉饮料称为果蔬汁。

5)农药残留　农药残留是果蔬汁国际贸易中非常重视的一个问题,并日益引起消费者的关注。其主要来源是果蔬原料自身,是果园或田间管理不善,滥用农药或违禁使用一些剧毒、高残留农药造成的。通过实施良好农业规范,加强果园或田间的管理,减少或不使用化学农药,生产绿色或有机食品,完全可以避免农药残留的发生。此外,果蔬原料在清洗时,也应该根据所使用农药的特性,选择一些适宜的酸性或碱性洗涤剂,这些都有助于降低农药残留。

4.2.3　瓶装饮用水工艺

瓶装饮用水(bottled drinking water)是指密封于容器中,并出售给消费者直接饮用的水。根据中华人民共和国国家标准《饮料通则》(GB 10789—2007),将瓶装饮用水分为6类,分别是饮用天然矿泉水、饮用天然泉水、其他天然饮用水、饮用纯净水、饮用矿物质水、其他包装饮用水。

我国已制定了饮用天然矿泉水和瓶装饮用纯净水的国家标准,且在我国包装饮用水行业中,饮用纯净水所占的份额最大,其次是饮用矿物质水、天然饮用水和饮用天然矿泉水。由于饮用矿物质水是在饮用纯净水的基础上添加一定的矿物质而生产得到的,其生产工艺与饮用纯净水的生产工艺类似,所以本部分主要针对饮用天然矿泉水和饮用纯净水的分类、生产工艺等相关内容进行具体介绍,其他如饮用矿物质水、天然饮用水的生产工艺等相似内容,此处不再详述。

4.2.3.1　饮用天然矿泉水

饮用天然矿泉水(drinking natural mineral water)因含有一定量的矿物质而具有有利于健康的特性,在包装饮用水中占有较大的比重,特别是近几年发展很快。

(1)天然矿泉水的定义与分类

1)天然矿泉水的定义　矿泉水是含有一定量的矿物质和体现特征化的微量元素或其他组分,符合饮用水标准的一种安全、卫生的水,对质量要求严格,尤其细菌学指标和有害化学成分应符合世界卫生组织饮用水的国际标准和我国饮用水卫生标准。

我国饮用天然矿泉水的定义:是指从地下深处自然涌出的或经人工揭露的未受污染的地下矿泉水,含有一定量的矿物质、微量元素或其他成分,其化学成分、流量、水温等动态指标在天然周期波动范围内相对稳定。

2)天然矿泉水的分类　天然矿泉水的分类方法很多,可以按照产品中二氧化碳含量、矿泉水的温度、渗透压、矿泉水涌出方式以及水文地质学等来分类。目前，生产中对天然矿泉水的分类主要按照矿泉水中的化学成分进行。以下分别介绍矿泉水的不同分类法。

①按产品中二氧化碳含量分类　这是我国国家标准对天然矿泉水的分类方法，按照《饮用天然矿泉水》(GB 8537—2008)的规定，将其分为含气天然矿泉水、充气天然矿泉水、无气天然矿泉水和脱气天然矿泉水。

②按温度分类　按温度可分为冷泉20 ℃以下、微温泉20 ~ 37 ℃、温泉37 ~ 42 ℃、高温泉42 ℃以上。

③按渗透压分类　由于矿泉水中含有离子浓度不同，渗透压也不同，按矿泉水渗透压高低可分为低张泉、等张泉、高张泉。

④按pH值分类　强酸性泉：$pH<2.0$；酸性泉：$2.0<pH<4.0$；弱酸性泉：$4.0<pH<6.0$；中性泉：$6.0<pH<7.5$；弱碱性泉：$7.5<pH<8.5$；碱性泉：$8.5<pH<10.0$；强碱性泉：$pH>10$。

⑤按紧张度(或刺激度)分类　可分为缓和性矿泉水和紧张性矿泉水。

⑥按用途分类　可分为饮用矿泉水、医疗矿泉水和工业矿泉水。

⑦按矿泉涌出形式不同分类　以矿泉涌出形式以及涌出地方的地质条件分为自喷泉、脉搏泉、火山泉。

⑧按特征性成分分类　日本、德国等国家依据其中的碳酸、可溶性固体等特征性成分，将其分为单纯温泉、碳酸泉、硫黄泉、食盐泉、硫化氢泉等14类。

(2)饮用矿泉水评价　矿泉水的化学评价，首先是测定矿泉水的电导率、pH值、气体(主要是二氧化碳)成分及蒸发残渣的量，以确定水样是否有进一步评价的价值。如果这些指标与矿泉水要求相距甚远，则无必要进行下一步的详细分析。如果指标与要求相符，则进一步测定水中的钾、钠、钙、镁、碳酸氢根、硫酸根和氯离子等主要成分的含量。按照上述成分测定或根据水温已能初步确定水样是否属于矿泉水。

在初测的基础上，再进行详细的分析评价。必须指出，天然矿泉水与可饮用水是有明显区别的，作为饮料矿泉水，必须具备以下一些基本条件。

①口味良好，风格典型。

②含有对人体有益的成分，包括特有的内容物、一定的矿物质和微量元素。通常，天然矿泉水中至少应含有1 000 mg/L溶解盐。当然，不同国家对其含量有不同的规定。

③有害成分含量(包括放射性)不得超过相关标准。

④在装瓶后的保质期内(一般为1年)，水的外观与口味无变化。

⑤微生物学指标符合饮用水卫生要求。

因此，应从化学分析、微生物学检查和品尝等方面综合了解矿泉水的品质，并且还要观察矿泉水的装瓶稳定性。矿泉水的有害成分可分为毒理指标和非毒理指标，毒理指标如铅、汞、镉等必须达到卫生指标，而非毒理指标如铁、锰等允许略超过卫生指标。由于矿泉水饮用量少于日常生活饮水，某些成分(如氟)的指标可略放宽。

《饮用天然矿泉水》(GB 8537—2008)规定天然矿泉水中各成分的界限指标和限量指标见表4.6和表4.7。其中界限指标要求应有1项(或1项以上)指标符合表4.6的规定；限量指标则应全部符合表4.7的规定。

表4.6 饮用天然矿泉水中的界限指标 mg/L

项目	指标	项目	指标	项目	指标
锂	≥0.20	碘化物	≥0.20	偏硅酸	≥25.0（含量在25.0～30.0时，水源水温应在25 ℃以上）
锌	≥0.20	游离二氧化碳	≥250	锶	≥0.20（含量在0.20～0.40时，水源水温应在25 ℃以上）
硒	≥0.01	溶解性总固体	≥1 000		

表4.7 饮用天然矿泉水中的限量指标 mg/L

项目	指标	项目	指标	项目	指标
硒	<0.050	铬	<0.050	溴酸盐	<0.01
锑	<0.005	铅	<0.010	硼酸盐（以B计）	<5.00
砷	<0.010	汞	<0.001	硝酸盐（以NO_3^-计）	<45.00
铜	<1.000	锰	<0.400	氟化物（以F^-计）	<1.50
钡	<0.700	镍	<0.020	耗氧量（以O_2计）	<3.00
镉	<0.003	银	<0.050	^{226}镭放射性/（Bq/L）	<1.10

同时，《天然饮用矿泉水》对微生物指标的要求如下：大肠菌群0 MPN/100 mL，粪链球菌0 CFU/250 mL，铜绿假单胞菌0 CFU/250 mL，产气荚膜梭菌0 CFU/50 mL。

（3）饮用天然矿泉水的生产工艺

1）工艺流程

根据《天然饮用矿泉水》的规定，将天然饮用矿泉水分为四大类，其中含气天然矿泉水、充气天然矿泉水含有二氧化碳，无气天然矿泉水和脱气天然矿泉水不含二氧化碳，故矿泉水的生产工艺也分为含碳酸气和不含碳酸气两种。

①不含碳酸气的天然矿泉水的工艺流程　不含碳酸气的天然矿泉水是最稳定的矿泉水，在生产过程中所含的各种化学成分不会变化，装瓶后也不会氧化，生产工艺相对较为简单。其工艺流程如下。

矿泉水源→引水→曝气→过滤→杀菌→灌装→封盖→检验→成品

②含碳酸气的天然矿泉水的工艺流程　对含碳酸气的天然矿泉水，需要充气工序，如果原水中二氧化碳含量较高，也可以在曝气时收集二氧化碳，经净化后充入矿泉水中，其工艺流程如下：

矿泉水源→引水→曝气→过滤→杀菌→充氧→灌装→封盖→检验→成品

（引水↓）二氧化碳→压缩→净化→净化二氧化碳（↑充氧）

2）操作要点

①引水　天然矿泉水的生产首先要将水源点的矿泉水引入到生产车间，即引水。引水时必须防止水源点的环境污染，避免雨、雪、地表流水、污物、尘埃和泥沙等混入，要设

置良好的防护措施，保证水源不因引水而受到污染。

②曝气　曝气就是矿泉水原水与经过净化了的空气充分接触，使它脱去其中的二氧化碳和硫化氢等气体，并同时发生氧化作用，通常包括脱气和氧化两个同时进行的过程。曝气不仅可以脱除带有不愉快气味的气体，也脱除了二氧化碳，使原水由酸性变为碱性，超过溶度积的离子以沉淀形式析出。曝气方法有自然曝气法、喷雾法、梯栅法、焦炭盘法、强制通风法等。

③过滤　过滤可以除去水中的不溶性固体物质、悬浮杂质和微生物，主要是泥沙、藻类、细菌、霉菌和曝气时产生的铁、锰等氢氧化物沉淀。在实际生产中，矿泉水一般先用砂滤罐进行粗滤，然后再用砂滤棒进行精滤。

④灭菌　矿泉水的灭菌常采用臭氧杀菌或紫外线杀菌；而饮料瓶和瓶盖一般用双氧水或过氧乙酸消毒，再用无菌矿泉水冲洗后使用，也可用紫外线灭菌。

⑤充气　充气是指向矿泉水中充入二氧化碳气体的操作，主要是针对含气天然矿泉水和充气天然矿泉水的生产。充气所用的二氧化碳气体可以是原水中分离得到的二氧化碳，也可以是市售的软饮料用二氧化碳气体产品，无论哪种二氧化碳气体都必须对其进行净化处理才能使用。

⑥灌装　灌装是指将杀菌后的矿泉水装入已灭菌的包装容器内的过程。目前生产中均采用自动灌装机在无菌车间进行灌装，灌装方式取决于产品的类型，含气与不含气天然矿泉水的灌装方式略有不同。

含气天然矿泉水的灌装一般采用等压灌装方式，和碳酸饮料的灌装一致。不含气天然矿泉水的灌装一般采用负压灌装方式。

3）质量问题　在矿泉水生产过程中，要严格按照各工序的技术要求进行操作，如果处理不当，就可能使产品在储藏或销售过程中出现质量问题，损害产品和企业信誉度，危害消费者身体健康。

①变色　瓶装矿泉水储藏一段时间后，水体会有发绿和发黄的现象出现。发绿主要是矿泉水中的藻类植物和一些光合细菌引起的，由于这些植物中含有叶绿素，这些生物利用光合作用进行生长繁殖，使水体变绿，须通过有效的过滤和灭菌处理来避免这种现象的产生。而水体变黄主要是管道和生产设备材质不好在生产过程中生锈引起的，须采用优质不锈钢材料等来解决。

②沉淀　矿泉水在储藏和销售等流通过程中有时会出现红、黄、褐、白等各色沉淀，引起沉淀的原因很多，主要是铁、锰离子含量过高引起的。如矿泉水中的二价铁离子被氧化成三价铁离子，呈黄褐色；若是碱性矿泉水，可生成红褐色的氢氧化铁沉淀；锰离子在碱性矿泉水中会生成白色沉淀，氧化后会形成棕褐色沉淀。应及时掌握水中矿化度及铁、锰离子含量的变化，并及时改善工艺。环境温度降低，特别是矿泉水在低温下长时间储藏，有时会出现轻微白色絮状沉淀，这是矿物盐在低温下溶解度降低引起的，温度回升时沉淀又会消失，这种沉淀属于正常现象。而对于高矿化度和重碳酸盐型矿泉水，由于生产或储藏过程中密封不严，导致瓶中二氧化碳逸失，pH 值升高，酸性水变为碱性水，形成较多的钙、镁的碳酸盐白色沉淀。防止措施：可以通过充分曝气后过滤除去部分钙、镁的碳酸盐，或充入二氧化碳降低矿泉水 pH 值，同时有效密封，减少二氧化碳损失，使矿泉水中的钙、镁离子以重碳酸盐的形式存在。

③微生物　矿泉水经常出现的质量问题是微生物指标难以控制。如2007年我国上海海关查出原产地为法国的依云矿泉水共有13个批次菌落总数超标。

为了防止产品中微生物超标,需要对整个生产过程加以严格控制。首先要防止矿泉水源的污染;其次要保证生产设备的消毒、灌装车间的净化、饮料瓶和瓶盖的消毒以及生产人员的个人卫生;最后要在灌装前对矿泉水进行彻底灭菌处理。总之,应严格按饮料厂生产卫生规范进行生产。

4.2.3.2　饮用纯净水

饮用纯净水(purified drinking water)是包装饮用水中产量最大、发展最快的品种。2009年我国包装饮用水达到3 159万吨,其中纯净水产量约1 600万吨,年人均消费量达到12 kg。结合我国饮用纯净水的发展情况,本节具体介绍纯净水的定义、生产工艺及膜分离技术。

(1)饮用纯净水的定义　饮用纯净水是以符合生活饮用水卫生标准的水为原料,通过电渗析法、离子交换法、反渗透法、蒸馏法及其他适当的加工方法制得的,密封于容器中且不含任何添加物可直接饮用的水。

从以上定义可以看出,纯净水在加工过程中去除了水中的矿物质、有机物及微生物等物质,除水外,几乎不含任何营养元素。我国规定饮用纯净水指标分为感官指标、理化指标和微生物指标。感官指标:色度≤5度,并不得呈现其他异色;浊度≤1度;无异臭、异味;不得检出肉眼可见物。

理化指标:必须符合表4.8。

表4.8　饮用纯净水理化指标

项目	指标	项目	指标
pH值	5.0~7.0	铅(Pb)/(mg/L)	≤0.01
电导率(25±1 ℃)/(μS/cm)	≤10.0	砷(As)/(mg/L)	≤0.01
高锰酸钾消耗量(以O_2计)/(mg/L)	≤1.0	铜(Cu)/(mg/L)	≤1.0
氯化物(以Cl^-计)/(mg/L)	≤6.0	氰化物(以CN^-计)[a]/(mg/L)	≤0.002
亚硝酸盐(以NO_2^-计)/(mg/L)	≤0.002	挥发性酚(以苯酚计)[a]/(mg/L)	≤0.002
四氯化碳/(mg/L)	≤0.001	三氯甲烷/(mg/L)	≤0.02
游离氯(Cl^-)/(mg/L)	≤0.005		

注:[a]仅限于蒸馏水

饮用纯净水微生物指标:菌落总数≤20 CFU/mL;大肠菌群≤3 MPN/100 mL;霉菌和酵母、致病菌(沙门氏菌、志贺氏菌、金黄色葡萄球菌)不得检出。

(2)纯净水的生产工艺　目前,纯净水的生产主要有高温蒸馏法和反渗透(膜过滤)法,而以反渗透法最为典型、常用。

饮用纯净水的生产过程通常由预处理、软化脱盐和后处理3部分组成。

预处理主要是去除水中的悬浮物质、胶体物质、异色和异味等。主要包括物理方法、化学方法和电化学方法等。物理方法有澄清、砂滤、脱气、膜过滤、活性炭吸附等；化学方法有混凝、加药杀菌、消毒、氧化还原、络合、离子交换等；电化学方法有电凝聚等。

软化脱盐主要是去除水中的钙、镁、铁、锰等阳离子和碳酸根离子、硫酸根离子、氯离子等阴离子，脱除无机盐，降低水的硬度。主要包括电渗析、反渗透、离子交换等方法。

后处理主要是杀菌和包装等，包括紫外杀菌、臭氧杀菌、终端过滤(微滤、超滤等)。

纯净水的生产工艺应根据水源的具体情况来确定，我国各地的水质差异较大，因此在考虑饮用纯净水的生产工艺和生产设备时，必须对其水质进行全面分析，才能匹配较为理想的生产工艺和设备。尽管纯净水可以通过蒸馏、离子交换、电渗析、反渗透等多种工艺来进行，但不同的生产方法生产的纯净水在质量上有较大的差距，且不同方法的生产成本也有较大差异。因此，在实际生产中，应根据水质情况和生产企业的自身条件来选择适宜的工艺和设备，以生产出合格的产品。不同处理方式对水的净化效果比较见表4.9。

表4.9 不同处理方法对水的净化效果比较

方法	物质																				操作成本
	铁	锰	钠	硫	钾	磷	镁	钙	氯	碱	三氯甲烷	细菌	病毒	农药	除草剂	放射粒子	异臭味	沉淀物	有机物	氯化物	
沉淀过滤法	●	●	●	●	●	●	●	●	●	●	●	●	●	●	●	●	●	○	●	●	低
活性炭过滤法	●	●	●	●	●	●	●	●	●	●	○	▲	●	○	●	●	●	●	▲	●	低
煮沸法	●	●	●	●	●	●	●	●	●	●	▲	▲	●	●	●	●	●	●	●	●	中
蒸馏法	○	○	○	○	○	○	○	○	▲	○	▲	○	○	▲	○	▲	●	○	▲	○	中
电渗析法	△	△	△	△	△	△	△	△	○	△	○	○	○	○	○	△	○	○	○	○	高
反渗透法	△	△	△	△	△	△	△	△	○	△	○	○	○	○	○	△	○	○	○	○	低
离子交换法	△	△	△	△	△	△	△	△	△	△	●	●	●	●	○	△	●	●	●	○	低
紫外线杀菌法	●	●	●	●	●	●	●	●	●	●	●	▽	▽	●	●	●	●	●	●	●	低
臭氧杀菌法	●	●	●	●	●	●	●	●	●	●	●	▽	▽	●	●	●	●	●	●	●	低

注：○ 全部去除；△90% ~99% 去除；▲ 部分去除；● 不能去除；▽ 杀灭

从以上不同处理方法的效果比较可以看出，以反渗透和电渗析的处理效果最好，其次是蒸馏法，但由于电渗析法的成本较高，蒸馏法不能有效去除农药残留、放射性粒子及三氯甲烷等有机物，所以纯净水生产中反渗透法是最常用的生产方法。

其工艺流程如下：

原水→絮凝→多介质过滤→活性炭过滤→离子交换→微滤→超滤→一级反渗透
↓
成品←检验←贴标←封盖←灌装←终端过滤←臭氧杀菌←二级反渗透

在此工艺中膜分离技术得到了充分的应用,工艺中微滤一般采用5 μm的精密过滤和1 μm的保安过滤;在超滤时,一般选用0.2 μm左右的超滤膜;最后再经过二级反渗透膜过滤,一级反渗透后所得水的电导率<20 μS/cm,二级反渗透后水的电导率<10 μS/cm;臭氧杀菌后再经过0.1 μm的终端过滤,可将杀灭后的细菌、病毒等微生物有效滤除,得到高品质的纯净水。

反渗透法工艺具有脱盐率高、产量大、水质稳定、产品口感好、终端过滤器寿命长、劳动强度小、能耗低等显著优点,因而在生产中得到广泛应用;缺点是需要高压泵,原水利用率只有75%~80%,各种滤膜需要定期清洗、更换。

微滤、超滤、反渗透及纳滤4种膜在水处理中的性能比较见表4.10。

表4.10 微滤膜、超滤膜、反渗透膜及纳滤膜的比较

项目	微滤膜	超滤膜	反渗透膜	纳滤膜
膜孔径/μm	0.1~10.0	0.001~0.1	0.000 1~0.001	≈0.001
膜材料	硝酸纤维素、聚砜、醋酸纤维素、聚酰胺、聚四氟乙烯及聚氯乙烯等	醋酸纤维素、芳香族聚酰胺、聚醚砜、聚偏氟乙烯等	醋酸纤维素、芳香聚酰胺、磺化聚苯醚、聚芳砜、聚四氟乙烯等	醋酸纤维素、磺化聚砜、磺化聚醚砜、聚乙烯醇等
膜结构	对称膜和非对称膜	非对称膜和复合膜	非对称膜和复合膜	对称膜和非对称膜
膜组件	管式、板式、折叠式	板式、管式、卷式、中空纤维式	中空纤维式、卷式、板框式及管式	卷式、中空纤维式、管式及板式
工作压力/MPa	0.01~0.50	0.2~0.5	1~10	<1.0
工作温度/℃	5~40	5~40	20~30	10~40
适宜pH值	4~10	2~9	3~11	2~12
处理量/[t/(d·m²)]	100	90~95	50~75	60~85
分离机离	筛分,膜的物理结构对分离起决定作用	筛分,膜的物化性能对分离起一定作用	非简单筛分,膜的物化性能对分离起主要作用	筛分、静电作用,膜的物化性能对分离起一定作用
截留物质	0.1~10 μm粒子	分子量大于500的大分子和细小胶体微粒	分子量小于500的小分子物质	分子量100~1 000的盐类
电阻率变化	出水电阻率降低0.1~0.6 MΩ·cm	出水电阻率降低0.1~1.0 MΩ·cm	出水电阻率升高约10倍	出水电阻率升高8~10倍
性能	易堵塞,可清洗	不易堵塞,可清洗	不易堵塞,可清洗	不易堵塞,可清洗
寿命/年	≤1	1~3	3~5	3~4

除了天然矿泉水和纯净水外，饮用矿物质水、饮用天然泉水和其他天然饮用水在我国包装饮用水市场中也占有较大的比例。饮用矿物质水是在纯净水的基础上根据人体需要，合理添加了镁、钾、硫、氯等矿物质元素。它比矿泉水更纯净，比纯净水更科学，可以在补充体内水分的同时满足身体对矿物质的需求。其生产工艺和纯净水一致，只是需要添加 KCl 和 $MgSO_4$ 等矿物质进行调配处理，一般以城市自来水为原水，再经过纯净化加工，添加矿物质，杀菌处理后灌装而成。矿物质水中的钾、镁离子对维持人体健康具有重要意义，是骨骼、牙齿、柔软组织、肌肉、血液及神经细胞里的重要组成物质，且这些矿物成分都是人体在运动中最容易流失的。矿物质水中的这些矿物质元素是以游离状态存在的，易于被人体所吸收，在补充人体水分的同时可及时补充流失的有益矿物质元素，是一种健康饮品。

4.2.4 茶饮料工艺

茶饮料(tea beverage)是指以茶叶的茶粉、茶叶浸提液或浓缩液为主要原料加工而成的，含有一定量天然茶多酚、咖啡因等茶叶有效成分的软饮料。茶饮料因含有天然茶多酚及咖啡因等有效成分而具有茶叶的独特风味，同时具有营养、保健功能，是一类天然、安全、清凉解渴的多功能饮料。

4.2.4.1 茶饮料的分类

茶饮料因产品形态不同可分为茶饮料和固体茶饮料两大类；因原辅料和加工方法不同可分为三大类：茶汤饮料、调味茶饮料、功能茶饮料。

(1)茶汤饮料　茶汤饮料也称纯茶饮料，即以茶叶的浸提液或其浓缩液、茶粉等为主剂，不经调配的纯茶稀释液加工而成，保持了原茶汁应有风味的液体饮料，可添加少量的食糖和(或)甜味剂。如绿茶、红茶、乌龙茶等。

(2)调味茶饮料　即以茶叶为主要配料，加入糖、果汁、香料、牛奶、酸味剂、二氧化碳等配料配制而成的风味各异的茶饮料，这类产品以合适的甜酸度，配合水果香和花香，茶叶风味并不显著突出。包括果汁茶饮料、果味茶饮料、奶茶饮料、奶味茶饮料、碳酸茶饮料及其他调味茶饮料。

(3)功能茶饮料　是以茶叶提取液或茶叶中的某种活性成分(如茶多酚)为主要原料，有目的地添加中草药及植物性原料(如人参、枸杞子等)或营养强化剂制成。如儿茶素饮料、茶多酚饮料、减肥茶饮料等。

4.2.4.2 茶饮料的主要化学成分及其功能性作用

据分析，茶叶中含有600多种化学成分，其中有机化合物达450种，为干物质总质量的93%～96%，是决定茶叶滋味、香气和汤色等品质特征、营养和保健以及功能性作用的主要物质。茶叶作为茶饮料的主要原料，其品质的优劣直接影响茶饮料成品的色泽、香气、风味等品质指标，茶叶中各种营养成分的种类及含量对茶饮料产品的保健功能也会产生很大影响。

(1)茶饮料的主要化学成分

1)茶多酚　俗称茶单宁，是茶叶中30多种多酚类物质的总称，包括儿茶素、黄酮类、花青素和酚酸等四大类物质。茶多酚在茶饮料中含量约为50～80 mg/mL，它是茶饮料中滋味鲜爽浓厚的最主要成分之一。儿茶素是茶多酚的主要成分之一,约占茶多酚的60%~70%,在茶饮料中含量为35~50 mg/100 mL。茶多酚是决定茶饮料色、香、味的重要成分。

2)生物碱　茶饮料中生物碱的含量约为15~25 mg/100 mL。生物碱是茶饮料滋味、苦味及功能成分的重要组成之一,包括咖啡因、可可碱和茶叶碱,其中以咖啡因的含量最多,约占80%~90%;可可碱和茶叶碱含量甚微,所以茶饮料中的生物碱常以咖啡因为代表。

3)蛋白质与氨基酸　茶叶中的蛋白质含量占干物质的20%~30%,而能溶于水的蛋白质含量仅占3%~5%。茶饮料中主要含有茶氨酸、精氨酸等12种氨基酸,其中茶氨酸含量约占氨基酸总量的50%以上,是茶叶中特有的一种氨基酸,是形成茶汤香气和鲜爽甘甜的重要成分,对形成绿茶香气关系极为密切。每100 mL茶饮料中氨基酸含量约为8~25 mg。

4)维生素　茶叶中维生素类含量占干物质总量的0.6%~1.0%。茶叶中维生素A主要是胡萝卜素,由于维生素A是脂溶性维生素,在浸提时基本不溶解,但可以随茶叶的芳香油进入茶汤。茶叶中的B族维生素一般不溶于热水,故茶饮料中一般不含B族维生素类物质。维生素C在绿茶中含量较高,一般可达250 mg/100 g,且维生素C易溶于热水,但因其很容易被氧化,在绿茶汤中含有少量的维生素C;红茶和乌龙茶由于在加工过程中的氧化发酵,90%的维生素C被破坏,需要人工添加。

5)矿物质　茶叶中的矿物质多达27种,其中大部分可溶于热水。茶饮料含矿物质元素为8.0~15.0 mg/100 mL,其中以钾的含量最高,占50%~70%。

6)可溶性糖　溶解于茶汤中的可溶性糖主要是茶叶中的还原糖、水溶性果胶及少量的淀粉、茶多糖,茶饮料中可溶性糖的含量约为20~25 mg/100 mL,它们是构成茶饮料滋味醇和的重要组成之一。

7)色素　茶叶中色素的组成及含量对茶饮料中的色素构成有决定意义,不同茶叶的浸提液中色素组成及含量有很大差异。绿茶饮料中的色素主要由茶多酚类中呈黄绿色的黄酮醇类、花青素及花黄素组成,因叶绿素不溶于水,故绿茶饮料中不含叶绿素。乌龙茶和红茶饮料中的色素主要由茶多酚的氧化产物茶黄素、茶红素和茶褐素构成,茶黄素和茶红素不仅构成乌龙茶和红茶饮料色泽明亮度和强度,也是茶饮料滋味鲜爽和浓厚的重要组成之一。

8)香气物质　茶叶中香气物质的含量虽不多,其种类却很复杂,多达几十至几百种,它们大部分是在制茶加工过程中形成的。在茶叶提取过程中,一部分香气物质可溶于热水中,一部分香气物质则呈气态挥发。茶叶中香气物质对温度十分敏感,在茶饮料加工过程中,特别是杀菌过程中,香气物质发生了复杂的化学变化,会造成茶饮料香气严重恶化。经高温杀菌后(121 ℃,8 min)乌龙茶和红茶饮料的香气成分呈现减少的趋势,且含量和比例发生了较大变化,失去新鲜及花香风味,形成了不愉快的“熟汤味”;绿茶饮料经高温杀菌后,“甘薯味”明显,因而茶饮料加工应尽可能减少受热时间,高温瞬时杀菌技术非常必要。

(2)茶饮料的功能性作用

1)兴奋提神作用　茶饮料中的咖啡因能兴奋中枢神经系统,帮助人们振奋精神、增强思维、消除疲劳、提高工作效率。

2)明目作用　茶饮料中所含的胡萝卜素在人体内可转化为维生素A,并在视网膜内和蛋白质合成视紫红质,可以增强视网膜的感光性,故有明目之效。此外,茶饮料中的维生素B_1可以防治因患视神经炎而引起的视力模糊和眼睛干涩。

3)抗癌、抗辐射作用　茶多酚的抗癌作用已得到世界医学界的认可。茶多酚抗癌作用机制与茶多酚对肿瘤细胞DNA生物合成的抑制有关,且两者呈现明显的量效关系。茶饮料防辐射的有效成分主要是茶多酚类化合物、脂多糖、维生素C、维生素E及部分氨基酸。

4)抑制血压上升、降脂、抗动脉粥样硬化及减肥　茶饮料中的茶多酚类物质对血管紧张素转化酶(ACE)有较强的抑制作用,可以抑制血压上升;茶多酚能明显降低高脂血症动物和人的血清总胆固醇、三酰甘油(TG)及低浓度脂蛋白胆固醇的含量;饮茶能降低血液的黏度、抗血小板凝集,可防止动脉粥样硬化,预防心血管疾病的发生;咖啡因、肌醇、叶酸、泛酸和芳香类物质等多种化合物,能调节脂肪代谢,具有减肥效果。

5)防口臭、防龋齿　茶饮料中的儿茶素等茶多酚对引起口臭的物质——甲硫醇的产生有明显抑制作用,其效果强于叶绿素铜钠盐,因此茶多酚已广泛应用于口香糖的生产而消除口臭。茶饮料中的矿物质氟离子能增强牙釉面的抗酸能力、提高牙釉质的硬度,从而提高牙齿的抗酸、抗龋齿能力。

6)抗氧化、防衰老作用　茶饮料中的茶多酚、儿茶素、维生素C、茶氨基酸等具有较强的抗氧化作用,是天然的抗氧化剂和自由基清除剂,可抑制过氧化基和活性氧,有抗氧化、防衰老作用。

4.2.4.3　茶饮料产品质量标准

(1)感官指标　茶饮料的感官指标见表4.11。

表4.11　茶饮料感官指标

项目	茶汤饮料	调味茶饮料				复(混)合茶饮料
		果味茶饮料	果汁茶饮料	碳酸茶饮料	奶味茶饮料	
色泽	具有原茶应有的色泽	呈茶汤和类似某种果汁应有的混合色泽	呈茶汤和某种果汁应有的混合色泽	具有原茶应有的色泽	呈浅黄或浅棕色的乳液	具有该品种特征性应有的色泽
香气与滋味	具有原茶应有的香气和滋味	具有类似某种果汁和茶汤的混合香气和滋味,香气柔和,甜酸适口	具有某种果汁和茶汤的混合香气和滋味,甜酸适口	具有该品种特征性应有的香气和滋味,甜酸适口,有清凉爽口感	具有茶和奶混合的香气和滋味	具有该品种特征性应有的香气和滋味,无异味,味感纯正
外观	透明,允许稍有沉淀	清澈透明,允许稍有混浊和沉淀	透明略带混浊和沉淀	透明,允许稍有混浊和沉淀	允许少量沉淀,振摇后仍呈均匀乳浊液	透明或略带混浊
杂质	无肉眼可见的外源杂质					

(2)理化指标　茶饮料的理化指标见表4.12。

(3)卫生指标　根据《茶饮料卫生标准》(GB 19296—2003)的规定,茶饮料卫生指标应符合如下要求:总砷(以As计)≤0.2 mg/L;铅(Pb)≤0.3 mg/L;铜(Cu)≤5.0 mg/L,菌落总数≤100个/mL,大肠菌群≤6 MPN/100 mL,霉菌≤10个/mL,酵母≤10个/mL,致病菌(沙门氏菌、志贺氏菌、金黄色葡萄球菌)不得检出。

表4.12　茶饮料理化指标

项目	茶多酚/(mg/kg)	咖啡因/(mg/kg)	果汁质量分数	蛋白质质量分数	二氧化碳气体含量(20 ℃容积倍数)	食品添加剂
红茶	≥300	≥40	—	—	—	
乌龙茶	≥400	≥50	—	—	—	
绿茶	≥500	≥60	—	—	—	
花茶	≥300	≥40	—	—	—	
其他茶	≥300	≥40	—	—	—	使用量和使用范围应符合《食品添加剂使用标准》(GB 2760—2011)的规定
果汁茶饮料	200	35	≥5.0%	—	—	
果味茶饮料	200	35	—	—	—	
奶茶饮料	200	35	—	≥0.5%	—	
奶味茶饮料	200	35	—	—	—	
碳酸茶饮料	100	20	—	—	≥1.5	
其他茶饮料	150	25	—	—	—	
复(混)合茶饮料	150	25	—	—	—	

注:茶浓缩液按标签标注的稀释倍数稀释后其中的茶多酚和咖啡因等含量应符合上述同类产品的规定;低糖和无糖产品应按《预包装特殊膳食用食品标签通则》(GB 13432—2004)等相关标准和规定执行;低咖啡因产品,咖啡因含量应不大于表中规定的同类产品咖啡因最低含量的50%

4.2.4.4　茶饮料工艺

(1)茶饮料(茶汤)　茶饮料(茶汤)指的是纯茶饮料,是目前生产量和消费量均较大的一类茶饮料,主要包括红茶饮料、乌龙茶饮料、绿茶饮料。茶饮料保留了原有茶叶的色、香、味等品质特征,同时含有茶叶的各种有效成分,无合成色素及各种常规饮料的添加剂,产品澄清透明,营养丰富且具有保健作用,改变了烦琐的茶叶冲泡和饮用模式,适应了现代生活快节奏的步伐,深得消费者的欢迎和喜爱。

1)工艺流程

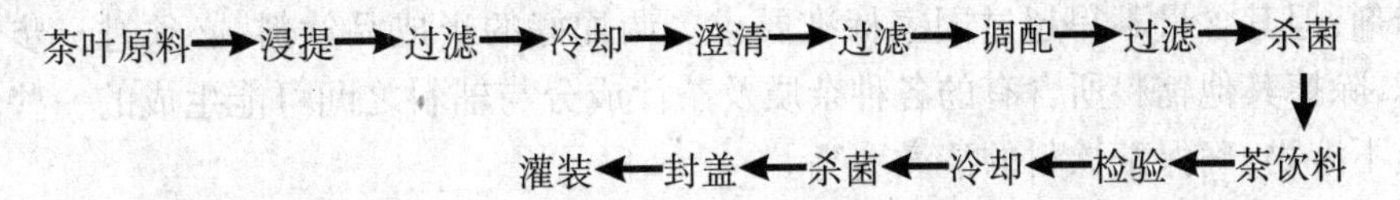

2)工艺要点

①浸提　茶叶浸提也称为茶汁萃取,是茶饮料生产中最关键的工序之一。浸提是将茶叶加入热水中,使其中各种可溶性有效成分溶出的过程,得到的含有茶叶有效成分的水溶液,称为茶汁或茶汤,它是茶饮料生产的基础。茶汁的品质是茶饮料生产中最重要的因素,因而浸提工艺及浸提设备的选择就尤为关键。

茶叶可溶性成分的浸出效果即提取率与茶叶颗粒大小、茶叶与水的比例、浸提温度与时间、浸出方式(间歇式或连续式)、有效成分在水中的溶解性、水的 pH 值等有关,这些因素直接决定茶汁的品质,从而影响茶饮料的色泽、香气和风味。

②过滤　茶汁是一种复杂的胶体溶液,除含有茶多酚、咖啡因、氨基酸、维生素等主要生物化学成分外,还含有可溶性蛋白质、果胶、淀粉等大分子物质,同时还含有肉眼可见的茶叶颗粒、茶梗等细小的茶渣残留物。因此,要获得澄清透明的茶汁,并使茶饮料在储藏和销售过程中始终保持澄清透明的状态,防止产生混浊和沉淀现象,必须对茶汁进行过滤。

茶汁的过滤通常采用多级过滤的方式,逐步去除茶汁中粗大的茶叶颗粒、细小微粒及一部分大分子物质,达到基本澄清透明的目的。在调配前茶汁一般经过 2 次过滤,第一次为粗滤,即将茶汁与茶渣分离;第二次为精滤,主要去除茶汁中的细小微粒及一些大分子物质,也可用离心分离机分离。

③冷却　茶汁中含有的茶多酚、咖啡因、蛋白质、果胶、淀粉,以及茶红素、茶黄素等可溶性成分,在低温时会产生混浊或沉淀,这一现象称为“冷后浑”,形成的混浊或沉淀物质称为“茶乳”。为避免产品在储藏和销售过程中,特别是在冷藏过程中产生混浊或沉淀,在调配之前,往往先快速冷却,使以上物质形成茶乳后,过滤除去,从而使产品始终保持澄清透明。为了使茶乳形成较为彻底,通常采用板式热交换器或冷冻机使茶汁迅速冷却到 5 ℃左右,使蛋白质、果胶等物质迅速、彻底形成茶乳。

④澄清与过滤　通过物理或机械的过滤方法得到的茶汁只能保持暂时澄清,而无法达到完全澄清和稳定的效果。在茶汁的后续加工或储存过程中,茶多酚、咖啡因、蛋白质、果胶、淀粉等化合物在一定条件下会发生复杂的聚合或缩合反应,形成大分子络合物而产生混浊或沉淀。茶汁的澄清技术包括物理方法(低温沉淀离心法、膜过滤法等)和化学方法(添加澄清剂法、转溶法、酶处理、降低 pH 值、脱除茶多酚和咖啡因等)。

⑤调配　茶饮料的调配首先是根据产品种类的要求,将精滤茶汁或澄清浓缩茶汁基料用水稀释,或将速溶茶粉按一定的茶水比例进行溶解,使其固形物含量、pH 值、茶多酚、咖啡因含量等达到规定值。

对于无糖茶饮料,由于茶汁容易氧化并使其风味受到影响,在调配时需要加入一些抗氧化剂,同时配合适量的聚磷酸盐作为金属封锁剂。如果茶饮料偏酸,一般用碳酸氢钠(小苏打)等 pH 值调整剂,将 pH 值调整至 6 左右。在不影响茶饮料色泽及风味的前提下,宜将 pH 值调低一些,这样既有利于保持茶饮料中儿茶素等成分的稳定性,还有助于防止微生物的滋生。对于加糖或低糖茶饮料,需要加入蔗糖或果葡糖浆、甜蜜素、蜂蜜等甜味剂,但其含量不得超过国家标准要求。调配好的半成品饮料,必须进一步通过精密过滤,除掉其他辅料所含有的各种杂质及茶汁成分与辅料之间可能生成的一些大分子物质或不溶物,确保茶饮料的清澈明亮。

⑥杀菌与灌装　茶饮料含有丰富的营养成分,微生物极易生长繁殖,因此必须进行严格的灭菌处理。同时考虑到高温长时间加热杀菌会使茶饮料的香气受到损失,同时产生不良气味和熟汤味等异味,为减少加热杀菌对茶饮料品质的影响,目前多采用超高温瞬时杀菌方法和用添加β-环糊精的方法抑制加热不良气味的产生。

一般茶饮料的超高温瞬时杀菌条件为135 ℃、15 s或121 ℃、30 s,杀菌后冷却至85～90 ℃进行灌装。

茶饮料一般采用热灌装,包装容器主要是PET瓶。灌装设备采用洗瓶、灌装、封口的灌装机组,灌装完后立即压盖密封,并经倒瓶机系统倒瓶,对饮料瓶及瓶盖进行灭菌,然后再经喷淋冷却,将饮料冷却至30 ℃左右,防止长时间高温对饮料品质的不利影响。

⑦检验　经灌装后的茶饮料产品,必须经过严格的感官指标、理化指标及卫生指标检验合格后,方可上市销售。

(2)茶饮料加工实例　随着茶饮料的发展,各种花色品种的茶饮料产品如雨后春笋般出现在消费市场上。为阐明不同茶饮料的具体生产技术,本节以红茶饮料为例,对其生产工艺、操作要点等具体工艺技术进行详细介绍。

1)工艺流程

茶叶→浸提→过滤→冷却→离心→调配→均质→杀菌→灌装封口→检验→成品

2)工艺要点

①茶叶　最常用的是红碎茶中的叶茶、碎茶、片茶或末茶,也可选用条索细紧、匀整,色泽乌润或棕红的小种红茶或功夫红茶。要求红茶原料品质优良,不含杂质,无霉变,无异味。

②浸提　一般茶水比例为1∶20,温度保持在100～110 ℃,浸提时间30 min,浸提时适当搅拌,可保证浸提充分。浸提时茶叶一般置于网袋或吊篮中,以起到粗滤的作用。

③过滤　常用双联过滤器或板框式硅藻土过滤机过滤,去除茶汤中的残余茶渣及悬浮物等杂质。

④离心　将过滤后的红茶汤经迅速冷却,促使茶乳酪形成,再经离心分离茶乳,得澄清透明,色泽棕红,香气浓郁的红茶汤。将茶汤暂存于洁净的储罐中,于冷凉处缓存。

⑤调配　根据每6 kg红茶原料生产1 000 kg茶饮料计算,添加甜蜜素2.8 kg,柠檬酸钠1 kg,蔗糖30 kg,山梨酸钾0.5 kg,三聚磷酸钾0.2 kg。各种添加剂分别溶解后加入茶汤中,并充分搅拌均匀,得到色、香、味俱佳的红茶饮料半成品。

⑥均质　在25 MPa的压力下进行均质处理,将饮料中的大分子物质微细化,并使各种添加剂与茶汁充分混合而浑然一体,提高饮料的稳定性。

⑦杀菌　采用UHT杀菌,杀菌温度115 ℃,时间15 s,并冷却到90 ℃。

⑧灌装　常采用热灌装,包装容器为PET瓶,灌装后迅速封盖,并经倒瓶机进行二次杀菌后冷却到常温。

⑨检验　对茶饮料产品进行抽样检验,包括感官、理化、卫生及稳定性指标检验,若都能达到要求,则抽样批次产品均为合格产品,可以出厂上市销售。

4.2.5 蛋白饮料工艺

蛋白饮料(protein beverages)是指以乳或乳制品,或有一定蛋白质含量的植物的果实、种子或种仁等为原料,经加工或发酵制成的饮料;是近年来迅速发展的一大类饮料,以口味好、品种多、营养丰富而受到消费者的欢迎,对某些特殊人群,譬如乳糖不耐受者和素食主义者来说是一种很好的营养替代品。

4.2.5.1 蛋白饮料的分类

按照中华人民共和国国家标准《饮料通则》(GB 10789—2007),蛋白饮料根据蛋白质的来源分为含乳饮料和植物蛋白饮料两大类。细分可分为配制型含乳饮料、发酵型含乳饮料、乳酸菌饮料、植物蛋白饮料及复合蛋白饮料等。

(1)配制型含乳饮料(formulated milk beverages) 以乳或乳制品为原料,加入水,以及食糖和(或)甜味剂、酸味剂、果汁、茶、咖啡、植物提取液等的一种或几种调制而成的乳蛋白质含量不小于1%的饮料。

(2)发酵型含乳饮料(fermented milk beverages) 以乳或乳制品为原料,经乳酸菌等有益菌培养发酵制得的乳液中加入水以及食糖和(或)甜味剂、酸味剂、果汁、茶、咖啡、植物提取液等的一种或几种调制而成的乳蛋白质含量不小于1%的饮料,如乳酸菌乳饮料。

(3)乳酸菌饮料(lactic acid bacteria beverages) 乳酸菌饮料是一种发酵型的酸性含乳饮料,通常以牛乳或乳制品为原料,经乳酸菌发酵制得的乳液中加入水,以及食糖和(或)甜味剂、酸味剂、果汁、茶、咖啡、植物提取液等的一种或几种调制而成,乳蛋白质含量不小于0.7%的饮料。

(4)植物蛋白饮料(vegetable protein beverages) 植物蛋白饮料是用有一定蛋白质含量的植物果实、种子或果仁为原料,经加工制得(可经乳酸菌发酵)的浆液中加入水,或加入其他食品配料制成的饮料。其成品蛋白质含量不低于0.5%。常见如豆奶(乳)、豆浆、豆奶(乳)饮料、椰子汁(乳)、杏仁露(乳)、核桃露(乳)、花生露(乳)等。

(5)复合蛋白饮料(mixed protein beverages) 复合蛋白饮料是以乳或乳制品,和不同的植物蛋白为主要原料,经加工或发酵制成的饮料。其成品蛋白质含量不低于0.7%。

4.2.5.2 活性乳酸菌饮料

(1)工艺流程

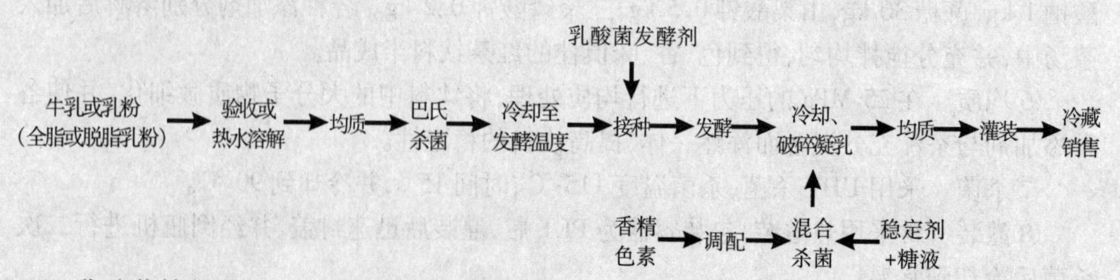

乳酸菌饮料的加工方式有很多,目前生产厂家普遍采用的方法:先将牛乳进行乳酸菌发酵制成酸乳,再根据配方加入糖、稳定剂、水等其他原辅料,经混合、标准化后直接灌装或经热处理后灌装。

(2)工艺要点

1)发酵前原料乳成分的调整　建议发酵前将调配料中的非脂乳固体含量调整到15%～18%,这可通过添加脱脂乳粉,或蒸发原料乳,或超滤,或添加酪蛋白粉、乳清粉来实现。

2)果蔬预处理　在制作果蔬乳酸菌饮料时,要首先对果蔬进行加热处理,以起到灭酶作用,通常在沸水中放置6～8 min。经灭酶后打浆或取汁,再与杀菌后的原料乳混合。

3)发酵　将制备好的发酵剂按3%的比例加入冷却至发酵温度的牛乳中,在40～45 ℃的发酵罐中发酵3 h左右,通过对酸度的测量来确定发酵终点。

4)冷却、破乳和配料　发酵过程结束后要进行冷却和破碎凝乳,破碎凝乳的方式可以采用边碎乳边混入已杀菌的稳定剂、糖液等混合料。一般乳酸菌饮料的配方中包括酸乳、糖、果汁、稳定剂、酸味剂、香精和色素等,厂家可根据自己的配方进行配料。在长货架期乳酸菌饮料中最常用的稳定剂是果胶,或果胶与其他稳定剂的混合物。考虑到分子在使用过程中降解趋势以及它在pH值为4.0时稳定性最佳的特点,杀菌前一般将乳酸菌饮料的pH值调整为3.8～4.2。

5)均质　均质可使混合料液细化,提高料液黏度,抑制粒子的沉淀,并增强稳定剂的稳定效果。乳酸菌饮料较适宜的均质压力为20～25 MPa,温度在53 ℃左右。

6)灌装　包装材料可以采用塑料瓶或一次性塑料杯,玻璃瓶包装前需要用蒸汽杀菌,一次性塑料杯可直接使用。

7)冷藏销售　应在0～4 ℃低温下冷藏,为了延长货架期,应在低温下运输,并在商场内低温状态下销售。

4.2.5.3　豆乳类饮料

(1)大豆的营养成分　大豆主要含有蛋白质、脂肪、糖类、维生素、矿物质等营养成分。

1)蛋白质和氨基酸　大豆平均含30%～40%的蛋白质,其中80%～88%可溶于水,其氨基酸组成见表4.13,与一般谷类相比含丰富的赖氨酸,可形成互补。在可溶性蛋白中,有94%球蛋白和6%的白蛋白。水溶性蛋白质的溶解度随pH值而变化,到蛋白质等电点(pI为4.3)时蛋白质最不稳定,易沉淀析出。

表4.13　大豆蛋白质的氨基酸组成　%

氨基酸	质量分数	氨基酸	质量分数	氨基酸	质量分数
精氨酸	8.42	胱氨酸	1.58	缬氨酸	5.38
组氨酸	2.55	蛋氨酸	1.56	谷氨酸	21.00
赖氨酸	6.86	丝氨酸	5.57	天冬氨酸	12.01
酪氨酸	3.90	苏氨酸	4.31	脯氨酸	6.28
色氨酸	1.28	亮氨酸	7.72	甘氨酸	4.52
苯丙氨酸	5.01	异亮氨酸	5.01	丙氨酸	4.51

2)脂肪　大豆中脂肪含量占17%～20%,其中不饱和脂肪酸占脂肪酸总量的80%

以上，分别是亚油酸 51%、油酸 23% 和亚麻酸 7%。亚油酸和亚麻酸是人体的必需脂肪酸，在人体内起着重要的生理作用。此外大豆中还含有 1.5% 的磷脂，主要为卵磷脂，该成分有良好的保健作用，又是优良的乳化剂，对豆乳的营养价值、稳定性和口感有重要的作用。

3）糖类　大豆中的糖类约占 20% ~30%，其中粗纤维 18%、阿拉伯聚糖 18%、半乳聚糖 21%，其余为蔗糖、棉子糖、水苏糖等。由于人体内不含有水解水苏糖和棉子糖的酶，水苏糖和棉子糖不能被人体利用，但会被肠道内的产气菌所利用，引起胀气、腹泻等。一般在浸泡、脱皮、除渣等工序中可除去一部分，但主要部分仍留在了豆乳中。不过水苏糖和棉子糖近年来被作为功能性低聚糖而成为研究的热点，值得我们重新认识。

4）矿物质　大豆中矿物质占 3% 左右，以钾、磷含量最高，见表 4.14。

表 4.14　大豆中矿物质含量　mg/100 g

矿物质	钾	钙	镁	磷	钠	锰	铁	铜	锌	硒
含量	1 503	191	199	465	2.2	2.26	8.2	1.35	3.34	6.16

5）维生素　大豆中的维生素类以 B 族维生素及维生素 C 较多，见表 4.15，但在加工过程中维生素 C 易破坏，故大豆不作为维生素 C 的来源。

表 4.15　大豆中主要维生素类物质含量（以干物质计）　μg/g

名称	含量	名称	含量
β-胡萝卜素	0.2 ~2.4	生物素	0.6
硫胺素	11.0 ~17.5	叶酸	2.3
核黄素	2.3	肌醇	1.9 ~2.6
泛酸	12.0	胆碱	3.4
烟酸	20.0 ~25.9	抗坏血酸	0.2
吡哆醇	6.4	—	—

6）大豆异黄酮　大豆中大豆异黄酮的含量在 1 200 ~4 200 μg/g。具有抗肿瘤活性；还有抗溶血、抗氧化、抑制真菌活性等作用。

（2）大豆的酶类及抗营养因子　大豆中的酶类和抗营养因子是影响豆乳饮料的质量、营养和加工工艺的主要因素。大豆中已发现近 30 种酶类，其中脂肪氧化酶、脲酶对产品质量影响最大。大豆抗营养因子已发现 6 种，其中胰蛋白酶抑制因子、凝血素和豆皂苷对产品质量影响最大。

1）脂肪氧化酶　脂肪氧化酶存在于许多植物中，以大豆中的活性最高，可催化不饱和脂肪酸氧化降解成正己醛、正己醇，是豆腥味产生的主要原因。杀灭脂肪氧化酶是生产无腥豆乳的关键。

2）脲酶　脲酶是大豆各种酶中活性最强的酶，能催化分解酰胺和尿素，产生二氧化碳和氨,也是大豆的抗营养因子之一,易受热失活。由于脲酶的活性容易检测,国内外均将脲酶作为大豆抗营养因子活力的指标酶,若脲酶活性转阴则标志其他抗营养因子均已失活。

3)胰蛋白酶抑制因子　胰蛋白酶抑制因子可抑制胰蛋白酶的活性,影响蛋白质的消化吸收,是大豆中的一种主要抗营养因子,其等电点 pI 为 4.5,分子量为 21 500,是多种蛋白质的混合体。

4)凝血素　凝血素是一种糖蛋白,有凝固动物体红细胞的作用,等电点 pI 为 6.1,分子量为 89 000 ~ 105 000。该物质在蛋白水解酶的作用下易失活,加热易受到破坏,经湿热加工和加热杀菌的豆浆可以安全饮用。

5)豆皂苷　大豆中约含有 0.56% 的豆皂苷,溶于水后能生成胶体溶液,搅动时像肥皂一样产生泡沫,也称皂角素。大豆皂苷有溶血作用,能溶解人体内的血栓,可提取用于治疗心血管疾病。大豆皂苷有一定毒性,一般认为人的食用量低于 50 mg/kg 体重是安全的。

(3)豆乳的营养价值与生理效用　豆乳多是由大豆粉碎后萃取其中的水溶性成分,再经离心过滤除去不溶物制得。大豆中的大部分可溶性营养成分在这个过程中转移到豆乳中了。豆乳的营养成分有下述特点和生理效用。

①与人乳、牛乳相比,豆乳的蛋白质含量高,富含亚油酸、亚麻酸和卵磷脂,脂肪、总糖含量较低,不含胆固醇。

②氨基酸组成较为全面。必需的氨基酸除了含硫氨基酸相对较低外,其他均符合理想蛋白质的要求。

③矿物质丰富,与人乳比,其钾、磷、铁含量高而钙不足。

④主要含有 B 族维生素和维生素 E,基本不含维生素 A 和维生素 C。

⑤低聚糖为水溶性,大多数保留在豆乳中。大豆低聚糖能促进双歧杆菌增殖,还可改善便秘,不会引起龋齿。

⑥大豆异黄酮具有抗癌作用。

⑦大豆皂苷有较好的生理功能。可抑制血清中的脂质氧化;降低血清胆固醇;抑制体内血栓纤维蛋白的形成(抗血栓、预防高血脂、高血压及动脉硬化等)。

(4)影响豆乳质量的因素及防治措施

1)豆腥味的产生与防治　豆腥味是大豆中脂肪氧化酶催化不饱和脂肪酸氧化的结果。大豆中的脂肪氧化酶多存在靠近大豆表皮的子叶处,在整粒大豆中活性很低,当大豆破碎时,氧气与底物(不饱和脂肪酸——亚油酸、亚麻酸等)充分接触,在脂肪氧化酶的催化作用下油脂氧化产生正己醛,是豆腥味的主要成分。豆腥味的产生是酶促反应的结果,可以通过钝化酶活性、去除氧气、去除反应底物等途径来避免豆腥味的产生,也可通过分解豆腥味物质及香料掩盖的方法减轻豆腥味。目前较好的方法有以下几类。

①加热法　采用加热方式可使脂肪氧化酶失活,其失活温度为 80 ~ 85 ℃。一般采用 120 ~ 170 ℃热风处理 15 ~ 30 s,再浸泡磨浆;或 95 ~ 100 ℃热水烫 1 ~ 2 min,再浸泡磨浆。但热处理容易使部分大豆蛋白受热变性降低蛋白质的溶解性。采用微波加热或远红外加热法,可使豆粒温度迅速升高,钝化酶活性,同时还可减少蛋白质的变性,提高大豆蛋白质的提取率。此外,在大豆脱皮后采用 120 ~ 200 ℃高温蒸汽加热 7 ~ 8 s,保持温

度在82～85 ℃进行磨浆，磨浆后豆乳采用超高温瞬时灭菌处理后闪蒸冷却，也可去除豆腥味，防止蛋白质大量变性。

②调节pH值法　脂肪氧化酶的最适宜pH值为6.5，在碱性条件下活性降低，pH值9.0时失活。生产中可选用碱液浸泡大豆，抑制脂肪氧化酶失活，并有利于大豆组织的软化，使蛋白质的提取率提高。

③高频电场处理法　在高频电场中，大豆中的脂肪氧化酶受高频电子效应、分子内热效应以及蛋白偶极子定向排列并重新有序化的影响，活性受到钝化。一般来说，在高频电场中处理4 min即可钝化脂肪氧化酶的活性，实现脱腥。

④真空脱臭法　将加热的豆奶喷入真空罐中，蒸发掉部分水分，同时也会带出挥发性的腥味物质。

⑤酶法脱腥　据报道，利用蛋白酶作用于脂肪氧化酶可以除去豆腥味；另外，利用醛脱氢酶、醇脱氢酶作用于产生豆腥味的物质，通过生化反应将其转化成无臭成分，可以脱除豆腥味。

此外，在生产中向豆乳中添加咖啡、可可、香料等物质，可以掩盖豆乳的豆腥味。实际生产中通过单一方法去除豆腥味相当困难，因此，在豆乳加工过程中，可将钝化脂肪氧化酶法与脱臭法和掩盖法相结合去除豆腥味。

2）苦涩味的产生与防治　豆乳中所含的大豆异黄酮、蛋白质水解产生的苦味肽、大豆皂苷等是豆乳苦涩味的来源。其中大豆异黄酮是主要的，50 ℃，pH值6.0时产生的异黄酮最多。β-葡萄糖苷酶作用下有木黄酮和黄豆苷原产生。防止苦涩味的产生可采取如下措施：①在低温下添加葡萄糖酸-δ-内酯可以明显抑制β-葡萄糖苷酶活性；②钝化酶的活性；③避免长时间高温，防止蛋白质水解；④添加香味物质，掩盖大豆的异味。

3）抗营养因子的去除　抗营养因子在去皮、浸泡工序中除去一部分。胰蛋白酶抑制因子、凝血素等属蛋白质，经热处理失活，在生产中，通过热烫、杀菌等加热工序基本可以将这两类抗营养因子去除。棉子糖、水苏糖在浸泡、脱皮、去渣中可除去一部分，大部分仍存在豆乳中，无有效办法除去，不过近年的研究表明其有不错的保健作用，应当重新认识。

4）豆乳沉淀现象的产生及防治　豆乳是一种宏观不稳定的分散体系，很多因素包括物理因素、化学因素和微生物因素都影响其稳定性，甚至造成产品产生沉淀。

①物理因素　豆乳中的粒子直径一般在50～150 μm，在豆乳存放过程中粒子会在重力作用下发生沉降运动，沉降速度的大小符合斯托克斯法则，由斯托克斯方程可知粒子半径和介质黏度决定粒子的沉降速度。在豆乳加工中适量添加增稠剂以增加连续相的黏度，改进均质设备的性能以进一步降低分散粒子的半径，都可以提高豆乳的稳定性。

②化学因素　影响豆乳稳定的化学因素包括豆乳的pH值、电解质的种类等。豆乳的pH值对蛋白质的水化作用、溶解度有显著影响。在等电点附近，蛋白质的水化作用最弱，溶解度最小。大豆蛋白的等电点pI为4.1～4.6，为了保证豆乳的稳定性可调节豆乳的pH值使其远离蛋白质的等电点。电解质对豆乳的稳定性也有影响，氯化钠、氯化钾等一价盐能促进蛋白质的溶解，而二价金属盐氯化钙、硫酸镁等则可抑制蛋白质在其溶液中的溶解，主要原因是钙、镁离子使离子态的蛋白质粒子间产生桥联作用而形成较大胶

团,加强了凝集沉淀的趋势,降低了蛋白的溶解度。因此,在豆乳生产中,二价金属离子和其他变价电解质所引起的蛋白质沉淀现象必须引起足够的注意。

③微生物因素　豆乳营养丰富,pH值呈中性,十分适宜微生物繁殖。产酸菌的活动和酵母的发酵都会使豆乳的pH值下降,使大分子物质分解,豆乳分层,产生沉淀,严重影响豆乳稳定性。为了避免微生物污染,应加强卫生管理和质量控制,规范杀菌工艺,杜绝由微生物引起的豆乳变质现象。

(5)豆乳的生产工艺

1)工艺流程

原料精选→清洗→浸泡→脱皮→加水磨浆→分离脱臭→调制→杀菌→真空脱臭→均质→冷却→包装→成品

2)工艺要点

①原料选择　优质的原料是豆乳质量的保证。一般选用优质新鲜全大豆为加工原料,要求:色泽光亮、籽粒饱满、无霉变、虫蛀、病斑,储存条件良好。

②清洗、浸泡　清洗是为了去除表面附着的尘土和微生物。浸泡的目的是软化大豆组织,利于蛋白质有效成分的提取。通常大豆与水的比例为1∶3。不同浸泡温度所需时间不同:70 ℃,0.5 h;30 ℃,4~6 h;20 ℃,6~10 h;10 ℃,14~18 h。浸泡前须用95~100 ℃的水热烫1~2 min或在浸泡液中加入0.3%的$NaHCO_3$,以钝化酶的活性,减少豆腥味,软化大豆组织。

③脱皮　脱皮的目的是减轻豆腥味,提高产品乳白度,从而提高豆乳品质。常用脱皮方法有,湿法脱皮:大豆浸泡后去皮;干法脱皮:大豆脱皮常用凿纹磨,使多数大豆裂成2~4瓣,经重力分选器或吸气机除去豆皮。脱皮后须及时加工,以免脂肪氧化,产生豆腥味。

④磨浆与分离　大豆经浸泡去皮后,加入适量的水直接磨浆,浆体通常采用离心操作进行浆渣分离。一般要求浆体的细度应有90%以上的固形物通过孔径为106 μm(或150目)滤网。采用粗磨、细磨两次磨浆可以达到这一要求。因磨浆后,脂肪氧化酶在一定温度、含水量和氧气存在条件下,会迅速催化脂肪酸氧化产生豆腥味,所以磨浆前应采取必要的抑酶措施。

⑤调配　调配的目的是生产各种风味的豆乳产品,同时有助于改善豆乳稳定性和质量。豆乳的调配是在带有搅拌器的调料锅内进行的,按照产品配方和标准要求,加入各种配料,充分搅匀或再加水稀释到一定比例即可。通常可添加稳定剂、甜味剂、赋香剂和营养强化剂等。

⑥杀菌、脱臭　杀菌的目的是杀灭部分微生物,破坏抗营养因子,钝化残存酶的活性,同时可提高豆乳温度,有助于脱臭。调配好的豆乳应立即进行杀菌处理,杀菌常用的工艺参数为110~120 ℃,10~15 s。灭菌后及时入真空脱臭器进行脱臭处理,真空度为0.03~0.04 MPa,不宜过高,以防气泡冲出。

⑦均质　均质可提高豆乳的口感和稳定性,增加产品的乳白度。豆乳均质的效果取决于均质的压力、物料温度和均质次数。生产上常用的均质压力为20~25 MPa,物料温

度80~90 ℃,均质次数2次。均质工序可放在杀菌前也可放在杀菌后,均质放在杀菌后,豆乳的稳定性高,但生产线须采用无菌包装系统,以防杀菌后的二次污染。

⑧包装　豆乳的包装形式很多,常用的有:玻璃瓶包装、复合袋包装及无菌包装等。可根据计划产量、成品保藏要求、包装设备费用、杀菌方法等因素统筹考虑、权衡利弊,最后选定合适的包装形式。

4.3　乳、肉、蛋制品工艺

4.3.1　乳与乳制品工艺

生乳是指从符合国家有关要求的健康奶畜乳房中挤出的无任何成分改变的常乳。产犊后七天的初乳、应用抗生素期间和休药期间的乳汁、变质乳不应用作生乳。我国的乳制品主要有液态奶(巴氏杀菌乳、灭菌乳)、发酵乳、乳粉、奶酪、奶油等。

4.3.1.1　乳的基础知识

(1)乳的化学组成　牛乳中的化学成分主要包括水分、脂肪、蛋白质、乳糖、盐类、维生素、酶类以及气体等。乳是一种复杂的分散体系,其中水是分散剂,其他各种成分为分散质,分别以不同的状态分散在水中,共同形成一种复杂的分散系。脂肪球以乳浊液分散在乳中,酪蛋白颗粒、乳白蛋白、乳球蛋白、直径0.1 μm以下的脂肪球、一部分聚磷酸盐等以乳胶体状态存在于乳中,乳糖、钾、钠、氯、柠檬酸盐和部分磷酸盐以分子或离子形式存在于乳中。

牛乳中主要成分的含量:水分86% ~89%;乳固体11% ~14%,其中脂肪3% ~5%,蛋白质2.7% ~3.7%,乳糖4.5% ~5%,无机盐0.6% ~0.75%。正常情况下,牛乳化学成分的含量是稳定的,由于其他因素(品种、个体、泌乳期、季节、饲料等)的影响,牛乳的成分会发生变化,变化最大的是乳脂肪,其次是蛋白质,乳糖和灰分基本不变。

乳中的水分以游离水、结合水和结晶水的形式存在。

乳脂肪是牛乳的主要成分之一,对牛乳风味起着重要的作用。乳脂肪以脂肪球的形式分散于乳中。乳脂肪球的大小依乳牛的品种、个体、健康状况、泌乳期、饲料及挤乳情况等因素而异,通常直径为0.1 ~10 μm,其中以0.3 μm左右者居多。每毫升牛乳中有20亿~40亿个脂肪球。脂肪球直径越大,上浮的速度越快,故大脂肪球含量多的牛乳,容易分离出稀奶油。乳脂肪主要是由三酰甘油(98% ~99%),少量的磷脂(0.2% ~1.0%)和甾醇(0.25% ~0.40%)等组成。乳脂肪中含有20种左右的脂肪酸,主要分为水溶性挥发性脂肪酸(如丁酸、乙酸、辛酸和癸酸等)、非水溶性挥发性脂肪酸(如十二碳酸等)、非水溶性不挥发性脂肪酸(如十四碳酸、二十碳酸、十八碳烯酸和亚油酸等)三大类。不饱和脂肪酸含量约占44%,主要是油酸,占不饱和脂肪酸总量的70%左右。

牛乳的含氮化合物中95%为乳蛋白质,分为酪蛋白和乳清蛋白两大类,另外还有少量脂肪球膜蛋白。酪蛋白是指在温度20 ℃时调节脱脂乳的pH值至4.6时沉淀的一类蛋白质,占乳蛋白总量的80% ~82%;酪蛋白由α-酪蛋白、κ-酪蛋白、β-酪蛋白和γ-酪蛋白组成,乳中的酪蛋白与钙结合生成酪蛋白酸钙,再与胶体状的磷酸钙结合形成酪蛋白酸钙-磷酸钙复合体,以微胶粒的形式存在于牛乳中。乳清蛋白是指溶解于乳清中的蛋白质，占乳蛋白质的18% ~20%，分为热稳定和热不稳定的乳清蛋白两部分。热稳定的乳清蛋白包括蛋白际和蛋白胨，约占乳清蛋白的19%，此外还有一些脂肪球膜蛋白质。热不稳定的乳清蛋白质包括乳白蛋白和乳球蛋白两大类，乳白蛋白约占乳清蛋白的68%，包括α-乳白蛋白（约占乳清蛋白的19.7%）、β-乳球蛋白（约占乳清蛋白的43.6%）和血清白蛋白（约占乳清蛋白的4.7%）；乳球蛋白约占乳清蛋白的13%，具有抗体作用，故又称为免疫球蛋白。牛乳中非蛋白含氮物约占总氮的5%，包括氨基酸、尿素、尿酸、肌酸及叶绿素等。

乳糖是哺乳动物乳汁中特有的糖类。牛乳中含有4.6% ~4.7%的乳糖，全部呈溶解状态。乳糖为D-葡萄糖与D-半乳糖以β-1,4-糖苷键结合的又称为1,4-半乳糖苷葡萄糖，属还原糖。乳糖有α-乳糖和β-乳糖2种异构体，α-乳糖很容易与1分子结晶水结合，变为α-乳糖水合物，所以乳糖实际上共有3种构型。一部分人随着年龄增长，消化道内缺乏乳糖酶不能分解和吸收乳糖，饮用牛乳后会出现呕吐、腹胀、腹泻等不适应症，称其为乳糖不耐受症。在乳品加工中利用乳糖酶，将乳中的乳糖分解为葡萄糖和半乳糖；或利用乳酸菌将乳糖转化成乳酸，可预防“乳糖不耐受症”。乳中还含有少量其他的糖类，如在常乳中含有极少量的葡萄糖、半乳糖，微量的果糖、低聚糖、己糖胺等。

乳中的无机物含量为0.35% ~1.21%，主要有磷、钙、镁、氯、钠、硫、钾等。此外还有一些微量元素。牛乳中无机物的含量随泌乳期及个体健康状态等因素而异。牛乳中的盐类对乳品加工，特别是对乳的热稳定性有重要作用。牛乳中的钙的含量较人乳多3~4倍，因此牛乳在婴儿胃内所形成的蛋白凝块相对人乳比较坚硬，不易消化。牛乳中铁的含量为10~90 μg/100 mL，较人乳中少，故人工哺育幼儿时应补充铁。

牛乳含有几乎所有已知的维生素，包括脂溶性维生素（维生素A、维生素D、维生素E、维生素K等）和水溶性的维生素（维生素B_1、维生素B_2、维生素B_6、维生素B_{12}、维生素C等）两大类。

牛乳中的酶类有乳腺分泌、微生物和白细胞3个来源。牛乳中的酶种类很多，但与乳品生产有密切关系的主要为水解酶类（如脂酶、磷酸酶和蛋白酶等）和氧化还原酶类（如过氧化氢酶、过氧化物酶和还原酶等）。

除上述成分外，乳中尚有少量的有机酸、气体、色素、细胞成分、风味成分及激素等。乳中的有机酸主要是柠檬酸等。气体主要为二氧化碳、氧气和氮气等，占鲜牛乳的5% ~7%（按体积），其中二氧化碳最多，氧最少。

（2）乳的理化性质

1）色泽　正常的新鲜牛乳呈不透明的乳白色或微带黄色。乳的白色是由于乳中的酪蛋白酸钙-磷酸钙胶粒及脂肪球等微粒对光的不规则反射所产生。牛乳中的脂溶性胡萝卜素和叶黄素使乳略带淡黄色，而水溶性的核黄素使乳清呈荧光性黄绿色。

2）滋味与气味　乳中含有挥发性脂肪酸及其他挥发性物质，这些物质是牛乳气味的主要构成成分。这种香味随温度的升高而加强，乳经加热后香味强烈，冷却后减弱。由于乳中含有乳糖，纯净的新鲜乳滋味稍甜。乳中因含有氯离子而稍带咸味。常乳中的咸味因受乳糖、脂肪、蛋白质等所调和而不易觉察，但异常乳如乳腺炎乳中氯的含量较高，故有浓厚的咸味。乳中的苦味来自Mg^{2+}、Ca^{2+}，酸味是由柠檬酸及磷酸所产生。

3）酸度　一般条件下，乳品工业所测定的酸度为总酸度，总酸度是指固有酸度和发酵酸度之和。固有酸度或自然酸度主要由乳中的蛋白质、柠檬酸盐、磷酸盐及二氧化碳等酸性物质所造成。乳在微生物的作用下乳糖发酵产生乳酸,导致乳的酸度逐渐升高,这部分酸度称为发酵酸度。

乳品工业中酸度是指以标准碱液用滴定法测定的滴定酸度。我国滴定酸度用吉尔涅尔度(°T)或乳酸度(乳酸%)来表示。吉尔涅尔度(°T)指中和 100 mL 牛乳所需 0.1 mol/L 氢氧化钠的毫升数。测定时取 10 mL 牛乳,将所消耗的 NaOH 毫升数乘以 10,即为乳样的酸度数(°T)。乳酸度(乳酸%)是用乳酸量表示酸度,按上述方法测定后用下列公式计算:乳酸度=0.1 mol/L NaOH 毫升数×0.009/供试牛乳质量(g)×100%。酸度可用pH 值表示,正常新鲜牛乳的 pH 值为6.5~6.7,一般酸败乳或初乳的 pH 值在6.4以下,乳腺炎乳或低酸度乳 pH 值在6.8 以上。

4)密度　乳的密度是指乳在 20 ℃时的质量与同体积 4 ℃水的质量之比。正常牛乳的密度为1.028~1.030。乳的密度受多种因素的影响,如乳的温度、脂肪含量、无脂干物质含量、乳挤出的时间及是否掺假等。

5)热力学性质　牛乳的冰点一般为-0.525~-0.565 ℃,平均为-0.540 ℃。牛乳中的乳糖和盐类是导致冰点下降的主要因素。正常的牛乳其乳糖及盐类的含量变化很小,所以冰点很稳定。在乳中掺水可使乳的冰点升高,可根据冰点测定结果推算掺水量。牛乳的沸点在 101.33 kPa(1 个大气压)下为 100.55 ℃,乳的沸点受其固形物含量的影响。浓缩到原体积一半时,沸点上升到 101.05 ℃。

牛乳的比热容为其所含各成分之比热容的总和。牛乳中主要成分的比热容:乳蛋白 2.09 kJ/(kg·L)、乳脂肪 2.09 kJ/(kg·L)、乳糖 1.25 kJ/(kg·L)、盐类 2.93 kJ/(kg·L),由此及乳成分之含量百分比计算得牛乳的比热容约为 3.89 kJ/(kg·L)。

6)黏度与表面张力　正常乳的黏度为0.001 5~0.002 Pa·s,牛乳表面张力在20 ℃时为0.04~0.06 N/cm。

7)电学性质　正常牛乳在25 ℃时,电导率为0.004~0.005 西门子/S。乳腺炎乳中 Na^+、Cl^-等增多,电导率上升。一般电导率超过 0.06 西门子/S 即可认为是患病牛乳,故可应用电导率的测定进行乳腺炎乳的快速鉴定。

4.3.1.2　巴氏杀菌乳

(1)巴氏杀菌乳的概念　巴氏杀菌乳是以生牛(羊)乳为原料,经巴氏杀菌等工序制得的液体产品。

(2)巴氏杀菌乳的分类　巴氏杀菌乳按加热程度分为低温长时间巴氏杀菌乳、低温短时间巴氏杀菌乳或巴氏高温杀菌乳、超巴氏杀菌乳。按产品营养成分分为普通巴氏杀菌乳、高脂和(或)高蛋白巴氏杀菌乳、强化营养素巴氏杀菌乳等。

(3)巴氏杀菌乳工艺流程

原料乳的验收→过滤、净化→标准化→均质→杀菌→冷却→灌装→检验→冷藏

(4)原料乳的验收

1)原料乳的质量标准　感官要求:呈乳白色或微黄色,具有乳固有的香味,无异味,呈均匀一致液体,无凝块、无沉淀、无正常视力可见异物。理化指标:冰点-0.500~-0.560 ℃,相对密度(20 ℃/4 ℃)≥1.027,蛋白质≥2.8 g/100 g,脂肪≥3.1 g/100 g,杂

质度≤4.0 mg/kg,非脂乳固体≥8.1 g/100 g,酸度12~18°T(牛乳)、6~13°T(羊乳)。微生物指标:菌落总数≤2×10^6 CFU/g(mL)。污染物、真菌毒素限量、农药残留量应分别符合《食品添加剂使用标准》(GB 2760—2011)、《食品添加剂使用标准 食品中真菌毒素限量》(GB 2761—2011)、《食品安全国家标准 食品中农药最大残留限量》(GB 2763—2012)的规定,兽药残留量应符合国家有关规定和公告。

2)原料乳的验收 我国原料乳的加工现场检验以感官检验为主,辅以部分理化检验,一般不做微生物检验。验收程序:感官检验→测密度、脂肪含量、计算总乳固体含量→新鲜度检验→掺伪检验。感官检验时取适量试样置于50 mL烧杯中,在自然光下观察色泽和组织状态,闻其气味,用温开水漱口,品尝滋味。有下列情况之一的严禁收购:产前15 d内的胎乳和产后7 d内的初乳,乳中含有肉眼可见的机械杂质,呈浓厚黏性者、有凝块或絮状沉淀,有外来异味如饲料味、苦味、臭味、霉味和涩味等,有红色、绿色或显著黄色。使用乳稠计测乳密度、使用脂肪快速测定仪测乳脂肪含量、按 $Fs=0.25L+1.2F+0.14$公式计算总乳固体含量。通过酒精检验、滴定酸度判断生乳的新鲜度。三聚氰胺含量、乳成分的测定、掺伪检验、微生物检验、污染物限量、真菌毒素限量、农药、兽药、抗生素残留量按照相应的国家标准规定测定方法在工厂化验室内进行。

(5)原料乳的过滤、净化 挤乳、运输等过程中,乳容易被粪屑、饲料、垫草、牛毛和蚊蝇等所污染,因此挤下的乳必须及时进行过滤。凡是将乳从一个地方送到另一个地方,从一个工序到另一个工序,或由一个容器转移到另一个容器时,都应该进行过滤。过滤的方法,除用纱布过滤外,也可以用过滤器进行过滤,过滤器具、介质必须清洁卫生,及时清洗杀菌。原料乳经过数次过滤后,虽然除去了大部分的杂质,但由于乳中污染了很多极为微小的机械杂质和细菌细胞,难以用一般的过滤方法除去。为了达到最高的纯净度,一般采用离心净乳机或三用分离机净化。

(6)冷却 刚挤下的乳,温度36 ℃左右,是微生物繁殖最适宜的温度,如不及时冷却,混入乳中的微生物就会迅速繁殖。故新挤出的乳,经净化后须冷却到4 ℃左右。

乳的冷却可采用水池冷却、浸没式冷却器冷却、冷排和板式热交换器冷却。

1)水池冷却 将装乳桶放在水池中,用冷水或冰水进行冷却,可使乳温度冷却到比冷却水温度高3~4 ℃。水池冷却的缺点是冷却缓慢,消耗水量较多,劳动强度大。

2)浸没式冷却器冷却 这种冷却器可以插入储乳槽或奶桶中冷却牛乳。浸没式冷却器中带有离心式搅拌器,可以调节搅拌速度,并带有自动控制开关,可以定时自动进行搅拌,故可使牛乳均匀冷却,并防止稀奶油上浮,适合于奶站和较大规模的牧场。

3)冷排和板式热交换器冷却 乳流过冷排冷却器与冷剂进行热交换,流入储乳槽中。这种冷却器构造简单,价格低廉,冷却效率也比较高。目前许多乳品厂及奶站都用板式热交换器对乳进行冷却。板式热交换器克服了表面冷却器因乳液暴露于空气而容易污染的缺点,可使乳温迅速降至4 ℃左右。

(7)储藏 为保证工厂连续生产的需要,必须有一定的原料乳储藏量。一般工厂总的储乳量应不少于1 d的处理量。储存原料乳的设备要有良好的绝热保温措施,并配有适当的搅拌机构,定时搅拌乳液以防止乳脂肪上浮而造成分布不均匀。储乳设备一般采用不锈钢材料制成,应配有不同容量的储乳缸,保证储乳时每一缸能尽量装满。储乳罐外边有绝缘层(保温层)或冷却夹层,以防止罐内温度上升。储罐要求保温性能良好,一般乳经过24 h储存后，乳温上升不得超过2～3 ℃。

(8)原料乳的标准化　为保证乳达到法定要求的脂肪和蛋白质含量，原料乳须进行标准化。当原料乳中脂肪含量不足时，可添加稀奶油或除去一部分脱脂乳；当原料乳中脂肪含量过高时，可添加脱脂乳或提取部分稀奶油。标准化工作可在三用分离机中连续进行。

(9)均质　通过均质增加乳的稳定性，防止脂肪上浮，使乳口感细腻，风味良好，容易消化吸收。目前主要通过高压均质机进行均质，均质机由一个高压泵和均质阀组成，在一定均质压力下，料液通过窄小的均质阀获得很高的速度，导致剧烈的湍流，形成的小涡流中产生了较高的料液流速梯度引起压力波动，打散许多颗粒，尤其是液滴。均质时可采用只均质稀奶油(部分均质)，也可均质全乳(全部均质)。

1)均质工艺条件　均质温度：50～65 ℃。均质压力：二段均质，第一段17～21 MPa，第二段5～10 MPa；一段均质10～20 MPa。

2)均质效果的测定　显微镜镜检：直接用油镜镜检脂肪球的大小，该法仅能定性，不能定量。均质指数法：把乳样在4 ℃和6 ℃下保持48 h，然后测定在上层(容量的1/10)和下层(容量的9/10)中的含脂率。上层与下层含脂率之差，除以上层含脂率即为均质指数。均质奶的均质指数范围应为1～10，均质后的脂肪球，大部分在1.0 μm以下。尼罗法(NIZO)：取25 mL乳样，在半径250 mm、转速1 000 r/min的离心机内，40 ℃条件下离心30 min，取下层20 mL乳样和离心前的样品，分别测乳脂肪的含量。尼罗值=下层脂肪含量/离心前脂肪含量×100%，一般尼罗值在50%～80%。

(10)巴氏杀菌　巴氏杀菌的温度和持续时间是关系到巴氏杀菌乳质量和保质期等的重要因素，必须准确。加热杀菌形式很多，一般牛乳高温短时巴氏杀菌的温度通常为75 ℃，持续15～20 s；或80～85 ℃，持续10～15 s。均质破坏了脂肪球膜并暴露出脂肪，与未加热的脱脂乳重新混合后，因缺少防止脂肪酶侵袭的保护膜而易被氧化，因此混合物必须立即进行巴氏杀菌。

(11)冷却　乳经杀菌后，就巴氏杀菌乳、非无菌灌装产品而言，虽然绝大部分微生物都已消灭，但是在以后各项操作中仍有被污染的可能。为了抑制牛乳中细菌的发育，延长保存期，仍须及时进行冷却，通常将乳冷却至4 ℃左右。

(12)灌装　灌装的目的主要是便于零售，防止外界杂质混入成品中、防止微生物再污染、保存风味和防止吸收外界气味而产生异味以及防止维生素等成分受损失等。

1)包装材料的要求　保证产品的卫生及清洁，对所包装的产品没有任何污染；避光性、密封性好，有一定的机械抗压能力；便于运输；便于携带和开启；有一定的装饰作用。

2)灌装容器　灌装容器主要为玻璃瓶、乙烯塑料瓶、塑料袋和涂塑复合纸袋等。

玻璃瓶可以循环多次使用，与牛乳接触不起化学反应，无毒，光洁度高，又易于清洗。缺点为质量大，运输成本高，易受日光照射，产生不良气味，造成营养成分损失。回收的空瓶微生物污染严重，一般玻璃奶瓶的容积与内壁表面之比为奶桶的4倍，奶槽车的40倍。这就意味着清洗消毒工作量加大。

塑料瓶多用聚乙烯或聚丙烯塑料制成，其优点为质量轻，可降低运输成本，破损率低，循环使用可达400～500次；聚丙烯具有刚性，能耐酸碱，还能耐150 ℃的高温。其缺点是旧瓶表面容易磨损，污染程度大，不易清洗和消毒。在较高的室温下，数小时后即产生异味,影响质量和合格率。

涂塑复合纸袋的优点为容器轻,容积小;减少洗瓶费用;不透光线,不易造成营养成分损失,不回收容器,减少污染。缺点是一次性消耗,成本较高。

(13)储存和分销　在储存和分销过程中,必须保持冷链(2～4 ℃)的连续性。尤其是从乳品厂到商店的运输过程及产品在商店的储存过程是冷链两个最薄弱环节。除温度外, 还应注意小心轻放,避免产品与硬物质碰撞;远离具有强烈气味的物质;避光;避免产品强烈震动。

4.3.1.3　灭菌乳

(1)灭菌乳的概念及分类

1)超高温灭菌乳(UHT 灭菌乳)　以生牛(羊)乳为原料,添加或不添加复原乳,在连续流动的状态下,加热到至少 132 ℃并保持很短时间的灭菌,再经无菌灌装等工序制成的液体产品。

2)保持灭菌乳(瓶装灭菌乳)　以生牛(羊)乳为原料,添加或不添加复原乳,无论是否经过预热处理,在灌装并密封之后经灭菌等工序制成的液体产品。

(2)灭菌乳原料乳的要求　加工灭菌乳的原料乳除符合巴氏杀菌乳的原料乳要求外,还应注意以下几方面的要求。

1)确保乳的热稳定性　加工灭菌乳,由于灭菌温度高,故对乳的热稳定性要求高。因为其直接影响到 UHT 系统的连续运转时间和灭菌情况。乳的热稳定性与乳的酸度和新鲜度有关,牛乳至少要通过 75% 酒精试验(酸度<16°T)。

2)乳腺炎　乳腺炎不仅导致牛乳细菌含量高,母牛产乳量下降 , 还产生大量的蛋白酶 , 其中有些酶是相当耐热的,可存活于 UHT 乳中,从而影响产品品质,使产品在储存期内变苦、形成凝块等。

3)抗生素乳　注射抗生素的乳牛所产的乳,盐平衡系统遭到破坏,使乳的耐热性差,不适于加工 UHT 乳;而且抗生素对人体还有一定的副作用。

4)混入初乳或末乳的乳　初乳或末乳中免疫球蛋白含量高,耐热性差,严禁用于加工灭菌乳。

5)原料乳中微生物种类和含量的要求　原料乳中微生物种类和含量对 UHT 乳的品质影响至关重要。从灭菌效率考虑主要是芽孢的含量。从酶解反应考虑主要是细菌总数,尤其是嗜冷菌的含量。

要求原料乳菌落总数≤100 000 CFU/mL、芽孢总数≤100 CFU/mL、耐热芽孢数≤10 CFU/mL、嗜冷菌≤1 000 CFU/mL。

(3)UHT 灭菌乳

1)UHT 灭菌乳的工艺流程

原料乳验收→预处理→冷却→预热(85 ℃)→均质→UHT 灭菌(135～140 ℃,2～4 s)→冷却(18 ℃)→无菌灌装

2)UHT 灭菌乳的灭菌工艺　UHT 灭菌是将牛乳加热到 135～140 ℃,保持 2～4 s,经瞬间加热后迅速冷却,常同无菌包装连接起来生产灭菌乳,常温下保存 3～6 个月。UHT 灭菌的设备有直接加热法和间接加热法 2 种。在直接加热法中,牛乳通过直接与蒸汽接

触被加热(将蒸汽喷进牛乳中,或者将牛乳喷入到充满蒸汽的容器中);间接加热是在热交换器中进行,加热介质的热能通过间隔物传递给牛乳,国内常用的主要是间接加热法,设备主要采用片式热交换器和管式热交换器。

管式间接 UHT 灭菌乳的整个生产过程见图 4.5。牛乳由储乳罐泵送至平衡罐,进入管式热交换器的预热段,在预热段生乳与高温乳进行热交换,生乳被加热到约66 ℃,同时高温乳冷却;预热的乳进入普通均质机在 15 ~ 25 MPa 的压力下均质。均质后的牛乳进入管式热交换器的加热段,被加热介质加热到 137 ℃,加热后牛乳在保温管中流动 4 s,若牛乳在进入保温管之前未达到 137 ℃,生产线上的传感器便把信号传至控制盘,启动回流阀,牛乳回流到冷却器冷却到 75 ℃后,再返回平衡罐或流入单独的收集罐。牛乳离开保温管后进入管式热交换器的无菌预冷却段,在冷却介质的作用下冷却至 76 ℃。牛乳最后在管式热交换器的冷却段与乳进行热交换冷却至约 20 ℃。

3)无菌灌装　无菌灌装是将 UHT 灭菌后的牛乳,在无菌条件下装入事先杀过菌的容器内。无菌灌装的封合必须在无菌区域内进行;包装容器和产品接触的表面在灌装前必须经过灭菌;灌装过程中,产品不能受到来自任何设备表面或周围环境等的污染;无菌包装机应置于铝合金结构的洁净工作室内。即要求包装材料(容器)无菌、包装环境无菌、包装设备无菌。

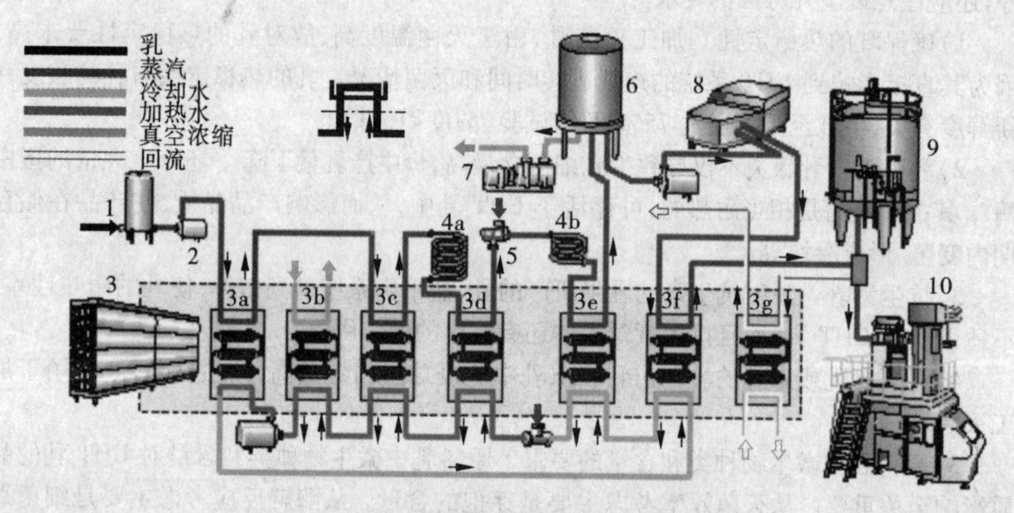

图 4.5　管式间接 UHT 乳生产线

1. 平衡罐;2. 料泵;3. 管式热交换器;4. 保温管;5. 间接蒸汽加热;6. 缓冲罐;7. 真空泵;8. 均质机;9. 无菌罐;10. 无菌灌装机

无菌包装机开机前,设备管道系统采用蒸汽灭菌(140 ℃,30 min),设备腔体采用质量分数为 25% 的 H_2O_2 水雾喷射灭菌 25 min,灌注头采用质量分数为 25% 的 H_2O_2 溶液浸泡灭菌 10 min。开机后,包装膜通过 25% H_2O_2 浴池 18 ~ 25 s 浸泡消毒。无菌包装机内部装有若干根 40 W 的紫外线灯管,开机期间配合 H_2O_2 对包装膜灭菌,停机后可保持设备内部无菌。进入无菌包装机腔体的空气必须经过空气过滤器过滤,同时被加热到 45 ℃左右,使设备腔体在工作时形成正压,同时烘干包装膜上的 H_2O_2。微生物的等价直径远大于 0.5 μm,高效过滤器的滤菌效率近 100%,因此高效过滤器出口细菌浓度接近 0。

常见的无菌包装形式主要有纸卷成型包装系统（利乐砖 tetra brick），这是目前使用最广泛的包装系统；预成型纸包装系统（利乐屋顶包 tetra top）；塑料包装（利乐枕）；采用纸铝塑共挤复合包装材料的伊莱克斯德包；瑞士康美包（combibloc）等。

（4）保持灭菌乳（瓶装灭菌乳）　保持灭菌乳的灭菌方法分一段灭菌和二段灭菌。一段灭菌是将牛乳先预热到约 80 ℃，然后灌装到加热的干净瓶子中，瓶子封盖后，放入杀菌器中，在 110～120 ℃温度下灭菌 10～40 min。二段灭菌是将牛乳在 130～140 ℃温度下预杀菌 2～20 s，当牛乳冷却到约 80 ℃后，灌装到热处理过的干净瓶子中，封盖后，再放到灭菌器中进行灭菌；后一段处理不需要像前一段杀菌时那样强烈，第二阶段杀菌的主要目的是消除二次污染。

1）一段灭菌保持灭菌乳工艺流程

牛乳验收→预处理→预热（80 ℃）→均质→灌装于预热干净的瓶子中→封盖→杀菌器杀菌（110～120 ℃，10～40 min）→冷却→贴标、装箱、出厂

2）二段灭菌保持灭菌乳工艺流程

牛乳验收→预处理→均质→UHT 灭菌（130～140 ℃，2～20 s）→冷却（80 ℃）→灌装→封盖→灭菌器灭菌（115～120 ℃，10～15 min）→冷却→贴标、装箱、出厂

4.3.1.4　发酵乳

（1）发酵乳的概念　以生牛（羊）乳或乳粉为原料，经杀菌、发酵后制成的 pH 值降低的产品。

（2）发酵乳的分类　发酵乳有酸乳和风味酸乳两大类。酸乳是指以生牛（羊）乳或乳粉为原料，经杀菌、接种嗜热链球菌和保加利亚乳杆菌（德氏乳杆菌保加利亚亚种）发酵制成的产品。风味酸乳是指以 80% 以上生牛（羊）乳或乳粉为原料，添加其他原料，经杀菌、接种嗜热链球菌和保加利亚乳杆菌（德氏乳杆菌保加利亚亚种）发酵前或后添加或不添加食品添加剂、营养强化剂、果蔬、谷物等制成的产品。

（3）凝固型酸乳加工工艺　凝固型酸乳发酵过程在包装容器中进行，成品凝乳状态。

1）凝固型酸乳工艺流程

原料乳验收→净化→标准化→配料（蔗糖、稳定剂及其他辅料）→预热、均质→杀菌→冷却→接种发酵剂→灌装→发酵→冷却→后熟→成品

2）原辅料要求　加工凝固型酸乳的原料乳除满足巴氏杀菌乳的要求外，还必须满足下列要求。原料乳总固形物含量不得低于 11.5%，其中非脂乳固形物含量不应低于 8.5%，否则会影响发酵时蛋白质的胶凝作用，乳固体含量不足时可通过添加脱脂乳粉、浓缩乳或对乳进行浓缩处理。原料乳不得使用含有抗生素或残留有效氯等杀菌剂的乳。不得使用患有乳腺炎的乳牛分泌的乳。不得使用受到严重污染的乳，要求酸度在 18°T 以下，杂菌数不高于 500 000 CFU/mL。

3）配料　将原料乳加热到 50 ℃左右，加入 6%～8% 的砂糖，继续升温至 65 ℃，用泵循环通过过滤器进行过滤。当采用脱脂乳制作脱脂酸乳时，脱脂乳可直接进入标准化乳罐中，按上述进行加糖处理。一般多采用添加乳粉的方法来进行固形物强化，乳粉的添加量一般是 2%，如果使用脱脂乳粉作为主要原料代替鲜乳和脱脂乳制作脱脂酸乳，可将

脱脂乳粉与水在标准化乳罐中进行混合,制成还原脱脂乳后加糖配料。如用脱脂乳粉调制半脱脂酸乳,可将全脂乳粉或稀奶油通过计量加入标准化乳罐中。用作发酵乳的脱脂乳粉要求质量高、无抗生素和防腐剂。

4)预热、均质、杀菌和冷却　原料基液由过滤器进入杀菌器后,先预热至55～65 ℃,再进入均质机。原料基液在均质机中在8.0～10.0 MPa压力下均质,再返回杀菌器杀菌。均质之后的原料基液在杀菌部加热到90 ℃,保持5 min,亦可加热到85 ℃、保持30 min,或加热到135 ℃,保持2～3 s。杀菌后立即冷却至43～45 ℃。

5)接种　发酵剂采用混合发酵剂,利用其共生现象,缩短发酵时间至2～3 h。发酵剂的接种量根据菌种活力、发酵方法、生产时间的安排和混合菌种配比而定。一般生产发酵剂,其产酸活力在0.7%～1.0%,此时接种量应为2%～4%,接种量<2%,产酸缓慢,易形成对菌种不良的生长环境,发酵时间长,酸乳风味不佳;接种量>5%,产酸过快,酸度上升过高,影响酸乳香味,产品组织状态出现缺陷,如乳清析出等。加入的发酵剂应事先在无菌操作条件下搅拌成均匀细腻的状态,不应有大凝块,以免影响成品质量。

6)灌装　接种后的牛乳应立即连续地灌装到零售容器中,根据市场需要选择玻璃瓶、塑料杯、纸盒和瓷瓶等灌装容器。灌装车间应采用紫外线灯杀菌,传送带、操作台、地面用有效氯含量200～300 mg/kg漂白粉消毒,奶箱、输奶管道用95 ℃热水消毒;玻璃瓶用有效氯含量200～300 mg/kg漂白粉消毒;塑杯、铝箔盖用25%双氧水处理。目前常用预成型塑杯酸乳灌装机、塑杯成型酸乳灌装机、纸盒纸杯灌装机、玻璃瓶灌装机进行灌装。

7)发酵　用保加利亚乳杆菌(L. B)与嗜热链球菌(S. T)的混合发酵剂时,温度保持在42～43 ℃,发酵温度<40 ℃,S. T增殖,而S. T产酸能力弱,极限酸度为110～115 °T,产生L(+)-乳酸,当L(+)-乳酸占乳酸量的70%,酸味不足,硬度小,发酵时间长;发酵温度>45 ℃,L. B增殖,而L. B产酸能力强,极限酸度为300～400 °T,产生D(-)-乳酸,酸味大,有尖酸味,发酵时间短,香味不足。培养时间2.5～4.0 h,达到凝固状态时即可终止发酵。一般发酵终点可依据如下条件来判断:滴定酸度达到80 °T以上;pH值低于4.6;表面有少量水痕;乳变黏稠。发酵期间应注意避免震动,否则会影响组织状态;发酵温度应恒定,避免忽高忽低;掌握好发酵时间,防止酸度不够或过度以及乳清析出。

8)冷却　酸乳发酵结束后应立即移入0～4 ℃的冷库中,迅速抑制乳酸菌的生长,以免继续发酵而造成酸度升高。

9)冷藏后熟　一般将酸乳终止发酵后在0～4 ℃储藏12～24 h,这个阶段称为后熟期。在此期间香味物质的产生会达到高峰期。在冷藏期间,酸度仍会有所上升,同时风味成分双乙酰含量会增加。一般最大冷藏期为7 d左右。

(4)凝固型酸乳质量控制　酸乳生产中,由于各种原因,常会出现一些质量问题,常见的质量问题及控制措施如下。

1)乳清析出　乳清析出是生产酸乳时常见的质量问题,主要原因:一是原料乳乳固体含量低,可通过添加脱脂乳粉、乳浓缩增加乳固体含量,保证乳固体含量在11.5%以上;二是由于发酵过度,如发酵时间过长、发酵剂产酸能力过强、接种量过大等,应正确及时判断发酵终点,选用适宜产酸能力的菌种,严格控制接种量;三是由于原料乳热处理不当,采用90～95 ℃,保持5～10 min的热处理方式;四是由于冷却、运输、销售过程中发生机械振荡，发酵过程中轻拿轻放，防止机械振荡；五是由于原料乳钙盐平衡被打破，可通过 100 mL 牛乳中加质量分数为 35% 的 $CaCl_2$ 溶液 20.5 mL 予以解决。

2）不凝固或凝固不完全　酸乳出现不凝固或凝固不完全的主要原因：一是，由于原料乳质量，如当乳中含有抗生素、防腐剂时，会抑制乳酸菌的生长，导致凝固性差；使用乳腺炎乳时由于其白细胞含量较高，对乳酸菌也有不同的噬菌作用；此外，原料乳掺假，特别是掺碱，中和发酵所产生的酸，达不到凝乳要求的 pH 值，使乳不凝固或凝固不完全；乳固体含量过低，也影响酸乳的凝固性。因此，必须把好原料验收关，杜绝使用含有抗生素、防腐剂、掺碱、掺水和乳腺炎牛乳加工酸乳。二是，由于发酵工艺参数控制不当，如发酵温度、时间控制不合理，发酵剂所用乳酸菌种类不同，发酵适宜温度有差异，若发酵温度低于最适温度，或发酵室温度不均匀，则乳酸菌活力下降，凝乳能力降低，酸乳凝固性降低；发酵时间短，也会造成酸乳凝固性能降低。因此，应尽可能保持发酵室的温度恒定，并控制发酵温度和时间。三是，由于发酵剂噬菌体污染，可采用交替使用发酵剂、使用抗噬菌体培养基、正确判断发酵剂是否污染噬菌体等方法加以控制。四是由于发酵剂活力低或接种量太少，造成酸乳的凝固性下降。

3）风味不良　正常酸乳应有发酵乳纯正的风味，但在生产过程中常出现不良风味：一是，酸乳无芳香味，主要是菌种选择及操作工艺不当引起，酸乳发酵剂应保证 2 种以上的乳酸菌以适当的比例混合使用，任何一方占优势均会导致产香不足，风味变劣；高温短时发酵和乳固体含量不足也是造成芳香味不足的原因。二是，酸乳的不洁味，主要是发酵剂或发酵过程中污染杂菌引起，如被丁酸菌污染可使产品带刺鼻怪味，被酵母菌污染不仅产生不良风味，还会影响酸乳的组织状态，使酸乳产生气泡。因此，要严格保证原料乳和加工环境的卫生条件。三是，酸乳的糖酸比不当，酸乳过酸、过甜均会影响风味，发酵过度、冷藏时温度偏高和加糖量较低等会使酸乳偏酸，发酵不足或加糖过高又会导致酸乳偏甜。因此，应尽量避免发酵过度现象，并应在 0 ~ 4 ℃条件下冷藏，防止温度过高，严格控制加糖量。四是，原料乳的异味，如牛体臭味、氧化臭味及原料乳过度热处理或添加了风味不良的炼乳或乳粉等也是造成其风味不良的原因。

4）表面霉菌生长　酸乳储藏时间过长或温度过高时，往往在表面出现霉菌，因此要严格保证加工场所的卫生条件并根据市场情况控制好储藏时间和储藏温度。

（5）搅拌型酸乳的加工工艺　搅拌型酸乳发酵在发酵容器内进行，发酵后的凝乳搅拌成黏稠状灌装。搅拌型酸乳的加工工艺基本与凝固型酸乳相同，其不同点主要是搅拌型酸乳增加了搅拌工艺，根据加工过程中是否添加果蔬料或果酱，搅拌型酸乳可分为天然搅拌型酸乳和加料搅拌型酸乳。

1）工艺流程

原料乳验收→净化→标准化→配料→预热、均质→杀菌→冷却→接种发酵剂→发酵→冷却→添加果料→搅拌→灌装→后熟→成品

2）发酵　搅拌型酸乳的发酵是在发酵罐中进行的，发酵过程中应控制好发酵罐的温度，发酵罐上、下部温差不得超过 1.5 ℃。

3）冷却　当酸乳完全凝固、pH 值达 4.6 ~ 4.7 时开始冷却，以快速抑制乳酸菌的生长和酶的活性，防止产酸过度和搅拌时脱水。冷却过程应稳定进行，冷却过快将造成凝

块收缩迅速,导致乳清分离;冷却过慢会造成产品过酸。采用片式冷却器、管式冷却器、表面刮板式热交换器、冷却罐等进行冷却。

4)搅拌　搅拌是搅拌型酸乳加工的重要工序,通过机械搅拌破碎凝胶体,使凝胶体的粒子直径达到0.01～0.4 mm,并使酸乳的硬度、黏度及组织状态发生变化。当凝胶体的pH值达4.7以下时,以低于0.5 m/s的流速通过管道输送至搅拌器,搅拌器使用宽叶片搅拌器,通常搅拌开始时采用低速,以后用较快的速度;搅拌的最适温度为0～7 ℃,但在实际生产中使40 ℃的发酵乳降到0～7 ℃比较困难,搅拌时的温度以20～25 ℃为宜。

5)混合、罐装　果蔬、果酱和各种类型的调香物质等可在酸乳自平衡罐到包装机的输送过程中通过变速计量泵连续加入到酸乳中。在果料处理中,杀菌是十分重要的,对带固体颗粒的水果或浆果进行巴氏杀菌,其杀菌温度应控制在能抑制一切有生长能力的细菌,而又不影响果料的风味和质地的范围内。

6)冷却、后熟　将灌装好的酸乳于0～7 ℃冷库中冷藏24 h进行后熟,进一步促使芳香物质的产生和黏稠度的改善。

(6)搅拌型酸乳质量控制　搅拌型酸乳加工过程中常出现砂状组织、乳清分离、风味不正、色泽异常等质量缺陷。

1)砂状组织　砂状组织是指酸乳在组织状态上出现许多砂状颗粒,防止砂状结构发生,应选择适宜的发酵温度,避免原料乳受热过度,减少乳粉用量,避免乳固体含量过高和在较高温度下搅拌。

2)乳清分离　造成乳清分离的原因是酸乳搅拌速度过快、过度搅拌或泵送造成空气混入,此外,酸乳发酵过度、冷却温度不适及干物质含量不足也可造成乳清分离现象。因此,应选择合适的搅拌器搅拌并注意降低搅拌温度。同时加入适量的稳定剂,提高酸乳的黏度,防止乳清分离。

3)风味不正　除与凝固型酸乳相同的影响因素外,搅拌时操作不当致使大量空气混入,造成酵母和霉菌的污染,也会严重影响酸乳风味。

4)色泽异常　在生产中因加入的果蔬处理不当易引起酸乳变色、褪色等现象。应根据果蔬的性质及加工特性与酸乳进行合理的搭配,必要时可添加抗氧化剂。

4.3.1.5　乳粉

(1)乳粉的概念和种类　以生牛(羊)乳为原料,经加工制成的粉状产品称为乳粉。乳粉一般分为全脂乳粉、脱脂乳粉、速溶乳粉、配制乳粉、加糖乳粉、奶油粉、乳清粉、麦精乳粉、冰激凌粉和酪乳粉等。

(2)乳粉工艺流程

原料乳验收→乳的处理与标准化→杀菌与均质→浓缩→喷雾干燥→包装→成品

(3)原料乳验收、预处理与标准化　原料乳验收后用冷却器冷却到4～6 ℃送入储乳槽储存。

(4)均质　生产全脂乳粉、全脂甜乳粉和脱脂乳粉时一般无须均质,若乳粉的配料中添加有植物油或其他不易混匀的物料时,需要均质处理。均质压力为14～21 MPa,温度60 ℃为宜。

(5)杀菌　目前常用的杀菌方法是高温短时间杀菌法,该方法牛乳的营养成分损失较小，乳粉的理化特性较好。

(6)真空浓缩　真空浓缩即采用加热的方法使牛乳中大部分水分不断汽化除掉，提高牛乳中乳固体含量。真空状态下，乳的沸点降低，牛乳免受高温的破坏，对产品的色泽、风味、溶解度等有益；由于乳的沸点降低，提高了加热蒸汽和牛乳的温差，增加了单位面积和单位时间内的换热量，提高了浓缩效率；浓缩在密闭容器内进行，避免了外界污染的可能，从而保证了产品质量。目前国内各乳品厂大多采用盘管浓缩罐浓缩。一般要求原料乳浓缩至原体积的1/4，乳固体含量达到45%左右，浓缩后的乳温一般为47～50 ℃，生产大颗粒乳粉时须提高浓缩乳浓度。

(7)喷雾干燥　浓缩乳在机械压力或高速离心的作用下，通过雾化器分散为雾状的乳滴(直径为10～15 μm)，表面积成倍增加，在热风的作用下，雾滴与热风接触，浓缩乳滴中的水分在瞬间(0.01～0.04 s)蒸发完毕，雾滴被干燥成球形颗粒，落入干燥室的底部，蒸汽被热风带走，从干燥室排风口排出，整个干燥过程仅需15～30 s。

1)喷雾干燥特点　喷雾干燥同其他干燥方法相比干燥过程快，热空气温度虽高，但干燥极为缓和，乳滴受热时间短，温度低；喷雾干燥后的产品不必粉碎，只需过筛，块状粉末就能分散；喷雾干燥在密闭状态进行，干燥室处在负压下，既保证了产品卫生，又不使粉尘飞扬；喷雾干燥机械化程度高，成品水分容易控制，有利于生产的连续化和自动化。

2)喷雾干燥方法　喷雾干燥的方法有压力喷雾与离心喷雾两大类。如果按热风与物料的流向可以分为顺流、逆流与混合流等多种类型。目前国内压力喷雾干燥主要采用顺流法，即热空气的流向同乳滴喷雾方向相同，水平式顺流压力喷雾干燥机是最普通的一种。离心喷雾干燥是利用高速旋转的离心盘，借助离心力的作用，将浓缩乳从圆盘切线方向甩出，液滴具有100 m/s以上的线速度，由于受周围空气的剪切和撕裂作用而雾化，当同热空气进行热交换后，被干燥成粉末。

(8)出粉　牛乳经喷雾干燥成乳粉后，应迅速从干燥室中排出并冷却，尤其是全脂乳粉，由于干燥室温度较高，底部一般为60～65 ℃，若乳粉在此温度下停留时间过长，脂肪容易氧化，并影响溶解度和色泽。

(9)包装　乳粉包装。第一，严格控制乳粉包装时的温度，乳粉排出后应进行冷却降温，当乳粉降低到28 ℃以下时再进行包装，以防过热包装。第二，要控制包装室内湿度。乳粉的吸湿性很强，储粉室的湿度不应超过75%，温度也不应急剧变化。第三，包装时最好真空包装。第四，选择适当的包装材料，采用铝箔复合膜结合真空包装。

4.3.2　肉与肉制品工艺

我国的肉制品按其历史渊源分为中国传统风味肉制品(简称中式肉制品)和起源于欧洲、流行于西方的欧式肉制品(简称西式肉制品)两大类。按加工方法不同分为腌腊肉制品、酱卤肉制品、熏烧烤肉制品、干肉制品、香肠、火腿、罐藏肉制品、油炸肉制品、调理肉制品和其他肉制品。

4.3.2.1　肉的基础知识

肉品工业生产中，从商品学观点出发研究其加工利用价值，把肉理解为胴体，即畜禽屠宰后除去血液、头、蹄、尾、内脏后的剩余部分，俗称白条肉。狭义上肉指胴体中的可食部分。现代肉品加工认为肉是指肌肉组织中的骨骼肌。

(1)肉的组织结构　肉(胴体)主要由肌肉组织、脂肪组织、结缔组织和骨组织四部分组成,这些组织的结构、性质及其含量直接影响肉的食用价值、加工用途和商品价值。肉中几种组织在胴体中的比例,受动物种类、品种、性别、年龄、肥育方法、使用性质(役用、肉用、乳用等)等因素的影响。

1)肌肉组织　肌肉组织是肉的主要组成部分,是肉制品原料中最重要的一种组织,也是肉制品加工的主要对象,约占动物机体的30% ~60%。

家畜体上约有300块形状、大小各异的骨骼肌,但其基本结构是相同的,有多量的肌纤维和少量的结缔组织、脂肪细胞、腱、血管、神经纤维、淋巴结或腺体等按一定秩序排列构成。

骨骼肌的基本构造单位是肌纤维(也称肌纤维细胞),在显微镜下观察,可看到肌纤维排列整齐的明暗相间的条纹,所以称横纹肌。肌纤维有肌膜、肌原纤维、肌浆和肌细胞核构成。肌膜是肌纤维本身具有的膜,由蛋白质和脂质组成,具有很好的韧性,能拉伸至原长度的2.2倍,肌膜对酸、碱稳定,加热以后仍能保持肌纤维的性质。肌原纤维是肌细胞独有的细胞器,约占肌纤维固形成分的60% ~70%,是肌肉的伸缩装置。肌原纤维由肌丝组成,肌丝分为粗丝和细丝,平行整齐呈周期性排列于整个肌原纤维,由于粗丝和细丝在某一区域形成重叠,在电镜下观察呈现明暗相间的横纹,光线较暗的区域称为暗带(A带),光线较亮的区域称为明带(I带),I带的中央有一条暗线,称为Z线,将I带从中间分为左右两半,A带的中央也有一条暗线称M线,将A带分为左右两半,在M线附近有一颜色较浅的区域,称为H区;两个相邻Z线间的肌原纤维单位称为一个肌节,肌节是肌原纤维的重复构造单位,也是肌肉收缩、松弛的基本机能单位;肌节的长度取决于肌肉所处的状态,肌肉收缩时,肌节变短;松弛时,肌节变长。肌纤维的细胞质称为肌浆,肌浆内含有各种细胞器,呈红色;肌浆内富含肌红蛋白、酶、肌糖原及其代谢产物和无机盐类等。

2)脂肪组织　脂肪组织是畜禽胴体中仅次于肌肉组织的第二个重要组成部分,具有较高的食用价值,对于改善肉质、提高风味均有影响。

脂肪的构造单位是脂肪细胞,细胞中心充满脂肪滴,细胞核被挤到周边,脂肪细胞外层有一层膜。脂肪细胞是动物体内最大的细胞,其大小影响出油率,细胞越大,聚集的脂肪滴越多,出油率越高,脂肪细胞的大小和畜禽的肥育程度及存在部位有关。

脂肪在体内的蓄积,依动物种类、品种、年龄、性别、肥育程度不同而异。猪多蓄积在皮下、肾周围及大网膜中;羊多蓄积在尾根、肋间;牛主要蓄积在肌肉内;鸡蓄积在皮下、腹腔及肌胃周围。脂肪蓄积在肌束内最为理想,这样的肉呈大理石样,肉质较好。

3)结缔组织　结缔组织是连接和固定动物体不同部分的组织,分布于动物体内各部,如皮肤、肌腱、韧带、肌肉内、外膜、血管及淋巴结。在动物体内对各器官组织起到支持和连接作用,使肌肉保持一定弹性和硬度。结缔组织在胴体中的含量受动物年龄、性别、营养状况及运动情况等因素影响。

结缔组织由少量的细胞和大量的细胞外基质、纤维组成。结缔组织纤维包括胶原纤维、弹性纤维和网状纤维,主要是胶原纤维。胶原纤维是结缔组织的主要成分,主要由胶原蛋白组成,是肌腱、皮肤、软骨等组织的主要成分,在沸水或弱酸中变成明胶;易被酸性胃液消化,而不被碱性胰液消化;胶原蛋白的不溶性和坚韧性是其分子间的交联特别是成熟交联所致,交联是胶原蛋白分子之间特定结构形成的共价化学键。随着动物年龄增加,肌肉结缔组织中的交联,尤其是成熟交联的比例增加,因此,动物年龄增大,其肉的嫩度下降。

(2)肉的化学组成　肉主要由水分、蛋白质、脂肪、浸出物、矿物质和维生素6种成分组成。

1)水分　水分是肉中含量最多的成分,不同组织水分含量差异很大,肉中水分含量及存在状态影响肉的加工质量(如风味、质地、色泽等)及储藏性。肉中水分的存在形式大致可以分为结合水、不易流动水和自由水三种。结合水约占水分总量的5%,是在蛋白质等大分子周围,借助分子表面分布的极性基团与水分子之间的静电引力而形成的一薄层水分,结合水存在于肌细胞内;结合水不易受肌肉蛋白质结构或电荷变化的影响,甚至在施加外力条件下,也不能改变其与蛋白质分子紧密结合的状态。不易流动水约占水分总量的80%,存在于纤丝、肌原纤维及肌膜之间;不易流动水易受蛋白质结构和电荷变化的影响,肉的保水性能主要取决于肌肉对此类水的保持能力。自由水约占总水分的15%,存在于细胞外间隙中,能自由流动。

2)蛋白质　肌肉中蛋白质约占20%,根据蛋白质存在的位置和盐溶性分为肌原纤维蛋白质(占总蛋白的40%~60%)、肌浆蛋白质(占总蛋白的20%~30%)和基质蛋白质(占总蛋白的10%)。

肌原纤维蛋白质是构成肌原纤维的蛋白质,不溶于水,溶于高浓度的盐溶液,又称不溶性蛋白质或盐溶性蛋白质,肌原纤维蛋白质主要包括肌球蛋白、肌动蛋白、肌动球蛋白、原肌球蛋白和肌钙蛋白等。

肌球蛋白是肌肉中含量最高也是最重要的蛋白质,约占肌肉总蛋白质的1/3,占肌原纤维蛋白质的50%~55%。肌球蛋白是肌原纤维粗丝的主要成分。肌球蛋白不溶于水或微溶于水,可溶解于离子强度为0.3以上的中性盐溶液中,等电点pI值为5.4。肌球蛋白可形成具有立体网络结构的热诱导凝胶,热诱导凝胶的特性是非常重要的工艺特性,直接影响碎肉或肉糜类制品的质地、保水性和风味等。肌球蛋白的头部有ATP酶活性,可分解ATP,生成ADP和磷酸,释放能量,供肌肉收缩时利用,酶活性被Ca^{2+}激活,被Mg^{2+}抑制。肌球蛋白可与肌动蛋白结合形成肌动球蛋白,与肌肉的收缩直接有关。

肌动蛋白约占肌原纤维蛋白的20%,是构成细丝的主要成分。肌动蛋白以球状的肌动蛋白(G-肌动蛋白)和纤维状的肌动蛋白(F-肌动蛋白)两种形式存在。在肌原纤维中,肌动蛋白是以F-肌动蛋白的形式存在,两条F-肌动蛋白扭合在一起,与原肌球蛋白、肌钙蛋白等结合构成细丝,参与肌肉收缩。肌动蛋白不具备凝胶形成能力,肌动蛋白能溶于水及稀的盐溶液中,等电点pI为4.7。

肌动球蛋白是肌动蛋白与肌球蛋白结合构成的蛋白质。肌动球蛋白的黏度很高,具有ATP酶活性,Ca^{2+}和Mg^{2+}都能激活。肌动球蛋白能形成热诱导凝胶,影响肉制品的工艺特性。

肌浆是指在肌纤维中环绕并渗透到肌原纤维的液体和悬浮于其中的各种有机物、无机物以及亚细胞结构的细胞器(如肌粒体、微粒体)等。肌浆蛋白质一般约占肌肉总蛋白质的20%~30%,主要包括肌溶蛋白A、肌红蛋白、肌球蛋白X、肌粒蛋白和肌浆酶等。这些蛋白质易溶于水或低离子强度的中性盐溶液中,是肉中最易提取的蛋白质,又因其提取液的黏度很低,故称为可溶性蛋白质。这些蛋白质不是肌纤维的结构成分,肌浆蛋白质的主要功能是参与肌细胞中的物质代谢。肌红蛋白是一种复合性的色素蛋白质,由一分子的珠蛋白和一个血色素结合而成,为肌肉呈现红色的主要成分,肌红蛋白有多种衍生物,如鲜红色的氧合肌红蛋白、褐色的高铁肌红蛋白、鲜亮红色的一氧化氮肌红蛋白等,这些衍生物与肉和肉制品的色泽有直接关系。

基质蛋白质又称结缔组织蛋白质,主要有胶原蛋白、弹性蛋白和网状蛋白。胶原蛋白是构成胶原纤维的主要成分,约占胶原纤维固体物的85%。胶原蛋白性质稳定,具有很强的延伸力,不溶于水及稀溶液,在酸或碱溶液中可以膨胀。不易被一般蛋白酶水解,但可被胶原酶水解。胶原蛋白遇热会发生收缩,当加热温度大于热缩温度时,胶原蛋白就会逐渐变为明胶,明胶易被酶水解,也易消化。在肉品加工中,利用胶原蛋白的这一性质加工肉冻类制品。弹性蛋白具有高度不可溶性,对酸、碱、盐稳定,不被胃蛋白酶、胰蛋白酶水解,可被木瓜蛋白酶、菠萝蛋白酶、无花果蛋白酶和胰弹性蛋白酶水解。网状蛋白对酸、碱比较稳定。

3)脂肪　动物体的脂肪分为两大类,一类是分布于皮下、肾周围、肌肉块间的脂肪,成为蓄积脂肪;另一类是肌肉组织、脏器组织内的脂肪,称为组织脂肪。脂肪对肉的食用品质影响很大,肌肉内脂肪的含量对肉的嫩度有直接影响,脂肪酸的组成在一定程度上决定了肉的风味。

构成肉脂肪常见的脂肪酸有20多种,脂肪酸分为饱和脂肪酸和不饱和脂肪酸两大类,肉中最主要的饱和脂肪酸是棕榈酸(十六烷酸)和硬脂酸(十八烷酸),不饱和脂肪酸是油酸和亚油酸。

4)浸出物　浸出物是指除蛋白质、盐类、维生素外能溶于水的浸出性物质,包括含氮浸出物和无氮浸出物。

含氮浸出物为非蛋白质的含氮物质,如游离氨基酸、磷酸肌酸、核苷酸类(ATP、ADP、AMP、IMP)及肌苷、尿素等。这些物质左右肉的风味,为肉滋味的主要来源。

无氮浸出物为不含氮的可溶性有机化合物,包括糖类和有机酸。糖类主要是糖原、葡萄糖、核糖;有机酸主要是乳酸及少量的甲酸、乙酸、丁酸、延胡索酸等。肉中糖原含量多少与动物种类、肥育情况、疲劳程度及宰前状态有关,肌糖原含量多少,对肉的pH值、保水性、颜色等均有影响,并且影响肉的储藏性。有机酸类对增进肉的风味具有密切的关系。

5)矿物质　肉中的矿物质主要有Na、K、Ca、Mg、Fe、Cl、P、S等,含量约为1%~2%,除少数矿物质(S、P)外,大多数以无机盐和电解质的形式存在。由于这些物质的生物有效性较高,因此易被吸收利用。肉中钙的含量较低,牛肉中铁的含量最高,肾脏和肝脏中铁、铜、锌的含量远高于肌肉组织。

6)维生素　肉中脂溶性维生素很少,但B族维生素比较丰富,尤其是烟酸,这些维生素主要存在于瘦肉中。猪肉中维生素B_1比其他肉多得多,牛肉中叶酸含量高于猪肉和羊肉。动物器官中含有大量的维生素,尤其是脂溶性维生素,如肝脏含有较多维生素A。

(3)肉的品质　肉的食用品质主要包括肉的颜色、保水性、嫩度、风味等。这些品质和动物的种类、年龄、性别、肥育程度、不同部位、宰前状态、储藏方式和肉的形态结构等因素有关。肉的食用品质在肉的加工储藏过程中,直接影响肉的质量。

1）肉的颜色　肉的色泽对肉的营养价值并无多大影响，但在某种程度上影响食欲和商品价值。正常骨骼肌的色泽为红色，但在储藏和加工过程中肉色千变万化，从紫色到鲜红色，从褐色到灰色，甚至还会出现绿色。肉色主要取决于肌肉中的色素物质肌红蛋白和血红蛋白，屠宰过程中如果放血充分，前者约占肉中色素的80%～90%，占主导地位。所以肌红蛋白的含量和化学状态变化造成不同动物、不同肌肉的颜色深浅不一。

肌肉中肌红蛋白含量受动物种类、肌肉部位、运动程度、年龄以及性别的影响。不同种类的动物肌红蛋白含量差异很大，导致牛、羊肉深红，猪肉次之，兔肉近于白色；同种动物不同部位肌肉肌红蛋白含量差异也很大，最典型的是鸡腿肉和胸脯肉；运动对肌肉Mb含量也有影响，运动多的动物或肌肉部位，肌红蛋白含量高，如野兔肌肉的肌红蛋白要比家兔多；不停运动的股二头肌中的肌红蛋白就比较少运动的背最长肌多；动物年龄不同，肌肉中肌红蛋白含量差异明显；不同性别的肌肉肌红蛋白含量也有差异，一般公畜肌肉含有较多的肌红蛋白。

刚屠宰后的肉为紫红色，当在空气中放置一段时间后变为鲜红色，如果放置时间过长肉会变成褐色；当有硫化物存在时Mb还可被氧化生成硫代肌红蛋白而呈绿色，是一种异常肉色；肉腌制后变成红色，是因为Mb与亚硝酸盐反应生成亚硝基肌红蛋白，呈粉红色，这是腌肉的典型色泽；肉加热后变成灰色，是因为Mb加热后蛋白质变性形成球蛋白氯化血色原，呈灰褐色，是熟肉的典型色泽。

2）肉的保水性　肉的保水性也称系水力或系水性，是指当肌肉受外力作用（如加压、切碎、加热、冷冻、解冻、腌制等加工或储藏条件下）时，保持其原有水分与添加水分的能力。肉的保水性是肉质评定时的重要指标之一，保水性的高低可直接影响到肉的风味、颜色、质地、嫩度、凝结性等。

肌肉的保水性决定于动物的种类、品种、年龄、宰前状况、宰后肉的变化及肌肉不同部位。影响肉保水性的主要因素有pH值、僵直和成熟、无机盐、加热等。

pH值对肌肉保水性的影响实质上是影响到蛋白质分子的静电荷效应，当肌肉pH值接近等电点时（pH值为5.0～5.4），静电荷数达到最低，这时肌肉的保水性也最低。肉的保水性在宰后僵直和成熟期间会发生显著的变化，刚宰后的肌肉，保水性很高，经几小时后，就会迅速下降，一般在24～28 h达到最低；僵直解除后，随着成熟，肉的保水性会逐渐回升。对肌肉保水性影响较大的有食盐和磷酸盐等，食盐对肌肉保水性的影响与食盐的使用量和肉块的大小有关，当使用一定离子强度的食盐时，由于增加了肌肉中肌球蛋白的溶解性，会提高保水性，但当食盐使用量过大或肉块较大，食盐只用于大块肉的表面，则由于渗透压的原因，会造成肉的脱水；此外食盐对肌肉保水性的影响还取决于肌肉的pH值，当pH>pI（等电点）时，食盐可以提高肌肉的保水性；当pH<pI时，食盐起降低保水性的作用；磷酸盐的种类很多，在肉品加工中使用的多为多聚磷酸盐。肉加热时保水性明显降低，加热程度越高，保水性下降越明显。这是由于蛋白质的热变性作用使肌原纤维紧缩。

3）肉的嫩度　肉的嫩度是消费者最重视的食用品质之一，它决定了肉在食用时口感的老嫩，是反映肉质地的指标。肉的嫩度是指肉在咀嚼或切割时所需的剪切力，表明了肉在被咀嚼时柔软、多汁和容易嚼烂的程度。

影响肌肉嫩度的因素主要是结缔组织的含量、性质及肌原纤维蛋白的化学结构状态。它们受一系列的因素影响而变化，从而导致肉嫩度的变化。

畜禽体格越大，其肌纤维越粗大，肉的嫩度越差；在其他条件相同情况下，公畜肌肉较母畜粗糙，肉的嫩度亦差。一般说来，幼龄家畜的肉比老龄家畜嫩，但前者的结缔组织含量反而高于后者，其原因在于幼龄家畜肌肉中胶原蛋白的交联程度低，易因加热而裂解，而成年动物胶原蛋白的交联程度高，不易受热和酸、碱等的影响。肌肉的解剖学位置影响肉的嫩度，同一肌肉的不同部位嫩度也不同。营养良好的家畜，肌肉脂肪含量高，大理石纹丰富，肉的嫩度好，而消瘦动物的肌肉脂肪含量低，肉质老。

宰后僵直发生时，肉的硬度会大大增加，肌肉发生冷收缩和解冻僵直等异常僵直，肌肉会发生强烈收缩，硬度达到最大，僵直解除后，随着成熟的进行，硬度降低，嫩度随之提高。加热对肌肉嫩度有双重效应，它既可以使肉变嫩，又可使其变硬，这取决于加热的温度和时间；加热可引起肌肉蛋白质的变性，使其发生凝固、凝集和短缩现象；但另一方面，肌肉中的结缔组织在 60 ~ 65 ℃会发生短缩，而超过这一温度会逐渐转变为明胶，从而肉的嫩度得到改善。结缔组织中的弹性蛋白对热不敏感，所以有些肉虽然经过很长时间的煮制但仍很老，这与肌肉中弹性蛋白的含量高有关。对宰后动物胴体采用电刺激胴体有利于改善肉的嫩度，主要是由于电刺激加速了肌肉的代谢，从而缩短僵直的持续期并降低僵直的程度。利用蛋白酶类可以嫩化肉，常用的酶为植物蛋白酶，主要有木瓜蛋白酶、菠萝蛋白酶和无花果蛋白酶。

4）肉的风味　肉的风味由肉的滋味和香味组合而成。滋味的呈味物质是非挥发性的，主要通过人的味觉器官感觉，经神经传导到大脑反映出味感。香味的呈味物质主要是挥发性的芳香物质，主要靠人的嗅觉细胞感受，经神经传导到大脑产生芳香感觉。

肉类风味物质形成途径主要有风味前体物质的热降解、美拉德反应和脂质氧化作用。肉前体物的热降解主要包含蛋白质、多肽和氨基酸的热降解，糖类的热降解和大分子物质降解（如硫胺素）。美拉德反应能产生很多有肉香味的化合物，这些物质主要包括呋喃、吡嗪、吡咯、噻吩、噻唑、咪唑、吡啶以及环烯硫化物。脂肪对畜禽肉风味的形成具有决定性作用，脂质氧化是产生风味物质的主要途径。首先，脂肪本身及其热解产物就是风味物质；其次，脂肪能溶解脂溶性风味物质，从而产生特定风味；另外，脂肪富含脂肪酸和磷脂，它们都是肉类风味形成的重要前体物质或中间产物。

（4）屠宰后肉的变化　屠宰后肉的变化包括：肉的僵直、肉的成熟和肉的腐败三个连续变化过程。在肉品工业生产中，要控制僵直，促进成熟，防止腐败。

1）肉的僵直　宰后的肉，经过一定时间，肉的伸展性逐渐消失，由迟缓变为紧张，无光泽，关节不活动，呈现僵硬状况，称为肉的僵直。僵直开始时间和持续时间，因动物种类、营养状况、死因及温度等不同而有差异。通常是鱼类发生的时间早、持续时间短，哺乳动物较晚，持续时间较长。温度高发生的早、结束的快，温度低发生的晚，持续的时间长。一般为数小时到 10 h 开始发生，牛肉僵直开始于宰后 10 h，猪肉 8 h，兔肉 1.5 ~4 h，鸡肉 2.5 ~4.5 h。僵硬持续时间牛肉 72 h，猪肉 15 ~24 h，鸡肉 6 ~12 h。僵直阶段的肉肌肉收缩，硬度增加，嫩度降低，无鲜肉自然气味，保水性差，用于烹饪难于咀嚼，不易消化，胶原不易转化为明胶，肉汤不透明，食用价值较低。

2）肉的成熟　僵直以后，肌肉仍在发生一系列的生物化学变化，逐渐使僵硬的肌肉软化，并且肉的风味有较显著的改善。一般把僵直解除的肌肉，继续发生变化使味质增加的过程称之为肉的成熟。僵直解除所需要的时间因动物的种类、肌肉部位以及其他条件不同而不同。24 ℃条件下，鸡3～4 h僵直结束，2 d后解僵完毕。其他家畜僵直结束要1～2 d，解僵猪肉需要3～5 d，牛肉需要7～10 d。肌肉必须经过僵直、解僵的过程才能作为食用肉。

肉在成熟过程中要发生一系列的物理、化学变化，如肉的pH值、嫩度、风味、保水性等。肉在成熟过程中pH值发生显著的变化，刚屠宰后肉的pH值在6～7，约经1 h后开始下降，僵直时达到5.4～5.6，而后随储藏时间的延长开始慢慢地上升。肉在成熟时保水性又有回升，保水性的回升和pH值变化有关，随着解僵，pH值逐渐增高，偏离了等电点，蛋白质静电荷增加，使结构疏松，因而肉的持水性增高；此外随着成熟的进行，蛋白质分解成较小的单位，从而引起肌肉纤维渗透压增高。随着肉成熟的发展，肉的柔软性产生显著的变化，刚屠宰之后牛肉的柔软性最好，而在两昼夜之后达到最低的程度，成熟后肉的嫩度显著改善。肉在成熟过程中由于蛋白质受组织蛋白酶的作用，游离的氨基酸含量有所增加，主要表现在浸出物质中，其中最多的是谷氨酸、精氨酸、亮氨酸、组氨酸、甘氨酸，这些氨基酸都具有增强肉的滋味和香气的作用，所以成熟后的肉类的风味提高；此外，肉在成熟过程中，ATP分解会产生肌苷酸(IMP)，其为风味增强剂。

4.3.2.2 腌腊肉制品

(1)腌腊肉制品的概念　腌腊肉制品是肉经腌制、酱制、晾晒(或烘烤)等工艺加工而成的生肉类制品，食用前须经熟化加工。

(2)腌腊肉制品的分类　根据腌腊肉制品的加工工艺及产品特点将其分为咸肉类、腊肉类、酱肉类和风干肉类。

1)咸肉类　咸肉又称腌肉，是指原料肉经腌制加工而成的生肉类制品，食用前须经熟制加工。其主要特点是成品肥肉呈白色，瘦肉呈玫瑰红色或红色，具有独特的腌制风味，味稍咸。常见咸肉类有咸猪肉、咸羊肉、咸水鸭、咸牛肉和咸鸡等。

2)腊肉类　腊肉类是指肉经食盐、硝酸盐、亚硝酸盐、糖和调味香料等腌制后，再经晾晒或烘烤或烟熏处理等工艺加工而成的生肉类制品，食用前须经熟化加工。腊肉类的主要特点是成品呈金黄色或红棕色，产品整齐美观，不带碎骨，具有腊香，味美可口。腊肉类主要代表有中式火腿、腊猪肉(如四川腊肉、广式腊肉)、腊羊肉、腊牛肉、腊兔、腊鸡、板鸭、板鹅、鹅肥肝、腊鱼等。

3)酱肉类　酱肉类是指肉经食盐、酱料(甜酱或酱油)腌制、酱渍后，再经脱水(风干、晒干、烘干或熏干等)而加工制成的生肉类制品，食用前经煮熟或蒸熟加工。酱肉类具有独特的酱香味，肉色棕红。酱肉类主要代表品种有北京清酱肉、广东酱封肉和成都酱鸭等。

4)风干肉类　风干肉类是指肉经腌制、洗晒(某些产品无此工序)、晾挂、干燥等工艺加工而成的生肉类制品，食用前须经熟加工。风干肉类干而耐咀嚼，回味绵长。常见风干肉类有风干猪肉、风干牛肉、风干羊肉、风干兔和风干鸡等。

(3)金华火腿传统加工工艺　金华火腿历史悠久，驰名中外。相传起源于宋朝，早在公元1100年间，距今900多年前民间已有生产，它是一种具有独特风味的传统肉制品。

1)工艺流程

原料选择→修整→腌制→洗晒、整形→发酵→二次修整→保藏

2)原料选择　选用饲养期短、肉质细嫩、皮薄爪细、瘦肉多肥肉少、腿心饱满的金华猪腿为火腿加工原料。一般选每只腿重4.5～6.5 kg、皮厚0.2 cm左右的鲜猪腿。要求宰后24 h以内的鲜腿,放血完全,肌肉鲜红,皮色白润,脚爪纤细,小腿细长。

3)修整　用刀刮去鲜腿皮面的残毛和污物;用削骨刀削平耻骨,修整坐骨,斩去脊骨,使肌肉外露;割去鲜腿周围过多的脂肪和附着肌肉表面的碎肉,将鲜腿修成琵琶形;挤去血管中残留的瘀血。

4)腌制　腌制是决定火腿加工质量的关键环节。根据不同气温,控制好腌制时间、加盐数量、翻倒次数,是加工火腿的技术关键。

腌制火腿的环境温度为0～15 ℃,最适温度为5～10 ℃;湿度为70%～90%,最佳湿度为75%～85%。因此金华火腿常在立冬至立春前这一时期腌制。整个腌制过程约需30～35 d。

金华火腿一般采用堆叠干腌法。腌制火腿的用盐量必须根据腿只大小、腿心厚薄、肉质粗细、新鲜程度、气温、湿度高低正确掌握。总用盐量为鲜腿质量的9%～10%。正常气温条件下,金华火腿腌制过程中共需上盐7次,翻倒7次。第一次上盐用盐量为总用盐量的15%～20%。将食盐均匀涂擦于鲜腿露出的全部肉面上,并在腰椎骨节、耻骨节以及肌肉厚处敷上少许硝酸钠。上盐后,层层堆叠,第一层皮面向下,第二层肉面向下,以此重复。第一次上盐24 h后进行第二次上盐,用盐量为总用盐量的50%～60%。将腿取下,再次用手挤出血管中的瘀血,在三签头处多涂抹食盐,见图4.6,并略用少许硝酸钠。第二次上盐后将上下层倒换堆叠,俗称翻堆。第二次上盐3 d后进行第三次上盐,用盐量一般为总用盐量的15%。第三次上盐堆叠4～5 d后进行第四次上盐,用盐量为总盐量的5%左右,重点是三签头区域及其骨骼上,其他部位不再上盐。分别在上次用盐后的第7天进行第五次上盐、第六次上盐,两次用盐量相同,约为腿质量的0.4%,上盐部位主要集中于三签头部位。

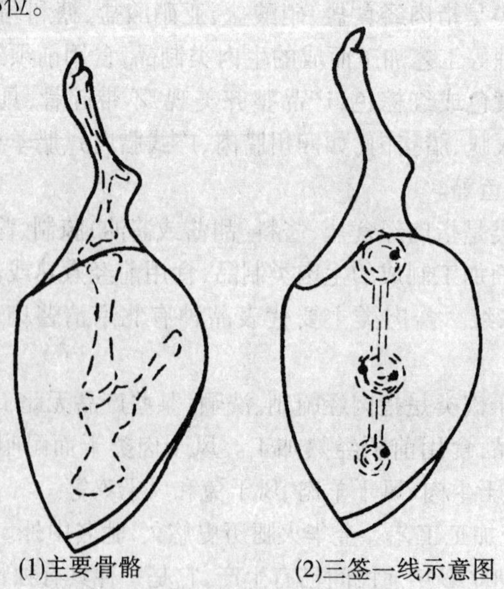

图4.6　火腿三签头部位

5)洗晒、整形

①浸腿 将腌好的火腿放入清水池中浸泡一段时间,减少肉表面过多的盐分和污物,使火腿保持适宜的含盐量。浸腿时间根据气候、腿的大小和盐分轻重确定,冬季(水温10 ℃以下)一般浸泡15~18 h,春天(水温10 ℃以上)一般浸泡6~8 h。

②洗腿 用竹帚或洗腿机从脚爪、脚骨、皮面到肉面,顺肉纹依次洗刷干净,然后再浸泡2~3 h后,再次清洗,直至完全干净。

③晒腿 用绳子在瓜弯处缚牢火腿,每根绳2只,一高一低,成对挂于晒腿架上晾晒。要求肉面向阳,间距均匀,光照充足,通风良好。

④刮腿 用刮毛刀刮净脚骨和腿皮上残留的细毛、油污和积水;用手顺肉纹捋落肉面的水珠,挤出三签头残余的血水。

⑤盖印 经2 h晾晒后盖上印章。

⑥整形 整形可分为三个工序,一是在大腿部用两手从腿的两侧往腿心部用力挤压,使腿心饱满成橄榄形;二是使小腿部正直,膝踝处无皱纹;三是在脚爪部,用刀将脚爪修成镰刀形。整形之后继续曝晒,并不断修割整形,直到形状基本固定,美观为止。并经过挂晒使皮晒成红亮出油,内外坚实。晒腿时间,冬季一般为5~6 d,春季一般为4~5 d。

6)发酵 将火腿挂在木架或不锈钢架上,两腿之间应间隔5~7 cm,以免相互碰撞。发酵季节常在3~8月份,发酵期一般为3~4个月,发酵至肉面上逐渐长出绿、白、黑、黄色霉菌时即完成发酵。发酵场地温度一般为25~37 ℃,最佳温度30~35 ℃,相对湿度55%~75%,最佳湿度60%~70%,且要求通风良好。

7)二次修整 对经发酵的火腿,进行适当的修整,使之成为成品火腿。修整时,割去露出的耻骨、股关节,整平坐骨,从腿脚向上割去腿皮,除去表面高低不平的肉和表皮,达到腿正直,两旁对称均匀,腿身成叶形。

8)保藏 经发酵修整的火腿,可落架,用火腿滴下的原油涂抹腿面,使腿表面滋润油亮,即成新腿,然后将腿肉向上,腿皮向下堆叠,一周左右调换一次。如堆叠过夏的火腿就称为陈腿,风味更佳,此时火腿重量约为鲜腿重的70%。

(4)金华火腿现代加工工艺 金华火腿传统生产工艺落后,产品干硬,生产周期长,存在较强的加工季节性,难以满足消费者对产品卫生、安全、营养和消费多样性的要求,已成为限制火腿产业发展的因素。研究人员成功研制出"低温腌制、中温失水、高温催熟、堆叠后熟"的新工艺,实现了一年四季连续加工,生产周期由原来的8个月缩短到3个月。

1)挂腿预冷 预冷间温度0~5 ℃,预冷时间12 h左右,要求鲜腿肌肉深层温度达4~8 ℃。

2)低温腌制 腌制间温度6~10 ℃,先低后高,平均湿度80%。用盐量每100 kg净腿量冬季为6.5~7 kg,春秋季为7~8 kg,夏季为8~8.5 kg。加盐方法为少量多次,上下翻堆一次敷盐一次。每4 h交换空气一次。腌制期20 d。

3)中温失水 腌好的腿坯在室温和水温达20~25 ℃的恒温条件下浸洗干净,移入中温恒温间吊挂风干,温度15~25 ℃,先低后高,平均温度达22 ℃以上,控制湿度70%以下,定期交换挂腿位置。风干期20 d左右。

4)高温催熟　分前、后两个阶段,前阶段控温25~30 ℃,先低后高,平均温度28 ℃以上;后阶段控温30~35 ℃,先低后高,平均温度30 ℃以上。湿度一般控制在60%以下。定期交换挂腿位置。催熟期35~40 d左右。

5)堆叠后熟　堆叠8~10层,温度25~30 ℃,湿度控制在60%左右。定期翻堆,后熟期10 d左右。

(5)腊肉制品加工工艺

1)工艺流程

原料选择→腌制→烘烤或熏制→包装→保藏

2)原料选择　选择皮薄肉嫩、健康新鲜、肥膘厚度1.5 cm以上的去骨猪肋条肉或其他部位的肉为腊肉的加工原料,一般肥瘦比例为5∶5或4∶6,剔除肋骨、椎骨和软骨,切成长35~40 cm、宽2~5 cm,厚1.3~1.8 cm,重约0.2~0.25 kg的长方体白条。在肉条一端用尖刀穿一小孔,系绳吊挂。

3)配方　原料肉100 kg,精盐3 kg,白砂糖4 kg,曲酒2.5 kg,酱油3 kg,亚硝酸钠0.01 kg,其他0.1 kg。

4)漂洗　将肉坯用温热水漂洗干净,除去油污和表面浮油。水温以品种、风味和加工方法而异,一般为30~40 ℃。

5)腌制　一般采用干腌法和湿腌法腌制。干腌时把各种配料混合后,涂擦于肉表面,放于腌制缸或池内。最下一层皮面向下,第二层肉面向下,第三层皮面向下,依次叠放。湿腌时,按配方用10%清水溶解配料,倒入容器中,然后放入肉条,搅拌均匀,每隔30 min搅拌翻动1次。腌制时间视产品、温度而异,一般腌制12~24 h。腌制温度越低,腌制时间越长。腌制结束后,取出肉条,滤干水分。

6)烘烤或熏烤　烘烤温度一般控制在45~55 ℃,烘烤或熏烤时间以产品大小而异,为1~3 d不等。根据皮、肉颜色判断,此时皮干瘦肉呈玫瑰红色,肥肉透明或呈乳白色。

7)包装与保藏　冷却后的肉条即为腊肉成品。采用真空包装,即可在20 ℃下保存3~6个月。

(6)南京板鸭加工工艺　南京板鸭根据加工季节不同,分为春板鸭和腊板鸭,其共同特点是外观体肥、肉红、皮白、骨绿,保持了鸭肉的基本特征和本味,食用时鲜、香、酥、嫩,余味回甜。

1)工艺流程

原料选择→宰杀→修整→腌制→排坯→晾挂→保藏

2)原料选料　选择体长、身宽、胸腿肉发达、两腋有核桃肉、体重1.75 kg以上健康活鸭为原料。活鸭屠宰前用稻谷饲养数周进行催肥,使其膘肥肉嫩、皮肤洁白。

3)宰杀　宰前断食18~24 h,然后于鸭嘴5 cm下颈部割断三管放血,放血要充分。放血后,立即用60~65 ℃热水烫毛,烫毛时间为30~60 s,然后拔毛,拉出鸭舌齐根割下,并置冷水中浸洗,一般浸洗分三次,时间分别为10 min、20 min和1 h。

4)修整　将鸭体去翅(桡骨、尺骨以下)、去脚(趾骨以下),在右翅下开一长约5~6 cm长的月牙形开口,取出食管嗉囊、结肠及其他内脏。取出内脏后,先用冷水洗净鸭体内残留的破碎内脏和血液,然后放入冷水中浸泡4~5 h,再沥水。

5)腌制

①擦盐　用盐量为净鸭重的1/16,将食盐放入锅内,加入适量八角(按盐重0.5%计),用火炒制。先取3/4的盐放入鸭体腔,把剩余的盐擦于鸭大腿、颈部、右翅切口处、鸭口腔和胸部肌肉等部位,充分抹透。

②抠卤　把擦好盐的鸭子叠放入腌缸中,经过12 h左右,除去肌肉中的部分水分、血液。将抠卤后的鸭再叠放入缸中,经过8 h后,进行第二次抠卤,直到将鸭全部腌透。

③复卤　复卤时,将老卤从右翅刀口处灌入鸭体腔内,放入盛有卤汁的容器内复卤,时间因鸭体大小和气温而定,一般腌制20~24 h。复卤用的卤水有新卤和老卤两种。新卤是用浸泡鸭子的淡红色血水加盐配制而成,50 kg血水中加盐25~35 kg,放入锅中煮沸,撇去血沫和污物,澄清后倒入缸内,放凉后每缸(约200 kg)加入打扁的生姜100 g、茴香25 g。腌过鸭的新卤煮过2~3次以上即为老卤。每次复卤后应补充食盐,使盐的浓度保持在22~25波美度。

6)排坯　将腌制好的鸭从腌缸中取出,倒净卤水,放于案板上,背向下,腹向上,右掌与左掌相互叠起,放在鸭的胸部,使劲向下压,使鸭成为扁形,叠入(称为叠坯)缸中2~4 d后取出。用清水洗净鸭体,挂在档钉上,用手将嗉口(颈部)拉开,胸部拍平,挑起腹肌(即鸭两腿和肛门部用手指挑成球形),使之外形美观。挂在阴凉通风处晾干。

7)晾挂保藏　将经过排坯的鸭子晾挂在仓库内,仓库四周要通风,不受日晒雨淋。晾挂鸭体之间距离为50 cm,这样经过2~3周即为成品。遇阴雨期,应适当延长晾挂时间。

4.3.2.3　酱卤肉制品

(1)酱卤肉制品的概念　酱卤肉制品是肉加调味料和香辛料,以水为介质,加热煮制而成的熟肉类制品。

(2)酱卤肉制品的分类　根据加工过程中所用的配料和操作条件不同,酱卤肉制品一般分为白煮肉类、酱卤肉类和糟肉类。

1)白煮肉类　原料肉经腌制(或未经腌制)后,在水(盐水)中煮制而成的熟肉类制品。白煮肉类的主要特点是最大限度地保持了原料肉固有的色泽和风味,一般在食用时才调味。其代表品种有白斩鸡、盐水鸭、白切猪肚、白切肉等。

2)酱卤肉类　肉在水中加食盐或酱油等调味料和香辛料一起煮制而成的一类熟肉类制品。有的酱卤肉类的原料肉在加工时,先用清水预煮,一般预煮15~20 min,然后再用酱汁或卤汁煮制成熟;某些产品在酱制或卤制后,需再烟熏等工序。酱卤肉类的主要特点是色泽鲜艳、味美、肉嫩,具有独特的风味。产品的色泽和风味主要取决于调味料和香辛料。酱卤肉类主要有苏州酱汁肉、卤肉、道口烧鸡、北京月盛斋酱牛肉、北京天福号酱肘子等。酱卤肉制品根据加入调味料的种类、数量不同,还可以分为五香或红烧肉制品、蜜汁肉制品、糖醋肉制品、糟肉制品、卤肉制品和白烧肉制品等。

3)糟肉类　原料肉经白煮后,再用“香糟”糟制的冷食熟肉类制品。其主要特点是保持原料肉固有的色泽和曲酒香气。糟肉类有糟肉、糟鸡、糟鹅等。

(3)南京盐水鸭

1)工艺流程

原料选料→腌制→煮制→冷却→包装

2)原料选择　选用鸭体丰满、肥瘦适度、活重为 2 kg 左右的新鲜优质鸭为原料。将其宰杀、去毛、去内脏后,清洗干净。

3)腌制　用盐量为鸭重的6%,把炒后的食盐、花椒粉和八角粉,涂擦在鸭体内外表面,涂擦后堆码腌制 2 ~4 h。抠卤后,用老卤腌制(复卤)2 ~4 h,即可出缸。

4)煮制　在水中加入生姜、八角和葱,煮沸 30 min,然后将腌好的鸭放入水中,保持水温 80 ~85 ℃,加热处理 1 ~2 h。

5)冷却包装　煮制完毕,冷却后,进行真空包装,也可冷却后直接销售。

(4)苏州酱肉　苏州酱肉又名五香酱肉、苏州陆稿荐酱肉,产品鲜美醇香,肥而不腻,入口即化,色、香、味、形俱佳。产品皮呈金黄色,瘦肉略红,肥膘洁白晶莹。

1)工艺流程

原料选择、处理→腌制→煮制→冷却→包装→成品

2)原料选择、处理　选用肥膘不超过 2 cm 的带皮肋条肉为原料。刮净毛、清除血污、剪去奶脯,切成宽 10 cm、长 16 cm 的方块,每块重约 0.8 kg。并在每块肉上用刀划 8 ~12 条刀口,便于吸收盐分。

3)配方　原料肉 50 kg、酱油 1.5 kg、盐 3 ~3.5 kg、绍酒 1.5 kg、桂皮 75 g、大茴香 100 g、葱 1 kg、生姜 100 g、白糖 0.5 kg、硝酸钠 25 g。

4)腌制　将盐和硝酸钠水溶液洒在原料肉上,并在坯料的四周抹上盐粒,随即置于木桶中,待 5 ~6 h 后,再转入盐卤缸中腌制,时间因气温而异。如室温在 20 ℃左右,需腌制 12 h,若夏季气温在 30 ℃以上时,只需几小时,冬季约需 1 ~2 d。

5)煮制　锅内老汤烧开后放入香料、辅料,然后将原料肉投入锅内,用旺火烧开,加入绍酒和酱油后,再用大火焖煮 2 h,待肉皮呈橘黄色时即为成品。出锅前半小时加糖。出锅时,抹掉肉上的酱沫,皮朝上逐块排列在盘内,并趁热抽出肉上的肋骨,保持外形美观,冷后即为成品。

(5)北京月盛斋酱牛肉　北京月盛斋酱牛肉,也叫五香酱牛肉,成品色泽呈深棕色,表面油亮,切面内外色泽一致, 肉质脆嫩利口,五香浓郁,咸中有香,肥而不腻, 瘦而不柴。

1)工艺流程

原料选择、处理→调酱→酱制→包装→成品

2)原料选择与处理　选用膘肥肉满的优质牛肉。如用冻肉,首先解冻。原料肉用冷水浸饱 24 h 左右, 清除瘀血,清洗干净后剔骨, 并按部位分别切成前腿、后腿、腰窝、腱子等, 每块肉重约 1 kg。

3)配方　鲜牛肉 100 kg、大料 700 g、丁香 133 g、甜面酱 10 kg、盐 3 ~4 kg、砂仁 133 g、桂皮 133 g。

4)调酱　取黄酱加一定量的水拌和,捞出酱渣,煮沸 1 h,撇净浮在汤面上的酱沫,盛入容器内备用。

5)装锅　将选好的原料肉,按不同部位肉质老嫩分别放在锅内。通常将结缔组织较多、肉质坚韧的部位放在底部,结缔组织较少、较嫩的肉放在上层。然后倒入调好的汤

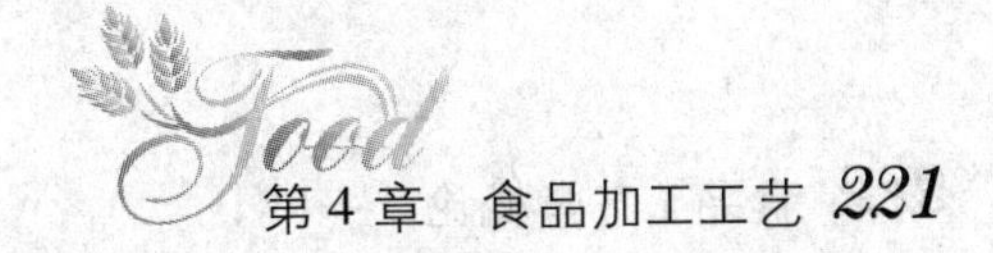

液,进行酱制。

6)酱制　待煮沸之后加入各种调味料,用旺火煮制4 h左右,每隔1 h左右翻倒一次,撇出汤面浮物,以去腥除膻。再用小火焖煮4 h,使各种调味料均匀地渗入肉中。待肉全部成熟时即可出锅。出锅时应注意保持肉块完整,用特制的铁铲将肉逐块托出,并将余汤冲洒在肉块上,即为成品。

(6)道口烧鸡　道口烧鸡产于河南省滑县道口镇,开创于清朝顺治十八年,至今已有300多年历史。道口烧鸡不仅造型美观,色泽鲜艳,黄里带红,而且味香独特,肉嫩易嚼,余味绵长。

1)工艺流程

原料选择→宰杀→整形→擦糖油炸→煮制→包装→成品

2)原料选择　选择生长期在12~18个月以内,活重为1~1.25 kg的健康活鸡为原料,要求鸡的胸腹长宽,两腿肥大。

3)配方　100只鸡,加砂仁15 g、丁香3 g、桂皮90 g、陈皮30 g、肉豆蔻15 g、草果30 g、良姜90 g、白芷90 g、食盐2~3 kg。

4)宰杀　按一般家禽屠宰方式宰杀,颈部割断三管放血,58~60 ℃的热水浸烫,褪毛,腹部开口去内脏。用清水彻底冲去鸡体腔内余血和污物。

5)整形　将清洗干净的白条鸡放于工作台上,腹部向上,将两脚爪从腹部开口插入鸡的腹腔中,两翅在鸡背部交叉从颈部刀口插入口腔,使鸡成两头尖的半圆形交。

6)擦糖油炸　用饴糖水或焦糖液、蜂蜜水涂布鸡体全身,然后置于150~180 ℃植物油中,油炸1 min左右,待鸡体表面呈金黄色时取出。

7)煮制　将油炸后的鸡整齐放入煮制锅内,香辛料用纱布包好放入锅内,加入老汤、食盐,添加水将鸡淹没,上压重物。大火将汤煮开,再用文火焖煮2~3 h,直到煮熟为止。

8)出锅　煮制后因烧鸡熟烂,故将鸡完整地捞出也要掌握一定的技术。捞鸡前应备齐专用工具,捞鸡时保持其造型不散,鸡身不破不碎。

4.3.2.4　西式盐水火腿

盐水火腿是指用大块猪精肉为原料,经整形修割(剔去骨、皮、脂肪和结缔组织)、盐水注射、滚揉嫩化、充填,再经熟制、烟熏(或不烟熏)、冷却等工艺制成的熟肉制品。盐水火腿生产周期短,成品率高,营养价值丰富,色泽鲜艳,肉质细嫩,风味鲜美,成本低,食用方便,而且适合机械化生产,因此深受欢迎。

(1)工艺流程

原料肉选择、修整→腌液配制→盐水注射→滚揉按摩→充填→蒸煮、烟熏→冷却

(2)原料肉修整　若选用热鲜肉作为加工盐水火腿的原料肉,原料肉应充分冷却,使肉的中心温度降至0~4 ℃。若选用冷冻肉,应在0~4 ℃的冷库中解冻。去除原料肉的皮、骨、结缔组织膜、脂肪和筋膜,沿肌纤维方向切成不小于300 g的肉块。修整时尽可能不破坏肌肉的纤维组织,保持肌肉的自然生长块型。

(3)腌液配制　腌液的主要组分有食盐、亚硝酸钠、糖、磷酸盐、抗坏血酸钠、防腐剂、香辛料、调味料、大豆分离蛋白、淀粉、卡拉胶等。腌液中各种辅料的含量一定要达到要

求的指标,否则将影响蛋白质的提取、肉的保水性和肉的风味。

腌液中某成分的含量(%)=[成品中某辅料的含量(%)×产品出品率(%)/注射百分比]×蒸煮得率。

例如最终成品中食盐含量2.5%,注射率为60%,若蒸煮损失为0,则腌液中食盐含量:2.5%×(1+60%)/60%×100%=6.67%;若蒸煮损失为20%,则腌液中食盐含量:2.5%×(1+60%)/60%×80%=5.33%。腌液应在2~4 ℃条件下配制,配制腌液用水一定要使用0~4 ℃的冰水,而且应使用软化水,硬水中含有金属离子杂质,被磷酸盐螯合,降低磷酸盐的功用;杂质促进脂肪氧化,加速酸败。腌液要现用现配,防止亚硝酸盐长时间放置而发生分解,亚硝酸盐、维生素C应在使用前加入,否则亚硝酸盐在维生素C存在的条件下,会很快转化为NO而挥发。为防止注射盐水时堵塞注射机针管,配制腌液时加入一半的大豆分离蛋白和淀粉,另一半在滚揉时添加。卡拉胶颗粒越细越好,以免堵塞注射机针管。

(4)盐水注射　盐水注射是指通过盐水注射机,将腌液注射入肉中,使其在肉中均匀分布,加快腌制速度。注射量应根据产品特点、肉的种类及辅料的种类确定,一般为20%~30%。注射期间温度应控制在7~8 ℃。

(5)滚揉　经滚揉机滚揉后,盐水在肉中达到均匀分布,同时提取肉中盐溶性蛋白质,使肉与肉非常好地黏结在一起,而且肉块变得更柔软,便于充填操作。

滚揉温度应控制在4~7 ℃。添加肉量一般应为容积的一半,最多不要超过2/3。滚揉方式采用间歇滚揉。滚揉罐内真空度通常维持在71~81 kPa。

(6)充填　采用真空火腿压膜机和充填机将滚揉后的肉料充填于模具成型,火腿压膜机包括肠衣和塑料膜压膜成型。肠衣成型是将肉料用充填机灌入人造肠衣内、封口后经熟制成型,充填后肠衣周长应为收缩膜直径的2倍再加5%。塑料膜压膜成型是将肉称好后,放入充填机的肉槽内,套好包装袋,放入模具,关闭工作舱盖,自动完成抽真空、充填、打结、包装过程。

(7)蒸煮　火腿的加热方式一般有水煮和蒸汽加热两种方式。塑料膜压膜成型火腿多用水煮加热,水温80~85 ℃、煮制2 ~4 h,肉中心温度达68~72 ℃。充入肠衣内的火腿多在全自动烟熏室内完成熟制,90 ℃温度下熏蒸100 min,65~70 ℃熏制30~45 min。

(8)冷却、储藏　蒸煮后的火腿应立即进行冷却。采用水浴蒸煮法加热的产品将蒸煮篮吊起放置于冷却槽中用流动水冷却,冷却到中心温度40 ℃以下,送入0~7 ℃冷却间内冷却到产品中心温度至1~7 ℃,再脱模进行包装即为成品。肠衣火腿用全自动烟熏室进行煮制后,用喷淋冷却水冷却,水温要求10~12 ℃,冷却至产品中心温度27 ℃左右,送入0~7 ℃冷却间内冷却到产品中心温度至1~7 ℃,包装。储藏温度4 ℃左右,温度波动范围±1 ℃。

4.3.2.5　香肠

(1)香肠的概念　灌肠是以畜禽肉为原料,经腌制(或未经腌制)、绞碎或斩拌乳化成肉糜状,并混合各种辅料,然后充填入天然肠衣或人造肠衣中成型,根据品种不同再分别经过烘烤、蒸煮、烟熏、冷却或发酵等工序制成的产品。

(2)香肠的分类　按加工方法不同可将香肠分为中国香肠、熏煮香肠、发酵香肠、粉肠和其他香肠。

1)中国香肠　中国香肠又称腊肠,是以猪肉为原料,经切碎或绞碎成丁,用食盐、(亚)硝酸钠、糖、曲酒、酱油等辅料腌制后,灌入可食性肠衣中,经晾晒、风干或烘烤等工艺制成的肉制品。该产品食用前须经熟制加工,产品中不允许添加淀粉、血粉、色素及其他非肉组分。主要产品有广东腊肠、哈尔滨风干肠等。

2)熏煮香肠　熏煮香肠是以畜禽肉为原料,经腌制、绞碎、斩拌后充填入肠衣,再经烘烤、蒸煮、烟熏等工艺加工而成的肉制品。这类产品是我国目前市场上品种和数量最多的一类产品。主要包括大红肠、小红肠、法兰克福香肠等。

3)发酵香肠　发酵香肠是指将绞碎的肉(猪肉或牛肉)和动物脂肪以及发酵剂、调味料、香辛料等混合后充填入肠衣经发酵而制成的肉制品。发酵香肠包括干香肠和半干香肠。半干香肠起源于北欧,属德国发酵香肠,是指绞碎的肉(猪肉、牛肉),在微生物作用下,pH 值达到5.3以下,在热处理和烟熏过程中除去15%的水分,使产品中水分和蛋白质的比例不超过3.7:1的肠制品。干香肠起源于欧洲南部,属意大利发酵香肠,是指绞碎的肉(猪肉),在微生物作用下,pH 值达到5.3以下,干燥除去20%~50%的水分,使产品中水分和蛋白质的比例不超过2.3:1的肠制品。该类香肠不经过煮制和烟熏。典型的发酵香肠主要有色拉米香肠、意大利的 genoa、德国的 thuringer、teewurstfische 等。

4)粉肠　粉肠是以猪肉为原料,无须经过腌制,拌馅中加入较多量淀粉和水,灌入猪肠衣或肚皮中,经过煮制,烟熏即为成品。淀粉一般使用质量较高的绿豆淀粉。淀粉添加量为10%~50%。产品出品率高,产品含水量高,因而耐储藏性差。

5)其他香肠　除以上几种香肠外,还有生鲜香肠、肝肠、水晶肠等其他香肠。

(3)广式腊肠

1)工艺流程

原料肉修整→切丁→拌馅、腌制→灌装→晾晒→烘烤→成品

2)配方　猪瘦肉70 kg,猪肥肉30 kg,食盐2.7 kg,白糖9 kg,酒精体积分数50%的白酒3 kg,褐色酱油2 kg,硝酸钠30 g,干肠衣2.0~2.4 kg,清水7~10 kg。

3)加工工艺　以猪腿肉为原料,肥瘦比例为7:3,采用直径2.8~3.2 cm的干肠衣。首先将肉中结缔组织除去,分别将瘦肉切成1~1.2 cm,肥膘切成0.9~1 cm的肉粒。拌料前用45~60 ℃热水浸烫,并洗掉肥膘丁表面油腻,然后将肥、瘦肉混合加配料腌制,腌制时间不宜过长,约0.5 h。取猪小肠衣,以清水湿润,用温水漂洗一次,然后灌装,以钢针刺孔,以排出空气和多余水分;用20 ℃左右的温水清洗表面一次,以除去油腻杂质,然后穿杆晒制或烘烤。用日光晒时,要注意适时换位。日晒1 d后,放入烘房进行烘烤,维持45~50 ℃。温度过高,会使脂肪溶解而使腊肠失去光泽;过低则难以烘干,一般烘制24 h左右。

(4)熏煮香肠

1)工艺流程

原料肉的选择、处理→绞肉→斩拌→充填→烘烤→蒸煮→烟熏→冷却→包装→成品

2)原料肉的选择与处理　生产香肠的原料肉主要有猪肉和牛肉,另外羊肉、兔肉、禽肉、鱼肉及其内脏均可作为香肠的原料。生产香肠所用的原料肉必须是健康的,并经检

验确认是新鲜卫生的肉。原料肉经修整，剔去碎骨、污物、筋腱及结缔组织膜，使其成为纯精肉，然后按肌肉组织的自然块形分开，并切成长条或肉块备用。

3)绞肉　将原料精肉和肥膘分别通过不同筛孔直径的绞肉机绞碎。绞肉过程中，为防止肉温升高，绞肉间环境温度应控制在2～4 ℃，肉温控制在2～4 ℃。绞肉机不要超负荷运转，绞肉时投料量不宜过大，绞刀锋利，安装正确，肉糜不能堵塞出口。

4)斩拌　斩拌时，首先将瘦肉放入斩拌机内，并均匀铺开，加入冰屑，开动斩拌机。然后添加调味料和香辛料，最后添加脂肪。斩拌过程中应添加冰屑以降温。以猪肉、牛肉为原料肉时，斩拌的最终温度不应高于16 ℃，以鸡肉为原料时斩拌的最终温度不得高于12 ℃，整个斩拌操作控制在6～8 min。

5)充填　充填是将斩好的肉馅用真空定量灌肠机充入肠衣内。充填时应做到肉馅紧密而无间隙，防止装得过紧或过松。灌制所用的肠衣多为PVDC肠衣、尼龙肠衣、纤维素肠衣等。灌好后的香肠每隔一定的距离打结(卡)。

6)烘烤　烘烤的目的主要是使肠衣蛋白质变性凝固，增加肠衣的坚实性；烘烤时肠馅温度提高，促进发色反应。一般烘烤的温度为70 ℃左右，烘烤时间依香肠的直径而异，为10～60 min。

7)熟制　目前国内应用的煮制方法有两种，一种为蒸汽煮制，另一种为水浴煮制。煮制温度应控制在80～85 ℃，煮制结束时肠制品的中心温度大于72 ℃。

8)烟熏与冷却　烟熏的温度和时间依产品的种类、产品的直径和消费者的嗜好而定。一般的烟熏温度为50～80 ℃，时间为10 min～24 h。熏制完成后，用10～15 ℃的冷水喷淋肠体10～20 min，使肠坯温度快速降至室温，然后送入0～7 ℃的冷库内，冷却至库温，贴标签再进行包装即为成品。

(5)火腿肠　火腿肠是以畜禽、鱼肉为主要原料，经绞肉、斩拌后充填入肠衣中，高温灭菌加工而成的乳化型香肠。

1)工艺流程

原料肉的选择、处理→绞肉→斩拌→充填→高温灭菌→成品检验→包装→成品

2)配方　猪精瘦肉70 kg，脂肪20 kg，鸡皮10 kg，亚硝酸钠10 g，异抗坏血酸钠60 g，食盐3.3 kg，多聚磷酸盐0.5 kg，白糖2.2 kg，味精0.25 kg，大豆分离蛋白4.0 kg，卡拉胶0.5 kg，淀粉20 kg，冰水55 kg，红曲红色素0.12 kg，鲜姜2.0 kg，白胡椒粉0.25 kg，猪肉型酵母味精0.5 kg，LB05型酵母味精0.5 kg。

3)原料肉处理　选择经检验合格的热鲜肉或冻结肉，去除筋、腱、碎骨与污物，用切肉机切成5～7 cm宽的长条。

4)绞肉　分别将不同的原料肉绞成6～8 mm的肉馅。绞肉时应特别注意控制好肉温不高于10 ℃，否则肉馅的持水力、黏结力就会下降，对制品质量产生不良影响。绞肉时不要超量填肉。

5)斩拌　用高速斩拌机(3 000 r/min)将肉馅斩成肉糜状。原辅料添加顺序如下：瘦肉+鸡皮+亚硝酸钠、聚磷酸盐、食盐、异抗坏血酸钠、色素+1/3冰水、卡拉胶+大豆分离蛋白+1/3冰水、脂肪+香辛料、淀粉+1/3冰水。斩拌前先用冰水将斩拌机降温至10 ℃左右。然后将肉糜斩拌1 min，接着加入刨冰机刨出的冰屑、调味料及香辛料，斩拌2～

5 min,后加入大豆分离蛋白和淀粉,再斩拌 2 ~5 min 结束。斩拌时应先慢速混合,再高速乳化,斩拌温度控制在 10 ℃左右。斩拌时间一般为 5 ~8 min。

6)充填　采用自动充填结扎机将斩拌好的肉馅按照预定的质量充填到 PVDC 薄膜内,并自动完成肠衣成型、打卡结扎。自动充填结扎机可灌装 25 g、50 g、70 g、100 g、150 g、200 g 等规格的产品。灌制的肉馅要紧密而无间隙,防止装得过紧或过松,胀度要适中,以两手指压肠子两边能相碰为宜。

7)高温灭菌　灌制好的肠坯应在 30 min 内进行高温灭菌,否则需加冰块降温。经高温灭菌的火腿肠,不但产生特有的风味,稳定肉色,而且延长产品的保质期。

高温灭菌工序操作规程分三个阶段:升温、恒温、降温。将检查过完好无损的火腿肠放入灭菌篮中,每篮分隔成五层,每层不能充满,应留一定间隙,然后把灭菌篮推入卧式杀菌锅中,封盖。将热水池中约 70 ℃的水泵到杀菌锅中至锅满为止,打开进气阀,利用高温蒸汽加热升温,在这一过程中,锅内压力不能超过 0.3 MPa,温度升到杀菌温度时开始恒温,此时压力应保持在 0.25 ~0.26 MPa。杀菌完毕后,应尽快降温,在约 20 min 内由杀菌温度降至 40 ℃。降温时杀菌锅的进水管入冷水,排水管出热水。通过控制进出水各自的流量,使形成的水压与火腿肠内压力相当(约 0.22 MPa)。冷却时既要使火腿肠迅速降温,又不致因降温过快而使火腿肠由于内外压力不平衡而胀破。降温到 40 ℃时,打开热水阀将部分 40 ℃热水排出,然后喷淋自来水至水温为 33 ~35 ℃,关掉自来水阀继续彻底排掉锅内的水,关掉排水阀,打开自来水进水阀,供水至锅体上温度计旁的出水口有水出为止,关掉进水阀,静置 10 min 排水,结束整个冷却过程。一般情况下,从热水进锅升温开始到冷却结束约耗时 1.5 h。

灭菌温度和恒温时间,依灌肠的种类和规格不同而有所区别。如 45 g、60 g、75 g 重的火腿肠在 120 ℃下恒温 20 min;135 g、200 g 重的火腿肠在 120 ℃下恒温 30 min;40 g、60 g、70 g 重的鸡肉肠在 115 ℃下恒温 30 min;135 g、200 g 重的鸡肉肠在 115 ℃下恒温 40 min。

8)成品检验、入库　对产品进行质量检查,确保其符合国家卫生法和有关部门颁布的质量标准或质量要求。将火腿肠表面风干后,贴标,入库保存,25 ℃下可保存 6 个月。

(6)法兰克福香肠　法兰克福香肠起源于德国法兰克福地区,以牛肉和猪肉为主要原料。

1)配方　鲜猪肉(50% 瘦肉)9.1 kg,小牛肉 9.1 kg,成年牛肉(90% 瘦肉)13.6 kg,肉豆蔻干皮 22 g,生姜 22 g,甘椒(丁香辣椒)14 g,冰屑 11.8 kg ,葱粉 42 g,盐 1.02 kg,味精 24 g,葡萄糖 140 g,磷酸盐 56 g,辣椒粉 114 g,含 6% 亚硝酸盐的腌制粉 114 g,白胡椒 114 g。

2)绞碎、斩拌　将瘦肉通过筛孔为 0.32 cm 的绞肉机,将肥肉通过筛孔为 0.48 cm 的绞肉机绞碎。将绞碎的瘦肉和一半的冰放入斩拌机内,斩拌 1 ~3 min,加入调味品和腌制成分,斩拌 1 ~3 min,加入肥肉和剩余的冰块,斩拌 4 ~8 min。

3)灌制　将乳化肉馅转移到灌肠机中,灌制到天然肠衣、纤维肠衣或胶原肠衣内。并用金属丝线或自动结扎机将法兰克福香肠结扎。

4)烟熏、蒸煮　将结扎好的产品于 7.2 ℃下,放置 30 ~60 min,然后将之送入烟熏房,典型的蒸煮/烟熏过程如下。57.2 ℃下在烟熏房放置 20 min;73.8 ℃下在烟熏房放置 40 min,同时浓烟烟熏至少 20 min;85 ℃下蒸煮 90 ~150 min(产品中心温度必须达到 66.6 ℃);1 min 内蒸汽进入熏房;冷水淋浴 5 min。

5)去皮　将蒸煮烟熏后的产品放置过夜后,手工或用自动去皮机去除肠衣。

(7)小红肠　小红肠又称维也纳香肠,将小红肠夹在面包中就是著名的快餐食品,因其形状像夏天时狗吐出来的舌头,故得名为热狗。小红肠的原料为猪肉和牛肉。

1)工艺流程

原料肉修整→腌制→绞碎斩拌→配料→灌制→烘烤→蒸煮→熏烟或不熏烟→冷却→成品

2)配料　原料肉:猪肉 8 000 g,猪面颊肉 3 000 g,畜肉 5 000 g,猪油脂 4 000 g。填料:淀粉 2 000 g,明胶 4 000 g,冰水 1 000 g。调味料:食盐 1 000 g,砂糖 200 g,谷氨酸钠 180 g,蛋清 1 000 g,大豆油 500 g,其他 380 g。香辛料:白胡椒 50 g,肉豆蔻及其干皮 20 g,辣椒 10 g,月桂 10 g,其他 25 g。发色剂:硝酸盐适量。肠衣用 18 ~ 20 mm 的羊小肠衣,每根长 12 ~ 14 cm。

3)工艺要点　瘦肉部分用 1.5 ~ 2 cm 筛孔绞肉机绞成肉粒,加 3% 食盐和 0.1 g/kg 的亚硝酸钠。肥肉切成大块状用 3% 食盐腌制。腌制温度为 4 ~ 10 ℃,腌制时间为 24 h。容器使用塑料箱或不锈钢小车。腌制后经斩拌机斩拌是原料肉和辅料均匀混合。采用连续灌肠机将肉馅充入肠衣中。在全自动烟熏室内完成烘烤、煮制、烟熏。烘烤条件为 40 ~ 50 ℃、30 min,蒸煮条件为 50 ~ 60 ℃、40 min。

4.3.2.6　熏烧烤肉制品

熏烧烤肉制品是原料肉经腌、煮后,再以烟气、高温空气、明火或高温固体为介质的干热加工制成的一类熟肉制品。熏烧烤制品色泽诱人、香味浓郁、咸味适中、皮脆肉嫩,是深受欢迎的特色肉制品。我国传统的熏烧烤肉制品代表品种有北京烤鸭、广东脆皮乳猪、叉烧肉、叫花鸡等。

按加工方法不同熏烧烤肉制品分为熏烤肉制品和烧烤肉制品两类。熏烤肉制品是指肉经煮制(或腌制),并经决定产品基本风味的烟熏工艺加工而成的熟肉类制品。烧烤肉制品是指肉经配料、腌制、烧烤等工艺加工而成的熟肉类制品。

(1)叉烧肉　叉烧肉是南方风味的肉制品,起源于广东,一般称为广东叉烧肉。产品呈深红略带黑色,块形整齐,软硬适中,香甜可口,多食不腻。

1)工艺流程

选料、整理→配料→腌制→烤制→包装→保藏

2)选料、整理　叉烧肉一般选用猪腿部肉或肋部肉。猪腿除皮、拆骨、去脂肪后,将肉切成宽 3 cm、厚 1.5 cm、长 35 ~ 40 cm 的长条,用温水清洗,沥干备用。

3)配料　猪肉 100 kg,精盐 2 kg,酱油 5 kg,白糖 6.5 kg,五香粉 250 g,桂皮 500 g,砂仁粉 200 g,绍兴酒 2 kg,姜 1 kg,饴糖或液体葡萄糖 5 kg,硝酸钠 50 g。

4)腌制　除了糖稀和绍兴酒外,把其他所有的调味料放入拌料容器中,搅拌均匀,然后把肉坯倒入容器中拌匀。之后,每隔 2 h 搅拌 1 次,使肉条充分吸收配料。低温腌制6 h后,再加入绍兴酒,充分搅拌,均匀混合后,将肉条穿在铁排环上,每排穿 10 条左右,适度晾干。

5)烤制　先将烤炉烧热,把穿好的肉条排环挂入炉内,进行烤制。烤制时炉温保持在 270 ℃左右,烘烤 15 min 后,打开炉盖,转动排环,调换肉面方向,继续烤制 30 min。之后的前 15 min 炉温大约保持在 270 ℃,后 15 min 的炉温大约在 220 ℃。烘烤完毕,从炉

中取出肉条,稍冷后,在饴糖或麦芽糖溶液内浸没片刻,取出再放进炉内烤制约 3 min 即为成品。

(2)北京烤鸭　北京烤鸭历史悠久,在国内外久负盛名,是我国著名的特产。北京城最早的烤鸭店创立于明代嘉靖年间,叫"便宜坊"饭店,距今已有400多年的历史,全聚德始建于咸丰年间,全聚德目前在国外开有多家分店,已成为世界品牌。

1)工艺流程

选料→造型→烫皮→浇挂糖色→打色→烤制→包装→保藏

2)选料　北京烤鸭要求必须是经过填肥的北京鸭,饲养期在55~65日龄,活重在2~2.5 kg的为佳。

3)造型　填鸭经过宰杀、放血、褪毛后,先剥离颈部食道周围的结缔组织,打开气门,向鸭体皮下脂肪与结缔组织之间充气,使鸭体保持膨大壮实的外形。然后从腋下开膛,取出全部内脏,用8~10 cm长的秫秸(去穗高粱秆)由切口塞入膛内充实体腔,使鸭体造型美观。

4)烫皮　通过腋下切口用清水(水温4~8 ℃)反复冲洗胸腹腔,直到洗净为止。拿钩钩住鸭胸部上端4~5 cm外的颈椎骨(右侧下钩,左侧穿出),提起鸭坯用100 ℃的沸水淋烫表皮,使表皮的蛋白质凝固,减少烤制时脂肪的流出,并达到烤制后表皮酥脆的目的。淋烫时,第一勺水要先烫刀口处,使鸭皮紧缩,防止跑气,然后再烫其他部位。一般情况下,用3~4勺沸水即能把鸭坯烫好。

5)浇挂糖色　浇挂糖色的目的是改善烤制后鸭体表面的色泽,同时增加表皮的酥脆性和适口性。浇挂糖色的方法与烫皮相似,先淋两肩,后淋两侧。一般只需3勺糖水即可淋遍鸭体。糖色的配制用4份麦芽糖和6份水,在锅内熬成棕红色即可。

6)打色　鸭坯经过上色后,先挂在阴凉通风处,进行表面干燥,然后向体腔灌入100 ℃汤水70~100 mL,鸭坯进炉烤制时能激烈汽化,通过外烤内蒸,使产品具有外脆内嫩的特色。为了弥补挂糖色时的不均匀,鸭坯灌汤后,要淋2~3勺糖水,称为打色。

7)烤制　鸭坯进炉后,先挂在炉膛前梁上,使鸭体右侧刀口向火,让炉温首先进入体腔,促进体腔内的汤水汽化,使鸭肉快熟,等右侧鸭坯烤至橘黄色时,再使左侧向火,烤至与右侧同色为止。然后旋转鸭体,烘烤胸部、下肢等部位。反复烘烤,直到鸭体全身呈枣红色并熟透为止。

整个烘烤的时间一般为30~40 min,体型大的约需40~50 min。炉内温度掌握在230~250 ℃。

4.3.3　蛋与蛋制品工艺

禽蛋是用途最多的一种天然食物。禽蛋从营养角度看是最完美的食品之一,亦是世界各地区普遍食用的几种食品之一。蛋液经过均质处理和巴氏杀菌后,或进行包装制成新鲜蛋液和冷冻蛋制品,或经过脱水成为干燥蛋制品。在西方国家,蛋品工业几乎只涉及鸡蛋的加工,是食品工业的重要组成部分,加工过程中对蛋制品的质量控制要做到加工后的蛋制品不仅卫生,而且要有良好的色泽和风味。蛋品所特有的性能使蛋品在焙烤食品、糖果盒面条等许多食品中成为不可替代的重要原料。

4.3.3.1 蛋的结构

蛋由三个主要部分构成，即蛋壳（shell）及其膜（membrane）、蛋白（albumem）和蛋黄（yolk）。每只鸡蛋平均质量55～60 g。新鲜鸡蛋蛋壳约占总蛋质量的11%，蛋白约占58%，蛋黄约占31%，蛋的不同构造见图4.7。

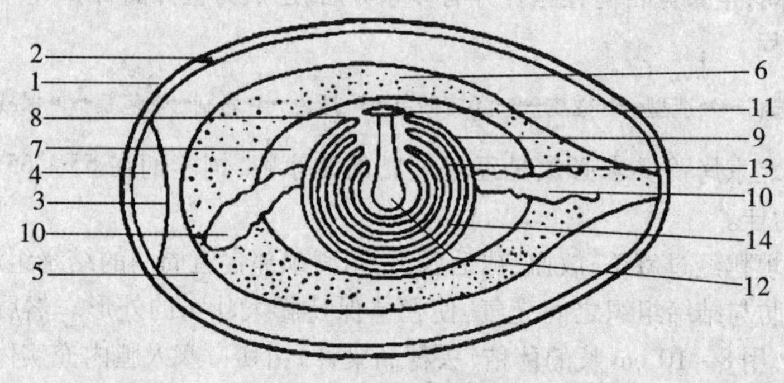

图4.7 蛋的构造

1.蛋壳；2.蛋壳膜；3.蛋白膜；4.气室；5.外稀蛋白；6.浓厚蛋白；7.内稀蛋白；8.内浓厚蛋白；9.蛋黄膜；10.系节；11.胚盘；12.蛋黄心；13.白色蛋黄；14.黄色蛋黄

蛋壳的主要成分是碳酸钙，覆有一层在胶质薄层（蛋白质）；紧接蛋壳下面的外壳膜（outer shell membrane）和内壳膜（inncr shell membrane）。

鸡蛋的蛋白由四部分构成，打开鸡蛋后，可以看到一层像水一样的物质，称为外稀蛋白（outer thin albumen）；接下来是像凝胶一样的一层，称为外稠蛋白（outer firm albumen）；再下一层为内稀蛋白（inner thin albumen）；最里一层称为系带层（chalaziferou layer），其两端成为像绳索一样的由稠蛋白绞成的带状物，称为系带（chalazaes）。系带通常有两条，在蛋黄的两边各有一条。系带为蛋黄提供了可以绕之旋转的轴，同时也起着约束蛋黄运动，保持蛋黄位于鸡蛋中心的作用。

4.3.3.2 蛋的组成

鲜蛋的主要成分见表4.16。

蛋白的组成虽然大部分是水，但其中12%的固体是高质量蛋白质。蛋白中通常不含脂类物质，矿物质含量变化很大。蛋白是维生素B_2的丰富来源。

表4.16 鲜蛋的组成

部位	%	各成分含量/%							
		水	蛋白质	脂肪	灰分	碳酸钙	碳酸镁	磷酸钙	有机质
全蛋	100	65.5	11.8	11.0	11.7	0	0	0	0
蛋白	58	88.0	11.0	0.2	0.8	0	0	0	0
蛋黄	31	48.0	17.5	32.5	2.0	0	0	0	0
蛋壳	11	0	0	0	0	94.0	1.0	1.0	4.0

蛋黄的总固体含量一般为52%，在蛋的储藏期间，水分从蛋白中转移到蛋黄内，使蛋黄含量增加。蛋黄中固形物的主要成分是蛋白质和脂肪，蛋黄中脂肪含量的变化主要取

决于母鸡的品系,在32%~36%范围内。蛋黄脂类的组成是三酰甘油65%,磷脂28.3%,胆固醇5.2%。蛋黄中含有丰富的维生素A、维生素D、维生素E和维生素K,以及1.1%(以灰分计)的无机盐,它们主要有磷、钙、钾、铁。从营养学的角度看,鸡蛋是脂肪、蛋白、维生素和矿物质尤其是铁的良好来源。

4.3.3.3 蛋的等级

(1)蛋的质量等级　蛋的大小是很重要的商品特征,它可能由于太小而无明显的经济价值,也可能由于太大而没有较高的利润。美国依据质量将鲜蛋分为特大蛋、超大蛋、大蛋、中等蛋、小蛋、特小蛋。鲜蛋最合理、利润最高的是中等大小重量的蛋,即每打蛋的质量在652~737 g。

(2)蛋的品质等级　蛋的质量与大小无关,蛋最常用的质量分级方法是照蛋(candling),即将蛋拿到光源周围照射。在强光照射下进行观察可以发现蛋有许多缺陷,如"肉点"。"肉点"来源于母鸡的输卵管,照蛋时可以看到较大的肉点,据此剔去这种蛋,但是一些带很小肉点的蛋则可能被漏检。

美国根据鸡蛋的品质将其分为两大类,即净壳蛋和污壳蛋。净壳蛋又分为超级蛋、上等蛋、中等蛋和次等蛋四个类别;而污壳蛋又分为污壳蛋和次污壳蛋两个类别,见表4.17。净壳蛋和污壳蛋之间,均以蛋壳、气室、蛋白、蛋黄和胚胎五个指标来判定,它们除蛋壳指标用外观检查外,其他指标均用照光法检查。

表4.17　鸡蛋分类

分类	蛋壳	气室	蛋白	蛋黄	胚胎
超级蛋	清洁、坚固、完整、色泽一致	深度3.2 mm以下不移动	澄清而浓厚	略明显	毫无发育
上等蛋	清洁、坚固、完整、色泽可以不一致	深度6.4 mm以下不移动	清洁而浓厚	略明显	毫无发育
中等蛋	清洁完整	深度9.6 mm以下略能移动	不甚浓厚	明显而略能移动	略发育
次级蛋	清洁完整	深度9.6 mm以下移动自如,或由许多小泡组成	稀薄	照视明显,无黑影,移动自如	显著发育但无血管
污壳蛋	附有污物,蛋完整	深度9.6 mm以下移动或略移动	不甚浓厚	显著而能移动	略发育
次污壳蛋	附有污物,蛋完整	深度9.6 mm以下移动自如,或由许多小泡组成	甚稀薄	显著而黑暗,移动自如	显著发育但无血管

4.3.3.4 蛋的保藏

鲜蛋从生下来起质量就开始降低、蛋白里放出二氧化碳,通过蛋壳小孔(pores of the

egg shell)逸出。蛋黄吸收蛋白中的水分,同时脂类又从蛋黄中缓慢地移动到蛋中,改变了蛋白的性能。

延长带壳蛋储藏期限的各种方法都取决于上述某一(或全部)条件的控制。控制温度是减少蛋品质损害的最重要方法,储存的最佳温度应稍高于蛋的冰点,一般采用 -1 ℃,相对湿度 80% 保存较理想,能够将蛋的水分损失控制在最低程度。

虽然控制温度和湿度是保存蛋的最好方法,但还可以采用其他方法作为保藏的辅助手段,如蛋壳涂油处理会封闭蛋壳上的微孔,减少蛋白中二氧化碳的损失。延长鸡蛋储存期的另一种方法为热稳定法,即将鸡蛋浸在热水或热油中一段时间,使蛋壳内表面凝固一薄层蛋白封闭蛋壳上的微孔,这种热处理有一些杀死蛋壳表面细菌的作用。在保存蛋的质量方面,还有风味问题,如果蛋靠近别的原料存放,像苹果、橙子和柑橘等,蛋便吸收外来的气味。任何有强烈风味的东西都有可能使蛋的风味受到污染。

4.3.3.5 蛋的加工及其制品

(1)蛋制品的种类　用从蛋壳中取出的蛋液,可以加工出不同的制品。供食品加工用的蛋制品有冷藏液蛋、冷冻蛋液和脱水蛋品等,见表 4.18。

(2)蛋液的稳定化　因为蛋白是由稠蛋白和稀蛋白两部分组成,所以蛋液离开打蛋机后必须通过均质处理,然后再进行冷冻或干燥。均质处理通常是在装有搅拌桨的储罐中用低压均质法来完成的。有些工厂采用高压均质,得到的是蛋黄或全蛋的均质浆。

表 4.18　蛋制品种类

加工手段	产品类别
冷藏	蛋白、蛋黄、全蛋
冷冻	蛋白、全蛋、全蛋(加蛋黄强化)、纯蛋黄、全蛋(玉米糖浆强化)、加糖蛋黄、加盐全蛋
干燥	干制蛋白:喷雾干燥蛋白粉、蛋白片; 干制纯全蛋与纯蛋黄:标准全蛋固体,稳定化(无葡萄糖)全蛋固体,标准蛋黄固体,稳定化(无葡萄糖)蛋黄固体,自由流动全蛋固体,自由流动蛋黄固体; 全蛋、蛋黄和糖类的干制混合物:全蛋+蔗糖,全蛋+玉米糖浆,全蛋+蛋黄+玉米糖浆,蛋黄+玉米糖浆; 特种干制蛋品:炒蛋混合料

葡萄糖脱除工艺常用于干制蛋白,也用于干制蛋黄和全蛋。假如有少量的葡萄糖留在待脱水的蛋液中,此还原糖便与蛋白质的氨基发生反应,生成不溶性的带异味的褐色化合物。若在蛋液干燥前除去葡萄糖,则可以防止这种反应。最常用的脱除葡萄糖的方法涉及细菌发酵和酶处理两种技术中的一种。细菌发酵法是采用某种食用酸把蛋液的 pH 值降至 7.0~7.5,然后加入菌种,让其在 30~33 ℃下发酵 12~24 h。一旦葡萄糖被消耗殆尽,便将液态冷却以终止发酵,储存以待干燥。酶法处理工艺添加葡萄糖氧化酶,一旦葡萄糖被消耗殆尽,即加入过氧化氢酶,以消除过剩的过氧化氢。

蛋白制品中添加发泡剂可以使制品更加均匀一致,使蛋黄受意外的污染以及加工干制过程中可能发生的某些变化得到补偿。最常用的发泡剂有月桂硫酸钠、柠檬酸三乙

酯、甘油三乙酸酯和脱氢胆酸钠。这些添加剂的使用量以蛋白固体为基准计为0.1%～0.2%，视添加剂的种类设定。

蛋黄液在冷冻时要发生不可逆的胶凝作用，添加某种物质如蔗糖、食盐、甘油或其他成分可以制止这种作用，添加量为5%～15%。

全蛋和蛋黄干燥时，添加某些糖类可以防止其发泡率的损失。损失干燥前添加10%蔗糖的干燥蛋白发泡性很好。

(3)巴氏杀菌　禽蛋蛋白质对热非常敏感，并且容易变性。因此液蛋巴氏杀菌的条件是以时间和温度为依据，既要保证杀灭沙门氏菌等病原菌，又能保持蛋液的良好性能。

目前在美国，蛋白和全蛋的巴氏杀菌条件为60～62 ℃，3.5～4.0 min。使用过氧化氢可以降低杀菌条件。当使用过氧化氢时，蛋白可在较低的温度52～53 ℃下，保持1.5 min进行巴氏杀菌（过氧化氢0.075%～0.1%），然后通过添加过氧化氢酶使过氧化氢降解为水和氧。巴氏杀菌条件可以改变，但所处理的液蛋必须沙门氏菌阴性并满足其他微生物标准。

(4)蛋的冷冻加工　全蛋或蛋白、蛋黄均匀，去掉系带、各种膜以及蛋壳碎片后进行巴氏杀菌，然后放在13.6 kg涂料罐内或其他合适容器内冷冻。冷冻一般在温度为-30 ℃的气流冷冻室内进行，液蛋制品的冷冻时间为48～72 h。

(5)蛋的脱水加工　蛋白、蛋黄或全蛋液在巴氏杀菌后可以采用喷雾干燥、盘式干燥、泡沫干燥、冷冻干燥中任何一种干燥形式进行脱水加工。喷雾干燥是生产蛋粉最主要的方法。在喷雾干燥中，蛋液被喷入热空气流中雾化成细粒，由于雾化作用所产生的巨大表面积，水分蒸发极为迅速。通常蛋白干燥采用的是热空气和蛋液顺流的操作形式，空气的进口温度接近176 ℃，这决定于蛋液的水分含量和其他干燥条件。现代大部分喷雾干燥器均采用直接天然气加热炉。

另一种目前仍普遍使用的干燥系统是盘式烘干系统，组成这种设备的是一个烘箱或一条隧道，蒸发的热是由热水或热空气提供的。热水或热空气从装蛋白的烘盘的上方或下方通过，盘内浇有一层12.7 mm厚的蛋白液，并在低于55 ℃的温度下受到加热。从浇液到回收干片一般约需24 h。盘式烘干的蛋白片主要用于糖果业。

(6)蛋制品的应用　蛋制品越来越广泛地受到人们的喜爱，并在食品加工中普遍用作配料，这主要是因为蛋制品在食品中除了可以增加营养价值外，尚具有八种不可替代的重要功能。

1)蛋制品在焙烤制品中是一种很好的膨松剂，有助于改善面包、蛋糕和其他焙烤食品的质构。

2)蛋制品具有黏合剂的功能，它将其他配料黏合在一起。当将蛋品与其他配料相混合并进行加热时，蛋白质便发生凝固，形成网状结构，有助于使物料黏结起来。

3)蛋制品在许多食品（如蛋奶冻、布丁、奶油夹心等）中起着增稠剂的作用。

4)在糖果工业中，利用蛋品控制某些制品中晶体的大小。蛋白能减缓结品作用，防止蛋糕糖衣出现砂粒状质构缺陷。

5)蛋黄中含有卵磷脂，是一种天然乳化剂，能使其他混合料彼此不分离，直至它们受热定形。

6)蛋制品有助于从饮料、汤料、葡萄酒类和其他食品中除去外来杂质，蛋品中的蛋白质具有澄清剂的功能。

7)蛋制品是蛋糕、夹心卷、甜饼、面包和其他焙烤制品的一种优良的涂抹料,它们不仅有助于防止脱水,而且给焙烤制品表面涂上坚实而光亮的涂层。

8)蛋制品对许多食品还有增添色彩,提高身价的作用,如蛋黄的颜色赋予鸡蛋面条悦目的外观。

4.4 酿造食品工艺

发酵食品是利用微生物作用制作的食品,是食品中的一个重要分支。微生物不仅能在液体食品原料中发酵,而且也能在固体食品原料中生长繁殖。前者产生了液体发酵食品,如酸奶、酒类(啤酒、葡萄酒、黄酒、白酒等)、调味品类(醋、酱、酱油等)、菌类饮料(乳酸饮料、乳酸菌饮料等);后者产生了固体发酵食品,如面包、干酪、德式香肠、发酵型蔬菜腌制品、发酵咖啡、发酵可可等。

4.4.1 酿酒工艺

4.4.1.1 啤酒加工工艺

啤酒(beer)是以大麦为主要原料,以其他谷物等为辅料,并添加少量酒花,采用制麦芽、糖化、发酵、过滤、包装等工艺配制而成的,含有二氧化碳、起泡的、低酒精度的酿造酒。全世界啤酒年产量已居各种酒类之首,啤酒生产几乎遍及各个国家。

生产时常根据所用原麦芽汁浓度,啤酒分为高、中、低三种浓度。而中浓度啤酒(原麦芽汁浓度11% ~14%,酒精含量3.2% ~4.2%)产量最大,淡色啤酒多属此类型。

此外,根据啤酒色泽可分为淡色、浓色和黑色啤酒;根据杀菌方法可分为纯生啤酒、鲜啤酒和熟啤酒;根据啤酒酵母性质可分为上面发酵啤酒和下面发酵啤酒。还有一些特殊啤酒,如小麦啤酒、果味啤酒、佐餐啤酒、粉末啤酒、无醇(低醇)啤酒、干啤酒、冰啤酒、低热量啤酒、营养啤酒和酸啤酒等。

啤酒生产过程大致可分为麦芽制造和啤酒酿造(包括麦芽汁制造、啤酒发酵、啤酒过滤罐装三个主要过程)两大部分。

4.4.1.2 啤酒酿造原、辅料

酿造啤酒的原料为大麦、酿造用水、酒花、酵母以及辅料(玉米、大米、大麦、小麦、淀粉、糖浆和糖类物质等)和添加剂(酶制剂、酸、无机盐和各种啤酒稳定剂等)。

(1)大麦　大麦主要含淀粉,其次是纤维素和蛋白质等。大麦便于发芽,酶系统完全,大麦的化学成分适于酿制啤酒,制成的啤酒风味独特。

(2)大米　大米淀粉含量高于其他各类,蛋白质含量低。用大米代替部分麦芽,不仅出酒率高,而且可改善啤酒的风味和色泽。我国糖化用辅料,北方多用25%左右的大米,而南方有的生产厂家用45%(或更高)的籼米或碎米作为辅料,有利于降低成本。

(3)玉米　我国只有少数厂家用玉米作为辅料,欧美则较为普遍。玉米中蛋白质主要由醇溶蛋白构成,而缺少β-球蛋白,故有益于防止啤酒混浊。

(4)酒花　酒花又称忽布花、蛇麻花、啤酒花。酒花分为香型酒花、兼型酒花和苦型

酒花三种。有效成分主要包括酒花油、苦味物质和多酚类物质。酒花赋予啤酒特有的酒花香气;赋予啤酒独特的爽快苦味;增加啤酒防腐能力;增进啤酒泡持性和稳定性,使泡沫经久不散;与麦芽汁共沸时能促进蛋白质凝固,促进蛋白质沉淀,有利于澄清麦芽汁,提高啤酒非生物稳定性。

新鲜酒花干燥后制成的全酒花,不易保存、运输体积大、使用不方便且酒花利用率不高。目前普遍使用的是颗粒酒花、酒花浸膏和酒花油等酒花制品。

(5)其他辅料　为调节麦芽汁中糖的比例,生产高发酵度的啤酒或增加每批麦芽汁的产量,通常在煮沸锅中直接添加糖类(蔗糖、葡萄糖)和淀粉糖浆(大麦糖浆、玉米糖浆等)。糖的添加量一般为10%~15%。糖浆的添加量稍高,可达30%左右。生产深色啤酒时也可添加部分焦糖,以调节啤酒色度。

(6)啤酒酿造用水　啤酒酿造用水包括加工水及洗涤、冷却水两大部分。水质须无色透明,无悬浮及沉淀物。水温在20~30 ℃时,应有清爽的感觉。在37 ℃培养24 h,1 mL水中细菌总数≤100个,不应有大肠杆菌和八联球菌,水的pH值呈中性或微碱性。

4.4.1.3　啤酒加工工艺流程

原料大麦→浸麦→制麦芽→麦芽干燥→麦芽粉碎→制麦芽汁→过滤→麦汁煮沸(←酒花)→冷却、澄清→发酵→成品

(1)制麦　大麦在人工控制的外界条件下发芽和干烘的过程称为制麦,发芽后制得的新鲜麦芽叫作绿麦芽,经干燥和焙焦后的麦芽称为干麦芽。它是啤酒生产的开始。大麦发芽后生成各种酶,作为制造麦芽汁的催化剂。大麦胚乳中的淀粉、蛋白质在酶的作用下,达到适度溶解。通过干燥和焙焦除去麦芽中多余的水分和绿麦芽的生腥味。产生干麦芽特有的色、香、味,以便保藏和运输。

1)浸麦　用水浸渍大麦,称为浸麦,目的如下:使大麦吸收充足的水分,达到发芽的要求,国内最流行浸麦度为45%~46%,而欧美有些厂家浸麦度为42%~45%时即转入发芽箱,并在发芽箱适当喷水;在水浸的同时,洗涤除去麦粒表面的灰尘、杂质和微生物;在浸麦水中适当添加石灰乳、Na_2CO_3、NaOH、KOH、甲醛中任何一种化学药物,加速麦皮中酚类、谷皮酸等有害物质的浸出,促进发芽并适当提高浸出物。浸麦常用的方法有三种。

①浸水断水交替法　将大麦在水中浸渍4 h,然后排水;让大麦断水4 h,继而再浸8次,每次4 h,在整个过程中,每隔2 h通入压缩空气1次,每次15 min。一方面提供充足的氧气,使胚芽发育;另一方面,压缩空气起到搅拌、去除二氧化碳和除去浮麦作用。

②快速浸渍法　此法适用于箱式发芽。将大麦在水中浸渍4 h,然后排水;让大麦断水10 h,继而再浸渍4 h,接着排水;再让大麦断水10 h,最后将大麦入箱发芽。水浸时每小时通风1次,每次5 min。

③喷浸法　将大麦水浸2 h,然后排水,接着再用水喷雾4 h,继而再水浸4 h,如此反复,总计水浸9次,每次2 h;喷雾9次,每次4 h。整个过程中,每隔2 h通入压缩空气1次,每次5 min。喷浸法的优点是水雾含水和氧,有利于麦粒发芽。喷雾(淋)浸麦法是在浸麦断水期间,用水雾对麦粒进行淋洗,因此比间歇浸麦法更为有效。其特点是耗水量

减少,供氧充足,发芽速度快。

2)制麦芽　大麦经过浸渍吸收水分,在适宜的温度和足量的空气下即脱离休眠状态开始发芽,叶芽根开始生长形成新的组织,称为制麦芽。大麦发芽的目的:①激活原有的酶,大麦中含有少量的酶,通过发芽使其激活;②生成新酶,发芽中绝大部分酶是在发芽过程中产生的;③半纤维素、蛋白质和淀粉等大分子适度分解,同时胚乳的结构也发生改变。

3)干燥　绿麦芽需经干燥后储藏一段时间才能使用。干燥是指用热空气强制通风进行干燥和焙焦的过程。干燥目的:①除去绿麦芽的多余水分,便于储藏。绿麦芽水分含量为41% ~46%,通过干燥焙焦水分含量降至2% ~5%,终止酶的作用,使麦芽生长和胚乳连续溶解停止。②除去绿麦芽的生腥味,使麦芽产生特有的色、香、味。③使麦根易于脱落。麦根有苦涩味,且吸湿性强,不利于麦芽储藏,并且容易使啤酒混浊。

4)干麦芽的后处理　干麦芽后处理包括干燥麦芽的除根冷却、储藏(回潮)以及商业性麦芽的磨光。

干麦芽后处理的目的:①出炉麦芽必须在24 h之内除根,因为麦根吸湿性很强,否则将影响去除效果和麦芽的储藏;②麦根中含有43%左右的蛋白质,具有苦味,而且色泽很深,会影响啤酒的口味、色泽以及啤酒的非生物稳定性;③必须尽快冷却,以防酶的破坏,致使色度上升和香味变坏;④经过磨光,除去麦芽表面的水锈或灰尘,提高麦芽的外观质量。

(2)麦芽汁的制备(糖化)

1)原辅料粉碎　粉碎的目的:①增加原料的内容物与水的接触面积,使淀粉颗粒很快吸水软化、膨胀以至溶解。②使麦芽可溶性物质容易浸出。麦芽中的可溶性物质粉碎前被表皮包裹不易浸出,粉碎后增加了与水和酶的接触面积而易于溶解。③促进难溶解性的物质溶解。麦芽中没有被溶解的物质以及辅料中的大部分物质均是难溶解的,必须经过酶的作用或热处理才能变成易于溶解的。粉碎可增大与水、酶的接触面积,使难溶性物质变成可溶性物质。

2)糖化　糖化是指麦芽和辅料粉碎加水混合后,在一定条件下,利用麦芽本身所含有的酶(或外加酶制剂)将麦芽和辅料中的不溶性大分子物质(淀粉、蛋白质、半纤维素等)分解成可溶性的小分子物质(如糖类、糊精、氨基酸、肽类等)。由此制得的溶液称为麦芽汁。麦芽汁中溶解于水的干物质称为浸出物。麦芽汁的浸出物对原料中所有干物质的比例称为浸出率。

糖化的目的就是要将原料(包括麦芽和辅料)中可溶性物质尽可能多地萃取出来,并且创造有利于各种酶的作用条件,使很多不溶性物质在酶的作用下变成可溶性物质而溶解出来,制成符合要求的麦芽汁。

糖化设备有糊化锅、糖化锅、过滤槽、煮沸酵锅等。糊化锅主要用于辅料的液化与糊化,并对糊化醪和部分糖化醪液进行煮沸。糖化锅是用来浸渍麦芽并进行蛋白质分解以及混合醪液糖化的设备。

3)麦芽汁的过滤　糖化工序结束后,应尽快将糖化醪进行过滤,得到澄清的麦芽汁。将糖化好的醪液泵入过滤槽,静置10 min,回流10 ~15 min,使麦糟形成过滤层,至麦芽汁清亮透明,开始过滤到煮沸锅,此过滤麦芽汁为头道麦芽汁。将麦槽滤层边加热(76 ~78 ℃)边连续加入78 ℃热水,使残糖含量在1%以下,过滤洗槽结束。

4）麦芽汁的煮沸与啤酒花添加

①麦芽汁煮沸的目的　蒸发水分、浓缩麦芽汁，钝化全部酶和麦芽汁杀菌，溶出酒花的有效成分，蛋白质变性和絮凝，降低麦芽汁的pH值，还原物质的形成。

②添加酒花的目的　赋予啤酒特有的香味，赋予啤酒爽快的苦味，增加啤酒的防腐能力，提高啤酒的非生物稳定性，防止煮沸时溅沫。

酒花添加时，一般是在麦汁煮沸初期时，加入全部酒花的1/5；在煮沸40 min后，加入全部的2/5；在煮沸结束前10 min，加入全部量的2/5。

5）麦芽汁的后处理　麦芽汁的后处理包括麦芽汁冷却、冷凝固物的析出分离以及麦芽汁的充氧。其目的：降低麦芽汁温度，使之达到适合酵母发酵的温度6～7 ℃；使麦芽汁吸收一定量的氧气，以利于酵母的生长增殖；析出和分离麦芽汁中的冷、热凝固物，改善发酵条件和提高啤酒质量。

（3）啤酒发酵

1）发酵　发酵的主要变化是糖在啤酒酵母的作用下生产CO_2和乙醇。啤酒的发酵包括主发酵和后发酵两个阶段。

①主发酵　主发酵又称前发酵，它是发酵的主要阶段。其主要过程：当麦芽汁冷却至6～8 ℃时，送入酵母增殖池，按0.5%～0.6%比例添加酵母泥（酵母泥需用麦芽汁1∶1稀释，再用压缩空气或泵送入添加池），通入无菌空气，使酵母与麦芽汁充分混合，并溶解一定的氧气供酵母增殖呼吸。通常，接种后的细胞浓度为8×10^6～1.2×10^7个/mL。经8～16 h后，麦芽汁表面形成一层白色泡沫，即可进行倒池，将增殖后的发酵液转入发酵罐或发酵池进行主发酵。

主发酵过程中的管理主要是控制温度和外观发酵度的测定。发酵过程中，控制最高品温为8～10 ℃，最终温度降至3.5～5 ℃，外观糖度从12%降至3.5%～5.5%，发酵期为5～7 d。正常情况下，主发酵结束后，发酵液的外观发酵度应为50%～60%，过高或过低均对啤酒质量不利。

②后发酵　啤酒后发酵又称为啤酒后熟、储酒。后发酵操作过程：将主发酵后除去多量酵母的发酵液送到后发酵罐，此过程称为下酒。下酒前应用二氧化碳充满储酒罐，以除去罐内氧气。下酒后的液面上方应留10～15 cm空隙，作为二氧化碳的压力储存。

下酒后要进行2～3 d敞口发酵，以排除啤酒中的生青味。一般下酒后24 h就有泡沫从罐口冒出，数天后泡沫变黄回缩，即可封罐，进行加压发酵。后发酵期对室温和罐内压力控制十分重要。封罐1周后，罐压应升至0.005 MPa以上，以后逐渐上升，当罐压上升到0.1 MPa以上时，就应缓慢放掉部分二氧化碳。整个后发酵过程的罐压应保持相对稳定。后发酵稳定多用室温控制或通过储酒罐自身具备冷却设施进行冷却。目前传统的后发酵，多采取先高后低的储酒温度，即前期控制3～5 ℃，而后逐步降温至-1～1 ℃，降温速度随不同类型啤酒的储酒时间而定。后发酵期时间，国内传统11°～14°熟啤酒和10°～12°鲜啤酒的酒龄分别为50～75 d和30～40 d。

（4）啤酒的过滤包装

1）啤酒过滤　常压过滤方法有采用棉饼过滤法、硅藻土过滤法、离心分离法、板式过滤法和微孔薄膜过滤法等方法去除这些物质。其中棉饼过滤法是最古老的过滤方法，目前已被淘汰，使用最普遍的是硅藻土过滤法。

2）啤酒的包装和灭菌　过滤好的啤酒从清酒罐分别装入瓶、罐或柄中。一般把经过巴氏灭菌处理的啤酒称为熟啤酒，把未经巴氏灭菌的啤酒称为鲜啤酒。若不经过巴氏灭菌，但经过无菌过滤等处理的啤酒则称为纯生啤酒。熟啤酒灭菌采用巴氏灭菌，其基本过程分为预热、灭菌和冷却，一般以 30～35 ℃起温，缓慢（25 min）升温到灭菌温度 60～62 ℃，维持 30 min，又缓慢冷却到 30～35 ℃，然后检验、贴标签，装箱入库。

4.4.1.4　葡萄酒加工工艺

（1）工艺流程

1）红葡萄酒

原料→分选→破碎→除梗→发酵→压榨→调整成分→后发酵→添桶→换桶→陈酿→调配→澄清→包装→杀菌→成品

2）白葡萄酒

原料→分选→破碎、压榨→澄清→调整成分→发酵→添桶→换桶→陈酿→调配→澄清→包装→杀菌→成品

（2）工艺要点

1）原料选择与分选　酿酒的葡萄原料应选择含糖量高、酸度适中、具有良好的色泽和风味、无特殊怪味的品种。红葡萄酒要求原料色泽深、果粒小、风味浓郁、果香型。糖分要求达到 21 以上，最好达到 23～24。要求完全成熟，糖、色素含量高而酸不太低时采收。白葡萄酒要求果粒完全成熟，具有较高的糖分和浓郁的香气，出汁率高。

为了提高酒质，须除去霉变果粒。另外，根据酿造酒的等级不同，对原料进行分选。

2）发酵前处理

①破碎与除梗　将果粒压碎使果汁流出的操作称为破碎。它可以加快起始发酵速度，使酵母易与果汁接触，利于红葡萄酒色素的浸出，易于 SO_2 均匀地应用和物料的输送。

无论红、白葡萄酒，在破碎时，都要均匀地加入 SO_2，加入量 60 mg/L，根据葡萄质量的好坏，SO_2 的添加量可酌情增减。破碎时加入的 SO_2 可通过亚硫酸盐的形式加入。

破碎后的果浆应立即进行果梗分离，这一操作称为除梗。它有利于改进酒的口味，防止果梗中的青草味和苦涩物质溶出，还可减少发酵醪体积，便于输送。

白葡萄酒加工不除梗，破碎后立即进行压榨，利用果梗作为助滤层，提高压榨效果。

②浆渣分离与澄清　酿造白葡萄酒，葡萄破碎后，要进行果汁分离、皮渣压榨和澄清处理，这是因为皮渣中的不溶性物质在发酵中会产生不良效果，给酒带来杂味，而且澄清汁液制取的白葡萄酒胶体稳定性高，对氧的作用不敏感，酒色淡，铁含量低，芳香稳定，酒质爽口。

浆渣分离可采用压榨的方法。制取的果汁可分为自流汁（破碎后不经压榨自行流出的汁液）和压榨汁（经压榨获取的汁液）两部分，自流汁占果汁的 50%～60%，质量好，可单独酿造优质葡萄酒。第一次压榨汁可与自流汁合并，第二次压榨汁质量较差，杂味重，亦作蒸馏酒或其他用途。

果汁的澄清可以采用离心分离、下胶澄清、硅藻土澄清等方法进行。

③葡萄汁成分调整　为使酿造的成品酒成分稳定并达到要求指标，必须对果汁中影响酿造质量的成分做量的调整。果汁成分调整主要是糖分和酸度的调整。糖是生成酒

精的基质，其含量影响酒度的高低，因此，可按照成品酒的酒度要求，以1.7 g/100 mL糖生成1%（按体积）的酒精来计算加糖量。葡萄酒在发酵时其酸度在0.8～1.2 g/100 mL最适宜，若酸度低于0.5 g/100 mL，则须加入适量酒石酸或柠檬酸或酸度较高的葡萄汁进行调整，一般以酒石酸进行增酸效果较好。

④SO_2处理　在发酵醪或酒中加入SO_2，以便发酵顺利进行或利于酒的储存，这种操作称为硫处理。现代葡萄酒生成中，SO_2有着不可替代的作用。SO_2在葡萄酒中的作用是杀菌防腐、抗氧化、增酸、澄清、溶解和改善酒的风味。

使用的SO_2有气体SO_2及亚硫酸盐，前者可用管道直接通入，后者则须溶入水后加入。其用量与原料状况、酒的种类等有关，一般为30～100 g/100 mL。

3）前发酵

①红葡萄酒发酵　红葡萄酒发酵有传统发酵法、连续发酵法、旋转罐发酵法等。

a.传统发酵法　以前的发酵容器多为开放式水泥池，近年来已逐渐被新型不锈钢发酵罐所取代。葡萄破碎后送入敞口发酵池，填充系数控制为80%，控制温度25～30 ℃进行发酵，直至残糖降至5 g/L以下。一般需要发酵4～6 d。在发酵期间，要将浮在葡萄汁表面的很厚的葡萄皮（称为“皮盖”或“酒盖”）压入葡萄酒醪中，并要使葡萄汁循环。在发酵阶段酵母对糖进行酒精发酵，降解了大部分的糖类，并完成了对色素和芳香物质的浸提，是决定葡萄酒质量的关键工艺阶段之一。

b.连续发酵法　连续发酵法是指连续供给原料、连续取出产品的方法。首次投料至连续发酵罐内的皮渣分离器下端，一般经4 d的发酵即可进入连续发酵。每天定时定量放出发酵酒并投料，按投料量15～20 g/100 L的比例加入SO_2。投料时打开出酒阀，使发酵酒自流。

c.旋转罐发酵法　旋转罐发酵法是采用可旋转的密闭发酵容器进行色素、香气成分的浸提和葡萄浆的发酵。旋转发酵是当前比较先进的一种红葡萄酒发酵设备。目前，世界上使用的旋转罐有两种形式：一种为法国生产的Vaslin型旋转发酵罐，另一种是罗马尼亚的Seitz型罐。这两种罐我国均有使用，Vaslin型旋转发酵罐生产工艺流程如下，葡萄破碎后输入罐中，在罐中进行色素物质和香气成分的浸提，同时进行发酵，发酵温度18～25 ℃，当残糖降至5 g/L时排罐压榨。发酵过程中，旋转罐每天旋转若干次，转速为2～3 r/min，转动方向、时间、间隔可自行调节。

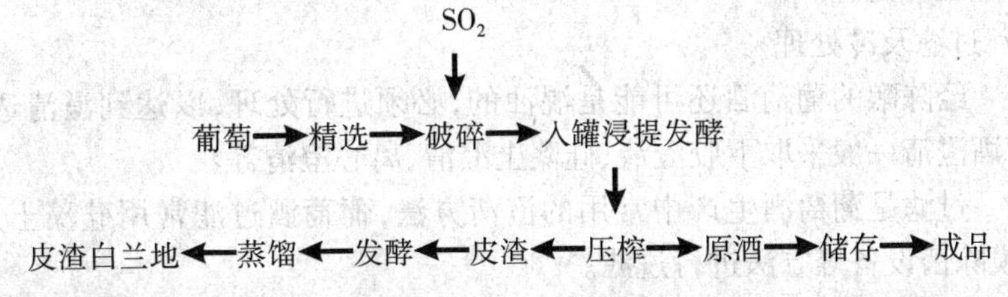

红葡萄酒前发酵结束后应及时进行皮渣分离。通过发酵池（罐）排汁口放出的酒称为自流原酒，对排出的皮渣进行压榨所得酒称为压榨原酒，压榨原酒与自流原酒成分差异较大，若酿造高档红葡萄酒应分别储存。

②白葡萄酒发酵　白葡萄酒的发酵进程和管理基本上与红葡萄酒相同。不同的是用澄清汁在密闭发酵容器内发酵，澄清汁一般缺乏单宁，须在发酵前按4～5 g/100 L的

比例加入单宁,以提高酒的品质。白葡萄酒采取低温发酵,发酵温度一般为 18 ~ 20 ℃,主发酵期 2 ~ 3 周。主发酵结束后,以同类酒添至发酵容器量的 95%,安装发酵栓进行后发酵,后发酵温度控制在 15 ℃以下,发酵期 3 ~ 4 周,后发酵结束后进入陈酿。

白葡萄酒中含有多种酚类化合物,如单宁、色素、芳香物质等,在与空气接触时易发生氧化产生棕色聚合物而使白葡萄酒颜色变深,甚至出现氧化味,因此,应在生产中采取低温澄清处理、控温发酵、避免与铁、铜等金属物接触、添加 SO_2、添加抗氧化剂等措施防氧化。

4)陈酿　葡萄酒的储存期要合理,一般白葡萄原酒 1 ~ 3 年,干白葡萄酒 6 ~ 10 个月,红葡萄酒 2 ~ 4 年,有些特色酒可长时间储存,一般为 5 ~ 10 年。储酒室应达到以下四个条件。

①温度　一般以 8 ~ 18 ℃为佳,干葡萄酒 10 ~ 15 ℃,白葡萄酒 8 ~ 11 ℃,红葡萄酒 12 ~ 15 ℃,甜葡萄酒 16 ~ 18 ℃,山葡萄酒 8 ~ 15 ℃。

②湿度　以饱和状态为宜:85% ~ 90%。

③通风　室内有通风设施,保持室内空气新鲜。

④卫生　室内保持清洁。储酒容器一般为橡木桶、水泥池或金属罐。葡萄酒在储存期间常常要换桶、满桶。

所谓换桶就是将酒从一个容器换入另一个容器的操作,亦称倒酒。其目的:一是分离酒脚,去除桶底的酵母、酒石等沉淀物质,并使桶中的酒质混合均一;二是使酒接触空气,溶解适量的氧,促进酵母最终发酵的结束。此外,由于酒被二氧化碳饱和,换桶可使过量的挥发性物质挥发逸出及添加亚硫酸溶液调节酒中 SO_2 的含量(100 ~ 150 mg/L)。换捅的次数取决于葡萄酒的品种、葡萄酒的内在质量和成分。干白葡萄酒换桶必须与空气隔绝,以防止氧化,保持酒的原果香,一般采用二氧化碳或氮气填充保护措施。

满桶是为了避免菌膜及醋酸菌的生长,必须随时使储酒桶内的葡萄酒浆满,不让它的表面与空气接触,亦称添桶。储酒桶表面产生空隙的原因:温度降低,葡萄酒容积收缩;溶解在酒中的二氧化碳逸出以及温度的升高产生蒸发使酒逸出等。添桶的葡萄酒应选同品种、同酒龄、同质量的健康酒。或用老酒添往新酒。添酒后调整二氧化硫。添酒的次数:第一次倒酒后一般冬季每周 1 次,高温时每周 2 次;第二次倒酒后,每月添酒 1 ~ 2 次。

葡萄酒在储存期要保持卫生,定期杀菌。储存期要不定期对葡萄酒进行常规检验,不正常现象应及时处理。

5)澄清、过滤及冷处理

①澄清　经陈酿的葡萄酒还可能是混浊的,必须进行处理,以达到澄清透明的感官要求。葡萄酒澄清一般采取下胶澄清、硅藻土澄清、离心澄清等。

②过滤　过滤是葡萄酒生产中常用的澄清方法,葡萄酒过滤常用硅藻土过滤机、棉饼过滤机、膜除菌设备等方法进行过滤。

③冷处理　葡萄酒经冷处理可使过量的酒石酸盐等析出沉淀,从而使酒酸味降低,口味变温和;还能使残留酒中的蛋白质、死酵母、果胶等有机物质加速沉淀;另外,在低温下可加速新酒的陈酿,有利于酒体成熟。

冷处理温度一般至葡萄酒冰点以上 0.5 ℃,冷处理只有在迅速降温至要求温度时才会有理想效果,常采用快速冷却法,在较短时间(5 ~ 6 h)达到所要求的温度,处理时间

5～6 d。

6)成品酒的调配　葡萄酒因所用的葡萄品种、发酵方法、陈酿时间等不同,酒的色、香、味也各不相同。调配的目的是根据产品质量标准对原酒混合调整,使产品的理化指标和色、香、味达到质量标准和要求。

葡萄酒在调配时,先取原酒进行化学成分分析,根据分析结果,按葡萄酒质量标准要求,在原酒内加入浓缩葡萄汁或蔗糖、柠檬酸、葡萄原白兰地或食用酒精等。

7)葡萄酒的杀菌、瓶储　常见的瓶装葡萄酒(玻璃瓶、塑料瓶、水晶瓶)的瓶塞有软木塞(一般用于高档葡萄酒和高档起泡葡萄酒)、蘑菇塞(一般用于白兰地等酒的封口,用塑料或软木制成)和塑料塞(一般用于气泡葡萄酒)三种。

可采用巴氏杀菌法,使瓶中心温度达到65～68 ℃,保持30 min。杀菌后还须对光检验,合格后出厂前,最好储存一段时间,至少4～6个月,有些高档酒储存期达1～2年,使葡萄酒在瓶内再进行一段时间陈酿,达到最佳风味,然后贴商标、装箱即为成品。

4.4.1.5　白酒加工工艺

中国白酒是世界著名六大蒸馏酒之一。它由淀粉或糖质原料制成酒醅或发酵醪经蒸馏而得,酒质无色(或微黄)透明,气味芳香纯正,入口绵甜爽净,酒精含量较高,经储存老熟后,具有以酯类为主体的复合香味。在蒸馏酒中,白酒的酒精度最高可达65%(体积分数),其他蒸馏酒一般不超过50%(体积分数)。

(1)大曲白酒的加工　大曲白酒主要以高粱为原料,大曲为糖化发酵剂,经固态发酵、蒸馏、陈酿和勾兑而制成。它是中国蒸馏酒的代表,产量约占白酒的20%。我国的名优白酒大多数都是大曲白酒。

1)大曲及其制作　大曲是以小麦或大麦和豌豆等原料,经破碎、加水拌料、压成砖块状的坯后,再在人工控制的温度下培养、风干而成。

根据制曲过程中控制曲坯最高温度的不同,可将大曲分为高温大曲、偏高温大曲和中温大曲三大类。高温大曲制曲最高品温达60 ℃以上;偏高温大曲制曲最高品温为50～60 ℃;中温大曲制曲最高品温为50 ℃以下。高温大曲主要用于生产酱香型大曲酒,如茅台酒(60～65 ℃),长沙的白沙液大曲酒(62～64 ℃)。中温大曲主要用于生产清香型大曲酒,如汾酒(45～48 ℃)。浓香型大曲酒以往大多采用中温或偏低的制曲温度,但从20世纪60年代中期开始,逐步采用偏高温制曲,将制曲最高品温提高到55～60 ℃,以便增强大曲和曲酒的香味,如五粮液(58～60 ℃)、洋河大曲(50～60 ℃)、泸州老窖(55～60 ℃)和全兴大曲(60 ℃);少数浓香型曲酒厂仍采用中温制曲,如古井贡酒(47～50 ℃)。

①高温大曲制作　高温大曲制作工艺流程如下:

小麦→润料→破碎→粗麦粉→拌曲料(加水、曲母)→踩曲→曲坯→堆积培养→出房→储存→成品曲

先在原料小麦中加入5%～10%的水进行润料,经3～4 h后进行粉碎,要求成片状、未通过0.95 mm(20目)筛的粗粒及麦皮占50%～60%,通过0.95 mm筛的细粉占40%～50%。然后按麦粉的重量加入37%～40%的水和4%～5%(夏季)或5%～8%(冬季)的曲母进行拌料,称为和料。接着将曲料用踩曲机压成砖块状的曲坯,要求松而

不散；再将曲坯移入有15 cm高度垫草的曲房内，三横三竖相间排列，坯之间间隔留2 cm，用草隔开。排满一层后，在曲上铺7 cm稻草后再排第二层曲坯，堆曲高度以4～5层为宜。最后在曲坯上盖上乱稻草，以利保温保湿，并常对盖草洒水。堆曲后一般经过5～6 d（夏季）或7～9 d（冬季）培养，曲坯内部温度可达60 ℃以上，表面长出霉衣，此时进行第一次翻曲，此次翻曲至关重要，应严格掌握翻曲时间。第一次翻曲后再经7 d培养，进行第二次翻曲。第一次翻曲后15 d左右可略开门窗，促进换气。40～50 d后，曲温降至室温。曲块接近干燥，即可拆曲出房。成品曲有黄、白、黑三种颜色，以黄色为佳，酱香浓郁。再经3～4个月的储存成陈曲，然后供使用。

②中温大曲制作　中温大曲制作工艺流程如下：

大麦60%、豌豆40%混合→粉碎→加水搅拌→踩曲→曲坯→入房排列→长霉阶段→晾霉阶段→潮火阶段→大火阶段→后火阶段→养曲阶段→出房→储存→成品曲

将大麦60%与豌豆40%（按重量）混合后粉碎，要求通过0.95 mm筛孔的细粉占20%（冬季）或30%（夏季）。加水拌料，使含水量为36%～38%，用踩曲机将其压成每块重约3.2～3.5 kg的曲坯，移入铺有垫草的曲房，排列成行。每层曲坯上放置竹竿，其上再放一层曲坯，共放3层，使成"品"字形，便于空气流通。曲房室温以15～20 ℃为宜。经1 d左右，曲坯表面长满白色菌丝斑点，即开始"生衣"。约经36 h（夏季）或72 h（冬季），品温可升至38～39 ℃，此时须打开门窗，并揭盖翻曲，每天一次，以降低曲坯的水分和温度，称为"晾霉"。经2～3 d后，封闭门窗，进入"潮火阶段"。当品温又上升到36～38 ℃时，再次翻曲，并每日开窗放潮2次，需时4～5 d。当品温继续上升至45～46 ℃时，即进入"大火阶段"。在45～46 ℃条件下维持7～8 d，此期最高品温不得超过48 ℃，需每天翻曲1次。大火阶段结束，已有50%～70%的曲块成熟，之后进入"后火阶段"，曲坯日渐干燥，品温降至32～33 ℃。经3～5 d后进行"养曲阶段"，品温在28～30 ℃。使曲心水分蒸发，待基本干燥后即可出房使用。

2）大曲白酒的加工　大曲白酒生产采用固态配醅发酵工艺，是一种典型的边糖化边发酵（俗称双边发酵）工艺，大曲既是糖化剂又是发酵剂，并采用固态蒸馏的工艺。它不同于国外的白兰地、威士忌等蒸馏酒的生产，它们一般采用液态发酵和固态蒸馏的生产工艺。

大曲白酒生产方法有续渣法和清渣法两类。续渣法是大曲酒和麸曲酒生产中应用最为广泛的酿造方法，它是将粉碎后的生原料（称为渣子）与酒醅（或称母槽）混合后在甑桶内同时进行盖料和蒸酒（称为混烧）。晾冷后加入大曲继续发酵，如此不断反复。浓香型白酒和酱香型白酒生产均采用此法。清渣法是将原辅料单独清蒸后不配酒醅进行清渣发酵，成熟的酒醅单独蒸酒。清香型白酒的生产主要采用此工艺。

① 浓香型白酒的加工工艺流程

a. 原料及其处理　所使用的主要原料是优质高粱，拌料前进行粉碎（不需粉碎过细）。新鲜稻壳用作填充剂和疏松剂，要求将稻壳清蒸20～30 min。使用前磨成细粉，水必须优质。

b. 配料、拌和　配料以甑容、窖容为依据，同时根据季节变化适当进行调整。如泸州老窖大曲酒厂，其甑容1.25 cm^3，每甑下高粱粉110～130 kg，粮醅比约为1∶（4～5），稻

壳用量为粮粉量的17%~22%。增加母槽发酵轮次,可以充分利用醅中的残余淀粉,多产生香味物质。

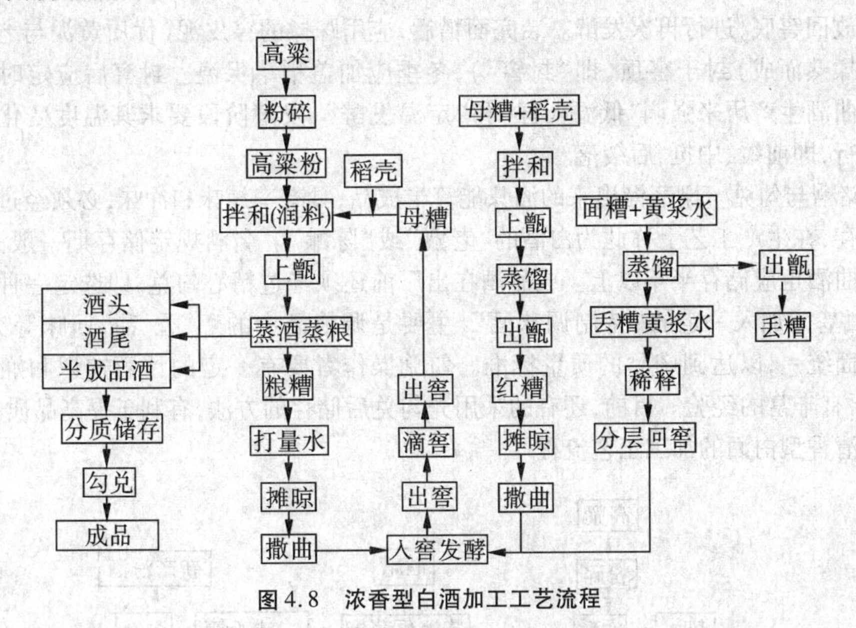

图4.8　浓香型白酒加工工艺流程

c. 蒸酒蒸粮　拌料后约经1 h的润湿作用,然后边进汽边装甑。装甑要求周边高中间低,一般装甑时间约40~50 min。蒸酒蒸粮时掌握好蒸汽压力、流酒温度和速度,这对保证酒质很重要。一般要求蒸酒温度为25 ℃左右(不超过30 ℃),流酒时间(从流酒到摘酒)为15~20 min。流酒温度过低,会让乙醛等低沸点杂质过多的物质进入酒内;流酒温度过高,会增加酒精和香气成分的挥发损失。开始流酒时,应接取酒头约0.5 kg,酒尾一般接40~50 kg。先后流出的各种质量的酒应分开接取、分质储存。断尾(蒸酒结束)后,应加大火力蒸粮,以达到促进淀粉糊化和降低酸度的目的。蒸酒蒸馏时间,从流酒到出甑约为60~70 min。

除了上述蒸粮糟操作外,还另需蒸面糟和红糟。面糟(指酒窖上层的那部分糟,又称回糟)与黄浆水一块蒸,蒸得的丢糟黄浆水酒,稀释到20%(按体积)左右,回窖内重新发酵,可以抑制酒醅内产酸细菌生长,达到以酒养窖、促进醇酸酯化、加强产香的目的。红糟蒸酒后,一般不打量水,只需扬冷加曲,拌匀入窖再发酵(作为封窖的面糟)。

d. 打量水、撒曲　粮糟出甑后,堆在甑边,立即泼加85 ℃以上的热水,称为"打量水",以增加粮醅水分含量,并促进淀粉颗粒糊化以增加粮醅水分含量,并促进淀粉颗粒糊化,达到使粮醅充分吸水保浆的目的。量水温度不应低于80 ℃,温度过低淀粉颗粒难以将水分吸入内部。量水水量视季节不同而异,一般每100 kg粮醅打量水80~90 kg,这样便可达到粮糟入窖水分53%~57%的要求。

经打量水的醅摊晾后,加入大曲粉。每100 kg粮糟下曲18~22 g,每甑红糟下曲6~7.5 kg,随气温冷热有所增减。下曲量过多过少都不合适。

e. 入窖发酵　泥窖是续渣法大曲酒生产的糖化发酵设备,其容积为8~12 mL,深度应保证1.5~1.6 m以上,长∶宽以(2~2.2)∶1为宜。每装完2甑应进行一次踩窖,使松紧适中。浓香型的名酒厂常采用回酒发酵，即从每甑取4～5 kg尾酒，冲淡至20度左右，均匀地洒回到醅子上；有的厂还采用“双轮底”发酵技术，即在醅子起窖时，取约一甑半醅子放回窖底，进行再次发酵。装完面糟后，应用踩揉的窖皮泥（优质黄泥与老窖皮泥混合踩揉熟而成）封于窖顶（即“封窖”），冬季应加盖稻草保温。封窖后应定时检查窖温。大曲酒生产历来强调“低温入窖”和“定温发酵”，发酵阶段要求其温度变化呈有规律性进行，即前缓、中挺、后缓落。

f. 储糟与勾兑　刚蒸馏出来的酒只能算半成品，具有辛辣味和冲味，必须经过一定时间的储存，在生产工艺上称此为白酒的“老熟”或“陈酿”。名酒规定储存期一般为3年，一般大曲酒也应储存半年以上。成品酒在出厂前还须经过精心勾兑，即选定一种基础酒（称为酒基），加入一定的“特制调味酒”，主要是调节酒中的醇、香、甜、回味等突出点。使之全面统一，以达到产品的质量标准。勾兑操作者要有一定的评酒知识和娴熟的技能，还要有丰富的经验。目前，还有的采用先勾兑后储存的方法，有利于提高品质。

②清香型白酒的加工工艺流程

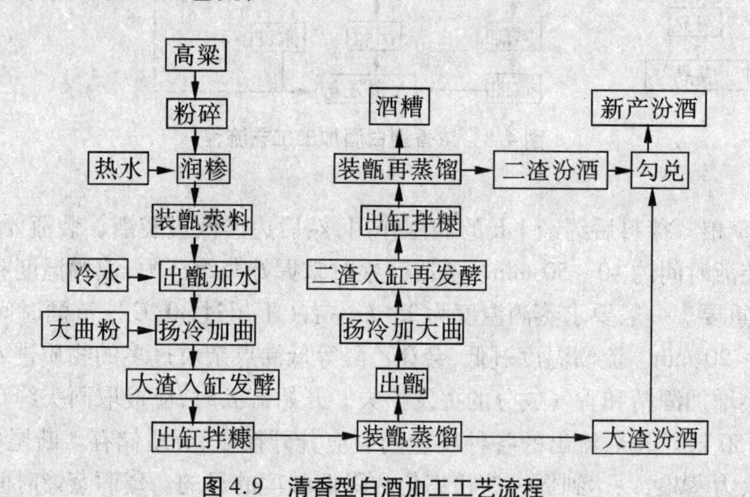

图4.9　清香型白酒加工工艺流程

a. 原料及其处理　主要原料为高粱、中温大曲和水。高粱使用前应粉碎，一般要求每粒高粱粉碎成4～8瓣，其中能通过1.2 mm筛孔的细粉占25%～35%。粉碎后的高粱称红糁，红糁在蒸料前要用热水进行润糁，加水量为原料重量的55%～65%，热水水温夏季75～80 ℃，冬季80～90 ℃，故称高温润糁。经高温润糁拌匀后堆积18～24 h，此期间品温上升，冬季达42～45 ℃，夏季达47～52 ℃。料堆上方应加覆盖物，中间翻动2～3次。所用中温大曲用前应经粉碎，第一次发酵用曲能通过1.2 mm筛孔的细粉不超过55%，第二次发酵用曲能通过1.2 mm筛孔的细粉为70%～75%。

b. 蒸料　蒸料的目的是使原料淀粉颗粒细胞壁受热破裂、淀粉糊化，同时杀死原料所带的微生物，挥发掉原料的杂味。蒸料使用甑桶。先将底锅水煮沸，然后将500 kg湿润的红糁均匀地撒入甑桶。等蒸汽上匀后，在料面上泼加60 ℃的热水，加水量为原料的26%～30%。品温由初期98～99 ℃逐渐上升，出甑时可达105 ℃。

c. 加水和扬晾　蒸好的红糁应趁热从甑中取出，随即泼入原料重量28%～30%的冷水，并立即翻拌使之充分吸水，然后通风晾渣。冬季要求降温至20～30 ℃，夏季降至室温。

d. 加曲　加曲量为原料高粱重量的9%~11%。加曲温度取决于入缸温度，应在拌曲后立即下缸发酵。根据经验，加曲温度为春季20~22 ℃，夏季20~25 ℃，秋季23~25 ℃，冬季25~30 ℃。

e. 大渣入缸　清渣法大曲酒的发酵设备为陶瓷缸，容量有255 kg和127 kg两种规格。每酿造1 100 kg原料需8只225 kg或16只127 kg的陶瓷缸。缸需埋在地下，口与地面平，缸距为10~24 cm。大渣入缸温度以10~16 ℃为宜。入缸水分控制在52%~53%。入缸后用清蒸后的小米壳封口，加盖石板，盖上还可用稻壳保温。

f. 发酵管理　汾香型大曲酒，整个发酵分前、中、后三个时期，一般历时21~28 d。前期6~7 d，品温缓慢上升到20~30 ℃，此期淀粉含量急剧下降，还原糖含量迅速增加，酒精开始形成；中期10 d左右，此期发酵旺盛，淀粉含量下降迅速，酒精量增加显著，80%的酒量在此阶段形成，最高酒度可达12度左右；后期11~12 d，此期糖化作用微弱，酒精发酵基本终止，温度不再上升，但酸度增加快，认为这一阶段主要是生成酒的香味物质的过程。

g. 出缸蒸馏　酒醅出缸，加入原料量质量为18%~20%的糠壳做疏松填充料，其中稻壳∶小米壳为3∶1。蒸馏时，前期蒸汽宜小，后期宜大，最后大汽收尾。流酒后每甑约接酒头1 kg，可回缸发酵。流酒温度控制在25~30 ℃，流酒速度为3~4 kg/min。当流酒的酒度降至低于30度时为酒尾，应于下次蒸馏时回入甑桶。

h. 入缸再发酵　为了充分利用原料中的淀粉，提高淀粉利用率，蒸完酒后的大渣酒醅再进行一次发酵，称为二渣发酵。其操作上大体与大渣发酵相似。

i. 储存、勾兑　蒸出的大渣酒、二渣酒应进行品尝分级，并分别存放在耐酸搪瓷罐中，一般规定储存期为3年，然后经精心勾兑，包装后出厂。

(2)小曲白酒的加工　小曲白酒是以大米、高粱、玉米等为原料，小曲为糖化发酵剂，采用固态或半固态发酵，再经蒸馏并勾兑而成，是我国主要的蒸馏酒品种之一，尤其在我国南部、西部地区较为普遍。

1)小曲的种类　小曲也称酒药、白药、酒饼等，是用米粉或米糠为原料。添加或不添加中草药，自然培养或接种曲母，或接种纯根霉和酵母，然后培养而成，因为呈颗粒状或饼状，习惯称之为小曲。

小曲的种类和名称很多。按主要原料分为粮曲(全部为米粉)和糠曲(全部或多量为水糠)，按是否添加中草药可分为药小曲和无药白曲，按用途可分为甜酒曲与白酒曲，按形状分为酒曲丸、酒曲饼及散曲等。也可按产地、形状、接种的菌种等进行分类。

2)小曲的制作

①药小曲　以生米粉为培养基，添加中草药及种曲或曲母经培养而成。

a. 生产工艺流程

b. 制作过程　先将大米加水浸泡，夏天约2~3 h，冬天约6 h，沥干后磨成米粉，用0.216 mm(80目)细筛筛出约占总量1/4的细米粉作裹粉用。每批取米粉15 kg，添加曲母2%、水60%、适量药粉，制成2~3 cm大小的圆形曲坯；在5 kg细粉中加入0.2 kg曲母，混匀，进行裹粉，直至裹粉用完，然后入房培养。入房前曲坯含水量46%。曲室温度控制在28~31 ℃，经4 d培养，小曲成熟，出房干燥至含水量12%~14%。

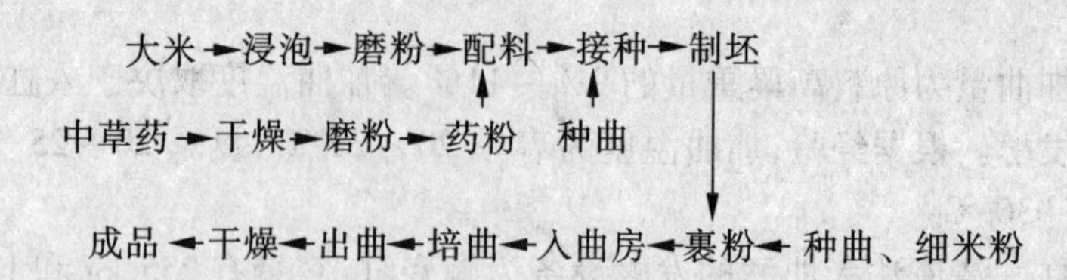

②酒曲饼　又称大酒饼，它是用大米和大豆为原料，添加中草药与填充料（白癣土泥）、接种曲种培养而成。酒曲呈方块状，规格为 20 cm×20 cm×3 cm，其中主要含有根霉和酵母菌等微生物。

用大米 100 kg（蒸成米饭）、大豆 20 kg（用前蒸熟）、曲种 1 kg、药粉 10 kg、白癣土泥 40 kg，加大米量 80% ~85% 的水，在 36 ℃左右拌料，压成 20 cm×20 cm×3 cm 的正方形酒曲饼，在品温为 29 ~30 ℃时入房培养，历时 7 d 左右，然后出曲，于 60 ℃以下的烘房干燥 3 d，至含水量在 10% 以下，即为成品，每块重约 0.5 kg。

③浓缩甜酒药　本品是先将纯根霉在发酵罐内进行液体深层培养，然后在米粉中进行二次培养的根霉培养物。

液体培养基配方为，粗玉米粉 7%，30% 浓度黄豆饼盐酸水解物 3%，pH 值自然，接种量 16%，培养温度 33±1 ℃，通气量 1：（0.35 ~0.4），搅拌（210 r/min），经 18 ~20 h 培养后，用孔径 0.21 mm（70 目）孔筛收集菌体。洗涤后按重量加入 2 倍米粉，加模压成小方块，散放在竹筛上。在 35 ~37 ℃中培养 10 ~15 h，品温可达 40 ℃。转入 48 ~50 ℃干燥房，至含水量在 10% 以下，经包装即为成品。

3）小曲白酒的加工　小曲白酒的生产分为固态发酵法和半固态发酵法两种，后者又可分为先培菌糖化后发酵和边糖化边发酵两种典型的传统工艺。

①先培菌糖化后发酵工艺　此工艺特点是采用药小曲为糖化发酵剂，前期固态培菌糖化，后期半固态发酵，再经蒸馏、陈酿和勾兑而成。

a. 生产工艺流程

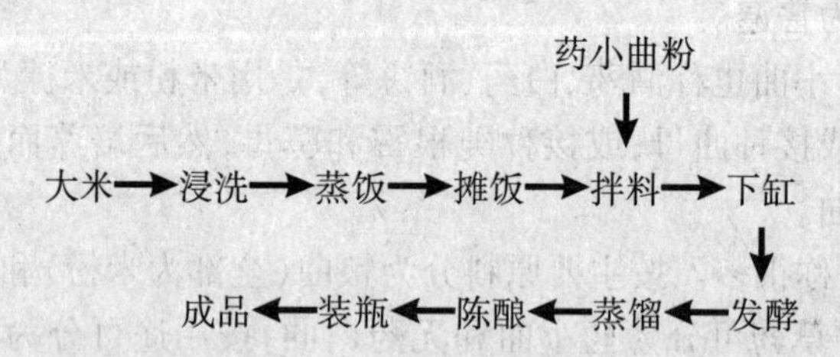

b. 制作过程　大米浸泡后，蒸熟成饭，此时含水量约 62% ~63%，摊冷至 36 ~37 ℃，加入原料量 0.8% ~1% 的药小曲粉，拌匀后入缸。每缸约 15 ~20 kg 原料，饭厚约 10 ~13 cm，中央挖一空洞。待品温降至 30 ~32 ℃时加盖，使其进行培菌糖化，约经 20 ~22 h，品温达 37 ~39 ℃。约经 24 h，糖化率达 70% ~80% 即可加水使之进入发酵。加水量为原料量的 120% ~125%，此时醅料含糖量应为 9% ~10%，总酸 0.7 以下，酒精 2% ~3%（按体积）。在 36 ℃左右发酵 6 ~7 d，残糖接近零，酒精含量为 11% ~12%（按体积），总酸在 1.5 以下。之后进行蒸馏，即得到小曲酒。蒸馏所得的酒，应进行品尝和检验，色、香、味及理化指标合格者，入库陈酿，陈酿期 1 年以上，最后勾兑装瓶即为成品。

②边糖化边发酵工艺　采用酒曲饼为发酵剂，为半固态发酵法，用曲量大，周期短。

a. 生产工艺流程

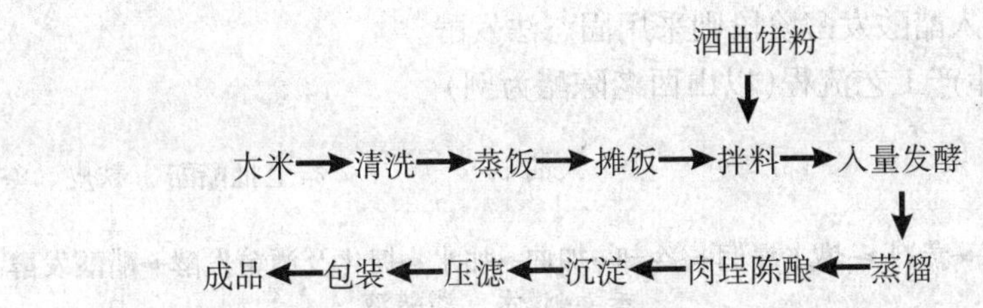

b. 制作过程　将大米清洗，蒸熟，摊晾至35 ℃（夏天），冬季为40 ℃。按原料量加18% ~22%酒曲饼粉，拌匀后入埕（酒瓮）发酵。装埕时先给每只埕加清水6.5 ~7.0 kg，再加5 kg大米饭，封口后入发酵房。室温控制在26 ~30 ℃，品温控制在30 ℃以下。发酵期夏季为15 d，冬季为20 d。蒸馏时截去酒头酒尾，所得之酒装入酒坛内，每坛20 kg，并加肥猪肉2 kg，经过3个月陈酿后，将酒倒入大池沉淀20 d以上，坛内肥肉供下次陈酿。经沉淀后进行勾兑，除去油质和沉淀物，将酒液压滤、包装，即为成品。

4.4.2　酿造调味品工艺

4.4.2.1　食用醋加工工艺

食醋是日常生活中一种普通的调味品，但食醋酿造却是一个极其复杂的生物化学过程。从发酵类型上，它涉及厌氧发酵和好氧发酵两大类型；从微生物方面，它是由霉菌、酵母和细菌三大类参与；从酶的角度，更是由相当多的酶进行一系列的生化反应。最后生产出的食醋除醋酸外，还有其他有机酸、酯类、糖等多种成分，形成了食醋特有的色、香、味一体。经过人类长期的生产实践和地域人文的差异，采用不同原料和辅料及对发酵进程的不同的控制方式，以及菌种的不同，形成了许多不同风格的名醋，如山西陈醋、镇江香醋、四川麸醋、浙江玫瑰醋、福建红曲醋以及东北的白醋等。虽然品种繁多，但从总体上讲，食醋的酿造工艺可分为两大类：固态发酵和液态发酵。

（1）制醋原料及处理

1）酿醋原料　分为主料和辅料。我国食醋酿造的主料有含淀粉原料、含糖原料、含酒精原料等，而普遍采用含淀粉原料，主要有：薯类（包括甘薯、薯干、土豆）；各类原料有大米、高粱、小米、玉米、碎米等；野生植物有橡子仁、菊芋等；水果有梨、柿、枣等。还有一些农副产品下脚料如醪糟、酒糟、干淀粉渣、甜菜废丝、糖蜜等。

酿醋辅料有细谷糠和麸皮，它们提供一些营养物质，麸皮还含有α-淀粉酶；它们还起到疏松作用。

除主料和辅料外，还需要一些填充料：谷糠、花生壳、谷壳、玉米心、高粱壳等。它们可调整淀粉浓度，吸收酒精和浆液，使醅子疏松，为醋酸发酵创造条件。

为使食醋具有更好的色、香、味，还使用食盐、蔗糖、香料、炒米色等添加剂。

2）原料处理　淀粉质原料固态发酵时须先粉碎，加水蒸料，其目的是使淀粉颗粒吸水膨胀，以利于液化和糖化，一般是在旋转式蒸煮锅中完成，通过蒸料还起到去除某些有害物质和灭菌的作用。

液态发酵则要加3倍水浸泡，煮熟呈粥状，加酶或曲糖化。

（2）固态法制醋工艺　固态法制醋是醋酸发酵时物料呈固态的一种酿醋工艺。固态法制醋工艺有很多种，在酒精发酵阶段采用大曲酒工艺、小曲酒工艺、麸曲酒工艺或液态酒精发酵工艺等，转入醋酸发酵阶段则采用固态法发酵。

1)大曲法制醋生产工艺流程(以山西老陈醋为例)

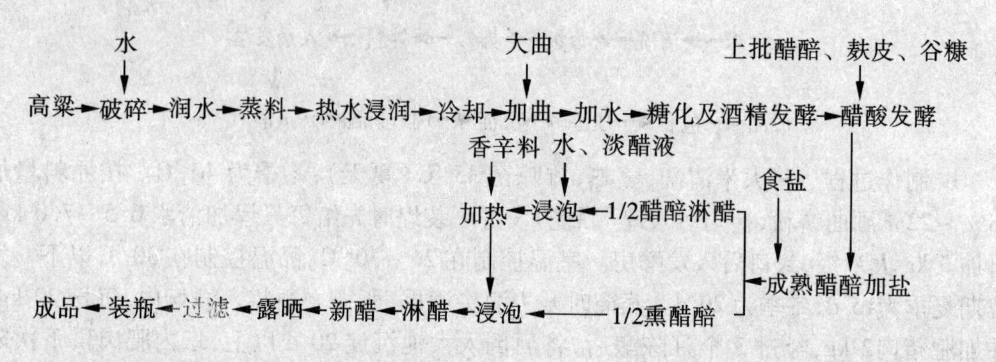

①原料配比　山西老陈醋原料配比见表4.19。

表4.19　山西老陈醋原料配比　kg

原料	高粱	麸皮	谷糠	加曲量	食盐	香辛料	总原料量	水			
								蒸前水	蒸后水	入缸前水	总水量
质量	100	73	75	62.5	5	0.05	313.5	50	225	65	340

②原料处理

a.磨碎　将高粱磨碎，使之大部分成4~6瓣，以粉末少为好。

b.润水　取磨碎的高粱按100 kg高粱加冷水50 kg拌匀，润水12 h以上(若用30~40 ℃温水4~6 h亦可)，使高粱颗粒充分吸收水，夏天要摊开，冬天要堆放成丘形。

c.蒸料　将润水后的料打散蒸料，上汽后1.5~2 h，以熟透不贴手，无生心为标准。

d.冷却　将熟料取出放入冷散池，均70~80 ℃热水浸润，热水量为高粱原料的225%，拌匀后闷20 min，待高粱颗粒充分吸足水分后，掏出摊在晾料场上冷却，要求在短时间内冷却至25~26 ℃。

③淀粉糖化及酒精发酵　当高粱软饭冷却至25~26 ℃时，加入经磨细的大曲粉62.5 kg搅匀，再加水65 kg，使总加水量达340 kg搅匀。将上述配好的原料入缸发酵，冬季入缸温度20 ℃，夏季25~26 ℃，入缸温度高，发酵太快；入缸温度低，发酵迟缓，都会影响质量。原料入缸后逐渐糖化及发酵，前3天每天打耙两次，第3天品温可达30 ℃，第4天发酵到最高峰。用塑料布封缸，盖上草垫使不漏气，促进后发酵，此时品温逐渐下降，发酵时间为16 d，取样化验酒精度达酒精体积分数6%~7%，酸度2.5。正常的酒醪色发黄，酒液澄清，如变黑色则酸度过高。

④ 醋酸发酵　由547 kg高粱及342 kg大曲所制得的酒醪，拌入麸皮、谷糠各400 kg，置于100只浅缸内进行醋酸发酵。

取上次醋酸发酵第4天，并经翻拌3次，品温在43~44 ℃的新鲜醋醅作为醋酸菌种子接入浅缸，接种比例10%，菌种埋于中心，缸口盖上草盖，约经12 h，品温升至41~

42 ℃,每天早晚用手翻拌一次。3～4 d发大热,第5天开始退火,此后品温逐渐降低,至第9天即完成醋酸发酵周期。其醅温变化见表4.20。

表4.20　醋酸发酵期间的醅温变化

醋酸发酵时间/d	1	2	3,4	5	6	7	8
醅温/℃	入浅缸	41～42	43～45	40	35	30	25～26

⑤成熟加盐　醋酸发酵8 d后,醋醅已成熟,其酸度达8 g/100 mL以上,加食盐27.35 kg(高粱的5%),既能调味,又能抑制醋酸过度氧化,使醅温下降。

⑥淋醋和熏醋　取一半醋酸发酵终了的醋醅置于熏醅缸内,用文火加热,温度为70～80 ℃,缸口盖上瓦盆,每天拌1次,经4 d出醅,称为熏醅,老陈酸不宜过老,否则醋味发苦。

取剩下的一半醋醅,先加入上一次淋醋后所得淡醋液,再补足冷水(为醋醅质量的2倍),浸泡12 h后,就可以淋醋,且至酸液全部淋出。

淋出的醋液,加入香辛料加热至80 ℃,放到熏醅中浸泡10 h后,再进行淋醋,所淋出的醋称为熏醋,也叫原醋,为老陈醋的半成品。每100 kg高粱出熏醋400 kg,余下的淡醋液,作为下一次醋醅浸泡之用。老陈醋的原醋酸度为6～7 g/100 mL,浓度为7°Bé。

⑦ 陈酿　新醋储放于室外缸内,除遇刮风下雨需盖上缸盖以防雨水淋落外,一年四季日晒夜露。冬季醋缸结冰,把冰取出,称为"夏日晒,冬捞冰",经过三伏一冬的陈酿后,醋色浓而重,浓度达18°Bé,总醋含量10 g/100 mL以上。原醋陈酿期为9～12个月。每100 kg高粱所得熏醋400 kg,陈酿后只得到120～140 kg老陈醋。

⑧成品　老陈醋制成后,经纱布过滤,除去浮杂物即可装瓶出售。

2)小曲(麦曲)法制醋生产工艺流程(以镇江香醋为例)　镇江香醋是典型的小曲(麦曲)法制醋。其传统制法是以黄酒糟为主要原料,由于酒糟含酒度低,来源有一定限制,现在一般改为以优质糯米为主要原料,以小曲(麦曲)为糖化发酵剂。其酿醋工艺实行固态分层发酵法,经酿酒、制醅及淋醋3个过程,大小40多道工序,历时60 d左右。所产香醋具有色、香、酸、浓的特点。

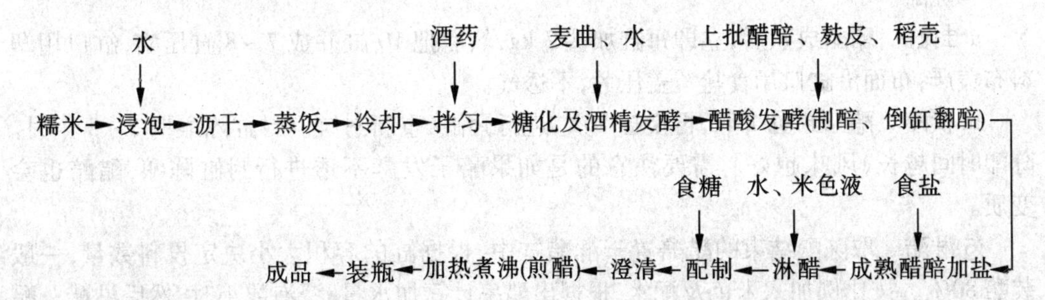

①原料配比　镇江香醋原料配比:糯米500 kg,酒药2 kg,麦曲30 kg,麸皮850 kg,稻壳475 kg。此外,每吨一级香醋耗用辅料:米色液135 kg(折大米40 kg左右),食拌20 kg,食糖2 kg。

②糖化及酒精发酵

a. 原料处理　要求米粒圆、整齐、粒大。将每次投料糯米500 kg置于浸泡池中，加入清水浸泡，一般冬季浸泡24 h，夏季15 h。浸后要求米粒浸透无白心，然后捞出放入米箩内，以清水冲去白浆，淋到出现清水为止，再适当沥干。将沥干的糯米蒸至熟透，取出用凉水淋饭冷却。冬季冷至30 ℃，夏季冷至25 ℃，拌入酒药2 kg（0.4%）拌匀，置于缸内呈"V"字形饭窝。拌药毕，用草盖将缸口盖好，以减少杂菌污染和保持品温。

b. 低温糖化及酒精发酵　品温保持在31～32 ℃，冬天用稻草裹扎，夏天天热后将草盖掀开散热。经过60～72 h饭粒离缸底浮起，卤汁满塘。此时已有酒精及二氧化碳气泡产生，这时糖分30%～35%，酒精体积分数4%～5%。

c. 后发酵　拌药4 d后，添加水和麦曲，加水量为糯米的140%，麦曲量为6%，即30 kg，掌握品温26～28 ℃，即称为"后发酵"，在此期间应注意及时开耙。一般在加水24 h后开头耙。以后3 d每天开耙1～2次以降低温度。发酵时间自加入酒药算起，总共为10～13 d。每50 kg糯米，冬天产酒醅165 kg，酒精体积分数13%～14%，酸度0.5%以下夏天产150 kg酒醪，酒精体积分数10%以上，酸度0.8%以下。

③醋酸发酵

a. 拌料接种　制醋方法采用固态分层发酵法。发酵容器为大缸，缸容量500～600 L。取165 kg酒醅盛入大缸中加85 kg麸皮拌成半固态，再取发酵优良的成熟醋醅2.5～3 kg及少量稻壳和水（冬季用温水），把酒醅、稻壳及成熟醋醅用手充分搅拌均匀，放置缸内醅面中心处。每缸表面盖2.5 kg左右稻壳，不必加盖，任其发酵。

b. 倒缸翻醅　次日即应将上面覆盖的稻壳揭开，并将上面发热的配料与下部表层未发热的醅料及稻壳充分拌和，搬至另一缸，称为"过杓"。一缸料醅分10层逐次过完。过杓品温43～46 ℃，一般经过24 h，再添加稻壳并向下翻拌一层。每次加稻壳约4 kg，根据实际情况补一些温水。这样经过10～12 d醋醅全部制成，原来半缸酒醪已变成全缸醋醅，每缸共加稻壳47.5 kg，先前装酒醪的缸已全部过杓完毕，生成空缸，称为"露底"。

过杓完毕，醋酸发酵到达最高潮。此时需天天翻缸，即将一缸内全部醋醅翻倒入另一缸，这也叫露底。露底需要掌握温度变化，使面上温度不超过45 ℃。每天1次，连续7 d，此时发酵温度逐步下降，酸度达到高峰，通过测定，一经发现酸度不再上升，立即转入密封陈酿阶段。

④陈酿

a. 封缸　醋醅成熟后，立即每缸加盐2 kg，然后把10缸并成7～8缸压实，缸口用塑料布盖严，布面沿缸口用食盐覆盖压紧，不透气。

b. 伏醅　醋醅封缸1周，再换缸1次，进行翻缸，重新封缸。封缸陈酿期1～3个月。陈酿时间越长，风味越好。需要注意的是如果醅子发酵不透进行封缸陈酿，醋醅也会变质。

⑤淋醋　取陈酿结束的醋醅置于淋醋缸中，根据缸的容积大小决定投料数量，一般装醅80%。按比例加入米色及配水，根据出醋率计算加水量，浸泡数小时，然后淋醋。醋汁由缸底管子流至地下缸，第一次淋出的配汁品质最好，淋毕，再加水浸泡数小时，淋出的二醋汁可作为第一次淋醋的水用。第二次淋毕，加水再浸泡，第三次淋出的三醋汁作为第二次淋醋的水用，循环淋泡，每缸淋醋3次。

⑥灭菌及配制成品　将头醋汁加入食糖配制，澄清后，加热煮沸（煎醋），趁热装入储

存容器，密封存放。每500 kg糯米可产一级香醋1 750 kg，平均出醋率3.5 kg醋/kg米。

3)麸曲法制醋生产工艺流程　麸曲法制醋是以纯培养曲霉菌制成麸曲作糖化剂，以纯培养的酒精酵母和醋酸作发酵剂，采用固态发酵法酿制食醋。它适用于高粱、大米或甘薯等各种原料。除山西老陈醋、镇江香醋、四川麸醋等名特产品仍保留其独特的生产工艺外，普通用麸曲固态发酵法制醋。它具有出醋率较高、生产成本较低、生产周期较短的优点。

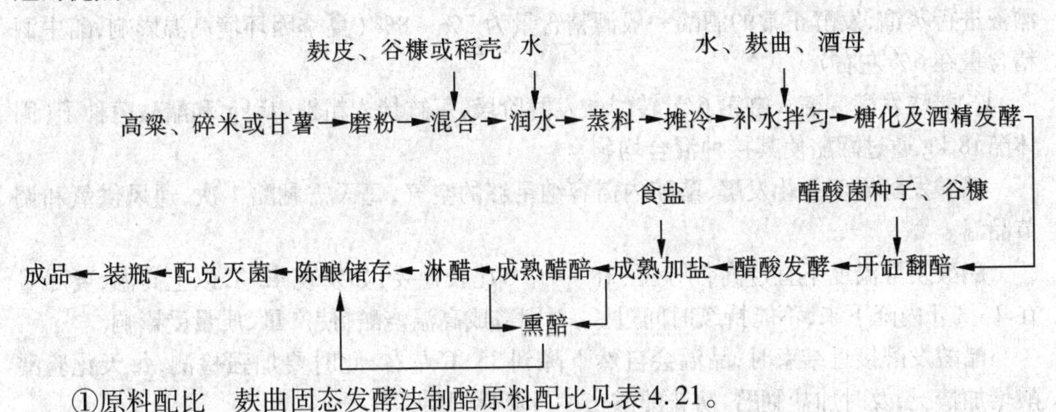

①原料配比　麸曲固态发酵法制醋原料配比见表4.21。

表4.21　麸曲固态发酵法制醋原料配比　kg

原料	高粱、碎米或甘薯	谷糠或稻壳	麸皮	蒸前原料润水	蒸后熟料补水	麸曲	酒母	谷糠(醋酸发酵时加入)	醋酸菌种子醅	食盐(夏季多用)
质量	100	80	120	275	180	50	40	50	40	4.5~10

②原料处理

a. 磨粉　甘薯干、高粱、碎米等原料用前均需粉碎备用。

b. 混合　将粉碎好的原料和麸皮、谷糠在拌料场上进行翻拌混合均匀。

c. 润水　混合好的干料通过机械加水润料，加水量为总水量的60%，人工拌水要进行充分翻拌，使生料吸水均匀一致。

d. 蒸料　润水后的生料装锅，要注意疏松，防止压实。采用常压蒸料设备，待蒸汽全面冒出后，开始记录时间，蒸1.5~2 h，再焖1 h出锅。采用加压设备蒸料，待罐内气压达到0.1 MPa时关汽，打开排气阀将罐内冷空气排出，然后再开汽蒸料，罐内气压达0.15 MPa开始记录时间，蒸1 h，焖15 min出料。

e. 摊冷　生料经过蒸熟呈现结块现象，出锅时需经过机械打碎，摊晾在清洁的专用操作场地，迅速翻拌冷却或进行机械降温。

③熟料补水，添加麸曲、酒母　夏季熟料降温越低越好，一般在30 ℃以下，方可将剩下的40%水量的冷水补加进去，并将酒母和打碎的麸曲同时加入，经过充分翻拌将醅装入缸内，醅水分含量在60%~62%为宜，冬季可适当增加用水量，醅含水量可达64%左右。

应严格选用优质的麸曲、酒母、醋母，不合格品不能投入生产使用。如将不合格品采取加大用量的办法，会给生产带来严重后果。

④淀粉糖化及酒精发酵　醅入缸要填满压实(缸容量250 kg)，检查醅温夏季24 ℃左右，冬季28 ℃左右，缸口加草盖，室温保持28 ℃左右。

醅入缸的第2天，品温升高到38～40 ℃，进行1次翻醅（也称倒缸），调节温度和水分；翻完后将醅摊平压实，扫缸内壁，加盖塑料薄膜和草盖封闭，进行双边发酵（即淀粉糖化和酒精发酵）。

糖化和酒精发酵要求在低温下进行，醅温在35 ℃以下为好，最高不超过37 ℃，发酵时间自入缸算起5 d，冬季可延长到7 d，双边发酵即可基本结束。

发酵5 d后，开缸转醋酸发酵，此时必须检测醅中的酒精浓度，等量抽取各缸醅中的酒液进行蒸馏，发酵正常的酒醅一般酒精含量为7%～8%（夏季因环境高温影响，醅中酒精含量在6%左右）。

⑤醋酸发酵　醅入缸第6天转醋酸发酵阶段，每缸拌入粗糠10 kg和醋酸菌种子（固体醅）8 kg通过翻醅使其接种混合均匀。

醋酸发酵属于氧化发酵，醋醅内需容纳足够的空气，每天需翻醅1次，通风供氧和调节品温。

醋酸发酵温度不宜过高，掌握在38～41 ℃比较稳妥，如发现42 ℃以上高温，要尽量在2～3 d内降下来，不能持续时间过长，否则造成高温烧醅，使产量、质量受影响。

醋酸发酵接近结束时，品温会自然下降到35 ℃左右，此时要加强检测，每天化验醋酸增加情况，及时加盐翻醅，防止醋酸产生过氧化现象。

显然醋醅的后熟时间只有短短的2～3 d，但不可忽视，因后熟可以把没有变成醋酸的酒精及其中间产物进一步氧化为醋酸，同时还能进行能化反应，对增进食醋香气、色泽和澄清度有很大作用。

配料粗细度不同，醋醅中酒精浓度的高低，翻醅方法和设备大小的不同，使成熟快慢各有差异，一般醋酸发酵周期10～20 d。

⑥淋醋　淋醋采用三循环法，甲组醋缸放入成熟醋醅，用二套醋浸泡20～21 h，淋出的醋称头醋（即半成品）；乙组缸内的醋渣是淋过头醋的渣子，用三醋浸泡，淋出的醋称二醋；丙组缸内的醋渣，是淋过二醋的二渣，用清水浸泡，淋出的醋称三醋。淋完丙组缸的醋渣，残酸仅0.1 g/100 mL，可用作饲料。

在淋醋时应注意回淋，使醋回淋清澈以后再正式淋醋，以保证醋的体态质量。

⑦熏醅　取发酵成熟的醋醅置于熏醅缸内，缸口加盖，用文火加热，维持70～80 ℃，每隔24 h倒缸一次，共熏5～7 d，出缸为熏醅，具有熏醋特有的香气，色棕红有光泽、味酸柔和、不涩不苦，也可单独浸淋成熏醋或与成熟醋醅按比例混合浸淋。

⑧陈酿储存　醋陈酿有两种方法：醋醅陈酿，将加盐后总酸含量7 g/100 mL以上的醋醅移入院中缸内砸实，上盖一层食盐，放置15～20 d，倒醅一次再行封缸，陈酿数月后淋醋；醋液陈酿（半成品），陈酿时间根据成品醋的具体要求确定，如果总酸含量低于5 g/100 mL，容易变质不宜陈酿。经陈酿的食醋质量有显著提高，色泽鲜艳、香味醇厚、澄清透明。

⑨配兑成品及灭菌　陈酿醋或新淋出的头醋通称为半成品。出厂前需按质量标准进行配兑，除总酸含量5 g/100 mL以上的高档食醋不需添加防腐剂外，一般食醋均应在加热时加入0.06%～0.1%的苯甲酸钠作为防腐剂。灭菌采用热交换器，灭菌温度为80 ℃以上，最后定量包装即为成品。

（3）液态深层发酵法制醋工艺　液态深层发酵制醋，醋酸发酵采用大型标准发酵罐

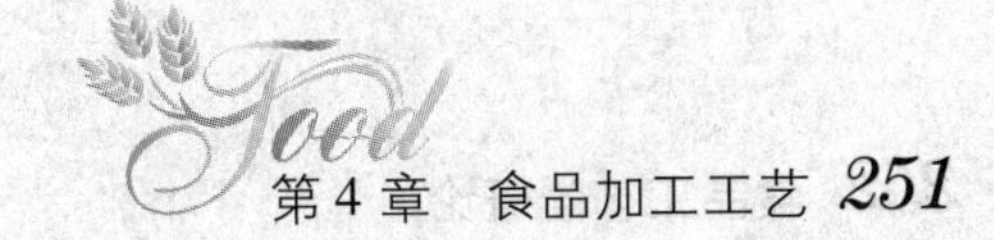

或自吸式发酵罐，原料定量自控，温度自控，能随时检测发酵醅中的各种检测指标，使之能在最佳条件下进行，发酵周期一般为40～50 h，原料利用率高，酒精转化率达93%～98%。其特点是发酵周期短，劳动生产率高，占地面积小，不用稻壳等填充料，能显著减轻工人劳动强度，是我国近代制醋工业化生产发展的一个重要标志。

1）淀粉质原料液态深层发酵制醋生产工艺流程

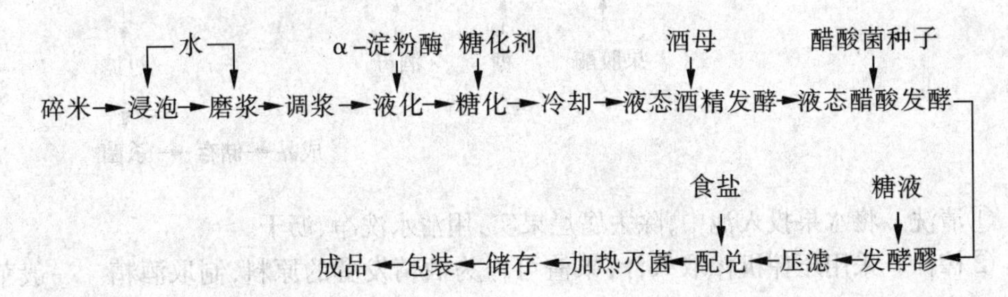

①醋酸发酵

a.进料　将酒醪泵入已灭菌的发酵罐，开动搅拌器搅拌通风，保持32 ℃，然后接种。

b.醋酸菌种子培养　醋酸菌种子培养液均用酒液，按10%接种量逐步扩大，风量1∶0.1培养前期酌情还可小些。培养温度32～35 ℃，时间24 h左右。

c.接种发酵　发酵温度应控制在32～35 ℃，通风量前期（24 h）1∶0.07，后期1∶0.1，每小时记录罐温、通风量一次。如罐温过高，应加强冷却降温。后期每隔1～2 h测一次总酸。待酒精氧化完毕，酸度不再上升即发酵完成。一般发酵时间为65～72 h。成熟发酵醪总酸含量（以醋酸计）在6 g/100 mL以上，酒精含量（以容量计）在0.3%左右。

目前生产上多采用外割法半连续发酵：当醋酸发酵成熟，即可放出1/3醋醪率取醋，同时加入1/3酒醪继续进行醋酸发酵。这样每隔20～22 h可取醋一次。如醋酸发酵正常，可一直连续进行下去。

②压滤　醋酸发酵结束时，为了提高食醋糖分，在醋醪里加入一定数量的糖液以达到出厂标准。混合均匀后，送至板框压滤机进行压滤。

③配兑储存　醋液压滤后取样检测，按成品要求加盐配兑，再加热至75～80 ℃灭菌，然后输入成品罐储存1个月以上。

深层液态发酵醋的风味不及固态发酵醋风味，而且色浅。可采用熏色串香方法调整：用醋渣拌20%的糠、10%的麸皮、0.15%的花椒、0.1%的大料、0.2%的小茴香（均以醋渣计），温度控制在80～90 ℃，保温1周左右，再加水浸淋出具有熏香味，呈棕褐色的固态发酵醋。将其兑制于液体醋中，可弥补深层发酵醋的色泽及风味的不足。

一般1 kg大米能出总酸含量（以醋酸计）为5 g/100 mL的食醋6.8～6.9 g。

2）水果原料制醋生产工艺流程　水果中含有许多可溶性糖，这些糖可直接进行酒精发酵和醋酸发酵，无须液化、糖化，工艺相对简单，省工省时，原料转化率高。具有果香和果味，还含有不挥发有机酸（如柠檬酸、苹果酸、乳酸等），使食醋的刺激性酸味减弱，酸味变得柔和，口感爽洁怡神，还具有护肤、美容、抗衰老等特殊功能。

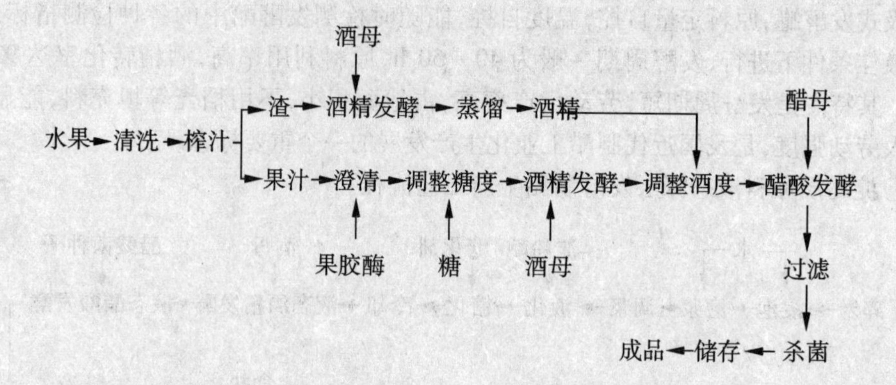

①清洗　将水果投入池中，除去腐烂果实，用清水洗净、沥干。

②榨汁　采用压榨机榨取果汁，果渣可作为酒精发酵的原料，制取酒精。一般苹果出汁率为70%～75%，葡萄为65%～70%，柑橘为60%，番茄为75%以上。

③澄清　果汁加热至90 ℃以上，然后降温至50 ℃，加入黑曲霉麸曲2%或果胶酶0.01%，在40～50 ℃下维持2～3 h，过滤得澄清果汁。

④调整糖度　一般果汁含糖量调整为12%～14%，可采用蔗糖或淀粉糖浆，补加时应先将糖稀释，然后加热至95～98 ℃灭菌，降温后再加入到果汁中。

⑤酒精发酵　果汁降温至30 ℃，接种酵母，维持品温30～34 ℃进行酒精发酵。4～5 d后，发酵液含酒精6%～8%，酸度1.0%～1.5%，酒精发酵即可结束。

⑥醋酸发酵　果醋生产最好采用液态发酵工艺，常用的方法有表面发酵法、自吸式发酵罐液态深层发酵法，以保留水果的固有果香。若酒精度<5%，应适当补加酒精。醋酸发酵时，最好采用人工纯培养的醋酸菌种子，其纯度高，发酵速度快。液态发酵生产果醋若采用固态发酵，拌入谷糠及麸皮即可。

⑦过滤及灭菌　醋酸发酵结束的汁液可采用硅藻土过滤机过滤，滤渣可加水重滤1次，并在一起调整酸度为3.5%～5%。然后经蒸汽加热至80 ℃以上，趁热灌装封盖，即为成品。

成品感观为色泽淡黄色，澄清无沉淀，具有水果固有香气，无其他异味；总酸（以醋酸计）3.5%～5.0%、不挥发酸0.3%～0.6%、挥发酸3.2%～4.6%、还原糖0.8%～1.3%、固形物1.2%～1.8%。

4.4.2.2　酱油加工工艺

酱油是以植物蛋白和淀粉质为主要原料，经过微生物酶的作用，发酵水解生产多种氨基酸以及各种糖类，并以这些物质为基础，再经过复杂的生物化学变化，形成具有特殊色泽、香气、滋味和体态的调味液。随着科学技术的不断发展，人们发现大豆里的脂肪对酿造酱油作用不大。为了合理利用资源，目前我国大部分厂家已普遍采用大豆脱脂后的豆粕或豆饼作为主要的蛋白质原料，以麸皮、小麦或面粉等作为淀粉质原料，再加食盐和水生产酱油。

酱油酿造工艺一般可分为四个阶段：原料及其处理、制曲、发酵、浸提和消毒。

（1）原料

1）蛋白质原料　酱油酿造一般选择大豆、脱脂大豆作为蛋白质原料，也可以选用其

他蛋白质含量高的代用原料。

①大豆和豆粕(饼)　大豆是黄豆、青豆及黑豆的统称。大豆的主要成分:蛋白质35% ~45%,脂肪15% ~25%,糖类21% ~31%,纤维素4.3% ~5.2%,灰分4.4% ~5.4%,水分8% ~12%。大豆氮素成分中95%是蛋白质氮,其中水溶性蛋白质占90%。大豆蛋白质以大豆球蛋白为主,约占84%,乳清蛋白占5%左右。

②豆粕　豆粕是大豆先经适当的热处理(一般低于100 ℃),调节其水分到8% ~9%,轧扁,然后加入有机溶剂浸泡或喷淋,使其油脂被提取,然后除去豆粕中溶剂(或用烘干法)得到。豆粕中粗蛋白质含量47% ~51%,脂肪1%,糖类25%,粗纤维5%,灰分5.2%,水分7% ~10%。子粒比大豆细,较易蒸煮,给曲霉生长提供了较大的表面积,因而菌体量较多,各种酶的积累也较多,蛋白质水解较彻底,所以说豆粕是制作酱油的理想原料。

③豆饼　豆饼是大豆用压榨法提取油脂后的产物,习惯上通称为豆饼。由于压榨时加热温度和压力的不同,豆饼可分为冷榨豆饼和热榨豆饼。热榨豆饼水分较少,蛋白质含量高,质地疏松,易于粉碎,适合于酿造酱油。冷榨豆饼中粗蛋白43% ~46%,粗脂肪6% ~7%,糖类18% ~21%,灰分5% ~6%,水分8% ~10%。

④其他蛋白质原料　蛋白质含量高、不含有毒物质、无异味的物质均可选为酿造酱油的代用原料,如蚕豆、豌豆、绿豆、花生饼、葵花子饼、芝麻饼、脱毒后的菜籽饼等。

2)淀粉质原料　酿造酱油用淀粉质原料以小麦和麸皮比较理想。小麦除主要含有70%淀粉外,还含有2% ~3%的蔗糖、葡萄糖和果糖。小麦含10% ~14%的蛋白质,其中麸胶蛋白质和谷蛋白质丰富,麸胶蛋白质中的氨基酸以谷氨酸最多,它是产生酱油鲜味的主要因素之一。

麸皮质地疏松,体轻,表面积大,除一般成分外,还含有多种维生素,钙、铁等无机盐,营养成分适于促进米曲霉的生长和产酶,既有利于制曲,又有利于淋油,能提高酱油的原料利用率和出品率。麸皮粗淀粉中多缩戊糖含量达20% ~24%,它与蛋白质的水解产物氨基酸结合,产生酱油色素,另外麸皮本身还含有α-淀粉酶和β-淀粉酶。

3)食盐　食盐是生产酱油的重要原料之一,它使酱油具有适当的咸味,并且与氨基酸共同呈鲜味,增加酱油的风味。食盐还有杀菌防腐作用,可以在发酵过程中在一定程度上减少杂菌的污染,有防止成品腐败的功能。

4)水　水是酿造酱油的原料,一般生产1 t酱油需用6 ~7 t水。凡是符合卫生标准能饮用的水均可使用。酱油成分中水分占70%左右。

(2)豆饼(豆粒)的处理方法

1)原料配比　目前,我国多采用固态低盐发酵法和固态无盐发酵法,常使用的原料配比为豆饼∶麸皮为8∶2、7∶3或6∶4,也有采用豆粕∶麸皮为10∶1配比的。

2)原料粉碎　豆饼要经过粉碎,以保证有适当的粒度,便于浸渍与蒸煮。粉碎的粒度要求大部分达到高粱米粒大小。粉碎设备多采用锤击式粉碎机,再通过筛孔直径为2 ~3 mm的筛子。

3)原料加水及润水　豆粕或豆饼由于其原形已被破坏,加水浸泡就会将其中的成分浸出而损失,通过一定时间的润水,使需要加入的水分充分而均匀地吸入原料内部,使原料中蛋白质含有适量的水分,以便在蒸料时受热均匀,迅速达到蛋白质的一次变性,还使原料中的淀粉吸水膨胀，易于糊化，以便溶解出米曲霉生长所需的营养物质，并供给米曲霉生长繁殖所需要的水分。

制曲时应尽可能缩短曲霉袍子的发芽时间，利用曲霉的生长优势抑制杂菌的侵入。原料中含有适量的水分是加速米曲霉发芽的主要条件之一，也与曲霉所分泌酶的多少有密切关系。在一般情况下，用水量大，成曲的酶的活性强，有利于提高原料利用率。在一定范围内，用水量越大，全氮利用率也就越高，氨基酸生成率也高，但过多的水分易导致杂菌感染，制曲较难控制，同时消耗大量的淀粉质原料，部分蛋白质也被分解成氨，降低了酱油的质量。

加水量必须考虑到原料、季节、蒸料方法、冷却和送料方式、曲室保温及通风情况、曲池内装料数量等各种因素。加水量的多少主要以曲料水分为依据，一般冬天掌握在47% ~48%，春天、秋天要求在48% ~49%，夏天以49% ~51%为宜。

在旋转蒸料锅中加水与浸润是最普遍使用的方法。它的主要特点：把豆粕和麸皮送入锅内混合后，将加水浸润、蒸煮、冷却等许多操作集中在一个容器内进行。锅能做360度旋转，被处理的物料不会因加水不匀、压实而不能充分吸收水分结成团块出现不疏松等不良状况。如果将应加的水全部洒在主料豆粕上转动浸润后，再将辅料麸皮送入与之混合后上蒸，效果会好一些。最理想的方法是将部分辅料不混合加水蒸煮，而是采用液化工艺技术。

豆粕与麸皮加水浸润时间应掌握在40 ~60 min。如主料加水浸润后5 ~10 min后再蒸则效果更佳。

4）蒸料　常压蒸煮在圆气后加盖续蒸2 h，焖2 h出锅。加压蒸煮，当压力达到50 kPa排尽冷空气，升压至0.1 ~0.15 MPa，稳压30 min，降压出料。原料蒸煮要求达到一熟，二软有弹性，三疏松，四不黏手，五无夹心，六有熟料固有色泽和香气。

（3）酱油曲的制备

1）种曲制备

①菌种　酱油原料的分解，主要依靠微生物分泌的酶，所以菌种对制品的产率及风味关系极大，应选择优良的菌株。常用的有AS3.951、UE336.961、渝3.811等菌株。原菌保藏可用察氏培养基转接冰箱保藏法，使用前先用豆汁察氏培养基进行驯化。

②制曲工艺流程

试管斜面菌种→三角瓶扩大培养
↓
麸皮、豆粕粉、水→混合蒸料→过筛摊晾→接种→装匾→第1次翻曲加水→第2次翻曲加水→揭去草帘→种曲

③种曲制备操作

a.种曲原料及其处理　种曲原料必须适应曲霉菌旺盛繁殖的需要。曲霉菌繁殖时需要大量糖分作为热源，而豆粕含淀粉较少，因此原料配比上豆粕较少，麸皮较多，同时还要加入适当的饴糖。为了使曲霉菌大量着生孢子，保持曲料松散，空气流通是很必要的，如麸皮过细，则影响通风。应适当加入些粗糠等疏松料，对改变曲料物理性质起着很大的作用。另外在制种曲时，原料中加入适量（0.5% ~1%）的经过消毒灭菌的草木灰效

果较好。发霉或气味不正的原料不应使用。

种曲原料可选用下列配比:豆粕 20 kg,麸皮 80 kg,饴糖 5 kg,水 115 ~20 kg。

豆粕加水浸泡,水温 85 ℃以上,时间 30 min 以上,然后加入麸皮搅拌均匀,入蒸料锅蒸熟,达到灭菌及蛋白质适度变性的目的。如采用常压蒸料,一般保持蒸汽从原料面层均匀地喷出后,再加盖蒸 1 h,再关气焖 1 h。加压蒸料一般保持 0.1 MPa,30 min。蒸料出锅黄褐色,柔软无浮水,出锅后过筛,迅速冷却。要求熟料水分为52% ~55%。

b. 接种　接种温度为夏天 35 ℃,冬天 42 ℃左右,接种量 0.1% ~0.5%。接种时先将三角瓶外壁用体积分数为 70% 的酒精擦过,拔去棉塞后,用灭菌的竹筷(或竹片)将纯种取出,置于少量冷却的曲料上,拌匀(分三次撒布于全部曲料上)。如用回转式加压锅蒸料,可用真空冷却,并在锅内接种及回转拌匀,以减少与空气中杂菌的接触。

c. 装盒培养　种曲制造必须尽量防止杂菌污染,因此曲室及一切工具在使用前需经洗刷后消毒灭菌。种曲室是培养种曲的场所,要求密闭保温、保温性能好,使种曲有一个既卫生又符合生长繁殖所需要条件的环境。

Ⅰ. 堆积培养　将曲料呈丘形积于木盘中央,然后将曲盘以柱形堆叠放于木架上。装盘后品温应为 30 ~31 ℃,保持室温 29 ~31 ℃,干湿球温差 1 ℃,经 6 h 左右,上层品温达 35 ~36 ℃可倒盘一次,使上下品温均匀,这一阶段为孢子发芽期。

Ⅱ. 搓曲、盖湿草帘　继续保温培养约 6 h。上层品温达 36 ℃左右。由于孢子发芽并生长成为菌丝,曲料表面呈微白色,并开始结块,这个阶段为菌丝生长期。此时可搓曲,即用双手将曲料搓碎、摊平,使物料松散,然后每盘上盖灭菌湿草帘一个,以利于保湿降温,并倒盘一次,将曲盘改为品字形堆放。

Ⅲ. 第二次翻曲　搓曲后继续培养 6 ~7 h,品温又升至 36 ℃左右,油料全部长满白色菌丝,结块良好,即可进行第二次翻曲,用竹筷将曲料划成 2 cm 的碎块,使靠近盘底的曲料翻起,利于通风降温,再盖好湿草帘并倒盘,仍以品字形堆放。此时室温 25 ~28 ℃,干湿球温差 1 ℃。这一阶段菌丝发育旺盛,大量生长蔓延,曲料结块,称为菌丝蔓延期。

Ⅳ. 洒水、保湿、保温　第二次翻曲,地面应经常洒冷水保持室内湿度,降低室温使品温保持在 34 ~36 ℃,相对湿度为 100%,这期间每隔 6 ~7 h 应倒盘一次。这个阶段菌丝又长出孢子,称为孢子生长期。

Ⅴ. 去草帘　自盖草帘后 48 h 左右,将草帘去掉,这时品温趋于缓和,应停止向地面洒水,并开天窗排潮,保持室温 30±1 ℃,品温 35 ~36 ℃,中间倒盘一次,至种曲成熟为止。这一阶段孢子大量生长并成熟,称为孢子成熟期。

自装盘入室至种曲成熟,整个培养时间共计 72 h。

④成曲制备(厚层通风制曲)　长期以来,制曲采用帘子、竹匾、木盘等简单设备,操作繁重,成曲质量不稳定,效率低。采用厚层通风制曲工艺,制曲时间由原来的 2 ~3 d 缩短为 24 ~48 h。

厚层通风制曲就是将接种后的曲料置于曲池内,厚度一般为 25 ~30 cm。利用通风机供给空气,调节温湿度,促使米曲霉在较厚的曲料上生长繁殖和积累代谢产物,完成制曲过程。现除使用通用的简易曲池外,尚有链箱式机械通风制曲机及旋转圆盘式自动制曲机进行。

a. 制曲设备

Ⅰ.曲室　根据曲池大小设计曲室面积。曲室的墙壁厚度应能满足保温要求,房顶为弧形的,上铺隔热材料以防滴水。内壁及平顶全部涂水泥,表面光洁。室内设下水道。

Ⅱ.保温保湿设备　室内沿墙安装保温蒸汽管,应有天窗及风扇,以利降温。制曲时需要以风机来供给氧气和控制温湿度,为了给米曲霉生长提供合适的条件,风机可与空调箱连接。

Ⅲ.曲池　一般呈长方形,可用钢筋混凝土、砖砌、钢板、水泥板制成。曲池一般长8~10 m,宽1.5~2.5 m,高约0.5 m。曲池通风道底部倾斜,角度以8°~10°为宜。其倾斜的池底称导风板,它的作用是改变气流的方向,使水平方向来的气流转向垂直方向流动。倾斜的导风板能减少风压损失,并使气流分布均匀。假底距池底0.3~4.0 m较适宜。

Ⅳ.通风机　风机的配备按曲池的大小和装曲料的多少来决定。厚层通风制曲适用的风机是中压的,一般要求总压力在1 kPa以上就可以。风量以每小时的池内原料(kg)的4~5倍空气量(m^3)计算。

Ⅴ.翻曲机　在通风制曲的过程中一般需要翻两次曲料,目前普遍使用滚耙式翻曲机。

b.工艺流程　制曲原料的配比,按豆饼(豆粕)∶麸皮=8∶2或7∶3或6∶4(质量比)的比例都能取得较好的结果。

厚层通风制曲工艺流程如下:

熟料→冷却→接种→入池→培养→第1次翻曲→第2次翻曲→铲曲→成曲

Ⅰ.接种　原料经蒸熟出锅后应迅速冷却,并把结块的部分打碎。使用带有减压冷却设备的旋转式蒸煮罐,可在罐内利用水力喷射器直接抽冷。出罐后可用绞龙或扬散机扬开热料(同时也起到打碎结块的作用),使料冷却到40 ℃左右接种,接种量为0.3%~0.5%。种曲要先用少量麸皮拌匀后再掺入熟料中以增加其均匀性。

Ⅱ.入池与培养　冷却接种后的曲料即可入池,铺料时应尽量保持料层松、匀、平,防止脚踩或压实。否则通风不一致,湿度与温度也难一致。

接种后料层温度过高或上下品温不一致时,应及时开动鼓机,调节温度在32 ℃左右。促使米曲霉孢子发芽。而且培养6~8 h,料层开始升温到35~37 ℃。应立即开动风机通风降温,维持曲料温度到35 ℃,不低于30 ℃,通入的风可用循环风或部分地掺入循环系统外的新鲜空气。

Ⅲ.翻曲与铲曲　曲料入池经12 h培养以后,品温上升较快。由于菌丝密集繁殖,曲料结块,通风阻力加大,出现底层品温偏低、表层品温稍高、温差逐渐加大的现象,而且表层品温有超过35 ℃的趋势,此时应进行第一次翻曲,使曲料疏松,减少通风阻力,保持正常品温在34~35 ℃。

继续培养4~6 h后,由于菌丝繁殖旺盛,又形成结块,及时进行第二次翻曲,翻完曲应连续鼓风,品温以维持30~32 ℃为宜。如果曲料出现裂纹收缩而产生裂缝,风从裂缝漏掉,可采用压曲或铲曲的方法使裂缝消除。培养20 h左右,米曲霉开始产生孢子,蛋白酶活力大幅度上升。

Ⅳ.制曲时间　应用沪酿3.042号菌种,采用低盐固态发酵工艺,制曲时间一般为

24~30 h。要力争在蛋白酶活力接近高峰时出曲。时间过短,酶活力不足,时间过长,酶活力反而下降,也增加了原料消耗、动力消耗及影响设备利用率。

c. 成曲质量标准

Ⅰ. 感官特性

外观　淡黄色,菌丝密集,质地均匀,随时间延长颜色加深,不得有黑色、棕色、灰色,不得有夹心。

香气　具有曲香气,无霉臭及其他异味。

手感　曲料蓬松柔软,潮润绵滑,不粗糙。

Ⅱ. 理化指标

水分　一、四季度含水量为28%~32%;二、三季度含水量为26%~30%。

蛋白酶活力　1 000~1 500 U(福林法)。

(4)酱油的发酵及其浸出(压滤)　酿造酱油生产工艺分为低盐固态发酵和高盐稀态发酵两大类。

1)低盐固态发酵工艺　低盐固态发酵工艺是在无盐固态发酵的基础上改进了后者质量不稳定、酱油香气不足的缺点而发展起来的。食盐对酶活力虽有抑制作用,但食盐含量在10%以下时影响不大。生产操作简易、管理方便,原料蛋白质利用率及氨基酸生成率均较高,出品率稳定,比较易于满足消费者对酱油的大量需要。低盐固态发酵生产工艺流程见图4.10。

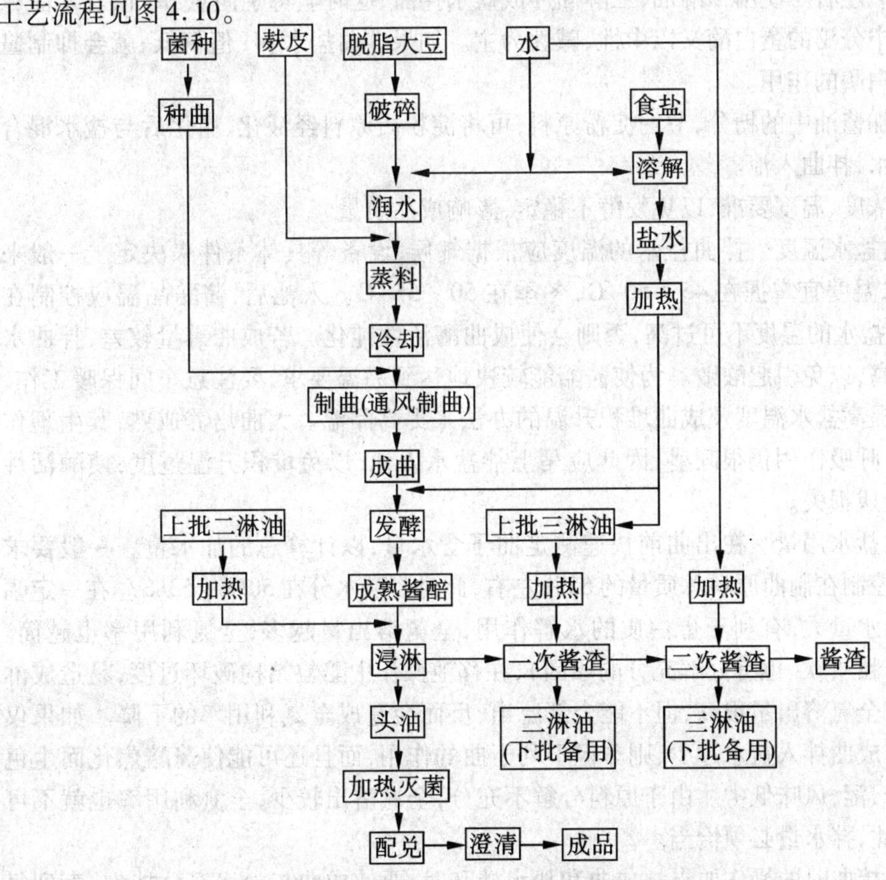

图4.10　低盐固态发酵生产工艺流程

低盐固态发酵工艺有三种不同的类型：低盐固态发酵移池浸出法、低盐固态发酵原池浸出法、低盐固态淋浇发酵浸出法。

①低盐固态发酵移池浸出法　此法是将发酵后成熟酱醅移入浸出池（俗称淋油池）淋油。

a. 入池发酵

Ⅰ. 入池前的准备

成油粉碎　采用通风制曲其成曲往往结成大块，在入池前必须经过粉碎，使盐水迅速进入曲料的内部，增加酶的溶出和原料的分解速度，同时也防止曲料由于盐水未浸透而发生升温、丧失酶活力以及曲料自行消化和酸败现象。在进行粉碎时要防止孢子飞扬，产生大量的粉末，所以将成曲进行简单的粉碎，只要把结块捣碎即可。

工具灭菌　发酵池、绞龙和其他操作工具应保持清洁卫生，隔一段时间要进行杀菌，可用沸水洗净，也可用蒸汽杀菌。

Ⅱ. 盐水配制　盐水的浓度一般要求在 11 ~ 13°Bé（氯化钠含量在 11% ~13%），盐水的浓度过高，会抑制酶的作用，影响发酵速度；盐水浓度过低，则可能出于杂菌的大量繁殖，酱醅 pH 值迅速下降，抑制了中性蛋白酶、碱性蛋白酶的作用，甚至引起酱醅的酸败，影响发酵的正常进行。

由于盐水质地直接对酱醅发生影响，因此，要求盐水应当清澈无沙、不含杂物、无异味，pH 值在 7 左右。使用二淋油、三淋油冲成盐水拌曲，这时应特别注意 pH 值。米曲霉在制曲过程中分泌的蛋白酶又以中性、碱性为主。如果拌曲盐水 pH 值偏低，就会抑制酱醅中碱性蛋白酶的作用。

为了增加酱油中的糖分，节约淀粉原料，可将淀粉质原料经液化、糖化后与盐水混合制成糖浆盐水，拌曲入池。

盐水的浓度、温度要准，以免发酵不稳定，影响成品质量。

Ⅲ. 拌曲盐水温度　拌曲盐水的温度应根据气候、设备等具体条件来决定。一般来说，夏季盐水温度宜掌握在 45 ~ 50 ℃，冬季在 50 ~ 55 ℃。入池后，酱醅品温应控制在 40 ~ 45 ℃。盐水的温度不可过高，否则会使成曲酶活性钝化。若成曲霉量较差，拌曲水温应适当提高，以免引起酸败。为使酱醅能较快地达到品温要求，要注意车间保暖工作，而不应采取提高盐水温度及成曲堆积升温的办法来提高品温。大曲培养成熟，其生理作用并未停止，呼吸作用仍很旺盛，因此应马上拌盐水入池，以免堆积升温过度，使酶活性显著下降，造成损失。

Ⅳ. 拌曲盐水用量　在出曲前快速测定曲子含水量，以计算总的加水量。一般要求将拌盐水量控制在制曲原料总质量的 65% 左右，此时酱醅水分在 50% ~53%。在一定幅度内，酱醅含水量大，有利于蛋白质的水解作用，全氮溶出量越多，全氮利用率也越简。水分过大，醅粒质软（也有分解充分的原因），在移池操作中醅粒结构破坏过度，易造成淋油困难，虽然全氮溶出量很高，但不能全部滤出，反而会造成全氮利用率的下降。如果仅为淋油方便，成曲拌入盐水过少，则非但不利于曲的作用，而且还可能使酱醅焦化而生色过度，产品苦、涩，风味低劣。由于原料分解不充分，全氮溶出较少，全氮利用率也就不可能提高。因此，拌水量必须恰当。

Ⅴ. 盐水拌曲时的操作要点　成曲和盐水拌和时，要使成曲与盐水充分拌匀，直到每

一个颗粒都能和盐水充分接触,不能有过湿、过干现象。开始拌成曲用盐水可略少些,使醅疏松,然后慢慢增加,以免底部水分过大,不利于后期的淋池。剩余的少量盐水可浇在上面,使其慢慢淋下去。上层盐水稍多些,表面可以充分吸收,而且还有少量挥发,这是保证醅层水分合理的一个措施。

Ⅵ.酱醅表面的封盖　在低盐固态发酵过程中,由于酱醅表层与空气直接接触,水分的大量蒸发与下渗,使表层酱醅含水量下降而形成氧化层。氧化层的形成会使酱醅中氨基酸含量减少,同时又产生大量的不利于酵母菌增殖的糖醛等物质,导致酱油风味和全氮利用率降低。

为防止氧化层的形成,目前多数厂采取加盖面盐的办法,用食盐将醅层和空气隔绝,从而既防止空气中杂菌的侵入,又避免氧化层的大量产生,对酱醅表层还具有保温、保水作用。这种方法只有在进行极严格操作的条件下才能奏效,仍不能完全避免水分蒸发和氧化层的形成。出于盖面盐不可避免地溶化,使表层相当深度的酱醅含盐量偏高而影响到酶的作用。也有的企业采用塑料薄膜代替盖面盐封盖酱醅表面的方法,既隔绝了空气,防止了酱醅表层的过度氧化,又有效地保存了表层水分,同时也克服了食盐抑制酵解的缺陷,取得了较好的效果。

Ⅶ.发酵温度的控制　发酵前期,为使原料中的蛋白质依靠蛋白水解酶的催化作用水解成氨基酸,应当控制能最大限度地发挥蛋白水解酶作用的温度。在一般条件下,蛋白酶的最适温度是40~45 ℃,若超过45 ℃,则随着温度的上升,蛋白酶失活程度加大。一般15 d左右,水解过程基本结束。发酵后期如能补救,使酱醅含盐量达到15%以上(浇淋工艺可以做到),后期发酵温度可以控制在33 ℃左右的低温,为酵母菌和乳酸菌的繁殖创造条件,酱油风味会得以提高。整个发酵周期应在25~30 d。

目前国内多数工厂由于设备条件的限制,发酵周期多在20 d左右,为了在较短的周期内使发酵结束,不得不提高酱醅的温度。但发酵温度仍以不超过50 ℃为好。否则对蛋白酶的破坏越甚,尤其是对酱油酿造有重要作用的肽酶和谷氨酰胺酶将很快失活。因此发酵温度前期以44~50 ℃为宜,在此温度下维持十余天,水解即可完成;后期酱醅品温可控制在40~43 ℃。在这样的温度下,某些耐高温的有益微生物仍可繁殖,经过十余天的后期发酵,酱油风味可有所改善。

酱醅起始温度很重要,因发酵设备的容积大,不易采取调温措施,所以起始温度不应过高过低;温度过低,酱醅酸黏。发酵过程中酱醅升温要缓和,不得在短时间内升温过剧过高;夏季防止超温,冬季保证品温。

Ⅷ.倒池　倒池可以使酱醅各部分的温度、盐分、水分以及酶的浓度趋向均匀,倒池还可以排除酱醅内部微生物化学反应而产生的有害气体、有害挥发性物质,增加酱醅的氧含量,防止厌氧菌生长以促进有益菌繁殖和色素生成等作用。倒池的次数,常依具体发酵情况而定。一般发酵周期20 d左右时只需在第9~10天倒池一次。如发酵周期在25~30 d可倒池两次。适当的倒池次数可以提高酱油质量和全氮利用率。过多的倒池,既增加了工作量,又不利于保温,而且还会造成淋油困难。

Ⅸ.成熟酱醅的质量标准

感官特性　外观:赤褐色,有光泽,不发乌,颜色一致。香气:有浓郁的酱香香气,无不良气味。滋味:由酱醅内挤出的酱汁,口味鲜,微甜,味厚,不酸、不苦涩。手感:柔软,松散,不干,不黏,无硬心。

理化标准　水分为48% ~52%。食盐含量为50%以上。可溶性无盐固形物为25 ~27 g/100 mL。

b. 移池浸出(淋油)

Ⅰ. 淋油前的准备工作　淋油池洗刷干净,特别是假底上下及过滤介质(竹垫或苇席垫)都必须冲洗干净。配制盐水,一般把二淋油(或三淋油)作为盐水使用,浸泡酱醅提取酱油。要根据计划浸出产品的等级确定盐水含盐量,将上批的二淋油(或三淋油)配好。

Ⅱ. 移醅装池　酱醅装入淋油池要做到醅内松散、醅面平整。移醅过程尽可能不破坏醅粒结构,用抓酱机移油要注意轻取低放,醅层疏松,可以扩大酱醅与浸提液接触面积,有利溶出过程。醅面平整可使酱醅浸泡一致、疏密一致,可以防止短路。在一般情况下,醅层厚度多在40 ~50 cm,如果酱醅发黏,还可酌情减薄。

Ⅲ. 加入浸提液　淋头油的浸泡液加入时,冲力较大,应采取措施将冲力缓和分散,否则水的外力必将破坏池面平整,水的冲力还可能将颗粒状的酱醅搅成糊状造成淋油困难或者将疏密一致状态破坏,局部变薄导致淋油“短路”现象发生。

Ⅳ. 浸泡温度　较高的浸泡温度,可以增加分子的动能,加速扩散作用,从而有利于加强酱油成分的溶出,还可以降低黏度,有利于酱油的淋出和分离。同时也可以起到抑制杂菌繁殖、防止醅液变质的作用。因此应把浸液温度提高到80 ~90 ℃,以保证浸泡温度能够达到65 ℃左右。

Ⅴ. 浸泡时间　在浸泡过程中,酱醅中所含糖、盐等小分子物质能够较快地溶出,而一些大分子物质,特别是在醅粒内部含量较多的含氮大分子物质溶出速度则比较缓慢。为了使收率尽可能提高,酱醅淋头油的浸泡时间不应少于6 h,淋二淋油的浸泡时间不少于2 h,淋三淋油属酱渣的洗涤过程,浸泡时间可缩短一些。

Ⅵ. 浸提方式与成品配兑　用前批二淋油淋取酱醅得到本批头淋油,用前批三淋油淋取一次酱渣得到本批二淋油,以加热白水淋取二次酱渣得到本批三淋油。

为了不干扰浸泡醅层中已形成的浓度递变,以及防止返混现象的产生,第二、三次浸提液的加入较第一次浸提液的加入更应掌握细流分散的原则。第二浸提液应在头油即将放完,醅面尚有薄层水时加入(第三浸提液亦同)。此时酱醅经浸泡后处于悬浮状态,酱醅内部形成较多孔径较大的毛细孔道,有利于溶出和过滤。如果等头油(二淋油亦同)完全放净后再加入第二浸提液,随着头油的放出,浸提液面逐渐下降到醅面(甚至假底)以下,此时醅粒因失去悬浮条件而下沉,醅粒与流体同时向下挤压,悬浮状态、毛细通道都遭破坏,即便再加入第二浸提液后短时间也很难恢复到原来的状态,对以后的过滤效果极其不利。淋出的二淋油、三淋油放置时间较长,易被杂菌污染变质,应及时加热灭菌(或保持在70 ℃以上),安全储存,以免影响下批工作。

本批头淋油及含酱油成分较高的部分二淋油供配制酱油成品,其余二淋油及三淋油又作为下批菌醅从酱渣的浸提液。

②低盐固态发酵原池浸出法　此法不用另建淋油池,发酵池下面有假底并留有阀门。发酵完毕,加入冲淋盐水浸泡后,打开阀门即可淋油。原池淋油与移池淋油操作基本相同,只是原池淋油不必考虑移池操作对淋油操作的影响,酱醅含水量可增大到57%左右。这样大的含水量,有利于蛋白酶的水解作用,全氮利用率也就相应得到提高。同

时，由于醅中水分较大，酱醅不易焦化，有利于酱油质量的提高。

③低盐固态淋浇发酵浸出法　此法是将积累在发酵池假底下面的酱汁，用泵抽淋浇于酱醅表面，使酱汁布满整个表面而均匀下渗，从而使发酵池中的整个酱醅水分和温度均匀一致。同时，也可专门培养酵母菌、乳酸菌淋浇于酱醅之中，以改善低盐固态发酵酱油香气不足的缺点。

原池淋浇发酵周期35 d左右，分前、后两个阶段进行温度管理。前10 d为前发酵阶段，品温要求控制在38～43 ℃，此期间每日需浇淋一次。10天后添加酵母菌、乳酸菌为后期发酵阶段，品温要求控制在35～40 ℃，第11～25 d隔一日浇淋一次，26～35 d隔两日浇淋一次，发酵至35 d，酱醅成熟即可出油。

2)高盐稀态发酵工艺　高盐稀态发酵工艺是指成曲中加入较多的盐水，使酱醅呈流动状态进行发酵的方法。发酵容器有发酵池和发酵罐两种。发酵池用钢筋水泥制成，上口敞开；发酵罐上部加盖，是全封闭的，罐体内衬玻璃钢，并有夹层可供热保温与冷却。也有用露天发酵罐的。一般认为发酵罐越大，发酵管理越困难。

高盐稀态发酵工艺可以分为稀态发酵和固稀发酵两种主要类型，生产工艺流程分别见图4.11和图4.12。

①浸出法稀态发酵工艺　稀态发酵工艺(浸出法)以大豆、面粉为主要原料，配比一般为7∶3或6∶4。经蒸料、制曲、高盐稀态发酵3～6个月，最后用浸出法滤出酱油。在稀态发酵期间，采用日晒夜露的方法，利用太阳的热能促使酱醅成熟，这种工艺在日照时间长，年平均气温高的南方广泛应用，如广东的生抽、老抽等产品多是采用这种工艺生产。

大豆经浸渍除杂后进行蒸煮。浸豆前浸豆池(罐)先注入2/3容量的清水，投豆后将浮于水面的杂物清除。投豆完毕，仍需从池(罐)的底部注水，使污物由上端开口随水溢出，直至水清。浸豆过程中应换水1～2次，以免大豆变质。浸豆务求充分吸水，出罐的大豆晾至无水滴出才投进蒸料罐蒸煮。蒸豆可用常压也可加压。若稍加压，应尽量快速升温，蒸煮压力可用0.16 MPa蒸汽，保压8～10 min后立即排气脱压，尽快冷却至40 ℃左右。蒸豆应使豆组织变软，有熟豆香气。生面粉与煮熟的大豆混合制曲后进行稀态发酵。

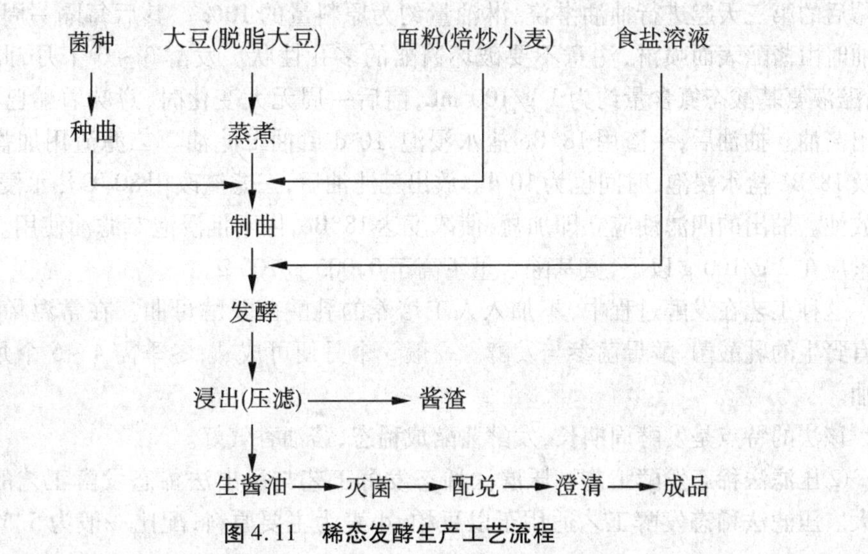

图4.11　稀态发酵生产工艺流程

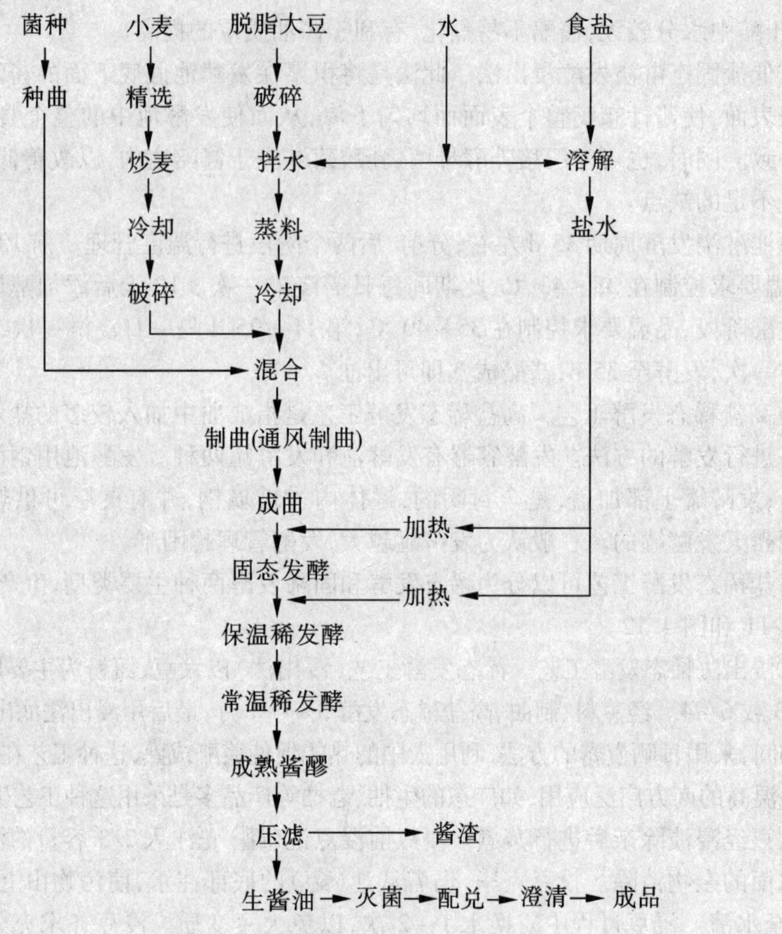

图 4.12 固稀发酵生产工艺流程

成曲加入的盐水浓度为 18 ~ 20°Bé，盐水加入量为混合原料总量的 2 ~ 2.5 倍，酱醅的含盐量为 15% ~ 16%，酱醅为流动的稀态。加盐水时，应使全部成曲都被盐水湿透。制醪后的第三天起进行抽油淋浇，淋油量约为原料量的 10%。其后每隔一周淋油一次，淋油时由酱醅表面喷淋，注意不要破坏酱醅的多孔性状。发酵 3 ~ 6 个月，此时豆已馈烂，醅液氨基酸态氮含量约为 1 g/100 mL，前后一周无大变化时，意味着醅已成熟，可以放出酱油。抽油后，头渣用 18°Bé 盐水浸泡，10 d 后抽二滤油。二滤渣用加盐后的四滤油及 18°Bé 盐水浸泡，时间也为 10 d。放出三滤油后，三滤渣改用 80 ℃热水浸泡一夜，即行放油。抽出的四滤油应立即加盐，使浓度达 18°Bé，供下批浸泡二滤油使用。四滤油含盐量应在 2 g/100 g 以下，氨基酸含量不高于 0.005 g/100 g。

这种工艺在发酵过程中，不加入人工培养的乳酸菌及酵母曲。在常温稀发酵期间，会有野生的乳酸菌、酵母菌参与发酵。一般 3 个月便可成熟，冬季需 4 ~ 5 个月方可抽取酱油。

该法的特点是发酵周期长，发酵酱醅成稀态，酱油香气好。

②压滤法稀态发酵工艺　压滤法稀态发酵工艺与浸出法稀态发酵工艺的工艺差别很大。压滤法稀态发酵工艺适用于以豆粕、小麦为主要原料，配比一般为 5.5 : 4.5。最

后用压滤法滤出酱油,因此两种工艺的产品风味也存在着明显的差异。

小麦经焙炒、冷却、破碎后,与蒸熟的豆粕混合制曲,成曲与食盐水混合进行稀发酵,发酵期5~6个月。加入的盐水浓度18~20°Bé。加入盐水的温度,依季节变化做适当调整。要求食盐水经制冷机冷却后,再与成曲混合,盐水的温度以稀醪发酵前期(20~30 d)酱醅品温保持15 ℃为宜,以防止酱醅的pH值急速下降(抑制杂卤的繁殖),因pH值的急速下降会使蛋白酶的作用减弱。这种工艺在发酵过程中,需要加入人工培养的乳酸菌、酵母菌,同时要依据使用的乳酸菌,酵母菌菌种的不同选择适合的加入时间、温度、pH值等工艺条件。一般掌握在稀态发酵的低温发酵阶段结束后加入耐盐的酵母菌。稀态发酵期间,要按工艺要求,定期进行搅拌。成熟酱醅,送入压滤机压滤,压滤出的生酱油,经配兑、加热灭菌后,即为成品。

此法生产设备的投资很大,发酵周期长,酱油香气足,质量好。其工艺要点如下。

a. 制醪　食盐加水溶解,调制成18~20°Bé,澄清后吸取清液使用。成曲经破碎称量后拌和一定温度(不宜超过50 ℃)盐水。稀态发酵盐水的用量一般约为成曲质量的250%。成曲和盐水在搅拌机内拌匀后,立即送入发酵容器内,再利用空气压缩机把滤去油污的空气过管道喷入酱醅内进行搅拌。

由于曲料干硬,有菌丝及孢子在外面,盐水往往不能很快浸润,而漂浮于液面,形成一个料盖。如果这样放置下去,未曾吸入盐水的部分成曲就会发热而引起烧曲并产生异臭;高温还会使酶活力迅速下降,同时会使所含酵母及细菌等有用微生物衰弱下来,而耐高温的有害生物则随之生长繁殖,引起腐败,影响酱醅风味。为避免发酵不正常,需要及时搅拌,防止成曲中有用生物的菌体自溶和有害微生物产生发酸或腐败物质;使曲子中大量的可溶性成分和酶溶解出来,促使酶充分发挥作用;也使酱醪浓度和温度保持均一;同时供给一定量的氧气,排除二氧化碳,有利于有益菌的生长繁殖和氧化酶的作用,使酱醅色泽增深。如果所用成曲质量差,有不正常气味时,要借适当的搅拌以矫正这一缺点。

b. 发酵　成曲入池后要立即把酱醅搅匀进行发酵。根据发酵温度的控制不同,有常温发酵和保温发酵之分。常温发酵的酱醅湿度随气温高低自然升降,酱醅成熟缓慢,发酵时间较长。保温发酵也称温酿稀发酵,由于所采用的保温温度的不同,又可分为消化型、发酵型、一贯型和低温型四种。

Ⅰ. 消化型　酱醪发酵初期温度较高,一般达到42~45 ℃保持15 d,酱醪得以充分分解,主要成分全氮及氨基酸生成速度甚快,此时基本上已达到高峰。然后逐步将发酵温度降低,促使耐盐酵母大量繁殖进行旺盛的酒精发酵,同时进行酱醪成熟作用。发酵周期为3个月。产品口味浓厚,酱香气较浓,色泽比其他型深。

Ⅱ. 发酵型　温度是先低后高。酱醪发酵先经过较低温度,在缓慢分解作用的同时进行酒精发酵作用,然后逐渐将发酵温度上升至42~45 ℃,使蛋白质分解作用和淀粉糖化作用完全,同时促使酱醪成熟。发酵用期也为3个月。

Ⅲ. 一贯型　酱醪发酵温度始终保持42 ℃左右。耐盐耐高温的酵母菌也会缓慢地进行酒精发酵。一般只要2个月时间酱醪即可成熟。

Ⅳ. 低温型　日本近期采用的发酵方法,也可归属于发酵型范畴之内,但其温度较低,而发酵时间较长。根据成曲中碱性蛋白酶活力高和谷氨酰胺酶活力强的特点,认为冬季制曲经发酵所制得的酱油质量较好,因而将酱醪发酵初期温度控制得比较低,一般为15 ℃维持30 d。夏天为了达到此温,须在盐水中加冰降温,调节成曲下池后品温为15 ℃,这阶段维持低温的目的是抑制乳酸菌的生长繁殖,使酱醪pH值能在较长时间内保持在7左右,使碱性蛋白酶能充分发挥作用,有利于谷氨酸生成和提高蛋白质利用率。30 d后,发酵温度逐步升高,此时开始乳酸发酵。当pH值逐渐下降至5.3~5.5,品温22~25 ℃时,由于酵母菌繁殖而开始酒精发酵,温度升高到30 ℃酒精发酵进入旺盛期。下池2个月后,pH值下降到5以下,此时蛋白质分解大体完成,酒精发酵也基本结束。酱醪继续保持在28~30 ℃4个月以上,使酱醪成熟作用缓慢进行,逐步形成酱油的色泽和十分复杂的酱香气。

搅拌是稀醪发酵的重要环节,搅拌的程度影响酱醅的发酵与成熟。根据所要求的发酵温度开启保温装置,进行保温发酵。如果采用低温型发酵,开始时每隔4 d搅拌1次,酵母发酵开始后每隔3 d搅拌1次,酵母发酵完毕,1个月搅拌2次,直至酱醪成熟。如果采用消化型发酵,由于需要保持较高温度,可适当增加搅拌次数。固稀发酵的初发酵阶段常需要每日搅拌。搅拌时一般要求压力大、时间短。时间过长,酱醪发黏不易压榨。每日检温1~2次,借控温设施及空气搅拌调节至要求的品温,加强发酵管理,定期抽样检验。

c. 压滤取油　若醪液氨基酸态氮含量达1 g/100 mL且持续一周无明显上升,酱醪即为成熟,可以放出酱油。由于此法的酱醪成糊状,不能用淋出法抽油,故用压滤法取油。成熟酱醪送入压滤机进行压滤,压滤分出的生酱油自然沉淀7 d后,取上清油按成品要求进行配兑。

③固稀发酵生产工艺　固稀发酵工艺以脱脂大豆,小麦为主要原料,小麦经焙炒、破碎后与蒸熟的脱脂大豆混合制曲,再经过前期固态发酵,后期稀态发酵两个阶段的酿造,再经压滤法提取酱油。这种工艺实质上是在传统的高盐稀态发酵的基础上,为缩短发酵周期而采取的一种工艺改革。

原料配比一般为豆粕：小麦=6：4。小麦经焙炒、冷却、破碎后,与蒸熟的豆粕混合制曲。成曲与食盐水入池混合先进行前期固态发酵(与低盐固态发酵完全相似)。前期固态发酵加入的盐水12~14°Bé,盐水温度40~50 ℃(依季节变化);盐水与成曲原料比例1：1。固态发酵的常温保持在40~42 ℃,不得超过45 ℃,固态发酵期14~15 d。

固态发酵14~15 d后,加入二次盐水,盐水浓度18°Bé、加入量为成曲质量的1.5倍,使酱醪呈可流动的稀态。稀态发酵期间,要按工艺要求定期进行搅拌。稀醪保温(35~37 ℃)发酵14~20 d,此期间用压缩空气每天搅拌1次,每次3~4 min。最后转入稀发酵罐在常温(28~30 ℃)下发酵30~100 d,此期间用压缩空气每周搅拌1次。

成熟酱醪压滤分离出的生酱油,经配兑、加热灭菌即为成品。固稀发酵工艺,不加入人工培养的乳酸菌及酵母菌。这种工艺在常温稀发酵阶段会有大量的野生乳酸菌、酵母菌参与发酵。此法发酵周期比稀态法短,而酱油质量比低盐固态法好。

(5)成品酱油的后处理

1)酱油的加热

①加热的目的

a. 灭菌　酱油中含有较多的盐分,对一般微生物的繁殖能起到一定的抑制作用,病原菌会迅速死亡。但酱油中微生物种类繁多,现在以加热灭菌的方法杀灭多种微生物,防止生霉发白。近年来国际上趋向生产低盐酱油,为了防止变质,加热灭菌就更不可缺少。

b. 调和香气和风味　经过加热,可使酱油变得醇厚柔和,增加酯、酚等香气成分,并使部分小分子缔结成大分子,改善口味,除去霉臭味。但加热必须适当,否则会使部分低沸点易挥发的香气成分受到损失。

c. 增加色泽　生酱油色泽较浅,加热后部分糖转化成色素,可增加酱油的色泽。

d. 除去悬浮物　酱油中的微细悬浮物或杂质,经加热后同少量高分子蛋白质凝结成酱泥沉淀下来,从而使产品澄清透明、光泽增加。

e. 钝化酶　生酱油中存在着多种酶,尤其存在分解核酸类及合成保存剂的酶,经加热可破坏这些酶系,使酱油质量稳定。

②加热温度　加热温度一般为 65 ~ 70 ℃,维持 30 min。如果采用连续式加热交换器以出口温度控制在 80 ℃为宜。如采用间接式加热到 80 ℃,时间不应超过 10 min。如果为增加鲜味,酱油中添加了核酸等调味料,则需把加热温度提高到 80 ℃,保持 20 min,以破坏酱油中存在的核酸水解酶——磷酸单酯酶。

具体的加热温度应根据季节及酱油的等级确定。夏季杂菌量大、种类多、易污染,加热温度比冬季提高 5 ℃。高级酱油工艺操作严格,成分高、质量好、浓度大、香气足,加热温度可略低些;一般普通酱油则应略高些,但均以能杀死产膜酵母及大肠杆菌为准则。

加热后的冷却应适当掌握,加热后的酱油如在 70 ~ 80 ℃放置时间较长,糖分、氨基酸及 pH 值将随色素的形成而下降。如在密闭的情况下,保持 80 ℃时就更为严重,会产生异味。一般如无特殊设备,可在不密闭的情况下,使之自然冷却。列管式加热器应附有套管式冷却设备,使加热酱油迅速冷却保持质量,又可将待加热酱伯代替冷却水使之获得预热而节约热能。加热后迅速冷却到 60 ℃,送沉淀桶。

2)成品酱油的配制　将每批生产中得到的质量不等的原油,按《酿造酱油》标准(GB 18186—2000)理论指标的要求进行配兑,见表 4.22。

表 4.22　高盐稀态发酵酱油、低盐固态发酵酱油理化指标　　g/100 mL

项目		高盐稀态发酵酱油				低盐固态发酵酱油			
		特级	一级	二级	三级	特级	一级	二级	三级
可溶性无盐固形物	≥	15.00	13.00	10.00	8.00	20.00	18.00	15.00	10.00
全氮(以氮计)含量	≥	1.50	1.30	1.00	0.70	1.60	1.40	1.20	0.80
氨基酸态氮(以氮计)含量	≥	0.80	0.70	0.55	0.40	0.80	0.70	0.60	0.40

由于各地风俗习惯不同,口味不同,对酱油的要求也不同,因此还可以在原油的基础上,分别调配助鲜剂、甜味剂以及某些香辛料等以增加酱油的花色品种。常用的助鲜剂有谷氨酸钠(味精),强助鲜剂有肌苷酸、乌苷酸,甜味剂有砂糖、饴糖和甘草,香辛料有花椒、丁香、豆蔻、桂皮、大茴香、小茴香等。

4.5 其他食品工艺

4.5.1 膨化食品工艺

膨化食品是20世纪60年代末出现的一种新型食品,国外又称挤压食品、喷爆食品、轻便食品等。它以含水分较少的谷类、薯类、豆类等作为主要原料,经过加压、加热处理后体积原料体积膨胀,内部的组织结构发生变化,再经加工、成型后而制成。由于这类食品的组织结构多孔蓬松,口感香脆、酥甜,很受人们的喜爱。

膨化食品按照不同的标准可以进行不同类别的分类。按膨化加工的工艺条件:挤压膨化食品,如锅巴、虾条等;微波膨化食品,如营养马铃薯片、膨化鱼片等;油炸膨化食品,如油炸薯片、油炸土豆片等;焙烤膨化食品,如旺旺雪饼、旺旺仙贝等;气流膨化食品,如爆米花等。

4.5.1.1 挤压膨化食品

20世纪40年代末期,挤压膨化技术逐渐应用到食品领域。挤压膨化可使淀粉糊化、蛋白质变性以及淀粉、蛋白质和脂类复合体的形成,可使产品的质量得到改良和提高,因而挤压膨化食品味美可口、易于消化吸收,深受广大消费者的青睐。它不但应用于各种膨化食品的生产,还可用于豆类、谷类、薯类等原料及蔬菜和某些动物蛋白的加工。挤压膨化技术发展十分迅速,目前已成为最常用的膨化食品生产技术之一。

(1)食品挤压膨化的机制　挤压膨化食品主要以含淀粉较多的谷物粉、薯粉或生淀粉等为生产原料。这些原料由许多排列紧密的胶束组成,胶束间的间隙很小,在水中加热后因部分胶束溶解、空隙增大使体积膨胀。当物料通过供料装置进入套筒后,利用螺杆对物料的强制输送,通过压延效应及加热产生的高温、高压,使物料在挤压筒中被挤压、混合、剪切、混炼、熔融、杀菌和熟化等一系列复杂的连续处理,胶束即被完全破坏形成单分子、淀粉糊化。在高温、高压下其晶体结构被破坏,此时物料中的水分仍处于液体状态。当物料从压力室被挤压到大气压力下后,物料中的超沸点水分因瞬间的蒸发而产生巨大的膨胀力,物料中的溶胶淀粉体积也瞬间膨化,这样,物料体积也突然被膨化增大而形成了疏松的食品结构。

(2)挤压膨化食品加工工艺　挤压膨化食品是指将原料经粉碎、混合、调湿,送入螺旋挤压机,物料在挤压机中经高温蒸煮并通过特殊设计的模孔而制得的膨化成型的食品。在实际生产中一般还需将挤压膨化后的食品再经过烘焙或油炸等处理以降低食品的水分含量,延长食品的保藏期,并使食品获得良好的风味和质构;同时还可降低对挤压机的要求、延长挤压机的寿命、降低生产成本。挤压膨化设备常用的有单螺杆挤压机和双螺杆挤压机。

挤压膨化食品加工工艺流程如下:

原物料→去皮→粉碎→混合(湿润)调理→输送→喂料→挤压蒸煮膨化→整形、切割→烘烤→喷油、调味→包装

1)粉碎　为使挤压蒸煮时淀粉充分糊化有利于膨化,各物料(玉米应先除去皮和胚

芽)粉碎至550～380 μm(30～40目)颗粒大小,双螺杆挤压机的用料粉碎至250 μm以下(或60目以上)。

2)混合调理　将不同的原料及辅料按一定比例在加湿机中混合均匀,根据气候和环境温度、湿度的不同确定加水量的多少,混合后的原料水分控制在13%～18%。

3)挤压膨化　挤压膨化是整个加工的关键,直接影响到产品的质感和口感。影响挤压膨化效果的因素较多,如物料的水分含量、挤压过程中的温度、压力、螺杆转速、原料的种类及其配比等。一般来说,挤压膨化的物料水分含量为13%～18%,挤压温度为180 ℃左右,挤压腔压力为0.5～1 MPa,螺杆转速为800～1 000 r/min。直链淀粉含量低的原料,膨化后产品的α化程度高,膨化效果较佳。物料中蛋白质及脂肪含量不同也对膨化质量产生影响,蛋白质含量高的物料挤压时膨化程度低;脂肪含量超过10%时,会影响到产品的膨化率,而一定量的脂肪可改善产品的质构和风味。不同类型和型号的挤压机,其挤压膨化的最佳工艺参数也有所不同。

4)整形、切割　膨化物料从模孔挤出后,由紧贴模孔的旋转刀具切割成型或经牵引至整形机,经辊压成型后,由切刀切成长度一致、粗细厚度均匀的卷、饼等膨化半成品。

5)烘烤　若挤压出来的半成品水分较高,需经带式输送机送入隧道式烤炉做进一步烘烤,使水分低于3%～5%,以延长保质期。同时,烘烤后产生一种特殊的香味,提高品质。

6)调味　在旋转式调味机中进行。将按一定比例混合的植物油和奶油加温至80 ℃左右,通过雾状喷头使油均匀地喷洒在随调味机旋转而翻动的物料表面。喷油的目的既是改善口感也是使物料容易黏裹上调味料。随后喷撒调味料,经装有螺杆推进器的喷粉机将粉末状调味料均匀撒在不断滚动的物料表面,即得成品。

7)包装　为防止受潮、保证酥脆,调味后的产品应及时包装。由于膨化方便食品本身含水量低,吸湿性强。对其包装要求:能防止产品酸败和变味、水分入侵、香气外逸、异味窜入和受压破碎。故应考虑如下问题:排除空气,避光保存,防止与其他氧化膜接触。为此,可采用如下几种方法:a.采用透湿性和透气性很低的包装材料;b.采用化学上惰性的包装材料;c.在真空或稀有气体下包装;d.包装内加干燥剂;e.包装内使用除氧剂。对于挤压膨化食品,常用的包装材料为聚丙烯/聚酯组成的复合膜或真空镀铝薄膜,为了防止产品在运输过程中压坏,并防止产品氧化腐败,常在包装袋中充入氮气。

(3)影响挤压膨化效果的因素

1)原料组成　挤压膨化的主要原料为谷物,因此,其主要成分为淀粉,另外,根据需要可加入大豆分离蛋白、糖、酪蛋白酸钠和氯化钠、矿物质、维生素、氨基酸成分以及脂类、乳化剂等。上述成分中的氨基酸和某些维生素在相对较高的挤压温度下会损失,并且如果不考虑原料固有的色泽或糖的褐色反应,挤压膨化产品的颜色越深,表示热敏性微量成分的损失越多。原料中油脂含量过高,会降低产品的膨化度,一般原料中油脂含量不超过10%。另外,配方中一般不应加糖,若必须加糖时,加入的总糖量最多不应超过5%,因为糖在高温时会变黏并发生褐变反应,影响膨化产品的结构质量和色泽。

2)原料粒度　为使原料混合均匀、挤压蒸煮时淀粉充分糊化有利于膨化,原料粒度应越细越好。但对于单螺杆挤压机,由于某种原因其自洁能力较差,物料过细,易造成物料缠辊,不易输送,极易堵料,一般物料粒度在550～380 μm(30～40目)颗粒大小为宜,双螺杆挤压机的用料粒度应在250 μm以下(或60目以上)。

3)原料水分含量　挤压原料中的水分含量在膨化过程中会直接影响机腔内的温度和压力,从而影响产品质量。在其他条件不变的情况下,当原料含水量大时,原料在机腔内形成液态凝胶产生了一种润滑作用,则机腔内压力变小,故挤出容易、挤出的速度也较快,且由于膨化时放出蒸汽过多而形成无数不能愈合的通路残痕。不能及时放出的残留蒸汽凝成水分后,若不及时烘干,还会造成食品糊化的回生,或由于机腔内温度过低而降低糊化率,以至于不能膨化。原料水分过高而加工的膨化食品,往往外皮结痂、夹渣不匀、口感过硬。

原料中水分过低而加工的膨化食品,往往出现焦黄而味苦,严重时引起机腔内碳化并堵塞喷头,也会导致膨化倍数过小。从极限理论分析:若原料无水分,膨化出机后不产生蒸汽放出,则原料虽经历了膨化过程,也难以完成膨化。若原料含水适当,则膨化倍数较大,食品组织结构均匀疏松,外皮壁层薄,成品质量优良。一般要求挤压膨化原料的水分含量为13%~18%。

4)挤压温度　挤压筒内原料的温度是挤压膨化中很重要的因素之一。温度是促使淀粉糊化、蛋白质变性和其他成分熟化并使原料变为均匀流体的必要条件。在原料的膨化过程中,要求升温成熟时间要短,而膨化成熟后的降温要快,这对于保持原料中的维生素、氨基酸等营养成分来说,是一个很重要的因素。利用双螺旋挤压膨化机加工谷物原料时,一般要求挤压筒内原料温度达到120~180 ℃。

5)设备选择　挤压膨化设备有单螺杆挤压机和双螺杆挤压机两种。双螺杆挤压机在20世纪70年代开始用于食品加工,它比单螺杆挤压机具有较大的操作弹性和优点,因此,在生产一些新型或独特的产品时,需要复杂的工艺流程(如混合、搓揉等工艺水平),最好选用双螺杆挤压设备。

6)喂料速度　在一定的挤压速度下,喂料量决定了加工过程中挤压用腔的填充程度,进而影响物料在挤压腔中受到的挤压摩擦力、升温速度、挤压压力,最终影响产品的膨化度及生产效率。由于挤压机螺槽空间的体积是逐渐减小的,因此,在挤压机的喂料段,螺槽不是完全充满物料,而在热化段的螺槽是完全被挤满,由此产生高压。加料速度应均衡,各种物料成分应均匀分布,否则影响生产的连续性和产品质量的稳定性。

7)螺杆转速　在挤压过程中,螺杆转速影响螺杆被物料的封闭程度、物料在挤压机中的停留时间、热传递速度和挤压机机械能的输入量,以及物料所承受的剪切力大小。同时,螺杆转速影响到挤压机的产量,螺杆转速高,生产能力大。但当螺杆转速很高时,物料反向流动增大,此时挤压机生产能力达到高峰值。一般挤压膨化机转速为500~800 r/min。

4.5.1.2　微波膨化食品

(1)微波膨化的原理　微波加热速度快,物料内部气体温度急剧上升,由于传质速率慢,受热气体处于高度受压状态而有膨胀的趋势,达到一定压强时,物料就会发生膨化。高水分含量的物料,水分在干燥初期大量蒸发,使制品表面温度下降,膨化效果不好。当水分低于20%时,由于物料的黏稠性增加,致使物料内部空隙中水分和空气较难泄出而处于高度积聚待发状态,从而能产生较好的膨化效果。

影响物料膨化效果的因素很多。就物料本身而言,组织疏松、纤维含量高者不易膨化，而高蛋白、高淀粉、高胶原或高果胶的物料，由于加热后这些化学组分"熟化"，有较好的成膜性，可以包裹气体，产生发泡，干燥后将发泡的状态固定下来，即可得到膨松制品。以支链淀粉为主要原料，再辅以蛋白质和电解质（如食盐）的基础食品配方，便可以得到理想的膨化效果。

在微波加热过程再辅以降低体系压强，可有效地加工膨化产品。例如，用通常的方法加热干燥使物料水分达到15%～20%时，再用微波加热，同时快速降低微波加热系统的压强，使物料内包裹的气体急速释放出来，由此而产生体积较大的制品。

（2）微波膨化加工工艺适用范围

1）以淀粉为主的小食品　具体工艺流程：将豆、谷类和薯类等原粉加水调浆，加热使其α化，再加入必要的食品添加剂，成型，然后进行预干燥，再用微波加热，发泡膨胀，制成小食品和点心。

2）以蛋白质为主的食品　具体工艺流程：将鱼贝类、禽类等以蛋白质为主的原料加入淀粉、强化剂、食盐、调味品和膨胀剂等进行混合、搅拌、成型、预干燥，最后进行微波加热。被加热的食品在产生的二氧化碳气体和蒸汽的作用下，成为质地松软、独具风味的方便食品。

3）切面和荞麦面　在荞麦面、挂面、凉面、粉丝、通心面等制作过程中添加鱼肉、禽肉等动物性蛋白质，大豆蛋白、小麦谷朊粉等植物性蛋白质与膨化剂、发泡剂及其他调味料糅合成型后，再用微波加热膨化，即可制成成品。

4）蔬菜类　茎叶菜类（竹笋、洋葱、包菜、白菜、菠菜）、根菜类（白萝卜、胡萝卜、藕）、瓜菜类（南瓜、茄子）、薯类（甘薯、芋头、土豆）、食用菌类（香菇、蘑菇）、藻类（海带、裙带菜）等均可利用微波或微波与其他膨化工艺并用方式加热，膨化干燥制成方便食品。

4.5.2　油脂工艺

大多数植物油料的油脂制取与加工工艺流程基本相同，一般包括原料的预处理、油脂的制取（压榨法和浸出法）、油脂的精炼三个过程。区别仅在于个别工序和设备的型式的不同，但个别油料也采用一些特殊的油脂生产工艺。本节对大宗油料生产工艺和个别油料的典型生产工艺做简单阐述。

4.5.2.1　油脂制取与加工工艺流程的选择

油脂生产工艺流程的选择与油料品种、产品质量、副产品质量、生产规模、技术条件、环境保护等要求都有关。虽然工业应用的油脂制取和精炼工艺仅有几种，然而生产过程中各工序的配合和工艺条件却千变万化。为此，有必要了解和掌握各种油料加工技术的共性和特性，选择合适的工艺流程，提高油脂生产效果。

（1）根据不同油料品种确定合理的工艺流程及操作条件　植物油料种类繁多，不同油料的化学成分、含量、物理性状有差别。因此，油脂生产工艺的选择首先要考虑油料品种。

1）根据不同油料的共性将其分类，选择几种典型方法来实现生产要求。例如，对绝大多数油料都可以采用压榨法取油，对高含油料采用预榨浸出，对低含油料采用直接浸出，对带壳油料采用剥壳后取油，对高酸价毛油采用物理精炼等。

2）为保留某些油料所含油脂的特殊风味，选择合理的油脂生产工艺。不少油料蛋白质具有消费者喜爱的独特风味，为保持其产品不失去原有的风味和优良的品质，应选择合理的油脂生产工艺和条件。例如，芝麻油、浓香花生油、可可脂等油脂的生产，一般不采用溶剂浸出法取油，而需要采取高温炒子和压榨法取油，采用低温油脂精炼，避免高温蒸汽蒸馏等。而橄榄油的最佳取油方法是鲜果冷榨法。

3）某些油料中含有抗营养因子或影响产品质量的特殊成分，在选择油脂生产工艺和操作条件时，必须考虑去除这些成分以改善其产品质量。例如，大豆中所含胰蛋白酶素、尿素酶、凝血素等抗营养因子，在油脂生产过程中必须采用必要的湿热处理将其钝化，其饼粕才能饲用。棉籽中所含棉酚、菜籽中所含芥子苷、葵花子中所含的绿原酸和咖啡酸、花生感染黄曲霉毒素等。在加工这些油料时，要选择合理的油脂生产工艺和操作条件，力求在油脂生产过程中将其脱除或利于后序的脱毒处理。

4）避免油料中油脂或其他成分发生化学变化而使其品质劣变。某些油料如橄榄、油棕果、米糠等因脂肪酶含量较高而在油脂生产过程中容易酸败变质，故必须采用合理的工艺条件在加工之前或加工过程中对脂肪酶进行钝化，以提高产品得率和品质。又如桐油在高温、紫外光及硫、碘等元素的作用下易产生异构化，因此对桐籽的加工应选择低温、低水分、避免接触敏感元素等生产条件。

（2）根据产品及副产品的质量要求选择油脂生产工艺　油脂生产有时还需要同时考虑副产物的质量要求。因此，油脂生产工艺选择的另一个重要因素是满足产品及副产品质量的要求。

1）根据油脂产品的用途和质量等级选择油脂生产工艺和操作条件。如普通食用油的油脂制取和精炼工艺比较简单且要求较低，而高级食用油脂的油脂生产工艺复杂且技术指标的要求都非常高。在高级食用油生产过程中，预处理工艺要采用严格的清选除杂、脱皮、膨化处理或湿热处理等工艺技术，浸出工艺要采用混合油全负压蒸发汽提工艺技术，油脂精炼工艺要采用超级脱胶、脱色、蒸汽蒸馏脱酸脱臭工艺技术等。食品专用油脂制品的生产还要进行氢化、分提、酯交换等。

2）根据成品粕的用途和质量等级选择不同的生产工艺。如饲用豆粕的生产，要求其生产工艺和操作条件要满足有效破坏抗营养成分、豆粕充分熟化、豆粕尿素酶含量符合要求，同时还不能使蛋白质过度变性和破坏，以提高其饲用效价。又如高蛋白豆粕的生产，要求达到高脱皮率。食用豆粕的生产，需要进行严格的除杂、脱皮，要求油脂生产过程在低温下进行，尤其是低温脱溶，以保持蛋白质的不变性或少变性。还有，饲用棉籽粕的生产要选择两步浸出脱酚工艺技术，饲用菜籽粕的生产选用脱皮和冷榨工艺等。

3）对于食品级油脂及粕的生产，还必须保证其生产工艺和条件符合食品卫生指标。油脂生产企业生产的油脂产品大多是食品级的，还有作为食品工业用的大豆低变性蛋白粕、植物蛋白粉等，在整个生产过程中都要严格遵循卫生指标，防止杂菌感染和污染。

4）在选择油脂生产工艺和条件时，还需要考虑副产品的质量要求。典型的例子是大豆油脂生产中浓缩磷脂的获得。若要获取食用或药用的高品质浓缩磷脂，在油脂生产过程的各工序都要尽量避免磷脂成分的改变。在预处理过程中，采取短时间高温处理钝化脂肪氧化酶、磷脂酶，以防止水化磷脂转变成非水化磷脂；在混合过程中，采取混合油低温条件下的全负压蒸发汽提，以避免磷脂的氧化分解及非水化磷脂的产生；在油脂精炼的脱胶过程中，避免添加磷酸以防止油脚酸价的升高。如此，各工序合理生产条件的应

用和配合,才能获得高丙酮不溶物含量和高卵磷脂含量的油脚,进而生产出高品质的磷脂产品。

(3)根据油脂生产技术的发展和具体生产条件选择油脂生产工艺

1)采用成熟而先进的工艺和设备,实现最佳技术经济效果。随着油脂生产理论和技术的不断发展和完善,不断有先进的工艺技术和设备在油脂工业中选择油脂生产工艺时,应特别关注和追踪最新技术的发展和应用。如油料全脱皮工艺、油料膨化工艺技术、湿粕 DTDC 处理技术、油脂物理精炼技术、油脂生产废物控制和处理技术等。

2)根据生产规模选用油脂生产工艺。大规模油脂生产应选用工艺完善、设备配制精良、自动化程度高、副产物利用充分的生产工艺。小规模油脂生产应选用投资节省、容易改变油料品种、生产灵活、技术容易掌握的生产工艺。

3)根据油料资源、品种及供应情况选择生产工艺。如经常需要改变油料品种,就应选择适应多种油料生产的工艺,但这种工艺和设备配置通常较复杂。如加工油料品种单一,应选择单纯的生产工艺,以简化工艺和节省设备投资。

4)生产工艺的选择还要考虑油脂生产废物的形成和处理,应选择废物形成量少,对环境影响小的工艺。如选择不产生废水或很少产生废水的油脂物理精炼工艺,选择生产废水排放量少、加热蒸汽冷凝水重回锅炉房再利用,甚至生产废水零排放的浸出生产工艺等。

4.5.2.2　油料的预处理压榨工艺

(1)预处理压榨的一般工艺过程　油料预处理工艺的确定,与油料品种、取油工艺、产品质量指标、油料综合利用、投资规模等多种因素相关,因此有多种方案可供选择。而压榨工艺相对简单,可以根据整体油脂生产工艺以及产品质量的要求,选择压榨、预榨、热榨、冷榨等不同的榨油工艺。

单纯的压榨取油工艺可采取一次压榨或两次压榨,主要用于生产规模较小的油脂加工厂,或要求保持油脂特有风味的油料加工,如芝麻油、浓香花生油、可可脂等。在压榨取油工艺中要求尽量提高压榨出油率。

与浸出法取油工艺相配套的预榨取油工艺主要用于生产规模较大的油脂加工厂,以及大宗高含油料的油脂制取工艺。在预榨工艺中仅要求榨出料坯中70%左右的油脂,预榨饼中残留的油脂经溶剂浸出法取出。

通常情况下,油料的压榨或预榨工艺均采用热榨,仅有当压榨饼用于食品生产或医药生产的原料时,才采用冷榨取油工艺。在冷榨工艺中由于入榨料坯的温度较低(不能高于70 ℃),因此可以保持压榨过程中油料蛋白质不变性或少变性,但冷榨出油率较低。

(2)主要油料的预处理压榨工艺

1)大豆　传统的大豆预处理浸出工艺比较简单,先进的大豆预处理浸出工艺可采用脱皮、挤压膨化、湿热处理等技术,并且可以结合大豆脱皮前的干燥进行调质,省略软化工序,简化预处理工艺流程。

传统的大豆预处理工艺流程:

大豆→清理→破碎→软化→轧坯→干燥→浸出

一般的大豆脱皮预处理工艺流程:

大豆→清理→干燥→脱皮→软化→轧坯→浸出

大豆干燥调质脱皮预处理工艺流程：

大豆→清理→干燥调质→破碎→轧坯→浸出

大豆挤压膨化预处理工艺流程：

大豆→清理→干燥→破碎→软化→轧坯→挤压膨化→干燥→浸出

大豆湿热预处理工艺流程：

大豆→清理→破碎→软化→轧坯→湿热处理→浸出

大豆的油脂制取工艺通常采用预处理直接浸出，个别情况下也采用冷榨工艺。大豆冷榨工艺流程：

大豆→清理→破碎→软化→轧坯→调温→压榨→豆饼

大豆冷榨工艺中的软化温度一般不高于45～50 ℃，软化水分为10%～12%，轧坯厚度为0.4～0.5 mm，入榨前的调质温度不高于70 ℃。若采用螺旋榨油机整籽冷榨时，则不需要轧坯。

此外，大豆的预处理浸出工艺还应与大豆蛋白生产、大豆综合利用及大豆活性成分的提取结合起来。

2）花生　花生属于高含油油料，一般采用预榨浸出制油工艺。小型油厂也采用一次压榨制油工艺，浓香花生油生产则采用特殊的油脂生产工艺。一般工艺生产的预榨花生油风味纯正、清香，是人们喜爱的食用油脂。

一般的花生预处理预榨浸出制油工艺：

花生→清理→剥壳→破碎→轧坯→蒸炒→预榨→浸出

浓香花生油是以优质的、精心挑选的、新鲜的花生仁为原料，采用部分整籽特殊高温炒制、混合机械压榨、低温冷滤的纯物理方法生产的纯正精制植物油。浓香花生油独特的生产工艺能够使榨取的花生油产生浓郁的花生油香味，并在精炼过程中不损失，此外，还最大限度地保留了花生中的营养成分和生理活性成分。

浓香花生油生产工艺流程：

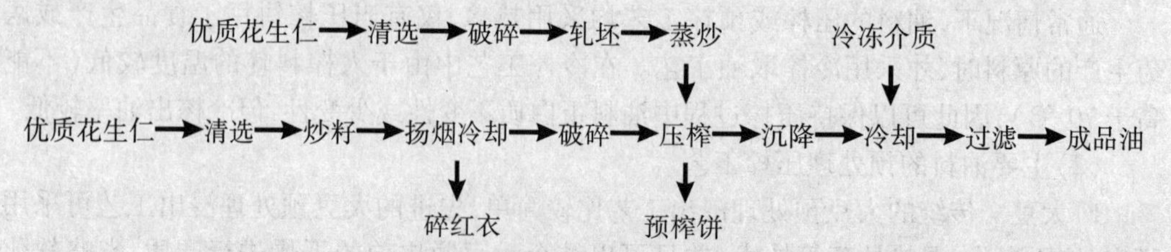

生产浓香花生油的原料，应选择新鲜、籽粒饱满、无破损、无霉变、无虫蚀、品质优良的当年花生仁，并符合《花生仁国家标准》（GB 1533—1998）中三等以上的标准要求。花生仁要有好的储藏条件，最好是低温储藏，品质差的花生仁无法加工出好的浓香花生油产品。

浓香花生油生产的两个关键工序是炒籽和冷滤。炒籽工序一般采用滚筒炒籽机，直接火做热源,炒籽时间为30~40 min,炒籽温度达180 ℃以上,要求炒籽均匀,不焦不糊,不夹生。炒籽后要迅速冷却,并去除脱落的花生红衣。冷却过滤工序一般采用冷却油罐,将其在搅拌下缓慢冷却至20 ℃左右,然后将其油脂打入板框滤油机进行粗过滤。

4.5.2.3 油脂浸出工艺

(1)油脂浸出的一般工艺过程及分类　油脂浸出工艺可以按油料进入浸出器前的预处理方法而分为一次浸出法、预榨浸出法、挤压膨化浸出法、湿热处理浸出法等,也可以按照所采用浸出器型式特征而分为罐组式浸出、平转式浸出、环型浸出器浸出等。

但无论是入浸油料的区别还是浸出器型式的区别,它们的浸出工艺流程基本是一样的。这些基本工艺流程都包括了四个工序,即浸出工序、混合油处理工序、湿粕处理工序和溶剂回收工序。然而在工艺流程中所配置设备的区别及工艺条件的区别,造成了实际生产过程所达到的工艺技术指标和生产效果的差别。

(2)典型的油脂浸出工艺流程

1)间歇式油脂浸出工艺流程　从预榨车间送来的预榨饼经斗式提升机和螺旋输送机连续交替地进入两个存料箱,再由存料箱集中进入浸出罐,这样可以缩短浸出罐的装料时间。进入浸出罐的预榨饼分三次受到浓度渐稀的混合油的浸泡,最后一次用新鲜溶剂浸泡,其中的油脂基本被完全提取出来。浸出后的粕在浸出罐内依次受到蒸汽的下压和上蒸作用,将其中的溶剂脱除,然后从出粕口卸出,再经螺旋输送机输送至粕库。浸出罐内的液位可以通过溢流罐上面装的视镜进行观察。

混合油从浸出罐底部流经两条管线,一条作为稀混合油的循环路线,使用溶剂泵抽出,打入另一个刚进料的浸出罐进行第一次浸出,浸出后的浓混合油由另一条管道被混合油泵打至混合油罐。浓混合油依次通过第一长管蒸发器及汽液分离器、第二长管蒸发器及汽液分离器、管式汽提塔及分离器,其中的溶剂被脱除出去,所得的浸出毛油进入毛油箱,再由毛油泵打至精炼车间。

在浸出罐内对湿粕进行上蒸所用的加热蒸汽先经气水分离器分离出所含水分,再喷入浸出罐。上蒸出的蒸汽和溶剂蒸气的混合蒸气经粕末分离器除去粕粉后,再进入喷淋冷凝器进行冷凝,冷凝液流入分水器进行分水。

来自长管蒸发器的溶剂蒸气进入喷淋式冷凝器中冷凝,冷凝液流入溶剂周转库。来自汽提塔的混合蒸气进入喷淋式冷凝器中的另一组进行冷凝,然后进入分水器进行分水,经分水后的溶剂也进入溶剂周转库。分水器和溶剂周转库合用一个外壳,内部用隔板分开,上部相通,即所谓的综合容器。

综合容器、溢流罐、混合油罐、喷淋式冷凝器等设备中的自由气体分别进入平衡罐,再进入最后冷凝器冷凝,冷凝液进入分水器进行分水。未凝结的尾气则进入填料塔的下部,少量冷水从填料塔的上部喷入,在填料表面尾气与冷水接触进行热交换,尾气中的溶剂气体被冷凝在冷水中,在填料塔下部进行初步分水,再进入分水器进一步分离。未经冷凝的废气从填料塔上部排空。

在分水器中溶剂和水进行静置自动分层,分出的上层为溶剂,下层为水。分出的溶剂中还含有少量水,水中也还含有少量溶剂,所以分水器上层分出的溶剂在进入溶剂周转库后,一般新鲜溶剂是从周转库的中下部抽出打入浸出罐进行循环使用,而水定期从周转库的底部排出至水封池。分水器分出的水经过蒸煮罐蒸煮回收溶剂后排至水封池。

2)连续式油脂浸出工艺流程

①浸出工序　来自预处理车间或预榨车间的油料生坯或预榨饼,由刮板输送机送入存料斗,存料斗下面是一个锥形封闭阀式的下料器。封闭阀下料器中阀心的转速与存料斗中的料位配合,自动控制存料箱中的料封高度,有效地防止了浸出器内的溶剂气体通过进料输送设备向预处理车间倒逸。入浸油料通过封闭阀均匀地进入浸出器内转子的浸出格中,随着转子的缓慢转动,浸出格中的油料受到不同浓度混合油的喷淋浸泡,最后用新鲜溶剂喷淋浸泡,在浸出格中油料与混合油和溶剂形成一个逆流浸出过程。混合油的循环是由混合油循环泵完成的。浸出后的油料在浸出格中经滴干后排入出粕斗。湿粕经刮板输送机送往蒸脱机。由混合油泵抽出的浓混合油经旋液分离器分离粕末后被送往混合油处理工序。一般平转浸出器中料层高度为 2 ~ 3 m,浸出时间为 90 ~ 120 min,浸出温度 50 ~ 55 ℃,浸出后湿粕含溶剂 30% 以下,混合油浓度为 20% ~30%。

②湿粕蒸脱工序　湿粕经刮板输送机送至 DTDC 蒸脱机,该设备一般为 9 ~ 10 层。最上面的 1 ~ 3 层为预热层,4 ~ 6 层为自蒸层,第 7 层为直接蒸汽蒸脱层,第 8 ~ 10 层为热风干燥和冷风冷却层。经蒸脱、干燥、冷却处理后的成品粕残溶为 7×10^{-4} mg/kg 以下,粕含水 12% 以下,出粕温度为 40 ℃左右。成品粕经刮板输送机送入粕库经计量、打包后储藏。蒸脱机排出的混合蒸气经旋风湿式捕集器用溶剂捕集粕末后,进入第一蒸发器作为蒸发的热源。自蒸脱机热风干燥层和冷风冷却层排出的空气经旋风捕集器捕集粕末后排入大气,粕末进入成品粕刮板输送机。

③混合油处理工序　来自浸出器的浓混合油经旋液分离器后进入混合油储罐,在此经过进一步的沉降分离,由泵送至第一长管蒸发器。第一蒸发器的热源是来自蒸脱机的二次蒸汽及蒸汽真空泵的加热蒸汽。经第一次蒸发和汽液分离后的混合油由泵送往冷热油热交换器,在此被加热后进入第二长管蒸发器,经第二次蒸发和分离后的混合油再由泵送入汽提塔,自汽提塔排出的残溶为 5×10^{-4} mg/kg 以下、温度为 105 ℃左右的毛油再由泵送入热交换器,经冷却后送往精炼车间。混合油蒸发和汽提系统的负压是由蒸汽真空泵形成的。

④溶剂回收工序　蒸脱机排出的混合蒸汽用作第一蒸发器的热源后,冷凝液进入分水器,未冷凝蒸汽进入节能器,在节能器中热蒸汽受到来自蒸发冷凝器的冷凝液的喷淋冷凝,冷凝液进入分水器,未冷凝蒸汽进入蒸脱机冷凝器冷凝后也进入分水器。来自第一蒸发器和第二蒸发器的混合蒸汽和溶剂蒸汽都进入蒸发冷凝器,冷凝液由泵抽出打入节能器,未冷凝气体被蒸汽真空泵抽出进入第一蒸发器。真空泵造成冷凝器的负压,继而造成蒸发器的负压。来自汽提塔的混合蒸汽进入汽提冷凝器冷凝,冷凝液排入分水器分水,未冷凝的气体被蒸汽真空泵抽出进入第一蒸发器,由此造成汽提冷凝器和汽提塔的负压状态。浸出器中的自由气体经浸出器冷凝器冷凝后,冷凝液进入分水器。来自蒸脱机冷凝器、浸出器冷凝器、分水器、溶剂储罐的自由气体进入最后冷凝器,冷凝液排入分水器,未凝结气体进入矿物油吸收塔,在吸收塔中溶剂蒸汽被冷的液状石蜡吸收,不能被吸收的空气及很少量的溶剂气被塔顶的风机抽出排空。含有溶剂的冷液状石蜡经热交换器、加热器加热后,进入解吸塔中进行汽提,将其中的溶剂解吸出来与液状石蜡分离,解吸塔排出的混合蒸气进入蒸发冷凝器。从分水器中分出的溶剂进入溶剂周转库,分出的水再经蒸煮,回收其中的残留溶剂后经水封池排出。溶剂周转库中的溶剂由泵抽

出经溶剂预热器预热后进入浸出器。

4.5.2.4　油脂精炼工艺

食用植物油脂的精炼工艺可分为一般食用油脂精炼、高级食用油脂精炼及特殊油脂精炼，其精炼流程依油脂产品的用途和品质要求而不同。

（1）几种主要品级的食用植物油脂精炼流程

1）一般食用油脂精炼工艺流程

毛油→过滤→碱炼脱酸→水洗→脱溶（真空干燥）→食用油

2）高级食用油脂精炼工艺流程

毛油→过滤→脱胶→脱酸→真空干燥→脱色→脱臭→过滤（脱蜡）→精制食用油

3）食品专用油脂精炼工艺流程

毛油→过滤→脱胶→脱酸→脱水→脱色→氢化（酯交换）→后脱色→分提→脱臭→食品专用油脂

（2）大豆油、花生油、芝麻油精炼工艺　豆油、花生油、芝麻油是我国大宗油脂。若原料品质好、取油工艺合理，则毛油的品质较好，游离脂肪酸含量一般低于2%，容易精炼。

1）粗炼食用油工艺流程（间歇式）

过滤毛油→预热→水化→精制沉淀→分离→含水脱胶油→（脱溶）干燥→粗炼食用油

2）精制食用油精炼工艺流程（连续脱酸、间歇式脱色脱臭）

过滤毛油→预热→混合→油碱比配→混合反应→脱皂→洗涤→脱水→吸附脱色→过滤→蒸馏脱臭→过滤→精制食用油

4.5.3　糖果、巧克力工艺

糖果、巧克力是食品工业的重要产品之一，是各种喜庆节日中招待客人的必备食品。作为一种方便食品，其丰富的种类和良好的口味受到消费者的广泛喜爱。近年来，随着食品工业的发展，糖果和巧克力工业也呈现快速发展的趋势。

4.5.3.1　糖果、巧克力的定义与分类

（1）糖果、巧克力的定义　糖果是以蔗糖、液体糖浆（饴糖、淀粉糖浆）等为主要原料，经过熬煮，加入部分食品添加剂如香料、色素、油脂、蛋品（蛋白质）、果料等，再经过调和、冷却、成型等工艺操作，构成具有不同物态、质构和香味的精美且耐保藏的甜味固体食品。

巧克力是由可可脂、可可质和结晶蔗糖为基本成分，添加乳固体或香味料的甜味固体食品，其具有独特的色泽、香气、滋味和精细质感，精美而耐保藏，并具有很高热量。

（2）糖果的分类　糖果的花色品种繁多，目前国内有三种分类方法。按照糖果的含水率和软硬程度分为：硬糖，含水率在2%以下；半软糖，含水率在2% ~10%；软糖，含水率在10%以上。按照糖果的组成可以分为：乳脂糖、蛋白糖、奶糖和夹心糖等。按照加工工艺的特点进行分类，可以分为：熬煮糖果（简称硬糖）、焦香糖果、充气糖果、凝胶糖果、巧克力制品及其他类别等。

按照国家标准进行分类,可以分为以下类型。

1)硬质糖果

透明类:水果味、清凉味、花香味的硬糖。

丝光类:拉拔成不透明丝光糖。

花色类:添有乳制品、脂肪、蜜饯等,制成有油脂味、蜜饯味、果仁味的硬糖,如司考奇等。

2)夹心糖果

酥心类:有果仁味、芝麻味、可可味、咖啡味等品种。

粉心类:水果味、可可味、酒味等品种。

酱心类:水果味、花香味等品种。

3)焦香糖果

硬质类:可可味、咖啡味、水果味、果仁味、奶味等品种。

胶质类:如瑞士 Sugars 果汁糖。

砂质类:如水果福奇糖。

4)凝胶糖果(软质糖果)

琼脂类:有水晶糖。

淀粉类:有果汁软糖。

明胶类:半透明、弹性强。

5)抛光糖果

果仁类:花生心、杏仁心等品种。

糖心类:硬糖心、胶基糖糖心、砂糖晶粒心等品种。

其他类:有可可心膨化食品等。

6)胶基糖果

咀嚼类:口香糖。

吹泡类:泡泡糖。

7)充气糖果

高度充气类:棉花糖、弹性型糖、脆性型糖。

中度充气类:蛋白糖、胶质型糖、砂质型糖。

低度充气类:水果味、果仁味、薄荷味、奶味咀嚼性块糖,胶质型糖、砂质型糖。

(3)巧克力及巧克力制品的分类　巧克力的种类繁多,按照巧克力的原料组成、加工工艺特点和组织结构特征可以分为巧克力和巧克力制品两大类。

1)巧克力的分类　按照巧克力的成分可以分为纯巧克力、清巧克力、苦巧克力、半甜巧克力、甜巧克力、深色巧克力等。此外,根据巧克力配方中的油脂性质和来源,可以分为天然可可脂巧克力和代可可脂(包括精炼油脂、植物油脂等)巧克力。

2)巧克力制品的分类　巧克力制品主要是采用不同加工工艺和方法,将各种糖果、果仁和焙烤品作为巧克力的核心,外面覆盖上不同类型和品种的纯巧克力,从而形成不同形状和风味特色的巧克力制品。根据生产工艺和原料配方组成的不同,巧克力制品可分为果仁巧克力、夹心巧克力和抛光巧克力三种。

4.5.3.2 糖果的加工

糖果巧克力的基本加工工艺为加热、熬煮、混合充气、结晶、粉碎、涂层、浇模、挤压、切割、包装等,但针对不同的产品,其加工工艺过程不同,采用的设备也不完全相同。

(1)硬糖的加工　硬糖的品种很多,但一般硬糖的加工方法相似,主要包括以下几个步骤:配料、化糖、熬糖、冷却、调和、成型、拣选和包装。

1)配料　配料是根据配方确定糖果中各种成分的固形物的含量,对于湿含量较大的物料还要进行固形物白粉含量的换算,以获得精确的物料含量。

2)化糖　化糖的目的是用适量的水在短时间内将砂糖晶体进行溶化,并和糖浆组成均匀的状态,防止在熬糖时出现返砂。化糖的作用是使糖失去原来的结晶状态的组织形态,变成高度混合的透明体。

3)熬糖　熬糖的目的是将糖液中多余的水分去除,浓缩糖液,以便形成透明坚硬的硬糖。

4)调和与冷却　经过熬煮的糖膏出锅后,温度很高,需要进行降温冷却处理。并在糖膏体失去流动性之前,加入色素、香料和柠檬酸,并使这些物料在糖膏中均匀分散。如果温度太高,加入的香料容易挥发,造成糖果中香气成分的降低;如果加入香料时的温度太低,则由于糖膏的黏度太高,加入的物料不容易调和均匀。因此,调和时对温度的控制非常重要,必须控制好冷却时加香料的温度。根据经验,糖液降温至110 ℃左右时加入香料比较适宜。

当将香料色素和调味料加入到糖膏中后,需要立即进行混合搅拌,使加入的物料均匀分散。在混合操作过程中,还应注意糖膏的流动性和加入糖膏物料的特性和分散性。

为了保证加入物料的分散性,需要将某些物料进行预处理,以保证物料分散的均匀性。在糖膏的调和过程中,糖膏逐渐冷却。糖膏冷却的目的是将糖膏从流动性很大的液态转变为缺乏流动性的半固态,使糖膏具有最大的黏度和可塑性,从而保证糖果的成型。

5)成型　经过调和与冷却的糖膏就进入了成型阶段。硬糖的成型目前主要采用连续冲压成型和连续浇模成型工艺,有些也采用滚压成型、剪切成型和塑性成型工艺。

6)拣选　拣选是将成型后不符合质量标准的糖果(如缺角、裂纹、气泡、杂质、形态不整等的糖粒)挑选出来。

7)包装　为了避免硬糖在成型完成后在空气中出现吸湿现象,保持硬糖的溶化不返砂,对成型后的糖果要及时进行包装。

(2)软糖的加工　软糖由于其含有凝胶物质,所以又称凝胶糖果。根据含有的凝胶剂的类型,软糖可以分为淀粉软糖、琼脂软糖、明胶软糖、果胶软糖和其他软糖。根据凝胶的不同,其制作方法也不完全相同,下面仅介绍淀粉软糖的加工工艺。

淀粉软糖的制作工艺主要包括溶化、过滤、熬糖、浇模成型、干燥、拌砂、再干燥、挑选和包装。

1)溶化、过滤、熬糖　根据配方将变性淀粉调制成变性淀粉粉浆,并进行过滤,以将未溶化的物料过滤掉。调粉浆的加水量为干性淀粉的7~10倍,将白砂糖和淀粉糖浆在熬糖锅内加热熬煮,边熬煮边搅拌,使溶液的浓度达到72%。由于在熬煮过程中随着温度的升高,淀粉糊化,因此液体的浓度将不断提高,黏度不断加大。因此,在熬煮过程中要注意浓度以控制在72%为宜。

2)浇模成型　软糖的浇模成型主要有半连续浇模和连续浇模两种方式。在浇模过程中,包括盘粉装筛、糖粒分离、模粉平整、模粉印刷和糖浆灌注等工序。由于糖浆的黏度很大,直接影响到浇模质量的好坏。因此,在浇模过程中,对糖浆黏度的控制至关重要。糖浆黏度过大,将影响浇模机的浇注和收断,在收断时会出现拖尾,影响糖果的形态。实践证明,浇注时糖浆的浓度在72% ~78%,浇注温度在82 ~93 ℃时的糖浆黏度较适宜。

3)干燥、拌砂、再干燥　干燥的目的是去除模内物料中的水分,拌砂的目的是将砂糖黏附在软糖的表面,以便利用砂糖的吸水性保护软糖。拌砂糖后的软糖还需要进行干燥,脱去多余的水分和拌砂糖过程中带来的蒸汽,以防止糖粒的粘连。软糖的水分干燥为不超过8%,还原糖30% ~40%。

4)挑选、包装　干燥后的软糖经过挑选后即可进行包装。由于软糖的形状可以由浇模的模型确定,因此其形式可以多种多样,包装形式也可以根据软糖的形状改变。

(3)充气糖果的加工　充气糖果与其他糖果的不同之处在于其在制作过程中增加了充气工艺,使糖果产生一种泡体结构。由于气泡的加入,使得产品的密度减小,体积增大,同时也使产品的稠度和质构的物理特性产生了一定程度的变化,从而赋予了产品新的商品特性。

充气糖果主要包括气泡体的制备、熬糖和冲浆、冷却、成型、挑选和包装。

1)气泡体的制备　糖果充气是通过对流体进行激烈的机械搅拌,克服系统的表面张力,在发泡剂的作用下,形成流体中的气体成分。充气的过程可以是一步充气,也可以是两步充气。

一步充气是指将充气过程一次完成,通常用于低密度并含有一定水分的制品。在具体操作中,首先将配方中的发泡剂和稳定剂先用水浸泡和溶化,同时将配方中的糖类加水加热溶化并熬至一定的浓度,然后将两者置于搅拌设备中,搅拌起泡,一次形成充气的气泡体。

两步充气是先将卵蛋白溶液单独在立式混合机内快速搅拌制成洁白细密的泡沫体,成为蛋白泡基,备用;与此同时将3/4的砂糖与淀粉糖浆溶化并熬至125 ~130 ℃,然后分批次加入气泡基内,继续快速搅拌形成疏松的泡沫体。

2)熬糖和冲浆　将其余的砂糖与淀粉糖浆溶化过滤,熬至140 ~145 ℃,缓慢加入气泡基内,直到搅拌至需要的温度和黏度。然后加入其他辅料,剪切成型。

3)冷却与成型　蛋白充气糖果由于含有气泡,导热系数小,冷却时间长。当冷却至40 ℃左右时成型。

4)挑选和包装　为防止糖果受潮粘连,对挑选合格的糖果要及时进行包装,并在低温下进行储存。

4.5.3.3　巧克力及其制品的加工

(1)巧克力的加工　巧克力是以可可制品(可可液块、可可粉、可可脂)、砂糖、乳制品、香料、表面活性剂等为基本原料,加工制成的一类特殊食品。巧克力的加工包括原料的预处理、原料的混合和研磨、物料的精磨和精炼、调温、浇模成型、挑选、包装和储藏。

1)原料的预处理　如果直接采用可可豆制作巧克力,需要首先对可可豆进行发酵、干燥和焙炒处理,以获得巧克力的独特风味。若采用可可液块、可可脂、代可可脂制作巧克力，则要首先进行熔化，以便进行下一步的研磨。

2）原料的混合和研磨　将原料混合后，研磨的作用是降低物料的尺寸，巧克力生产的物料尺寸通常约在25 μm以下，以保证产品细腻的结构和独特的光泽与口感。

3）物料的精磨和精炼　巧克力物料在精磨后，还需要进行精炼处理。精炼的作用是将巧克力物料的边缘棱角磨圆，将油脂均匀地分散到干物质的表面，使物料的口感柔滑，外观光亮。

4）调温　调温工艺就是通过温度变化和机械处理，使巧克力中的可可脂能在恰当的时间内形成具有恰当数目、大小的稳定晶型（Ⅴ型）的晶体，以使后续冷却固化中可可脂能以稳定的晶型快速结晶。调温工艺的全部意义在于使巧克力酱产生一定比例的稳定晶型的晶体，调温是一个细致的工艺过程，对温度的调节变化要求十分严格。

5）浇模成型　经过调温的巧克力物料仍然是一个分散相高度均匀分布的不稳定的流体，各种质粒保持相对平衡，为了防止外界因素的变化影响此平衡，需要通过降低物料的温度形成结构稳定的致密组织结构。浇模成型就是使巧克力酱料从流体快速转变为稳定的固体，最终得到所要求的光泽、相位与质构的巧克力产品的过程。

6）挑选和包装　由于巧克力是一种热敏性食品，因此对包装材料要求较高。通常采用隔热效果好、热传导性差的包装材料包装巧克力。

（2）巧克力制品的加工

1）夹心巧克力的加工　夹心巧克力是在巧克力中存在夹心，夹心巧克力的加工有吊排成型和注模成型两种方法。吊排成型工艺是先制成心体，然后在外覆盖一层巧克力外衣。注模成型工艺中心体和外衣是在同一模具内完成的。

巧克力物料在模内形成一层坚实壳体，随后将心体料定量注入壳体内，再将巧克力覆盖其上，密封凝固后从模内脱出，即成为形态精美的夹心巧克力。为了与纯巧克力注模工艺加以区别，这种工艺过程被称为壳模成型。目前可以通过连续自动壳模成型加工夹心巧克力。

2）果仁巧克力　果仁巧克力是将部分果仁和巧克力酱混合后，按照纯巧克力的调温工艺要求正确调制，然后注模凝固。果仁巧克力的果仁有：坚果类，如杏仁、核桃等；果仁类，如花生仁、瓜子仁等；以及蜜饯类，如葡萄干等。

3）抛光巧克力　抛光巧克力由抛光心、巧克力外衣和上光层三部分组成，品种有纯抛光巧克力和纽扣形抛光巧克力。

抛光巧克力的制作首先是制作好抛光心，然后用喷枪将巧克力酱料喷涂到心体上，经10～13 ℃的冷风冷却，并利用抛光方法使表面光洁平整，制成半成品，在12 ℃左右下存放一天，使巧克力结晶更稳定，提高巧克力硬度，然后获得抛光巧克力。

思考题

1. 焙烤食品有哪些种类？
2. 叙述油炸食品加工的基本原理及对食品质量的影响。
3. 论述果蔬汁加工中常见的质量问题及解决方法。
4. 论述天然矿泉水生产中经常出现哪些质量问题？如何防止？

5. 请在分析传统酱卤肉制品存在的问题的基础上，运用所学知识提出解决措施。

6. 以牛乳为原料加工婴儿配方乳粉时要对乳脂肪进行调整，请分析调整的原因，并运用所学知识提出调整的原则。

7. 简述红葡萄酒生产工艺流程及操作要点。

8. 简述酱油生产过程中加热的目的。

9. 列举几种生活中常见的挤压膨化食品，并简述其基本原理。

10. 假如你是一名油脂专业的技术人员，请简单谈一下在设计油脂加工工艺时你所选择的依据。

11. 简述浓香花生油的生产工艺。

12. 简述硬糖和软糖加工工艺的区别。

本章介绍了各类食物通过精深加工后，其副产物的种类与利用情况。重点阐述了稻壳、米糠等稻谷加工副产物，玉米胚芽、玉米浆、玉米皮、麸质、玉米淀粉等玉米加工副产物，血液、畜禽脂肪、畜骨及肠衣等动物副产物的利用现状。通过学习，使学生了解植物副产物及动物副产物的种类及特点，掌握对其综合利用的加工过程，达到不断提升副产物的附加值目的。

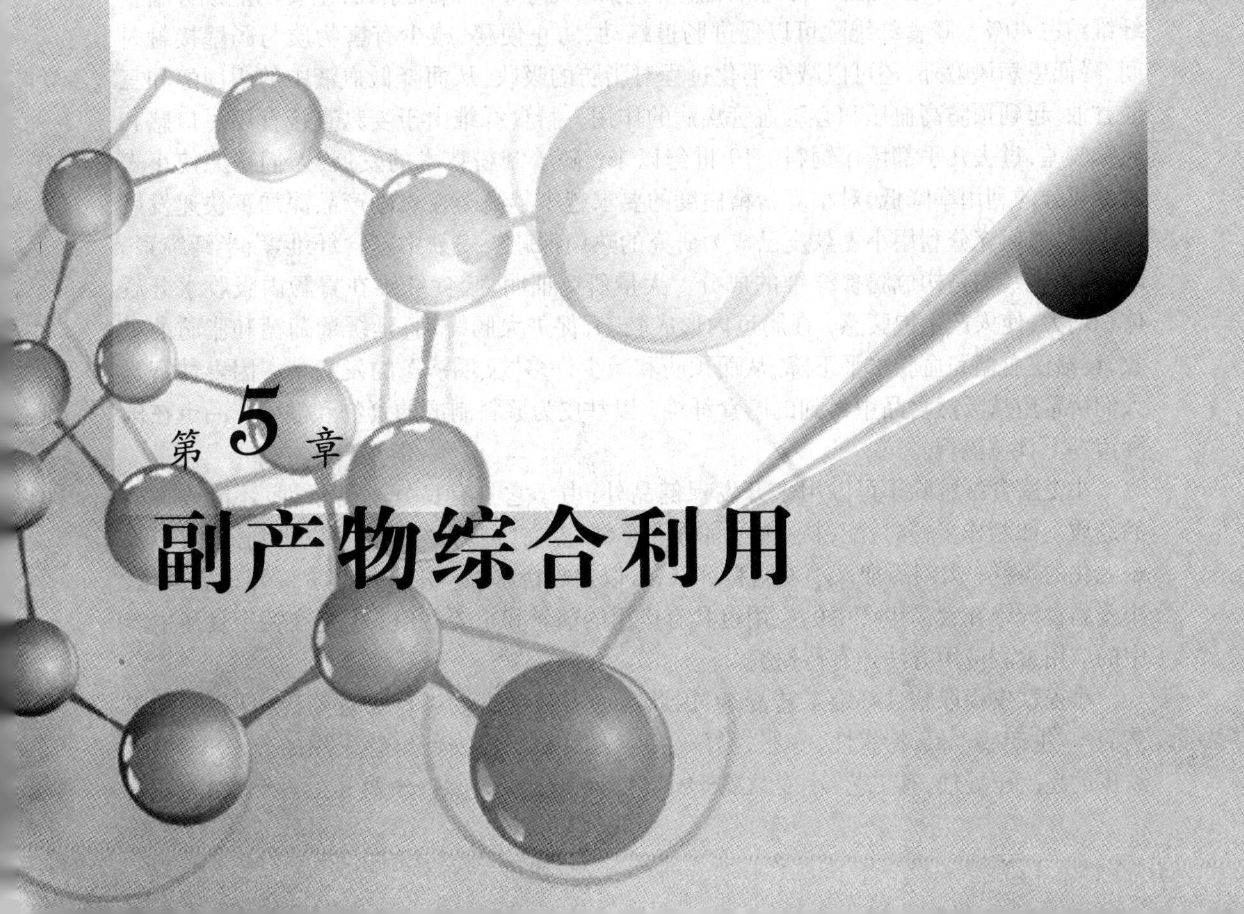

第5章 副产物综合利用

5.1 植物副产物综合利用

植物副产物主要包括小麦加工、稻谷加工、玉米加工和大豆加工的副产品,其产物包括麸皮、麦胚、米糠、碎米、玉米皮渣、黄粉、玉米胚芽以及豆粕等。这些副产物的深加工将根据内含的化学成分进行进一步的加工利用。

5.1.1 小麦加工副产物的利用

5.1.1.1 小麦麸皮

小麦麸皮主要由皮层和糊粉层组成,在实际制粉工艺中,由于制粉条件的限制,将提取胚和胚乳后的残留物统归为麸皮,这部分约占小麦籽粒的22% ~25%。麸皮中蛋白质含量达14%、淀粉含量达54%、粗纤维含量达10%左右,还含有丰富的维生素、矿物质等。

麸皮中主要营养成分因小麦品种、品质、制粉工艺条件以及面粉出率的不同而有所差异。麸皮蛋白质中含有人体所需的18种氨基酸,其中包括全部的10种必需氨基酸,在构成蛋白质的基本氨基酸中,又以天冬氨酸、精氨酸、甘氨酸、亮氨酸等居多;矿物质含量以钾、磷、镁、钙等居多;维生素含量以胡萝卜素、烟酸、维生素A、维生素E、泛酸等居多。

(1)小麦麸皮营养成分的功能

1)膳食纤维的功能　膳食纤维是一种不能被人体消化的糖类。麸皮中的粗纤维含量高达10.5%。小麦麸皮中的粗纤维主要包括纤维素和半纤维素,其主要功能成分膳食纤维约占40%。膳食纤维除可以促进肠道蠕动、防止便秘、减少有害物质与肠壁接触时间、降低患病风险外,还可以减少消化过程对脂肪的吸收,从而降低血液中的胆固醇和三酰甘油,起到预防高血压和心脑血管疾病的作用。膳食纤维由于麦麸直接食用时口感和风味较差,过去几乎都用作饲料。19世纪以来,随着制粉技术的发展,人们宁愿使小麦营养成分的利用率降低,对小麦粉精白度的要求越来越高。在农副产品深加工快速发展的今天,如何充分利用小麦麸皮已成为研究的热门课题。麦麸中富含纤维素、半纤维素、木素,而这些均是构成膳食纤维的成分。大量研究证明,膳食纤维在胃肠内吸收水分后体积增大,使人产生饱腹感,在肠道内形成胶态,促进大肠蠕动,延缓葡萄糖和脂肪的吸收,逐渐使血糖和血脂水平下降,从而预防和减少许多“文明病”的发病率。因麦麸富含人们所希望从天然食品中得到的膳食纤维,以麸皮为原料制成的食物和健康产品也在国际市场上日益流行。

小麦膳食纤维除了可以用来开发保健品外,由于它具有良好的持水性,还能改良食品品质。如制作蛋糕时,配料中加入面粉质量6%左右的膳食纤维,可以得到体积理想、耐老化的蛋糕;肉制品加入小麦膳食纤维,可以提高持水性,并延长其货架寿命。可见,小麦膳食纤维在食品生产中的应用也具有广泛的前景和重要价值,但它在特定食品生产中的应用量和应用方法还有待研究。

小麦麸皮提取膳食纤维工艺复杂,因此将小麦麸皮直接进行物理粉碎,具有生产工艺简单、生产成本低,持水性、膨胀性好等特点。目前为了改善口感采用的方法:①小麦麸皮的超高压处理,其工艺:小麦麸皮→清理→调质→包装→高压处理→粉碎。这种处理方法可以较大程度地改善麸皮的适口性。②超微粉碎：小麦麸皮→清理→调质→蒸煮→干燥→超微粉碎至一定细度。

2）黄酮类物质　许多研究表明，体内自由基含量随年龄增长而积累，也正是人衰老的原因所在。体内清除自由基的各种酶类和非酶类（如维生素C、维生素E）的防御能力也随年龄增长而衰退。过多的自由基会导致DNA的氧化破坏、蛋白质交联和肽键断裂；酶和激素失活会发生脂质过氧化反应，形成脂褐素（老年斑），沉积于心、脑、肾等器官，使其功能减弱，机体免疫能力下降。由于自由基造成的损害和消除能力的下降，可诱导机体产生多种疾病（如癌症、动脉硬化等），并导致机体细胞衰老而死。实验证明，小麦麸皮具有抗氧化活性和清除羟自由基的能力，食物纤维中所含黄酮类物质可能是清除自由基的活性物质，这类物质和膳食纤维中的葡萄糖形成糖苷，具有很强的抗氧化性，黄酮类物质具有清除超氧离子自由基和羟自由基的能力已被证实。

3）微量元素的功能　小麦麸皮中灰分约占小麦麸皮的5.7%，其中磷元素约占灰分的20.5%。磷与细胞内糖、脂肪和蛋白质的代谢有密切关系，是形成葡萄糖-6-磷酸、磷酸甘油和核酸等人体营养素必不可少的物质；钙约占1.6%，是构成骨骼和牙齿的重要成分，有助于人体的正常发育；钾约占17.2%，可防止肌肉无力；镁约占5.6%，可起到扩张血管、降血压、抑制神经兴奋的作用；铁约为0.21%，可防止贫血；锰约占0.28%，可防止神经失调；锌约占0.3%，可防男子不育症和维持骨骼正常发育。

4）蛋白质的功能　小麦麸皮中含有14.1%的蛋白质，是十分丰富的植物蛋白质资源。植物性来源的蛋白质在膳食补充和食品加工中的地位越来越重要。它不仅可弥补膳食中蛋白质的不足，减少对身体不利的饱和脂肪酸的摄入，还含有一些有生理活性的物质，具有一些非常重要的功能特性。另外，麸皮蛋白质还含有人体必需的多种氨基酸，甚至可与大豆蛋白相媲美。

（2）小麦麸皮中营养成分的开发利用

1）制作麦麸膳食纤维乳酸饮料　小麦麸皮脱植酸后，加入0.4%的α-淀粉酶，在75 ℃下水解1 h，再加入质量分数为6%的NaOH溶液，在70 ℃下浸提1.5 h，经水洗、干燥、漂白脱色、烘干、粉碎后制成精制麦麸膳食纤维粉。然后将麦麸纤维粉与复原乳混合，麦麸纤维粉的加入量为6%。麦麸纤维乳混合液经杀菌冷却后，加入3%的发酵剂发酵，经后熟、搅拌后进行调配，以柠檬酸与维生素C 3∶2的比例制成浓度为10%的酸味剂。调整pH值至4.3，选用的复合稳定剂为0.15%的PGA与0.15%的羧甲基纤维素钠，均质温度为45 ℃，压力为15 MPa。均质后立即进行无菌灌装，即可得到麦麸膳食纤维乳酸发酵饮料。麦麸膳食纤维食感、口味不佳，无法食用；而麦麸膳食纤维乳酸发酵饮料色泽乳白、乳香浓郁、酸甜适口、柔和无涩味、稳定性好，是一种营养型保健饮料。

2）提取谷氨酸　麸皮中的蛋白质含量丰富，主要分为麦谷蛋白和麦胶蛋白两种，其谷氨酸含量高达46%，是味精的主要成分。利用麸皮蛋白制备谷氨酸。在麸皮中加入水和盐酸，调节pH值至1，移入密闭水解锅中，使锅内压力达到0.25 MPa，蒸汽保压10～15 min，并慢速搅拌。然后放料、过滤、集取滤液，将滤液减压浓缩至含水量为20%左右后进行喷雾干燥，得到粉末状晶体，收率可以达到4.5%～6.2%。

3）提取多糖　小麦麸皮中除含有蛋白质、维生素和矿物质外，还含有具有良好经济效益的麸皮多戊聚糖，其含量大于20%，可用作制备戊聚糖的主要原料，这样可使麸皮增值近百倍,极大地提高了麸皮的价值。具体工艺流程:将麸皮置于沸水中加热浸提,麸皮与水的比例为1∶25,浸提4 h;将浸提液充分冷却后离心,除去淀粉,在上清液中加入乙醇进行醇析,充分析出蛋白质等物质;离心取上清液,将上清液浓缩后进行沉淀、干燥,得到水溶性多糖粗品。麸皮多糖黏性较高,并具有较强的吸水和持水性能,可用作食品添加剂,也可用作保湿剂、增稠剂、乳化稳定剂等。另外,多糖还具有较好的成膜性能,可用来制作可食用膜等。

4)生产丙酮、丁醇　用麸皮可以代替玉米来生产丙酮、丁醇。为了能正常发酵,除了需要足够的糖类外,还必须有适量的氮元素和其他微量元素。试验研究表明,以麸皮作为有机氮源,具有玉米无法比拟的优点:麸皮中含有15%左右的蛋白质,而玉米中的蛋白质含量仅为8.5%;麸皮中除含有硫胺素、核黄素、烟酸等微生物生长所必需的生长素外,还含有α-淀粉酶、β-淀粉酶、氧化酶、过氧化酶和过氧化氢酶,这些都是微生物所必需的。用麸皮代替玉米,不但能使发酵顺利进行,而且还可以完全达到添加玉米的发酵水平。

5.1.1.2　小麦胚芽

小麦胚芽是小麦制粉时的副产品,约占小麦籽粒的2%左右,其富含优质的脂肪、蛋白质、多糖等物质,被营养学家称为"人类天然的营养宝库"。小麦胚芽中脂肪含量丰富,约占10%,是提取小麦胚芽油的一种很好的来源。小麦胚芽油富含不饱和脂肪酸、维生素E和二十八碳醇,是理想的天然维生素E、二十八碳醇的来源。

小麦胚芽油生产采用预榨溶剂浸出、精炼等工序。小麦胚芽进入生产车间后，首先要进行清理,通常使用筛分的方法和除铁装置将非胚芽类的物质最大限度地分离出去,清理好的胚芽含油率在35%左右，清理后的胚芽进入干燥机干燥，干燥机有立式和卧式多层形式,干燥后的胚芽含水量小于3%,然后进行预榨生产胚芽油。预榨机可使用95型或200型,根据生产量的多少来确定。预榨后胚芽中含油率控制在20%左右。经过预榨后的胚芽再进入浸出器进行浸出,浸出器有立式和环式两种，原料加工量在100 t以下的生产线，采用立式浸出器较好，立式浸出器占地面积小，设备维修方便。浸出后的胚芽含油率在1.0%以下。浸出后的胚芽经过蒸脱机脱溶和干燥后可作为饲料。浸出的胚芽油经过蒸发和汽提后将油和溶剂分离开来，浸出的胚芽油同预榨的胚芽油一同进入精炼工序，然后根据需要再进行精加工生产，生产出食用级的麦胚油。由于生产工艺采用的溶剂是易燃易爆危险品，所以整个生产线是封闭的。

5.1.1.3　谷朊粉

(1)谷朊粉　谷朊粉又称活性面筋粉,是小麦淀粉生产的副产品,是一种天然谷物蛋白。根据溶解性不同将它分成清蛋白、球蛋白、麦醇溶蛋白和麦谷蛋白等四种蛋白质。而谷朊粉蛋白中主要含有麦醇溶蛋白和麦谷蛋白,合称储藏蛋白(约占小麦面筋干基的70%~80%)。谷朊粉蛋白中醇溶蛋白为单体蛋白,分子量较小,约35 000,不溶于水及无水乙醇,但可溶于70%~80%乙醇中。组成上的特点是脯氨酸和酰胺较多,非极性侧链比极性侧链多,分子内既无亚基结构,也无肽链间二硫键,单肽链间依靠氢键、疏水键以及分子内二硫键连接,形成较紧密的三维结构,呈球形。由于麦醇溶蛋白多由非极性氨基酸组成,所以具有黏性和膨胀性,主要为面团提供延展性。

麦谷蛋白是一种非均质的大分子聚合体，分子量为40 000～300 000，其中某些聚合体分子量可高达数十亿。不溶于水、醇及中性盐溶液，但易溶于稀酸或稀碱。麦谷蛋白一般由17～20种不同的多肽亚基组成，靠分子内和分子间二硫键连接，呈纤维状，其氨基酸组成多为极性氨基酸，容易发生聚集作用。肽链间的二硫键和极性氨基酸是决定面团强度的主要因素，它赋予面团以弹性。

麦醇溶蛋白和麦谷蛋白独特的氨基酸组成赋予了小麦蛋白形成具有黏弹性的网络结构的特性，是其他蛋白质无法媲美的。当水分子与蛋白质的亲水基团互相作用时会形成水化物——湿面筋。水化作用由表及里逐步进行，表面作用阶段体积增大，吸水量较少。当吸水胀润进一步进行时，水分子进一步扩散到蛋白质分子中去，蛋白质胶粒犹如一个渗透袋，使吸水量大增。吸水后的湿面筋保持了原有的自然活性及天然物理状态，具有黏弹性、延伸性、薄膜成型性和吸脂乳化性。

谷朊粉在食品、饲料、化工和造纸等工业有着广泛的用途，作为食品或配料，小麦蛋白必须具有食品应用和消费者接受的适当的功能性质。这些性质影响蛋白质的组成和构象，它们与食品其他成分的内部反应，受加工条件和加工环境的影响。谷朊粉蛋白的功能特性相互影响，在食品体系中协同作用。

(2)谷朊粉蛋白的功能性质

1)溶解度　由于麦醇溶蛋白和麦谷蛋白的独特性质，导致面筋蛋白的低溶解性，因此控制溶解度的最主要因素是电荷率和疏水性。

2)持水性　小麦蛋白质与水的相互作用可分为吸水性能和持水性能两种，前者是“化学结合”，后者是“物理截留”。持水性主要由pH值决定而不是浓度。

3)乳化性　乳化现象的产生依赖于物质的快速吸收，在内部展开和复位；而乳化稳定性取决于物质内部自由能的减少和膜的流变学特性。乳化作用的形成与pH值直接相关。

4)起泡性　起泡性要求蛋白质分子能到达内表面并快速展开。谷朊粉蛋白的起泡能力受黏度、疏水性和溶解性从大到小的顺序影响。

5)凝胶性　凝胶作用的影响因素与形成凝胶的外界条件密切相关，如温度、pH值和盐浓度等。

6)吸油性　影响蛋白的吸油性是蛋白质的构象和蛋白质之间的反应。非共价键是涉及蛋白与油反应的主要作用力，其次是氢键。

7)黏度　谷朊粉蛋白溶液是属于非牛顿流体的假塑性液体，其黏度随浓度的增加而增加。

谷朊粉具有优良的加工性能，在食品工业中得到较充分的应用：谷朊粉蛋白质质量分数70%～80%，由多种氨基酸组成，钙、磷、铁等矿物质含量较高，是营养丰富、物美价廉的植物蛋白源。当谷朊粉吸水后形成具有网络结构的湿面筋，具有优良的黏弹性、延伸性、热凝固性、乳化性以及薄膜成型性，可作为一种天然的保健食品配料或添加剂，广泛用于各类食品，如面包、面条、咕咾肉、素肠、素鸡、肉制品等。起初谷朊粉主要应用在烘烤食品中。

(3)谷朊粉的应用　随着对其独特的结构与功能特性认识的提高,谷朊粉的应用越来越广泛。归纳起来主要集中在以下几方面。

1)面粉强化和在烘烤食品中的应用　谷朊粉最基本的用途就是用来调整面粉蛋白含量。许多地方面粉生产厂家通过添加谷朊粉到低筋粉中以达到面包粉的要求,而不必混合昂贵的进口高筋粉。这种方法在欧洲已被普遍采用。同样,面包制造商也用谷朊粉来强化一般级别的面粉,而不必储存大量的高筋粉。

谷朊粉的独特的黏弹性能改善面团强度、混合性和处理性能;其成膜发泡能力能够保存空气用以控制膨胀度,改善体积、匀称度和纹理;其热凝固性能提供了必要的结构强度和咀嚼特性;其吸水能力提高了烘烤产品的产量、柔软度和保质期。据估计大约70%的谷朊粉用于生产面包、甜点心和各种各样的发酵产品。根据烘烤食品特定的用途,纹理和保质期的要求,谷朊粉的用量各有不同。例如,在小麦粉中增加约1%谷朊粉能降低椒盐脆饼成品的破损率,但增加了太多谷朊粉可能导致椒盐脆饼吃起来太硬。在预切汉堡和热狗面包中使用大约2%谷朊粉,可以改善其强度,并能给小面包提供想要的脆皮特性。

2)面条加工中的应用　在挂面生产中,添加1%~2%谷朊粉时,由于面片成型好,柔软性增加,所以收到了提高操作性,增加筋力,改良触感的效果。煮面时,能减少面条成分向汤中溶出,有提高煮面得率,防止面条过软或断条,增加面延伸的效果。

3)肉、鱼及家禽产品中的应用　谷朊粉能够结合脂肪和水的同时增加蛋白质含量,这使谷朊粉在肉类、鱼类和家禽产品中也有广泛的应用。面筋通过组织化重构过程提高了对牛肉、猪肉和羊肉的利用,面筋可以削切成更美味的牛排型产品以转换不够理想的鲜肉。面筋具有良好刨削性质,对于肉制品加工,如在家禽卷、"整体"罐头火腿和其他非特异性面包型产品中,它提高了刨削的特点,减少了烹饪过程中的损耗。

在肉制品中,谷朊粉蛋白作为黏合剂、填充剂或增量剂而呈现出许多优点。使用量1%~5%的谷朊粉作为黏合剂使用在肉制品中赋予产品许多优点,诸如增加黏弹性、色泽稳定性、硬度、出汁率和保水性,降低了保油性和加工损耗。其凝固特性有利于改善流变特性,增强成片能力和保持感官特性。

小麦面筋独特的黏合性、薄膜成型性和热固性有助于将肉和果蔬黏合在一起制成牛排,也可将谷朊粉撒到肉片上。它也可被用在罐装汉堡包及面包切片中,以减少加工和蒸煮损失。谷朊粉的添加量为其质量的2%~3.5%。另外,谷朊粉也被用到肉饼中,有时也可作为香肠和一些肉产品的黏合剂。当面筋被水化后,它的结构伸展开,可被拉成丝、线或膜,利用此特点可被做成各种各样的人造肉。例如:谷朊粉可生产蟹肉类似物,甚至人工鱼子酱,溶于酒精的谷朊粉可用于制备可剥的食用膜,如肠衣膜。

谷朊粉的另一个主要用途是作为替代肉类的素食食品,以及生产人造的昂贵肉类,如海鲜和蟹类的类似物,特别是在日本,由于对健康和食品安全日益关注,越来越多的消费者正在寻找肉类替代品。纯湿面筋可以调味,变形,并加工成肉丸和牛排。组织化处理的小麦面筋利用挤压技术可以用来模仿肉类的口感,咀嚼性和味道。这种方法制造的"肉"产品适合作为即食主菜,也可作为三明治夹心或比萨饼和沙拉配料。面筋可以在"素食者汉堡包"中扮演似肉物。

4)宠物食品中的应用　高蛋白含量的谷朊粉也备受宠物食品工业的青睐。罐装香肠和流质食品主要利用谷朊粉的吸水性和吸脂乳化性，同时可提高产量和质量；制备狗食饼干时，在烘烤前加谷朊粉于面团中，可提高成品在包装和运输中的耐破碎力，并且，谷朊粉也提供很重要的营养。

5）谷类食品和营养小吃中的应用　由于谷朊粉特有的风味和营养，被谷朊粉强化的谷物食品已被消费者广泛地接受，尤其和牛奶一起享用，如高乐高。因为谷朊粉不仅提供必需的营养需求，而且有助于在加工中将维生素和矿物质黏合在一起，强化谷物食品。在营养小吃中，谷朊粉提供丰富的营养和酥脆性。一般添加量为1%～2%。但在澳大利亚，一些产品的谷朊粉质量分数达到30%～45%。其中一个高蛋白小吃的例子就是包含土豆条、面包屑和谷朊粉的一种面食。

6）在奶酪类似物和比萨中的应用　利用谷朊粉制造的合成奶酪在质地和口感上与天然奶酪没有什么区别。国际小麦面筋协会近来的研究表明，谷朊粉单独或者和大豆蛋白混合使用，可部分取代昂贵的酪蛋白酸钠，大大地降低了奶酪的生产成本。谷朊粉也被用来强化比萨表面强度，提供硬外壳和爽口感，使外皮酥脆，增加咀嚼性，并能减少水分从酱汁转移到比萨内部。添加量为小麦粉基质的1%～2%。

7）水产养殖业中的应用　水产养殖业（包括鱼类、甲壳类动物）是一个日益庞大的工业。现代养殖业依靠饲养来提高产量，谷朊粉的特性正好迎合这一需求。它的黏合性将小球状或者粒状饲料黏结起来；它的水不溶性可以防止球溃散；它的黏弹性提供柔软而黏着的质地组织，使其拥有一定的界面张力，悬浮于水中，利于吞食。而且谷朊粉还具有丰富的营养价值。

8）调味品中的应用　谷朊粉也用于制备酱油，并制造味精。谷朊粉的高谷氨酰胺含量使它成为制造后者的理想的初级材料。用谷朊粉制造的酱油同传统酱油相比，拥有浅色，缓慢褐变率，优良的风味和良好的稠度。

5.1.2　稻谷加工副产物的利用

稻谷加工的副产物有米糠、稻壳、米胚、碎米等。稻谷加工成米，产生的稻壳约占稻谷量的20%。目前稻壳的主要利用方式包括：炭化后制备有机废料的吸附剂和亲和色谱填料，做燃料，水泥和混凝土，制备绝热耐火材料，制备涂料等。稻壳的主要用途也是最简单的应用首先是做燃料，燃烧后的残留物可做进一步的利用。据联合国粮农组织在世界范围内的研究统计，稻谷灰分的应用范围非常广，涉及的工业领域很多，约有14类49种以上。

5.1.2.1　**稻壳的利用**

目前稻壳主要用作提供能源、加工饲料、制取化工原料、制作建筑材料等。近年研究表明，稻壳深加工产品应用前景广阔，包括吸附剂、纳米级二氧化硅（或称低温稻壳灰）、水泥掺和料、绝热耐火砖、糠醛等。稻壳做燃料，一是直接燃烧。二是汽化后燃烧或发电。三是制成稻壳棒替代煤做燃料。增值效益高的应属汽化后带动燃气发电机发电。中国科学院能源研究所研制的稻壳汽化发电机组，稳定性符合国家标准，稻壳消耗定额为1.6～1.8 kg/h，发电成本低，其稻壳燃烧残渣还可用作肥料，是稻壳综合利用较好的途径之一。四是稻壳做填充料，目前国内有作为可降解餐具成型填充料的报道，其环保意义远大于经济意义，但设备昂贵，一般难以承受，不过前景还是乐观的。把稻壳制成吸附剂，主要应用领域是造酒和豆油精制，也有将麦壳和稻壳制成油污吸附剂的，目前仍都处于研究之中。稻谷副产物作为可再生能源，取之不尽，用之不竭。稻谷副产物做燃料是一种环保型生物质能源，燃烧的烟气中不含 SO_2，不会形成酸雨，所含的 CO_2，可通过绿色植物将其固定，与矿产燃料相比，对大气环境危害程度小。稻米及副产物做燃料利用之后的副产品，如稻壳灰（炭化稻壳）可作为保温剂、增炭剂、防溅剂，还可进行深加工，制取化工制品。

5.1.2.2 米糠的利用

（1）米糠　米糠是稻米加工中最宝贵的副产品，由于加工米糠的原料和所采用的加工技术不同。米糠的组成成分并不完全一样。一般来说，米糠中平均含蛋白质15%，脂肪16%～22%，糖3%～8%，水分10%，热量大约为125.1 kJ/g。脂肪中主要的脂肪酸大多为油酸、亚油酸等不饱和脂肪酸，还含有维生素A、B族维生素、维生素E、烟酸和镁、磷、钙、锌、铁等矿物质及植物醇、膳食纤维、氨基酸等。以米糠榨油为主的综合利用前途广阔。米糠含油量与大豆含油量相当，国外已研究成功利用米糠制成高强度材料，环保型饭碗。米糠可以经过进一步加工提取有关营养成分，如与豆腐渣合用来提取核黄素、植酸钙，米糠可用于榨取米糠油。脱脂米糠还可以用来制备植酸、肌醇和磷酸氢钙等；米糠颗粒细小、颜色淡黄。便于添加到烘焙食品及其他米糠强化食品中；同时由于可溶性纤维含量低，米糠中的米蜡、米糠素及口一谷甾醇都具有降低血液胆固醇的作用。米糠在动物畜禽饲料中代替玉米等原料的添加，降低饲料成本和提高经济效益。

（2）米糠的营养及其他作用

1）通便作用　Slavin 和 Lampe 为了验证米糠和麦糠的通便效果，对食用常规饮食的健康男性进行食用米糠试验，结果发现米糠是使大便量增加的有效纤维。其原因可能是米糠中的糖类在肠道中不与消化酶作用，因而起到与添加麦麸相同的通便效果。

2）对胆固醇的作用　研究发现米糠中含有许多与降低胆固醇有关的化合物，但是现有的资料尚不能阐明其中每种化合物降低胆固醇的能力。1991年，Rukmini 和 Raghuram 对米糠油降低血脂作用的营养和生物化学效应进行了报道。得出的结论：米糠油中的主要成分，如单不饱和脂肪酸、亚油酸、亚麻酸及少量非皂化组成成分的共同作用使米糠油产生降低胆固醇作用。

Kahlon 及 Newman 等人通过对大鼠和鸡进行研究后发现，在降低血脂方面，脱脂米糠不如全脂米糠的效果好。要确定米糠中降低胆固醇的组分，尚需对血脂随着全脂及脱脂米糠的变化进行进一步研究。

3）对尿结石的作用　尿结石的形成与泌尿系统中钙的排泄有关，研究者对每天摄入1 800 rag 富含钙食品的妇女进行研究，在其食品中添加米糠、豆糠和麦糠均能减少肾脏内钙的排泄，并使肾脏内草酸的排泄增加，但米糠效果最明显。

4）抗癌护肤保健作用　日本科研人员通过动物实验发现，米糠中含有的神经酰胺糖苷有抑制黑色素生成的功效，用它制造化妆品可保皮肤湿润、白净。从米糠中提取阿魏酸，作为食品添加剂，具有吸附紫外线与防止氧化的作用. 将其与柠檬酸草油中的芳香醇结合，制成抗癌物质EGMP，可预防大肠癌变，安全方便。

5）提取米糠油　米糠提取米糠油在我国已经得到较大的发展，由于米糠油主要是不饱和脂肪酸，还含有维生素E、角鲨烯、活性脂肪酶、谷甾醇、甾醇、豆甾醇和三种阿魏酸酯抗氧化剂及固形植物成分等。米糠油能减少胆固醇在血管壁上过多沉积,可用于高脂血症及动脉粥样硬化症的防治。米糠油富含的三种阿魏酸酯抗氧化剂对其抗氧化稳定性起到重要作用,且本身还有调整人体脑功能的作用,对血管性头痛、自主神经功能失调等有一定防治作用。研究还发现米糠油有镇静催眠作用。

6)提取植酸　植酸(phytic acid)即环已六醇磷酸脂,在植物中通常以植酸钙的形式出现,米糠中的植酸钙含量可达10%~11%,通常可通过沉淀法或离子交换法提取。脱脂米糠经提取植酸后,糟渣可作为饲料使用,营养价值高,日本称提取植酸钙后的米糠为高蛋白质加工米糠,蛋白质含量可高达25%。

5.1.3　玉米加工副产物的利用

玉米加工一般先通过干法或湿法提胚方法,得到主产品胚乳和副产品胚芽。如生产淀粉,胚乳再经粉碎、磨浆和分离,得到淀粉乳主产品和玉米浆、胚芽、麸质等副产品。

5.1.3.1　胚芽

与其他谷物胚芽相比较,玉米胚芽的体积和质量占整个籽粒的比例都较大,体积约占25%,质量占11%~12%,玉米胚集中了玉米籽粒中22%的蛋白质、83%的矿物质和80%以上的脂肪,胚芽的脂肪含量较高,一般在34%以上,其中还包括少量磷脂、谷固醇等成分。玉米脂肪约含72%的液体脂肪和28%的固体脂肪,所以玉米脂肪为半干性油。玉米脂肪中不饱和脂肪酸含量可达85%以上,其中亚油酸和花生四烯酸是人体的必需脂肪酸。婴儿成长特别需要必需脂肪酸,玉米精制油常作为母乳化奶粉的油脂配料。目前玉米胚芽的主要作用为榨取胚芽油,得到的糠饼用作饲料。

玉米胚虽然营养丰富,但含有较多的脂肪酶,能加速脂肪的分解。故一般玉米胚须通过灭酶处理后作为食品原料或通过制油得到玉米油和脱脂饼粕,再分别加以进一步利用。玉米胚的制油与其他油料一样,先采用浸出法或压榨法制得毛油,再经精炼即可获得味纯色清的精油。富含营养物质和性质稳定的精制玉米油。浸出法是近代先进的制油技术,出油率高,胚芽粕利用效果也好,适合于规模较大的玉米胚提油。精制玉米油是生产调和营养油、色拉油、烹调油、人造奶油、蛋黄酱等食用油脂产品的上好原料。玉米胚制油后,玉米胚芽饼是一种以蛋白质为主的营养物质,是较好的营养强化剂。但由于玉米胚芽饼往往含有玉米纤维,特别是胚芽饼有一种异味,所以一般均作为饲料处理。如果胚芽分离效果好,胚芽的纯度很高,而且以溶剂浸出法制油,那么这样获得的玉米胚芽粉经过脱溶脱臭处理后,就成为一种风味、加工性能和营养价值均良好的食品添加剂,可在糕点、饼干、面包中使用,也可制作胚芽饮料或制取分离蛋白。在面包中添加胚芽粉达20%时,面包的蛋白质含量大大提高,而且外观、膨松度好。玉米胚芽的质量占整个籽粒的10%~15%,是玉米籽粒中营养最丰富的部分,它集中了玉米籽粒中84%的脂肪、83%的无机盐、65%的糖和22%的蛋白质。玉米胚芽的成分随品种不同变化较大。

玉米胚芽中脂肪含量最高,其次是蛋白质和灰分。此外玉米胚芽还含有磷脂、谷醇、肽类、糖类等。玉米胚芽的蛋白质大部分是白蛋白和球蛋白,所含的赖氨酸和色氨酸比胚乳高得多,并且富含全部人体必需氨基酸。所以玉米的营养丰富,利用价值很高。

(1)玉米胚芽制油　由于玉米胚芽是很好的油料,印度、阿根廷、加拿大、美国均有生产玉米油的传统。玉米油有较好的营养价值,国际上把玉米油称为保健油,其价格高于其他食用油脂。近20多年来,玉米油已成为世界上主要的食用植物油品种之一,其产量在国际上有较快增加。我国玉米产量虽占世界第二,但是我国的玉米油产量却很少,主要原因是我国玉米加工中,没有对玉米胚芽进行有效分离,因而大量玉米胚芽随下脚料排出厂外,未能得到合理利用。

玉米胚芽油的生产工艺流程和其他油料一样,同样需要清理、轧胚、蒸炒和压榨等过程。

1)玉米胚芽的生产工艺流程

玉米胚→预处理(筛选、磁选)→软化处理→轧胚→蒸炒(热处理)→压榨→毛油

2)玉米胚芽的操作要点

①预处理　用于榨油的玉米胚芽,应具有一定的新鲜度。干法脱胚所得到的玉米胚,夹杂着一些淀粉和玉米皮。这些淀粉与玉米皮会影响玉米胚的出油率。因此在榨油前应该用筛选法将这些杂质除掉。湿法及半湿法分离出的玉米胚,纯度较高,出油率也高。玉米胚在进入压榨机前,还应进行磁选处理,除去磁性金属杂质。

②软化处理　轧胚前,必须先对玉米胚进行软化处理,调节玉米胚的温度和水分,降低其韧性。软化可以用热风烘干机,将玉米胚干燥至水分为10%以下,然后再进行轧胚。

③轧胚　轧胚的目的是使胚芽破碎,使其部分细胞壁破坏、蛋白质变性,以利于出油。一般的小榨油厂采用$\phi200\times300$型轧胚机,轧距要调节合适,轧成的胚厚度不超过0.5 mm,最好在0.3~0.4 mm。轧胚时进料要均匀,玉米胚应轧得薄而不碎、不漏油。

④蒸炒　蒸炒是玉米胚榨油过程最重要的一环。它的效果好坏直接影响油的质量、榨油效果和出油率。在蒸炒过程中,通过加热可以使蛋白质吸水膨胀、变性和凝固,打乱其内部有秩序排列的稳定状态,使内部结构重新组织起来,把脂肪反渗透到表面上,同时使油的黏度降低,利于油脂从细胞中流出,利于提高毛油质量,为榨油提供有利条件。

蒸炒效果受水分、温度、加热时间和加热速度等多种因素的影响,其中主要因素是水分和温度。干法提胚或胚的水分在12%以下时,蒸炒时要加水。蒸炒时间为40~50 min,水分降至3%~4%为宜。经蒸炒的料温,在进入压榨机前争取达到100 ℃。

⑤压榨　压榨机分为间歇式和连续式两种。现在均采用螺旋压榨机,靠压力挤出油脂。要使出油率提高,必须保证足够的压力。常用的95型螺旋榨油机的主要技术参数为:

处理量:500~700 kg/h

主轴转速:2 628 r/min

榨膛直径:96.5~102 mm

膛内压榨时间:35~38 s

电机功率:7.5 kW(31.38 kJ)

机重:850 kg

95型螺旋压榨机开车时,先要少投料,待膛内温度上来后,再逐步加料,以防堵塞。正常进料时,要注意出饼、出油和负荷情况。所出的饼片要坚实,厚度以1~1.3 mm为好,如发现饼片发焦或有冒烟现象,说明水分过低;如果出油少,油冒泡多,饼片大,说明水分过高。不论水分高低,都要注意及时调节蒸炒,使胚中的水分符合榨油的要求。当

发现出油不畅时，很可能是油路堵塞，原因大多是入机玉米胚中含玉米粉过多。这时就要加一些油渣或饼屑，将榨膛中的存料顶出来，以疏通油路。

除上述的直接压榨法之外，还可以利用预榨浸出法制取玉米胚芽油，下面介绍一下用预榨浸出法制取胚芽油的工艺条件。

3）玉米胚预榨浸出工艺

溶剂

玉米胚→轧胚→蒸炒→预榨→破碎→浸出→溶剂回收→浸出毛油

预榨毛油　粕

预榨浸出法适合于含油量高的玉米胚和湿法提取的玉米胚取油，残油率可降低至1% ~2%。

（2）玉米胚芽饼的利用　玉米胚芽饼含有较多的蛋白质，应该是较好的营养强化剂，但玉米胚芽饼中往往夹杂有玉米纤维，且胚芽饼有一种异味，所以一般将玉米胚芽饼作为饲料处理。如果玉米淀粉企业胚芽分离效果好，胚芽纯度高，加之用溶剂萃取玉米油，这样获得的玉米胚芽粉，经过脱臭剂脱臭，即是一种良好的食品添加剂，可用于制作糕点、饼干、面包等。饼干中添加胚芽粉，能提高饼干松脆度；面包中添加胚芽粉达 20% 时，可使面包的蛋白质含量大大提高，而外观、膨松度、口感等均和原来无大的差异。利用这种胚芽粉，还可提取分离蛋白并制取高质量的玉米胚蛋白饮料。

5.1.3.2　玉米浆

玉米浆是玉米湿法加工过程中浸泡液的浓缩物。玉米浆中干物质的得率一般为玉米的 4% ~7%。玉米浆一般作为饲料或发酵培养基处理。玉米浆中蛋白质含量高，还含有 B 族维生素、矿物质、菲丁和色素等。玉米用亚硫酸溶液浸泡时，玉米籽粒中约 15% 的蛋白质、60% 的矿物质和 50% 左右的水溶性糖类被溶出。同时由于亚硫酸和因乳酸菌繁殖而产生大量乳酸的存在，浸泡液的酸度较高，使部分溶出物发生水解或酸化作用，如部分蛋白质水解成氨基酸。这些水溶性物质组成了玉米浸泡水的主要成分，玉米浆是固形物浓度为 70% 左右的玉米浸泡水浓缩物，为暗棕色的膏状物。玉米浸泡水的浓缩不仅减小了体积，增加了浓度，而且方便了储运。玉米浆化学成分的特征是蛋白质、灰分和乳酸含量高，还含有一定量的糖类。

（1）玉米浆干粉　在玉米浸渍过程中，玉米中的营养物质渗透到水中，由于是丰富的营养物质，大量微生物在其中生长繁殖，每毫升的微生物数量可达几十亿，微生物特别是乳酸菌和酵母菌在玉米浸渍液中将蛋白质水解生成多肽和氨基酸，将糖分解并发酵生成大量乳酸，因此玉米浆的 pH 值很低，常被用作微生物发酵的有机氮源，固含量约为45% ~50%。

长期以来，发酵行业所用玉米浆都是液体，不但运输体积庞大，成本高，而且储存要求低温。另外液体玉米浆不均一、稳定性差、极容易沉淀，夏天更易染菌变质而导致其有效成分的丧失或不足，从而影响发酵的稳定性。所以越来越多的玉米浆生产企业寻求玉米浆喷雾干燥技术，将玉米浆制成干粉，降低运输和使用成本。

对于黏度大、糖含量高的玉米浆来说,传统的干燥方法并不可行。目前流行的方法是喷雾干燥,主要有高温喷粉和超低温喷粉两种干燥工艺,前者容易致蛋白质或游离氨基酸的焦化和炭化现象(常为黄褐色产品),后者不破坏玉米浆的成分,质量稳定可控,可保障用户生物发酵的稳定性和重现性。玉米浆干粉有普通级(主要作为饲料使用)与"微生物培养和发酵专用"级。

玉米浆的喷雾干燥工艺关键是玉米浆的预处理和干燥工艺的优化。

玉米浆的预处理主要是将玉米浆中较大的固形颗粒进行粉碎以及浓缩来降低玉米浆的含水量。通过胶体磨乳化和陶瓷膜过滤的方法可以比较方便地实现玉米浆的预处理,使喷雾干燥得以顺利进行。胶体磨选型通常选用乳化细度 5 ~ 30 μm,转速 2 500 ~ 3 000 pm/r就可以满足要求,陶瓷膜过滤孔径选择 0.2 ~ 0.8 μm,切向流速 2 ~ 5 m/s,压力选择 0.3 ~ 0.7 MPa。当然如果觉得陶瓷膜过滤投资大,改用传统的减压浓缩也可以,无论用哪一种方法需要把玉米浆的固含量从 50% 左右提高至 65% ~ 70%,这样既可以提高喷雾干燥的效率,又可以减少干燥中水分蒸发慢而导致的黏壁现象。

对于玉米浆喷雾干燥工艺主要注意以下几点。

1)采用低温干燥:进风口温度控制在 85 ~ 90 ℃,出风口温度控制在 65 ~ 70 ℃,低温干燥要求干燥塔高度要高,干燥流程长;同时需将玉米浆加热后进料,温度控制在 60 ℃ 左右。

2)雾化器采用三流式或四流式雾化器喷嘴,安装时要保证同心度,稳定压缩空气压力,保持合理的雾程;调整好连接螺纹避免雾线出现。

3)选择合适的喷雾压力。压力大,液滴小,有利于干燥,但射程远可能使液滴还没有来得及干燥就黏附在釜壁上,这种情况下可适当加大干燥器直径;压力小,液滴大,不利于干燥。

4)物料进塔方向与热空气方向一致,即并行干燥,并控制合适的引风量。

5)可通过旋风分离夹套冷却的方式(夹套可通空气或水)使干燥后的玉米浆粉迅速降温,避免干燥后玉米浆在冷却过程中吸潮产生结块的现象。

(2)玉米浆制取蛋白　玉米浸泡水在浓缩之前,其固形物含量很低,一般为 4% ~ 7%,如要浓缩成玉米浆,则需消耗较多能量。玉米浸泡水制取饲料蛋白时,原液不必浓缩可直接用于提取蛋白,其工艺流程浸泡水经两次中和压滤,滤饼烘干后分别得到 1 号粉和 2 号粉。第一次中和采用氢氧化钠溶液调节浸泡水 pH 值 4.5 ~ 5.0,即产生沉淀。压滤后的滤液再用氢氧化钙悬浊液调节 pH 值 8.0 ~ 8.5,又产生第二次沉淀。第二次压滤后的滤液仍可作饲料酵母的培养液,如直接排放污染负荷(COD)已减少 70% 以上。

(3)玉米浆制备发酵培养基　玉米浸泡水和玉米浆富含蛋白质、可溶性氨基酸和矿物质等营养物质,可作为发酵培养基用于抗生素和味精等生产。

(4)玉米浆制取菲丁及肌醇　菲丁是植物有机磷化合物的储藏体,对谷物种子发芽、生长有重要作用。玉米、糙米和米糠中菲丁含量分别约为 1.3%、1.1% 和 12%。十几年前,美国、意大利、日本等国就进行玉米浸泡水制取菲丁的研究,但由于玉米浸泡水中菲丁含量较低,须在浸泡水中加入大量碱土金属盐沉淀菲丁,沉淀中蛋白质、多糖、灰分含量较高,使得在过滤、精制工艺上有不少困难,而且产品得率低,制取成本高。因此,玉米浸泡水制取菲丁不太适宜采用米糠制取菲丁的工艺。进入 20 世纪 90 年代后,国外采用离子交换树脂这一新型分离材料，对玉米浸泡水制取肌醇的工艺进行革新研究，获得成功。高纯度的植酸钠为高产率的肌醇制取提供了条件。新工艺不仅操作简单，而且树脂可再生重复使用，生产成本低。制得植酸钠后，再按常规方法加压水解、精制得到肌醇，产率比原先方法提高6~7倍，生产人员可减少1/4，经济效益明显提高。

5.1.3.3　玉米皮

玉米皮一般由玉米的皮层及其内侧的少量胚乳组成，纤维含量较高。玉米的皮层约为籽粒的5.3%左右，但一般中小型玉米淀粉厂的玉米皮产率达到玉米原料的14%~20%。这主要是由于设备和技术方面的原因，玉米破碎分离程度不高，造成玉米皮内侧的淀粉未被完全剥离，玉米皮夹带着少量淀粉，如玉米皮产率为20%时，淀粉含量达到40%。所以，玉米皮也常作为生产酒精或柠檬酸的原料，还可作为饲料处理。

玉米皮为玉米籽粒的种皮部分。玉米加工淀粉时，由于胚乳和皮层的分离不可能很完全。所以作为产品的玉米皮往往夹带着一些附着在玉米皮层内侧的淀粉。所以，商品玉米皮的产量一般达到玉米的14%~20%。纤维素和半纤维素的总含量几乎占到玉米皮的一半，说明玉米皮是膳食纤维的良好来源或是制取膳食纤维的良好原料。玉米皮稀酸水解产生的单糖经衍生化后，用气相色谱法测定的分析数据，说明玉米皮中多糖（即纤维素和半纤维素）主要由葡聚糖、木聚糖和阿拉伯聚糖构成，还有少量半乳聚糖和甘露聚糖，而且戊聚糖（阿拉伯糖和木聚糖）和己聚糖（葡聚糖、半乳聚糖和甘露聚糖）在多糖中差不多各占一半。32%葡聚糖中23%来自玉米皮中残余淀粉。

（1）玉米皮制备膳食纤维　膳食纤维的来源十分广泛。玉米皮是从玉米加工过程中分离出来的纤维物质。玉米皮在未经生物、化学、物理加工前，难以显示其纤维成分的生理活性，必须除去玉米皮中的淀粉、蛋白质和脂肪等杂质，获得较纯净的玉米质纤维，才能成为膳食纤维，用作高纤维食品的添加剂。此外，玉米皮如不经加工，不仅缺乏生理活性，而且会影响食品的口感。研究证明，玉米纤维的活性成分主要是半纤维素，特别是可溶性纤维。据报道，采用酶制剂水解玉米皮，使其中的淀粉、脂肪和蛋白质等杂质降解而除去，精制的玉米纤维中半纤维素含量可达60%~80%。动物试验表明，对抑制血清胆固醇的上升有明显效果。用于饼干中，添加量为2%时，可使面团易于成型，产品口感好；用于豆酱、豆腐、肉制品中，能保鲜和防止水的渗出；用于粉状制品（如汤料），可作风味物质的载体。

（2）玉米皮制取饲料酵母　随着养殖业的发展，我国配合饲料生产量迅速增加。目前配合饲料的原料中，最紧缺的是饲料蛋白，特别是动物性蛋白。我国每年花费大量外汇进口鱼粉。为了扩大动物性蛋白饲料的来源，除了畜禽加工和皮革加工的下脚料制取饲料蛋白外，开发单细胞蛋白（主要是饲料酵母）是一个部分代替鱼粉的有效方法。例如，采用味精废液和酒精废液制取饲料酵母的方法已投入生产。但由于各种废液营养物浓度太低，单位体积设备所得产品量较低，导致能耗和成本较高。如果玉米皮用来制取酒精，只能利用其六碳糖，总糖的利用率较低。而饲料酵母，如热带假丝酵母，对六碳糖和五碳糖均能利用。饲料酵母对玉米皮水解液中糖类的转化率约45%，即最终产品中饲料酵母的含量可达22.5%。玉米皮水解液的含糖量可达5%以上，采用流加法可有效地提高饲料酵母的得率，从而降低产品成本。

5.1.3.4 麸质

麸质是玉米湿法生产淀粉过程中淀粉乳经分离机分离出的沉淀物,也称黄浆水。其干物质含蛋白质60%以上,故又称为玉米蛋白粉,出品率为玉米的3%~5%。但因其缺乏赖氨酸、色氨酸等人体必需氨基酸,生物学效价较低,常作为低价值饲料蛋白出售。玉米蛋白粉所含的蛋白质大部分为醇溶蛋白,具有很强的耐水性、耐热性和耐脂性,在食品工业中醇溶蛋白可作为被膜剂,即在食品表面形成一层涂膜,具有防潮、防腐、防氧化和增加光泽等功能,达到延长食品货架寿命和美观的目的。醇溶蛋白还可作为药物的载体或囊膜,具有缓释药物的功能,达到平衡药物浓度、延长药物作用时间的目的。玉米谷蛋白是全价蛋白质,它在一定程度上可以代替大豆蛋白质应用在肉制品、面制品加工中。

(1)玉米黄粉蛋白提取　玉米黄粉中淀粉含量大约为15%且与蛋白质结合紧密,另外还含有玉米黄色素、少量的脂类,因此玉米黄粉蛋白提取一般要先进行脱色除味、脱脂、脱淀粉处理。

玉米白蛋白和球蛋白根据其溶解特性不同采用不同的方法提取。白蛋白利用其水溶性来提取,球蛋白利用其溶于稀盐溶液来提取。玉米黄粉蛋白提取主要是提取玉米醇溶蛋白和谷蛋白,提取方法主要是利用玉米醇溶蛋白和谷蛋白独特的溶解性,但为了提高提取率和纯度也可以采用其他辅助提取方法。

(2)玉米醇溶蛋白提取　玉米醇溶蛋白的提取方法:有机溶剂提取法、超声波提取法、超临界 CO_2 萃取法等。

1)有机溶剂提取法　玉米醇溶蛋白具有独特的溶解性,易溶于乙醇、异丙醇、丙酮等有机溶剂。工艺流程一般先将玉米黄粉预处理,再用一定浓度的有机溶剂萃取,然后离心得到浸泡液,将浸泡液调节 pH 值使蛋白沉淀,洗涤沉淀数次后再干燥即可得到玉米醇溶蛋白产品。

异丙醇法提取的玉米醇溶蛋白所得产率大、有异味、纯度低;乙醇法提取玉米醇溶蛋白所得产品纯度高、颗粒均匀、分散性好、气味明显低于原料玉米黄粉;丙酮-乙醇法提取玉米醇溶蛋白所得产率较高、纯度高、异味低、有机溶剂耗用量有所降低。

总之,有机溶剂提取玉米醇溶蛋白,玉米黄色素和脂类物质存在而影响到产品的纯度和色泽。有机溶剂提取法提取时间长、溶剂耗用量大、萃取溶剂损失率高,溶剂回收成本高。

几种不同有机溶剂提取玉米醇溶蛋白的工艺流程如下:

①异丙醇法提取玉米醇溶蛋白工艺

玉米黄粉→预处理→70%异丙醇浸泡→离心→提取液→调节 pH 值→离心→洗涤沉淀→真空干燥→粉碎→成品

②乙醇法提取玉米醇溶蛋白工艺

玉米黄粉→预处理→95%乙醇浸泡→加水稀释为60%乙醇液→离心→提取液→调节 pH 值→离心→洗涤沉淀→真空干燥→粉碎→成品

③丙酮-乙醇法提取玉米醇溶蛋白工艺

玉米黄粉→预处理→丙酮浸泡→离心→提取液→70%乙醇浸泡→玉米醇溶蛋白粗制品→调节 pH 值后乙醇液浸泡→离心→提取液→盐析→洗涤沉淀→成品

2)超声波提取法　黄国平等人研究了采用超声波技术提取玉米醇溶蛋白，提高了提取率和纯度，该方法与常规法相比，具有提取时间短、效率高、温度低、工艺简单等优点；但是由于玉米黄色素的存在影响了玉米醇溶蛋白的色泽，因此先用95%的乙醇超声波浸提脱色后再超声波提取。张秋荣等人对超声波萃取醇溶蛋白技术做了改进，所得产品纯度较高。而玉米黄粉中一些脂类物质影响醇溶蛋白的纯度，先用乙醚对玉米黄粉进行脱脂处理，然后再超声波提取得到高纯度的玉米醇溶蛋白。

超声波提取玉米醇溶蛋白的工艺流程如下：

玉米黄粉→预处理→超声浸提脱色→脱色玉米黄粉→调节pH值→超声提取→离心→提取液→冷水稀释乙醇体积分数40%→调节pH值→洗涤沉淀→真空干燥→粉碎→成品

超声波是一种弹性机械波，利用超声波振动产生的能量可以改变物质组织结构、状态、功能来强化提取作用。超声波法提取率高、纯度高、耗时短、操作简单，产品可以直接应用于食品工业，是较适合于目前工业化生产的提取方法。

3)超临界CO_2萃取法　王大为等人研究了超临界CO_2萃取玉米醇溶蛋白的工艺。优化的玉米黄粉进行超临界CO_2萃取玉米醇溶蛋白的最佳条件：萃取压力25 MPa，萃取温度45 ℃，提取时间100 min，萃取剂流量30 L/h。超临界CO_2萃取玉米醇溶蛋白具有高效，无污染，无萃取剂残留等优点，而且能起到脱色、脱脂、除异味等作用，但其设备昂贵，维护费用高，目前工业化生产还有一定的困难。

①工艺流程　超临界CO_2萃取法提取玉米醇溶蛋白工艺流程如下：

玉米黄粉→超临界CO_2脱脂脱色脱杂→50 ℃水浸泡→离心→体积分数为75%乙醇溶液60 ℃浸泡2 h→稀释乙醇浓度→调节pH值至等电点→盐析→水洗离心→干燥→成品

②膜分离技术　利用膜分离技术分离玉米醇溶蛋白可以在得到高提取率和高纯度的玉米醇溶蛋白的同时浓缩溶液、回收溶剂。虽然膜分离技术耗能少、操作成本低，且得到的玉米醇溶蛋白纯度高、质量好，但其投资成本和生产成本高。由于膜分离技术自身的技术特点，以及随着中国膜分离设备适用性研究的进一步深入，膜分离技术在食品工业中将有巨大的应用前景。

玉米黄粉中蛋白组分性质差异较大，提取方法也不尽相同。对于醇溶蛋白采用超声波乙醇提取法，其提取率高、纯度高、耗时短、操作简单，产品可以直接应用于食品加工，是较适合于目前工业化生产的提取方法。膜分离技术应用有待于进一步优化工艺，其在不远的将来也会在工业化生产中得到应用。超声波辅助碱法提取玉米谷蛋白，具有提取率和纯度较高，提取时间短的优点，是一种值得深入研究并将其应用于工业化的方法。

玉米醇溶蛋白质具有良好的成膜性，应用于可食膜的制备具有良好的市场前景，目前主要应用于胶囊制备的壁材，具有良好的可消化性、阻湿性等性能。

(3)制备玉米谷蛋白　玉米谷蛋白不溶于水、中性盐溶液以及乙醇溶液，溶于稀酸和稀碱溶液。因其特殊的溶解性可以利用稀碱液浸提玉米谷蛋白。

郭兴凤等人以玉米黄粉为原料，先用乙醇溶液浸提玉米醇溶蛋白，滤饼水洗后再用碱溶液浸提玉米谷蛋白，离心分离后取上清液，再调节pH值沉降蛋白，水洗干燥后可得玉米谷蛋白。

①工艺流程　玉米谷蛋白提取工艺流程如下：

醇溶蛋白

玉米黄粉→乙醇溶液浸提→水洗→碱液浸提→分离→调节 pH 值→沉降→水洗→干燥→成品

超声波辅助法来提取玉米谷蛋白，以玉米黄粉为原料，加入乙醇溶液后利用超声波浸提除去玉米醇溶蛋白，再用稀碱溶液浸提玉米谷蛋白。超声波辅助法提取玉米谷蛋白的提取率和纯度较高，提取时间短，优于直接利用碱溶液提取，是一种值得深入研究并将其应用于工业化的方法。

超声波辅助法提取玉米谷蛋白工艺流程如下：

醇溶蛋白

玉米黄粉→预处理→乙醇溶液→超声浸提→离心→沉淀→碱液浸提→离心→上清液→调节等电点→离心→干燥→成品

②蛋白质组分连续累进提取　根据玉米黄粉蛋白质溶解性不同的特性，用玻璃交换柱来连续累进提取蛋白，先用水浸提出白蛋白，再用盐液浸提出球蛋白，然后用乙醇浸提出玉米醇溶蛋白，最后用稀碱液浸提出玉米谷蛋白。该方法具有蛋白组分提取充分、操作简单、生产成本低、可以连续循环提取且经济效益好等优点，是玉米黄粉蛋白提取的一种新研究方向。

玉米黄粉中蛋白质的提取由于各组分性质差异较大，采用不同的溶剂，辅助现代超声波处理等手段分步提取各组分是一种有效方法，然后分别根据各蛋白组分的性质应用于不同的方面，是玉米黄粉中蛋白质提取利用的新研究方向。玉米谷蛋白质是一种天然的全价植物蛋白质，其性能可以和目前广泛应用于肉制品、面制品加工的大豆蛋白质相媲美，是一种潜在的优质植物蛋白质资源。

(4)谷氨酸制取　在各种不同原料的蛋白质中，以小麦面筋的谷氨酸含量最高，达35%，而大豆蛋白质的谷氨酸含量只有18%，玉米蛋白粉的谷氨酸含量居中，为22.1%。所以玉米蛋白粉可以是生产调味料的原料。

玉米蛋白粉→解脱色→离子交换→精制干燥→成品

此外，谷氨酸在医药上也有很重要的用途。谷氨酸虽然不是必需氨基酸，但在氮代谢中，谷氨酸与酮酸发生氨基转移作用而生成其他氨基酸。脑组织只能氧化谷氨酸，而不能氧化其他氨基酸。当葡萄糖供应不足时，谷氨酸可作为脑组织的能源来源。因此，谷氨酸对改进和维持脑机能是必要的。谷氨酸对于神经衰弱、记忆力衰退、肝性脑病等疾病有一定疗效。

醇溶蛋白不仅含有较多的谷氨酸，而且还富含亮氨酸。亮氨酸是必需氨基酸，在医药和临床方面有重要用途。可利用亮氨酸等电点(pI=5.98)与谷氨酸的等电点差异较大的特点，进行 pH 梯度洗脱分离谷氨酸和亮氨酸，分别得到谷氨酸和亮氨酸洗脱液，再进行精制可获得谷氨酸和亮氨酸两种产品。

(5)玉米蛋白质发泡粉

玉米麸质粉→清洗→浸泡→研磨→液化(淀粉酶、氯化钙)→碘检→离心分离→碱水解(氢氧化钙)→中和→脱色→脱臭→过滤→杀菌→恒温干燥→成品

1)液化　将玉米麸质粉与水按照一定的比例调浆,将浆液升温至 100 ℃糊化 30 min,然后冷却至 60 ℃,用氢氧化钙调节 pH 值至 6.5~7.0,加入 α-淀粉酶和适量氯化钙液化,保温 30~90 min,至碘液检验无蓝色,离心除去上清液,得滤饼,清水冲洗滤饼 2 次。

2)蛋白质碱水解　将滤饼与水按照一定的比例混合调浆,在一定温度及 pH 值下用氢氧化钙水解 5~10 h,离心过滤收集水解液,并洗涤沉淀收集洗涤液。

3)脱色　用硫酸将滤液中和至 pH 值为 6.5~7.5,然后加入氯仿和正已烷用活性炭脱色。

4)脱臭干燥　用 β-环糊精脱臭,然后恒温干燥。

5.1.3.5　玉米或玉米淀粉

玉米中的主要成分是淀粉,其含量达 70% 以上,可以直接生产葡萄糖,直接采用玉米面或玉米渣为原料,经过酶液化和酸化,过滤出渣,然后精制浓缩得到糖浆,再进一步制作成各种糖类食品。

(1)玉米糖稀生产技术　糖稀又叫饴糖或麦芽糖,是生产糕点、面包、果酱、糖果、罐头的甜味剂,尤其是糕点和糖果必需的原料。制作糖稀的主要原料是玉米、白薯干、大麦、大米等。传统生产糖稀的方法是先将原料加工成淀粉,然后再经液化、糖化、过滤、浓缩制成糖稀。用玉米直接制作糖稀,省去了玉米加工成淀粉这道工序,工艺简单,成本低,对设备的要求不高。生产糖稀的下脚料是优质畜禽饲料。

1)配方举例　玉米渣 100 kg,淀粉酶 400~500 g,氯化钙 200 g。

2)工艺流程

玉米→清选→破碎→去皮去胚→粉碎→淘洗→浸泡→煮制(液化)→发酵(糖化)→过滤→熬制→灌装

3)操作要点

①玉米渣的制备　选用粉质玉米为原料,经清选去杂后,先用破碎机破碎,除去玉米皮和胚,然后再粉碎成小米粒大小的玉米渣。

②淘洗、浸泡　取 100 kg 玉米渣,用清水淘洗 2 遍,倒入浸泡缸内,加入 150 kg 水。将 200 g 淀粉酶、200 g 氯化钙分别用温水化开,倒入浸泡缸内,混合均匀,浸泡 2~3 h。

③煮制　在大锅内加入 100 kg 水,然后将水烧开。把浸泡好的玉米渣从浸泡缸内取出,倒入沸腾的锅内进行煮制。继续加热至沸腾,再煮 30~40 min,然后停止加热,在煮制过程中须不停地搅拌,以防煳锅。

④发酵　向锅内加入 90 kg 左右冷水,搅拌均匀,待玉米糊的温度降到 60~70 ℃时,加入预先用温水化开的淀粉酶(冬天加 200 g,夏天加 300 g),搅拌均匀,然后把玉米糊转移到发酵缸内。在 60 ℃下发酵 2~3 h。

⑤过滤　发酵完成后用细布袋将料液进行挤压过滤,过滤出的即为糖液,把糖液倒入熬糖锅。滤出的糖粒含有相当高的蛋白质,可做畜禽饲料。

⑥熬制　用大火将糖液加热至沸腾，待沸滚的稠汁呈现鱼鳞状时，改用小火熬制。当浓度达到35波美度时（若无波美度计，可用小木棍挑起稠汁观察，其不滴汤而拔丝时，即符合要求），立即停止加热。也可根据用途的不同按实际需要熬制成相应的浓度。在熬制中要不断搅拌，避免煳锅，否则熬制出的糖稀颜色深，有苦味。

⑦灌装　熬制好的糖稀起到缸内，充分冷却后，即可装在卫生、干燥的桶内。

用玉米直接制作的糖稀，颜色微黄色，呈透明状；具有糖稀风味，无异味；无明显可见杂质。

4）玉米糖稀的质量标准

①感官指标

色泽：浅黄色，微透明。

风味：具有糖稀特有的风味，无异味。

杂质：无明显可见杂质。

②理化指标

还原糖：36以上（以100干物质计）。

酸度：5以下（即每100 g糖稀消耗0.1 mol NaOH的量不超过5 mL）。

熬糖的温度和干物质含量根据具体情况而定。

（2）玉米果葡糖浆　果葡糖浆又称高果糖浆或异构糖，是以淀粉为原料，经淀粉酶和葡萄糖异构酶的作用制成的一种含有果糖和葡萄糖的液态混合糖浆。其化学性质稳定，味道纯正，溶解度大，防腐性强，而且其甜度比蔗糖大，渗透压也比蔗糖高，不易结晶，保湿性好，因而可代替蔗糖广泛应用于饮料、糕点、罐头及腌渍品等食品加工业。

1）工艺流程

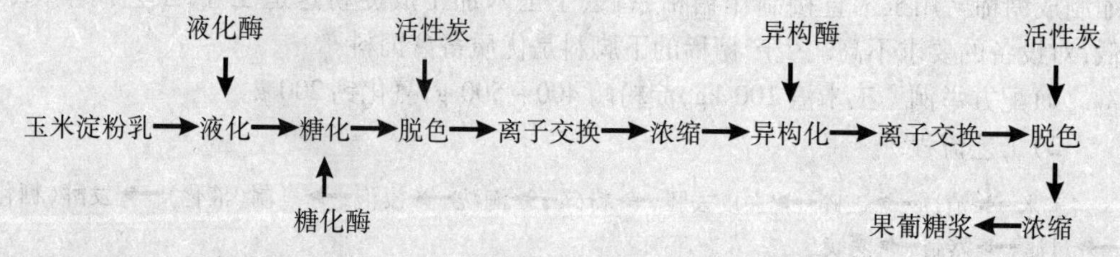

2）操作要点

①液化　首先将浓度为20～22波美度的淀粉乳，用碳酸钠调节pH值至6.0～6.5，倒入反应罐内，以5～10单位/g干淀粉的量加入α-淀粉酶及一定量的氯化钙，快速加热至90～95 ℃，保持一定时间，使淀粉完全糊化，碘反应呈棕色即可（若呈蓝色说明淀粉未完全糊化）。此时葡萄糖值在15～25，随即在110 ℃灭酶5 min，冷却至60 ℃，把液化液输入糖化罐。

②糖化　将液化后的糖化液用稀盐酸调节pH值至4.2～4.5，加入糖化酶（糖化酶用量为每吨无水干淀粉1～1.3 L酶制剂），温度控制在60 ℃，搅拌反应60 h，使葡萄糖值达到93～97。

③过滤、脱色　先将糖化液的温度升至80 ℃，然后用真空过滤器过滤，将脂肪、蛋白质等杂质除去。澄清的糖液送入进行活性炭处理的料罐中，使糖化液与活性炭混合，在85 ℃条件下作用30 min，然后压滤除去活性炭粒，从而达到脱色的目的。

④离子交换　离子交换树脂采用阴阳两种，工艺为阳→阴→阳→阴四支柱串联，糖

液连续流经阳、阴两对柱子,依次交换离子。离子交换的目的是除去糖液中的有机和无机离子杂质。

⑤浓缩　为了使异构化发挥最好的效果,一般在异构化前先将糖液通过浓缩蒸发器进行浓缩,浓缩后的糖液浓度由原来的25%左右提高到35% ~40%。

⑥异构化　异构化的作用是将糖液中的部分葡萄糖转化成果糖,成为果糖葡萄糖的混合糖浆。采用丹麦固定化异构酶,它能催化D-葡萄糖和D-果糖间的异构化反应。加入50 mg/L的镁离子,然后用氢氧化钠调节pH值至7.5 ~7.8,温度为55 ~60 ℃,出柱异构糖pH值为6.5 ~7.0。

⑦离子交换　经异构化反应后,再进行一次离子交换,目的是除去糖液中以及在异构化作用时带进的一些离子杂质。使用的设备和方法与糖化液相同。

⑧脱色　经过离子交换的果葡糖浆送入储罐中,趁热加入活性炭,充分混匀,进行脱色处理。过滤后即可进行浓缩。

⑨浓缩　经过上述工序处理后的果葡糖浆,真空浓缩至糖液浓度70% ~75%,即得到含果糖42%的果葡糖浆。

如果将此时的果葡糖浆中部分葡萄糖结晶分离出去,可得到55%的果葡糖浆;进行吸附分离可得到90%的纯果糖浆。

(3)变性淀粉的生产　淀粉在工业生产中的应用非常广泛,但是随着科学技术的发展,天然原淀粉在很多工业生产中,由于其结构与理化性质的原因,不能得到很好的利用。因此人们根据淀粉的分子结构及理化性质开发出了淀粉的变性技术,其产品称为变性淀粉或淀粉的衍生物。

目前生产变性淀粉的种类很多,常用的有预糊化淀粉和氧化淀粉。

1)预糊化淀粉　天然淀粉颗粒中分子间存在着许多氢键,在水中加热升温时,首先水分子进入颗粒的非结晶区,水分子的水合作用使淀粉分子间的氢键断裂,随着温度上升,非结晶区的水合作用达到某一极限值,随后水合作用发生于结晶区,即淀粉开始糊化,完成水合作用的颗粒已失去了原形,若将完全糊化的淀粉在高温下迅速干燥,将得到氢键仍然断开、多孔状、无明显结晶现象的淀粉颗粒,这就是预糊化淀粉。这种淀粉能在冷水中分散,为区别起见,又称预糊化淀粉为α-淀粉,原天然淀粉为β-淀粉。

①生产预糊化淀粉的方法　目前生产预糊化淀粉的方法有下面几种。

a.滚筒法　滚筒法有双滚筒和单滚筒两种类型,见图5.1。双滚筒式两个滚筒的运转方向相反,向加热到150 ℃左右的两个铸铁滚筒之间输入淀粉乳液,乳液立刻被糊化。然后在表面干燥成薄膜状,用刮刀刮下,粉碎即制成产品。

单滚筒法直接将淀粉乳输送到150 ℃左右的滚筒表面进行糊化,比起双滚筒而言,其热效率低,生产能力小。

b.喷雾法　在连续式喷射蒸煮器中,用高压蒸汽同淀粉乳混合使之糊化,然后喷雾快速干燥制成预糊化淀粉。高黏度糊液不宜使用喷雾干燥法,这种制法成本较高,一般很少采用。

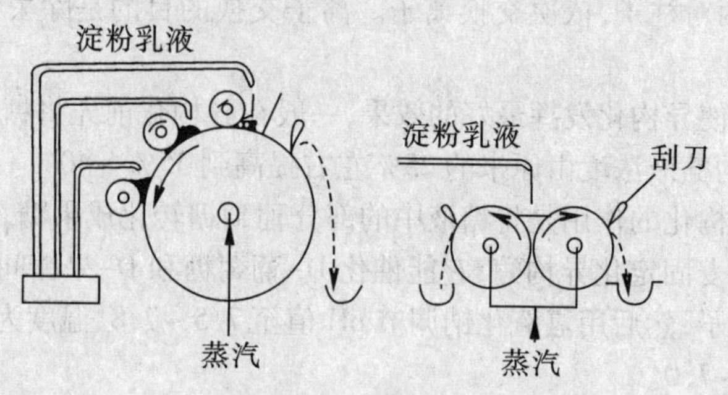

图 5.1　滚筒法

c. 挤压法　这种方法就是采用挤压机，根据挤压膨化原理来生产预糊化淀粉的一种方法，见图 5.2。将事先调好的含水分 15% ~20% 的淀粉加入挤压机内，淀粉经螺旋轴摩擦挤压产生热而糊化，然后通过孔径为 1 ~10 mm 的小孔高压挤出，一进入大气中物料就瞬间膨胀干燥。经粉碎、筛选即获得预糊化淀粉产品。

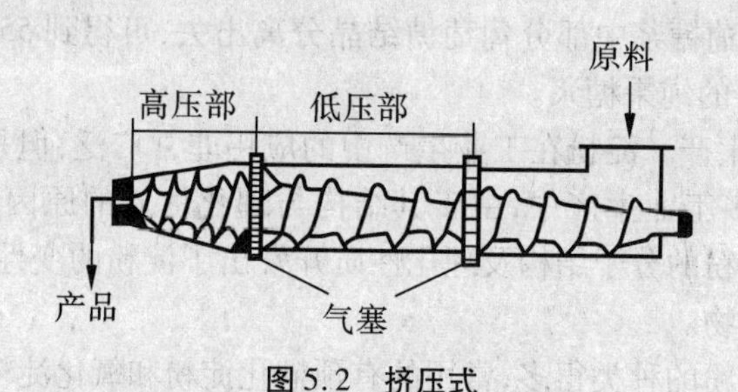

图 5.2　挤压式

这种方法生产的预糊化淀粉，由于受到高强度的剪切力，产品黏度下降，比滚筒法产品溶解度大。由于在制造过程中基本不需要加水，能够用内摩擦热维持 120 ~160 ℃的温度，干燥不需热源，所以这种制法被认为是最经济的方法之一。

②预糊化淀粉的广泛应用　预糊化淀粉广泛应用于食品、医药、化工、饲料加工、石油钻探、纺织、造纸等工业中，现举例说明。

a. 在食品工业上的应用　预糊化淀粉具有黏结作用和在冷水中的快速膨溶作用，因而在食品工业上得到了广泛的应用。常用于软布丁、肉汁、馅、酱、脱水汤料、调味剂以及果汁软糖等做增稠剂和保型剂。

b. 在饲料工业上的应用　预糊化淀粉在饲料工业中用作生产颗粒饲料的黏合剂，最能显示其特性的是鳗鱼饲料的生产。通常鳗鱼饲料为颗粒状，它由富含维生素等营养成分的饲料粉、一定比例的黏合剂、油脂等组成。不仅黏结效果好，能使营养成分增加，并且无任何副作用。

c. 在化妆品行业上的应用　爽身粉是一种比较常见的保肤粉，一般用滑石粉、淀粉及其他辅料制成。近年来国外用预糊化淀粉来代替滑石粉和淀粉制造爽身粉，除了具有普通爽身粉所具有的特点外，还具有皮肤亲和性好，吸水性强等优点。

d. 在制药上的应用　一般的西药片是由药用成分、淀粉、黏合剂等组成。其中的淀粉主要起物质平衡作用。新型的药片由药用成分、预糊化淀粉等组成。其中的预糊化淀粉除了起物质平衡作用外，还起黏合剂的作用。这样就减少了加入其他黏合剂所引起的不必要的副作用，由这种新配方所生产的药片除了能满足医用要求外，还具有成型后强度高，服后易消化、易溶解及无副作用等特点。

e.在其他行业中的应用　预糊化淀粉快速溶于冷水而形成高黏度淀粉糊的特性使其在很多方面得到了成功的应用。例如用于金属铸造中作型砂黏合剂，石油钻探泥浆的保水剂，造纸工业中的纸张加固剂，纺织工业中广泛地用作上浆剂，建筑工业中用作水质涂料等。

2）氧化淀粉　氧化淀粉是指淀粉在酸、碱或中性条件下与氧化剂反应形成的变性淀粉。氧化淀粉的原料主要是玉米、木薯、甘薯与马铃薯淀粉。氧化剂的种类很多，考虑到经济实用，工业上生产氧化淀粉主要采用次氯酸钠。除此之外，常用的还有过氧化氢和高锰酸钾。这里介绍以次氯酸钠作为氧化剂生产氧化淀粉的工艺。

①氧化淀粉的生产工艺

a.将玉米淀粉在反应罐中调成40%～45%的淀粉乳。

b.在搅拌作用下，用3%的氢氧化钠调节pH值至8～11，加热使淀粉乳温度在21～38 ℃。

c.加入次氯酸钠（含有效氯5～10）。反应过程中，pH值下降，温度上升（氧化反应中放出热量）。通过加入稀的氢氧化钠溶液中和所产生的酸性物质来稳定pH值，通过调节次氯酸钠溶液的加入速度和冷却来控制温度，以防止淀粉颗粒膨胀。

d.当氧化反应达到所需要的程度（通常以黏度计测定）时，将pH值降到6～6.5，用质量分数为20%的亚硫酸钠（Na_2SO_3）溶液还原剩余的次氯酸钠。

e.进行过滤与离心分离，再经水洗除去可溶性副产品、盐及降解产品。

f.在50～52 ℃温度下烘干得最终产品。

调节不同的反应时间、温度、pH值、添加次氯酸溶液的速度、淀粉及次氯酸钠的浓度，可生产不同性质的产品。

②氧化淀粉的用途　氧化淀粉的黏度低，溶解性增加，膨胀性下降，因此其糊液的透明性好，渗透性及形成膜的能力提高，可形成一定强度的薄膜；由于新官能团的生成使分子间缔合受阻，官能团呈阴性，对淀粉具有一定的保护作用，糊液不易老化，性质稳定，不易沉降；由于氧化过程的漂白作用使其白度提高，杂质的除去使淀粉的异味消除，霉变的可能性变小。利用这些性质，氧化淀粉可应用于食品加工、造纸、纺织、纸箱、建筑材料等生产中。

5.2　动物副产物综合利用

动物副产物主要包括猪、牛、羊、兔、鸡、鸭、鹅等的血液、骨、内脏、皮毛等，目前，动物副产物综合利用主要表现在三个方面：提供工业原料、生化制药、加工饲料。动物副产物综合利用对提高畜禽养殖的经济效益、减少资源浪费、促进养殖及加工行业发展均具有重要意义。

5.2.1 血液的综合利用

5.2.1.1 血液的组成与性质

(1)血液的组成　一般来说,动物血液的总量为其体重的6% ~8% ,但因动物种类、年龄、性别、营养状况、活动程度、生理状况(如妊娠、泌乳等)以及环境条件等因素的影响而有差异。血液是由液体成分的血浆和悬浮于血浆中的血细胞所组成,如果将屠宰时收集的动物新鲜血液,用柠檬酸盐或草酸盐等抗凝剂处理后,放入离心机离心沉淀就能明显地分为上、下两层,上层浅黄色的液体为血浆,下层深红色沉淀物为血细胞。

1)血浆　由于血浆中存在黄色素,血浆呈淡黄色,但畜禽种类不同,血浆色泽有差异,如狗、兔的血浆无色或略带黄色,牛、马的血浆色泽较深。

血浆的化学成分大部分为水,占 90% ~93% ,此外还有部分气体(O_2、CO_2、N_2)和固形物,固形物包括蛋白质、糖(葡萄糖)、有机酸(乳酸、丙酮酸)、脂类(脂肪、卵磷脂、胆固醇)、非蛋白含氮化合物、无机盐(钠、钾、钙、镁、氯、硫、磷、铁、锰、钴、铜、锌、碘)、酶、激素、维生素以及色素等,固形物中含量最多的是蛋白质。这些化学成分主要是来自于消化道消化分解的产物和组织细胞释放的代谢产物。

血浆中的蛋白质一般分为清蛋白、球蛋白、纤维蛋白原三种。纤维蛋白原占血浆总蛋白量的4% ~6% ,有重要的凝血作用,由肝脏合成产生。清蛋白亦称白蛋白,主要由肝脏形成,是血液中游离脂肪酸、胆色素、类固醇激素的运载工具,血浆胶体渗透压的 75% 由清蛋白产生。球蛋白可分为 α_1-球蛋白、α_2-球蛋白、β-球蛋白、γ-球蛋白;α-球蛋白、β-球蛋白在肝脏合成,γ-球蛋白由淋巴细胞和浆细胞制造进入血液;γ-球蛋白几乎全部都是免疫性抗体;球蛋白类还能同多种脂类结合成脂蛋白,是脂类、脂溶性维生素、甲状腺素在血液中的运载工具。

非蛋白含氮化合物主要有尿素、肌酸酐、马尿酸、氨基酸、氨、嘌呤碱、尿酸等。除氨基酸是供应各组织的养分外,其余大部分是代谢废物。

血浆中有许多酶,如凝血酶原、碱性磷酸酶、蛋白酶、脂肪酶、转氨酶、磷酸化酶、乳酸脱氢酶等,这些酶主要来自组织细胞和血细胞,除凝血酶原外,其他酶含量较少。近年来从血浆中发现的超氧化物歧化酶(SOD)已得到大量应用。

2)血细胞　血细胞是血液的有形成分,包括红细胞、白细胞、血小板三种。

红细胞是红色圆形的球体,红细胞中水分约占 60% ,固形物约占 40% ;固形物中 90% 为血红蛋白、其余 10% 为其他蛋白、类脂质、葡萄糖和无机盐;红细胞是血细胞中数量最多的一种,其正常数量因动物种类、品种、性别、年龄、饲养管理条件以及环境条件等而有所不同。红细胞膜具有选择性通透性,以维持细胞内化学组成和保持红细胞正常生理活动机能;红细胞具有渗透脆性,当血浆或周围溶液的环境渗透压高于红细胞内渗透压,水分子由红细胞内透出,红细胞失水而破裂;当血浆或周围溶液的环境渗透压低于红细胞的渗透压,水分子将大量进入红细胞内,红细胞逐渐胀大导致细胞膜破裂,血红蛋白被释放出来,这一现象称为红细胞溶解,简称溶血;红细胞具有悬浮稳定性,即红细胞在血浆中保持稳定状态,不易下沉的特性。将获得的新鲜动物血液加抗凝剂后,放入试管内,红细胞会缓慢下沉,单位时间内红细胞下沉的速度称为红细胞沉降率(简称血沉)。红细胞下降越快,表示其稳定性越差。在畜禽血液综合利用时,根据加工产品的要求,有时要保持其稳定性,有时要破坏其稳定性。

白细胞为无色、有核的球体,体积比红细胞大,但数量比红细胞少得多,山羊、绵羊、马、牛、猪血细胞中红细胞数量分别为白细胞的 1 300、1 200、1 000、800、400 倍。白细胞是动物机体防疫体系的一部分,可随动物机体生理状况的改变而发生变化。白细胞含有普通细胞的成分,如蛋白质、核蛋白、卵磷脂、胆固醇、酶和无机盐,并有相当多的蛋白酶。

血小板是一种小而无核的不规则小体,动物血液中血小板数量随动物生理情况而异,动物在剧烈运动后数量剧增,大量失血和组织损伤时其数量也显著增多,马、猪、绵羊血小板的数量分别为 5 万个/mm^3、40 万个/mm^3 和 74 万个/mm^3。其主要机能是参与血液的凝固过程。

(2)血液的性质　血液的性质主要包括色泽、气味、相对密度、渗透压、黏滞性、酸碱度等。动物血液的色泽与红细胞中血红蛋白的含量有密切的关系,动脉血液中含氧量高,呈鲜红色;静脉血中含氧量低,呈暗红色。血液中因存在有挥发性脂肪酸,故带有腥味。血液的相对密度取决于所含血细胞的数量和血浆蛋白的浓度,各种畜禽全血的相对密度为 1.046 ~ 1.052。血液中因含有多种晶体物和胶体物,故具有相当大的渗透压,哺乳动物血液渗透压大致一定,用冰点下降度表示,马血为 0.56 ,牛血为 0.56 ,猪血为 0.62,兔血为 0.57。动物全血的黏滞性主要取决于血液中红细胞数量和血浆蛋白的浓度,一般为蒸馏水的 4 ~ 5 倍。动物血液的 pH 值一般为 7.35 ~ 7.45,静脉血因含有较多的碳酸,其 pH 值比动脉血稍低;肌肉剧烈活动时,由于有大量酸性产物如乳酸等进入血液,使静脉血 pH 值进一步降低。

5.2.1.2　血液采集、保藏

(1)血液采集　血液采集一般在大型定点屠宰厂进行,采集时应避免污染。采集血液的容器因加工目的不同而不同,如加工血粉可用塑料容器;如需使血液凝固,储放容器可以是圆筒形或箱形;脱纤维蛋白血或加抗凝剂的血,应存放在奶罐型的容器中,用不锈钢容器最为理想。为了防止血液腐败,采集的血液应尽快运往加工厂;为避免血液在运输途中温度升高,需将血液装入密闭容器中,在夜间或早晨运输,或用隔热材料遮盖容器。

(2)血液保藏　血液富含营养,是细菌繁殖良好的培养基。血液在空气中暴露时间较长后,细菌的数量便会迅速增殖。当血液腐败以后,就会产生一种难闻的恶臭味,这是血蛋白被细菌分解的缘故。血液的保藏就是要防止细菌的繁殖和血蛋白本身的分解。血液保藏可以采用化学保藏、冷藏或干燥保藏等方法。采用化学保藏血液,可以抑制细菌的繁殖,但许多化学药品对人体有害,用化学方法来保藏食用血,受到很大限制。

1)食用血的保藏　在脱纤维蛋白的血液中加入 10% 的细粒食盐,搅拌均匀,置于5 ~ 6 ℃的冷藏室内,可以保藏 15 d 左右。

2)工业用血的保藏　工业用血的保藏,一般采用干燥保藏法和化学保藏法,前者是将血干燥成血粉保藏,在没有干燥设备的加工厂,还可采用冷藏法来保藏血液。我国北方冬季气温很低,可以采用冷冻法保藏血液。血液的冰点为-0.56 ℃ ,当血液冻结时,细菌生长繁殖受到抑制。冷冻过的血液融化后制成血粉,其化学成分和蛋白质都保持不变。冷冻血液时,将血液注入容器内密封,但不宜盛血过满,应留有一定余地。春、夏、秋季,可用化学药剂保藏血液,具体方法:在 1 000 kg 脱纤维蛋白的血液中,加入结晶石灰

酸或结晶酚 2.5 kg,用 20 kg 水溶解后慢慢注入血液中,同时搅拌 5 ~ 15 min ,然后放入铁桶或木桶内,加盖密封,在 1 ~ 2 ℃ 的冷库内可保藏 6 个月左右。

5.2.1.3 血液预处理技术

(1)血液防腐技术 畜禽刺杀放血时,在收集的血液加入 0.5% 的 EDTA 钠盐(乙二胺四乙酸二钠)、EDTA 铝盐、EDTA 镁盐,或 EDTA (乙二胺四乙酸)及其盐类混合物进行防腐处理,该法处理的血液可储存 10 d 左右;血液中添加碱性亚硫酸氢盐做防腐剂,可储存 45 d 以上;此外,也可将血液进行固液两相分离或浓缩,冷藏保存。

(2)血液防凝 新鲜的血液为红色不透明液体,若不采取防凝措施,血液很快就会变暗,形成凝块。某些血液产品的制取原料必须是液态血,必须加入抗凝剂防凝。常用的抗凝剂有草酸盐、柠檬酸钠、乙二胺四乙酸(EDTA)、肝素等。

1)草酸盐 草酸盐的抗凝作用是由于草酸盐能使血液中的钙离子沉淀,从而防止血液的凝固。常用的草酸盐有草酸钠和草酸钾。每升血液(1 L 血液约 1 kg 重)加入草酸钠或草酸钾 1 g ,以其 30% 的水溶液加入血中;或用 0.6 g 草酸铵与 0.4 g 草酸钾以少量生理盐水稀释后加入 1 L 血内。因为草酸盐有毒,加工食用血产品或制取医用血产品,禁用草酸盐。

2)柠檬酸钠 柠檬酸钠能将血液中的钙转化为非离子态,从而起到抗凝作用。每升血液加入柠檬酸钠 3 g 以少量水稀释或较大量生理盐水稀释后加入血中。在食品工业和医药工业方面,柠檬酸钠的使用法规各不相同,因此,应用时应先查清有关法规。

3)乙二胺四乙酸(EDTA) 乙二胺四乙酸的抗凝作用,是通过络合血液凝固所需的钙离子而起作用。乙二胺四乙酸的二钠盐作为抗凝剂,是以每升血添加 2 g,先稀释于少量水或大量生理盐水中,然后再加入血内。绝大多数国家允许在食品工业和医药工业中使用乙二胺四乙酸。

4)肝素 肝素是最理想的血液抗凝剂之一,肝素有抑制凝血酶的作用,因此,能阻止血液的凝结。商业上最常用的是肝素的钠盐、钙盐和钾盐。应用时,每升血液加入 200 mL肝素。肝素抗凝液态血是食品加工和医药制造的原料。

抗凝剂最好以固体盐的形式储存,使用前配制成溶液。抗凝剂溶液有毒,尤其是肝素,绝不能与食品接触,为了使用安全,抗凝剂溶液应贴标签,并用食品所允许的染料轻微染色,以示区别。

抗凝剂的使用方法,是在采集血液后的 2 ~ 5 min 内血液尚未凝固前,根据血液的容积计算出应加的抗凝剂数量,或计算出应加的预配抗凝液容量,然后缓缓加入血液中,并搅拌均匀。制取液态血除添加抗凝剂外,也可以用人工方法脱出血液中的纤维蛋白,该法适合于中小型加工厂或屠宰场应用。方法是将刚放出的血盛入容器内,用表面粗糙的木棒或长柄的毛刷不停地用力搅拌血液,纤维蛋白就被破坏,部分附着在木棒或毛刷上,另一部分漂浮在血液表面上,这样就可以将纤维蛋白与液态血分离。当把脱纤维蛋白的血液灌入另一容器时,经过过滤,纤维蛋白即可沥出。被脱去纤维蛋白的血液,保持其液态特性,在进入下一步加工时颇为方便。在人工搅拌脱血纤维蛋白时,可从血液中得到 12% 左右的血液纤维蛋白,收集到容器中,用作加工饲料。

(3)血液消毒处理技术 消毒处理方法是将添加过抗凝剂的血液或血液部分成分,使其含水量在 30% 左右或 30% 以下,在 80 ~ 100 ℃ 加热条件下保持 8 ~ 10 min ,能有效

地杀死细菌和其他微生物,包括存活的细菌及大肠杆菌,不破坏血液的特性,不发生蛋白质明显变性,可得到较好消毒。

5.2.1.4　饲用血粉的加工工艺

饲用血粉是以凝固动物血液为原料,经干燥、粉碎而制成的产品。血粉干物质含量82% ~85%,水分含量5% ~8%,并含有多种维生素和微量元素,是配合饲料中良好的动物性蛋白质和必需氨基酸的来源。全血干物质含量约15%,水分含量约85%,1 000 kg全血能制取血粉150 kg左右,血粉产量约为全血的15%左右。

(1)工艺流程

血液采集与处理→蒸煮→干燥→粉碎→储藏

(2)加工关键技术

1)血液的采集与处理　血液在采集过程中须保证不被污染,尤其要防止冲刷地板的污水及其他外来物质的污染,因其含有洗涤剂、肥皂、杀菌剂、杀虫剂、寄生虫卵、细菌孢子等。室温20 ℃左右采集的血液,最好当天加工,以防腐败。如不能及时加工,可添加0.5% ~1.5%的生石灰,并不断搅拌,直至血液凝固。凝固后的血液呈胶体韧性,不黏附容器,可以保存较长时间,但要防止苍蝇接触。

2)蒸煮　将凝血块用刀划成10 cm见方的立方块,放入锅中蒸煮。蒸煮时,先在容器(或锅内)放入适量清水,加热至沸腾,再将凝血块倒入容器中,在未沸的水中煮制20 min左右,待凝血块内部颜色变深,而且内部和外部均凝结后,取出放入麻布袋或针织袋中,压迫沥水,也可放在压榨机上压出水分。经沥水后血块水分含量降至50%以下。煮制时要注意放入血块后,水不能沸腾,否则凝血块即行散开,呈泡沫状态。

3)干燥　凝血干燥最简便的方法是日光照射,将蒸煮过的凝血块切碎,均匀撒在苇席、竹匾或暗色塑料薄膜上,晒至暗褐色而充分干燥为止。气温28 ℃以上,经2 ~3 d即可完成干燥过程。如果有条件,可在高压热气循环炉中干燥(60 ℃即可)。干血的粉碎用血粉。相对湿度大于50%的地区,白天摊开暴晒,晚上堆成堆,用塑料薄膜覆盖,避免吸潮。生产规模较大的企业,可采用高压热气循环炉,在60 ℃条件下干燥。

4)粉碎　干燥后的凝血呈易碎的小块,可用石磨磨碎,或用粉碎机粉碎成细粒,即成饲用血粉。

5)储藏　血粉可用塑料袋、厚纸袋、麻袋或其他适合的容器包装。未添加石灰的血粉仅能保存4周,添加石灰后的血粉可保存1年以上。

5.2.1.5　工业用血粉的加工工艺

工业用血粉又称喷雾干燥血或黑血白蛋白,呈深红褐色粉状,含水分5% ~8%,灰分10 % ~15% ,能溶于水。工业用血粉的用途很广,如胶合板工业中用作黏合剂,皮革工业中用作蛋白质抛光剂,沥青乳胶中作为稳定剂,陶瓷制品中作为泡沫稳定剂和分解过氧化氢的催化剂,杀虫剂和杀真菌的稳定剂、扩散剂和黏合剂等。

(1)工艺流程

原料血制取→过滤→喷雾干燥→包装、储藏

(2)加工关键技术

1)原料血的处理　工业用血粉的原料血为脱纤维蛋白血。制备好的脱纤维蛋白血应尽快进行加工,如暂不能加工,须置于4 ℃ 条件下储存。

2)过滤　脱纤维蛋白血在喷雾干燥前必须过滤,除去血纤维蛋白和杂质。过滤可用滤血池过滤,滤血池由A、B、C三个池组成,血液由A经B进入C,A、B池和B、C池之间设有用细铁丝编织的二层滤过网放血口,以过滤残存的血纤维蛋白。经过滤后的血浆被泵至储血池,储血池上部装有过滤器,使进入储血池的血浆更加洁净。储血池内的血由泵输入储血槽,经储血槽泵送至干燥塔顶部。

3)喷雾干燥　由储血池送入喷雾干燥塔顶部的血浆,通过雾化器转化为雾状液滴,雾状液滴与热空气进行热交换,雾滴中的水分被空气带走,以细粉状落入干燥塔底部。热空气的入口温度为200~250 ℃,出口温度近70 ℃。

4)包装和储藏　喷雾干燥结束后,先通空气将血粉冷却到室温,然后再进行包装。工业用血粉一般用聚乙烯袋包装,包装规格为1 kg、2 kg和5 kg等,便于销售和运输。如果包装合理,可储藏5年左右。

5.2.1.6　动物血液中提取超氧化物歧化酶

超氧化物歧化酶(SOD)是一种广泛存在于动植物及微生物中的金属酶,可用于延缓人体衰老,防止色素沉着,并治疗慢性多发性关节炎等症,也被广泛应用于日用化工产品中,如SOD化妆护肤品,对抗衰老、去除脸面雀斑等有明显的效果。随着日用化工产品的发展及SOD在临床上的应用,SOD的需求量日益增加。我国动物血液来源丰富,价格低廉,生产SOD工艺简单,所以,用动物血液提取SOD具有很好的发展前途。

(1)工艺流程

新鲜动物血液→分离→提取→萃取→沉淀→分离纯化→干燥

(2)加工关键技术

1)分离　将新鲜动物血收集后,用纱布过滤,以除去血液中的杂毛及其他异物。加入柠檬酸钠(一般100 kg血液中加入3.8 g柠檬酸钠),充分搅拌均匀后以3 000转/min的速度离心15~20 min,收集血细胞,血浆可用于凝血酶的提取。

2)提取　用0.9%氯化钠溶液离心洗涤已收集的血细胞3次,每次氯化钠溶液用量为血细胞体积的2倍为宜。向已离心洗涤的血细胞中加入等体积的去离子水(或蒸馏水),在温度2 ℃左右的条件下剧烈搅拌30~40 min,并在同温下放置24 h左右。由于牛血SOD对热较稳定,但猪血SOD对热敏感,所以在分离或提取整个过程中,温度控制在0~4 ℃,时间不要超过3 d。如不能及时处理时,可以冷冻保存溶血溶液,并不影响其SOD的活力。

3)萃取　在溶血溶液中分别缓慢加入溶血血细胞0.25~0.3倍体积的95%冷乙醇和0.15~0.2倍体积的冷氯仿,充分搅拌均匀30 min,静置30 min,进行离心分离,收集上清液。萃取时应注意有机溶剂的适当比例和温度,才能有效地分离去除蛋白质等杂质,控制温度在2 ℃左右,不要超过5 ℃,才能达到最佳分离效果。

4)沉淀　在上述上清液中加入1~2倍体积的冷丙酮,充分搅拌均匀,此时可产生大量白色沉淀,静置30 min,然后进行离心分离(3 000转/min),收集沉淀物,再用1.5倍的冷丙酮洗涤沉淀物,在温度2 ℃的条件下静置24 h左右。再进行离心分离

(3 000 转/min),收集沉淀物,并把上层丙酮液合并在一起,回收丙酮,此丙酮可以重新使用。

5)分离纯化 把以上沉淀溶于pH值为7.6~7.8的2.5 μmol/L $K_2HPO_4-KH_2PO_4$缓冲溶液中,并在温度60 ℃下搅拌30 min,然后迅速冷却到20 ℃,离心分离(3 000 转/min)收集上清液。上清液中加入等体积的2 ℃丙酮,充分搅拌,并静置30 min,再进行离心分离(3 000 转/min),收集沉淀物。此沉淀物中加入$K_2HPO_4-KH_2PO_4$缓冲溶液,充分搅拌溶解,离心分离(3 000 转/min),收集上清液准备上柱。在柱长40 cm、柱内径3 cm的柱中装入已处理的二乙胺乙基葡萄聚糖凝胶离子交换剂(DEAE-SephadexA-50),用pH值为7.7的2.5 μmol/L $K_2HPO_4-KH_2PO_4$的缓冲溶液上柱,当流出液的pH值为7.6时,将上述上清液上柱,用pH值为7.6的缓冲溶液进行梯度洗脱,收集具有SOD的活性峰。因为pH值能控制SOD分子的带电状态,盐浓度能控制结合键的强弱,牛血SOD在pH值为5.3~9.5,猪血SOD在pH值为7.6~9.0较稳定,所以上柱精制分离时应注意pH值和盐浓度。

6)干燥 将洗脱液装入透析袋内,并在去离子水中进行透析,将透析液进行超滤浓缩,冷冻干燥可得SOD精制品。把SOD精制品装入棕色瓶内,压紧瓶盖,放在避光、易通风、干燥的地方保存。

5.2.1.7 无菌血清的制取

血清是血浆析出血浆蛋白后的产物,为淡黄色透明液体。无菌血清则是在无菌操作条件下,利用乳用公犊的血液加工而获得。可作为生物实验室的标准蛋白质溶液、病毒繁殖培养基的组分、生产病毒疫苗时细胞生长培养基的组分及某些微生物的培养基组分。

(1)工艺流程

原料血采集→血清制取→安瓿储藏

(2)原料血采集 采取出生24 h以内未吸吮乳汁的健康乳用公犊的全血。血液采集必须无菌操作,盛血容器最好选用玻璃制品或不锈钢制品,用前应彻底清洗,并经高压灭菌。血液采集后让其自然凝固,并及时遮盖,防止污染,最好放入冰箱内,避免过度震荡,以免产生红色血清。

(3)血清制取 将冷冻凝血块用刀片切成1~2 cm的小方块,在5~10 ℃的冷库中,将凝血块放入布氏漏斗中,逐渐析出血清流入锥形瓶内。最初析出的血清颜色较深应弃去。在12 h内收集的血清用离心机离心30~40 min(1 000~1 500 转/min)。取透明的淡黄色上清液(血清)54~56 ℃处理30 min,高压灭菌20 min,过滤器过滤,将滤液装入50 mL或100 mL的无菌安瓿中。

(4)安瓿储藏 4~5 ℃条件下可储藏1个月,-20 ℃条件下可储藏6个月,-40 ℃条件下可储藏1年。

5.2.1.8 血红素的制备

在食品行业中,血红素可代替肉制品中的发色剂亚硝酸盐及人工合成色素。在制药行业中,血红素可作为半合成胆红素原料,在临床应用中可作为补铁剂,治疗因缺铁引起的贫血症。血红素的提取方法很多,如冰醋酸提取法, 酸性丙酮提取法、醋酸钠法、羧甲基纤维素提取法、酶解提取法、血粉提取法、有机酸和有机碱混合提取法等。

(1)醋酸钠法提取血红素

1)工艺流程

新鲜猪血→分离血细胞→溶血→抽提→沉淀→过滤→干燥

2)分离血细胞、溶血　将新鲜猪血移入搪瓷桶中,按 100 kg 猪血添加 0.8 kg 柠檬酸三钠,搅拌均匀,以 3 000 r/min 的速度离心 15 min ,弃去上清液(可供提取凝血酶用),收集血细胞,加入等量蒸馏水,搅拌 30 min ,使血细胞溶血。然后加 5 倍量的氯仿,滤出纤维。

3)抽提　在滤液中加 4 ~5 倍体积的丙酮溶液(含 3% 丙酮体积的盐酸),校正 pH 值为 2 ~3 ,搅拌抽提 10 min 左右,然后过滤,收集滤液备用,滤渣干燥可制蛋白粉。

4)沉淀　将滤液移入另一搪瓷桶中,调节 pH 值为 4 ~6 ,然后加滤液量 1% 的醋酸钠,静置一定时间,血红素即以无定形黑绿色沉淀析出,抽滤(或过滤)得血红素沉淀物。

5)干燥　把血红素沉淀用布袋吊干,置于石灰缸中干燥 1 ~2 d ,即得产品。

(2)猪血球粉中提取血红素

1)工艺流程

鲜猪血(抗凝)→鲜血球→(喷雾干燥)血球粉→脲溶解→(丙酮)沉淀→(丙酮水溶液)洗涤→酸性丙酮法提取

2)加工技术　猪血采集后,加入 0.4% 柠檬酸三钠抗凝剂,用血液分离机于 1.66×10^4 r/min分离得到血球和血浆。将收集到的血球,在进风温度为 200 ~220 ℃的条件下,喷雾干燥得到血球粉。将 1 g 猪血球粉经 0.5 mol/L 脲溶液溶解,充分搅拌溶解得到猪血球粉脲溶液。在此液中加入体积比为 2 ~2.5 : 1 的 7.5 mL 丙酮水溶液沉淀,溶液充分沉淀后,分离收集沉淀。用 70% 的丙酮水溶液洗涤两次,沉淀后,采用盐酸丙酮法进行提取得到血红素。

(3)酶解血红蛋白制备血红素　采用有机溶剂提取血红素的方法存在毒性大、成本高、工艺复杂、不环保等缺点。用碱性蛋白酶水解血红蛋白,制取血红素是一种既环保又简单的方法。

1)工艺流程

血液采集→血红蛋白制备→酶解

2)加工技术　将检疫合格的猪血收集于桶中,立即加入 0.8% 的抗凝剂柠檬酸钠,搅拌均匀。3 000 r/min离心 15 min,倾出上清液,收集红细胞,再用 9.0 g/L 的 NaCl 溶液洗涤红细胞,离心,重复 2 次,血球冷冻干燥,得血粉备用。称取一定量的血粉,加水溶解,超声波溶血 20 min,转入酶反应器,调节溶液 pH 值至 7.5, 加 4% 碱性蛋白酶启动反应,反应温度 60 ℃, 底物浓度 4%。反应结束后, 沸水浴 15 min 灭酶。

5.2.2　畜禽脂肪的综合利用

动物油脂是指以构成动物有机体的脂肪组织所提炼出的固态或半固态脂类,主要供人类食用,是膳食结构中脂肪营养素的重要来源;部分被用作饲料、化工原料和其他特殊工业用料。

5.2.2.1 畜禽脂肪原料

(1)畜禽脂肪原料的特点 畜禽脂肪一般多储存于皮下、腹膜下(肾脏周围)、肠系膜、胃网膜、心包膜、肌肉间。内脏周围的脂肪习惯称为内脏脂肪,皮下脂肪称为肥膘,腹膜下脂肪俗称板油,胃网膜脂肪俗称花油,肠系膜脂肪俗称肠油。常用于生产动物油脂的原料主要有猪、牛、羊等动物的脂肪组织。畜禽脂肪组织中均含有脂肪水解酶,且有适当的水分,不含有天然抗氧化物。因此,当宰后在分离整理过程中,因延时堆积或在较高温度条件下,脂肪会迅速水解,使酸度增高,变色,进而造成腐败,失去食用价值。

1)猪脂肪原料 猪脂肪多为乳白色,个别为黄色,但由含油脂多的饲料引起的黄脂可供食用,由黄疸病引起的黄脂不能食用。猪脂肪有光泽,室温下较柔软,无特别气味。肾脏周围脂肪、胃网膜脂肪、心包膜脂肪较硬,出油率高;肠系膜脂肪较硬,出油率较低。皮下脂肪出油率低于肾脏脂肪,用这些脂肪都可生产出特级猪油脂。而奶脯脂肪、阴囊脂肪质量较差,但仍可生产出较好的猪油脂。猪脂肪原料富含脂肪水解酶,故易腐败变质。

2)牛脂肪原料 牛脂肪原料因含胡萝卜素多而呈黄色,老龄的较幼龄的色深,缺乏青绿饲料时则色浅(一般呈白色)。肠胃脂肪多呈灰色,状态硬,易被指压捻碎成碎粒状,具特有的气味,腐败变质进程较慢。网膜和肾脏脂肪原料最多,制出的油脂质量好,气味轻微。

3)羊脂肪原料 羊脂肪呈白色,较硬,具有特殊的膻气味,山羊气味尤为明显。脂尾羊的尾脂重达5 kg以上。羊脂肪腐败变质进程较慢。

4)马、驴、骡脂肪原料 马、驴、骡脂肪色黄,与牛脂肪的主要区别是较软,不易用手指压捻碎。

5)鸡脂肪原料 鸡脂肪主要是腹脂(腹膜下脂肪),色黄,最软的呈半液态,压捻时易出油。

(2)畜禽脂肪原料的获取和初步处理 从经济和质量方面考虑,应选择肥度良好的畜禽的脂肪做原料。按动物的种类和部位分别摘取和收集。摘取和分离脂肪多为手工操作,摘取和分离过程中应防止污染,原料获取后应立即冷却以保证质量。内脏脂肪应在屠宰的内脏分离、整理工序中,尽快趁热摘取,去除非脂肪组织和血污,剥离肠系膜脂肪时易造成肠管破裂而污染脂肪,因此必须仔细剥离,用力适度,当出现肠管破裂时,立即结扎破口,冲洗污物。腹膜下脂肪一般在胴体修割、冲洗后摘取;先沿脂肪附着的边缘割开腹膜和脂肪层,再从前(下)向后(上)拉下整片脂肪,从中挖除肾脏;一些冷冻储藏胴体和部分鲜销胴体要求不摘除腹膜脂肪。其他内脏脂肪较易摘除。摘取内脏脂肪后,随即按类别和卫生状况分出食用或工业用油脂原料,再根据部位和肥度按级分置,定量装盘或装箱,立即送冷却间降温。皮下脂肪一般在加工分割肉过程中分离,分割所得的脂肪除去骨屑、碎肉、血污及其他外来污物后,按类别、肥度分别定量装箱,及时送入冷却间降温。脂肪装箱有不同规格,包装材料多为瓦楞纸箱,内衬聚乙烯薄膜,质量一般为20 kg,厚度控制在15 cm以内,以保证原料能被及时降至要求温度。

5.2.2.2 畜禽脂肪原料的储存

摘取的脂肪应采用适当的方法储藏,以降低腐败变质的进程,保证原料的新鲜度。

常用的脂肪储存方法有冷藏法、盐藏法和适度干藏等。用新鲜原料炼制出的油脂质量好,而用盐藏原料炼制的油脂多带有不良气味,质量较差,冻藏能保持油脂较好的质量。

(1)冷藏法　低温可以抑制酶的活性和细菌的生长发育,从而达到储存保鲜目的。冷藏的温度根据储藏时间来确定。一般经冷却降温至零摄氏度以上,在 0 ~1 ℃冷库内可储存 10 d;经-23 ℃冻结间冻结后,在-15 ~-18 ℃冷库内可存 3 ~4 个月,冷藏时相对湿度以 85% 为宜。

(2)盐藏法　高盐溶液可以抑制细菌生长而达到保鲜目的。盐藏只能用干腌法,湿腌法可引起脂肪的水解。具体方法为向脂肪原料表面涂撒食盐,然后分层压实置于木桶或其他容器中,每层约 5 cm 厚,层与层之间以及顶层均应加撒较厚的一层食盐,以起到隔离空气的作用。撒盐后置于凉爽处储存,在第 2 ~3 天,翻一次桶,补足食盐,压实并给顶层加厚食盐,盐藏时需盐量为脂肪原料的 8% ~10%。

(3)适度干藏　适度干藏是指在通风干燥环境下,使脂肪组织表面失水干燥,达到短期保鲜的目的。此法只适用于原料量少、无设备及家庭条件下使用,是调整人力、炼制设备和时间的一种临时性措施。

5.2.2.3　食用油脂的炼制

(1)原料的处理　畜禽油脂原料在炼制前要进行预处理,其主要工艺:分类、修整、粗切、洗涤、降温、绞碎。

1)分类和修整　首先根据畜禽种别分类,再依部位、肥度、鲜度、色泽和气味进行分级,分别称重。然后进行修整,清除血块、肌肉、碎骨、大块筋膜和淋巴等非脂肪组织和其他杂物,以免在熔炼时产品发黄和带烤焦味,防止湿法熔炼时产生动物胶而乳化油脂。

2)粗切和洗涤　将修整好的原料切成 4 ~5 cm 的小块,然后冲洗 2 ~3 h ,除去表面污物、盐分及异味,再沥水约 0.5 h ,降温至 10 ~15 ℃ ,防止原料变质,增加硬度以便绞碎。

3)绞碎　用绞肉机将原料绞碎,利于脂肪外流,能显著缩短熔炼时间,提高产品质量和出油率,并减少消耗。

(2)油脂的炼制方法　畜禽油脂的提取主要采用熔炼法,即用加热的方法提取油脂。畜禽脂肪包储在脂肪组织的脂肪细胞内,与细胞的其他成分构成复杂的胶体系统,外围一层蛋白质构成纤维膜,细胞外还有胶原纤维、弹性纤维及其他物质构成的间质结构。加热熔炼可使蛋白质变性,从而破坏脂肪组织细胞,使脂肪流出,当温度加到 70 ~75 ℃时,细胞、组织因蛋白质的热变性大量被破坏;当温度达 108 ℃ 时,细胞、组织才能完全被破坏。熔炼法根据加水与否分为干法熔炼和湿法熔炼两类。

1)干法熔炼　干法熔炼过程不加水,乳浊液形成少,酸价低,易澄清和分离,产品质量优于湿法的。但因受热不均匀而有焦化现象。常用于生产的方法有明火熔炼法、蒸汽熔炼法和真空熔炼法等。

明火熔炼法是用特制或普通铁锅在炉火上加热直接熔炼,此法适用于无蒸汽设备的小厂和家庭小批量生产。优点是设备简单,便于操作,成本低;缺点是受热极不均匀,油渣易焦化而降低质量。熔炼温度控制在 85 ℃ ,不超过 120 ℃ ,在搅拌下使油脂析出。熔炼时间视脂肪析出的程度而定,至油渣色泽微黄时为度。一般板油、膘油 30 ~40 min,网油、肠油 40 ~50 min ,奶脯油及其他次质油 60 ~80 min。熔炼后捞出油渣。

蒸汽熔炼法是在带搅拌器的开口夹层釜中进行。先向夹层中通蒸汽,再开动搅拌器,然后分次向釜内加绞碎的原料,以使原料受热均匀,总加料时间控制在1 h以内,加料后维持65~75 ℃约1 h,待大部分油脂析出后,加热至80~90 ℃,约经20 min,使胶原蛋白熔化、绝大部分的油脂析出,停止搅拌和加热。分三次加入1%~1.5%食盐(配成饱和澄清液),进行盐析,每次间隔约5 min,盐析总时间约30 min。待油液透明后,将上层油脂由放油阀放出,入澄清池中,油渣从釜底口排出。

真空熔炼法的设备一般是带搅拌器的卧式密闭夹层锅。操作程序是先检查仪表,正常后关闭卸料阀,打开蒸汽阀,加热70~80 ℃后,开动搅拌器,装入绞碎的原料。封闭装料口,开动真空泵,打开真空阀,使真空度达66.7~80 kPa,蒸汽压力180~200 kPa,锅温维持在70 ℃,约经1.5 h,炼好后立即停止真空、蒸汽和搅拌,开盖,沉淀约25 min后放油,然后关闭盖口,再对渣干燥30 min。油渣干燥后,停止真空、蒸汽和搅拌,再放油。

2)湿法熔炼　湿法熔炼是在熔炼前向锅内加水,并使蒸汽直接通入原料锅内加热。产品异味少、色泽白,但易造成水解。湿法熔炼有低压湿法熔炼和高压湿法熔炼两种。

低压湿法熔炼的设备一般是底部设有蛇形带孔蒸汽管的单层锅。熔炼前加水高出蛇形管2~3 cm,投料后通入蒸汽,约经1 h加热至65~75 ℃,保持该温度2.5~3 h,停止加热。分2~3次加入1%~1.5%食盐(配成饱和澄清液),盐析30~40 min,然后出油、排渣。

高压湿法熔炼的设备为热压锅,用200~300 kPa的直接蒸汽加热熔炼,其他基本同低压法。

(3)油脂的净化　经熔炼排放出的油脂含有少量的水、小油渣和其他夹杂物,须经净化后才能达到食用要求。净化的方法有自然澄清法、压滤法和离心分离法三种。

1)自然澄清法　自然澄清法是最简单的净化去杂方法。自然澄清一般采用有夹层的锥形或半球形底的圆桶,先通入蒸汽将澄清槽加热至60~65 ℃,炼制后的油脂经纱布过滤后进入澄清槽,分次加入饱和食盐溶液进行盐析,澄清5~6 h,至清亮,产品含水约0.05%、含盐约0.008%为止。

2)压滤法　压滤法通常采用板式压滤机,在温度75~80 ℃、压力200~300 kPa条件下连续过滤杂质。滤过的油脂立即冷却、包装。压滤法适用于真空熔炼的油脂。

3)离心分离法　离心分离法是根据油、水和渣的相对密度不同,用离心机除去杂质和水,离心分离法生产纯度高,速度快,能连续生产。分离时油温保持在100 ℃左右,离心机转速5 000~6 000 r/min,不能低于3 200 r/min。

(4)油脂的精炼　经过净化去杂处理后的净油还含有游离脂肪酸,酸价较高,有轻微的臭味,呈浅黄色。为进一步提高产品质量,须对净油进行精炼加工。

1)工艺流程

净油→加温→加碱(中和)→加盐→静置→洗涤→加热(干燥、脱臭)→放油入开口釜→加热→加酸性白土或活性炭(脱色、脱臭)→压滤→精油速冷→成品包装

2)加工技术

①中和与洗涤　中和是用碳酸氢钠或碳酸钠对净油中的游离脂肪酸进行皂化以将其除去。将净油加入敞口夹层釜中,通入蒸汽加热至60 ℃,在搅拌下逐步加入同温度的

碱液，约经 10 min 加完碱液，搅拌保温 30 min 以后，再加入质量分数为 3% 的饱和食盐液，静置 3 h 后放出皂化物。上层油脂用 95 ℃ 热水洗涤三四次，热水量约为油脂量的 20%。每洗一次，静置 30 ~ 40 min，放出皂化液，洗至无皂迹为止。

②干燥与脱臭　洗净的油脂再于原釜中加热至 100 ~ 105 ℃，进行干燥，也可在减压锅中于 93.3 ~ 97.3 kPa、85 ~ 90 ℃ 条件下干燥 1 ~ 2 h，使含水量低于 0.2%。

③脱色与脱臭　干燥后的油脂，色泽尚不洁白，须用酸性白土或活性炭进行脱色。将脱水的油脂放入开口釜中，加热到 75 ~ 85 ℃，在搅拌下加入 2% ~ 5% 的酸性白土或活性炭，搅拌 30 min 使其吸附。再经压滤，分离出精炼油脂和加入物。

5.2.2.4　油脂的储藏

(1)油脂储藏期间的变化　畜禽脂肪中含有不饱和脂肪酸，不饱和脂肪酸的双键不稳定，能发生加成和取代反应，导致脂肪发生化学变化。变化的速度和程度受氧、光线、温度、酶、催化剂、水、微生物和时间等多种因素影响。油脂的化学变化不是单一进行，多是相互综合进行。

1)水解　三酰甘油可水解为甘油和脂肪酸。水解反应是可逆的，酶、高温、酸、碱、水等因素可加速水解反应。一般用酸价表示水解的程度，酸价是指脂肪中游离脂肪酸的多少。

2)皂化反应　油脂在碱的作用下发生皂化反应，油脂水解后的甘油和脂肪酸生成其碱金属盐，即肥皂。皂化价是常用的常数之一，反映单位脂肪中的脂肪酸数量。

3)加成和取代反应　三酰甘油中脂肪酸的双键处能与其他元素(如氧、卤素、硫化氢等)起加成反应使之饱和，或进行取代氢原子的取代反应。一般用碘价表示油脂脂肪酸的不饱和程度(含量)。

4)氧化酸败　畜禽脂肪易被氧化，一般称酸败。在脂肪酸的双键处与氧结合形成过氧化物，当形成多种氧化分解产物时，特别是酮、醛、挥发酸类，即使很微量，也能感觉到特殊的“哈喇味”。一般用过氧化值或硫代巴比妥(TBA)值表示过氧化物的数量，即油脂的新鲜程度。抗氧化剂可以终止油脂氧化连锁反应，畜禽脂肪的饱和程度较高，但比植物油易于氧化，主要原因是其中缺少天然抗氧化剂。

5)聚合和酯化　脂肪氧化产物能聚合或酯化成较复杂的物质，使油脂熔点升高、黏稠度增高。酯化反应在光线及某些微量(铁、铅、铜、钴、锡等)金属催化剂存在下，反应会增强。

(2)油脂的储藏　一般采用透气、透油性差、遮光的非金属材料包装，在低温、干燥、黑暗、无气味的库内储藏，在 0 ~ 5 ℃库内，储藏期不超过 1 个月；但在 -18 ℃下，可储藏 9 ~ 12 个月。不包装猪油在 -18 ℃下可储藏 4 ~ 5 个月。

5.2.3　畜骨的综合利用

畜禽骨骼作为畜禽胴体的重要组成结构，是由海绵状的骨力梁骨和坚硬的板表层组成的，其主要含有骨髓、骨质、骨膜、无机盐和水分等。其中骨髓、骨质、骨膜构成畜禽骨骼的主体，蛋白质和钙质组成其网状结构，进而形成管状，在管状结构内充满了含有多种营养物质的骨髓(如抗老化的软骨素、骨胶原以及增强智力和美容作用的磷脂、磷蛋白等)。一般牛骨的质量占其体重的 15% ~ 20%，猪骨占 12% ~ 20%，羊骨占 8% ~ 24%，鸡骨占8%～17%。

畜禽骨骼中含丰富的营养成分，见表5.1，开发利用价值极高。畜禽骨骼中蛋白质含量很高，骨蛋白的水解物几乎含有构成蛋白质分子的全部氨基酸以及部分人体所必需的氨基酸，且氨基酸比例均衡，生物学效价高，属于优质蛋白。骨脂肪中含有人体最重要的必需脂肪酸(亚油酸)和其他各种脂肪酸，可作为品质优良的食用油。鲜骨的营养成分与肉类相似，其中含有大量的钙、铁、磷盐，且磷、铁、钙等矿物质元素是鲜肉的数倍。畜骨中的钙和磷含量的比值近似2∶1，是人体最佳的钙磷吸收比例。畜骨中还含有多种生物活性物质，如促进肝功能造血的蛋氨酸和神经传递物质等活性物质，可抗老化的骨胶原、软骨素，以及人体大脑所不可缺少的磷脂质、磷蛋白成分。

表5.1　牛骨、猪骨、鸡骨及羊骨的主要营养成分含量　%

种类	水分	蛋白质	脂肪	灰分	钙
牛骨	64.2	11.5	8.0	15.4	5.4
猪骨	62.7	12.0	9.6	11.0	3.1
鸡骨	65.6	16.3	14.5	3.1	1.0
羊骨	65.1	11.7	9.2	11.9	3.4

目前利用畜禽骨骼已开发出一系列产品，如全骨利用产品，主要有骨泥、骨糊、骨浆和骨粉，可作为肉食的替代品，或作为营养剂添加到肉制品、仿生肉制品或肉味食品中制成骨类系列食品，改善食品风味；骨的提取物产品主要有骨胶、明胶、水解动物蛋白以及钙磷制剂等。

5.2.3.1　骨粉加工

根据骨上所带油脂和有机成分的含量，骨粉可分为粗制骨粉、蒸制骨粉和制胶后的骨渣粉。根据骨粉的用途可分为饲用骨粉、肥料用骨粉和食用骨粉。

(1)粗制骨粉加工　将骨压碎成小块，置于锅内煮沸3～8 h，以除去骨上的脂肪；蒸煮过的碎骨，沥尽水分并经晾干后，放入干燥室或干燥炉中，以100～140 ℃的温度烘干10～12 h，最后用粉碎机将干燥后的骨头磨成粉状即为成品。

(2)蒸制骨粉加工　蒸制骨粉是以蒸汽法提取骨油后的残渣为原料，经干燥粉碎后即为蒸制骨粉。将骨放入密封罐中，通入蒸汽，以105～110 ℃的温度加热，每隔1 h放油液一次，将骨中的大部分油脂除去，同时使一部分蛋白质分解而成为胶液，可作为制胶的原料。将蒸煮除去油脂和胶液后的骨渣干燥粉碎后即为蒸制骨粉。此骨粉比粗制骨粉蛋白质含量少，但色泽洁白易于消化，没有特殊异味。

5.2.3.2　超细鲜骨粉加工

超细鲜骨粉是利用近年来新兴的超微粉碎设备，通过一定的加工工艺，生产的一种粒度小于10 μm的产品。其特点是粒度细，高钙低脂，营养全面，易于人体吸收。

(1)工艺流程

鲜骨→清洗→去除游离水→破碎→粗粉碎→细粉碎→脱脂→超细粉碎→成品

(2)加工关键技术

1)原料鲜骨　各种畜、禽各部分骨骼均可,无须剔除骨膜、韧带、碎肉以及坚硬的腿骨。

2)清洗　去除毛皮、血污、杂物。

3)去除游离水　驱除由于清洗使骨料表面附着的游离水,以减少后续工序能耗。

4)破碎　通过强冲击力,使骨料破碎成粒径小于10 mm的骨粒团,并在骨粒内部产生应力,为进一步粉碎做准备。

5)粗粉碎　主要通过剪切力、研磨力使韧性组织被反复切断、破坏;通过挤压力、研磨力使刚性的骨粒得到进一步粉碎,并在小粒内部产生更多的裂缝及内应力,利于进一步细化,得到粒径小于2 mm的骨糊。

6)细粉碎及超细粉碎　通过剪切、挤压、研磨的复合力场作用,使骨料进一步地粉碎及细化,并同时进行脱水、杀菌处理。细粉碎可得到粒径为0.1~0.5 mm,含水量<15%的骨粉,超细粉碎则得到粒径为5~10 μm,含水量为3%~5%的骨粉。

7)脱脂　有效控制骨粉脂含量,根据产品要求确定是否采用,如要求产品骨粉低脂、保质期长,须进行脱脂处理。

5.2.3.3 骨油加工

骨中含有占骨重10%左右的骨油,可通过水煮法、蒸汽法和抽提法提取骨油。骨油的主要成分为三酰甘油、磷脂、游离脂肪酸等,骨油可用来制备高级润滑油或加工食用油脂。

(1)水煮法　将新鲜的骨用清水洗净,并浸出血液,洗涤水温为15~20 ℃,可用滚筒洗涤机洗涤,也可在池中用流水洗涤30 min;洗涤后砸成20 cm大小的骨头。将粉碎后的骨块倒入水中加热,水量以浸没骨头为度,煮沸后使温度保持在70~80 ℃,加热3~4 h后,大部分油脂已分离,浮在上层,将浮在上层的油脂撇出,移入其他容器中,静置冷却并除去水分即为骨油,这种方法能提取骨中含油量的50%~60%,用此法提取骨油不宜加热时间过长,以免骨胶溶出。

(2)蒸汽法　将洗净粉碎后的骨头,放入密封的罐中,通过蒸汽加热,使温度达到105~110 ℃,加热30~60 min后,骨头中大部分油脂和胶原均已溶入蒸汽冷凝水中。此时可从密封罐中将油和胶液汇集在一起,加热静置后,使油分离。

(3)抽提法　将干燥后的碎骨,置于密封罐中,加入溶剂(如轻质汽油、乙醚等)后加热,使油脂溶解在溶剂中,然后使溶剂挥发再回到碎骨中,如此循环提取,分离出油脂。

5.2.3.4 骨胶加工

(1)骨的粉碎与洗涤　新鲜的骨粉碎后,用水洗涤,为使洗涤彻底,可用稀亚硫酸处理,漂白脱色好,并有防腐作用。

(2)骨的脱脂　胶液油脂含量直接影响成品质量,应尽量除尽,如水煮时间过长,则影响胶液的收率,故宜用轻质汽油,以抽提法除去骨中的全部油脂。

(3)煮沸　将脱脂的畜骨放入锅中加水煮沸,使胶液溶出,煮胶时,每煮数小时取出胶液,如此5~6次即可将胶液全部取出。

(4)浓缩　全部胶液集在一起,加热蒸发除其水分,提高浓度使冷却后成皮胶状。用

真空罐浓缩可提高成品的质量和色泽。

(5)切片、干燥　浓缩的胶液，流入容器全部形成冻胶，再把冻胶切成薄片干燥，干燥后即为成品。

5.2.3.5　水解动物蛋白加工

水解动物蛋白是一种优质的蛋白源，蛋白质含量高达90%以上，主要成分为低分子多肽。水解动物蛋白是良好的天然生理活性物质，水溶性好，营养价值高，不含胆固醇，具有较佳的耐酸碱性和耐热性，优异的保水性，乳化性，不易产生沉淀；有良好的抗氧化性，不易褐变和变性，对易变质食品有保护和稳定作用；能有效改善和调整食品的结构、品质和风味。由于水解动物蛋白具有诸多优良特性，故近年来在食品等行业中得到广泛的应用。

(1)工艺流程

鸡骨→(解冻)清洗→高压蒸煮→冷藏除油→粗碎→细碎→酶解→灭酶→离心→成品

(2)加工关键技术　鸡骨经高压蒸煮(0.1 MPa，25 min)后于0～4 ℃的冷藏室内进行冷藏除油，再用绞肉机粗碎成1 mm左右的骨泥。放入胶体磨中细碎至120 μm以上(或120目以下)。细骨泥与水按1∶0.5的比例混合后置于酶反应器中，添加酶进行水解。反应条件为pH值为7.0、温度50 ℃，经一定时间作用后，采用热处理灭酶，水解液经离心后，其上清液即为水解动物蛋白。

5.2.3.6　蛋白胨的提取工艺

蛋白胨是由骨中的蛋白质经强酸、强碱及蛋白酶作用，将其中的肽链打开，生成不同长度的蛋白质分子的碎片，呈褐色膏状产品，主要用作细菌培养基。

(1)工艺流程

鲜骨→煮制→调节pH值→冷却、酶解→加盐→浓缩

(2)煮制　新鲜畜骨100 kg斩碎，放入锅中，加清水100 kg，在100～120 ℃温度下煮制3～5 h，趁热过滤除去骨渣，骨渣可用于加工骨胶、骨粉等。

(3)调节pH值　将滤液倒入陶瓷缸内，添加质量分数为15%的氢氧化钠溶液，调节pH值至8.6左右。

(4)冷却、酶解　在滤液中加入冰块，使之冷却到40 ℃，加入胰蛋白酶40 mL，在37～40 ℃温度下进行酶解。胰蛋白酶的制备：将猪胰腺绞碎成胰浆，取1 kg加酒精1 L、水3 L混合，充分搅拌后放置3 d，过滤后备用。

(5)加盐　酶解液加热煮沸30 min，按质量加入1%的精制食盐，充分搅拌10 min，再加入质量分数为15%的氢氧化钠溶液，调节pH值至7.4～7.6。

(6)浓缩　将滤液加入蒸发罐内，加热浓缩成膏状，瓶装，即为成品。

5.2.3.7　明胶的加工工艺

明胶是从动物的骨、皮等组织中提取的，它由骨中所含的主要蛋白经水解制成，是具有广泛用途的高分子生物化工产品。该产品在照相、医药、食品及其他工业领域，都有重要的应用。在食品行业中，明胶可用于生产乳脂果子冻、果泥膏、冰激凌及其他食品时的

乳化剂和稳定剂。

(1)工艺流程

鲜骨处理→脱脂→酸浸→石灰水浸泡→洗涤、中和→熬胶→过滤→浓缩、胶化→干燥→包装→成品

(2)原料处理　如果原料骨是没有脱脂的新鲜骨,可选用头骨、肩胛骨、腿骨、盆骨和肋骨。新鲜骨必须首先剔除残肉、筋腱等异物,再按提取骨油的方法破碎、脱脂。

(3)酸浸　酸浸的目的是脱除骨骼中的钙和磷,提高胶原的水解程度和数量。最佳浸泡温度为15 ℃,盐酸浓度为6 mol/L,盐酸用量以浸没骨料为原则,目前通常在连续式浸泡池中进行,这种浸泡池由6个池组成,彼此之间有管相连,每个池中原料骨与盐酸的质量比为1∶1。盐酸从第一个池逐渐流到最后一个池,骨原料先后在6个池中进行浸泡,时间逐次缩短,通常第一池为6 d,总浸泡时间为14 d,冬季气温低时,浸泡时间适当延长。

(4)石灰水浸泡　石灰水浸泡主要作用:一是缩短熬胶时间,降低生成骨胶的温度;二是除去原料骨的脂肪、血等杂质,使骨组织疏松,从而有利于溶解有机物质和皂化脂肪。将盐酸浸泡过的小骨块移入浸泡池内,注入与骨块等量的清水,再分三次加入熟石灰:第一次加骨块重的3.7倍,浸泡5~6 d后,当水颜色变黄时,将水弃去;第二次再注入等量清水及相当于骨块重2倍的熟石灰,约经5 d后,水变黄时,再将水弃去;第三次加入适量水和骨块重1%的熟石灰,当骨块已被石灰水浸泡成洁白时,即可进入下一道工序加工。浸泡温度15~20 ℃。

(5)洗涤、中和　骨经石灰水浸泡后,用清水冲洗,并随时用石蕊试纸测试,一直冲洗到pH值小于9为止,然后再加稀盐酸调节pH值至7,再用清水冲洗,除掉盐酸与石灰相互作用生成的氯化钙及余酸。

(6)熬胶　熬胶一般在不锈钢或铝板制成的熬胶锅中进行。一般采用3次以上的分级熬胶,熬胶温度控制在60~70 ℃,不宜过高,特别是制造高级明胶,温度不宜超过70 ℃。每次熬胶时间一般在4~6 h,时间过长会出现二次分解,使胶质不纯。熬胶过程中pH值应控制在5.5左右,熬胶中止时pH值升至6.5。

(7)过滤　利用板框压滤机除去稀胶液中尚未熬化的纤维、脂肪等杂质。为进一步提高质量,可加入吸附活性85%的粉状活性炭,吸附胶液中的混浊物和悬浮物以及某些气味。活性炭添加量为胶液重的0.3%~1%,过滤温度控制在60 ℃左右,过滤压力为0.25~3.5 MPa。然后再用奶油分离机分离稀胶液中残余脂肪,分离温度不低于50 ℃。

(8)浓缩　稀胶液浓缩采用双效列管式真空蒸发器,操作时真空度控制在0.05~0.09 MPa。稀胶液首先在真空度较低、温度较高(65~70 ℃)的第一效内迅速浓缩,然后进入真空度较高而温度较低(60~65 ℃)的第二效内浓缩。

(9)防腐漂白　防腐漂白工序可防止胶液由于微生物的作用而变质,以保证成品色泽浅淡。方法为浓缩后的胶液趁热加入过氧化氢或亚硫酸。食用明胶一般是加入干胶重量0.5%的过氧化氢,或加入干胶重量0.2%的对甲基苯甲酸乙酯。如果添加亚硫酸,其用量应使胶液pH值为6,或使干胶中含硫酸量为0.6%~0.8%。

(10)冷凝切胶　将漂白后的胶液注入铝制盒内冷凝,胶液注入盒内后,将其置于冷

却槽或冷却室内，水温或室温应在10 ℃以下，经过4~6 h，盒内胶液即成冻胶。然后将盛有冻胶的铝制盒置于70 ℃热水中数秒，待盒壁冻胶熔化后，立即倒在工作台上，用绷紧的金属丝将冻胶切成薄片。

(11)干燥　将胶片放在平整的铝丝网上，置于干燥室内烘干，干燥室温度须保持在25~35 ℃，干燥24 h。

(12)包装　干燥胶片经粉碎后即为成品，粉碎胶片常采用锤式粉碎机。粉碎后的明胶采用麻布袋内衬塑料袋包装。

5.2.4 肠衣的加工

5.2.4.1 肠衣的概念及种类

(1)肠衣的概念　屠宰后的鲜肠管，经加工除去肠内外的各种不需要的组织后，剩下的一层坚韧半透明的薄黏膜下层，称为肠衣。我国所产的肠衣质地坚韧、薄而透明、富有弹性，同时也适于灌制香肠和灌肠，因此在国内外的销售数量很大。

(2)肠衣的种类　按畜种不同可分为猪肠衣、羊肠衣和牛肠衣三种，其中以猪肠衣为主。羊肠衣可分为绵羊肠衣和山羊肠衣，绵羊肠衣比山羊肠衣价格高，有白色横纹；山羊肠衣颜色较深。牛肠衣分为黄牛肠衣和水牛肠衣，黄牛肠衣价格较高。肠衣在未加工前，称为"原肠""毛肠"或"鲜肠"。"原肠"经加工处置后即为"成品"，肠衣按成品种类还可分为盐渍肠衣和干制肠衣两大类。盐渍肠衣用猪、绵羊、山羊以及牛的小肠和直肠制作，盐渍肠衣富有韧性和弹性，品质最佳；干制肠衣以猪、牛的小肠为最多，干制肠衣较薄，充填力差，无弹性。

5.2.4.2 肠壁的构造

猪、牛、羊小肠壁共分四层，由内到外分别为黏膜层、黏膜下层、肌肉层和浆膜层。黏膜层为肠壁的最内一层，由上皮组织和疏松结缔组织构成，在加工肠衣时被除掉。黏膜下层由蜂窝结缔组织构成，内含神经、淋巴、血管等，在刮制原肠时保留下来，即为肠衣，加工肠衣时要特别注意保护黏膜下层，使其不受损失。肌肉层由内环外纵的平滑肌组成，加工时被除掉。浆膜层是肠壁结构中的最外一层，在加工时被除掉。

5.2.4.3 盐渍肠衣的加工

(1)工艺流程

半成品验收→浸漂→刮肠→串水→量码→腌制→缠把→漂净洗涤→串水分路→配码→腌肠及缠把

(2)浸漂　将原肠翻转，除去粪便洗净后，灌入少量清水，浸入水中。一般春秋季节水温28 ℃，冬季水温33 ℃，夏季则用凉水浸泡，浸泡时间一般为18~24 h。浸泡用水应清洁，不含矾、硝、碱等物质。

(3)刮肠　将浸泡好的肠取出放在平台或木板上逐根手工刮制，或用刮肠机进行刮制。手工刮制时，用月牙形竹板或无刃的刮刀，刮去黏膜层、肌肉层和浆膜层，使其成透明状的薄膜。刮时既要刮净，又不要损伤肠壁。

(4)串水　刮完后的肠衣要翻转串水，检查有无漏水、破孔或溃疡。如破洞过大，应在破洞处割断。最后割去十二指肠和回肠。

(5)量码 串水洗涤后的肠衣,每 100 码(91.5 m)合为一把,每把不得超过 18 节(猪),每节不得短于 1.5 码(1.37 m)。羊肠衣每把长为 93 m (92 ~95 m),其中绵羊肠衣一至三路每把不得超过 16 节,四至五路每把不得超过 18 节,六路每把不得超过 20 节,每节不得短于 1 m;山羊肠衣一至五路每把不得超过 18 节,六路每把不得超过 20 节,每节不得短于 1 m。

(6)腌制 将已配扎成把的肠衣摊开,用精盐均匀腌渍。腌渍时一般每把需用盐 0.5 ~0.6 kg ,腌好后重断扎成把放在筛篮内,每 4 ~5 个筛篮叠在一起,放在缸或木桶上沥干盐水。

(7)缠把 腌制 12 ~13 h 后,肠衣处于半干、半湿状态时便可缠把,即成“光肠”(半成品)。

(8)漂净洗涤 将光肠浸于清水中,反复换水洗涤。夏季浸漂时间不超过 2 h,冬季可适当延长,但不得过夜。漂洗水温不得过高,若过高可加入冰块。

(9)串水分路 洗好的光肠串入水,一方面检验肠衣有无破损漏洞,另一方面按肠衣口径大小进行分路。分路标准见表 5.2。

表 5.2 部分盐渍肠衣分路标准

mm

品种	一路	二路	三路	四路	五路	六路	七路
猪小肠	24 ~26	26 ~28	28 ~30	30 ~32	32 ~34	34 ~36	36 以上
猪大肠	60 以上	50 ~60	45 ~50	—	—	—	—
羊小肠	22 以上	20 ~22	18 ~20	16 ~18	14 ~16	12 ~14	—
牛小肠	45 以上	40 ~45	35 ~40	30 ~35	—	—	—
牛大肠	55 以上	45 ~55	35 ~45	30 ~35	—	—	—

(10)配码 把同一路的肠衣,按一定的规格尺寸扎成把。

(11)腌肠及缠把 配码成把后,再用精盐腌上,待水分沥干后再缠成把,即为“净肠”成品。

5.2.4.4 干制肠衣加工

(1)工艺流程

半成品验收→浸漂→剥油脂→碱处理→漂洗→腌制→水洗→充气→干燥→压平

(2)加工技术

1)浸漂 将洗干净的小肠浸于清水中,冬季 1 ~2 d ,夏季数小时即可。

2)剥油脂 将洗净的鲜肠衣放于台板上,剥去肠管外表的脂肪、浆膜及筋膜,并冲洗干净。

3)碱处理 将翻转洗净的原肠,以 10 根为一套,放入缸或木桶内,倒入质量分数为 5% 的氢氧化钠溶液(每 70 ~80 根用 2 500 mL),用竹棍迅速搅拌,洗去肠上油脂,如此漂洗 15 ~20 min。

4)漂洗 清水中漂洗,夏季漂洗3 h,冬季漂洗24 h,并经常换水。

5)腌制 腌制时,将肠衣放入缸中,然后按每100码用盐0.75~1 kg的比例,均匀将盐撒在肠衣上。腌制时间一般为12~24 h,随季节不同可适当缩短或延长。

6)水洗 用清水把盐汁漂洗干净,以不带盐味为限。

7)充气 洗净后的肠衣用气泵(或气筒)充气,然后置于清水中,检查有无漏洞。

8)干燥 充气后的肠衣挂在通风良好处晾干,或放入干燥室内(29~35 ℃)干燥。

9)压平 将干燥后的肠衣一头用针扎孔排出空气,然后均匀地喷上一层水润湿。再用压肠机将肠衣压扁,最后包扎成把、装箱即为成品。

思考题

1. 小麦胚芽主要含有哪些营养成分?如何利用?
2. 简述米糠的营养及主要作用。
3. 简述玉米蛋白质发泡粉的主要生产工艺。
4. 目前生产预糊化淀粉的方法有哪几种?预糊化淀粉有哪些应用?
5. 查阅相关资料,简述我国畜骨综合利用现状。

参考文献

[1]胡晓鹏.中国食品加工业的国际竞争力实证研究[J].农业经济问题,2005(1):69-75,80.

[2]刘志雄,胡利军.食品工业在国民经济中的地位及发展前景研究[J].新疆农垦经济,2009(1):17-21.

[3]罗强,王涛.食品工业发展现状及趋势[J].河北企业,2008(9):44-45.

[4]潘蓓蕾.食物消费与食品工业面临的机遇、挑战及发展[J].农产品加工,2009(1):9-10.

[5]王薇.中国食品工业发展[J].食品科技,2005(6):1-4.

[6]张雨,黄桂英,刘自杰,等.我国食品安全现状与对策[J].山西食品工业,2004(4):39-42.

[7]周国富.食品工业现状和未来发展趋势的探讨[J].广州食品工业科技,2003(3):100-102,99.

[8]凌关庭,唐述潮,陶民强.食品添加剂手册[M].2版.北京:化学工业出版社,1997.

[9]郝利平,夏延斌,陈永泉,等.食品添加剂应用工业协会.食品添加剂[M].北京:中国农业大学出版社,2002.

[10]杜连起.谷物杂粮食品加工技术[M].北京:化学工艺出版社,2004.

[11]高真.蛋制品工艺学[M].北京:中国商业出版社,1992.

[12]葛长荣,马美湖.肉与肉制品工艺学[M].北京:中国轻工业出版社,2003.

[13]周惠明.谷物科学原理[M].北京:中国轻工业出版社,2001.

[14]郭本恒.现代乳制品加工学[M].北京:中国轻工业出版社,2000.

[15]蒋爱民,章超桦.食品原料学[M].北京:中国农业出版社,2000.

[16]赵丽芹.果蔬加工工艺学[M].北京:中国轻工业出版社,2002.

[17]汪之和.水产品加工与应用[M].北京:化学工业出版社,2003.

[18]曾庆孝,芮汉明,李汴生.食品加工与保藏原理[M].北京:化学工业出版社,2002.

[19]夏文水.食品工艺学[M].北京:中国轻工业出版社,2007.

[20]赵晋府.食品技术原理[M].北京:中国轻工业出版社,2002.

[21]李勇.食品冷冻加工技术[M].北京:化学工业出版社,2005.

[22]潘永康.现代干燥技术[M].北京:化学工业出版社,1998.

[23]王喜忠.喷雾干燥[M].北京:化学工业出版社,2003.

[24]徐成海.真空干燥[M].北京:化学工业出版社,2004.

[25]马长伟,曾名湧.食品工艺学导论[M].北京:中国农业大学出版社,2002.

[26]曾名湧.食品保藏原理与技术[M].青岛:青岛海洋大学出版社,2000.

[27]华泽钊,李云飞,刘宝林.食品冷冻冷藏原理和设备[M].北京:机械工业出版

社,1999.

[28]冯志哲.食品冷藏学[M].北京:中国轻工业出版社,2001.

[29]袁惠新.食品加工与保藏技术[M].北京:化学工业出版社,2000.

[30]无锡轻工业学院,天津轻工业学院.食品工艺学(上)[M].北京:中国轻工业出版社,1984.

[31]殷涌光.食品无菌加工技术与设备[M].北京:化学工业出版社,2006.

[32]Fellow P. Food Processing Technology,Principles and Practice. Ellis Horwood Ltd. ,1998.

[33]张文叶.冷冻方便食品加工技术与检验[M].北京:化学工业出版社,2005.

[34]曾庆晓.食品加工与保藏原理[M].北京:化学工业出版社,2002.

[35]李建颖.腌制技术与实例[M].北京:化学工业出版社,2005.

[36]南庆贤.肉类工业手册[M].北京:中国轻工业出版社,2003.

[37]凌关庭.食品添加剂手册 [M].北京:化学工业出版社,1997.

[38]曾名湧,董士远.天然食品添加剂 [M].北京:化学工业出版社,2005.

[39]周家春.食品工艺学[M].北京:化学工业出版社,2003.

[40]陈一资.食品工艺学导论[M].成都:四川大学出版社,2002.

[41]刘兴华,曾名湧,蒋予箭,等.食品安全保藏学 [M].北京:中国轻工业出版社,2002.

[42]王璋.食品酶学 [M].北京:中国轻工业出版社,1990.

[43]高荣成,黄惠华.食品分离技术[M].广州:华南理工大学出版社,1998.

[44]周家春.食品工业新技术[M].北京:化学工业出版社,2005.

[45]吴祖兴.现代食品生产[M].北京:中国农业大学出版社,2000.

[46]朱蓓薇.实用食品加工技术[M].北京:化学工业出版社,2005.

[47]叶兴乾.果品蔬菜加工工艺学[M].2 版.北京:中国农业出版社,2002.

[48]阚健全.食品化学[M].北京:中国农业大学出版社,2002.

[49]宋纪蓉.食品工程技术原理[M].北京:化学工业出版社,2005.

[50]李汴生,阮征.非热杀菌技术与应用[M].北京:化学工业出版社,2004.

[51]邱伟芬,江汉湖.食品超高压杀菌技术与研究进展 [J].食品科学,2001,22(5):81-84.

[52]高福成.食品工程原理[M].北京:中国轻工业出版社,1998.

[53]高福成.现代食品工程高新技术[M].北京:中国轻工业出版社,1997.

[54]高福成.食品分离重组工程技术[M].北京:中国轻工业出版社,1998.

[55]张裕中,王景.食品挤压加工技术与应用[M].北京:中国轻工业出版社,1998.

[56]高以炫,叶玲碧.膜分离技术基础[M].北京:科学出版社,1989.

[57]周家春.食品工业新技术[M].北京:化学工业出版社,2005.

[58]陈复生.超高压食品加工技术[M].北京:化学工业出版社,2005.

[59]杨昌举.食品科学概论 [M].北京:中国人民大学出版社,1999.

[60]杨福馨,吴龙奇.食品包装实用新材料新技术[M].北京:化学工业出版社,2002.

[61]高尧来, 温其标.超微粉体的制备及其在食品中的应用前景[J].食品科学, 2002,23(5):157-160.

[62]刘彩云, 周围, 毕阳,等.纳米技术在食品工业中的应用[J].食品工业科技, 2005,

26 (4): 185-187.
[63]郑领英. 膜技术[M]. 北京:化学工业出版社,2000.
[64]李庆龙. 食品加工基础知识与技术[M]. 武汉:湖北科学技术出版社,1987.
[65] 陆启玉. 米制食品加工工艺[M]. 北京:化学工业出版社,2008.
[66]付晓如. 米制品加工工艺与配方[M]. 北京:化学工业出版社,2008.
[67]肖崇俊. 西式糕点制作新技术精选[M]. 北京:中国轻工业出版社,1994.
[68]张守文. 面包科学与加工工艺[M]. 北京:中国轻工业出版社,1996.
[69]李里特,江正强. 焙烤食品工艺学[M]. 2 版. 北京:中国轻工业出版社,2010.
[70]顾宗珠. 焙烤食品加工技术[M]. 北京:化学工业出版社,2008.
[71]张国治. 油炸食品生产技术[M]. 北京:化学工业出版社,2010.
[72]张会莹,周晓秋. 家庭实用面食制作方法[M]. 延边: 延边大学出版社, 2011.
[73]李朝霞. 中国面点辞典[M]. 太原:山西科学技术出版社,2010.
[74]赵晋府. 食品工艺学[M]. 2 版. 北京:中国轻工业出版社,2006.
[75]蔺毅峰. 软饮料加工工艺与配方[M]. 北京:化学工业出版社,2006.
[76]朱蓓薇. 饮料生产工艺与设备选用手册[M]. 北京:化学工业出版社,2003.
[77]殷涌光. 大豆食品工艺学[M]. 北京:化学工业出版社,2006.
[78]赵宝丰. 蛋白饮料制品 470 例[M]. 北京:科学技术文献出版社,2003.
[79]张和平. 乳品工艺学[M]. 北京:中国轻工业出版社,2006.
[80]程殿林. 啤酒生产技术[M]. 北京:中国轻工业出版社,2006.
[81]陶兴无. 发酵产品工艺学[M]. 北京:化学工业出版社,2008.
[82]顾国贤. 酿造酒工艺学[M]. 北京:中国轻工业出版社,1996.
[83]赵金海. 酿造工艺[M]. 北京:高等教育出版社,2005.
[84]董胜利,徐开生. 酿造调味品生产技术[M]. 北京:化学工业出版社,2003.
[85]陈洁. 高级调味品加工工艺与配方[M]. 北京:科学技术文献出版社,2001.
[86]武杰,何宏. 膨化食品加工工艺与配方[M]. 北京:科学技术文献出版社,2001.
[87]尚永彪,唐浩国. 膨化食品加工技术[M]. 北京:化学工业出版社,2007.
[88]何东平. 油脂精炼与加工工艺学[M]. 北京:化学工业出版社,2005.
[89]刘玉德. 糖果巧克力配方与工艺[M]. 北京:化学工业出版社,2008.
[90]周家春. 食品工艺学[M]. 北京:化学工业出版社,2008.
[91]王如福,李汴生. 食品工艺学概论[M]. 北京:中国轻工业出版社,2006.
[92]周光宏. 畜产品加工学[M]. 2 版. 北京:中国农业出版社,2011.
[93]马美湖,葛长荣,罗欣,等. 动物性食品加工学[M]. 北京:中国轻工业出版社,2011.
[94]周光宏. 肉品加工学[M]. 北京:中国轻工业出版社,2008.
[95]周光宏. 肉品学[M]. 北京:中国农业科技出版社,1999.
[96]孔保华. 肉品科学与技术[M]. 北京:中国轻工业出版社,2003.
[97]石永福. 肉制品配方 1800 例[M]. 北京:中国轻工业出版社,1999.
[98]黄得智. 新编肉制品生产工艺与配方[M]. 北京:中国轻工业出版社,1998.
[99]闵连吉. 肉类食品工艺学[M]. 北京:中国商业出版社,1992.
[100]赵晋府. 食品工艺学[M]. 北京:中国轻工业出版社,1999.